Johannes Kunckel · Ars vitraria experimentalis

Documenta Technica

Darstellungen und Quellen zur Technikgeschichte

Herausgegeben von
Karl-Heinz Manegold und Wilhelm Treue

Historisches Seminar der
Technischen Universität Hannover

Reihe II
Quellenschriften zur Technikgeschichte

1992
Georg Olms Verlag
Hildesheim · Zürich · New York

Johannes Kunckel

Ars vitraria experimentalis

oder

Vollkommene Glasmacher-Kunst

Mit einem Vorwort von
Günther Stein

1992
Georg Olms Verlag
Hildesheim · Zürich · New York

Johannes Kunckel wurde später mit dem Beinamen
von Lövenstjern geadelt.

Dem Nachdruck liegt das Exemplar der Universitätsbibliothek
Erlangen zugrunde. Signatur: Tr. S 52

Die fehlerhafte Paginierung wurde beibehalten.

Das Format des Nachdrucks wurde gegenüber dem der
Originalvorlage geringfügig verkleinert.

2. Nachdruck der Ausgabe Frankfurt und Leipzig 1689
Printed in Germany

Auf säurefreiem Papier gedruckt
Herstellung: Strauss Offsetdruck GmbH, 6945 Hirschberg 2
ISBN 3 487 04283 5

VORWORT

Johann Kunckels „Ars vitraria", die in erster Auflage 1679 erschien, gilt als das erste Standardwerk der Glastechnologie in der Neuzeit. Um den wissenschaftsgeschichtlichen Standort dieses Werkes zu erkennen, ist es erforderlich, die Entstehungsgeschichte, den Aufbau und den Autor dieser „Glasmacherkunst" kurz zu beleuchten.

Bereits im 16. Jahrhundert hatte ein Sammeln von chemischen Erfahrungen aus Technik und Praxis eingesetzt. Vor allem aber begann ein selbständiges lebhaftes Experimentieren z. B. mit den gewöhnlichen Steinen, Metallen und auch mit dem Glas. Enzyklopädische Nachschlagewerke unterrichteten die Öffentlichkeit über die bestehenden Gewerbe. Die Veröffentlichungen Garzonis, Biringuccios, della Portas in Italien und Georg Agricolas in Deutschland sind hier zu nennen.

Aus diesem Zusammenhange erklären sich auch das Erscheinen und die Tendenz der „Arte vetraria" des Florentiner Priesters und Chymisten Antonio Neri, die erstmals 1612 veröffentlicht wurde. Sie war die erste Monographie über die Glasherstellung und war in italienischer Sprache abgefaßt.

Neri war von der allgemeinen Bedeutung des Glases für die Menschheit überzeugt und wollte seine Erfahrungen zum Gemeinwohl bekanntmachen. Fast fünfzig Jahre nach Erscheinen der ersten Auflage kam 1661 in Florenz eine zweite, 1663 und 1678 jeweils eine weitere Auflage in Venedig heraus.

Im Jahre 1662 übersetzte Christopher Merrett, ein englischer Arzt, Mitglied der Royal Society und Bibliothekar am Harveyanum, Neris Werk ins Englische, fügte eine historische Übersicht über das Glasgebiet und ausführliche eigene Anmerkungen hinzu. Außerdem ergänzte er es durch den Abdruck wesentlicher Teile aus Georg Agricolas „De re metallica" über die Glasöfen.

Infolge des wissenschaftlichen Interesses an Neris Werk bedeutete es nur noch einen Schritt, in die damalige Gelehrtensprache, das Lateinische, Eingang zu finden; lateinische Ausgaben sind für 1668, 1669, 1681 und 1686 nachweisbar.

Auch in Deutschland hatte Neris Werk bei manchem Glasmacher Aufsehen und Interesse erregt, so daß sich mancher sogar privatim eine Übersetzung ins Deutsche anfertigen ließ.

Kunckel wandte sich als Praktiker der „Arte vetraria" Neris zu. Von diesem fühlte er sich deswegen besonders angezogen, weil sich Neri auf das Experiment stützte. Da aber Neri, wie Kunckel sagt, als ein Fremder meistens fremde Materialien usw. behandelte, hatten die deutschen Glasmacher zunächst nicht den erhofften Nutzen aus dem Buche ziehen können. So experimentierte Kunckel den ganzen Neri durch und übertrug ihn nicht nur sprachlich ins Deutsche, sondern auch fachlich auf deutsche Verhältnisse.

Beim Übersetzen fand er übrigens in Friedrich Geissler, der seine sachlich wesentlich schwächere Übersetzung bereits 1678 herausgab, einen literarischen Konkurrenten. Die Auseinandersetzung mit ihm machte Kunckel viel Kummer, beflügelte ihn aber auch zu hochqualifizierter Arbeit.

Kunckel geht bei der Gestaltung der Ars vitraria in der Weise vor, daß er zunächst die sieben Bücher Neris in deutscher Übersetzung abdruckt und jedem Buche seinen eignen ausführlichen Kommentar folgen läßt. Dann übersetzt er die Anmerkungen Merretts und fügt wieder seine eignen Erfahrungen dazu, um schließlich in einem zweiten Teile ausschließlich selbst zu Worte zu kommen. Somit hat Kunckel mit der Ars vitraria praktisch eine Synthese internationalen Glaswissens geschaffen.

1679 erschien die erste Auflage, eine Neubearbeitung kam 1689 heraus. Nach Kunckels Tode erschienen in den Jahren 1743, 1765 und 1785 weitere Auflagen. Außerdem erfolgte 1752 durch Baron D'Holbach (allerdings anonym) eine Übersetzung ins Französische.

Angesichts der damals nur langsam fortschreitenden technischen Entwicklung konnte Kunckels Buch lange Zeit auf dem Gebiet der Glastechnologie führend bleiben.

Entgegen anders lautenden Angaben im älteren Schrifttum konnte Karl Hucke 1965 nachweisen, daß Johann Kunckel in der Stadt oder im Kirchspiel Plön (Schleswig-Holstein) zwischen 1637 und 1642 geboren ist. Er stammte aus einer Glasmacherfamilie. In Hamburg begann er eine Lehre in einer Apotheke. Seit 1660 war er Kammerdiener und Chymist im Dienste der Herzöge von Sachsen-Lauenburg, später Geheimer Kammerdiener und Aufseher des kurfürstlichen Laboratoriums in Dresden. 1678 hielt er vertretungsweise Vorlesungen über Chemie an der Universität Wittenberg ab. Nach Erschütterung seiner Stellung am Dresdener Hofe trat Kunckel 1679 in die Dienste des Großen Kurfürsten von Brandenburg ein. In dieser klassischen Periode seines Glasschaffens führte er dabei das Rubinglas in die Glasfabrikation ein. So war nicht mehr die mit viel Unsicherheiten beladene Goldmacherei seine Aufgabe, sondern das „Glaswesen" in der Drewitzer Hütte, in der Hakendamm-Hütte und in der Hütte auf der Pfaueninsel. Mit dem Tode des Großen Kurfürsten trat der tragische Wendepunkt in Kunckels Schaffen ein. Einen Lichtblick bedeutete es für ihn, als er in seiner Eigenschaft als Königlich Schwedischer Bergrat in Schweden am 14. August 1693 mit dem Zusatznamen von Löwenstern in den Adelsstand erhoben wurde. Am 20. März 1703 starb er auf einer Reise.

Von dem ernsthaften wissenschaftlichen Bemühen Kunckels legt folgender Tatbestand noch besonderes Zeugnis ab.

Kunckel wurde 1693 zum Mitglied der ältesten naturwissenschaftlichen Akademie in Deutschland gewählt, in der „Academia Naturae Curiosorum", die später den Namen „Leopoldina" erhalten hat. Kunckel erhielt den Mitgliedsnamen Hermes III. Schon seit 1678 stand er mit dem Präsidenten dieser Akademie in fachlicher Diskussion, seit 1682 wurde er in der Liste der Förderer geführt. Vor der Akademie hat er über das Rubinglas berichtet, in der Fachzeitschrift der Akademie wurde 1694 ein Beitrag Kunckels abgedruckt.

Der Gedanke der Gemeinschaftsarbeit und des offenen Erfahrungsaustausches, ferner die wissenschaftliche Haltung von der die Akademie getragen war, waren auch für Kunckel die Richtlinien seiner fachlichen Arbeit.

Günther Stein

Wissenschafft, Erfahrenheit u. Verstand von allen Sachen,
Wollen diesen wehrten Mañ nunmehr unvergleichlich machen.
Vnd die Warheit, die das Ziel wornach seine augen funckeln!
Kröhnt mit hohen Adel, schon dessen Nahmen, IOHAÑ KUNCKELN.

Luc. a Lhibenau Von Wehrd.

Tenebræ incertitudinis
Ratio
Probat
Phantasia
Errores
IOH. KUNCKELII
ARS
VITRARIA
EXPERIMENTALIS
Temeritas
Tenta
Hic Veritati Sacrificat
Ille Vero Præterequitat
TANDEM

JOHANNIS KUNCKELII,

Churfürstl. Brandenb. würcklich bestallt-geheimden Cammer-Dieners/

ARS VITRARIA EXPERIMENTALIS,

Oder vollkommene

Glasmacher-Kunst/

Lehrende/

Als in einem / aus unbetrüglicher Erfahrung/ herfliessendem Commentario, über die von dergleichen Arbeit beschriebene sieben Bücher P. Anthonii Neri, von Florenz/ und denen darüber gethanen gelehrten Anmerckungen Christophori Merretti, M.D. & Societ. Reg. Britann. Socii,

(so aus den Italien- und Lateinischen beyde mit Fleiß ins Hochteutsche übersetzt)

Die allerkurtz-bündigsten Manieren/ das reineste Chrystall-Glas; alle gefärbte oder tingirte Gläser; künstliche Edelstein oder Flüsse; Amausen/ oder Schmeltze; Doubleten; Spiegeln/ das Tropff-Glas; die schönste Ultramarin, Lacc- und andere nützliche Mahler-Farben; ingleichen wie die Saltze zu den allerreinesten Chrystallinen Gut / nach der besten Weise an allen Orten Teutschlands mit geringer Müh und Unkosten copieus und compendieus zu machen / auch wie das Glas zu mehrer Perfection und Härte zu bringen. Nebst ausführlicher Erklärung aller zur Glaskunst gehörigen Materialien und Ingredientien; sonderlich der Zaffera und Magnesia rc. Anzeigung der nöthigsten Kunst- und Handgriffe; dienlichsten Instrumenta; bequemsten Gefässe/ auch nebst andern des Autoris sonderbaren Ofen / und dergleichen mehr / nützlichen in Kupffer gestochenen Figuren.

Samt einem II. Haupt-Theil.

So in drey unterschiedenen Büchern / und mehr als 200. Experimenten bestehet/ darinnen vom Glasmahlen/ vergulden und Brennen; vom Holländischen Kunst- und Barcellan-Töpfferwerck; Vom kleinen Glasblasen mit der Lampen; Von einer Glas-Flaschen-Forme/ die sich viel 1000. mal verändern lässet; Wie Kräuter und Blumen in Silber abzugiessen; Gyps zu tractiren; Rare Spicc- und Lacc-Fürnisse; Türckisch Pappier rc. Item der vortreffliche Nürnb. Gold-Sträu-Glantz; und viel andere ungemeine Sachen zu machen/ gelehret werden/

Mit einem Anhange von denen Perlen und fast allen natürlichen Edelsteinen; Wobey auch in gewissen Tabellen eigentlich zu sehen/ wie sich die köstlichsten derselben nach dem Gewicht an ihren Preiß verhöhen / und einem vollständigen Register.

Alles hin und wieder in dieser andern Edition um ein merckliches vermehret.

Franckfurt und Leipzig / in Verlegung Christoph Riegels. 1689.

Das Register und Inhalt der Capitel in Anthonii Neri Glas-Kunst / als ersten Theil dieses Wercks.

Inhalt des ersten Buchs.

Capitel.

Inhalt des andern Buchs.

Des dritten Buchs Inhalt.

Des vierten Buchs Inhalt.

70. Eine

Inhalt des fünfften Buchs.

Inhalt des sechsten Buchs.

)()(Inhalt

Inhalt des siebenden Buchs.

Die Anmerckungen Joh. Kunckels / folgen allezeit nach jeden Buch/ zu Ende aber des siebenden Buchs ist beygefügt eine sonderbare Zugabe / darinnen Unterweisung und Anleitung gegeben wird / wie so wol die Gläser als Flüsse oder künstl. Edelgesteine zu mehrerer Perfection und Härte/ weder sie Antonius Neri lehret / zuzurichten / item wie man die Doubleten nach der besten Weise machen/und alsobald erkennen soll.

Hierauf folgen Herr C. Merretti gelehrte und zimlich weitläufftige Anmerckungen/und zu Ende dererselben wiederum Joh. Kunckels nützlich- und nöthige Erinnerungen darüber/ mit einem

Anhang/wie man das Saltz zum Glasmachen nach der besten Weise copieus und compendiös an allen Orten und Enden Teutschlands füglich / und mit wenigen Unkosten machen soll. Und so viel von dem ersten Theil der Glas-Kunst.

Einleitungs-Vorrede
ANTHONII NERI,
an
den Kunst-begierigen Leser.

DAß das vielnutzliche Glaß/ unter allen warhafftigen Erfindungen und Früchten / der löblichen Feuer- und Schmeltz-Kunst/ nicht der geringsten eine seye / ist und bleibet sonder allen Zweifel wahr: Und ob solches wohl eine zusammengesetzte / und durch Kunst bereitete Materia ist/ so kommt es doch dem Mineralischen Geschlechte sehr nahe; absonderlich aber denen / welche für die mittelmässigen/unter denselbigen / gehalten werden: Denn es zerschmeltzet im Feuer / und bleibet in demselben beständig: Ja/es wird / gleich dem Gold/ als ein vollkommenes und leuchtendes Metall/im Feuer vollkommen/gereiniget und gläntzend.

Daß das Glaß zu den Triuckgefäsen / und andern dergleichen zu menschlichen Gebrauch dienlichen Sachen / einen bessern / und edlern Nutzen hat / als alle andere Metall / Stein oder dergleichen/ dieses / sage ich / ist gar eine offenbahre und bekannte Sache; denn ausser / daß solches fast überall / leichtlich und mit geringen Kosten kan bereitet werden; so ist es noch über dieses / eine viel subtilere / saubere und schönere Materia / als einige andere / welche heutiges Tages bekannt ist: Ferner / so ist es zu der Distillir- und Spagyrischen Feuer-Kunst/ wie auch zu Verfertigung und Bereitung aller Artzneymittel / eine so nützliche / will nicht sagen / nöthige Sache / daß es fast unmöglich scheinet / ohne Beyhülff deß Glases etwas auszurichten: Denn darum werden so viel / und mancherley Sorten der Gefässe / und Instrumenten verfertiget; als da sind die Cucurbiten/ Helm / Recipienten / Pelicanen / Retorten / Serpentinen / Phiolen/ viereckigte und runde Gläser / Philosophische Eyer / großbauchigte

Gläser / und unzehlich viel andere dergleichen Gefässe / welche alle durch den täglichen Gebrauch sinderfunden worden; zu Bereitung der Alexieterien, Arcanen, Quintessentzen, Sältze / Schwefel / Vitriol / Queck-silber / die Elmente von einander zu scheiden / und viel andere dergleichen Sachen mehr: Jngleichen auch werden vermittels obiger Jnstrumenten / die Aquæ fortes und Aqua Regis verfertiget / welche Wasser absönderlich denen jenigen Leuten sehr nöthig sind / welche das Gold und Silber scheiden / reinigen und zu ihrer Vollkommenheit bringen / dahero werden solche Leute dem Müntzwesen / von denen Lands-Fürsten / fürgesetzet. Von dem Glaß haben wir / betreffend dessen häußlichen Gebruch / fürwar so viel Bequemlichkeiten / daß es fast unmöglich scheinet / desselben / in unsern Haußhalten zu entbehren; aus diesen / wie auch aus vielen andern wird die allgemeine und sehr grasse Fürsehung GOttes / mercklich erkannt / als welche die Materiam / eines so nützlichen und nothwendigen Dinges / woraus die Gläser bereitet werden / fast aller Orten / so häuffig herfür gebracht / daß es nunmehro leichtlich überall kan bereitet werden.

Das Glaß ist über dieses / denen Tempeln ein sonderlicher Zierrath / in dem ausser noch andern Sachen / aus demselben / so viel / mit schönen Mahlereyen gezierte Fenster / bereitet werden / an welchen die metallischen Farben / mit so mancherley Weiß und solcher Lebhafftigkeit erscheinend / spielen / daß man sie / für so viel Orientalisch Edelgestein ansehen sollte: Ja / so das Glaß in den Schmeltz-Ofen kommet / so wird es so vieler schönen / hohen / lieblichen und vollkommenen Farben theilhafftig / daß keine Materia / so ihm gleich wäre in der gantzen Welt / anzutreffen ist.

Die Erfindung deß Glasses / halten wir sehr uhralt zu seyn; in dem die H. Schrifft beym Hiob am 28. Capitel v. 17. saget: Und das Gold und Cristall mag ihr nicht gleichen: Es bezeuget auch Sanct Hieronymus / daß das Glaß ein uhraltes Inventum seyn müsse / mit nachfolgenden mercklichen Beweißthum / in dem er sagt: Daß Job zwischen den Nachkömlingen deß Abrahams / und dem Sohn Zanechi, gewesen / und in der fünfften Linie Abrahams / von Esau hergekommen seye: Es wollen auch ihrer viel behaupten / und zwar nicht ohne Ursach / es sey das Glaß von denen Chymicis erfunden worden: Denn / indem sie getrachtet haben / die natürlichen Edelgesteine durch Kunst nachzuahmen / so sind sie an statt desselben / auf das Glaß ge-

kom-

kommen: Diese Meinung scheinet von der Warheit nicht weit entfernet zu seyn; in Betrachtung/daß man alle Edelgesteine heutzutage nachahmen kan / wie wir im fünfften Buch dieses Wercklein klar erweisen wollen; allwo man auch zugleich erfinden wird / wie auf gleiche Weise das Glaß aus solchen Steinen/zu bringen seye/welche für sich selbst allein / nimmermehr schmeltzeten / oder zu einen Glaß würden.

Plinius will / es sey das Glaß bey dem Ufer deß Flusses Beli / in Syrien/erfunden worden von einigen Kauffleuten; als welche durch einen Sturm dahin geworffen / und aus dringender Noth daselbst zu wohnen gezwungen/ einen Heerdt / Speise zu kochen / an dem Ufer bauten; da haben sie gefunden eine grosse Menge des Krautes / welches von vielen Cali genennet wird/aus dessen Aschen haben gedachte Kauffleute die Sodam und Rochettam bereitet / und also das Glaß verfertiget; solches aber ist vermittels einer grossen Feuer-Hitze geschehen; nachdeme sie das Saltz und die Aschen des gedachten Krautes mit ein ander wohl vereiniget / und mit darzutäuglichen Sand und Steinen vermischet haben: Dieses nun hat dem menschlichen Verstand die Art und Weise gezeiget / wie nicht allein das Glaß / sondern auch die Crystallen und was diesem anhängig / samt noch dergleichen vielen andern schönen Glaß-Werken/bereitet werden können.

Uber dieses / so ist bey einem und andern alten Scribenten der Ruff/als ob zu den Zeiten bey der Regierung deß Kaysers Tiberii, eine Manier wäre erfunden worden/ wie man das Glas zurichten könne/ daß es sich/gleich einem andern Metall/hämmern liesse: allein/sie fügen noch darzu/die Sache wäre nachgehends sehr formidabel geachtet und dahero verborgen geblieben/ heuntzutage aber, ganz und gar unbekant und verlohren worden: Dann / wann dergleichen heuntigestages solte erfunden/ und an den Tag gebracht werden/so würde das Glaß / wegen solcher Schöne / und Unverderblichkeit in seinem Werth, viel höher als das Gold und Silber geachtet werden; da es alsdann weder vom Rost / noch vom Geschmack / Geruch oder andern Qualitäten etwas an sich nehmen / noch von denselben würde verändert werden können.

In dem Gebrauch der Spiegel / und der Brillen-Gläser / giebt das Glaß dem Menschen noch einen andern sehr grossen Nutzen: Und obwol diese Brillen-Gläser aus dem natürlichen Berg-Crystall/ jene Spiegel aber aus den vermischten Theilen des Ertzes oder Kupffers/

fers und Zinnes/welche insgemein die Stahl-Mixtur genennet wird/ bereitet werden können; so werden doch beyde viel bequemer/mit geringern Unkosten/hingegen schöner und mit grössern effect, auch aus dem Glaß bereitet: Insonderheit stellen die Spiegel/von der gedachten Stahl-Mixtur verfertiget / die lebendigen Bilder / nicht so gut und natürlich vor/gleichwie die gläserne thun/ungeachtet die Stahl-Spiegel mehrers kosten / und viel mühsamer / als die andern zu bereiten sind; ja was das schlimmste ist/ so werden diese Stahl-Mixtur-Spiegel/in kurtzer Zeit bleich und blaß/so/daß sie alsdann gar nichts repræsentiren; derowegen ist aus diesen und andern vielen Ursachen endlich zu schliessen / daß unter allen Dingen / welche auf dieser Welt/ dem Menschen zum Gebrauch gegeben sind / das Glaß das allerkedleste und nützlichste seye.

In Betrachtung dieses / habe ich mir derhalben fürgenommen/ nachdem ich in dieser löblichen Glaßmacher-Kunst lange Zeit zugebracht/viel darinnen gesehen und gearbeitet habe/einen Theil alles deß jenigen / was ich dabey observiret und vollbracht / zum gemeinen besten an das Tagliecht zu geben und mitzutheilen: Und wiewol die Art und Weise/wie man die Sältze / decoctiones und Pastas præpariren solle/dem mehresten Theil der Künstler bekannt ist; so hat mich doch für gut angesehen/und dieweil es die Materia deß Werckes erfordert/ alles solches/klar und deutlich/gleichwie ich auch gegenwärtig thue/ durchzugehen und zu tractiren; mit beygefügten observationen und Regeln/welche/wann sie wol in acht genommen werden/nicht gäntzlich unnützlich / sondern vielleicht sehr nothwendig / ja auch wenigen bekannt seyn; zu geschweigen meiner sonderbaren Manier / wie das Saltz extrahiret und aus demselben/ die allerschönste Crystallen verfertiget werden sollen.

Wird nun / ein jeder Künstler so emsig im nacharbeiten seyn / gleichwie ich allhier / mit deutlichen demonstrationen, im Lehren gewesen/so versichere ich ihn daß er ein so schönes und nobles Glaswerk ausfertigen wird als es wol heutiges Tages/irgendwo auf einigerley Weise geschehen mag: Es wird auch der fleissige Künstler / in diesen/ und allen andern Dingen/was ich hier tractire, befinden/daß ich auch die jenige Warheit/welche ich nicht von einem andern entlehnet oder erlanget/sondern mit diesen meinen Händen operiret, experimentiret, und gelernet / allhier aufgeschrieben und bewiesen habe: Indem ich mir die Warheit zu meinen Zweck fürgesetzet / und nichts schreiben

werde/

werde / was nicht mit derselben übereinstimmig von mir ist befunden worden. Imfall auch diese meine Compositiones, die Arten der Farben/Pasten und Tincturen zu bereiten/einem Untersucher/das erstemal nach meinen fürgeschriebenen Worten nicht gleich gelingen solten/so wollen wir ihn erinnert haben / daß er den Muth nicht alsobald sincken lassen/und gedencken solle/als ob wir ihm allhier nur Lügen fürgeschrieben hätten / sondern er mag sich einbilden / daß er etwa an einem Punct sich verstossen und geirret habe; sonderlich aber kan solches denen begegnen/ welche in dergleichen Dingen noch niemals die Hände selbst angeleget haben; denn sie können gleich das erstemal/ unmüglich zum Meister werden: Solche und dergleichen/wollen sich demnach belieben lassen/ das Werck / auf die Art / gleichwie sie es allhier fürgeschrieben befinden / noch einmal zu wiederholen / so wird alsdann alles/ was sie gethan haben / besser und endlich vollkommener werden. Insonderheit erinnere ich dieses/daß man fleissige Aufsicht habe / auf die jenigen Farben / davon man keine gewisse und determinirte dosin oder Gewicht fürschreiben kan / sondern erst aus der Praxi und experienz erlernet / und mit einem verständigen Augen-Maaß/muß unterschieden werden; indem man in acht nimmt/ob das Glaß/ welches man in der Grösse / und auf Art der Edelgesteine nachzuahmen willens ist genugsam/nach Erheischung deß Glaß-Wercks und der Pasten/mit der Farb ist getingiret worden.

Nechst diesem ist auch in acht zu nehmen / daß alle glänzende Steine/so sie in Gold eingefasset / und mit Gold-Blättern unterleget sollen werden/ eine bleichere Farbe / hingegen die jenigen / welche mit Gold umfasset / und in der freyen Lufft hangen bleiben / eine viel hellere und reichere Farb / im tingiren / erfordern; dieses alles aber kan/ wie gedacht / auf dem Papier allhier nicht gelernet werden; sondern es wird solches dem verständigen Augenmerck eines jeden Künstlers überlassen und heimgestellet.

Gleichfalls nehme man in acht/und zwar mit Fleiß/daß die Farben und andere ingredientien, welche man zum Glaßtingiren gebrauchen will / wohl præpariret, und mit Fleiß abgerieben werden, ja damit ein jeder/der mit dergleichen Sachen umgehet/ desto sicherer seyn möge/so thue Er am besten/wann Er die Farben/auf die Art/wie wir angezeiget/selbst præpariret und machet/so er anderst eine saubere und nette Arbeit / verfertigen will.

An dem Feuer/ist / in dieser Schmeltz-und Glaßmacher-Kunst/ nicht

nicht wenig / ja ich will sagen das allermehreste gelegen: Denn es kan / ohne dasselbe / gäntzlich nichts gemachet werden; derowegen soll man solches mit Verstand regieren / und gebrauchen; insonderheit muß es mit harten und dürren Holtz angeschüret werden; damit der Rauch keinen Schaden bringe / als welcher denen Oefen sehr schädlich / und verhinderlich ist / daß das Glaß / in dem die Töpffe und die Gefässe immer offen verbleiben / nicht gar schön / sondern heßlich und unförmlich wird.

Letzlich füge ich noch dieses hinzu / und protestire noch einmal / daß alles / was ich in diesem Buch aufgezeichnet habe / in der That wahr seye / und ich nichts allhier mittheile / welches ich nicht selbst untersuchet / und geapprobiret habe; dahero wann es käme / daß ein fleissiger und geübter Kunst-Arbeiter / alles dieses auch untersuchen wollte / so kan ihm solches / wann er nicht fleissig und genau / auf die von uns beschriebene Art und Weise achtung giebet / dannoch mißlingen: Werde ich nun ersehen / das diese meine Arbeit ins Gemein wohl auf- und angenommen wird / wie ich denn hoffe / so werde ich vielleicht Lust bekommen / auch meine andern Chymischen und Spagyrischen Arbeiten / welche ich in so vielen Jahren / in unterschiedlichen Ländern / verrichtet habe / mitzutheilen.

Wann wir den Nutzen und die Bequemlichkeit / die denen Menschen aus dergleichen Künsten entspringen / ansehen / so glaube ich nicht / daß in der gantzen Welt jemals etwas grössers sey gewesen welches unsern Vorfahren bekant / und von denselben in so hohem Werth sey gehalten worden / als erwähnte Feuer-Künste; indem sie dergleichen Künstler für Götter gehalten / auch ihnen Göttliche Ehr angethan haben /

Weiter will ich hier von nichts melden! denn ich bin getrost / uñ eines ruhigen Gewissens / in Ansehung / daß ich alle particularia, in diesem Werck enthalten / so klar und deutlich beschrieben habe / daß es fast unmöglich scheinet / daß jemand / auf einer so wol gebahnten Landstrassen irren sollte; es sey dann / wann es aus Unfleiß geschähe / in dem er sich vorhero in der Feyer-Kunst noch nichts geübet / und in derselben keinen Versuch gethan hat; dahero ersuche ich freundlich / der gewogene Leser / beliebe diese meine Arbeit im Besten auf- und also anzunehmen / gleichwie ich gegenwärtiges Werk / zuforderst zu Ehre Gottes / und d nn dem allgemeinen Nutzen zum Besten / mich unterfangen / vollführet / und treuherzig hier mitgetheilet habe.

ANTHO-

Fig. A.

ANTHONII NERI
von Florentz
Erstes Buch /
Von der Glaßmacher-Kunst.
Inhalt dieses Buchs.

ERstlich wird gezeiget die Art und Weise / das Saltz auszuziehen aus den Pülverlein oder der Orientalischen Rochetta, wie auch aus der Soda Hispanica, dem Fahren-Kraut und dergleichen Kräutern / welche in Toscanien überflüssig wachsen; dienende das Decoctum zu machen / welches man Bollito nennet; ingleichen das so genannte / künstlich bereite Crystall / samt einer Manier / die gedachten Saltze / auf Chymische Art / zu extrahiren / und das Crystallum mirabile oder wunderbare Crystall zu bereiten: Item eine Manier Frittam Crystalli, oder das Gemänge der Crystallinen Gläser / deß gemeinen Glases / und deß Berg-Crystalls zu bereiten / mit Anzeigung auf gleiche Weise zu machen mancherley Farben / und daß sie gläntzender werden / ingleichen den mehresten Theil derselben in Glaß vorzustellen / als da sind: die Meerwasser-Farb / die Gold-Farb / Granaten-Farb / Amethyst-Farb / Saphier-Farb / schwartz Sammet- und Marmor-Farb / die Fleisch-Farb / Milch-Farb / Pfersich-Perln- und Beryllen-Farb / mit einer Art das Bley-Glaß also zuzurichten / daß es einem Orientalischen Smaragd / Topas / Chrysolyth / Sapphier und dergleichen Edelgesteinen / an der Couleur gleich kommen; ja eine himmlische / güldene und blutrothe Farbe repræsentire: Wie auch eine Manier das Berg-Crystall zu tingiren / in eine beständige Rubin-Röthe / Balaß / Topas / Opal und Gold-gelbe oder Sonnenblumen-Farb: Item eine wahre Anweisung die Pasten zu allerley Farben zu machen / welche an der Farb / dem guten Smaragd / Topas / Chrysolyth / Sapphier / Granat / und Berill ähnlich kommen / samt dem Bericht / wie solche / auf eine neue Chymische Manier /

nier/härter und schöner/als sie ordinari sind/können bereitet werden: Item eine Art und Weise/allerley Sorten von geschmeltzter Arbeit oder Smalten zu machen/mit mancherley Farben / als Gülden / Rosen-und durchscheinend Rubin-roth/welches bey uns Europäern eine gantz neue Sache ist: Ingleichen die allerleichteste Manier die Lacca aus den Kermes-Beeren / Brasilianischen Holtz / Färber-Röthe/ Pfrimmen-Krautblumen/ Lilien/ Kohlblumen/Borragen-Blumen/ Feld-und Garten-Rosen/ Granaten-Blühe / rothen und Fleischfarben Rosen/und allen andern Kräutern und Blumen auszuziehen: Ingleichen die Ultramarin-Farbe und andere curieuse Sachen zu machen.

Das Erste Capitel.

Wie das Saltz aus dem Pülverlein / Rochetta / und aus der Soda Hispanica auszuziehen / vermittelst welches die Fritta Crystalli / von den Italiänern Bollito genannt/ zubereitet wird / als darinnen das fundament der gantzen Glaßmacher-Kunst bestehet / mit einer gantz neuen und geheimen Manier.

Das Pülverlein oder Rochetta/ welches aus Orient von Syrien und Levante kommet/ist die Asche eines gewissen Krautes / so allda häuffig wächst/ diese Asche giebet ohne Zweiffel ein viel weisser Saltz als die Spanische Soda: So man derowegen ein schönes und vollkommenes Crystall verfertigen will / muß solches geschehen mit dem extrahirten Saltz/ aus der oberwähnten Levantischen Rochetta: Denn ob wohl die Spanische Soda Saltzreicher/so kommet doch das Crystall/mit diesem Saltz bereitet/ allezeit etwas blaulicht / und hat keine so schöne Farbe und weissen Glantz/ gleich diesem Crystall / welcher aus dem Levantischen Pülverlein Rochetta ist bereitet worden.

Die Manier aber / das Saltz so wohl aus der Rochetta / als Soda vollkömmlich zu extrahiren / ist diese nachfolgende / welche ich auch zum öfftern versuchet.

Nachdem diese Syrische Asche/in einem steinern Mörsel/ mit einem eiseren Stämpel zerstossen worden / muß sie durch ein enges Sieb / damit nur die blosse Asche / ohne die gröblichten Stücklein durchfalle / geschlagen werden / sintemal hierinnen die Kunst viel oder wenig Saltz zu überkommen / bestehet.

Bey Einkauffung dieser oder der andern Sorten / ist dieses in acht zu neh-

nehmen/daß man dasjenige erwehle/welches am Saltz-reichsten ist/ welches mit der Zung und dem Geschmack geprüfet und erkannt wird; unter allen aber ist der sicherste Weg dieser/ daß man es in einem Schmeltz-Tigel probire/ und sehe/ ob es mehr Sand oder Tarsi hat/ als welches unter die Lehrstücke dieser Kunst gehörig/ und denen Glaßblasern sehr wol bekannt ist.

Ferner sollen unterschiedene aus Glockenspeiß gegossne Kessel/ mit ihren unterbauten Oefen/ nach der Art/wie es die Färber haben/ bey Handen seyn/und solche entweder grösser oder kleiner/ je nach dem man viel oder wenig Saltz bereiten und extrahiren will: Diese Kessel werden mit frischen Wasser angefüllet/ und alsdann ein Feuer vom dürren Holtz/ welches nicht sehr rauchet/ untergeschieret; wann nun das Wasser wol aufzusieden hat angehoben/ so werffe man einen Theil deß gesiebten Aschen-Pulvers hinein/ und zwar so viel/als die Menge deß Wassers zu erfordern scheinet; das Feuer hält man immer fort/biß durch stetiges Kochen/ der dritte Theil deß Wassers verrauchet sey; in währender Kochungs-Zeit aber/ muß es auf den Boden deß Kessels mit einem Rührscheit/ immerzu umgerühret werden/ damit das hineingeschüttete Pulver dem Wasser sich einverleibet/ und das darinnen enthaltene Saltz/ vom Wasser ausgezogen werde: Nach diesem füllet man die Kessel wiederum mit frischen Wasser/ und lässet es also siedend biß zur Helffte abrauchen/so wird die Lauge saltzigt genug und fertig seyn.

Will man aber ein noch weisser und häuffiger Saltz erhalten/ so wirfft man in das siedende Wasser deß Kessels/ vor dem Zusatz deß Pulvers/ 10. Pfund rothen und biß zur Schwärtze gebrandten Weinstein/ lässet solchen darinn zergehen/ rühret es mit einem Holtz wohl herum/ und schüttet alsdann das bewuste Pulver darzu hinein: diese Manier den Weinstein zuzusetzen ist noch geheim/vermittelst welcher man mehrers Saltz bekommet/und wird auch das Crystall schöner und weisser.

Wann zwey drittheil deß Wassers verkochet/und die Lauge starck vom Saltz worden/ so wird das Feuer gemindert/ und werden unterschiedliche neue/und irrdene Geschirre/ (so vorhero 6. Tag lang mit gemeinen Wasser angefüllet gewesen/ damit sie desto weniger Lauge und Saltz in sich ziehen/) nach der Reihe hin gesetzet; alsdann wird die Lauge samt der Asche aus den Kesseln/mit grossen eisern Löffeln/in diese irrdene Geschirre gegossen/ und wann sie voll/lässet mans 2. Tage stehen/wann solche Zeit verflossen/und sich die Aschen auf den Boden gesetzet hat/ so wird all die lautere Laugen gemählich (damit nichts unreines vom Grunde auffsteige/ und die Lauge trüb mache/) mit küpffern Löffeln/ in andere Geschirre übergegossen/ und abermal 2. Tage dahin gestellet/ damit sich die übrige irrdische Unreinigkeit gar setze/

und die Lauge desto klårer und lauterer werde / solches wird zum dritten mal wiederholet / so wird die Lauge hell und klar / auch von aller Unreinigkeit abgeschieden seyn ; aus dieser wird hernach ein reines und vollkommenes Saltz bereitet.

Die Kessel werden nun wiederum aufs neue mit Wasser angefüllet / und wird/wie oberwehnet / in einem jeden / 10. Pfund Weinstein / samt der gewöhnlichen Quantität der gesiebten Aschen oder deß Pülverleins gethan / und auf solche Weise das Werck fortgeführet / so lang man noch etwas von der gesiebten Aschen übrig hat.

Damit nun aus der oben-bereiteten Laugen das Saltz gebracht werde; so wäschet man erstlich den Kessel mit reinem Wasser sauber aus / alsdenn wird solcher mit der klaren Laugen voll gefüllet / solche lässet man / wie oben gedacht/gelinde kochen / jedoch so / daß man den Kessel allezeit mit Lauge nachfülle/biß es beginnet dick zu werden / und das Saltz aufzuwerffen / welches ungefehr nach Verfliessung 24. Stunden/zugeschehen pfleget: In dem alsdenn auf der obern Fläche deß Kessels/das weisse Saltz/gleich einem Netz erscheinet / darnach nimmt man / mit einem löcherichten Rühr-Löffel oder Durchschlag das auf den Boden gefallene Saltz / nach und nach aus dem Kessel / lässet die Laugen abtropffen oder durchseichen / und thut das Saltz in irdene und löcherichte Gefäß/ damit es schleuniger trocknen / und die Laugen abrinnen kan / welches Abgeronnene wiederum in den Kessel gethan wird: Und auf solche Weise fähret man so lang fort / biß daß alles Saltz ist herausgenommen worden.

Es ist aber zu mercken/daß man das Feuer/so bald sich das Saltz ereignet/etwas mindere; denn so man mit starckem Feuer fort führe/so würde sich das Saltz sehr heiß an den Kessel legen ; und weil es ein sehr starkes Saltz ist/ den Kessel verderben ; dergleichen mir etliche mal wiederfahren ist ; ist derowegen solches wohl in acht zu nehmen / und Fleiß hier anzuwenden: Das Saltz/ wann es wohl abgesiegen / nimmt mans aus den Gefässen / und verwahret solches in einer Schachtel oder höltzerem Kästlein ; damit desto besser alle Feuchtigkeit davon verzehret werde/welches erst nach etlichen Tagen/und nachdem die Zeit deß Jahrs ist / eher oder langsamer zu geschehen pfleget. Die gantze Kunst aber ein schönes Saltz zu bereiten / ist / wie wir oben angemercket haben / an den Weinstein gelegen: Ich habe gemeiniglich aus 300. Pfund der Levantischen Aschen/80. biß 90. Pfund Saltz bekommen.

Wann nun das Saltz wohl getrocknet/so wird es gröblich zerbrochen/ in den Calcinier-oder Asch-Oefen/bey gelinder Hitze ferner gedörret/und mit einem eisernen Instrument oder Rührhacken / oder gleich wie die Fritta, durch-

durcheinander gerühret; demnach also das Saltz in einen mässigen warmen Ofen alle Feuchtigkeit verlohren / wird solches heraus genommen/ in einen steinern Mörsel zerstossen / und durch ein so enges Sieb geschlagen / daß die durchgefallene Saltzkörner / nicht grösser als ein Getreyd-Korn sind; dieses also zerstossene / gesiebte und getrocknete Saltz / wird an einem Ort / vom Staub entfernet/absonderlich aufbehalten; damit die Fritta Crystalli, auf nechst folgende Weise daraus verfertiget werde.

Das Ander Capitel.

Wie die Fritta Crystalli, insgemein Bollito genannt/ bereitet werde.

WEr ein schönes und vollkommenes Crystall machen will / der muß sehen / daß er den allerweissesten Tarsum bekomme: Die Einwohner zu Muran gebrauchen hierzu den Ticiensischen Kieselstein / welcher alldar in dem Fluß Ticino/ häuffig gefunden wird: Der Tarsus ist eine Art deß weissen und harten Marmors / der in Thuscia oder Toscan, unten an dem Berge Verrucola/beym Städtlein/Pisa genannt/gelegen/ wie auch zu Seraveza, Massa di Carrara, und in dem Strom Arno / unter- und oberhalb Florentz/ ingleichen auch anderer Orten wächset / und in grosser Mänge gefunden wird; auch sonsten genugsam insgemein bekannt ist: wollest derowegen dir von gedachtem Tarso, die allerweisseste Art auserlesen/ welcher keine schwartze Adern / und gelbe Flecklein habe / auch sonder allen Rost seye. Wobey zu mercken / **daß alle Steine / die / an einen Stahl geschlagen / Feuer von sich geben/zum Glaß oder Crystall tüchtig sind, hingegen diejenigen / welche kein Feuer geben / werden nimmermehr zu Glaß /** welches zur Nachricht dienen kan/alle Arten der Steine zu unterscheiden.

Dieser schöne und weisse Tarsus nun/soll in einen steinern Mörser/klein und zu Pulver gestossen werden; solches aber muß nicht in einem Metallischen Mörser geschehen; damit nicht dieses Tarsus-Pulver/ wie es sonst wol zu geschehen pfleget/die Metallische Farbe an sich ziehe; auch mit solcher Farbe alsdann das Glaß und Crystall anstecke/und also verderbe; die Mörser-Stempel aber/müssen hierzu nothwendig von Eisen seyn.

Dieser sehr wohl-gepülverte Tarsus, wird durch ein enges Sieb geschlagen/ denn das Hauptstück deß gantzen Werckes beruhet darinnen / daß dieser Tarsus oder Kieselsteine / gleich einem subtilen Mehl / bester massen zerstossen / und durch das allerengeste Sieb geschlagen werde; alsdenn nimmt man dieses wohl-gepülverten Tarsi, zum Exempel / 200. Pfund / deß hier oben-gelehrten / wohl-gepülverten und gesiebten Saltzes / ohngefehr / 130. Pfund / solches alles aufs beste vereiniget / und aufs fleissigste miteinander vermischet / setzet man in einen wohl-geheitzten Kalch-Ofen; denn wenn sie in einen kühlen Ofen gesetzet würden / so solte keine Fritta daraus werden: Anfangs giebet man eine Stundlang ein gemässigtes Feuer / doch so / daß man ohne unterlaß die Fritta mit den Rührhacken durchmische / damit sie desto besser incorporiret und calciniret werde; hernach verstärcket man das Feuer / und durchrühret die Fritta mit dem Rührhacken wohl / denn solches sehr viel bey der Sache thut / und also fähret man 5. Stundenlang mit stetigen starcken Feuer fort.

Der Kalch-Ofen / dessen hier obenerwehnet / ist eine Art eines calcinir- oder Brenn-Ofens / den man zum Glaßmachen gebrauchet / wie insgemein fast jederman wohl bekannt ist: Der Rührhacken ist ein langes eisernes Instrument / nicht weniger bey den Glaßmachern wohl bekannt / damit man die Fritta immer beweget und umrühret.

Nach Verfliessung der 5. Stunden habe ich die Fritta aus dem Kalch- oder Calcinir-Ofen nehmen lassen; massen sie in solcher Zeit / so fern das Feuer recht regieret worden / fertig und bereitet ist / alsdann habe ich diese Fritta, um solche vor allem Staub zu verwahren / wohl zugedecket / auf einem gehobelten Bret / an ein trockenes Ort beygesetzet; denn es ist hierzu grosser Fleiß und Aufsicht nöthig / wo der Crystall recht schön werden soll: Die Fritta, auf besagte Art bereitet / wird schneeweiß.

Im Fall der Tarsus gar zu mager und dürre wäre / kan man zu obgesetzten Gewicht deß Saltzes / noch 10. Pfund hinzu thun: Diejenigen aber / welche in dieser Kunst geübet seynd / die nehmen alsobald die Prob aus der ersten Fritta, indem sie derselben einen Theil in einen Tiegel thun / und aus diesem / in eine reine gläserne Schale schütten / damit sie sehen / ob solche wohl und geschwind zusammen fliesse / wobey man auch zugleich mercken kan / ob die Fritta zart oder hart seye / und nach solchem wird das Gewicht deß Saltzes vermehret oder vermindert: Diese Fritta Crystalli wird / wie gedacht / an einem trocknen Ort aufbehalten; denn an feuchten Orten / oder in Kellern / darff sie nicht stehen / weil daselbst das Saltz aufgelöset und zu Wasser wird / der Tarsus aber allein übrig verbleibet / woraus denn nimmermehr Glaß werden kan; auch darff die Fritta nicht / wie sonsten zu geschehen pfleget / befeuchtet werden. Wann nun die Fritta auf solche Weise zugerichtet 3. oder 4. Monat alt worden / ist sie viel tauglicher zur Arbeit / und vereiniget sich desto geschwinder; dieses ist also die Art und Weise / die Fritta Crystalli zu machen / mit angezeigten Gewicht und Umstünden / wie ich sie denn / zum öfftern / auf solche Manier verfertiget habe.

Das Dritte Capitel.

Eine andere gantz neue und von mir erfundene Art / aus dem Levantischen Pulver / das Saltz zu extrahiren / womit eben ein so schöner und durchscheinender Crystall / gleich dem Berg-Crystall / bereitet wird.

MAn nimmt das wohl-gesiebte Levantische Pulver / und thut solches in groß-bauchigte Glässer / die unten herum mit Leimen beschlagen sind; diese mit gemeinen Wasser angefüllet / setzet man in einen Aschen- oder Sand-Ofen / und gibt etliche Stundlang ein gemässigtes Feuer / biß die Helffte deß Wassers verrauchet sey: wann nun das Feuer abgegangen und der Ofen erkaltet ist / so giesset man das übergebliebene Wasser / gemächlich ab / in verglasurte irdene Gefässe; auf das restirende Pulver aber / in den Glässern / schüttet man wieder frisches Wasser / und lässets wie zuvor sieden / biß die Helffte verrauchet / solches thut und wiederholet man so lang und offt / biß man mit dem Wasser alles Saltz aus dem Pülverlein extrahiret habe; welches am Geschmack kan in acht genommen / und an dem Wasser gesehen werden / wann nemlich das Wasser keine Saltzigkeit und Farbe mehr hat.

Von dieser filtrire / nach Belieben / so viel du wilst / und lasse das filtrirte 4. biß 6. Tage in verglasurten Geschirren stehen; denn auf solche Weise / wird sich viel irrdische Unreinigkeit / die es noch bey sich hat / niedersetzen / alsdann filtrire mans wiederum / so wird es eine klare und von den meisten Theil deß Unflats gereinigte Lauge seyn.

Diese gereinigte Lauge thut man abermal in die lutirten Gläser / und lässet es bey einem gelinden Aschen- oder Sand-Feuer abrauchen; da dann zu mercken / daß / wann dir die materia in den Gläsern trocken worden / man ein gar sanfftes und lindes Feuer gebrauchen müsse / damit das Saltz nicht verbrennet und verderbet werde: Wenn es nun wohl getrocknet und aus den lutirten Gläsern genommen worden / so muß man zusehen / ob die Geschirr am Boden noch gantz oder zersprungen sind / welches offters zu geschehen pfleget / auf solchem Fall / muß man das Saltz in andere dergleichen lutirte und mit Wasser angefüllte Gläser thun / und solche wiederum in den Sand- oder Aschen-Ofen setzen / von dem Wasser aber lässet man allezeit den fünfften Theil verrauchen / und wenn der Ofen erkaltet / schüttet man das Saltzreiche Wasser in irrdene verglasurte Geschirr / lässets 24. Stunden stille stehen / und filtrirts alsdenn fleissig / denn es setzet fæces und Unreinigkeit zu Boden; solche gereinigte und filtrirte Lauge lasse in den lutirten Gläsern

über

über einem gelinden Feuer verrauchen / und wenn es fast abgerochen / brauchet man ein gantz gelindes Feuer/ damit das Saltz nicht verbrenne/ welches Saltz man von neuen in den Gläsern oder lutirten Flaschen / mit gemeinen Wasser auflöset/wie oben allbereit ist gelehret worden.

Diese Arbeit aber wird so offt wiederholet / biß das Saltz keine fæces mehr von sich werffe/denn alsdenn ist es rein und vollkommen / daß man aus solchen / samt dem subtilen und weissen Tarso, die Frittam und Crystallen/ von solcher Schönheit und weisen Glantz / bereiten kan / daß sie auch die Orientalische Berg-Crystallen übertreffen.

Es ist aber diese Arbeit nicht in metallenen sondern gläsern Geschirren anzustellen / denn das Saltz ziehet zu Zeiten etwas von der Farbe deß Metalls/ an sich/dahero wird es alsdenn allezeit grünlicht.

Dieser Weg/das Saltz auszuziehen/wiewol er viel mühsamer/ als der vorige ist/auch weniger Saltz giebet; so wird dennoch das Crystall davon so fürtrefflich/daß sich dessen/im Gebrauch / kein Fürst schämen darff/ und können daraus allerley Gefäß und Glaß-Arbeit/verfertiget werden: Dieses ist meine Erfindung / die ich auch / mit glücklichem Fortgang / zu meiner sonderbaren Ergötzlichkeit / vielmals ausgearbeitet habe.

Das Vierdte Capitel.

Eine Anmerckung von der güldenen Farb deß Crystalls.

ES ist zu mercken / daß die Fritta, aus dem Saltz deß Pülverleins oder Levantischen Rochetta / mit Zusetzung deß Weinstein-Saltzes bereitet / nicht dienlich sey/ die güldene Farbe anzunehmen / denn aus solcher Fritte dergleichen Goldfarbe nimmermehr kan gebracht werden/wiewohl es sonst alle andere Farben giebet: Damit du derowegen eine güldene Farbe erlangest/so solt du das Saltz bereiten/aus dem Rochetta-Pülverlein allein/welches / wie oben gelehret/sey gereiniget worden / denn wenn solches nicht geschiehet/so wirst du keine güldene Farbe bekommen.

Das Fünffte Capitel.

Eine Art / das Saltz aus dem Fahren-Kraut zu extrahiren/ von welchen gleichfals / der Crystall ziemlich schön wird.

ICh habe zu Pisis mit der Fahren-Kraut-Asche/das Saltz daraus zuziehen/eine Probe gemacht: Dieses Kraut wächset in Toscanien häuffig; es muß um das Ende des Monats May/biß gegen die Helffte deß Junij / im zunehmenden Mond / wenn er der opposition, oder dem vollen

Licht

Licht/ nahe ist / also grün abgeschnitten werden / denn zur selben Zeit ist es am besten / und vollkommensten / giebet auch am meisten Saltz / welches weisser und besser ist / als wenn das Kraut zur andern Zeit gesamlet wird : denn so man wartet / biß es von sich selbsten/ auf dem Stengel dürre ist worden / so giebet es gar wenig und schlechtes Saltz. Wenn es demnach / nach obigen Unterricht/ abgeschnitten und zu Hauffen gebracht worden / so wird es bald welck und dürre / und lässet / wenn es verbrennet wird / eine sehr gute Asche hinter sich / aus welchen alsdenn / nach Anleitung / wie wir oben von der Levantischen Rochetta erwehnet/ ein gutes gereinigtes Saltz extrahiret wird / mit welchem ich darnach / sammt dem gepülverten/und wolgesiebten Tarso, die Fritta bereitet habe/welche mir/nachdem sie in einer Schalen wohl durchgebehret worden / ein schönes und ungewöhnlich liebliches Crystall gegeben hat / welches stärcker war / und sich in der Hitze leichter biegen ließ/als sonst der Crystallen Art ist ; denn es könnte solches gleich einem dünnen Faden gezogen werden/wie ich auch habe thun lassen : Diese Fritta giebet eine schöne Güldene Farb / so man nur kein Weinstein-Saltz darzu thut/wie oben schon ist angemercket worden: Diese güldene Farbe/welche von gedachter Crystall kommet / ist viel schöner und anmuthiger als die jenige / so die Crystall / aus dem Saltz deß Levantischen Pülverleins bereitet / giebet / und können aus jener Crystall nicht weniger/ gleich wie aus dieser allerley schöne Gefässe verfertiget werden.

Das Sechste Capitel.

Art und Weise ein ander Saltz zu bereiten / aus welchem ein Crystall von ungläublicher Schönheit/ bereitet wird.

MAn soll nach obgedachter Manier / ein Asche aus dem ausgeschlagenen Bohnen / Hülsen und Stengeln machen / und daraus/auf gleichen Weg/wie bey der Bereitung des Saltzes aus dem Levantischen Pülverlein geschehen / ein wunderbares Saltz extrahiren / welches mit dem weissen und wohl-gesiebten Tarso, wie hier oben zur Genüge ist angezeiget worden/vermischet/eine fürtreffliche Fritta und ein über alle Massen schönes Crystall giebet : Eben dergleichen kan auch geschehen / aus der Asche deß gedörrten Kohlkrauts/deß Brombeerstrauchs/ wie nichts weniger / der Wollen-Kammer Disteln/der Binsen/item deß Schilffrohrs und dergleichen viel andern Kräutern / welche alle ihr Saltz aus der Aschen geben/aus dem hernach auf gewöhnliche Art/eine Fritta,und aus dieser/ die allerschönsten Crystallen gemachet werden/wie ein jeder curieuser Künstler erfahren wird ; denn es lehret die Erfahrung viel mehr als das langweilige Studiren.

Das Siebende Capitel.

Ein Saltz zu bereiten / aus welchem ein genugsam-schöner Crystall wird.

AUs dem Mauer-Kalch extrahiret man das Saltz/solches/so es gereiniget / wird es mit dem Saltz deß gebräuchlichen Levantischen Pülverleins vermenget/nemlich 2. Pfund/ zu 100. Pfund gerechnet; das ist/2. Pfund deß Kalch-Saltzes/werden zu 100. Pfund/ deß gedachten Pülverlein Saltzes gethan: Aus diesem Saltz also vermischet/wird nach bekannter Art/die Fritta bereitet/ und in einer breiten Schüssel gereiniget / wie hernach soll gelehret werden / da wir von der Manier die Crystallen und das gemeine Glaß zu machen/handeln wollen; auf solche Weise wirst du einen sehr schönen Crystall überkommen.

Das Achte Capitel.

Wie man die gewöhnliche Fritta, aus dem Levantischen Pülverlein/Rochetta, und der Soda Hispanica bereiten soll.

FRitta ist nichts anders/als eine Calcinirung derer Materialien/aus welchen das Glaß gemachet wird; denn ob sie schon ohne Calcination schmeltzeten/und zu Glaß würden/so solte es doch nit sonder grossen Verdruß und Zeitverliehrung geschehen; derowegen ist dieser Weg erfunden worden/daß man nemlich die Frittam im Kalch-Ofen calcinire: denn wenn solche wohl calciniret / und das Gewicht der Materialien recht in acht genommen worden / mit Ansehung der Güte in der Soda / so lässet sie sich im Topffe eilends schmeltzen und reinigen: die Fritta, welche aus dem (Soda) Pulver gemachet / giebet zwar ein weisses/doch gemeines Glaß; die Fritta aber/aus der Levantischen Rochetta, giebet ein überaus schönes Glaß / welches Crystallin genennet wird: die Soda Hispanica, ob sie gleich insgemein fetter als andere ist / giebet dennoch kein so weisses und schönes Glaß / gleich wie die Levantische Rochetta; denn es wird allezeit etwas blaulicht.

Damit derohalben ein jedes recht bereitet werde / so schläget man das Pulver durch ein enges Sieb/was nicht durchgehet/wird in einen steinernen Mörser gestossen / damit es keine fremde Farb an sich nehme; so wird es mit der Rochetta und Soda gehalten / daß nemlich ein jedes allein gestossen / und durch ein subtiles Sieb geschlagen werde; denn es ist der Glaßmacher allgemeines Sprichwort: An einem engen Sieb und dörren Holtz / lieget die gantze Zierde der Kunst: Belangend die Quantität der Sodæ und Tarsi, so wer-

so werden zu 100. Pund Sodæ, 85. biß 90. Pfund Tarsi erfordert / welcher / gleichwie von der Crystall gesaget / in einen steinern Mörsel subtil zerstossen / und durch ein enges Sieb muß geschlagen werden / doch muß man mit der Quantität deß Tarsi nach der Sodæ Güte und Fettigkeit sich richten / welches man durch die Probe / wie der Kunst bewust / erkennen muß.

Nachmals soll deß Sandes / sonderlich deßjenigen / welcher in Toscan, und im Thal Arni gefunden wird / und fetter ist / auch mehr Saltz hält denn der Tarsus, allezeit 6. oder 8. Pfund / auf 100. Pfund genommen werden: Es soll aber vorher dieser Sand wohl gewaschen / von allem Unflat gereiniget / und klein durchgesiebet seyn / denn also wird das Glaß schön und weiß; dennoch aber gibt der Tarsus viel ein schöners Glaß / als einig anderer Toscanischer Sand.

Nachdem nun das gebührliche Gewicht deß Sandes oder Tarsi getroffen / soll man es vorher / wohl mit der Soda oder den Levantischen Pulver / welche durchgesiebet unb subtil seyn müssen / vermischen / und also wohl ausgebreitet / in den heissen Kalch-Ofen-setzen / mit einem Rührhacken stets umrühren und auf solche Weise calciniren: diese Arbeit setzet man so lang fort / biß es in eine masse / oder etzliche Stücke / einer Wallnuß groß / sich zusammē begebe / alsdenn hält man / mit gleichem Feur / noch 5. Stund lang an; denn wann das Feur gebührlich fortgesetzet / und die Materia stetigs umgerühret wird / so hat man die Fritta in 5. Stunden fertig / welches hieran zu erkennen / wann sie / nachdem man ein Stücklein erkalten lassen / eine gelblichte Weise hat.

Die Fritta kan man auch wohl länger calciniren; denn je länger sie gecalciniret und je öffter sie umgerühret wird / je eher schmeltzet sie im Topff / auch verzehret sich die grobe Gelblichkeit davon / und wird das Glaß reiner.

Wenn sie nun also glüend aus dem Ofen gezogen / so wird sie alsobald mit 3. oder 4. Bechern voll kaltes Wassers begossen / und hernach an einen kalt- und feuchten Ort hingesetzet: die Erde aber / welche in Ausziehung des Saltzes überbleibet / thut man in eben dieselbe Geschirr / worinnen die Lauge deß Pulvers gewesen / geust abermahl ein Wasser darauf / und fänget das jenige / welches wieder davon durchlaufft / mit untergesetzten Geschirren auf; massen solches eine scharffe Lauge giebet / mit welcher / nachdem sie sich gesetzet / auch klar geworden und allein aufgehoben / die Fritta nachmals öffter besprenget wird / davon sie / nachdem es 2.3. oder / welches besser ist / mehr Monat geschehen / wie ein Stein zusammen giebet / also daß man sie mit einer Hauen oder Grabscheit / von einander bringen muß; sie schmeltzet auch so denn im Topff in sehr wenig Stunden / und gibt ein sehr weisses / und fast dem Crystall äh-

ähnliches Glaß; denn die Lauge theilet der Fritta, ihr Saltz mit/daher denn auch diese Würckung erfolget.

Wenn man aber diese Lauge nicht hat / so kan man nur die Frittam mit schlechten Wasser besprengen; denn ob schon das Wasser keine solche Krafft wie die Lauge hat / so hilfft es dennoch und machet es desto leichter schmeltzen: Die Fritta erfodert auch allemal etliche Monat Zeit / denn auf solche Weise vermehret sie sich / verzehret weniger Holtz gibt aber ein viel weisser/und zur Arbeit tüchtigers Glaß.

Das Neundte Capitel.

Wie man ein recht vollkommenes Crystall machen soll.

NImm ein Fritta Crystalli, welche mit Fleiß/ nach der im Anfang gegebenen Anleitung/sey bereitet worden / thue solches in einen Topff/ jedoch daß du vorhero/ alle andere Töpffe / in welchen einige Farben sind / auf die Seite thust; Denn der Metallene Rauch / welcher die meisten Farben verursachet / machet daß Crystall bleich und heßlich: Damit aber das Crystall recht weiß/ gläntzend und schön werde / so setze der Fritta, welche in den Topff gethan / so viel der Magnesie / zu / als wie die Grösse und Weite deß Topffs solches erfodert / welches denn die Glaßmacher aus der Erfahrung haben und wissen sollen.

Ich verstehe aber allhie die Piemontische und præparirte Magnesie/ davon hernach ein mehrers soll gesaget werden.

In den Ofen wird ein hartes und dürres Holtz / gleich wie das Eichen-Holtz ist / erfodert; denn mit den weichen Holtz allhier nichts auszurichten ist; es ist über dieses nöthig/ daß man stetigs und gemach nachschüre / um das Feuer in der Flammen zu erhalten / und den Rauch zu vermeiden; welches denn zu der Schönheit der Crystall sehr viel beförderlich ist.

Wenn nun die Fritta wohl geschmoltzen/wird sie aus dem Topffe in ein grosses irrdenes oder höltzernes / reines und mit kalten Wasser angefülletes Geschirr geschüttet; damit das also genannte Alkali-Saltz verzehret werde/ sintemal selbiges dem Crystall schädlich ist; dieweil es solches dunckel und neblicht machet/auch verursachet/daß solches der Crystall/in der verfertigten Arbeit von sich ausstösset / welches denn nicht wohl stehet: Die Fritta wird hernach aus dem Wasser/wieder in den Topff/ und nachdem er darinnen geschmoltzen / wieder ins Wasser geworffen; und solches wird so oft wiederholet/biß der Crystall von allem Saltz ledig und rein ist.

Die gantze Sache aber dieser operation bestehet in der Geschicklichkeit eines

eines erfahrnen Glaßmachers: Nach diesem lässet mans 4. biß 6. Tage lang kochen/ mit Verhütung/ so viel es müglich ist/ daß es mit keinen Eisen umgerühret werde; dann der Crystall allezeit eine Schwärtze von dem Eisen bekommet/ und annimmt. Wenn nun dieses verrichtet/ und der Crystall klar worden/ so muß man sehen/ ob er von der Magnesie genugsam bey sich habe/ und wenn er etwas grünlicht/ so kan man von der Magnesie noch mehrers hinzu thun; man muß aber allezeit Piemontische Magnesie/ wie zu Muran gebräuchlich ist/ nehmen; denn die Toscanische und Lyguirische halten mehr schwärtzlichte oder Eisenhaffte Farbe/ und machen den Crystall schwartz; dahero wird von denen Glaßmachern allezeit die Piemontische/ als die beste/ genommen. Sie muß aber sparsam/ und mit Verstand hinzu gethan werden/ sonsten giebet sie dem Crystall eine eisenhaffte und rostige Farbe/ welche endlich gar schwartz wird/ und die Klarheit dem Crystall benimmt.

Nachdem man dem Glaß die Magnesie beygesetzet hat/ so lässet mans so lang kochen/ biß daß es eine helle und gläntzende Farbe erlanget hat. Die Eigenschafft der Magnesie/ wenn sie in behörlicher Qvantität gebrauchet wird/ ist diese/ daß sie dem Glaß die grobe Grünheit entnehme/ und ein weiß gläntzendes Crystall mache; darum ist es sparsam und nur nach und nach zu gebrauchen/ damit es das Crystall nicht verderbe.

Die gantze Sache aber/ dieses Gebrauches beruhet auf der Geschicklichkeit/ eines fleissigen und verständigen Künstlers/ denn man allhier kein gewisses Maaß und Gewicht geben kan.

Wenn du nun ein schön und helles Crystall erlanget hast/ so verschaffe/ daß er ohne Verzug zu beliebigen Geschirren verarbeitet werde; jedoch aber daß es mit wenigerm Feuern/ als das gemeine Glaß gearbeitet werde; wiewol es sehr hell/ ohne Rauch/ und mit dürren und harten Holtz muß gemachet seyn.

Die eiserne Instrumenta/ deren sich der Arbeiter hierzu bedienet/ sollen rein und gepoliret seyn/ auch muß der halbe oder äusserste Theil deß Glases/ welcher an dem Blaßrohr hänget/ nicht wieder zum Crystalln/ sondern in einen andern Topff beyseits gethan werden; denn dieses Stücklein Glaß/ allezeit etwas von der Eisen-Farb/ mit sich nimmt/ welche das Crystall verderbet. Derowegen ist solches insonderheit wohl zu mercken/ und kan dasselbige/ an dem Blaßrohr hangen-gebliebene Stücklein/ nur in einen gemeinen Glaß-Topff gethan werden/ als aus welchem geringe Geschirr verfertiget werden/ denen solches nichts schadet; dieses ist also die Art und Weise das Crystall zu machen/ dessen ich mich allezeit bedienet/ und gebrauchet habe.

Das Zehende Capitel.

Wie man das Crystallinen und weise/sonst das gemeine Glaß genannt/bereiten solle.

WAnn man / die aus dem Pulver gemachte Frittam in den Schmeltz-Topff thut / so bekommet man das weise und schöne Glaß / welches aber insgemein nur das gemeine Glaß genennet wird.

Auf was Weise aber die Fritta aus dem Pulver und der Rochetta bereitet werde / ist an seinem Ort gezeiget worden: So man die Frittam, aus der Rochetta bereitet/ nimmt / alsdenn bekommet man ein herzliches Glaß / welches zwischen dem gemeinen und dem so genannten Bollito, das mittlere ist/und auch Crystall genannt wird.

Der Ofen wird allezeit/wie vormals erwähnet/mit dürren und harten Holtz geheitzet/um den Rauch zu verhüten / welcher allezeit schädlich ist / und das Glaß schwartz machet; beyden aber/so wohl dem gemeinen als den Crystallinen Glaß/wird/von der Piemontischen präparirten Magnesie/ ihr Gewicht und gebührlicher Theil zugesetzet / gleichwie von der Bollito oder dem Crystall gesaget worden/so wird es gut und schön werden / denn es wird ihnen von der Magnesie alle Grünheit benommen.

Das Crystallinen muß allezeit ins Wasser geworffen werden / so erlanget man ein weisses und schönes Glaß; eben dieses kan auch mit dem gemeinen Glaß geschehen/damit es auch schön und vollkommen werde: hernach thut man sie/wie gebräuchlich/ wieder in den Schmeltz-Topff: und wann sie seynd rein worden/können sie nach Nothdurfft verarbeitet werden.

Hier ist zu mercken wegen deß Wasser-werffens / daß solches in eines jedwedern Belieben stehe; denn es kan auch/ so man will / unterlassen werden; Wenn man aber das Glaß schöner/ als insgemein/ begehret/ so ist nöthig / daß es in das Wasser geworffen werde; denn ausser / daß das Glaß weisser davon wird / so wird solches auch noch dadurch calciniret und wohl gereiniget/bekommet auch nicht so viel Bläslein.

Es ist auch allhier dieses sehr wohl in acht zu nehmen/ nemlich so man zu 100. Pfund/so wohl deß gemeinen als Crystallinischen Glases / zu jedem besonders/10. Pfund gereinigtes Weinstein-Saltz beyfüget/so bekommet man ein fürtreffliches und viel schöners Glaß / und Crystall / denn sonsten; man muß aber/wie oben gelehret/die/an dem Blaßrohr hangende äusserste Stücklein Glaß/nicht wieder in den Schmeltz-Topff werffen; denn es verursachet allezeit eine schwartze Farb; derowegen soll es nur zu dem gemeinen Glaß gethan werden.

Das

Das Weinstein-Saltz wird hinzu gethan / wenn die Fritta bereitet wird/indem man solches mit dem Tarso oder Sand / und mit dem Levantischen Pulver oder Rochetta, nachdem sie wohl und klein gesiebet/vermischet/ und also nach bekanter Art eine Frittam machet: die Art und Weise aber das Weinstein-Saltz zu solchem Gebrauch zu reinigen/ist/wie hier folget.

Das Eilffte Capitel.

Wie man das Weinstein-Saltz reinigen soll.

Nimm Weinstein oder die rothe und dicke Weinhäfen/ die nicht stäubig seye / solche in einen irdenen Topff über glüenden Kohlen so lang gebrannt / biß alle Fettigkeit verzehret / und es ein schwartzer Kalch worden sey/welcher sich schon zur Weise neiget/doch aber noch nicht weiß sey; Massen solches nichts nutz wäre: Diesen Weinstein/auf solche Weise calciniret / thue man in verglasurte irdene Geschirr / diese mit gemeinen Wasser angefüllet/lässet man bey einem gelinden Feuer so lang kochen/ biß ungefehr der vierdte Theil deß Wassers/in 2. Stunden verrauchet sey; alsdenn nimt mans vom Feuer/und wenn es erkaltet/und klar worden ist/giesset mans ab/ so bekommet man eine scharffe Lauge.

Die Geschirre/darinnen das übrige vom Weinstein noch ist/ füllet man wiederum mit Wasser / und lässet es wie zuvor sieden / und biß auf den vierdten Theil ausrauchen; dieses wird so lang wiederholet / biß man in dem Wasser nichts saltziges mehr verspüret; wenn dieses geschehen/so wird alles Wasser gefiltriret / das klare und gefiltrirte in grosse Gläser gethan / und im Aschen oder Sand-Ofen / bey einem gelinden Feuer ausgerauchet / daß auf dem Boden ein weisses Saltz übrig verbleibet / welches man / nachdeme es wiederum in gemeinem Wasser solviret / und zwey Tage gestanden / hernachmaln filtriret / und in grossen Gläsern bey einem gelinden Feuer / wie zuvor / verrauchen lässet / so verbleibet auf dem Boden ein viel schöner und weisser Saltz / als das vorige: diesen Proceß kan man noch 3. oder 4. mal wiederholen/so wird man ein sehr reines und schneeweisses Saltz bekommen: dieses mit dem Levantischen Pulver/oder gesiebten Rochetta, samt einem gebührlichen Theil deß Tarsi oder Sandes/vermischet/ wird ein Frittam, und ferner ein Crystallinen und gemeines Glaß geben / welche ungewöhnlich schöner und besser/als insgemein seyn werden.

Das

Das Zwölffte Capitel.

Wie man die Zaffera zu denen Glaßmacher-Farben dienlich/ bereiten soll.

MAn soll die grössern Stücke Zafferæ, in irdene Geschirr gethan/einen halben Tag in der Ofen-Kammer halten; hernach beym Ofen-Feuer/auf einen eisern Rost glüen lassen; und/ nachdem sie heraus genommen/mit einem scharffen Essig besprengen/ wenn sie nun wieder getrucknet/und kalt worden/soll man sie auf einen Reibstein gantz subtil reiben/ und hernach in gläsern Geschirren/öffters mit warmen Wasser waschen; doch also/daß die Zaffera sich allemal niedersetze; alsdenn das Wasser sachte abgegossen/so wird sie von aller irdischen Unreinigkeit abgesondert/ aufn Grunde liegen bleiben/welche/nachdem sie getrocknet/in vermachten Geschirren muß zum Gebrauch aufgehoben werden; sie färbet das Glaß alsdenn viel schöner/ als sie vorhin gethan hätte.

Das Dreyzehende Capitel.

Wie die Magnesie zum Glaßfärben bereitet werde.

ES muß allhier zu unserm Vorhaben die Piemontische Magnesie genommen werden/ als welche von allen Glaßmachern vor die beste gehalten wird/und häuffig/in Venedig zubekommen ist; diese Magnesie nur allein/brauchen auch die Muranen/ ob aber solche schon/ auch in Toscan und Lygurien in grosser Menge angetroffen wird/so hält doch selbige viel Eisen/ und gibt eine schwartze und schmutzigte Farbe; hergegen machet die Piemontische aus der schwartzen eine sehr schöne Farb/ und lässet das Glaß/ von aller Grüne befreyet/ gantz weiß liegen: Sollen demnach die gröbern Stücklein dieser Magnesie/auf einen eisern Rost/beym Ofen-feyr/reverberiret/und also glüend mit einem scharffen Essig besprenget werden: nachgehends soll man sie subtil zerreiben/ und mit warmen Wasser/ gleich wie die gröblichte Stücklein der Zaffera, etlichmal abwaschen/ alsdenn trücknen/ pülvern und in einem verschlossenen Gefäß zum Gebrauch aufheben.

Das Vierzehende Capitel.

Das Spanische Ferretum, zum Glaßfärben zu machen.

DAs Ferretum zu machen ist nichts anders/ als das Kupffer auf eine solche Manier zu calciniren/daß es seine aufgeschlossene Tinctur oder Farb dem Glaß mittheilen könne: und wenn diese Calcination wohl ver-

verrichtet worden / so geschiehets / daß diese Kupffer-Farb sehr schöne und mancherley Farben in dem Glaß repræsentiret: solche Calcination aber geschiehet auf unterschiedliche Manieren / deren ich zwey / und zwar die leichtesten beschreiben will / welche ich selbst mit grossen Nutzen erfahren und öffters versuchet habe: die Erste ist folgende.

Man muß dünne Kupfferblech / ungefehr eines Gülden dick / bey der Hand haben / wie auch etliche Tiegel / auf deren Boden machet man ein Bett von gepülverten Schweffel / darauf leget man ein Kupfferblech / dann wie der Schweffel / und also Umwechselsweiß / eines auf das andere / biß der Tiegel voll worden; dieses wird Stratificiren genennet: Dieser vollgefüllte Tiegel / nachdem er mit Leimen wohl verwahret / bedecket und wiederum trocken worden / wird in den Wind-Ofen gesetzet / und mit unterschiedenen Kohlen 2. Stunden lang im starcken Feuer gehalten: Nachdem nun der Tiegel erkaltet und eröffnet worden / so wirst du das Kupffer also calciniret finden / an der Farbe schwartz-röthlich / und daß mans / gleich einer andern trocknen Erden / zwischen den Fingern zerreiben kan: Dieses calcinirte Kupffer gepülvert / und durch ein enges Sieb geschlagen / wird also zum Gebrauch verwahret und aufgehoben.

Das Fünfzehende Capitel.

Das Ferretum auf eine andere Art zu machen.

Diese zweyte Manier / das Ferretum zu machen / ist zwar etwas mühsamer / als die erste / allein es thut in den Glaß einen extraordinar-effect: Man stratificirt und calciniret das Kupffer mit Vitriol / an statt deß Schwefels / und reverberirts 3. Tage lang / in der Ofen-Kammer / nahe am Loch / welches die Italiäner das Auge (Occhio) nennen: Hernach nimmt mans heraus / stratificirts von neuen mit Vitriol noch einmal / calcinirts und reverberirts wie zuvor: Diese Stratificirung / Calcinir- und Reverberirung / so sie sechsmal wiederholet worden / alsdenn wird es ein fürtreffliches Ferretum geben / welches im Glaßfärben ein gantz ungemeine Würckung erzeigen wird.

Das Sechzehende Capitel.

Wie der Crocus Martis, zum Glaßfärben soll bereitet werden.

Der Crocus martis ist nichts anders / als eine subtile Calcinirung deß Eisens / dadurch die Farbe desselben / welche im Glaß schön roth scheinet /

also aufgeschlossen wird/daß sie/nachdem solche dem Glaß zugesetzet/nicht allein sich selbst/sondern auch andere metallische Farben / welche sonst im Glaß verborgen / und gleichsam todt wären / herrlich scheinend und gläntzend vorstellet: Denn der Crocus Martis ist eben das Mittel / dadurch die verborgenen metallischen Farben ans Licht gebracht / und sichtbar gemacht werden; will ihn derowegen auf viererley Wege zu præpariren beschreiben / deren erster ist dieser:

Man nehme Eisen/oder welches besser ist/Stahlfeil-Späne/solche mit 3. Theil gepülverten Schwefel vermischet / und in einen Tiegel gethan / auf Art/wie droben vom Ferreto gesaget worden / calcinire man / biß daß aller Schwefel verbrennet ist / und lasse es 4. Stunden lang auf den glüenden Kohlen stehen; Denn nimms heraus / laß erkalten/ pulverisirs/ und schlags durch ein enges Sieb; thue es alsdenn in einen offenen und lutirten Tiegel/ und laß es in der Glaß-Ofen-Kammer beym Auge oder Loch (Occhio.) 14. oder mehr Tage stehen / so wird es eine braunroth auf Purpur sich neigende Farb bekommen; diese verwahre in einen verschlossenen Gefäß zum Gläsertingiren; denn es vielerley schöne Würckungen verrichtet.

Das Siebenzehende Capitel.

Wie der Crocus Martis auf eine andere Art zu machen.

Diese zweyte Art den Crocum Martis zu præpariren / wiewohl sie sehr leicht und gering ist / so ist sie doch darum nicht zu verrachten; denn er dem Glaß eine Blutrothe Farbe giebt / seine Bereitung ist wie folget: Nimb Eisen/ oder welches besser ist/Stahl-Feylspähn / solche besprenge oder vermische/in einem irdenen Geschirr/ mit einem guten starcken Essig/ so/ daß die gantze Massa feucht und naß werde: Alsdann breite die Feylspähne wohl aus einander/und laß es an der Sonnen oder Lufft trocknen: Wann sie trocken worden/muß man sie zerstossen/weil sie sich im Klümpgen geballet; nach diesem soll mans abermal mit frischem Essig anfeuchten / trocknen / und zerreiben wie vorhero/solches wird 8. mal wiederholet/und nachdem diese Massa klein zerstossen / und durch ein enges Sieb geschlagen worden / so wird es ein sehr subtiles Pulver geben / an der Farb wie ein Ziegelmehl anzusehen/ welches in einem wohlvermachten Gefäß zum Glaß-Färben kan aufbehalten werden.

Das

Das Achtzehende Capitel.

Noch eine andere Manier den Crocum Martis zu machen.

DJese dritte Art den Crocum Martis, vermittelst deß Aquæ fortis zu prapariren/ist so beschaffen/ daß sich die innerste Farb deß Eisens unglaublich schön herfür giebet/ welches im Glaß zu sehen; die Bereitung ist also: Es werden die Feilspähne von Eysen oder Stahl/ in einem verglasurten Geschirr/mit Aqua fort angefeuchtet/alsdenn an der Sonnen oder Lufft getrocknet: Hernachmal zu einem Pulver zerrieben/wiederum mit Aqua fort angefeuchtet und getrocknet/ solches muß etliche mahl wiederholet werden: Nachdem es nun eine hochrothe Farbe/ wie der Crocus Martis, so mit Schwefel bereitet worden/ erlanget hat/ so muß es zerrieben/ gesiebet/ und zum Glaßtingiren aufbehalten werden.

Das Neunzehende Capitel.

Noch eine andere Bereitung deß Croci Martis.

DJeses ist die vierdte und letzte/ auch vielleicht unter allen die beste Art/ den Crocum Martis zu machen/jedoch in solchem Verstand/ daß auch die vorhergehenden nicht unnützlich/ sondern gleichfals sehr gut und nöthig sind/wegen der mancherley Farben/ welche in dieser Sach erfordert werden: Man solviret demnach die eiserne oder stählerne Feylspähne in einen verglasurten/ und bedeckten Geschirr mit Aqua fort, welches wie gebräuchlich/ mit Salmiac sey bereitet worden (gleich wie wir hernach auch/ von dem Calcedonierstein anmercken wollen/) und lässets 3. Tag also stehen/ jedoch daß es täglich umgeschenckt werde.

Man muß auch in acht nehmen/daß man die Feylspähne/ nicht alle auf einmal/denn es sehr aufsteiget/sondern allgemach nach und nach hinein thue/ und so dieses nicht vorsichtig geschiehet/ so hat man sich zu besorgen/ daß das Glaß zerspringen/ oder alles über und über lauffen möchte: Nach Verfliessung dreyer Tage lässet mans bey einem gelinden Feuer verrauchen/ so wird man im Grunde einen sehr schönen und edlen Crocum Martis bekommen/ mit welchen man das Glaß unglaublich schön färben kan/ derowegen soll er zum Gebrauch aufgehoben werden.

Das Zwantzigste Capitel.

Wie man die zitternde Kupffer-Blech / von den Italiänern Tremolante oder Orpello, zu teutsch / Knittergold / genannt / calciniren soll / mit welchen das Glaß blau / wie eine Meerspecht oder Meer-Elster / gefärbet wird.

Diese Kupfferblech / welche die Italiäner / vom zittern / Tremolante nennen / und sehr wohl bekannt sind / haben von der Gallmey / einer Berg-Art / eine güldene Farb erlanget / und zwar färbet die Gallmey nicht allein das Kupffer also / sondern es vermehret auch solches am Gewicht / und wegen dieses Zusatzes / giebt das Kupffer dem Glaß eine Mittel-Farb / zwischen dem Himmel-Blau / und Meergrün / es muß aber mit Fleiß calciniret werden / welches also geschiehet:

Es werden gedachte Blech (die schon genutzet und gebrauchet worden / sonst möchte es zu hoch kommen /) zerschnitten / in einen offnen und lutirten Tiegel gethan / und mittẽ in das glüende Kohlfeuer deß Ofens gesetzet: Als ich solches gemacht / habe ichs 4. gantzer Tage / im starcken Feuer deß Vorofens / da das Feuer angeschieret wird / gehalten; jedoch so / daß es nicht schmeltzte / denn es wäre darnach alles umsonst gewesen: Nach Verfliessung dieser vier Tage war es aufs Veste gecalciniret / solches schlug ich / nachdem es subtil zerstossen wurde / durch ein enges Sieb / und rieb es hernach auf einen Reibstein / da bekam ich also ein schwärtzlichtes Pulver / welches ich 4. Tage auf einen Ziegelstein ausgebreitet / in der Ofen-Kammer nahe an dem runden Loch hielte / und nachdeme ich das / was vom Aschen in dieses Pulver gefallen war / davon gethan / das übrige gepulvert und gesiebet hatte / habe ichs zum Gebrauch verwahret und aufgehoben: Die Prob oder das Zeichen einer guten Calcination ist / wenn das Glas / so man von diesem gecalcinirten Pulver etwas darzu gethan / wacker aufschwillet wo nicht / so ist es entweder nicht recht calciniret / oder auch gar durch übermässiges Feuer verbrannt / auf welche beyde Fälle denn das Glaß von diesem Pulver weder getingiret wird / noch aufschwillet; derowegen mag man dieses in acht nehmen / denn es in der praxi erfodert wird.

Das Ein und Zwantzigste Capitel.

Diese zitternde Kupffer-Blech / noch anderst zu calciniren / daß sie eine durchscheinende Rothe-Gelbe- und Onicher-Farbe dem Glase geben.

Nimm

Nimm das zitternde Kupfferblech / welches wie vorgemeldt / mit der Scheer klein zerschnitten worden / solches in einem Tiegel mit gepülverten Schwefel stratificiret / setze auf glüende Kohlen; ich stelle es / zum Calciniren / 24. Stund in dem Vorofen: Alsdenn / wenn es zerstossen und gesiebet worden / setze ichs in einen irrdenen und bedeckten Gefäß / 10. Stunden lang / in die Ofen-Kammer zum reverberiren / und darnach wiederum zerstossen und gepülvert habe ichs zum Gebrauch aufgehoben.

Das Zwey und zwantzigste Capitel.

Wie die Meer-Wasser Farb / als die vornehmste in der Glaßmacher-Kunst / zu machen.

Das Meer-Wasser / oder die daher benennte Farb / ist der fürnehmsten eine unter den Glaß-Farben / und wenn diese recht und schön soll gemacht werden / so muß es aus der Bollito oder dem künstlichen Crystall geschehen / denn aus dem gemeinen Glaß bereitet / wird sie nicht schön; die aus Crystallinen wird zwar schön; allein diejenige / wie gedacht / ist die beste / welche aus dem Bollito oder dem künstlichen Crystall verfertiget wird; doch ist zu mercken / wer die Meerwasser-Farb machen will / der soll durchaus keine Magnesie darzuthun / und wiewol solche vom Feuer verzehret wird / so machet sie dennoch die Meerwasser-Farb / im Glaß schwärtzlich und heßlich.

Damit sie derowegen recht schön und lieblich werde / soll man eine blosse Frittam Crystalli, ohne die Magnesie, in den Topff thun / und nachdem sie wohl gekochet und gereiniget / so soll man das Saltz / welches gleich einem Oel auf dem Glaß schwimmet / mit einem eyseren Glaßmacher-Löffel / wie bekandt ist / auf das allerfleissigste abfäumen; denn wenn dieses nicht geschiehet / so wird die Farb gantz schmierig und garstig werden.

Nachdem nun das Glaß aufs beste ist gereiniget worden / so thut man / zu ungefehr 20. Pfund dieses gereinigten Glases oder Crystalls / 12. Loth deß zitternden Kupffers (wie es in dem 20. Capitel / da wir von der blauen und Meerspecht-Farb gehandelt / beschrieben / calciniret und bereitet worden) und den vierdten Theil der präparirten Zafferæ, jedoch also / daß diese zwey letzten Pulver / zuvor wohl miteinander vermischet / und nach und nach in den Topff getragen werden; denn das zitternde Kupffer / so es wohl und genugsam gecalciniret worden / schwillet so sehr auf / daß es / auf einmal hinein gethan / alles Glaß aus dem Topff stossen würde; derowegen ist allhier auffsehens vonnöthen / auch muß man das Glaß in dem Tiegel stetigs herum rühren: Wenn dieses geschehen / lässet mans 3. Stund lang also stehen / damit es die Farb wohl an sich nehme; darnach wird es wieder gerühret und gemischet / auch geprobiret und gesehen/ ob die Farb völlig genug seye oder nicht / damit man solche/wenn es vonnöthen/erhöhen oder schwächen könne.

Denn die Gefässe und Gläser der kleinern Arbeit / erfordern eine völligere/die grössern Gefässe aber eine schwächere Farb; derowegen ist die Farb/ nach Erheischung der Arbeit/wie gedacht/zu erhöhen oder zu schwächen/welches dem verständigen Urtheil deß Glaßmachers heimgestellet wird.

Wiewol man aus Erfahrung/der Sache allezeit lieber zu wenig/als zu viel thut; die Farb aber kan man/sonderlich bey wohl gereinigten Glaß/allezeit etwas verstärcken.

Wann nun / nachdem man das Pulver hat darzu gethan/24. Stund verflossen sind/so kan das Glaß verarbeitet werden/nachdem mans zuvor/ eh die Arbeit angefangen / durch und durch wohl gerühret / und mit der Farbe durchmischet hat; denn sonsten setzen sich die Farben zu Boden / und ist das oberste Glaß ohne Farb.

Alles dieses / wird auch bey den grossen Crystallinen Geschirzen in acht genommen; diese Manier / das Meer-Wasser zu machen / habe ich 1602. zu Florentz erfahren/und vielerley Gefässe von schönen Farben / zum häußlichen Gebrauch/dazumal bereitet.

Hierbey ist anzumercken / daß die Muranen zu dergleichen Arbeit/ gleiches Gewicht / von der Fritta Crystalli und Rochettæ nehmen / und doch nichts desto weniger / eine schöne Meer-Wasser-Farb / daraus bekommen; die allerschönste / dergleichen Farb aber / wird aus dem blossen Crystall gemachet.

Das Drey und zwantzigste Capitel.

Eine Blaue oder Meer-Wasser-Farb zu machen.

MAn muß in dem Ofen / einen Topff deß gereinigten Glases / aus der Fritta, der Rochettæ oder Sodæ Hispanicæ bereitet/ haben; jedoch ist die Fritta der Levantischen Rochettæ , zu dieser Sache am bequemsten.

Nachdem nun das Glaß bester massen ge einiget/so thut man dessen 20. Pf. in einen Topff/samt 12. Loth deß zitternden Kupffers (welches Besag deß 20. Capitels / wohl gecalciniret und präpariret worden/) auf gleiche Manier / wie oben / bey der Bereitung der Meer-Wasser-Farb / ist angezeiget worden: Das Saltz / welches auf dem Glaß gleich einem Oel schwimmet/ wie die Glaßmacher wohl wissen/soll fleissig abgenommen werden; so wird eine wunne wunderschöne blaue und Meer-Elster-Farb hervor kommen / welche nach Erheischung der Arbeit/wie denen Künstlern bekandt ist / verstärcket oder geschwächet werden kan.

Nach Verfliessung zweyer Stunden wird das Glaß wiederum fleissig gemischet / und eine Prob genommen / um zu sehen / ob die Farb voll genug seye/damit solche/mit Hinzusetzung eines neuen Pulvers/ verstärcket oder geschwächet werden kan.

Wann es endlich nach Belieben recht seyn wird/so lässet mans noch 24. Stund stehen / und nachdeme es alsdenn noch einmal wohl vermischet/ und umgerühret worden/kan es verarbeitet werden; denn es wird die allerschönste blaue und Meer-Wasser-Farb seyn / unterschieden von allen andern Farben/welche in der Glaßmacher-Kunst bereitet werden; von dieser Farbe habe ich zu Pisis Anno 1602. etliche Töpffe voll verarbeitet / und viel schöne Geschirr gemacht.

Das Vier und zwantzigste Capitel.

Ein rothes Pulver / zu vielen Glaß-Farben dienend zu machen.

NImm dünne Kupffer-Blech/ solche lasse in den Mauer-Gewölb deß Ofens so lang verschlossen liegen / biß sie vom Feuer / allein und für sich/gecalciniret worden / jedoch also/ daß sie nicht zerschmeltzen/ denn daraus würde nichts gutes werden: Wann sie nun also gecalciniret/ zerstossen/und zu Pulver gemachet worden / welches roth und in der Glaser-Kunst mancherley Nutzen hat/ alsdann kan es zum Gebrauch verwahret / und aufgehoben werden.

Das Fünf und zwantzigste Capitel.

Das zum dritten mal gecalcinirte Kupffer zum Glaß-färben.

DAs im vorhergehenden Capitel bereitete rothe Pulver soll man auf Dach-Ziegelstein legen / und in einen Oeffgen oder im Ofen-Gewölb / nah beym Loch/4. Tage lang/nach einander calciniren/so wird es ein zusammen gekugeltes schwartzes Pulver geben: Dieses muß wiederum gerieben / durch ein enges Sieb geschlagen / und wie zuvor / im Ofen-Gewölb 4. oder 5. Tag gecalciniret werden / so wird sich das Pulver nicht mehr so sehr zusammen pallen / auch nicht so schwartz / sondern gräulicht oder Aschenfarbigt seyn/und vor sich selbsten können aufgelöset werden.

Von diesem Pulver / welches die Italiäner Ramina di tre cotte, nennen / kan die Meerwasser-Farb / die schöne Smaragd-grün / die Arabische Farb oder Türckis/wie auch eine sehr schöne blaue und viel andere Farben bereitet werden: Jedoch muß man in acht nehmen / daß dieses Pulver weder mehrers noch weniger/als dreymal gecalciniret werde/widrigen Falls/ würde es das Glaß nicht wohl tingiren; das Zeichen aber einer rechten und vollkommenen Calcination ist / wenn das in den Töpffen gereinigte Glaß / so man dieses Pulver darzu thut / sich sehr blehet/ und aufschwellet: Denn wo dieses nicht geschiehet/so ist es nicht gut / sondern eine Anzeigung daß es nicht wohl gecalciniret sey; derowegen soll man darauf bedacht seyn/daß es wohl calciniret werde.

Das Sechs und zwantzigste Capitel.

Die Meerwasser-Farb / in den künstlichen Crystall/ von den Italiänern Bollito genannt/zu machen.

MAn thut in einen Topff 20. Pfund von der Fritta Crystalli, welche keine Magnesie bey sich hat/und auf das allergenaueste (gleichwie ich ohne Durchziehung oder Ablöschung durchs Wasser pflege) sey abgeschäumet/ ausgekochet und gereiniget worden; zu diesem thut man 24. Loth deß 3. mal gecalcinirten Kupffers (wie im 25. Capitel zu sehen/) wie nicht weniger 1. Loth der Zafferæ, auf die Art/ wie im 12. Capitel gezeiget worden/bereitet: Diese zwey letzten Pulver werden zuvor wohl miteinander vermischet/ und in 4. Theil abgetheilet; diese 4. Theil werden auch / auf 4. unterschiedliche mahl/zu der Fritta in den Topff getragen / damit es desto besser von dem Glaß angenommen werde: Alsdenn soll man das Glaß aufs fleissigste rühren / und darauf 2. Stund stehen lassen / darnach wieder mischen/ und eine Prob davon nehmen/um zu sehen/ ob die Farb völlig genug sey oder nicht/wenn es nach Belieben recht ist / so lässet mans stehen: und obschon die Meerwasser-Farb grünlicht zu werden das Ansehen hat / so wird doch das Saltz/welches in dem Glaß ist / solche Grünheit verzehren / und wird immer zur blauen Farb sich neigen: Nach Verfliessung der 24.Stunden/mag man sich wiederum darüber machen / und solches heraus nehmen / dann alsdenn alles bereitet / und die Farb völlig oder schwach seyn wird / nachdem man deß Pulvers viel oder wenig darzu gethan hat: Denn gleich wie man die Farben verstärcken kan/so man mehr Pulver zusetzet/also kan man sie auch/wenn man ein Theil gefärbtes Glaß oder Fritta heraus / und ein anders dergleichen ungefärbtes hinein thut / wieder schwächen / und denn solcher Gestalt / wie man sie begehret / verfertigen; dieses aber kan man nicht in gewisse Regeln

geln ein schliessen / oder an ein gewisses Gewicht binden / sondern es muß ein jeder verständiger Glaßmacher / oder Künstler selbst sehen / was hierinnen zu thun oder zu lassen sey.

Diese Manier / die Meerwasser-Farb zu bereiten / habe ich öffters gepro-biret / und solche allezeit bewährt gefunden: Mischet man die Frittam Crystalli und die Frittam deß Pulvers Rochettæ, jedes die Helfft / mit einander zusammen / so erlanget man eine schöne Meerwasser-Farb; am allerschönsten aber wird solche aus der Crystall allein bereitet.

Das Sieben und zwantzigste Capitel.

Allgemeine Anmerckungen wegen allerley Farben.

Damit die Farben recht schön und vollkommen werden / so ist in acht zu nehmen; daß ein jeder neuer Topff / so bald er erhitzet / wegen seiner irdischen Qualität / dem Glaß etwas Unreines mittheile / als wodurch die Farben grob und unlieblich werden.

Derowegen können die Töpffe / welche nicht gar zu groß sind / mit weissen geschmeltzten Glaß / wie denen Künstlern wohl bekandt ist / überzogen werden: Jedoch wann die Töpffe zum andernmal gebrauchet werden / so verliehren sie das grobe und unartige Wesen / damit zuvor die Farben angestecket werden: Zum andern ist auch zu mercken / daß man die Töpffe / welche zu einer gewissen Farb gebrauchet werden / nicht verwechsele / und eine Farb in diese thut / welche in jene kommen soll: zum Exempel / der Topff / zur gelben Farb gebrauchet / dienet nicht zur Kermesin Farbe / der Topff der Kermesin-Farb / nicht zur grünen / gleichwie der Topff der rothen Farb / zum Meerwasser sich nicht reimet / und so fort an / muß eine jede Farb / damit sie recht werde / ihren eigenen Topff haben: Drittens / müssen die Pulver nach Gebühr / das ist / nichts zu viel noch zu wenig gecalciniret werden: Vierdtens soll alles in rechtem Maaß und Gewicht genommen werden / auch daß die Vermischung derselben / nach dem / wie es hier vorgeschrieben stehet / geschehe / und der Ofen wohl heiß / und mit dürren und harten Holtz / geheitzet werde: Denn das grüne und weiche Holtz / wie vielmals erwähnet / mit seiner geringen Wärme / aber grossen Rauche / alles verderbet: Fünfftens / ist zu mercken / daß die Farben getheilet / und ein Theil davon der Fritta, der ander Theil aber dem geschmeltzten und wohl gereinigten Glaß beygefüget werde: Endlich ist alles das jenige / welches an seinem Ort / da wir absonderlich von denen Farben gehandelt haben / angeführet worden / in acht zu nehmen.

Das Acht und Zwantzigste Capitel.

Eine andere Art das Kupffer dreymal zu calciniren / mit geringerer Müh und wenigern Unkosten.

MAn nimmt den Hammerschlag oder Schlacken / welche von dem glühenden Kupffer / wann die Kupfferschmiede Eymer oder dergleichen Kupffer-Geschirr machen / herab fallen; denn diesen Hammerschlag kan man wohlfeyler als das Kupffer bekommen / und damit er calciniret werde / ist unvonnöthen / die Mauer deß Ofen-Gewölbs zu- oder abzuwerffen / gleich wie in vorhergehenden calcinirungen; welches denn für sich selbst beschwerlich / und dem Ofen grosse Ungelegenheiten machet; sondern man breitet diesen Hammerschlag / (nach dem er mit warmen Wasser wohl gewaschen / und von aller Unsaubrigkeit wohl gereiniget worden) nur auf gebrennte Ziegel oder Dachsteine / und setzet sich zu dem Loch deß Ofen-Bogens / oder in ein hierzu absonderliches Oeflein. Zu Pisis habe ich dergleichen Oefgen / auf Art eines kleinen Kalch-Oefgens / gebauet / und darinnen / innerhalb wenig Stunden / 20. biß 24. Pfund deß Hammerschlags gecalciniret: derowegen lasse man obiges bey dem Loch deß Ofen-Bogens / 4. Tage lang stehen / nach Verfliessung solcher Frist wird es heraus genommen / zerstossen / und durch ein enges Sieb geschlagen; alsdenn wieder auf die Ziegelsteine geleget / in obigen Ort und bey voriger Wärme 4. Tage lang behalten / so wird ein schwartzes Pulver daraus werden; dieses / weil es sich zusammen gepallet / muß zerstossen / gesiebet / und noch einmal auf den Ziegelsteinen / in den Ofen gesetzet werden / alsdenn ist es fertig und bereitet / und zwar mit wenigern Unkosten / und geringerer Mühe / als die vorhergehende: wird auch nicht weniger eben solche Würckung im Glaß-Färben thun: Es muß aber / gleich wie oben schon erinnert worden / der Hammerschlag von aller Unsauberkeit wohl gewaschen und gereiniget werden: Das Merckmahl deß wohl gepræparirten und gecalcinirten Hammerschlags ist / so das Glaß / darein er gethan wird / sich zu blehen und aufzuschwellen beginnet.

Das Neun und zwanzigste Capitel.

Aus dem obig-bereiteten Hammerschlag ein schöne Meerwasser-Farb / auf Crystall zu machen.

NImm 60. Pfund von der Fritta Crystalli, welche / wie oben gedacht / vom

vom Saltz wohl gereiniget worden; doch daß solche Reinigung sonder Wasserwerffung geschehe; Denn ich habe es niemals im Gebrauch gehabt / die Crystallen / wenn ich die Meerwasser-Farbe bereiten wolte / ins Wasser zu werffen / dieweil ich dafür hielte / daß die andere Reinigungs-Art besser wäre; Jedoch stehet einem iedwedern frey / deme zu folgen / welches ihme / nach gethanem Versuch / am besten zu seyn bedüncket.

In den Topff / darinnen die 60. Pfund der wohlgereinigten Crystallen sind / wirff nach und nach anderthalb Pfund / deß obgelehrten Pulvers / aus dem Hammerschlag darein / wie auch 8 Loth der præparirten Zafferæ, jedoch daß diese 2. letzten Pulver / zuvor wohl mit einander vermischet worden; wenn diese Hineinwerffung geschehen / so rühre alles / sammt dem Glaß / 2. Stunden lang fleissig herum / nehme / nachdem alles wohl gemischet / eine Prob / und sehe / ob die Farbe recht und gefällig ist / alsdenn lasse sie stehen; Denn es darff nicht eben 24. Stunden lang also umrührend wie zuvor / daß es die Farbe umgerühret werden: darnach vermischet man das Glaß / also umrührend wie zuvor / daß es die Farbe wohl an sich nehme / und verarbeitet es zu eines jedwedern Belieben; es wird eine überausschöne Meerwasser-Farb geben / als ich denn zum öfftern / mit guten Fortgang / erfahren habe: Die Farbe aber mag / nach eines jedwedern Belieben / und nach erheischung der Arbeit gestärcket oder geschwächet werden; sonderlich aber ist darauff zu sehen / daß der Hammerschlag wohl gecalciniret sey. Wenn man die Frittam Crystalli mit der Helffte Frittæ Rochettæ mischet / so giebet es auch eine schöne Meerwasser-Farbe.

Das Dreysigste Capitel.

Die Meerwasser-Farbe mit noch geringern Unkosten zu bereiten.

MAn nimmt von dem præparirten Hammerschlag / und der præparirten Zaffera, das im vorigen Capitel bedeutete Gewicht / solches thut man gleichfalls auf obige Art und Weise / zu der Levantischen und Hispanischen Rochetta, jedoch daß bey keinem / von diesen zweyen letztern / etwas von der Magnesie sey; solche müssen auch / von dem Saltz / doch sonder Wasser-Werffung / wohl gereiniget seyn / im übrigen nimmt man nur das jenige in acht / was wir oben vom Crystall angemercket haben: So wird man eine gar schöne / und zu jeder Arbeit dienliche Meerwasser-Farbe bekommen / welche mit viel geringern Unkosten / als die Crystall / wird können bereitet werden; Denn man kaufft die Rochetta in viel geringern Preiß / als die Crystall: Auf diese Weise / habe ich sie zu Pisis zum öfftern und allezeit mit guten Fortgang bereitet.

Das Ein und dreissigste Capitel.

Eine wunderschöne Meerwasser-Farbe/ über alle andere; aus meiner Erfindung.

DAs Caput mortuum, vom Kupffer-Vitriol/nach Chymischer Kunst/ ohne Corrosiv bereitet/ wenn es etliche Tage in der Lufft lieget/ bekommet von sich selbst/ ohne alle Bey-Hülffe/ eine weislichte grüne Farbe.

Aus dieser materia, wenn sie gepülvert/und mit der præparirten Zaffera, in solchen Gewicht (wie in den andern vorhergehenden præparationen deß Kupffer-Hammerschlags ist erwähnet worden) zusammen gesetzet/auch/ wie bewust/mit der Crystall vermischet wird/so wird eine vortreffliche Meerwasser-Farbe daraus/welche von verwunderlicher Schönheit ist/dergleichen ich zu Antorff verfertiget habe/ mit Verwunderung aller der jenigen/ die es gesehen hatten.

Die Art und Weise den Kupffer-Vitriol/ nach Spagyrischer Kunst/ ohne Corrosiv zu bereiten/ ist diese: Nimm dünne Kupffer-Blech/ in Grösse eines Güldens/ solche stratificire mit gepülverten Schwefel/ in eine oder mehr Tiegeln/biß die Tiegel gefüllet; Wenn dieses geschehen/ so bedecke die Tiegel/ auf die Art/ wie wir im 131. Capitel Anleitung gegeben haben/ damit mans probiren könne: Diese Manier hat/ meines Wissens/ noch niemand erfahren; sondern ich Athonius Neri, ein Priester/ habe ihn mit eigener Hand versuchet/ und/ wie gedacht/ gantz/ wunderwürdig befunden; Derowegen halte ich solchen auch für meine eigene Erfindung.

Das Zwey und dreissigste Capitel.

Eine Smaragd-grüne Farbe aufs Glaß zu machen.

WEnn man ein Glaß grün färben will/so muß man Achtung geben/ daß das Glaß nicht viel Saltz bey sich habe; denn nimmt man ein solches Glaß/welches viel Saltz bey sich hat/ wie denn das jenige ist/ welches aus der Rochetta und dem Crystall bereitet wird/so wirds nicht schön grün/ sondern vielmehr Meerwasser-färbicht; denn das Saltz verzehret jene Grüne/ und das Glaß wird alsdenn allezeit blaulicht oder Meerwasser-färbicht.

Derowegen wer eine schöne Grüne zu machen verlanget/der nehme ein gemeines Metall oder rohe Frittam, wie solche aus dem Orientalischen Pulver/im 8. Capitel zu bereiten ist gelehret worden/und setze solches in den Topff;

auch muß dieses Glaß keine Magnesie bey sich haben / denn es würde die Arbeit schwartz und heßlich werden: Wenn nun dieses Glaß bestermassen geflossen und gereiniget worden / so soll man / zum Exempel / zu 100. Pfund Glaß / ungefehr nehmen 6. Loth deß Croci Martis, welcher / nach Anweisung deß 17. Capitels / mit Essig bereitet / und gecalciniret worden sey: Nachdem nun das Glaß wohl gemischet / lasse mans eine Stunde lang ruhen / daß es die Farbe deß Croci Martis wohl einnehme / auf solche Weise wird es etwas gelblicht / und wird jene grobe blaue Farbe / die allezeit darbey ist / verzehret werden; es wird auch machen / daß es die grüne Farbe annehmen könne.

Nach solchen muß man Hammerschlag bey der Hand haben / welcher / nach Anleitung deß 17. Capitels / dreymal gecalciniret worden ist; von diesem thut man auf 6. unterschiedlichemal / 2. Pfund / zu 100. Pfund Glaß / und mischet das Glaß mit dem Pulver wohl untereinander: darnach lässet mans / damit sichs wohl mit dem Glaß vereinige / 2. Stunden lang ruhen / alsdenn wieder von neuen vermischet; nach diesem kan man zusehen und probiren / ob die Farbe zu der Arbeit / darzu mans gebrauchen will / voll und starck genug seye? Denn man kan in dieser Arbeit / so es von Nöthen / noch mehr præparirte Schlacken / oder Hammerschlag hinzuthun / je nachdem die Farben / nach Erheischung der Sachen / welche man machen will / starck oder schwach seyn sollen: Im Fall die grüne Farbe / eine blaue oder Meerwasser-Farbe an sich nehmen wolte / so kan man / nach obgedachter Art / noch etwas vom Croco Martis hinzuthun / so wird man die allerschönste Smaragd-grüne Farbe bekommen / welche auch sonst nur Knobloch-grün genennet wird; solche / nachdem sie wohl umgerühret worden / kan / nach Verfliessung 24. Stunden / alsdenn verarbeitet werden; Jedoch ist / wie gedacht / das Umrühren nicht zu vergessen: Denn die Farben gern auf den Boden zu seyn pflegen / und sind dahero in dem Topff obenauff gemeiniglich etwas schwächer: Diese grüne Farbe habe ich zu Pisis offtermals / allezeit aber gar schön bereitet / solches werden auch alle die jenigen thun können / welche deme / wie wir hier oben auffgezeichnet / fleissig nachfolgen werden.

Das Drey und dreissigste Capitel.

Eine schönere grüne Farbe / als die vorhergehende.

WEr die grüne Farbe / noch schöner und gläntzender / als die vorhergehende / verlanget / der nehme deß Crystallinen-Glases / welches / zu Verzehrung deß Saltzes / etlich mal ins Wasser geworffen worden /

den und keine Magnesie bey sich habe; Zu diesem Crystall soll man die Helffte deß gemeinen und weissen Glases thun / solches nemlich / welches auch keine Magnesie bey sich habe; wenn diese beyde wohl vermischet / geflossen / und gereiniget sind / so nimm zu 100. Pfund / dritthalb Pfund deß dreymal calcinirten Pulvers / aus den Kupffer-Blechen (wie im 25. Capitel davon berichtet worden) und 4. Loth Croci Martis, welcher / nach Laut deß 16. Capitels / mit Schwefel gecalciniret und reverberiret worden ist / solches alles / nach obiger Anleitung wohl vermischet / setze dem 100. Pfunden Glaß zu / und verfahre ferner / wie im vorhergehenden: Die Farbe kan man nach Gutbedüncken vermehren oder schwächen; Im Fall sie etwas blaulicht wäre / kan nur gar ein weniges / vom obgedachten Croco Martis hinzu gethan / und das Glaß nicht anders / als die andere grüne Farbe / verarbeitet werden; so wirst du eine vortreffliche Pimpenell-grüne Farbe haben: Diese Farb habe ich zu Pisis offt und vielmals mit gutem Succeſs gemacht: Man muß aber sonderlich gute Acht darauf haben / daß die Kupffer-Schlacken oder Hammerschlag / allezeit wol gepræpariret sind / so man anders gute und schöne Farben haben will.

Das Vier und dreyssigste Capitel.

Eine wunder-schöne grüne Farb.

Man nimmt den zum 3.ten mahl gecalcinirten Kupffer-Hammerschlag / und an statt deß vorigen gedachten præparirten Croci Martis, soll man Eisensinder oder Hammerschlag nehmen / welcher im Schmieden vom Ambos herab fället / solcher muß aber vom Staub / Kohlen und Aschen wol gereiniget / zerstossen / und so subtil als es seyn kan / gesiebet werden. Dieses mischet man / nach angezeigtem Gewicht deß vorigen Capitels / zusammen / mit dem Kupffer-Schlacken und dem gemeinen Glaß / welches aus dem Pulver Rochettæ ohne Magnesie sey bereitet worden; nach den Anleitungen / die wir bey der Bereitung deß Grünen Glasses gegeben haben.

Dieser Eisen-Crocus oder Hammerschlag wird dir eine wunderschöne Smaragd-grüne Farbe geben / welche / nachdem alle blaue und Meergrüne Farb (die gemeiniglich dem Glaß anhänget) verzehret worden / gleich einem rechten Smaragd leuchtet / und über alle andere grüne Farben einen schönen Glantz erlanget.

Diese Art / den Eisen und Kupffer-Hammerschlag / also zusammen zusetzen / habe ich Antonius Neri erfunden; im übrigen so wird das Maß und Gewicht / in diesem Proceß / gleichwie in allen andern vorhergehenden grünen Farben in acht genommen / also erlanget man eine wunderwürdige Sache / welches mich die Erfahrung offtmaln gelehret hat.

Das

Das Fünff und dreysigste Capitel.

Eine andere grüne Farb / welche allen andern von mir bereiteten grünen Farben weit vorgehet.

NImm 5. Pfund Crystallinen Glaß / (welches offtmals ins Wasser geworffen/und dadurch gereiniget worden sey.) und 5. Pfund gemeines/weisses aus dem Pulver gemachtes Glaß/solche zusammen gemischet / thue in einen Schmeltz-Topff / darzu füge noch 4. Pfund der gemeinen und aus dem Pulver verfertigten Frittæ, und 3. Pfund Minii oder Bley Meng / beydes wohl zusammen gemengt / und alles wol untereinander gemischet/so werden sie in dem Topff/ innerhalb wenig Stunden/gereiniget.

Wenn dieses geschehen/soll mans in ein Wasser schütten / fleissig in acht nehmend/ob nicht auf dem Boden etwas Bley zusammen lauffe/denn solches muß man ungesäumbt heraus nehmen und wegthun/damit nicht/wie es sonst zu geschehen pfleget/der Topff zerspringe oder zerreisse; hernach wird dieses in das Wasser geworffene Glaß/wiederum in den Schmeltz-Topff gethan/und einen Tag lang darinnen gereiniget; alsdenn giebt man ihr die Farb/von dem Pulver deß Capitis Mortui, welches in der Chymischen Distillation deß Spiritus von Kupffer-Vitriol übrig gebliebē/solches vermischet man mit einer gar geringen Qvantität deß Croci Martis; daraus wird ein wunderschönes grünes Glaß / welches unter allen / die ich jemals bereitet habe / das allerschönste ist/massen es dem allerbesten Orientalischen Smaragd gleichet/ und zu allerley Glaß-Wercken dienstlich ist.

Das Sechs und dreyssigste Capitel.

Eine blaue Korn-Blumen-oder Türckis-Farb / welche in der Glaßmacher-Kunst/ eine von den Fürnehmsten ist.

NImm das schwartze und grobe Meersaltz; denn das weisse / welches zu Volaterran gemachet wird / dienet zu dieser Sachen nicht ; Solches calcinire in einem Kalch-Ofen oder in dem kleinen Oefelein/biß es gantz weiß / und alle Feuchtigkeit davon verzehret worden; wenn dieses geschehen/ so reibs zu einen weissen Pulver: diß Saltz / auf solche Art gecalciniret/hebet man auf / damit die blauen Korn-Blumen-oder Türckis-Farb daraus bereitet werde.

Ferner soll man Frittam Crystalli in einen Topff haben / die mit Meer-Wasser-Farbe getingiret sey. Von unterschiedlichen Bereitungen

der

der Meerwasser-Farbe / ist oben behandelt worden; Denn diese Farb ist sehr lieblich und starck / dahero die Bereitung den blauen Kornblumen-Farbe / einig und allein an der Eigenschafft der Meerwasser-Farb lieget.

Zu der getingirten Fritta Cryſtalli, thut man das obberührte Meer-Saltz / nach und nach hinein / und mischet es wohl untereinander / gleichwie mit dem gepræparirten Hammerschlag geschehen / so wird die helle und durchscheinende Meerwasser-Farb dick und dunckel werden: Denn wenn das Saltz zu Glaß mird / so benimmt es jene Durchsichtigkeit / und giebet eine bleiche Farbe / als aus welcher / nach und nach / die blaue Kornblumen- oder Türckis-Farbe / in der Glaßmacher-Kunst die fürnehmste wird.

Wenn nun die Farbe nach Belieben recht und gut ist / so wird das Glaß also fort verarbeitet / denn sonsten verzehret sich das Saltz und dämpffet hinweg; Das Glaß aber wird durchsichtig und heßlich.

Im Fall sich aber im verarbeiten die Farbe verliehren solte / so soll man / wie vorhero / von dem gecalcinirten Saltz etwas darzu thun / so wird sich die Farbe wieder finden: Dem Glaßmacher dienet zu wissen / daß / wenn das Saltz nicht wohl gecalciniret / solches immer spratzele und praßle / derowegen mag man im Gebrauch desselben vorsichtig seyn / und das Gesicht / damit es nicht Gefahr leide / wohl verwahren.

Das Gewicht deß Saltzes ist / daß man es nach und nach daran thue / und zwar so lang / biß die Farbe recht ist; Denn allhier habe ich selbst kein gewisses Maß oder Gewicht gebrauchet / sondern wenn mich die Farbe recht zu seyn bedünckte / hörte ich auf; bestehet also diese gantze Sache in der Erfahrung.

Diese Farbe habe ich vielmahls bereitet / als welche im Haußwesen nöthig / und in der Glaßmacher-Kunst höchst-nützlich / und eine von den fürnehmsten Farben ist: Man kan auch in dieser Bereitung nur die jenige Meerwasser-Farbe nehmen / welche aus gleichen Theilen der Crystallen und Rochettæ, bereitet worden; Denn es eine sehr schöne Farbe giebet.

Johann

Johann Kunckels Anmerckungen über das Erste Buch ANTHONII NERI Von der Glaß-Kunst.

Vom 1. Capitel.

WAs die Soda Hispanica, derer ich viel Centner verbraucht/ und in sehr harten Ballen aus Hispanien kommt / anbetrifft / so kan gar wohl/ wenn sie gantz klein gestossen / an und vor sich selbsten ein gut Glaß daraus gemachet werden/wenn ihr nur nach gewisser Art und proportion ein feiner Sand zugesetzet wird. Die proportion aber deß Sandes in der rohen Soda kan nicht so eigentlich gemeldet werden / weil die eine mehr Erde oder Sand führet als die andere / und daher magerer von Saltz ist; muß derowegen selbiges von denen Glaßmachern selbst gesucht werden/welches ihnen denn leicht zu thun ist; massen sie/ wenn sie auch nur gemein Glaß machen/sich nach einer jeden Landes-Art Asche/ die in den Wäldern/ oder auf den Feuer-Heerden gebrannt wird / richten müssen / wie viel sie nemlich Zusatz vom Sande leidet. Also/wie gedacht/ist dieses auch leicht zu finden / nit allein von den geübten Glaßmachern / sondern auch sonst von einem jeden verständigen und curieusen Liebhaber. Denn gesetzt / er nimmt 100. Pfund Soda, und 80. biß 90. Pfund Sand / und es ist zu streng-flüssig / so muß er mehr Soda nehmen; ist es gerecht/daß es sich wohl arbeiten läst/so läst mans darbey/wo nicht/ so setzet man mehr Soda hinzu: Oder so es zu leicht-flüssig / welches bey dieser proportion selten geschicht / so nimmt man mehr Sand. Doch ist dieses Glaß aus der rechten Soda nicht zu loben / ob es gleich sich noch so wohl arbeiten lässet / denn es nicht allein im Abkühlen gar leicht zerspringt / sondern es behält auch immer eine gantz blaulichte Art: Und wiewol mans mit der Magnesie oder Braunstein (wie es die Glaßmacher nennen) versetzet/

nimmt oder behält es doch eine fast schwärtzliche / auch wohl offters in grün spielende Art an sich. Kurtz davon zu melden / es giebt kein schön annehmlich Glaß. Was aber das Saltz hieraus betrifft/(welches wir in Teutschland zum Glaßmachen zwar gar wohl entrathen können) mit selben hat es diese Bewandniß: So ich die Soda wohl auslauge / und denn zum Saltz einkoche/selbiges wohl ausglühe / wieder in Wasser zergehen und sich setzen lasse / nachmaln das klare in einem eisern Kessel einkoche / bald darauf wieder glühe/und das Glühen und Wiedereinkochen einmal oder vier verrichte / so wird ein schönes Saltz daraus / woraus so ein herrlich schön Glaß bereitet wird / als sonsten aus einer andern Materie (sie mag Rochetta oder anders heissen) kan gemachet werden. Und so es sich denn noch etwas nach der Grüne solte neigen/so kan ihm mit der Magnesie geholffen werden: Wiewol wir Teutschen auch keiner Piemontischen Magnesie vonnöthen haben/sondern es wird dessen eine Art in Meissen/unter dem Gebiet deß Churfürsten zu Sachsen / nemlich im Ertz-Gebürge bey Schnee-oder Anneberg / auch am Hartz unter dem Gebiet der Hertzoge von Braunschweig und Lüneburg / ingleichen in Böhmen/ Schlesien/ wie auch im Königreich Norwegen gebrochen / welche Braunstein genannt / und der Piemontischen nicht allein gleich / sondern auch wohl öffters bevor gehet. Sonsten ist die Art / das Saltz aus der Soda zu machen / in diesem Capitel umständig genug beschrieben / und braucht deßwegen nicht mehrer Erläuterung; nur dieses ist noch zu mercken/daß es nicht eben nöthig sey / daß man einen steinern Mörsel dazu gebrauche / wenn man die Soda stöst / sondern es kan in einem dazu ausgehauenen höltzernen Trog / so mit einer dazu unten am Boden gelegten eisernen Blatten versehen / gantz ohne Gefahr geschehen. Zu dem Einsieden deß Saltzes ist nichts bequemers / als ein gegossener eiserner Kessel / massen man das Saltz gantz trocken darinnen einsieden mag / daß mans in Stücken mit einem eisernen Meissel (so es sich nicht selber ablöset) aushauen kan: Darauf müssen/ (wie vor gedacht worden/) diese Stücke geglüet/ denn in Wasser auf-

gelö-

gelöset / und wieder wie zuvor eingekocht und geglüet werden. Auch ist es wahr und gewiß/daß es mehr Saltz giebet/ wenn der gebrandte Weinstein dazu gesetzet wird: Die Ursach ist leicht / und halte ichs unnöthig hier zu setzen/weil den Glaßmachern daran nichts gelegen/sondern nur denen Chymicis zu wissen nöthig; darum ich solches biß zu meinen andern Schrifften von Auflösung der Cörper/in meinem längst-versprochenem Laboratorio Experimentali will verspahret haben. Der aber in Bereitung dieses Saltzes keinen gegossenen eisernen Kessel hat / muß sich entweder einen von Eisen geschlagenen blechern / oder einen bleyern verschaffen/ und alsdenn deß Autoris genauen Unterricht sich bedienen/zumal/daß ers nicht zu hart ansieden läst/ sonsten es freylich ohne Schaden deß Kessels nicht abgehen kan. Es ist auch nichts daran gelegen / wenn man an statt der steinern Gefässe / darinn man die Lauge verwahret / höltzerne nimmt: Denn die Erfahrung hat michs gelehret/ daß ich mehr Schaden an den irrdenen/ als höltzernen Gefässen gehabt; massen die Lauge / die irrdene/ so sie ein wenig gebraucht werden / bald zermalmet; dienet auch zur Quantität zu machen nicht. Sonsten hat dir der Autor alle Umstände genug gezeiget / wie du nemlich ein Saltz ausziehen und machen solst. Wilt du wissen/ wo die Soda oder Rochetta herkomme / so besiehe hierüber den gelehrten und wohl-belesenen Merrettum zu Ende dieses Buchs. Zuletzt habe ich dieses noch zu erinnern / daß man sich vor allen kupffernen Instrumenten /in Bereitung der Saltzen/ zu hüten habe. Auch habe ich zum öfftern von euch Glaßmachern gehöret/daß ihr gern wissen möchtet / was doch mit dem Wort Fritta angedeutet werde / welches zu vielen malen in diesem Buch erwehnet ist? So vermelde ich euch hiermit / daß es allemal so viel bedeutet / als / nach eurer Art zu reden / wenn ihr sprecht: Gemenge; als / das Gemenge ist gemacht von so viel Asche und Sand/ und so viel Saltz/ und das andere Gemenge von so viel: Also das/was ihr Gemenge heisset/wird hier Fritta genennet/aufdaß ihr dieses Wort auch verstehet. Schließlichen ist hier dieses noch zu mercken / daß/

wann das Saltz von der Soda gantz ausgelauget / man doch die hinderstellige Asche nicht wegwerffen soll / weil man sie zum gröbern oder gantz gemeinen Glaß noch mit Nutzen wol gebrauchen kan / denn man kan keine Asche so rein auslaugen / daß sie nit noch etwas Saltz behielte ꝛc. Und so viel vom 1. Cap.

Vom 2. Capitel.

WIr wollen uns hier nicht bekümmern / wo die Italiäner ihre Steine oder ihren Sand hernehmen / auch wie die Flüsse da sie es herbringen / heissen; sondern wir wollen nur berichten / wie es in Teutschland zu machen sey. Es ist aber allen Glaßmachern bekannt / daß sie nur den gemeinen Sand / der fein weiß / und im Graben keine leimigte noch gelbe Eisenhaffte Adern mit sich führet / am bequemen Orten und Bergen hierzu suchen müssen. Nun wird zwar in diesem Buch nicht von gemeinem / sondern von einem feinem dem Crystall ähnlichen Glaß gehandelt / worzu wir denn auch in Teutschland gnugsame ja überflüssige Mittel haben / und dürffen es gar nicht aus andern Orten herholen. Vors erste findet man in Meißner-Lande / wie auch bey allen andern Bergwercken / helle / klare Steine / in den Ertz-Gruben / welche man Quartze nennet; dieselben seynd sehr gut / auch die schönste Crystalle davon nachzubilden: Doch muß der Unterscheid in diesen Steinen gebraucht werden. Ein Theil haben gelbe Adern; ein Theil schwartzlichte. Die gelben sind zum Eisen / und die schwartzen zu Bley und Silber geneigt / welche denn im Glaß ihre Farbe hinterlassen / und eine grüne / oder gelbe / auch wohl blaulichte Coleur geben. Derowegen diese Adern / so sie sich ja finden / wohl müssen ausgeschlagen werden. Auch werden in Meissen Steine gebrochen / die man insgemein zu Werck-Stücken im Bau-Wesen gebraucht; diese so man sie glüet / sind gantz mürbe / und geben einen über die massen schönen Sand: Selbiger braucht auch nicht so viel Saltz / als der obige gedachte Kies. Diesem allen ungeachtet / finden wir in allen Ländern / entweder in den Bächen oder sandichten Bergen / kleine runde weise Kieselsteine: Sonderlich werden von den Meer- oder Saltz-Seen dergleichen vortreffliche ausgeworffen/ so/ daß ich selber in Holstein/ nicht weit von Kiel/ etliche/ wie eine Faust groß/ gefunden/ von solcher Durchsichtigkeit/ wie ein Crystall: Und habe ich dieses im Glaßmachen observirt/ daß/ wenn ich diese bey den Saltz-Seen/ und die auf gemeinen Wegen oder Bergen gefundene/ gegen einander genommen/ die an der Saltz See weniger Saltz bedurfft haben/ als die andern. Solche weise runde Kieselsteine findet man (wie gedacht/) fast an allen Flüssen/ die nicht morastig seyn/ doch an einem mehr/ als am andern: Die Elbe führet solche vor andern überflüssig. So man nun diese Steine glüet/ und (um desto besser zu stossen) im Wasser ablöschet/ so finden sich auch einige/ die ädericht seyn/ und nicht gantz weiß/ die schmeist man aus Curieusität auch gerne weg. Wer aber einen rechten Ausbund von einer Crystall suchet zu machen/ der nehme von den schwartzen Feuersteinen/ die man in den Feuer-Zeugen und auf den Flinden-Röhren gebraucht/ (insgemein Flindstein genannt/) wenn solche etliche mal geglüet/ und im Wasser abgelöschet seyn/ so werden sie sehr weiß/ ja härter denn alle andere Stein in Teutschland. Derowegen/ da auf 200. Pfund andern Sand 130. Pfund Saltz genommen wird/ muß auf diesen Sand/ vom Flindstein/ wohl 140. biß 150. Pfund genommen werden. Sonsten ist dieses Capitel von dem Autore wegen der proportion auch recht und wohl beschrieben. Zum Beschluß: weil auch in seinen Anmerckungen über dieses Capitel der Hochgelahrte Herr Doctor Merret. deß Josephi, eines Jüdischen Geschichtschreibers/ gedencket/ welcher von einem sonderlichen Thal bey deß Memnonis Bild-Säule schreibet/ und ein Ding grosser Verwunderung setzet/ nemlich daß/ wenn ein allbereit gemachtes und verfertigtes Glaß an den Ufer deß Thals geworffen/ dasselbige endlich wieder zum natürlichen Sand verwandelt würde/) muß ich noch hinzu setzen/ daß ich dafür halte/ Josephus habe etwan einstens solch Glaß an solchem Ufer liegen gesehen/ und wie er hernach ist wieder einmal des Ortes gekommen/ sey es von Ungefehr durch Wind oder andere Zufälle bedecket gewesen; oder man hat es den den guten Josepho so überredet:

Und weil in seinen Geschicht-Büchern er noch weiter hinzu thut/ wenn man auch ein Metall/ es sey vor eins was es wolle/ an diesen Ort legete / werde es alsobald in Glaß verwandelt / gehöret hierzu ebenfalls ein solcher starcker Glaube/als zu gläuben / daß es das Glaß wieder in Sand verwandeln solte: denn gewiß hier wäre eine schröckliche Contrarietät in der Natur / das eine dazu zu machen/ und das andere wieder daraus / oder in sein principiumzu setzen. Gesetzt gleich / er verstehe es / oder nehme den Unterscheid vom Thal oder vom Hügel: Machte der Thal es zu Glaß/ so könte es kein Sand bleiben/ und müste der Sand von dem Hügel genommen werden. Verstöst sich also / meines Erachtens / der Josephus gar sehr hierinn: Doch / er ist auch kein Glaßmacher gewesen; und hat man wohl eher einen Historien-Schreiber gefunden / der sich was hat überreden lassen. Gläublicher ist / was Tacitus hievon schreibet/da er spricht: Weiln dieser Sand Salpeter bey sich führet/wird er zum Glase geschmoltzen. Das wäre also auch vom 2. Capitel.

Vom 3. 4. und 5. Capitel.

WAs der Autor in diesen Capiteln gedacht / ist wahr: Wer sich die Mühe nimm t/ und ein Saltz so offt im Wasser zergehen läst/und in Gläsern läst wieder hart werden/der kan ein schön Crystall machen: Der aber meynet / daß aus deme allen / womit und welcher Gestalt der Autor einen Crystall beschrieben hat / eine rechte Gleichheit der Crystallen solte hervor kommen/und davor passiren können / selbiger versieht das Glaßmachen nicht. Hier möchten vielleicht die Teutschen fragen: Woher nehmen wir das Levantische Pulver? Denen gebe ich zur Nachricht: Man nehme / was vor Art Kraut man wolle / als Farren-Kraut oder andre/so man häuffig haben kan / und brenne die zu Asche/und mache eine Lauge daraus / wie in diesem Capitel und nachfolgendē gelehret wird: Ja so du diese Mühe darauf wenden wilst/nimm nur gemeine Asche (doch ist die aus den Kräutern eher zur Subtilität zu bringen) oder noch näher/Potasch/ löse die

offt

offt im Wasser auf/und laß sie durch einen Filtz lauffen; und so du das/ (wie öffters erwähnet) wiederholest/ so kanst du aus allen Dingen/ worinn ein Saltz stecket/ es von einerley Schönheit haben. Hätte also der Autor dieser Mühe in den vielerhand Umständen der Saltze nicht bedürfft: Dann ich habe durch die Erfahrung erlernet/ daß die Saltzen in den Kräutern und Gewächsen nach gnugsamer und vielmaliger Calcination oder Ausbrennung und Auslaugung einerley seynd/und daß diese mannigfaltige Unterschiedlichkeit ohne sonderbaren Nutzen oder Nothwendigkeit ist.

Hier sehe ich/daß bey dem 3.Capitel/nach deß Herrn D. Merrets Anmerckungen/ der bekandte Herr Friedrich Geißler auch ein Stück seiner Klugheit wollen sehen lassen/ indem er darüber commendirende erstlich spricht: Er hielte dafür/ daß vor das Wort figirt/ purificirt müsse gelesen werden/ welches zwar recht: Doch will er auch behaupten/ daß das Wort figirt recht sey; massen/ sagt er/ein fixes Saltz zum Glaßmachen nöthig ist. Nun/ spricht er/ halten die Kräuter nicht alle einerley fixes Saltz: Könten derowegen solche/ die noch ein nicht genugsam figirtes haben/ durch den Proceß in diesem dritten Capitel ꝛc. vollends fix und beständig gemachet werden. So weit deß selbstvermeinten hoch-erfahrnen Fr. G. Worte. Aber mein lieber Herr G. verzeihet mir/ daß ich Euch hier ein wenig frage: Seynd die Saltze aus den Kräutern fixer in der ersten Auslaugung/ oder seynd sie fixer/ wenn man sie etliche mal ausgebrennet/ aufgelöset/ und wiederum abrauchen lassen? Vors erste. Vors ander verzeihet mir noch eine Frage: Wie macht man es doch/ wenn man ein Saltz/ so aus einen verbrannten Gewächs oder Kraut ausgelauget ist/ figiren will/ daß es im Feuer keinen Spiritum gebe/ noch davon fliege? Solviret oder coaguliret mans offt? Oder was braucht man vor einem modum? Ich rede nicht mit dem Herrn hier/als wie etwa mit einem Glaßmacher/ sondern wie mit einem von sich selbst haltenden hocherfahrnen Chymico, den die Musen mit ihrer Milch so lang gespeiset; zwar

daß

daß sie Euch haben Sprachen gelernet/ und wie ihr Lateinisch ins Teutsch übersetzen sollet das lasse ich gut seyn; aber wann ihr in eurer Chartecque gesetzet hättet/ die Chymici hätten euch mit ihrer Milch gespeiset/ oder durch die Experienz gelehret und geleitet; so sagte ich warlich/oder gedächte zum wenigsten/daß/ der euch geseugt/derselbe die Milch verwechselt hätte/ und nicht von der rechten mitgetheilet und gegeben. Ich habe in meinen herausgegebenen Tractätlein von den Saltzen geschrieben: So nun der Herr dawider was einzuwenden hat/ und er kan es mit Experimenten thun/so thue er es/er erzeige mir als einem Ungelehrten (davor er mich hält) die Ehre/ und beweise es in der That; dañ mit Worten ist man in diesem Seculo, in der Chymie sonderlich nicht mehr zu frieden: Kommt ihr dann mit Experimenten/ so soll der Herr sehen/ ob er mich gleich ungelehrt achtet/ daß er mich doch nicht soll unerfahren finden. Diese beyde Fragen möchte ich mit einigen Experimenten von euch wohl aufgelöset wissen. Doch um Verzeihung bittende/ wenn ich gläube/ daß ihrs nicht könnet/ihr widersprachet euch denn selbst in diesem Capitel. Ich habe die Hoffnung/der Herr/ als ein Gelehrter werde so viel von dem Ruhm der Höflichkeit bey sich haben/ daß er mir diese Grobheit verzeihen wird/(so ferne ich ja bey dem Herrn die Schrancken der Höfligkeit über Vermuthen überschritten hätte/) indem ich vors erste so kühn gefraget/ vors andere/ mein Glaubens-Bekäntniß hierinn so frey gethan. Ich bin deß Erbietens/diese Frage inskünfftige/so ich die Ehre von euch nicht haben solte/ oder euch hievon die Wissenschafft mangelte/ selber zu erklären.

Der Autor befielt in diesem 3. Capitel/ man soll auf die letzte ein gantz gelind Feuer gebrauchen/daß das Saltz nicht anbrenne/ oder verbrenne/da es doch besser ist/daß/wenn das Saltz im Glase trucken worden/ mans im selben gelinde glüen lasse: Denn dadurch werden die übrigen Unreinigkeit desto besser abgeschieden. Weiln es nur als ein sonderliches Glück zu rechnen/ wenn ein Glaß in solcher Arbeit gantz bleibet; denn zerbricht es nicht eher/ so zer-

so zertreibens die Saltze doch im kalt werden. Dieses alles ist eine gar zu grosse Mühe/und dienet nur zu besonderer Curieusität/ da man es doch eben so schön haben kan / so man (wie obgedacht) eine Asche nimmt/sie sey aus Kräutern oder Bäumen/wenn nur solche zu etlichen malen ausgelauget/ und nach einer jeden Einkochung/ (welche in einen eisernen Kessel geschehen soll/) und ehe man das Saltz wieder im Wasser auflöset/allemal ein wenig ausgeglüet wird. Wer denn nun gar curieus damit umgehen will/ der nehme zuletzt die wohl-und oft gereinigte Lauge/ und koche sie gelinde/ biß sie oben eine Haut kriegen will/ und schütte sie in ein höltzern Gefäß/und lasse es einen Tag oder etliche stehen/ so schiessen schöne Crystallen an: Auch leget sich bey dieser Arbeit zugleich etwas weisses/wie Mehl/zu Boden. Dieses kan man mit den Crystallen in ein Haar-Siebe / oder auf ein dazu mit Leisten gemachtes Brett schütten. NB. Das Brett muß nach hiesiger Figur unten spitz zugehen/daß die übrige Lauge wohl davon lauffen und trocken werden kan. Die Lauge/ so über diesem Saltz gestanden / kocht

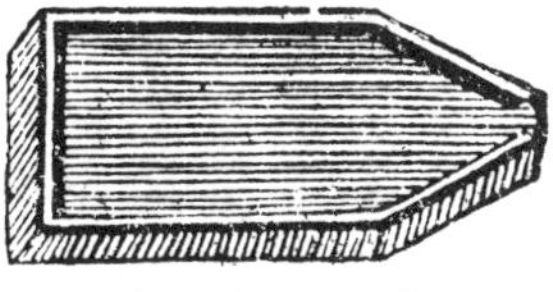

man wieder ein / wie vor / und das so lange / biß nichts mehr anschiessen will; so kocht man alsdenn dieselbe Lauge vollends oder gantz trocken ein / und ist hernach unter diesen und denen angeschossenen Crystallen wenig Unterscheid. Hier haben wir nun beschrieben/was der Autor biß in das 7te Capitel von Bereitung der Saltze gelehret. Denn das Saltz sey aus welchem Kraut es wolle / so es nicht wohl gereiniget wird / gibt es kein schön Glaß. Das ist aber gewiß / daß ein Saltz / wegen seiner subtilen Erde / sich eher reinigen läst / als das andre / und eines weniger Mühe gebrauche/als das andre. Wer aber zu solchen Kräutern in der Menge nicht kommen kan/der muß sich die Mühe nicht verdriessen lassen/ und eine Asche/ die der Bauer auf den Heerd / oder im Ofen brennt/oder von wem er sie haben kan/nehmen und nur desto öffter reinigen.

Das 4. und 5. Capitel.

IST in specie zu wissen / daß man an dieses nicht gebunden sey / wenn man die güldene Farb in die Crystall bringen will: Ja wenn auch dem Autore entgegen der Crystall von lauter Weinstein-Saltz allein wird bereitet / so kan man ihme die güldene Farbe doch wohl beybringen / wie denn davon nach diesem weiter soll gelehret werden. Was sonsten in dem 5. 6. und 7. Capitel ausser dieser meiner Erinnerung von dem Autore gedacht worden / kan als gut und nützlich alles wohl in acht genommen werden.

Das 6. Capitel.

WAs in diesem Capitel gedacht wird / ist schon im vorhergehenden erklährt worden / nemlich / daß jemand ein Kraut oder Asche nehmen möge / wovon Er will / und gilt gleich / zu welcher Zeit oder in welchen Monat ers nimmt / wenn nur das Kraut seinen Wachsthum vollendet; Man ist an keinen Bohnen / Farren Kraut oder dergleichen gebunden: Denn alle Kräuter haben einerley Saltz nach der Verbrennung / nur daß eines mehr Erde führet als das andere / und derowegen mehr Reinigung bedarff. Derowegen / wie ich im vorigen gedacht / nimm nur reine Asche / wie du sie kriegest / löse sie offt im Wasser auf / und siede sie wieder ein / glüe das Saltz allemal gelinde / so richtet man alles damit aus / im Glaßmachen / was der Autor lehret.

Vom 7. Capitel.

VOn diesem ist wahr / was der gelehrte Herr D. Merret setzet / daß das Glas / zu welchem das Kalchsaltz kömmt / allezeit auf Milchfarb falle. Derohalben ob es gleich durchsichtig und helle siehet / so ist es doch zum rechten Crystall-Glas nichts nütze: Denn wegen der subtilen Erde / die das Glas von dem Kalch behält / wird es blaß oder bleich auf Milch-Art / die man nicht so eigentlich beschreiben kan. Wenn man auch den Kalch nur

nur unter die Asche mischet / und lauget sie zugleich aus / so wird es sich doch schon auf dergleichen Weise erzeigen / welches ich selber erfahren. Von dem rechten Saltz / welches aus dem Kalch gemacht und gebracht kan werden / wäre mehr zu schreiben; gehört aber hieher nicht. Das Glas / da Kalch zum Saltz gekommen / kriegt auch vor andern Risse / und tauret nicht so lang.

Das 8. Capitel.

OB ich gleich vorher schon erwähnet / was Ftitta sey; so will ich doch / was in einem jeden Capitel tractiret wird / aufs neue wiederholen / auf daß sich unsere teutsche Glaßmacher darnach desto besser richten können: Die bekümmern sich nicht darum / wo das Wort herkomme / sondern lassen es den Gelehrten. Ich habe euch zuvor gesagt / daß dieses Wort Fritta im Glaßmachen so viel heisse / als wenn ihr Glaßmacher sprecht / das ist unser Gemeng. Denn wann der Autor nimmt von den vorigen Saltzen / oder Soda (welche mein Tag kein recht Crystall / sondern sonst wohl schönes Glaß giebt) 100. Pfund / Tarsi (welches ein Sand von schönen Kieselsteinen) 85. biß 90. Pfund / und mischet dieses / und calcinirts / wie ihr sonst mit euern gemeinen Gemeng in euren Asch-Ofen thut / denn heist es Fritta. Doch ist des Autoris Regul und Lehre / die er in der Zusammensetzung thut / wohl in acht zu nehmen: Nur dieses ist falsch / und gibt kein beständig Glaß / (es sey denn / daß es eine lange Zeit im Feuer stehe /) daß man dieses Gemeng mit Laugen begiessen / oder mit Wasser besprengen soll: Denn durch diese Lauge kriegt sie mehr Saltz / und möchte dieses mit der Soda allein sich thun lassen; aber mit dem Gemenge / das mit Saltz aus den Kräutern oder Pott-Asch gemacht wird / ist es nicht zu rathen / sondern viel besser / daß man sie trucken hinsetze.

Vom 9. Capitel.

IN diesem Capitel lehret der Autor / wie und auf was Weise man die Magnesia soll zusetzen. Magnesia aber / wie schon gemeldt/ ist eben diß/ was die Glaßmacher Braunstein nennen/ und unter diesem Namen ihnen allen gnugsam bekandt ist; sie solte billig des Glases Seiffe genennt werden. Es thut diejenige/ die am Hartz/ wie auch die in denen Meißnischen Ertz-Gebürgen/ sonderlich bey Schneeberg häuffig gefunden und gegraben wird/ ingleichen eine Art/ so aus Böhmen kommt/ auch beyderley um sehr billigen Preiß zu haben seyn/ ebenmässig und ja so wohl das ihrige/ als die Piemontanische; können derowegen wir Teutschen derselben/ nemlich der Piemontanischen Magnesiæ, gar wohl und füglich entrathen. So man demnach ein Glas/ das sich zur Grüne neiget/ mit der Magnesia oder unsern Braunstein versetzet/ so sticht solche Farbe/ nachdem der Braunstein wieder vergangen/ etlicher massen nach der Schwärze/ erlangt also eine hellere Farbe/ und verliert die Grüne; doch/ daß solches deßwegen einem rechten Crystall solte ähnlichen/ wie wir Teutschen jetzund an unterschiedenen Orten machen/ ist noch um ein Gutes gefehlet. Es wird zwar ein gar schön Glas/ vor vielen andern/ die man damals zu des Autoris Zeit mag gemacht haben; aber jetziger Zeit macht mans auf eine viel bessere Art/ welche ich denn auch sehr gerne denen Liebhabern communiciren und mittheilen wolte/ wenn ichs nicht aus sonderbaren Ursachen unterlassen müste. Indessen können die/ welche gleichwol gerne ein schön Glas nach der Venediger Art haben wollen/ gar füglich des Autoris Lehre folgen/ sonderlich mit dem Ablöschen/ wie die Glasmacher ohne diß zum öfftern thun und zu thun gewohnet sind.

Vom 10. Capitel.

DEr Autor lehret in diesem Capitel/ daß das Ablöschen im Wasser gar wohl könne unterlassen werden. Es ist aber dieses hierbey nöthig zu mercken: Nemlich/ wann/ nachdeme das Gemeng/ (so unser Autor Fritta nennet) nach obiger Lehre gemacht/ oder zusammen vereiniget worden/ man solches alsobald verarbeiten wolte/ es freylich viel dienlicher seye/ daß mans ablösche. Denn/ ob sonst gleich das überflüssige Saltz/ welches

ins.

Fig. B.

insgemein Glasgall genennet / gebräuchlicher Weise davon abgeschöpffet wird / kan solches doch so genau und gänzlich nicht ab- und weggenommen werden / daß nicht noch allezeit etwas Saltz / so sich nicht völlig mit dem Sand vereinigt und zu Glas worden / übrig bleiben solte / welches aber gleichwol durch das Ablöschen weggehet. Aber so man das Gemenge lang im Feuer kan stehen lassen / so ist das Ablöschen nicht nöthig. Ist also wahr und gewiß / was Herr D. Merrett hiervon schreibt / nemlich je länger das Gemenge stehe / je reiner und feiner das Glas würde. Auch ist hierbey wohl in acht zu nehmen / ob das Gemenge fett oder mager gemacht / das ist / ob viel oder wenig Saltz zum Sand gesetzet worden? Ist deß Saltzes zu wenig / so nennen es die Glaßmacher mager / weiln es alsdenn auch strenger und hartflüssiger in der Arbeit sich erzeiget. Dahero es besser / wenn es etwas fett ist / sonderlich so es lange stehet / weiln sichs alsdenn viel füglicher und geschmeidiger arbeiten lässet.

Vom 11. Capitel.

HIer ist gar wenig zu erinnern / weiln alles / was in diesem Capitel gedacht wird / nemlich / wie man ein Saltz aus einer Aschen machen soll / schon in vorher gehenden gnugsam gelernet worden. Vom Weinstein brauchts auch nicht so vieler Umstände / es mag derselbige gleich weiß oder roth / stäubicht oder wie er will / seyn / so ist er zum Saltzmachen eins / und kan solcher nur in einen Topff / in der Glaßmacher Asch- und calcinier-Ofen gebrannt werden / wie der Autor mit mehrern anweiset.

Vom 12. Capitel.

DJeses Capitel handelt von der Zaffera, einer zu Tingier- und Färbung der Gläser sehr nützlichen Materia. Es ist aber die Ablöschung derselben in Essig nichts nütze / sondern all genug / wenn sie / die Zaffera, nur wohl und klein gerieben wird / da sie denn eben so wohl und gut / als die / so abgelöschet ist / kan gebraucht werden.

Ich sehe hier / daß der offt gedachte Herr D. Merrett, wie auch selbst unser Autor, sich sehr / was doch die Zaffera vor ein Ding sey/ zu wissen bemühen: achte derowegen wohl von Nöthen dieselbe etwas weitläufftiger zu beschreiben. Berichte demnach hiermit dieses: Es wird ein Ertz Stein / zu Schneeberg in Meissen/ auch wohl an ander Orten von denen Bergleuten aus der Erden gebracht und gegeben / den sie Cobolt nennen / weilen solcher gantz kein gut Metall/ohne manchmal der Centner ein Loth/ mehrentheils aber nichts hält und gibt. Dieser sonst sehr gifftige Gesell/ der Cobolt / wird anfänglich in einen dazu behörigen Ofen/ dessen Gestalt uns die beygefügte Figur B. weiset / geschmissen; solcher zu diesen Werck eingerichteter Ofen/ ist fast gleich einem Back-Ofen / und also aufgesetzt / daß das Holtz oder Flammen-Feuer / so an der Seiten lieget / über diesen Mineral-Stein oder Cobolt / zusammen schlagen kan; so bald solcher nun anfänget zu glüen/ so raucht ein weisser Rauch davon / selbiger wird in einen (hier beygefügten) höltzern Gebäu / in welchem er sich allenthalben anlegt/aufgefangen/und dieses ist alsdenn der Arsenic. Es ist sich zu verwundern / daß / obwol dieses Gebäude sehr / ja bißweilen 100. Klafftern lang ist / dennoch der Rauch / es sey so lang als es immer wolle / allezeit zum letzten Ende ausgehet. Dieser abgerauchte oder geröstete Cobolt nun / wird alsdenn in einer dazu gehörigen Pochmühle gepocht / alsdenn wieder calciniret/und ferner gepocht/ wenn denn dieses etliche mal gethan / so wird er (der zurück gebliebene Cobolt) aufs kleinste durch ein enges Sieb/ welches in Riemen und Schwange gehet/ auch sonsten gnugsam verwahret daß es nicht stäuben kan/gesiebt und in Verwahrung genommen. Von diesem Coboit-Meel wird genommen 1. Theil / und darunter wohl 2. oder mehr Theil/ gleichfalls aufs fein-und kleinste gestossene Kießlinge (welche die Bergleute Quärtze nennen) gemischt/ und alsdenn angefeuchtet,/ in Tonnen geschlagen / so wird es so hart und fest in einander wie ein Stein/ also daß/ nachdem es lange gestanden / solches endlich wieder (wie bekannt) mit eisern Schlägeln von einander muß geschlagen werden.

Fig. C.

den. Solche zugerichte Materia wird alsofort denen Holländern und andern Nationen zugesandt / um ihre feine Töpffer-Geschirr und andere Dinge damit zu bemahlen: und ist eben dieses/was von vielen/ sonderlich denen Bergleuten/ Zafloer, insgemein aber / gleichwie auch von unserm Autor/und seinen gelehrten Commentator D. Merreto, Zaffera genennet wird.

Der Sand wird in Meissen bloß derent-und um keiner andern Ursach wegen / darunter gemischt / als daß man in andern Ländern die blaue Stärcke / die die Weiber brauchen (von denen Mahlern auch blaue Smalta genannt) nicht mit Profit daraus oder nachmachen könne und soll. Denn es ist ferner zu wissen / daß wenn dieser abgerauchte Cobolt / mit einen gewissen Theil Sand und Pott-Asche / wieder versetzt und zum Glas geschmoltzen wird/ein dunckel und dickblaues Glas daraus wird / welches gar subtil zerstossen/und auf einer gewissen Mühl/zwischen zweyen sonderlich harten Steinen / zu einen Meel gemahlen / alsdenn geschlemmert / und in unterschiedliche Sortemente / da immerzu eines schöner als das andere / getheilet und gestellet wird; hierinnen besteht ein grosser Handel / der Seiner Churfl. Durchl. zu Sachsen nicht wenig einträgt. So sie aber den abgerauchten oder Calcinirten Cobolt so rohe wegschicketen welches zu thun doch denen Factorn sehr hoch verboten / so könte die blaue Stärcke anderwerts auch gemacht/und Nutzen daraus gezogen werden / derohalben machen sie Zaffera daraus. Der aber einen reinen (calcinirten) Cobolt haben will / da ein Theil mehr / als 3. oder 4. Theil Zaffera thut / der muß es absonderlich in diesen Landen suchen/und desto theurer bezahlen.

Diese blaue Stärcke/wenn sie zum ersten mal gemacht oder vitrificirt und zum Glase geschmoltzen wird/so setzt sie insgemein einen Regulum, den dieselben Arbeiter Speise nennen; dieser regulus gibt gleichfalls wieder ein blaues Glas / sonst aber ist er gantz sprödе und kurtzspiesig / soll in der Alchimiä seinen sonderbaren Nutzen haben.

Das Arsenic-Meel aber wird nach der hier beygesetzten Figur C. auch wieder sublimirt/so wird es in solche dicke Stücken/

wie

wie bey denen Materialisten / allwo Arsenic verkaufft wird/zu sehen. Also ist hier hoffentlich denen Liebhabern aus dem Zweiffel geholffen / so viel die Zaffera und den Arsenic betrifft / ob nemlich solche factitia oder Naturalia, das ist/ durch Kunst gemachte oder natürliche gewordene Dinge sind; und so viel von diesen.

Vom 13. Capitel.

Es ist im vorigen genugsam gedacht / daß man der Piemontischen Magnesie/oder deß Italiänischen Braunsteins nicht bedarff/ weil solche oder solcher bey uns in Teutschland eben so gut aus der Erde gegraben wird. Das Ablöschen in Essig thut nichts zur Sache/wenn sie nur wohl gebrannt wird.

Vom 14. und 15. Capitel.

Das Kupffer zu calciniren oder zu brennen / beschreibet der Autor in diesen beyden Capiteln recht/ und ist dem Buchstaben allerdings zu folgen.

Vom 16. 17. 18. und 19. Capitel.

Den besten Crocum Martis, das ist/Eisen-Saffran oder Eisen-Pulver zu bereiten.

Es sind diese Arten/den Crocum Martis oder das präparirte Eisen-Pulver zu machen/ zwar nach deß Autoris Lehre gar recht und gut: Aber ein solcher / der noch viel vortrefflicher/köstlich und schöner von Farben ist / muß ohne allen Zusatz / nach der folgenden Lehr gemacht und bereitet werden. Nimm derowegen ein ganz reines Eisen-oder Stahl-Feylicht / thue davon in einen grossen Topff/und zwar nicht höher denn eines Fingers hoch/ setze solchen wohl zugedeckt/an einem Ort in einen Asch-oder Calcinir-Ofen/ oder sonst irgend hin / da eine starcke Hitze und Flamme streicht / so schwillet das Eisen in ein überaus schön roth und zart Pulver in die Höhe / also daß der gantze Topff voll wird/und wohl den Deckel in die Höhe treibet ; diß soll man ausnemen / so

wird

Fig. D

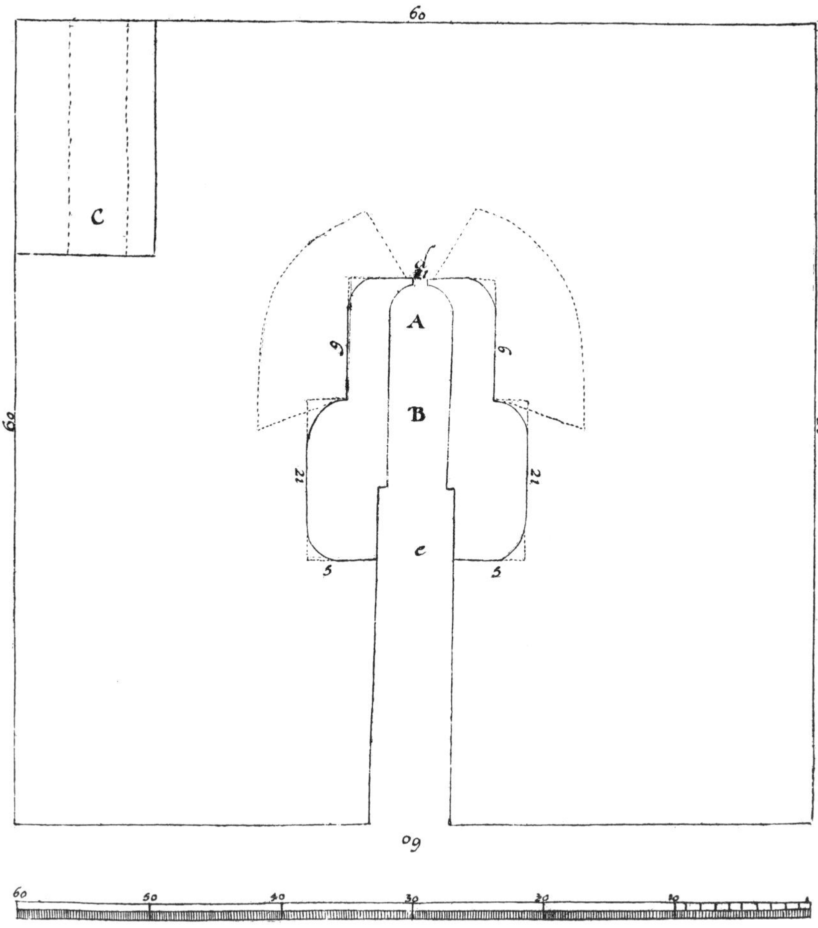

wird man noch ein gut Theil Eisen/am Grunde des Topffs/feste in einander gebacken finden/solches setzt man wieder hin/so schwillt mehr auf; dieses kan man thun so lange/biß man genug hat. Es ist dieses ein über die massen vortrefflicher Crocus Martis, der gewißlich weiter dienet/ als ich hier zu melden Lust habe: Jedoch daß er in der Glas-Kunst gerade und eben diß thun soll / was der aus dem Essig bereitet thut/sage ich nicht/sondern eine andere Coleur gibt dieser/ein andere jener: gleichwol meyne ich/es soll hiermit den Verständigen was gesagt seyn. Und dieses vom Croco Martis.

Das 20. und 21. Capitel.

IN diesen Capiteln lehret der Autor / wie man das zitternde Kupffer / (welches insgemein von dem gemeinen Mann Knitter-Gold/ oder messinger Lahn genennet wird/) machen soll. Nun ist in der Bereitung dem Autor auch allerdings zu folgen: Man ist aber an diesen Lahn nicht eben gebunden / sondern man nehme nur ein dünnes Stück Messing von einem alten Kessel / es thut eben das/welches ich erfahren/weil doch das andere viel kostbarer ist.

Das 22. Capitel.

INdiesem Capitel befiehlet der Autor so hoch/so man ein schön Meer-Wasser haben will / daß man von der schönsten Crystall Gemeng nehmen soll. Es ist aber daran nicht gelegen/wenn es nur ein schön hell Glaß ist / und kein Braunstein dazu kommen. Denn daß es nach der Grüne sich neiget/oder einen grünen Stich hat / das hat auch wenig zubedeuten / weil ohne dem es von dem Pulver gefärbet wird / nur daß man sich mit dem Pulver nach Coleur richten muß. Und ist hierbey zuwissen / daß man im zusetzen der Zaffera sich wohl vorsehen muß / weil der einen immer mehr Sand zugesetzet ist / als der andern / derowegen auch wohl die rechte Coleur nicht allemahl / wenn man will / zu treffen ist. Man versuchs denn zuvor in der kleinen Prob / zumahl / so man den blossen Cobolt hätte: denn so man alsdenn diesen Satz mit dem Pulver vom gebrandten Messing und Zaffera, wie in diesem Capitel gemeldet/ folgen wolte/ so solte es viel zu blau werden/ wie mir denn dergleichen selber wiederfahren. Derowegen muß man sich im Zusetzen der Zafferæ wohl vorsehen/ denn man kan nach und nach allezeit mehr nehmen und zusetzen/ oder es erstlich ins klein probieren.

Von 23. Capitel.

IN diesem Capitel ist der Autor gäntzlich denen Buchstaben nachzufolgen/ und dieses eine sehr anmuthige Coleur nach dieser Art.

Das 24. und 25. Capitel.

DIe Brennung deß Kupffers in diesen beyden Capiteln ist gar recht/ und kan in dem Asch/ oder Calcinir-Ofen sehr wohl gemachet werden. Daß es das Glaß so sehr aufblehen solte/ finde ich nicht in unsrer Art Glaß-Oefen/ da das Feuer allemal stärcker/ als in denen Venetianischen oder Holländischen Oefen ist: daher durch das geschwinde Niederschmeltzen/ und wegen der grossen Hitz/ es solche Gefahr nicht hat.

Das 26. Capitel.

HIerinnen habe ich dieses in acht genommen: Ich habe ein gewiß Theil deß Pulvers unter das Gemeng genommen/ und in kleinen Tiegeln schmeltzen lassen/ daß es eben eines gewesen/ ob ich das Pulver unters Glaß gerühret/ oder Anfangs mit dem Gemeng vermischet habe. Doch ist fast besser/ wenn es mit dem Gemeng vermischet/ als wenn es unter das Glaß gerühret wird; denn es viel Mühe kostet/ wenn man die Gleichheit der Farbe im Rühren überall im Glase treffen will: Welches man besser haben kan/ wenn mans anfänglich unter das Gemenge mischt. Es ist aber zu mercken/ daß man bey diesem Gewicht

Fig. E.

deß zusammen gesetzten Pulvers nicht allezeit bleiben kan/sondern man muß es erstlich in der kleinen Probe suchen.

Von 27. Capitel.

WAs der Autor von den Töpffen sagt / ist in acht zu nehmen: Doch wenn man ein Meerwasser-Farb darinn gemacht hat / und wohl ausgeschöpffet / kan man folgends wohl ein grün oder blaues/endlich nach diesen gar ein schwartzes darinn machen: Und ist in allen nur zu sehen / was vor eine Coleur sich auf die andern schickt / so kan man gar füglich unterschiedene Farben nach einander in einem Topff machen.

Das 28. Capitel.

DIeses ist nur ein Uberfluß vom Autore, denn es nicht ein Haar anders ist und sich erweiset / als daß davon im 24. und 25. Capiteln gedacht worden.

Das 29. und 30. Capitel.

EBen die Bewandniß hat es auch mit diesem Capitel/denn es nichts anders in sich hält/ als daß man nur die Proportion deß Pulvers verändert: Denn nachdem man einen schönen Satz oder Gemeng vom Glaß hat / nachdem wird die Coleur schön und hell/weiln ungestalt Glaß eine ungestalte Coleur macht / es mag die Farb bereit seyn / wie sie wolle. Hätte derowegen der Autor dieses alles in ein oder 2. Capitel verfassen können. Besiehe in dem Commentario D. Merretti, was er von diesen beyden Capiteln sagt; und hat hierinnen der Porta recht / wenn er gleich sonsten in seinen Schrifften zum öftern in der Warheit unglücklich ist / weil ers meistens von andern gegläubet und abgeschrieben hat.

Vom 31. Capitel.

WEr die Zeit nicht erwarten will / daß er erstlich ein Vitriol-Oel / aus dem durch Kunst-bereiteten Vitriol von Kupffer/ destillire / um das rothe Caput mortuum davon zu erlangen / der brenne nur das Kupffer in den Asch-Ofen / biß es gantz schwartz werde. Ich habe es durch die Erfahrung / daß / wenn ich nehme Kupfferblech/ calcinier solche mit Schwefel / und mache es allerdings wie dieser unser Autor lehret / ferner wenn ichs einmal gebrannt/ und zum schwartzen Pulver gestossen / wieder mit gleichschwer Schwefel vermische / und nach Wegbrennung desselben zum drittenmal wiederhole: Daß ich alsdenn / wann ichs gelinde und gebührlich tractirt habe / endlich ein Pulver erlanget / das auf der Zunge scharff wie ein Vitriol von Kupffer schmeckt/ welches ob es wohl oben schwartz/doch sonst mehrentheils roth und Ziegelstein-färbig ist: dieses schwartz und rothe Pulver durcheinander gemischt/thut/sag ich/ nach meiner Experienz alles dasjenige / was der Autor von deme mit so grosser Mühe aus dem von Kupffer gemachten Vitriol lehret und rühmet.

Von 32. 33. 34. und 35. Capitel.

Mit dieser Grüne hat es allerdings die Bewandnis / wie im vorigen mit der Meerwasser-Farbe / gelehret und unterrichtet worden. Ich habe mich sehr in der Schönheit und mancherley Veränderung solcher Grüne delectirt / sonderlich noch unlängst in meines Gn. Churfürsten und Herrn Crystall-Hüte/da ich dieses gantze Buch/(so viel ich vorhero nicht probiert) durchgearbeitet / und experimentiret / auch darunter allerhand schöne und fast ungemeine grüne Coleuren gemacht habe. Es besteht aber solche vielfältige Veränderung bloß und allein in dem Unterschied und Bereitung des zugerichten Eisen-Pulvers/ Crocus Martis genandt: Nachdem die Præparation und Zurichtung desselben ist / nachdem kan man auch / und zwar wie man will/eine Grüne haben / weiln sich eine andere Art oder Coleur erzeigt/ wenn das Eisen-Pulver mit Essig; eine andere/wenn solches mit Schwefel; eine andere/wenn es vor sich selbst præpariret worden: denn durch die Zusammensetzung des gebrannten Kupffers

Fig. F:

fers und des Eisen-Saffrans oder bereiteten Eisen-Pulvers werden alle Unterschiedlichkeiten grüner Coleuren zu wege gebracht. Wiewol das Kupffer und desselben zugerichteter Hammerschlag auch allemal eine Grüne gibt / so liegt doch vielfältige Veränderung derselben bloß und allein an dem Eisen-Pulver / nachdem nemlich dasselbe bereitet und zugesetzet wird. In der Bereitung deß Kupffers habe ich keine grosse Veränderung finden können: Denn wenn ich das Kupffer nur vor sich selbst und alleine gebrandt / (nach dem 24. Capitel) so kan ich alles dasselbige damit thun / was der Autor von der vielfältigen Zubereitung desselben lehret. Was er aber im 35. Capitel von der Minia oder Bley-Menge gedencket / so giebt solches zwar eine schöne grüne Coleur / allein diese Gläser / wo Bley zukommt / seynd erstlich wegen ihrer Weichheit nicht wohl zu arbeiten / zum andern seynd auch die daraus bereiteten so-genannten Edelgesteine nichts überall nütze / weil sie wider die Art der Edelgesteine schwer am Gewicht / und ebenfalls zum palliren gar zu weich / seyn und befunden werden.

Von 36. Capitel.

Was in diesem Capitel stehet / ist allerdings wahr / aber es hat gleichwol viel Beschwerlichkeiten; indem man sehr genau und fleissig Achtung geben muß / daß man es zu rechter Zeit handthiere / weil darinnen der gröste Vortheil bestehet. Denn tractirt mans zu frühe / so ist es zu saltzig / und will sich nit wohl arbeiten lassen; lässet mans etwas zu lange stehen / zumal in grosser Hitze / so wird es durchsichtig / und ist in Summa übel zu treffen. Ich will aber euch nach diesen eine Composition lehren / durch und aus welcher man alle undurchsichtige Farben / gar fein und mit leichterer Mühe als insgemein / wird machen oder bereiten können. Womit ich denn meine Unterweisung und Anmerckungen über das erste Buch unsers Autoris / abbrechen und beschliessen will / wenn ich nur noch zuvor entdecket werde haben / meine eigene teutsche Art und Manier / mit welcher alles / was hierinnen enthalten / und unser Autor mit grosser Weitläufftigkeit gelehret/kürtzlich und in einer Summa/ mit leichter Mühe/ auch mit keinem andern als mit solchen Zeuge/der in unsern Vaterland/und mit geringen Unkosten zu finden und zu erlangen ist/ einfaltig kan gemachet und verfertiget werden/also/ daß man an die vielerhand Pulvisculos, Frittas, Rochettas, Tarsos, Sodas, auch Spanische / Levantische und Syrische Asche / und alle dergleichen weit hergebrachte und kostbare Dinge weniger als nichts sich zu kehren / noch ferner darnach zu trachten wird Ursach haben.

Folget demnach eine rechte kurtz-bündige und unkostbare Art und Manier / ein schön und fein Glaß / (so gut als es unser Autor mit vielen Kosten und Umständen lehret) zu machen.

NImm Pot-Asche / laß solche in Wasser zergehen / und nachdem du diese Lauge eine Nacht sich setzen lassen / so giesse oder schöpffe folgendes Tages das klare ab / das letztere laß durch einen Filtz lauffen/ damit du eine lautere/ reine und saubere Lauge bekommest/ alsdenn koche solche in einen eisern Kessel wieder gantz ein/ also daß sie hart und trocken werde / schlage folgends das eingekochte Saltz / stückweiß heraus / und laß selbiges gelinde im Ofen glüen / lasse es nach diesen wieder im Wasser zergehen / und nach abermaliger Einkochung abermal sanffte ausglüen. Je öffter du nun diesem Saltz dergleichen Ehre beweissest/ je schöner es sich wieder gegen dir stellen oder erzeigen/und je klärer und reiner das Glas davon werden wird. Jedoch kan man auch wohl zu denen Ordinar-und gemeinen Farben / als blau/ insonderheit aber grün / dieses Saltz / wenn es auch nur einmal recht klar durchgelauget ist/zum Glas verarbeiten und gebrauchen. Denn ob es gleich etwan einen grünen Stich vor sich hat / so schadet es doch zum blauen und grünen / ja auch zur aquamarin oder Meerwasser-Farbe nichts/ wenn es nur sonsten fein helle ist / und das ist vornemlich am Sande / nachdem derselbe schön und fein ist / gelegen.

Fig. G.

Fig. H.

legen. Von diesen Salz nun / nimm 40. Pfund / feinen und weissen Sand / oder von denen weissen Kießlingen 60. Pfund / aufdaß es aber desto besser und beständiger werde / so nehme ich zu dieser Composition 5. Pfund Kreide/dieses solst du aufs kleinste unter einander mischen/und wohl zusammen schmeltzen/je länger es im Feuer stehet/je besser es wird; die füglichste Weise ist diese: So mans den Sonnabend / wenn die Glaßmacher dieser Orten Feyerabend machen/ einleget / und lässet es schmeltzen biß auf den Dienstag / wenn sie wieder anfangen; alsdenn frisch verarbeitet/ so ist es schon recht/ und kan zu allen Farben passiren und gebraucht werden.

Noch eines lasset euch zur Aufmerckung dienen und anbefohlen seyn: Nemlich/ wenn man die schwartzen Feuer- und Flinten-Steine haben kan / und dieselben glüet / in Wasser ablöschet / und solche/ nachdem sie aufs kleinste gestossen / mit wohl und offt gereinigten Saltz versetzet/so werden sie / wenn alles recht beobachtet / ein ungemeines/herrlich/ fein und schönes Glas geben / nur ist zu mercken/daß sie etwas strenger zum Fluß zu bringen/ derohalben da man sonst 40. Pfund Saltz zu 60. Pfund Kießling oder andern Sand nimmt / muß man hierzu sechzig Pfund von diesen Steinen wohl fünf und vierzig biß funfzig Pfund Saltz nehmen. Auch finden sich eine Art Steine von Werck-Stücken / welche / wenn sie geglüet / so mürbe werden/daß man sie mit den Fingern reiben kan / und geben einen sehr weissen Sand / dieser gibt auch ein sehr schön Glaß / und ist eben so leichtflüssig / als der aus denen weissen Kießlingen/ ja noch leichtflüssiger; im übrigen muß man sich mit dem Saltz allemal darnach richten / ob man strengen oder flüssigen Sand hat / auch daß er gar klar durchgesiebet sey. So demnach dieses/was hier erwähnet/ alles wohl in acht genommen wird / so wird man allerdings einen so schönen Crystall machen und zu Wercke bringen / als unser Autor mit vielen Umständen kaum gelehret / und man jemalen zu seiner Zeit hat machen können. Es ist mir zwar eine noch schönere Art Crystall zu machen / bekannt: weiln aber in meines Gn.

Chur

Churfürsten und Herrn Crystall-Hütte / auch bey andern Fürstl. Personen nach derselben Manier gearbeitet / und solche insgeheim gehalten wird / als wills mir vor dißmal auch nicht gebühren / selbe zu offenbaren oder gemein zu machen / hoffe der günstige Liebhaber wird sich vor dißmal mit diesen begnügen lassen.

Eine Manier / wodurch man die Türckis und andere undurchsichtige Farben sehr schön und füglich bereiten kan.

DIe Glaß-Künstler machen / unter andern / ein Glaß aus der Asche / die sie von abgebrandten Häusern und Scheunen kriegen und holen. Welches Glaß / wenn mans erstlich aus dem Feuer nimmt / klar und hell aussiehet; wenn mans aber wieder einwärmet / so wird es gantz weiß / und das heissen sie Beinweiß. Wenn man nun dieses Glaß etwas blaulicht färbet / und langet hernach etwas davon / mit dem Instrument heraus / und wärmet es wieder ein / so kan man eine rechte eigentliche Türckis- oder blaue Kornblum-Farbe bekommen; so man aber andere Farben darunter mischt / so wird es allemal unduchsichtiger. Hieraus kan man nun vielerhand sehr artig Glaß von Farben machen / nachdeme als der Zeug dazu sauber und rein zubereitet ist. Ich weiß zwar auch dieses Glaß / auf eine viel schönere Art / dem Porcellan gantz gleich / zuzurichten; aus vorgemeldter Ursach aber darff ich nicht zu weit gehen / sondern muß vor dißmal abbrechen / inne halten / und hiemit das Erste Buch zu seinen Schluß und Ende bringen.

Diese obbemeldte Arten / (so wohl das feine Crystall- als auch Porcellan-Glaß Compendieus und schön zu machen /) welche ich bey der ersten Edition nicht um einig hundert Thaler einen jeden würde communicirt haben / habe ich / hier bey den zweyten Druck auf Anhalten deß Herrn Verlegers / dem geneigten Liebhaber freywillig mitzutheilen mich entschlossen / und sind selbige kürtzlich / oder ohne alle Umstände zu vermelden folgende.

I. Eine

Fig. I.

I.

Eine compendieuse Composition und beständiges Crystallen Glaß zu machen.

NImm schönen Sand oder Kißling / aufs best und reineste pulverisirt 150. Pfund / wohlgereinigte Pottasche / 100. Pfund / Kreide 20. Pfund / guten Braunstein 10. Loth. Dieses alles nach oben-erwähnten Unterricht wohl untereinander gemischt und geschmoltzen gibt ein Glaß / so schön als wohl mit zehenfacher Müh der Autor mag gemacht haben.

Zwar trägt sich auch hier mehrmalen zu / daß das Glaß neblicht oder dunckel aus dem Feuer kommt / die Ursach davon ist zuweilen die Kreide / zuweilen aber die Pottasche / nachdeme nemlich solche gereiniget / oder nachdeme sie von einer Art Holtz gebrandt worden; wann aber solches geschicht / so wird es nur aus und ins Wasser geschöpfft / wie oben bemeldt; so man es denn wieder schmeltzt / wird es sehr schön; doch geschichts auch wohl / daß der Nebel zum ersten mal nicht davon will / alsdenn muß mans nur noch einmal ausschöpffen und wieder schmeltzen; wann die Pott-Asche wohl und gebührlich gereiniget / wird dieses selten vonnöthen seyn: Wann man sie aber so rohe nimmt / wird man es fast allemal thun müssen.

II.

Das schöne Parcellein-Glaß zu bereiten / wodurch man auch alle undurchsichtige Farben / so schön als man fast selber will / machen / und præsentiren kan.

DIese Composition, die ich vor deme rahr gehalten / ist mir erstlich communiciret worden / von Tit. Hn. Daniel Krafft / als der meines Wissens solche auch erfunden / und vor Ihr Churfl. Gnaden von Mayntz gearbeitet hat: Es gibt re vera ein grosses delectament dem curieusen Liebhaber dergleichen zu verfertigen / welches also geschihet:

Nim weisen Kißling oder schönen Sand 60. Pfund gereinigte

Pott-Asche 40. Pfund gebrandte Knochen oder Hirschhorn / 10. Pfund / dieses wohl gemischt und geschmoltzen. Es hat zwar dieses Glas die Art / daß es erstlich klar und hell aus dem Feuer komt; wann man es aber einwärmt und verarbeitet / so wird es entweder gleich den Opael, oder aber gantz Bein- oder Milchweis / alles nachdeme man es oft einwärmet / und viel oder wenig gebrandt Hirschhorn oder Knochen dazu gethan hat.

III.

Nachfolgende Composition ist zwar kostbarer / aber auch um so viel desto schöner; aus dieser und vorher gehender Composition, habe ich die schönsten Opael gemacht / wie ich nur selber verlangt / alles / nachdem ich es oft eingewärmet / und viel oder wenig Knochen dazu genommen.

Nimm Kißling oder Flintenstein 130. Pfund / gereinigten und zu Mehl gemachten Salpeter 70. Pfund / Borrox 12. Pfund Weinstein 12. Pfund / Arsenic 5. Pfund / gebrandt Hirschhorn oder subtile Knochen 15. Pfund / mehr oder weniger nach eines jeden Belieben. Denn so es nur Opael seyn soll / kan man 12. Pfund nehmen / soll es aber recht Helffenbein- oder Milchweis seyn / so kan man auch noch etwas mehr nehmen: dieses muß ein jeder nach seinem Sinn in der kleinen Prob einrichten / wie ers selbst verlangt und haben will rc.

Diesem Glaß nun / kan man fast alle Tincturen und Compositionen zusetzen / so man zu denen andern gefärbten Gläsern gebraucht / und ferner daraus die schönsten undurchsichtigen Gefässe bereiten / daß sie allerdings den natürlichen Edlen Steinen gleichen; und kan ein jeder mit ein oder zwey Farben hierinn spielen / wie ihm selber beliebet rc.

Man kan zu denen Farben nur die vorher gehende Composition gebrauchen / die mit der Pott-Asche gemacht wird / weil diese letztere zu kostbar / und fast Schade / daß mans färben soll rc.

IV. Wann

IV.

WAnn man bey dieser letztern Composition die gebrandten Knochen auslasset und hingegen 10. Loth Braunstein oder Magnesia zusetzet/ so wird es ein ausbündig schöner Crystall (doch daß in allen recht verfahren wird/) viel feiner als der so oben gemeldet ist. Jedoch ist mir eine noch andere und wegen der Beständigkeit weit vortrefflichere Composition bekandt/ deren daraus bereitete Gefäß auch so beständig sind / daß man alle Aqua fortis und Corrosivische Spiritus aus solchen kan destilliren; alles aber denen Glaß-Verderbern so schlecht hin zu geben/ hat allzuviel Müh gekostet / man kan sich dieweil mit dem wohl genügen lassen ꝛc. Wie ich denn davor halte/ daß durch diese addition das Buch um ein merckliches completirt worden.

Anderes Buch/
Von der Glaßmacher-Kunst/
ANTHONII NERI
von Florentz.
Summarischer Inhalt dieses Buchs.

HJerinnen wird die gewisse Art gezeiget / wie man einen Calcedonier / an der Farb eines Achats oder Orientalischen Jaspis bereiten soll: wie nicht weniger allerley Farben / zu ebenmässigen Gebrauch; item die Art und Weise / Aquas fortes, und Regias zu machen/ welche hierzu erfordert werden: Uber das eine Manier den Weinstein zu calciniren / und solchen mit der rothen Farb / von den Italiänern Rosichiero genannt/ zu vereinigen/ massen dieselbige mancherley strömicht-spielende Farben/ im Glaß vorstellet/ auch ihm eine solche Dunckelheit mittheilet / welche sonst nur denen Orientalischen Edel-Gesteinen gemein ist.

Das 37. Capitel.

Hält in sich eine Vorbereitung/wie der Chalcedonier/ Jaspis und Achath am schönsten könne nachgemachet werden.

Dieweil ich gesonnen bin/die Art und Weiß zu zeigen / wie man den Orientalischen Chalcedonier/Jaspis und Achat machen soll; so wird erstlich nöthig seyn / daß ich die præparation etlicher Mineralien/zu dieser composition dienende / lehre: Denn obwohln hier und dar dergleichen Sachen/ nnter die Hände kommen; so hat mich doch für gut angesehen (dieweil ich willens bin / das Werck vollkommen an den Tag zu geben;) einen rechten und guten Chimischen modum anzudeuten/vermittels welches / die Kunst erfahrne Liebhaber/ ohne anderer Beyhülff / allerley dergleichen Werck / recht und wohl/mit geringern Unkosten/selbsten bereiten können.

Denn wo die Materia gebürlich præpariret / ingleichen die metallische Farb / recht aufgeschlossen / auch von aller irrdischen Unreinigkeit und unsaubern Theilen wohl abgesondert ist worden (welche insgemein die Vereinigung der Farben mit den Gläsern zu verhindern pfleget) so ist kein Zweifel/ daß nicht das Glaß mit lebendigen / leuchtenden und lieblichen Farben getingiret werde/welche die gemeinen Glaßmacher-Farben / gar weit übertreffen.

Und weil die Calcedonier-Farb/oder vielmehr das compositum, daraus dieser Stein wird / nichts anders ist / als eine Zusammenhauffung fast aller der jenigen Farben / welche vom Glaß genommen werden / solche aber ins gemein nicht einem jeden bekannt sind (denn die Farben selbst / wofern sie nicht wohl bereitet/die verlangte Schönheit und Glantz nicht von sich geben:) so ist derohalben nothwendig / daß die Metallen recht gecalciniret/zertheilet/ aufgeschlossen / auch das Kupffer / der Schwefel / Vitriol / Salmiac / und dergleichen/mit geraumer Zeit/und gelindem Feuer eröffnet und bereitet werden: denn das übermässige Feuer ist hier schädlich.

Die rothe Farb / (davon im 124. Capitel /) und der Weinstein müssen nicht allein recht und aufs beste gecalciniret seyn / sondern sie sollen auch in gebührlichem Gewicht/und proportion, zu rechter Zeit darzu gethan werden: es muß auch das Glaß wohl gekocht / gereiniget und zum Werck zeitig seyn.

Letzlich muß man im gantzen Werck solchen Fleiß anwenden/wie es fleissigen Künstlern gebühren will: Und auf solche Art kan man den Orientalischen Jaspis/Achat/und Chalcedonier vollkömmlich nachahmen/ mit solcher Mannigfaltigkeit der Farben und spielenden lieblichen Flecken/auch mit einer solchen eigentlichen Lebhafftigkeit / daß es gleichsam unmöglich scheinet / daß

es so

es so hoch von der Natur gebracht werden könne: Wiewohl man ins gemein zu sagen pfleget/auch wahr zu seyn scheinet / daß es die Kunst der Natur nicht gleich machen kan/so ist jedoch aus der Erfahrung bekannt/daß es die Kunst/ in vielen Dingen / sonderlich aber in dieser Sach / der Natur nicht nur allein gleich mache/sondern auch solche noch weit übertreffe/welches denn niemand/ als der es gesehen / gläuben würde.

Die schöne/mannigfaltige und spielende Zierlichkeit der Farben/welche in dem Chalcedonier (so die Materia wol præpariret / und das Glaß recht ausgearbeitet worden) erscheinen/auch die effectus, so von diesen Stein kommen/übertreffen alle Menschliche Einbildungen/ und Gedancken.

Aus diesen 3. von mir beschriebenen Manieren/wird Zweiffels ohne erhellen / wie hoch es die Glaßmacher-Kunst in diesem Stück bringen könte: Denn ich beschreibe alles so genau/ und beweise es so eigentlich / daß es die erfahrnen und geübten Künstler sonder Zweifel verstehen werden / auch niemand / es sey denn / daß es freywillig und wissentlich geschähe / irren kan. Wird nun jemand nach dem / wie ichs vorgeschrieben / arbeiten / so wird er mehr sehen und befinden/als ich eröffnet und beschrieben habe.

Das 38. Capitel.

Ein Aqua fort oder Scheid-Wasser / welches das Silber und den Mercurium auflöset/ mit einem besondern und geheimen Handgriff zu machen.

Nimm deß gereinigten Salpeters 1. Theil/Aluminis Rochæ,(von dem in einer Schale alle wässerichte Feuchtigkeit abgedämpffet) 3. Theil; alsdenn wird zu jedem Pfund dieser vermischten Materie / 2. Loth deß Crystallinischen Arsenici genommen; dieses ist ein geheimer/ und ins gemein unbekannter Handgriff: Denn der Arsenicum machet nicht allein das Wasser stärcker / sondern hilfft auch zu besserer Ausziehung der Spirituum, in welchen der Kern und die stärckste Krafft deß Aquæ fortis stecket: denn wenn gedachte Spiritus dem Siedwasser benommen werden / so ist es dem gemeinen Wasser nicht ungleich.

Obgedachte Species nun soll man alle miteinander zu Pulver machen/ wohl untereinander mischen / und den 16. Theil wolgepülverten Kalches darunter rühren.

Von dieser Materia füllet man eine wohlbeschlagene Retorten 3. Theil damit voll; jedoch müssen die Retorten/ wie gedacht/ mit einem starcken luto wohlbeschlagen werden / welches / wiewohl es ein gemeines Ding / und dem

Arbeiter überlassen wird / so wollen wir nichts destoweniger einen sonderbaren Lutum hierbeysetzen.

Nimm 1. Theil fetten Wasserleimen / oder Letten / wie er im Fluß Arno gefunden wird / 3. Theil Sand / einen halben Theil gemeine und gesiebte Aschen / auch einen halben Theil Scherewolle; dieses muß alles wohl untereinander gemischet / vereiniget / und zu einem Teich gemacht werden; dieser je mehr er gewürckt wird / je besser wird er seyn; doch muß die Massa etwas härtlich oder starck seyn / alsdenn thut man den 3. ten Theil gemeines Saltz darzu / und incorporirts aufs beste miteinander; denn an diesen ist alles gelegen; mit diesem Luto beschläget man die Gläser oder Kolben / und setzet sie in hierzu dienliche steinerne Wind-Oefen / die Feuer-beständig sind; in den Capellen soll der Sand 4. Finger breit / über den Retorten Boden erhöhet / und unter diesem ein starkes Eisen querüber seyn / um die Last der Retorten zu tragen; oder man kan auch die Retorten in den Capellen / biß zum Hals / mit Sand bedecken und beschütten; nach diesen setzet man einen Alembicum darauf / welcher groß und weit sey; die Fugen verwahret man wohl / mit einem Luto, bereitet von gepülverten und vermischten Mehl / Kalch und Eyer-Weiß / solches wird auf einen leinen Lappen gestrichen und übergeleget: wenn dieses getrocknet / kan es zum 3. ten oder 4. tenmahl geschehen / so werden die Fugen von dem starcken Feuer wohl verwahret seyn / und die Spiritus halten können.

Ferner soll man diesem Glaß einen grossen und weiten Recipienten fürlegen / welcher die starcken Spiritus halten könne / und / nachdem die Fugen wohl vermachet / und trocken worden / als worauf sonderlich zu sehen ist / so machet man ein gelindes und getemperirtes Kohlfeuer / und erhält es also 3. Stunden lang / in welcher Zeit die Phlegma / von der die Gläser offt zersprenget werden / herübergehet / alsdenn halte man es noch 6. Stunden also gelinde / und mehret nach diesem das Feuer allgemach / indem man dürr Eichen-Holtz noch zu den Kohlen leget / und erhält es also auch 6. Stnnden lang / biß der Alembicus gelblicht zu werden / und die Spiritus zu gehen beginnen / in solchem gradu hält man das Feuer / biß der Alembicus hochroth wie ein Rubin wird / nach solchen stärcket man das Feuer mercklich / und erhält es also / so lang der Alembicus roth bleibet / welches bißweilen 2. gantzer Tage zu währen pfleget: Derowegen continuiret man so lang mit starckem Feuer / biß der Alembicus und Recipient klar worden sind / gleichwie sie Anfangs gewesen / doch wird das Feuer noch ungefehr eine Stunde lang gehalten / alsdenn läst mans erkalten.

Es ist auch in acht zunehmen / daß man keine kalte Lufft / oder dergleichen kalte Sachen / in währendem Anfeuren / an den Alembicum oder Recipienten /

enten / indem sie roth sind / kommen lässet; denn sie würden alsdenn / weil sie sehr heiß / leichtlich zerspringen / und zwar mit Verlust der gantzen Arbeit / Zeit und Unkosten.

Wenn nun alles erkaltet / so soll der Alembicus samt den Recipienten / mit nassen Lappen bedecket werden / damit sich die Spiritus deß Aqvæ fortis desto eher setzen: nach diesem lässet mans 12. Stund lang also stehen; weichet alsdenn die Fugen / und das Lutum, mit laulichten Wasser wohl auf.

Der Alembic und Recipient bleiben wohl gantz / der Kolben aber zerbricht zuzeiten / dahero er zu fernern Gebrauch untüchtig wird.

Das Caput mortuum, oder das hinterbliebene vom Aqva forti thut man / sambt 8. Loth gereinigten Salpeter / zusammen in einen neuen Kolben / darauff giesset man das zuvor gedistillirte Aqua fort, stellets in den vorigen Ofen / setzet den Helm darauf / leget den Recipienten für / verlutiret und trocknet die Fugen wohl / wie zuvor / und giebet / die 4. ersten Stund lang / ein getemperirtes Feuer; solches wird nachgehends allgemach vermehret wie zuvor / biß die Spiritus alle herüber gegangen / und der Helm samt dem Recipienten wiederum weiß worden sind / alsdenn ist das Feuer nicht mehr zu stärcken / sondern man lässet alles erkalten / beleget den Alembicum und Recipienten wieder mit nassen Tüchern / und lässet es 12. Stund lang also stehen / darnach löset man die Fugen / wie obgedacht / auf / thut das Aqua fort in wolgereinigte Gläser / und hebet es zum Gebrauch auf: Dieses ist das Aqva fort oder Scheid-Wasser / welches zu dem hernach beschriebenen Gebrauch dienen soll.

In dieser composition pflegen etliche an statt deß Aluminis Rochæ, den besten / als den Römischen oder andern dergleichen Vitriol zu nehmen: Ob aber (zu dergleichen) Sachen das Vitriolum gut sey oder nicht / kan man daran probiren / so es dem gepallirten Eysen / darauf gerieben / eine Kupffer-Farb giebet: solcher Vitriol nun / wann er nach unten angedeuteter Manier gereiniget wird / ist besser als der Alaun / und wird auch ein weit stärckers Aqua fort geben.

Das 39. Capitel.

Wie man das Vitriol reinigen / und ein sehr starckes Aqva fort bereiten soll.

Hierzu muß man den besten Vitriol haben / denn je besser der Vitriol / je stärcker wird das Scheid-Wasser. Das Vitriolum nun zu reinigen

gen/so muß solches mit gemeinen warmen Wasser angelöset werden: Nach dem diese solution 3. Tag geruhet / so filtriret mans / damit die gelben fæces davon hinweg kommen; das gefiltrirte läst man in gläsern Geschirren verrauchen/und zwar nur biß auf den 3.ten Theil; dieses behaltene thut man in verglasurten Schalen an ein kaltes Ort/so bekömmet man innerhalb 12. Stunden / kleine Vitriol-Steinlein / dem Berg-Crystall gleich / Smaragd-grün an der Farb; diese werden an dem Rand der Schalen sich anlegen / mit Hinderlassung einer gelblichten und schwefelichten Erden auf dem Boden / welche zu diesem Vorhaben wenig dienet.

Die Vitriol-Steinlein werden abermahl in warmen Wasser solvirt, das gesolvirte Wasser wird filtrirt / in dem Geschirr abgerauchet / und im übrigen / wie zuvor / damit verfahren; auch wird die auf dem Boden gefundene gelbe Erden allezeit hinweg gethan: Dieser Vitriol/ denn er zum 3.tenmahl also gereiniget worden / ist alsdenn tüchtig / ein sehr gutes Aqua fort, welches viel stärcker als das jenige so mit Alaun gedistillirt wird/ daraus zu machen; insonderheit wenn auch der Salpeter oder Nitrum wohl ist gereiniget worden.

Das 40. Capitel.

Ein Aqua Regis zu machem/ mit welchen man das Gold und andere Metallen / ausgenommen das Silber / auflössen kan.

MAn thut zu jedem Pfund deß obigbereiteten Aquæ fortis, 4. Loth Salmiac in einen kleinen gläsern Kolben / und setzet es in ein Gefäs / welches mit warmen Wasser angefüllet ist/ so wird das Salmiac / wenn das Wasser offtmahl beweget wird / alsobalden aufgelöset / und das Aqua fort gelb gefärbet werden: Alsdenn thut man von Neuen so viel Salmiac hinein/als sich darinnen aufflösen kan/und wenn es nichts mehr solviren will/ so lässet mans ein wenig ruhen / und gieset hernach das klare davon ab; denn das irdische und unreine vom Salmiac bleibet auf dem Boden liegen; so bekommet man ein sehr starckes Wasser/welches das Gold/und andere Metallen / ausgenommen das Silber/ auflöset; denn / wie gedacht / das Silber greiffet es nicht an.

Das 41. Capitel.

Wie man den Weinstein oder Weinhefen brennen soll.

MAn soll Weinstein oder rothe Weinhefen/ welche besser ist als die weise/ haben / solche aber bestehet aus den grössern / dicken und funckelnden Stücklein der Weinhefen; von diesen muß aller Staub und Mist/ welcher nichts nutz ist / abgesondert werden: Diesen gesauberten Weinstein brennet man / in neuen irdenen Geschirren / über einen Kohl-Feuer / so lange/ biß er nicht mehr rauchet / sondern wohl gebrannt / und zu einer schwartzen Massa/ auf Purpur-Farb sich neigende/ worden seye/ alsdenn ist er gebrannt und fertig.

Das 42. Capitel.

Wie man einen sehr hübschen Calcedonier aus dem Glaß machen solle.

MAn thut zu 2. Pfund Aquæ fortis, in einer Phiole / 8. Loth geschlagen Silber-Blätlein / lässet es / bey gelinden Feuer / oder im Balneo solviren: Alsdenn thut man / in eine andere Phiol / zu anderthalb Pfund Aqvæ fortis, 6. Loth lebendiges Queckfilber / und nachdem beydes wohl aufgelöset worden / giesset man sie zusammen in ein grösser glaß / und thut 12. Loth Salmiac darzu / und lässet es miteinander bey gelinder Wärme auflösen.

Wenn solche geschehen / so füget man ferner 2. Loth / von der præparirten Zaffera, darzu / ingleichen 1. Loth præparirte Magnesie / und 1. Loth Ferretti Hispanici; solches hinzuthun aber muß gemählich / nach und nach geschehen / denn die Magnesie pfleget / nicht sonder Gefahr / zu brausen und zu kochen / auch die Materien heraus zu stossen / und die Gefässe zu zersprengen oder alles zu verderben.

Uber dieses / soll man dem obigen noch beyfügen / ein halb Loth Croci Martis, der mit Schwefel gecalciniret worden / 1. Loth deß zum drittenmal gecalcinirten Kupffer-Hammerschlags / (dieser pfleget / gleich der Magnesie / aufzukochen) deß blauen Mahler-Smalti und Minii jedes 1. Loth.

Von allen diesen ingredientien wird ein jedes wohl gepülvert / und per gradus in das Glaß gethan / doch allezeit mit Umschwenckung desselbigen; damit das Wasser die Pulver wohl annehme; man mag sich aber wohl / wegen deß Aufbrausens / dabey in acht nehmen /

Nachdem nun die Phiol wohl verschlossen / lässet mans 10. Tage lang stehen / und schwencket solche täglich herum / damit sich alles wohl incorporire / und die Pulver desto besser eröffnet werden.

Hernach setzet man die offene Phiol in einen Sand-Ofen / und giebet gar ein gelindes und mässiges Feuer / damit das Aqua fort gantz verrauche/

welches in 24. Stunden zugeschehen pfleget; Hierbey ist aber wohl zu mercken/ daß man kein starckes / sondern gar ein mässiges Feuer gebrauche/ auch soll das Aqva fort aufgefangen werden/ so verbleibet auf dem Boden ein gelbes Pulver / welches subtil gepülvert/in gläsern Geschirren zum Gebrauch aufgehoben wird.

Wenn man nun einen Chalcedonier bereiten will/so muß man ein wohlgereinigtes Glaß bey der Hand haben / welches gemachet sey / aus den Crystallinen Glaßstücken/ wie auch aus den weissen offt geschmeltzten Glaß; Deñ das neugemachte Glaß / aus der Fritta, ist untüchtig zu der Bereitung deß Calcedoniers / dieweil es die Farben nicht annimmt / sondern solche werden von der Fritta verzehret / müssen derowegen hierzu allezeit Stücken / oder schon gebrauchtes Glaß genommen werden: und/zum Exempel/auf ungefehr 20. Pfund deß Glases / nimmt man 5. oder 6. Loth / der hierbevor gelehrten Tinctur oder Farb-Pulvers/solches muß dem geflossenen Glaß in dem Topff/ auf drey unterschiedlichemal zugesetzet / fleissig übermischet und einverleibet werden/damit das Pulver von dem Glaß wohl angenommen werde/welches aus dem Topff einen blauen Rauch geben wird; nachdem es also wohl vermischet/ so muß es eine Stunde ruhen/alsdenn wird es wiederum mit dem Pulver vermischet/und abermal 24. Stunden in Ruhe gelassen; nach diesem mischet mans aufs neue/und nimmt eine Prob / so wird es eine gelblichte blaue Farbe haben/diese Probe im Ofen öffters geglüet und wider heraus gezogen/ giebet/nachdem sie erkaltet/ nicht allein eine Meerwasser-Farb / sondern auch andere schöne Farben.

Ferner sollen in Bereitschafft seyn/16. Loth deß gebrannten Weinsteins/ wie im 40. Capitel gelehret worden/ingleichen 4. Loth deß gläntzenden Schorstein-Russes/und 1. Loth Croci Martis, der mit Schwefel gecalciniret worden; dieses alles wohl gepülvert / und untereinander vermischet / soll auf 4. oder 6. mal dem Glaß zugesetzet werden; Wobey zu mercken / daß hiervon das Glaß über die massen sehr aufschwelle / und dafern der Künstler nicht behutsam damit verfähret / alles verderbet werden kan: Derowegen diese Pulver mählich / und auf etlichmal / mit fleissiger Umrührung / müssen hinein gethan werden / damit das Glaß sich mit demselben wohl vereinige: Wenn solches alles geschehen / läst mans 20. Stunden ruhen und kochen / nach diesen machet man ein kleines Kolben-Glaß davon / und nachdem solches etlichemal im Ofen geglüet / sihet man zu/ ob das Glaß/ dem Begehren nach / recht und gut sey/auch von aussen eine Himmel-blaue und Meerwasser-Farbe/wie auch roth/ gelb / und mancherley andere striemicht-spielende und schöne Farben/ gleich einem Orientalischen Calcedonier / Jaspis / und Achat / anzuschauen/ etlicher

etlicher massen vorstelle; Auch wenn es gegen die Lufft gehalten / roth / gleich wie ein Feuer scheine: Alsdenn wenn sichs also befindet/so ist es tüchtig / daß man allerhand Geschirr daraus mache / als da sind/ Becher/ Trinckgeschirr/ Saltzfässer / Blumenkrüge / und andere dergleichen Geschirr mehr / solche aber müssen gar eben und glatt gearbeitet werden / denn sonsten hat es keine Zierde.

Der Glaßmacher soll aber in der Arbeit allezeit fleissig in acht nehmen/ daß das Glaß mit der Zange wohl gewalcket / und mit Verstande geglüet werde / damit die Flüsse / und Meerströmicht-spielende Farben recht schön werden.

Es können auch aus dieser Massa/ grössere Schalen/als da sind Oval-förmige; auch 3. oder 4. eckigte und dergleichen / nach Belieben gemachet/ und wie Edelgesteine gepolirt werden. Denn sie bekommen einen schönen Glantz / in Gestalt eines Jaspis / Achats oder Calcedoniers / und können in die Gemächer und auf die Simse dienen. Wenn etwan die Farbe verschwinden / und das Glaß hell werden sollte / welches in dieser Arbeit schädlich ist/ so muß man mit der Verarbeitung stille halten / und dem Glaß/von dem gebrannten Weinstein/Croco Martis, und gläntzenden Camin-Rus/wie oben gelehret / wiederum etwas zusetzen: alsdenn bekommet es wieder eine schattigte Dunckelheit/in welcher die Farben zu erkennen sind.

Im übrigen/damit sich der neue Zusatz deß Pulvers mit dem Glaß wol vermenge / so ist vonnöthen/ daß das Glaß viel Stunden gereiniget werde / hernach kan mans / wie vorgesagt / wiederum verarbeiten.

Und dieses ist der jenige Modus, welchen ich Anno 1601. zu Florentz im Casino, und Glaß-Ofen/gebrauchet habe/welchen Glaß-Ofen/zu der damaligen Sommers-Zeit bauen und auffsetzen ließ / Herr Niclaus Landus, ein fürtrefflicher Künstler und mein sehr guter Freund/ die Smalta beym Liecht oder Lampen-Feuer auszuarbeiten.

Dazumahl machte ich auch / aus der vor bereiteten Materia/nach gegebener Anleitung / dergleichen Calcedonier / und aus diesen mancherley und fürtrefflich schöne Schaalen.

Das 43. Capitel.

Einen Calcedonier auf eine andere Art zu machen.

ERstlich habe ich 6. Loth deß gereinigten und dünn geschlagenen Silbers/in 1. Pfund Aqvæ fortis aufgelöset/das Glaß verwahret und beyseits gesetzet. Zweytens habe ich 10. Loth deß wohlgereinigten Qveck-silbers/ auch in einen Pfund Aqvæ fortis, in einem andern Glaß / solvirt und beyseits gesetzet. Zum dritten habe ich ein Pfund Aquæ fortis in noch ein ander Glaß gethan/und habe darinnen 4. Loth Salmiac aufgelöset: diesem/ nachdeme es aufgelöset war/ habe ich beygefüget/ 1. Loth Croci Martis (welcher/ nach der Lehr deß 19. Capitels/ mit Aqua fort gemachet worden) wie auch deß im 14. Capitel gelehrten Ferretti Hispanici, auch der im 24. Capitel gelehrten rothen Schlacken; und deß im 21. Capitel mit Schwefel zu brennen gewiesenen Rausch oder Zitter-Kupffers/ von jedem 1. Loth.

Von solchen wird ein jedes wohl gepülvert/ sehr langsam und mit gedultiger Auswartung/ in das Geschirr zu dem Aqua Regis gethan; denn so wohl die Fritta, als das Ferrettum Hispanicum, und das Zitter-Kupffer machen das Aqua fort sehr aufwallend und brausend: Derowegen muß ein jedes vor sich allein/auch langsam und in sehr geringer Quantität/ auf etliche mal hinzugethan werden/ damit das Glaß von der Effervescenz nicht zerspringe/welches sonst leicht geschiehet; darum/ sag ich/ muß man allhier sonderliche Gedult und Fleiß anwenden.

Vierdtens habe ich 4. Loth Salmiac/in 1. Pfund Aquæ fort(nach und nach hinein werffend) aufgelöset/ und nachdeme es zergangen/ ferner sehr langsam hinzugethan 1. Loth deß rohen Spießglases/ welches wohl gepülvert worden/ und eine Weil hernach 1. Loth der blauen Mahler-Smalti, 2. Loth Menig oder Minii,und 1. Loth deß wohl-gereinigten Vitriols/ wie droben gelehret worden; nachdem nun dieses alles wohl zerrieben/ und aufgelöset worden/habe ich das Glaß verwahrt und beyseits gesetzet.

Fünfftens habe ich noch in einem andern Glaß 4. Loth Salmiac/ in einem Pfund Aquæ fortis aufgelöset; ferner habe ich von der präparirten Zaffera,wie im 12. Capitel gelehret/4. Loth dabey gefüget/ ingleichen auch von der Piemontischen Magnesie/nach der Lehr deß 13. Capitels präpariret/ 1. halb Loth/ von dem 3. mal calcinirten Kupffer-Hammerschlag/ (laut deß 24. und 25. Cap.) 1. Loth und endlich 2. Loth Zinnober; dieses alles/ jedes absonderlich/wohl zerstossen/ in das Kolben-Glaß gethan/ mit stet-und fleissiger Achthabung der Sachen/welche in dem Glaß einAufblehen verursachen/ alsdenn verwahret und beyseits gesetzet.

Zum sechsten habe ich in einen andern Glaß/ wie zuvor erwähnet/4. Loth Salmiac/ in einen Pfund Aquæ fortis aufgelöset/ darnach noch darzu gethan/1. Loth Bleyweiß (welches sehr brauset/derowegen muß mans gemach hinein thun) rothe Mahler-Lacca, Grünspan/ reinen Hammerschlag oder Sinder vom Eisen/ jedes 1. Loth/ und weiln sich der Hammerschlag vom Eisen auch sehr aufblehet/als muß man sich in Hineinthuung wol damit vorsehē.

Die-

Dieses alles und jedes absonderlich/habe ich wohl zerstossen in das Glaß gethan/ mit fleissiger in Achtnehmung alles dessen/ was das Aqua fort brausend und effervescirend machet/ alsdenn verwahret und beyseits gesetzet. Diese 6. Gläser nun setzte ich 12. Tage lang beyseits/ und schwengte solche täglich 6. mal aufs fleissigste herum/ damit die Ingredientien von dem Aqua forti durchdrungen und zertheilet würden/ und dem Glaß die Farb desto besser mittheilen könten.

Nach Verfliessung solcher Zeit/ habe ich alle Materien aus den 6. Gläsern gethan/ und alle zusammen/ jedoch gemächlich eines nach dem andern (damit das Glaß wegen der effervescenz keinen Schaden leide/) in einen grossen und am Boden wohl-beschlagenen Kolben geschüttet/ solchen nachdeme alles wohl untereinander gerühret/ in eine Aschen-oder Sand-Capell gesetzet/und ein sehr lindes Feuer gegeben/ließ also in 24. Stunden das Wasser davon abrauchen.

Allhier ist in acht zu nehmen/ daß das Feuer zuletzt aufs allerschwächste seyn muß/ damit das Pulver nicht verbrenne; das Aqua fort kan man mit einen verlutirten Helm/ und Vorlag auffangen/ so wird auf dem Boden deß Kolbens/ ein roth-gelblichts Pulver verbleiben/ welches man wohl verwahret/aufheben muß.

Dieses Pulver habe ich dem Glaß zugesetzet/ welches aus alten Glaß-Stücken zusammen geschmoltzen und gemachet worden/ gleichwie wir auch oben/ bey Bereitung deß ersten Calcedoniers/ erinnert haben; hierzu dienet auch die neue frische Fritta nicht; kan man aber einige Crystallen-Stücke/ zu dem Glaß/haben/so wird es desto besser seyn.

In dieser Composition aber/ habe gleiches Gewicht und Vermischungs-Art/ wie auch gleiche Zeit/ gebrauchet und angewendet/ wie bey der vorigen Bereitung deß Calcedoniers.

Das Corpus habe ich ihm/ mit gebrannten Weinstein/ gläntzenden Ofen-Ruß/ und Croco Martis (der mit Essig bereitet) gegeben/ solches aber habe ich gar mählich eingetragen/ denn dieses Pulver blehet sich sehr auf.

Nachdem es nun 24. Stunden geruhet/ habe ich mir ein Geschirr zur Probe davon machen lassen/auch an solchen/ nachdem es offtmals geglüet/ in acht genommen/ ob es die schattichte Dunckelheit erlanget/ und ob es solche Mannigfaltigkeit der strömicht-spielenden Farben zeigete.

Wenn ich nun solches verspüret/habe ich allerhand Geschirr daraus machen/und solche mit der Walckzange/wie der Brauch ist/wohl walcken lassen/ um damit allerley Bilder fürzustellen.

Aus dieser Art deß Calcedoniers/habe ich sehr viel und zwar in die allerschönsten Trinck-Geschirr verfertiget; ingleichen habe ich aus gedachter Massa etlich hundert schöne Kräntzlein vor die Ritter in Flandern gemachet/welche der Groß-Hertzog von Florentz/Ferdinandus sel. Gedächtniß/und viel andere Fürsten und HErren gesehen haben.

Das 44. Capitel.

Die dritte Manier/den Calcedonier zu machen.

ERstlich/habe ich 8. Loth Silber/samt 1. Pfund Aquæ fortis, in ein Glaß gethan/solviren lassen/ und wohlvermachet beyseits gesetzet.

Zweytens/habe ich in einem andern Glaß 10. Loth/ deß mit Saltz und Essig gereinigten Mercurii vivi, auch in 1. Pfund Aqvæ fortis aufgelöset/ und nachdem solches geschehen/ wohl verwahrt beyseits gesetzet.

Die Reinigung aber deß Mercurii geschicht also: Man feuchtet das Saltz mit scharffen Essig an/ solches rühret man/ samt dem Mercurio/ in einer höltzern Schüssel/ mit mit einem höltzern Stempel wohl herum/ alsdann giesset man gemeines Wasser daran/damit das Saltz zerschmeltze/und also die Schwärtze vom Mercurio abgewaschen werde; dieses wird offtmals wiederholet/mit Zuthuung eines neuen Saltzes und Essig/ alsdenn wird der Mercurius durch ein Ziegen-Leder gezwungen.

Zum Dritten solvirte ich in einem andern Glaß 1. Pfund Aqvæ fortis, 6. Loth deß puren Silbers/ welches auf folgende Art gecalciniret wurde: Man nimmt zu dem mit Mercurio, (wie gebräuchlich) Amalgamirten Silber/ gleichen Theil deß gemeinen Saltzes/ welches von seiner irdischen Substanz wohl gereiniget seye: welche Reinigung also geschiehet: Das Saltz/ nachdem es in warmen Wasser solviret, lässet man 2. Tage ruhen/damit sich zu solchem Ende die irrdischen Unreinigkeiten zu Boden setzen; alsdenn wird es filtriret/ in ein ander Glaß gethan/ abgerauchet/ und wohl getrocknet: Darnach wird es wieder solviret, filtriret und abgerauchet/ wie zuvor; und solches wird so lange wiederholet/ biß das Saltz auf den Boden keine Unreinigkeit mehr setzet/so wird es gereiniget/und præpariret seyn.

Diese Reinigung deß Saltzes geschiehet nicht allein darum/ damit es das Silber desto besser angreiffe/ sondern auch/ damit es das Silber nicht mit einigen irdischen Unreinigkeiten verunreinige/welche hernach sehr schwerlich davon zu bringen wären.

Wenn nun obgedachtes amalgamirtes Silber/ mit dem gereinigten

Saltze vermischet ist / so setzet mans zusammen in einen Tiegel/über ein Kohlfeuer / damit der Mercurius davon rauche / das Silber aber calciniret und pulverisiret auf dem Boden verbleibe; zu solchen Silber-Kalch mischet man wiederum / wie zuvor / gleich so schwer deß gereinigten Saltzes / und lässets miteinander in einen Tiegel 6. Stunden lang im Feuer calciniren; Hernach süsset man diese Materien / mit warmen Wasser/zum öfftern wohl aus / und thut das Silber in ein Glaß voll Wasser / läst den vierdten Theil verkochen/ hernach erkalten und das Silber niedersetzen/alsdenn giesset man das übrige Wasser gar ab/und ein anders darauf/ kochet es auch wieder wie zuvor/und solches geschiehet zum drittenmal; Letzlich wird das Silber/wie oben gedacht/ in Aqua fort solviret.

Vierdtens löste ich noch in einem andern Glaß in 1. Pfund Aqva fortis, 6. Loth Salmiac auf; und goß/nach geschehener solution das klare davon ab; das aber/was auf dem Boden verblieb/that ich hinweg: In dem abgegossenen klaren Wasser solvirte ich 2. Quintlein Silbers / und nachdem es aufgelöset/ setzte ichs wohlverwahret beyseits.

Fünfftens löse ich in einem andern Glaß/4. Loth Salmiac/mit 1. Pfund Aqva fovt, auf / nach geschehener solution that ich noch darzu deß Zinobers/ Croci Martis (mit Schwefel / laut deß 16. Capitels bereitet) Lapidis Armeni, Ferreti Hispanici (wie im 14. Capitel gelehret) jedes 1. Loth: Nachdem ein jedweders absonderlich wohl gepülvert worden / that ichs zusammen in ein Kolben-Glaß/jedoch mit fleissiger Inachtnehmung der jenigen / welche in dem Aqva fort ein effervescenz oder Brausen verursachen können; Dañ man muß hierinnen gemach thun / und vorsichtig seyn/ damit die Arbeit / im Fall die Materien überlauffen solten/ nicht umsonst seye; als dieses verrichtet/ setzte ich das Glaß wohl verwahret beyseits.

Sechstens/habe ich noch in ein ander Glaß 1. Pfund Aqvæ fortis gethan/ und darinnen/nach gewöhnlicher Manier 4. Loth Salmiac aufgelöset / auch ferner darzu gethan/Croci Martis, (mit Essig/nach Einleitung deß 12. Capitels/ præpariret und calciniret) Zien-Kalch / der bey denen Glaßmachern sehr wohl bekannt ist / wie auch præparirte Zafferæ, nach dem 12. Capitel/ und Zinobers/ von jehem 1. Loth: dieses alles that ich / ein jedes vor sich wohl gepülvert / mit grossen Fleiß und sehr langsam / in das obige Aqvam Regis, damit ich wegen deß Brausens / nicht alles auf einmal verderbte; als dieses geschehen/setzte ich wohl verwahret auch beyseits.

Zum Siebenden that ich in ein gleichmässiges Kolben-Glaß ein Pfund Aqvæ fortis, löste darinnen 4. Loth Salmiac auf / und that ferner darzu ein Loth Minii, 2. Loth Grünspan / Antimonii crudi, Capitis mortui,

Vitrioli

Vitrioli jedes 1. Loth; Diese Stücke alle/that ich ein jedes vor sich gepülvert/ nach und nach hinein/damit ich das starcke Brausen und Aufwallen/welches gemeiniglich zu geschehen pfleget / in etwas verhüten möchte; solches hebte ich auch /wohlverwahret auf.

Zum Achten solvirte ich in einem dergleichen Kolben-Glaß / 4. Loth Salmiac/mit einem Pfund Aqua fort, und fügte darnach ferner hinzu 2. Loth Rausch oder Zitter-Kupffer / (wie in 21. Capitel gelehret worden) von der Piemontischen Magnesie / laut deß 13. Capitels / auch Kupffer-Hammerschlag / jedes 1. Loth: Solches alles/ein jedes vor sich gepülvert/that ich gantz langsam/mit fleissiger Verhütung deß Aufbrausens/hinein/und setzte es also wohl verschlossen beyseits.

Zum Neunten löste ich nochmals 4. Loth Salmiac / mit 1. Pfund Aqua fort, in einem andern Glaß auf / und that noch darzu/Auri pigmenti, Arsenici Crystalli, und der Kermesin Laccæ, jedes 1. Loth: Solches thate ich/ nachdem ein jedes insonderheit wohl zerrieben worden / mit grosser Behutsamkeit in das Glaß/und hebte das vermachte Glaß auf.

Diese 9. Kolben-Gläser ließ ich wohl verschlossen 15. Tage lang / bey einem warmen Ofen stehen/und rührte solche zum öfftern täglich herum: damit die Materialien von dem Aqva fort wohl zertheilet / und deroselben Tinctur wohl eröffnet werde/als welche/so sie nicht wohl eröffnet worden/ eine schlechte Würckung giebet; Nach diesem goß ich alles Aqua fort, samt den ingredientibus der 9. Kolben Gläser/langsam und gemach in ein eintziges grosses/ und starckes Glaß; denn sie brausen sehr / indem sie sich miteinander vereinigen/derowegen muß mans/im zusammen schütten sonderlich/in acht nehmen.

Dieses grosse Glaß ließ ich also 6. Tage lang stehen / und schwänckte es täglich herum; nach diesem setzte ichs in eine Aschen-Capell/und gab 24. Stunden lang ein gelindes Feuer/damit das Aqva fort abrauchete; allhier aber ist zu mercken/daß dieses grosse Kolben-Glaß/vom Boden an biß auf die Helfte desselben wohl beschlagen / oder lutirt seyn müsse / auch muß man auf die Letzt ein gar gelindes Feuer geben / damit die Pulver wegen allzu starcker Hitze nicht verderbet werden; es darff nur das Wasser abrauchen / der beste Theil aber von den Spiritibus soll bey den Pulvern verbleiben/und auf solche Weise wird das Pulver gute Würckung und Nutzen im Glaß schaffen.

Wer das abrauchende Wasser verlanget/ der kan einen Helm auffsetzen und einen Recipienten fürlegen / auch die Fugen wohl vermachen; dieses Wasser kan man alsdenn wiederum schärffen oder verstärcken / wie wir solches an seinem Ort berichten wollen.

Auf dem Boden deß Glases verbleibet ein grünlich-gelbes Pulver/ von solchem

solchem nahm ich / gleichwie bey dem ersten Calcedonier / gleiches Gewicht / und Qvantität / und setzte es dem gereinigten Glaß bey; dieses Glaß aber / wie oben schon erinnert worden / muß von den Crystallinen Stücken / nicht aber aus der Fritta, bereitet seyn, denn sonsten würde die Sache nicht angehn.

Sonsten werden hierbey / wegen der Zeit und dergleichen / die jenigen Regeln / wie bey dem ersten Calcedonier gelehret / beobachtet.

Hernach gab ich ihm zu rechter Zeit / wie oben in der vorigen Composition deß Calcedoniers / mit gebrannten Weinstein / gläntzenden Camin-Ruß und Croco Martis (der mit dem Essig præpariret) die gebührliche Dunckelheit / mit Achthabung gleicher dosis, Fleiß und Tempo, wie beym ersten geschehen ist.

Nach Verfliessung der 24. Stunden / ließ ichs mit der Zange wohl durchwalcken / und zum öfftern wiederum erhitzen. Diese 3. te Manier / den Calcedonier zu machen / habe ich zu Antorff versucht / 1609. im Monat deß Jenners / zu welcher Zeit ich mich allda aufhielte / und zwar etliche Jahr / in deß Herrn Emanuelis Ximenij, eines Portugisen / Antorfischen Bürgers und Ritters S. Stephani, Behausung; der war ein ingenieuser und erfahrner Mann in allen Wissenschafften / über alle andere / so ich in Nieder-Teutschland jemahls gekannt und gesehen habe. Jngleichen habe ich zu Antorff / mit diesem Pulver / in dem Glaß-Ofen deß Herrn Philip Giridolphi / eines sehr leutseligen Mannes / einen so schönen Calcedonier gemacht / daß solcher auch / an Schönheit der Farbe / einem Achat weit vorgieng. Es sahen auch gedachten Stein viel Edelgestein-Arbeiter mit Verwunderung an / sagende / daß es die Natur nimmer so hoch bringen könte: Dieser Calcedonier war unter allen / so ich jemals bereitet hatte / der allerschönste; denn seine Schönheit ersetzte und belohnte die verdrüßliche Müh / und langweilige Arbeit gar wohl.

Der Fürst von Oranien ließ sich / vom gedachten Stein / zwey Geschirr machen / welche Jhme sonderlich wohl gefielen: Endlich sage ich noch dieses / wird das Aqva fort gut / und die Ingredientien wohl bereitet seyn / so wird das Werck noch schöner / als ichs allhier beschrieben habe / werden.

Johann Kunckels Anmerckungen über das Andere Buch ANTHONII NERI Von der Glaß-Kunst.

Vom 37. biß zu dem 41. Capitel.

HAlte ich nicht nöthig was zu erinnern/ als dieses/ daß man deß Autoris Lehre wohl in acht nehme. Es weiß doch fast ein jeder Glaßmacher oder Liebhaber der Glaß-Kunst selbst wohl/ wie man ein Scheidewasser oder Aqua fort destilliren soll: Das Aqua Regis betreffend/ so ist die Proportion, mit dem Salmiac gar recht/ nemlich in einen jeden Pfund 4. Loth/ wiewohl es fast noch zu wenig ist. Den Weinstein zu brennen ist auch deutlich genug beschrieben.

Vom 42. Capitel.

DIeses ist ein sehr feiner Modus, den der Autor hier beschreibet: und hat sich hierinn der vielbelesene Herr D. Merrett geirret/ nemlich/ daß der Ruß und der Weinstein dem Glaß gar keine Farbe mittheilen sollten oder könten: Zwar an und vor sich selbst/ oder alleine/ geben sie wenig Farbe; aber die verborgenen Farben hervor zu bringen/ und solche zu erhöhen seynd sie nicht wenig dienlich/ sonderlich der Ruß/ welcher gewiß bey andern Compositionen das Seinige/ in Hervorbringung der Farben/ sehr wohl thut. Experto crede Ruperto.

Vom 43. und 44. Capitel.

IN diesen Capiteln ist/ vors erste/ die Mahler Lacka in Aqua fort, weniger als nichts nutze. Zum andern/ macht

der

der Autor so viel Umstände von Bereitung deß Silbers mit Mercurio und Saltz ꝛc. daß Sich zu verwundern; da es doch hierzu gantz und gar nichts dienet / noch etwas mehr thut / als schlechtweg ein feines Silber. Ich habe die Proba hiervon / und wenn ich gleich solche nicht hätte / so müste es der gesunde Verstand geben; Denn gesetzt / es wäre das Silber nicht so gar rein / so sehe man doch nur zu / was in der gantzen composition vor so mancherley species, als Kupffer-Eisen ꝛc. gebrauchet werden! Was hat denn nun die grosse Mühe / das Silber so hoch zu reinigen / vor Nutzen / weil man solchem eben diß / was man kaum mit vielem Verdruß davon bringt / in der Composition überflüßig wieder zusetzt ꝛc. Der Autor macht diese Composition nur sehr schwer und kostbar / da sie doch mit viel geringerer Mühe und Kosten könte gemacht werden / als nemlich: Wenn ich erstlich das Silber alleine / in seiner gebührlichen Qvantität Scheidewasser / aufgelöset / so nehme ich alle die andern Pulver / die im blossen Scheidewasser oder Aqva fort sollen oder können aufgelöset werden / und mische solche auch / nachdem ich jedes abgewogen / alle untereinander / thue sie in ein Kolben-Glaß / welches so groß / als die Proportion erfordert / und giesse Scheide-Wasser nach und nach daran / biß die Pulver und Scheide-Wasser gäntzlich verbrausset / oder sich vereiniget; alsdenn giesse ich noch ein gutes Theil Scheide-Wasser hernach / und lasse es stehen. Was aber im Aqva fort, so mit Salmiac zugerichtet / und alsdenn aqva regis genannt / zu solviren ist / nehme ich gleichfalls alle dieselben ingredientien, wäge solche ab / mische sie untereinander / und thue sie nach und nach ins aqva regis, lasse sie auch vier und zwantzig Stunden stehen / hernach giesse ich beyderley Solutiones, zusamt dem absonderlich solvirten Silber zusammen in einen noch grössern Kolben / und nachdem ichs drey Tag und Nacht (welches gar genug ist) in gebührlicher Wärme stehen lassen / habe ichs gelinde abgezogen und gebraucht / da ich denn mit leichterer als halber Mühe / und weniger als der Helffte Scheidewasser eben das verrichtet / was unser Autor mit doppelter Arbeit kaum mag verrichtet haben.

Ich muß bekennen/ daß dieses eine der allerschönsten/ lustigst-und angenehmsten Art der Gläser ist; es bleibet aber darbey/ daß solche auch die meiste Mühe/ Fleiß und Aufsicht erfordern und von Nöthen haben.

Im übrigen aber so ja jemand das Silber gantz pur und rein/ von allem/ das demselben sonst natürlicher Weise anhängt/ haben und zurichten wolte; der nehme das feine und durchs Bley abgetriebene Silber / körne solches klein / und nachdem er es mit 2. Theil Salpeter und einem Theil Borras vermischt/ lasse ers in einen Tiegel/ der vor den Einfallen der Kohlen und anderen Unreinigkeiten wohl verwahrt sey/ schmeltzen/ so wird er das Silber um ein gutes reiner/ und darbey eine blaulichte Schlacken bekommen/ welche Blaue allein von dem Kupffer/ so noch bey dem Silber verborgen gewesen / herrühret/ und ihr auch das Bley nicht nehmen können; ja manches Bley / sonderlich das im Lande zu Meissen/ oder denen Kupffer-Bergwercken gefunden wird/ hat ein dergleichen verborgenes Kupffer selbst bey sich/ und theilet solches im Abtreiben/ dem Silber mit. Dieses Schmeltzen mit Nitrum und Borras kan zum drittenmahl wiederholet werden / so wird man die Schlacken / ob sie wohl zum zweyten mahl noch etwas grünlicht/ zum drittenmahl gantz klar und rein wie ein Crystall sehen; doch müssen die Tiegel allezeit von aller einfallenden Unreinigkeit wohl verwahret werden. Das Silber aber ist völlig und gantz rein / also / daß aus demselben nimmermehr eine blaue / grüne oder andere Coleur / welche alle dem Silber nur zufälliger Weise anhangen / zu bringen oder extrahiren ist / es wäre denn / daß dergleichen ihme wieder zugesetzet worden. Und so viel habe ich in diesem Zweyten Buch/ vor dißmal/ zu erinnern/ nothwendig befunden.

Das

Das dritte Buch/
Von der Glaßmacher-Kunst/
ANTHONII NERI
von Florentz.

Der Inhalt dieses Drittens Buchs.

Hierinnen werden gezeiget die wahren Arthen/ wie man im Glaß eine güldene Farbe; wie auch die Farbe der Granaten, Amethysten und Sapphiren: Jngleichen die schwartze / Seyden-Farb/ Milch-Marmor- und eine völlige rothe Farb: So wohl eine Manier/ die Frittam aus dem Berg Crystall zu machen/ auch das Glaß/ Perlenfarbicht zu tingiren; samt noch andern der Glaßmacher-Kunst nöthigen und nützlichen Particular-Stücken.

Das 45. Capitel.

Von den Farben/ die in diesem Dritten Buch zu machen gelehret werden.

Es wird in diesem dritten Buch gelehret die Art und Weiß / wie man die Gold-Farb in dem Glaß herfür bringen und bereiten soll; ingleichen auch die Granat- und Sapphir-Farbe; auch die schwartze-Seiden-Farb / Milch- und Marmor-Farb / wie auch die völlige Rothe und Perlen-Farb / und zwar wird solches gezeiget auf mancherley Art; deren eine besser denn die andere ist.

Es wird auch eine sonderliche Manier gezeiget / die Frittam aus dem Berg-Crystall zu machen / welche eben so wohl / gleichwie die gewöhnliche Fritta, gestossen wird/ damit daraus allerhand schöne und weisse Geschirr bereitet werden.

Daß aber nicht/ der obgedachten Farben/ eine und andere denen Künstlern schon bekannt seyn werden / ist kein Zweiffel / jedoch aber Allen nicht alle Farben: Denn es wissen wenig / die rechte Gold- und die völlige rothe Farb/ (als welche schwere und verdrüßliche Farben in der Glaßmacher-Kunst) wol zu machen: Jn Ansehung / daß man in deroselben Bereitung eine solche genaue Obsicht haben muß/ wegen deß Gewichtes/ der Zeit / der Umstände und der ingredientien; denn so in solchen nur das Allergeringste versehen wird / so wird alles verderbet/ und kommen die Farben gantz verkehrt herfür.

In diesem und allen andern Farben aber / beschreibe ich alles so genau und eigentlich/ daß sie mich / sonder Zweiffel / alle wohl verstehen / und die gedachten Farben/ absonderlich aber die Gülden- und völlige rothe Farb / vollkömmlich/auch nicht sonder Lust/und Vergnügung/werden bereiten können.

Das 46. Capitel.

Dem Glaß die güldene Farb zu geben.

Nimm von der Fritta Crystalli, aus dem weissesten Tarso bereitet / 2. Theil (denn diese Fritta ist hierzu viel besser / als die jenige / welche aus dem Sand bereitet worden / und ein Theil von der Fritta Rochettæ, welche auch mit Tarso gemachet.

Dieses alles soll wol untereinander gemischet / und zerstossen werden. Alsdenn thut man zu 100. Pfund dieser Vermischung 1. Pfund/ deß rothen / und von rothen Wein gesammleten / in grossen harten Stücken angeschossenen Weinsteins: Dieser rohe und rothe Weinstein wird zerstossen/ durch ein enges Sieb geschlagen/und zu jedem Pfund 1. Pfund der Piemontischen Magnesie gethan / welche / nach Anleitung deß 13. Capitels / gepræpariret worden seyn: Diese 2. Pulver / nachdem sie wohl unter einander gemenget / werden alsdenn mit den obigen Frittis vermischet / zusammen in einen Topff gethan / und 4. Tag lang bey dem gewöhnlichen Ofen-Feuer gekochet. Es soll aber diese Mixtur/weiln sie das Glaß sehr aufblehet/nach und nach in den Topff getragen oder gethan werden / damit (wenn es zu gähe hinein geschüttet würde /)das Glaß nicht über- und zum Ofenloch heraus lauffe.

Nachdem nun das Glaß wohl gereiniget und gefärbet ist worden/ (welches gemeiniglich innerhalb 4. Tagen zu geschehen pfleget)so kan es zu Geschirren und dergleichen Sachen verarbeitet werden: Denn es wird die dosis dieser Materialen / ein überaus schöne Farb geben: Jmfall man aber die Farb zu grossen Geschirren etwas heller oder dünner verlanget; so darff man dem Glaß / von dem Pulver nur etwas wenigers zusetzen/alsdenn wird es zu dergleichen Arbeit gar recht seyn : Wenn man aber kleine / geringe und dünne Arbeit machet / so ist die erste dosis mit dem Pulver zu behalten/so werden sie hell und durchsichtig genug werden: Denn die kleinere Glaß-Wercke fordern eine mehrere Qvantität der tingirenden Materien / als die grösserer, Das dicke Glaßmacher-Rohr aber / von den Jtaliänern da Spiei genannt/erfordert weniger Weinstein/und von der Magnesie/ fast nur den halben Theil.

Es ist aber wohl zu mercken / daß beyde Fritten, nemlich Crystalli und Rochettæ, aufs beste gemischet und vereiniget seyn müssen: Der Weinstein muß von rothen und nicht von weissen Wein seyn / denn solcher hierzu nichts nutz ist; auch muß er dicke und in Stücken/nicht aber gepülvert oder von kleinen fragmentis seyn/denn solches auch unnützlich wäre.

Die Magnesie soll allezeit von der Piemontischen seyn: Das Pulver setzet man / ehe das Glaß zerschmeltzet / der Materie zu/ denn sonsten würde es nicht tingiren; Es soll auch alles / nur nach und nach/oder stückweiß / in den Topff getragen werden.

Nimbt man diese Regeln in acht/so wird es zu einer sehr schönen Gold-Farb werden: Verlanget mans aber noch schöner/ so darff man nur an statt der Frittæ Rochettæ, lauter Frittam Crystalli nehmen / so wird man eine noch schönere und lieblichere Gold-Farb bekommen: Und diesen modum, erwähnte Farben zu machen/habe ich allezeit gehalten; auch ists mir / so offt ich solches gethan/allemahl sehr wohl gelungen.

Das 47. Capitel.

Eine Granat-Farbe zu machen.

MAn nimmt von der Fritta Crystalli und Rochettæ, jedes gleichviel/ vermischet sie wohl/und setzet zu 200. Pfund solcher Mixtur/1. Pfund der præparirten Piemontischen Magnesie / wie im 13. Capitel gelehret worden / und 2. Loth der præparirten Zafferæ: diese 2. Pulver / nachdem sie zusammen gethan/werden mit den obigen Frittis, wohl untereinander vermischet / und also mit einander nach und nach in den Topff gethan / um das Aufbrausen der Magnesie zu verhüten / auch damit das Glaß nicht umkomme: Es soll auch die Zaffera mit der Magnesie wohl vermischet seyn: denn sie machet eine lebendige Farbe / und giebet derselben einen schönen Glantz.

Wenn nun 4. Tage verflossen/auch das Glaß wohl gereiniget / und gefärbet ist/so kan man/solches zu verarbeiten/Hand anlegen; Und dieses ist die dosis der Magnesie/zu den Geschirren/ von mittelmässiger Grösse / damit die Farbe recht völlig werde: Die kleinere Geschirr erfordern mehr / wie zuvor erwähnet/ von den tingirenden Pulvern / hingegen die grössern weniger: Es muß die Glaß-Farbe warhafftig / nach Erforderung der Geschirr verstärcket oder verringert werden / welches aber gäntzlich der discretion deß verständigen Künstlers/welcher das Pulver zusetzet / überlassen wird.

Das 48. Capitel.

Eine Amethysten-Farbe zu machen.

MAn nimmt hierzu die Frittam Crystalli, welche aus Tarso aufs fleissigste bereitet worden; eh man sie aber in den Topff thut/wird einem jeden Pfund/2. Loth deß wohlgemischten / und unten beschriebenen Pulvers beygesetzet: Nachdem nun solches alles wohl untereinander vermischet worden/ wird es nach und nach / gleichwie bey der vorigen Granat-Farbe/in den Ofen gethan.

Wenn nun das Glaß wohl gereiniget/und mit einer warhafftigen Amethysten-Farbe wird gefärbet seyn ; so kan man solches verarbeiten.

Es ist allhier zu mercken / daß diese Farbe keine andere / als die Frittam Crystalli erfordere; solche aber kan /, nach Erforderung der Arbeit/ verstärcket oder verringert werden.

Das Pulver / welches zu dieser Farbe dienet/ist nachfolgendes: Nimm 1. Pfund der Piemontischen Magnesie/die nach dem 13. Capitel sey gepræpariret worden/und 3. Loth von der præparirten Zaffera, diese zwey Pulver vermischet man wohl/und setzet sie/ wie oben gelehret/der Frittæ Crystalli zu/ so wird das Glaß eine warhafftige Amethysten-Farbe bekommen.

Das 49. Capitel.

Eine Sapphier-Farbe zu machen

MAn nimt Frittam Rochettæ, und zu 100. Pfund von solcher/thut man 1. Pfund von der præparirten Zaffera (laut deß 12. Capitels) und 2. Loth von der præparirten Piemontischen Magnesie: Dieses alles wohl zusammen gemischet/ thut man in den Ofen / damit das Glaß geschmelzet und wohl gereiniget werde: nach diesem rühret mans wohl um/ und sihet zu / ob die Farbe völlig genug sey / damit sie / wenn es vonnöthen / könne verstärcket oder geschwächet werden/und alsdenn wird es verarbeitet; so bekommet man eine schöne Sapphir-Farbe / welche der doppelten Constantinopolitanischen Veilchen-Farbe gleichet; und solches rühret her von der geringen dosi der Magnesie / wie ich solches zu Pisis öffters / und zwar allezeit mit gutem Fortgang erfahren habe; Jedoch aber wird diese Farbe viel schöner werden/als ich zu sagen mich allhier unterstehe / wenn sie aus lauter Fritta Crystalli, wie hiernechst folget / bereitet wird.

Das 50. Capitel.

Eine viel schönere Sapphier-Farbe zu machen.

MAn nimmt an statt der Frittæ Rochettæ, die allerbeste Frittam Crystalli, und setzet ihr das vorgesagte Pulver zu/ in gleicher dosi, wie vor gemeldet / so wird man eine schöne und gläntzende Farbe bekommen; daraus können/nach Belieben / allerley Geschirr verfertiget werden.

Es ist zu mercken / daß man das tingirende Pulver / aus der Magnesie und der Zaffera, der Frittæ zusetze / eh und bevor das Glaß schmeltze / denn das geschmoltzene Glaß nimmt die Farbe schwerlich / oder doch nur also/ an/ daß es nicht tauchet.

Das 51. Capitel.

Eine schwartze Farbe zu machen.

MAn nimmt die eintzlichen Glaß-Stücklein von allerhand Farben / zu solchen thut man die Magnesiam und Zafferam, und zwar der Magnesie nur halb so viel als der Zafferæ, wann nun dieses Glaß wohl gereiniget/alsdenn kan es gearbeitet werden/ so wird es eine schwartze Seiden-Farbe haben / welche nicht allein zu denen Gläsern gläntzend und schön / sondern auch zu allerhand andererArbeit angenehm und tüchtig seyn wird.

Das 52. Capitel.

Eine schönere schwartze Farbe zu machen.

MAn nimmt von der Fritta Crystalli, wie auch von der Fritta Rochettæ, jedes 20. Pfund/Bley- und Zinn-Kalch 4. Pfund/dieses vermischet man wohl/ thuts in einen warmen Topff/ und setzet es in den Ofen: Wenn nun das Glaß wohl gereiniget/ so nimmt man deß calcinirten und gepülverten Stahls/wie auch deß gepülverten Eisen-Hammerschlags/ eines so viel als deß andern/und vermenget beydes wohl miteinander.

Von solchem vermischten Pulver thut man 12. Loth zum gereinigten und geschmeltzten Glaß/ und rühret es wohl durch einander/denn es blehet sich das Glaß von diesem Pulver sehr auf: hernach lässet mans 12. Stunden stehen / doch / daß mans zuweilen umrühre: Endlich kan mans verarbeiten / so wird es die allerschönste Schwärtze / gleich einer Seiden / auch zu allerhand Arbeit tüchtig seyn.

Das 53. Capitel.

Eine andere noch schönere schwartze Farb zu machen.

MAn nimmt zu 100. Pfund Frittæ Rochettæ, 2. Pfund deß rothen gepülverten Weinsteins / zu solchem thut man noch 12. Loth von der gepülverten Magnesie; solches träget man nach und nach in den Ofen / denn es schwillet sich sehr auf/damit es also gereiniget wird/ welches ungefehr innerhalb 4. Tagen geschiehet.

Alsdenn rühret und wäschet man es wohl/ so wird es eine über alle massen herrliche schwartze Farbe geben/welche alle andere übertreffen/ und zu denen Geschirren dienlicher seyn wird.

Das 54. Capitel.

Eine ausbündig-schöne Milch-Farbe zu machen.

MAn nimmt von der Fritta Crystalli zwölff Pfund / auch von der Bley- und Zinn-Asche 2. Pfund/nachdem solches alles wohl miteinander vermischet/so thut man noch 1. Loth / von der präparirten Magnesie darzu; solches/nachdem alles wohl miteinander vereiniget / wird in einem heissen Topff gethan/und nach 12. Stunden wohl umgerühret; und wenn die Farbe nicht starck genug / so setzet man noch ein wenig deß obgedachten Kalches oder Aschen hinzu / und lässet sichs wol miteinander vereinigen / so wird alsdenn das Glas innerhalb acht Stunden zum verarbeiten gut seyn / und eine sehr herrliche Milch-Farbe haben / dergleichen ich zum öfftern bereitet habe.

Das 55. Capitel.

Eine noch schönere und weissere Milch-Farbe zu machen.

MAn nimmt zu 30. Pfund Frittæ Crystalli, 60. Pfund Zinn-Asche oder Zinn-Kalch / und dritthalb Pfund von der präparirten Piemontischen Magnesie: Dieses alles wird wohl gepülvert und in einen Topff gethan/ damit es durch die Schmeltzung gereiniget werde / welches innerhalb 18. Tagen geschiehet.

Diese Materi habe ich ins Wasser geworffen / hernach wieder in den Topff gethan / und nachdem sie gereiniget gewesen / eine Probe genommen; weil sie aber zu durchscheinend war / habe ich der Zinn-Asche noch 15. Pfund hinzu gethan / (die Zinn-Asche oder Kalch ist in den Glaß-Hüten ein bekanntes Ding/) hernach habe ich das Glaß etlich mal umgerühret / da ist es in einem

nem Tage überaus schön / und weisser denn Schnee worden / worauf ich es verarbeiten lassen: Auf solche Weise habe ichs oft und vielmals gemachet / und ist mir allezeit wohl gelungen: Man machet auch mit der Frittæ Rochettæ eine Milch-Farbe / allein sie wird nicht so weiß / als aus der Fritta Crystalli; wer derowegen etwas rechtes zu machen begehret / der soll allezeit die Frittam Crystalli nehmen.

Das 56. Capitel.

Eine Marmor-Farb im Glaß zu machen.

MAn thut Frittam Crystalli in den Topff / und so bald sie nur geschmoltzen/verarbeitet man sie/eh sie noch gereiniget seye/so wird sie eine gnugsame schöne Marmor-Farb geben.

Das 57. Capitel.

Eine Pfirschen-Blüth-Farb / dem Milchfärbichten Glase zu geben.

WEnn die Piemontische präparirte Magnesie dem Milchfärbichten Glase zugesetzet wird / so giebet es eine Pfirschen-Blüth-Farb / solche muß aber geschwind verarbeitet werden/denn die Farb vergeht gar bald.

Das 58. Capitel.

Die völlig rothe Farb zu machen.

MAnn nimmt 20. Pfund von der Fritta Crystalli, 1. Pfund von den Stücken deß weissen und hellern Glases / und 2. Pfund gecalcinirtes Zinn; solches mischet man alles zusammen/läst es in den Topff schmeltzen und reinigen: Nachdem alles geschmoltzen / so nimmt man deß calcinirten und subtil-geriebenen Stahls / auch deß klein-gepülverten Eisen-Hammerschlags/jedes gleich viel; solches menget man wol unter einander/alsdenn nimmt man dieses Pulvers ungefehr vier Loth / und setzet solches dem gereinigten Glaß zu/ und rühret wohl durcheinander; allein man muß acht darauf haben / denn dieses Pulver blehet das Glaß erschrecklich auf; alsdenn lässet mans incorporiren / welches innerhalb fünf oder sechs Stunden zu geschehen pfleget.

Man muß auch in acht nehmen / daß deß Pulvers nicht zu viel genommen wird/denn sonst würde das Glaß schwartz werden; da es doch nicht dick/ sondern durchsichtig oder dunckelgelb an der Farb seyn solle.

Wenn nun diese Farb erscheinet/so ist es recht/ und nimmt man alsdenn ungefehr anderthalb Loth deß rothen Kupffers / welches/nach Innhalt deß 24. Capitels/gecalciniret, und wohl zerrieben sey worden; solches setzet man zu dem obigen Glaß / und vermischets zum öfftern: wenn nun solches zum 3.ten oder 4.ten mahl geschehen ist / so wird eine Blutrothe Farb erscheinen: Man muß derowegen zum öfftern eine Prob davon nehmen / und wenn die Farb recht seyn wird / kan sie alsobalden verarbeitet werden; denn wo solches nicht gleich geschiehet / so vergehet die rothe Farb / und wird an statt derselben schwartz.

Uber dieses / damit die Farb nicht verderbe / muß der Topff offen und nicht zugedecket seyn / auch alles mit grossen Fleiß gearbeitet werden: Ingleichen muß deß Pulvers vom calcinirten Stahl und Eysen-Hammerschlag nicht zu viel hineingethan werden/damit das Glaß nicht dunckelschwartz/sondern durchscheinend und dunckelgelb werde / so wird es alsdenn / mit Zuthuung deß rothen Kupffers / sehr schön werden; dergleichen ich öffters gemachet habe.

Endlich ist auch zu mercken / daß man den Topff/so viel als müglich ist/ nicht erhitze oder zu heiß werden / auch nicht über 10. Stunden in dem Ofen bleiben lasse: Im Fall sich zwischen dieser Zeit die Farbe verliehren solte/welches zuweilen geschiehet/kan man sie/mit Zusetzung eines neuen Pulvers/aus dem Eisen-Hammerschlag wieder zu wege bringen; Und weiln dieses eine beschwerliche und verdrießliche Arbeit ist / als muß man desto grössern Fleiß hierzu anwenden.

Das 59. Capitel.

Das Berg-Crystall zu machen.

Es wird das Berg-Crystall in einen Tiegel/der vor aller Unreinigkeit und Aschen wohl bedecket sey/wohl geglüet / hernach im kalten Wasser abgelöschet und calciniret: solches wird 8. mal wiederholet: alsdenn wird er getrocknet / und auf einem Reibstein zu einen unbegreifflichen Pulver gerieben.

Dieses Pulver wird mit dem Saltz deß Levantischen Pulvers (welches/laut deß 3. Capitels/in einem Glaß-Kolben bereiter und gereiniget worden) vermischet / und zu einem rohen Glaß oder Fritta gemachet; diese thut man / mit gebührlichen Gewicht der Magnesie / in einen sehr heissen Topff/ hält solchen im Ofen / und wirfft alsdenn die Materiam / zu seiner Zeit / wie bey dem Crystall vermeldet / öffters ins Wasser / nach diesem wird es aufs beste gereiniget / und/dem Gebrauch nach / gleich einem andern Crystall verarbeitet / so wird man Wunder bey solchen erfahren.

Das

Das 60. Capitel.

Wie man die Perlen-Farb in Crystall bereiten soll.

MAn setzet zu einen geschmoltzenen / und gereinigten Crystall den Weinstein/welcher zum 3. oder 4. mal biß zur Weise gecalciniret worden: dieses wird wohl unter einander gemischet / und die Zusetzung mit neuen Weinstein so lang wiederholet / biß das Glaß Perlen-farbicht wird.

Hiervon kan man aber keine gewisse Maas und Regel geben / denn diese gantze Sache in der Erfahrung bestehet.

Wenn nun die Farb recht und gefällig seyn wird / so muß solches Glaß alsobalden verarbeitet werden: Denn sonsten die Farb leichtlich verschwindet. Dieses ist mein Proceß / welchen die Erfahrung zum öfftern bestättiget hat.

Johann Kunckels Anmerckungen über das Dritte Buch ANTHONII NERI Von der Glaß-Kunst:

Das 45. Capitel.

ISt ein gantz leer Capitel / und also auch nichts dabey zu dencken oder zu erinnern.

Im 46. Capitel.

WIrd gehandelt/ wie die güldene Farbe ins Glaß zu bringen sey. Es hat mir dieser hierinn beschriebene Proceß die allergröste Müh und Verdruß / über alle andere / so in diesem gantzen Buch enthalten/ verursachet: Indeme die von dem Autor beschriebene Dosis gantz unrecht und falsch ist. Ich habe immerzu vermeint / es sey in der Lateinischen Version ein Fehler gewesen; nachdem mir aber das Italiänische (als worinnen es der Autor selbst beschrieben) zu Händen kommen/ habe ich befunden / daß die Version mit demselben hierinnen gantz zutrifft: Ob es nun in dem Italiänischen Druck / oder von dem Autor selbst versehen / kan ich nicht wissen: Denn ein Pfund rother Weinstein ist viel zu wenig / zu 100. Pfund dieses Gemengs / hingegen ist auch ein Pfund Braunstein zu viel zu einem einigen Pfund Weinsteins. Zwar wären wohl 1. biß fünffviertel Pfund Braunsteins genug zu den 100. Pfund Gemeng / aber 6. Pfund Weinstein sind noch fast zu wenig dazu / sonderlich so derselbe nicht recht roth und schier schwärtzlich ist. Dannenhero mische ich zu einem jedem Pfund Weinstein ein Viertel-Pfund Kohlen von Büchen / Erlen oder Bircken-Holtz / so ist ihm geholffen / und wird sehr schön. Wann man dieses Glaß / gleich in dem / wenn es im schmeltzen ist / viel / wie ander Glaß / mit dem Eysen rühren wolte: So hat es diese Art / daß es sich aufblehet / und so der Topff nur halb voll wäre / solte es doch wohl über und über lauffen: Derowegen muß es nur / wie es steht / stehen bleiben und verarbeitet werden. Hierzu ist dieses Gemeng / oder die Fritta, welche ich zu End deß ersten Buchs gelehret habe / sonderlich gut / nur daß das Saltz wohl und fleissig gereiniget sey.

Vom 47. Capitel.

DIese Composition von dem Braunstein und Zaffera macht lange kein Granat-Farbe (als wozu mehr gehört) sondern vielmehr ein Spinel, wie ich denn denselben auf solche Art sehr schön verfertiget habe.

Vom 48. Capitel.

IN diesem Capitel hat man sich nur vornehmlich nach der Zaffera zu richten / nachdem die gut ist: Denn so dieselbe zu sehr färbet / spielet es zu viel in die blaue: so aber die proportion hierinn recht getroffen wird / gibt es einen über alle Massen schönen natürlichen Amethyst.

Vom 49. und 50. Capitel.

SO man ein recht schön Crystall-Glaß hat / das keinen grünen Stich hat / sondern gantz klar und mit der Magnesia

oder

oder Braunstein bestens gereiniget ist / so darff man nichts als bloß Zaffera oder Cobolt zusetzen/ nach eines jeden Gutdüncken/ mehr oder weniger / nachdem er die Farbe hoch oder niedrig haben will: Und ist durchaus nicht recht / was Porta hievon schreibet/daß mans stetig rühren muß; denn diese Farbe setzet sich nicht. Zudem muß man keine Coleur rühren / woraus man Edelgesteine oder andere Dinge will schneiden lassen: Denn die kriegen dadurch Blasen. Welches hie insgemein/ als ein besonderer Handgriff bey Zubereitung der Edelgesteine/wohl zu mercken ist.

Vom 51. und 52. Capitel.

DIese beyde Compositiones geben eine gar schöne Schwärtz/ sonderlich diese im 51. Capitel: Denn durch die Ubersetzung der Blaue aus der Zaffera ist es schwartz anzusehen. Dieses welches im 52. Capitel beschrieben wird / so es so lange steht / nemlich 12. Stunde / so bleibt es endlich; so mans aber länger stehen läst/ so wird es was durchsichtig/ und rauch-gelb.

Im 53. Capitel.

BEgehet der Autor abermahl einen trefflichen und Hauptsächlichen Fehler / welchen ich vor deme allezeit der Lateinischen Version zugerechnet/aber nun im Italiänischen einerley befinde/ wiewohl ich vielmehr dafür halte / es sey in dem Italiänischen Druck etwas ausgelassen worden. Besihe hierüber das 46. Capit. sammt meiner Anmerckung / daselbst will der Autor aus eben dieser Composition eine Gold-Farbe haben / nur daß er hie / zu hundert Pfund Gemeng 2. Pfund Weinstein und 12. Loth Magnesia oder Braunstein nimmt / da er im gedachten Capitel eines jeden dieser beyden ein Pfund will. Kan also hieraus nichts als ein helles und klares Glaß werden/weil die 12. Loth Magnesia unter 100. Pfund Gemeng zu einer Farbe im geringsten zureichen/sondern gantz und gar darinnen verschwinden; kan man also nur bey den 51. und 52. Capitel / als in welchen genugsam eine schöne Schwärtze angedeutet ist/verbleiben/und sich darnach richten.

Vom 54. Capitel.

DEr Zinn und Bley-Kalch/so hier gebraucht wird / ist eben dieser / welcher im 93. Capitel gedacht / und daselbst ausführlich zu machen gelehret wird. Wenn man aber dieser Composition etwas vom Regulo antimonii zusetzet / nemlich 8. Loth auf 12. Pfund / so wird es noch viel besser / zumahl wenn der Regulus erst calcinirt wird.

Im 55. Capitel.

LEhret der Autor daß die Composition, 18. Tage und Nacht im Ofen stehen soll/welches gantz unnöthig / sonderlich in unsern Teutschen Glaß-Oefen/da es nicht 3. Tag und Nacht stehen darff. Der Magnesia /welche der Autor hie gesetzet / ist auch zuviel / in dem es auf diese Art mehr eine Pfirschen-Blüth/als weisse oder Milch-Farbe gibt: Kan also der Zusatz vom Braunstein nur nach der proportion deß vorigen Capitels eingerichtet/oder zu dieser gantzen Composition 6. biß 8. Loth (aufs Meiste) genommen werden.

Vom 56. Capitel.

WAs hier der Autor von der Marmel-Farbe saget/ist wohl wahr: aber es hat dreyerley sehr grosse Mängel: Erstlich läst es sich übel arbeiten; vors andre/bleibt es selten gantz: Vors dritte / so es ja in der Arbeit gantz bleibet / wie es doch hernach von sich selbst an der Lufft zerfallen.

Vom 57. Capitel.

DIe Pfirsch-Blüth-Farbe ist zwar recht/aber leichter ist diese wozu ich am Ende deß ersten Buchs (zumahl bey dieser zweyten Edition, allwo ich das schönste Parcellain Glaß zu machen angewiesen) Anleitung gegeben habe/ da ich von der Glaßmacher Beinweis geschrieben. Wer aber dasselbe nicht haben kan / der muß sich auf solchen Fall dieses hier beschriebenen bedienen.

Wann

Wann man hier die zu Ende meiner Anmerckungen über das erste Buch befindliche Composition deß Parcellains oder Milch- und Beinweiß nimmet/ so wird nicht nur die Pfirschblüth: sondern alle nachfolgende Farben / viel schöner / und doch nicht so kostbar/ als diese/ so der Autor beschreibet; aus welcher man denn von allerley Farben die allerschönsten Geschirr kan machen/ allerdings auf die Weise / wie man die Farben in die Schmeltzgläser versetzet ꝛc. Die Composition der Sapphier-Farbe gibt hier Blümerant. Summa / man kan hier mit allerley Farben spielen / wie es einen jeden nur selber beliebet ꝛc.

Vom 58. Capitel.

Diese rothe Farbe / wenn man sie nach der Art / wie hier der Autor lehret/ machet/ wird so gar roth/ daß/ indem man hernach dieses (gefärbte) Glaß nicht überaus dünne bläset/ man auch die Röthe nicht erkennen kan: Es ist aber in unsern Teutschen Glaß-Oefen fast unmöglich zu thun / weil hierzu das Feuer auf eine gantz sonderliche Art muß regieret werden. Ich habe hierinnen überaus grosse Müh angewandt/ und kan auch / Gott Lob/ nebenst dem schönsten Rubin/ das feinste Roth machen; weil es mir aber gar viel Zeit / Müh und Arbeit gekostet / und eine sehr rare Sache ist / als wird mich niemand verdencken / daß ichs vor dißmahl nicht gemein mache.

Vom 59. Capitel.

Alles / was die Berg-Crystall im Wiederumschmeltzen thut und thun kan / das thut auch allerdings der schwartze Feuer- oder Flindstein (den man vielfältig im Feuerzeuge gebraucht / und daher wohl bekannt ist) je schwärtzer man denselben findet und haben kan/ je besser er ist. Man versuche es nun/ und nehme von der Crystallen und diesen Steinen beyde zugleich in die Prob / und gehe mit jeden gleich rein und fleissig um / so wird man mit gnugsamer Verwunderung sehen und erfahren/ wie dieser Stein seine Schöne präsentiren wird; nur ist er etwas beschwerlich klein zu kriegen/ denn so man ihn zu viel mit dem Eysen rührt und tractirt, so wird er hernach etwas grünlicht; ist also derowegen gute Behutsamkeit von nöthen.

Im 60. Capitel.

Hat es mit der Perln-Farb eben die Beschaffenheit / die es im 56. Capitel mit der Marmor-Farb hat; Denn ob es gleich eine schöne Perlen-Farb bekommt / so ist doch solche zum Glase nicht gnugsam beständig; weiln das Weinstein-(und alle andere Alcalische oder fixe) Saltz / mit welchen hier die Composition übersetzt wird / im wiederausschlagen seine Tücke niemahls lässet. Welches zum Beschluß dieses dritten Buchs wohl mag gemercket werden.

Das Vierdte Buch.

Von der Glaßmacher-Kunst/

ANTHONII NERI

von Florentz.

Der Inhalt dieses Vierdtens Buchs.

Hierinnen wird die rechte Manier / das Bleyglaß zu bereiten angewiesen; ingleichen wie man das Bley calciniren / und aus demselben eine schöne Smaragd-Farbe / wie auch die Farbe eines Topas und Sapphirs; Item der Korn-Blummen oder Meer-Specht oder Meer-Elster-Farb / die Fleisch-Farbe / güldene Farb / und die Farb deß Lazur-Steins bereiten soll: Wie nicht weniger die Berg-Crystall zu tingiren / mit einer beständigen Rubin-Farb / Balas-Topas-Opals-Sonnen-Blummen / und andern dergleichen sehr schönen Farben.

Das 61. Capitel.

Vom Bley-Glaß.

Das Bleyglaß ist in der Glaßmacher-Kunst wenigen bekannt; so viel die Farben betrifft / so ist gewißlich dieses Glaß / unter allen andern / welche im Ofen bereitet werden / das allerschönste und edelste / mit welchen wir die Farben der Orientalischen Edelgesteine nachahmen können / welches mit dem Crystall / oder andern dergleichen Glaß nicht geschehen kan.

Die-

Dieses Glaß/ wenn man in der Bereitung nicht sehr wohl / und genau achtung darauf hat / so zerreiset es alle Töpffe und Geschirr / und wird zu Aschen: Derowegen beschreibe ich allhier alles so eigentlich und genau / daß man / wie ich glaube / alle Gefahr verhüten kan; solches aber beruhet eintzig und allein darinnen / daß man nemlich das Bley recht zu calciniren, und die Calcination gebührend zu wiederholen / wisse; denn je öffter es calciniret wird/ je weniger es sich reduciren lässet/ und zerbricht auch also desto weniger die Töpffe: Es muß aber allezeit ins Wasser geworffen/ und nachmahls wieder geschmoltzen werden: Und so offt auf dem Boden deß Topffes/ etwas reducirtes Bley gefunden wird/ so muß solches allemahl fleissig herausgenommen werden; denn sonsten durchlöchert es den Topff-Boden / oder zerreisset solchen / gehet sammt dem Glaß durch die allerengsten Risse hindurch / und hinterlässet den Topff leer: darum soll man nachfolgende Regeln / in diesem Buch beschrieben/ fleissig in acht/ nehmen/ so wird man aller Gefahr entgehen.

Das 62. Capitel.

Das Bley zu calciniren.

MAn calciniret erstlich das Bley in dem Oefelein/ welches denen Töpffern wohl bekannt ist / und zwar in ziemlicher Quantität; denn man kan innerhalb 2. Tagen viel Bley calciniren; allein es ist zu mercken/ daß das Oefgen nicht wärmer/ als ob man Glaß schmeltzen wolte/ seyn müsse; sonst würde das Bley sich nicht calciniren.

Wenn nun daß Bley eine kleine weil geflossen / und eine gelblichte Haut bekommen hat / so ziehe man das calcinirte herab mit einem hierzu beqvemlichen Eysen / und solches breitet man aus auf den innern Ofen-Herd / welcher von glatten und Feuerbeständigen Steinen seyn soll / und gegen den Mundloch etwas herreichen muß; dieses alles / weiln es insgemein sehr wohl bekañt ist / wollen wir mit Fleiß vorbey gehen; nur allein bemerckend/ daß das Bley/ welches einmahl calciniret ist/ wiederum müsse in dem Ofen aufn Heerd ausgebreitet/ und bey mässiger Wärme reverberiret, auch mit einem Eysen etliche Stund lang/ stets umgerühret werden; da es dann in diesen andern Calcination eine gelbe Farb bekommen: hernach wird es durch ein enges Sieb geschlagen/ und was nicht durchfallen will/ wiederum mit andern Bley calciniret: Und auf solche Weis / wird deß Bleys eine grosse Quantität zu dem irdenen Geschirren und dem Gebrauch der Töpffer calciniret.

Sonsten ist vor allem zu mercken/ daß der Ofen mässig warm sey / denn so es zu heiß ist/ wird das Bley nimmermehr calciniret werden.

Das 63. Capitel.

Wie man das Bley-Glaß machen soll.

MAn nimmt/zum Exempel/ dieses gecalcinirten Bleyes 15. Pfund/ und von der Fritta Crystalli, oder (nachdem wir eine Farb verlangen/) Rochettæ, oder deß Levantischen Pulvers/ 12. Pfund; dieses / nachdem es aufs genaueste miteinander vereiniget / thut man in einen Topff / und nach Verfliessung 10. Stunden (denn es wird in solcher Zeit sehr wohl geschmoltzen seyn) wirfft man es ins Wasser.

Wobey zu mercken/daß sich zum öfftern auf dem Boden deß Topffs/ etwas deß reducirten Bleyes befindet / welches sehr fleissig heraus zu nehmen / massen es sonsten den Topff durchbohret / zerreisset / und also alles verlohren gehet.

Und dieses ist eines von den fürnehmsten / welches in diesem Werck zu beobachten ist. Es ist auch über dieses fleissig in acht zu nehmen / daß die Bley-Körner/welche sich im Wasser befinden / und dem Bley-Glaß nicht anhangen/nicht wiederum in den Topff kommen; denn es mit dem Obigen gleiche Bewandnis hat / indem man sich alsdenn / sowol wegen Zerbrechung deß Geschirres / als einiges andern daraus erfolgenden Schadens zu beförchten hat.

Wenn nun dieses alles in acht genommen / so thut man das Glaß wiederum in den Topff / welches alsdenn/nach abermaliger Verfliessung der 10. Stunden/ (aufs allermeinste) zum Verarbeiten tüchtig seyn wird: Und dieses ist die Manier das Bley-Glaß zu machen.

Das 64. Capitel.

Eine Manier / wie man das obgedachte Bley-Glaß verarbeiten soll.

SO jemand Lust hat / ein oder andere Sorten der Trinck-Geschirr / oder andere dergleichen zum häußlichen Gebrauch dienende Gefässe/aus dem Bley-Glaß zu verfertigen/ der muß von diesem Glaß gar ein weniges/ mit dem Glaßrohr heraus nehmen / solches in etwas erkalten lassen/und denn endlich verarbeiten; vorher aber muß der Marmor wol gereiniget/und (indem das Glaß ein wenig kalt wird) mit kalten Wasser wohl angefeuchtet werden/denn sonsten schiefert sich der Marmor vom Bley-Glaß ab / und machet das Werck ungestalt / indem das Glaß von Marmor etwas an sich nimmt.

Derowegen muß der Marmor / indeme man das Glaß unter Händen hat/stets angefeuchtet werden/sonsten verlieret das Glaß alle seine Zierde.

Uber

Uber dieses je härter der Marmor ist / je weniger hat man sich der Gefahr deß Abschiefferens zu befahren: Und dieser Proceß / mit Abkühlung deß Glases / und Anfeuchtung deß Marmors muß jederzeit in acht genommen werden / so oft ein neues Stücklein Glaß zu verarbeiten angefangen wird: Denn es ist dieses ein so zartes und subtiles Glaß/daß/so es nicht zuvor etwas erkältet / oder anderst als in gar geringer Quantität / aus dem Topff genommen wird/es sich auf keine Weise verarbeiten / noch mit dem Blaß-Rohr der Glaßmacher/aus dem Ofen bringen lässet; es hat aber solche Zartheit/welche einer dünnen Brüh gleichet/bloß von dem Bley.

Damit es derowegen füglich ausgearbeitet werden könne / muß man allezeit nur gar wenig davon heraus nehmen / auch solches zuvor etwas verbrödeln oder erkühlen lassen/den Marmor stets anfeuchten/und den Topff bey mässiger Wärme erhalten.

Das 65. Capitel.

Das Bley-Glaß mit einer wunderschönen Smaragd-Farb zu machen.

MAn nimmt 20. Pfund von der gesiebten Fritta deß Levantischen Pulvers/und 16. Pfund deß gesiebten Bley-Kalchs: Solches aufs Beste mit einander vermischet/wird abermal durch ein Sieb geschlagen/in einen warmen Topff gethan/ und 8. oder 10. Stund lang aufs Beste mit einander geschmoltzen: Alsdenn wirfft mans ins Wasser / und scheidet das im Topff oder Wasser befindliche Bley aufs fleissigste davon/ damit es/wie oben erwähnet/den Topff nicht zerbreche.

Wenn dieses geschehen/ so thut man die Materien wiederum in den Topff/so wird es innerhalb 6. 8. oder dergleichen Stunden wohl schmeltzen / alsdenn wirfft mans von neuen ins Wasser / und thut das Bley / wie zuvor fleissig davon/so wird das Glaß von aller Fettigkeit deß Bley-Kalchs/und deß Saltzes wohl gereiniget seyn/und einen hellleuchtenden Glantz haben/auch in wenig Stunden schmeltzen und gereiniget werden.

Hernach thut man noch zu solchen / 12. Loth Kupffer-Hammerschlag / welcher nach Anleitung deß 28. Capitels dreymal gecalciniret worden / und 24. Gran von dem Croco Martis, mit Essig bereitet; solche zwey species mit einander vermischet / werden auf 6. mal dem Glaß zugesetzet / also / daß man zwischen Eintragung eines jeden Theils ein Vatter Unser lang warte / alsdann wirfft man/wie gedacht/allezeit den 6. Theil zum Glaß hinein/ und rühret solches wohl durcheinander; nachmals lässet mans eine Stund ruhen /

rührerts darnach wieder wohl herum / und nimmt eine Prob davon / und so die Farb gut / lässet mans noch 8. Stund ruhen / damit sich alles wohl vereinige; nach diesem kan mans verarbeiten / so werden die daraus bereiteten Geschirr eine so gläntzende und herrliche Farbe bekommen / daß sie scheinen / als ob sie aus einen Smaragd eines alten Orientalischen Felsens gemachet wären.

Dieses Glaß / nachdem es die gebührliche Farb erlanget hat / wird so lange in dem Topff behalten / biß daß alle fæces verzehrt / und das Glaß wohl gereiniget worden; so wird man eine so schöne Farb bekommen / welche dem natürlichen Smaragd gantz und gar ähnlich seyn wird / so gar / daß man sie kaum von einander unterscheiden kan.

Das 66. Capitel.

Eine wunderschöne Smaragdgrüne Farb / alle andere übertreffend / zu bereiten.

DIese grüne Farb / in einer vortrefflichen Schönheit zu erlangen / so nimmt man eben die Quantität von der Fritta, von dem Bley-Kalch / und von dem Croco Martis, wie in dem vorher gehenden 65. Capitel / allein an statt deß Kupffer-Hammerschlags nimmt man / jedoch in dem vorigen Gewicht / das Caput mortuum von dem Kupffer-Vitriol / welches nach Innhalt deß 131. und 132. Capitels sey gepräpariret worden; im übrigen hält man mit der Bereitung gleichfalls den vorigen Proceß / so wird man eine so schöne und seltene Smaragd-grüne Farb bekommen / als auf einigerley Weiß immer geschehen kan / welches ich / nicht sonder Belustigung / zum öfftern erfahren habe.

Das 67. Capitel.

Ein Topas-Farbe dem Bley-Glaß zu machen.

MAn nimmt an statt der Frittæ deß Levantischen Pulvers von der Fritta Crystalli 15. Pfund / und von dem Bley-Kalch 12. Pfund: Solches / nachdem es vermischet / gepülvert / und durchgesiebet / thut mans in einen warmen Topff / und wirfft es nach 8. Stunden ins Wasser: Das annoch gantze Bley muß man / wie zuvor erwähnet / hinweg thun; alsdenn thut man die Materien wieder in den Topff / und nach Verfliessung der gebührlichen Zeit nachmals in das Wasser; hernach wird solches heraus genommen / und die Helffte davon dem Goldfarbichten Glaß (dessen Bereitung in dem vorhergehenden 46. Capitel zu finden /) zu gesetzet: Nachdem nun dieses wohl mit einander incorporiret und gereiniget ist worden / so wird diese Materia allerdings einem Orientalischen Topas ähnlich kommen.

Das 68. Capitel.

Die blaue oder Meerwasser-Farb ins Bley-Glaß zu bringen.

MAn nimmt 16. Pfund von der Fritta Crystalli, und 10. Pfund Bley-Kalch / solches / nachdem es wohl mit einander vermischet und durch ein Sieb ist geschlagen worden / wird in einen mässig-warmen Topff / wie zuvor / gethan / so wird die Materia nach 12. Stunden aufs Beste zerflossen seyn / welche man alsdenn sammt dem Topff ins Wasser thun soll; das Bley wird / wie zuvor / davon abgesondert / die Materia aber wiederum in den Ofen / und nach 8. Stunden nachmahls ins Wasser gethan / so wird es bester Massen gereiniget seyn: Wenn dieses geschehen / so nimmt man deß präparirten Rausch oder Zitter-Kupffers (wie oben in dem 20. Capitel ist gezeiget worden /) 8. Loth / und von der præparirten Zaffera ein halb Loth; diese Pulver aufs Beste mit einander vermischet / und in 4. Theil abgetheilet / träget man auf 4. unterschiedliche mahl ins Bley-Glaß / durchrühret dasselbe nach 2. Stunden sehr wohl / und nimmt alsdenn eine Probe / ob die Farbe nach Exheischung deß Wercks völlig genug sey oder nicht; hernach lässet mans 10. Stunden ruhen / und nachdeme sich die Farbe mit dem Glaß wohl verreiniget hat / so wird es alsofort zum Werck tauglich seyn / und im Verarbeiten eine sehr schöne Farb haben.

Das 69. Capitel.

Eine Granaten-Farbe im Bley-Glaß zu machen.

ES werden 20. Pfund von der Fritta Crystalli, mit 16. Pfund Bley-Kalch vermischet / darzu thut man noch 6. Loth von der Piemontischen Magnesie / und 1. Loth von der præparirten Zaffera; solches schüttet man in einen gewöhnlich-warmen Topff / und nach 12. Stunden ins Wasser; nachdem nun das Bley davon abgesondert / setzet mans wieder in den Ofen / so wird es nach 10. Stunden gereiniget seyn: Hernach wird die materia gemischet / und sihet man / ob die Farbe recht sey / nach diesem kan es alsdenn verarbeitet werden / so wird man ein sehr schönes Glaß / in einer herrlichen Granat-Farbe haben.

Das 70. Capitel.

Die Sapphier-Farbe in Bley-Glaß zu geben.

MAn nimmt 15. Pfund von der Fritta Crystaili, und 12. Pfund Bley-Kalch / zu diesem / nachdem es wohl untereinander gemischet und gesiebet worden/ thut man noch 4. Loth von der präparirten Zaffera, und 24. Gran von der präparirten Piemontischen Magnesie.

Solches alles wohl untereinander vermenget / und in einen Topff gethan / hält man 12. Stunden lang in dem Ofen; hernach wird die sämtliche Materia ins Wasser geworffen / das Bley mit Fleiß davon abgesondert / und alsdenn wiederum 12. Stunden lang in den Ofen gereiniget.

Wenn nun nach genommener Proba die Farbe recht/alsdenn kan man es verarbeiten/ so wird man ein Glaß bekommen / in der Farbe eines schönen Orientalischen Sapphiers/der mit der gedoppelten Violen-Farbe vermischet worden/sehr schön lieblich und anmuthig anzusehen.

Das 71. Capitel.

Eine güldene Farb dem Bley-Glaß mitzutheilen.

MAn nimmt der Fritta Crystalli, und deß Bley-Kalches/ jedes 16. Pfund / zu diesem / nachdem sie wohl vermenget und gesiebet worden / thut man noch 12. Loth von dem Kupffer-Hammerschlag / welcher 3. mal gecalciniret worden ist/48. Gran deß Croci Martis, mit Essig bereitet.

Dieses alles thut man/wohl vermischet/in einen mässig-warmen Topff/ und wirfft es nach 12. Stunden ins Wasser / sondert das Bley darvon/und reiniget es abermal/ 12. Stunden lang im Topffe.

Hernach vermischet man die materia wohl/und probiret / ob die Farbe recht sey; im Fall sie grünlicht zu seyn scheinet/so thut man / vom Croco Martis, noch etwas hinzu / alsdenn kömmt an statt der grünen/ eine schöne Gold-Farbe herfür / solche kan man fortan verarbeiten / so wird man eine schöne Gold-Farbe bekommen/dergleichen ich zum öfftern bereitet habe.

Das 72. Capitel.

Die blaue Lasur-Stein-Farbe zu machen.

MAn lässet das schöne Milchfarbigte Glaß (nach Anleitung deß 55. Capitels / aus dem weissesten Crystall bereiten) in einen Topff schmeltzen / und thut nach und nach eben so viel blaue Mahler-Smalte darein/ als zu völliger Färbung desselbigen wird vonnöthen seyn. Hernach vermischet man das Glaß/und probiret es/um zusehen/ob die Farbe recht sey; wenn dem also ist/so lässet mans noch 2. Stunden lang stehen; alsdenn wirds nochmals herum gerühret / und die Farbe wiederum geprobiret; wenn sich nun alles wohl und recht befindet/so lässet mans noch 10. Stund lang ruhen.

Nach diesem rühret mans wiederum herum/und wenn die Farbe in gleichen Grad unveränderlich verbleibet / so kan mans verarbeiten/ und allerley

Geschirr daraus bereiten / welche / an der Farb / einem rothen Lasur-Stein gantz gleich und ähnlich kommen werden: Im Fall sich die Materia / wenn der Künstler in der Arbeit ist / aufschwellete / so soll man ihr nur etliche Goldblätlein zusetzen / welche / wann sie in dem aufblehenden Glaß wohl zertheilet werden / die natürliche Farbe deß Lasur-Steines noch mehr befördern helffen.

Das 73. Capitel.

Die Berg-Crystall Nattern-Farbicht zu machen.

MAn nimmt erstlich von der Berg-Crystallen die Stücklein unterschiedlicher Grösse / und zwar solche / welche durchsichtig / unbefleckt und von aller irrdischen Unreinigkeit gesäubert sind / eine gewisse Quantität: Ferner nimmt man deß rohen Antimonii und deß gelben Auripigments, jedes 4. Loth / Salmiac 2. Loth.

Dieses alles wohl gepülvert / und miteinander vermischet / thut man in einen Feuer-beständigen Tiegel / und träget alsdenn vorbesagte Crystallen-Stücklein / nach und nach / hinein; hernach wird dieser Tiegel mit einem andern umgekehrten Tiegel zugedecket / aufs beste verlutirt / und wenn solches trocken worden / mitten in die Kohlen gesetzet / welche man vom beygelegten Feuer / nach und nach / von sich selbsten anbrennen lässet / so wird der Tiegel sehr zu rauchen anheben; dahero erfordert diese Arbeit einen weiten und grossen Camin; noch besser aber ists / wenn dieser Rauch kommet / daß man aus dem Laboratorio gehe / denn solcher Rauch höchstschädlich / ja fast tödtlich ist; derowegen mag man sich wohl vorsehen / daß man solchen auf keinerley Weise an sich ziehe; wenn der Rauch aufhöret / so lässet man das Feuer ausgehen / und den Tiegel kalt werden.

Nach diesem nimmt man die Crystall-Stückgen heraus / und diejenigen / welche im Tiegel oben aufgelegen haben / werden Gold-Rubin- und Balaßfarbicht seyn / auch viel schöne Flecken haben; die andern im Gegentheil / welche unten und nahe bey dem Pulver gelegen / werden meistentheils Natternfarbicht seyn; diese können / gleich wie andere Edelgesteine / gepoliret und schön gläntzend gemachet werden.

Die übrigen Crystall-Stücklein / wenn man sie in Gold oder dergleichen eingefasset / und nach Gestalt der Farben / mit foliis oder Duppleten unterleget / werden sehr schön / und fallen überaus lieblich ins Gesicht.

Und weil diese Arbeit wenig kostet / auch nicht sehr mühselig oder verdrießlich ist / als kan man solcher Steine eine ziemliche Quantität tingiren; denn es werdensich allezeit etliche sonderbar-schöne Stücke darunter befinden.

Das 74. Capitel.

Die Balaß-Rubin Topas-Opal-und Asterien-Farbe in den Crystall zu bringen.

MAn nimmt deß Saffrangelben Auripigments / und deß Crystallischen Arsenici, jedes 4. Loth / deß rohen Antimonii und Salmiac jedes 2. Loth: diese species wohl gepülvert und untereinander gemenget / thut man in einen genugsam weiten Tiegel / und leget erstlich kleine / nachmals grössere Stücklein / von dem reinen Berg-Crystall darauf / biß der Tiegel voll ist.

Auf diesen Tiegel lutiret man aufs fleissigste / wie zuvor / einen andern umgekehrten Tiegel/daß die zwey Mundlöcher aufeinander gehen/ auch muß der obere Tiegel am Boden ein Löchlein einer Erbsen groß haben: Solches aber geschiehet darum/dieweil der auffsteigende Rauch von den Materialien/ die oben liegende Crystallen besser im Auffsteigen tingiret / als wenn er Seitwerts oder durch die Seiten-Fugen deß Tiegels gienge.

Nachdeme das Verlutirte getrocknet / setzet man die Tiegel mitten in die Kohlen / jedoch so / daß die Kohlen den untern Tiegel gantz/ und von dem obern die Helffte bedecken.

Nachgehends leget man Feuer zu / daß sich die Kohlen nach und nach von sich selbst / und ohne Anblasen / anzünden / es wäre denn / daß das Feuer ausgehen wolte/in welchen Fall mans aufblasen muß; die Kohlen aber müssen groß und von Eichen-Holtz seyn. Sonsten verfähret man / wie im vorigen Capitel gemeldet / und vermeidet den Rauch / als ein höchst-schädliches und tödtliches Gifft/ mit gantzem Fleiß; und ob der Rauch schon etwas lange währet / so muß man ihn doch von sich selbsten vergehen / und auf gleiche Weise/nemlich von sich selbst/ das Feuer abgehen lassen.

Den Tiegel muß man durchaus nicht in kalte Lufft setzen/sonsten würden die annoch warmen Crystallen zerspringen/und brüchig werden.

Wenn nun alles von sich selbsten erkaltet / und die Tiegel eröffnet worden / so werden die grössern Crystallen-Stücke / mit Topas-Balaß-Rubin-Chrysolit-Asteriæ, (das ist / Stern-oder Sonnenstein) und Opal-Farbe getingiret seyn/welches sehr anmuthig anzusehen ist.

Von diesen können diejenigen Stücke/welche am besten getingiret sind/ auf dem Polier-Rad gepoliret werden; so werden sie einen schönen Glantz / gleich denen natürlichen Edelgesteinen/auch noch wohl einen schönern/ erlangen/und dieses sonder allen Mangel der Härte/welche sich/wie bekannt/in dem Berg-Crystall genugsam befindet. Dergleichen Steine habe ich zu Antorff/ eine

eine zimmliche Anzahl verfertiget / davon einige Stücke / mit der Opal und Stern-roche Farbe/auf das allerschöneste gefärbet waren.

Diese Steine/gleichwie die natürlichen Edelgesteine / in das Gold/mit unterlegten folien, Duppleten oder dergleichen/ eingefasset/geben ein extraordinar schönes Ansehen: Es muß aber das Auripigmentum hierzu grünend und Goldfärbig erwehlet und genommen werden; Denn hierinnen bestehet das gantze Kunststück dieser Sache.

Das Feuer muß Anfangs gelinde seyn/auch muß man hernach alles von sich selbsten erkalten lassen.

Solte aber das erste mal nicht gleich alles angehen/ungeachtet der Observirung alles deß obigen / so soll man die erste Arbeit wiederholen / so wird man in der Arbeit befinden/daß die Erfahrung niemals betriege.

Johann Kunckels Anmerckungen über das Vierdte Buch ANTHONII NERI Von der Glaß-Kunst.

JN diesem gantzen Buch ist weiter nichts zu beobachten/als was ich allbereit in dem vorigen Buch von denen Farben in acht zu nehmen erwehnet habe/massen auch dieses gantze Buch keinen andern Inhalt begreifft. Denn was

Das 61. Capitel

BEtrifft/bleibet es allerdings bey deme/ was der hochgelehrte D. Merrettus in seinen Anmerckungen hiervon auch gedenkt/ nemlich daß die Bley-Gläser derentwegen unbequem und nicht viel zum Gebrauch dienen / weiln sie erstens so wohl zu Gefäsen/ als auch Edelgesteine daraus schneiden zu lassen viel zu weich; wie auch zweytens am Gewicht wider die Art der Edelgesteine gar zu schwer sind. Sonst muß ich gestehen/ daß die Farben sehr schön und hoch in diese Gläser zu bringen/ weiln es mild/ und nicht so grosses Feuer wie ander Glaß bedarff / über dem können diese (so wohl alle nachfolgende (Gläser) von einem jeden / in seinem Hauß / in meinen zuletzt gelehrten und in Kupffer beygefügten Ofen selbst gemacht und zubereitet werden. Was auch

Im 62. Capitel

DIe Calcination und Brennung deß Bleyes betrifft / ist solche hier von dem Autor gar recht und ausführlich beschrieben worden.

Im 63. Capitel

ISt so wohl das Gemeng / als die andern Erinnerungen deß Autoris wohl zu beobachten; was aber derselbe

Im 64. Capitel

VOn abkühlung und abschieffern der Marmors lehret und erinnert den gebrauchen die Glaßmacher in unsern Landen nit / sondern an statt dessen einen andern harten Stein / der sich nicht schieffert / oder ins gemein eine gegossene Eisen- oder welches noch besser / eine starcke / und gepollirte Kupffer-Platte.

Vom 65. biß 70. Capitel.

ISt / wie gedacht / nichts zu erinnern / massen sich der Autor ohne diß fast mit allzu vielen Worten erkläret / und was die Farben betrifft / alles im vorigen Buch schon von mir angemercket worden.

Im 71. Capitel.

Allß ich dieses berichten / daß der Zafferæ zu viel / und deß Croci Martis oder Eisen Pulvers zu wenig / denn es wird auf diese Weise gantz grün: soll derowegen hier das Gewicht deß præparirten Eisen-Pulvers in das Gewicht vom gebrannten Kupffer verwandelt werden. Was aber ferner

Im 72. Capitel

DEr Autor lehret / bin ich ganz gewiß versichert / daß er es nicht ge-

gemacht / er würde es sonst anders befunden/und nicht also hier gesetzet haben/denn es gehet im geringsten nicht an. Jngleichen was er von denen Gold-Blättern lehret/ist eine offenbare Faute/ es versuchs nur einer/und thue Gold-Blätter dazu/man wird sehen/wie lange sie Bestand in der Arbeit haben/und ob sie das Aufblasen und übersteigen / welches doch von der Smalta nicht herkommet/verhüten können!

Der Lasur-Stein kan ebenfalls von dem also genannten und von mir zu Ende meiner Anmerckungen über das erste Buch beschriebenen Bein- oder Milchweiß aufs beste gemachet werden. Man thut nur von der Smalte oder von dem Cobolt so viel nach proportion dazu/als genug und wohlgefällig ist; das Gold aber lässet sich so nicht/wie der Autor beschrieben/darein bringen: Will man es aber ja mit Gold-Adern haben/so muß man das Geschirr nehmen a so man daraus gemacht/ und bey einem Glaßschneider subtiele Adern darauf lassen schneiden/fein zart und matt/und alsdenn mit Gummi-Wasser und Muschel-Gold subtil eingelassen welches sich denn darinnen zur Zierde/weil es matt geschliffen ist/ fest und lange kan halten; es lässet sich auch gelinde waschen/und geht doch nicht ab; wer aber die Mühe will dran wenden/ der kan es gar einbrennen / wie im zweyten Theil bey dem Glaßmahlen gelehret wird/da es denn sich sehr schön präsentieret auch mit dem Glaß gleich lange währet.

Vom 73. und 74. Capitel.

Diese beyde Manieren habe ich auch versucht/ und muß gestehen / daß hierinnen sich sehr schöne Farben geben; aber das übelste dabey ist/daß allezeit der Crystall gleichsam wie zerknicket und (wiewohl aufs subtilste) ritzig wird / daher sie sich auch nicht wohl schneiden lassen / weil selten einer / der so weit gefärbet/und dabey die Härte hat/daß er das Schneiden verträgt: aber gewiß ists/wenn man solche in grossen Stücken behalten könte / so wäre es die beste Mode/ schöne Steine zu machen.

Daß aber der Autor spricht/er habe so schöne Steine daraus

schneiden lassen / muß ich ihm zwar seinen Willen zugeben/aber ich sehe nicht /daß es angehe: man versuche es auch wie man will/ wie ich denn gleich/indem ich dieses schreibe/ gethan. Zwar befinde ich wohl / daß etliche der schönen Rubin-Coleur gleich kommen/ aber nachdem ichs recht observiret/so hat sich nur der schöne Rauch vom auropigment in die obgemeldten subtilen Ritze oder Spälte eingeschlichen / und als eine Folie angelegt: schlägt mans in selben Spalt von einander / und kratzet nur ein wenig mit einem Nagel darauf/so ist der schöne Rubin dahin. Jst demnach dieses nur ein subtiles Blendwerk/und wie mit dem Rubin/also ists auch mit denen andern Steinen. So viel in diesen zweyen Capiteln enthalten. Dahero ich dieses auch denen Liebhabern zur sonderbaren Nachricht zu melden nicht umgehen können.

Zum Beschluß/weiln hier in dem 64. Capitel deß arsenici albi Crystallini/(welches nichts anders als ein sublimirter weisser arsenicus ist/ wiewohl er immerzu / in einer Sublimation Crystallinischer auffsteiget als in der andern) gedacht/und in der Composition gebraucht wird / von dessen genealogia und ehrlichen Herkommen ich droben in meinen Anmerckungen über das 12. Capitel ausführlich gehandelt / bin ich doch der Zeit gefragt worden/ woher denn der gelbe und rothe arsenic komme? Was vor Unterscheid unter denen dreyerley Sorten oder Secten deß Arsenics/ und worinn solcher Unterscheid bestehe / wovon ich zwar schon in einem andern scripto gehandelt; doch gebe ich hiervon nochmals Wieder holungs-Weise diesen bericht/daß / wenn man bey denen Hütten / wo das Arsenicum zubereitet wird / nimmt zu hundert Pfund Arsenico-Meel (wie es daselbst genannt wird) 10. Pfund gelben Schwefel und sublimirt es zusammen/so wird Arsenicum Citrinum oder gelber Arsenic daraus. Wer hierinnen zweifelt/ der nehme ungefehr dieser Proportion von Arsenic und Schwefel/mische sie wohl untereinander/und sublimire sie/so kan er den Arsenic so schön machen als er selbst verlangt. Mit dem rothen Arsenic hat es fast eben die Art / nur daß dem Schwefel noch eine minera zugesetzt wird/welche sie daselbst Kupffer-Nickel nennen/

wenn

wenn diese zusammen mit dem Arsenico sublimiret werden / so machen sie einen sehr schönen rothen Arsenic. Will also mit diesem gifftigen Wurm meine Anmerckungen über dieses vierdte Buch auch geendet und beschlossen haben.

Das Fünfte Buch / Von der Glaßmacher-Kunst / ANTHONII NERI von Florentz.

Summarischer Inhalt dieses Buchs.

Hierinnen wird gezeiget die rechte Art und Weise / eine Massam deß Smaragds / Topases / Chrysolits / Hyacinths / Granats / Sapphiers / Berills oder Meerwasser und andere Farben / zu machen; Und zwar mit solcher Zierde und Schönheit / daß sie auch die natürlichen Edelgesteine / doch ohne die Härte / an Schönheit übertreffen: denn es wird hier diese oberwähnte Massa nicht auf eine gemeine / sondern auf eine gantz neue / und bißher ungewöhnliche Chymische Manier / nemlich das Isaaci Hollandi, zu verfertigen angewiesen / welche auch alle andere / die anjetzo im Gebrauch sind / an Zierath und Schönheit der Farben gar weit übertreffen wird.

Das 75. Capitel.

Von Nachmachung der Edlen Steine.

Daß man die Smaragd / Topas / Chrysolit / Sapphier / Granaten / und fast allerley Arten der Edelgesteine so genau nachahmen könne / daß sie an der Farbe / Glantz / Politur und Schönheit (die Härte eintzig und allein ausgenommen) die rechten Orientalischen Edelgesteine übertreffen / ist eine so schöne und angenehme Sache / daß ich darfür halte / es wird niemand seyn / der solches nicht zu wissen verlanget / und mit allem Fleiß suchet.

Weßwegen ich in diesem Buche die Art / die Umstände / und die hierzu nöthige Anmerckungen beschreibe / selbige also zu verfertigen / daß sie / wie gedacht / nicht nur denen natürlichen Edelgesteinen gleich / sondern solche / (ausgenommen die Härte) noch übertreffen.

Es ist aber kein Zweiffel / daß nicht verständige und fleissige Künstler in dieser Arbeit ein mehrers/als hier beschrieben wird/erfinden werden.

Dieser modus, welchen ich aus dem Isaaco Hollando genommen / übertrifft alle andere Manieren: solchen habe ich / als der Erste / nach Anleitung der Erfahrung/untersuchet/und wahr befunden / daß auf diese Art die Pasten der Steine so überaus schön und vollkommen werden / daß mans kaum glauben kan.

Es ist zwar nicht ohne / dieses Werck erfordert viel Arbeit / und ist voll Verdrüßlichkeiten; jedoch bekenne und sage ich/der ich solches Werck zum öfftern vollführet habe/daß es eine leichte/geschwinde/und/woran das meiste gelegen/eine gewisse Sache sey; also/daß man auch die Arbeit und Kosten nicht anzusehen hat/welche hieran gewendet werden.

Das 76. Capitel.

Eine Manier/den Berg-Crystall zu machen.

ES wird hierzu erfordert der allerkläreste und schönste Berg-Crystall / der weder mit Calcedonier/Tarso und andern dergleichen harten Steinen vermischet sey; denn das Glaß/welches aus dergleichen vermischten Steinen bereitet wird/ist nicht so klar/ durchsichtig und gläntzend / als dasjenige/welches bloß aus dem reinen Berg-Crystall bereitet wird: Zudem/so haben die Steine allezeit etwas irrdisches und danckles bey sich/ da hergegen der Crystall hell und klar ist / auch der Natur und Eigenschafft der Edelgesteine sehr nahe kommet: Sonderlich tauget der Orientalische Crystall hierzu sehr wohl/vor dem Italiänischen und Teutschen.

Derowegen soll man diesen Crystall oder einige zerbrochne Geschirr von demselben bey der Hand haben/solchen in einen verdeckten Tiegel gethan/mitten auf glüende Kohlen gesetzet / und wohl erglüen lassen: Nachdem wirfft man sie/also glüend/ in ein groß Geschirr voll klares und kaltes Wasser / und diese Arbeit wird zum wenigsten zwölffmal wiederholet; jedoch ist zu mercken/ daß das Wasser allezeit frisch / und der Schmeltz-Tiegel immer zugedecket seyn müsse / damit keine Kohlen oder Asche hinein fallen könne; denn allhier sonderbarer Fleiß anzuwenden ist/damit alles rein verbleibe.

Wenn nun der Crystall also gecalciniret und folgends getrocknet worden/so reibet man solchen zum dritten mal auf einen Marmor oder Reibstein mit sonderbaren Fleiß/also/daß er zu den allersubtilesten / und fast unbetastlichen Meelstaub werde; denn in diesem fast das gantze Werck beruhet: Denn wenn er in einen Mörsel zerstossen und gerieben wird / so nimmt er eine Mes-

sing-

sing-und Eisen-Farb deß Mörsels und Stempels an sich/ und bekommet keine andere/als eine Smaragd-grüne Farbe.

Uber dieses / wenn er auf den Marmor- oder Reibstein nicht sehr wohl und genugsam abgerieben wird/so giebet es eine unreine Arbeit/welche nichts wenigers als Edelgesteine repræsentiret.

Es ist derowegen allhier grosse Gedult vonnöthen / und darff man deß Pulvers gar wenig / ja nicht über einen halben Löffel voll/auf einmal zum reiben nehmen: auch muß solche Arbeit zum öfftern wiederholet werden / damit es ja auf das allerdünneste und subtilste werde; Und weiln diese materia, die erste und fürnehmste zu allen künstlichen Edelgesteinen ist/als muß man dahin trachten/daß man dieses wohl præparirten Pulvers / dienende allerley Farben darein zu bringen/einen desto grössern Vorrath erlange.

Das 77. Capitel.

Einen Orientalischen Smaragd zu machen.

MAn nimmt der obigen præparirten Berg-Crystall 4. Loth/und der gemeinen Mennig 8. Loth; nachdem diese zwey Pulver bestermassen gemischet und mit einander incorporiret worden / thut man noch darzu 48. Gran / von dem wohlgeriebenen und calcinirten Grünspan / wie auch 8. Gran deß Croci Martis, mit Essig / nach dem 12. Kapitel / bereitet.

Dieses alles wird aufs fleissigste untereinander gemischet / und in einen weiten und Feuer-beständigen Tiegel gethan; es muß aber der Tiegel so weit und groß seyn/daß noch eines Fingersbreit / nachdem alle materia hinein gethan/Raum übrig verbleibe.

Darnach wird auf diesen Tiegel ein irdener Deckel lutirt, solches in einen Töpffer-Ofen gesetzet / und lässet man ihn/ an einen heissen Ort / so lange darinnen stehen/als man die andern Geschirr zu brennen pfleget; hernach zerbricht man den Tiegel/ so wird man eine überaus schöne gläserne Smaragd-grüne materiam finden; Diese/wenn sie denen grossen Geschirren / als Edelgesteine einverleibet wird / so wird es den Orientalischen / vom Felsen gebrochenen Smaragd fast übertreffen.

Im Fall die Pasta auf dieses mal nicht gnugsam ausgekochet und gereiniget wäre/so kan sie noch 1. mal zum reinigen in den Ofen gethan werden.

Die Probe einer genugsamen Calcination ist diese / wenn nemlich die Materia / nachdem der Deckel ein wenig aufgedecket worden / rein und klar oder durchsichtig erscheinet; wo nicht/ so wird der Tiegel wiederum verlutirt und nochmahls in den Ofen gesetzet.

Derowegen ist zu mercken / daß man den Tiegel nicht eher zerbreche/als biß man wisse / daß die Pasta aufs beste sey gecalciniret und gereiniget worden; Denn so der Tiegel ehe zerbrochen / und die Materia in einen andern gethan würde / so würde sie / wie sehr man auch nachmals daran brennete und reinigete/dennoch viel Blasen und Blätterlein bekommen/ auch gantz ungestaltet werden.

Imfall man auch keinen Töpffer-Ofen bey der Hand hätte/so kan man zu solchem Gebrauch mit geringer Müh ein Oefelein bauen/ 24. Stund lang Feuer halten/und mehr dergleichen Tiegel mit allerhand Farben hineinsetzen.

Das Holtz hierzu muß hart und dürr Eichenholtz seyn / auch muß man das Feuer in steter Gluth / ohne Aufhören/erhalten; denn sonsten würde das Werck unvollkommen werden.

Dergleichen calcinir-öffgen machte ich mir zu Antorff / darein kunte ich 20. Tiegel von mancherley Farben setzen / und innerhalb 24. Stunden das gantze Werck zum Ende bringen; jedoch kan man / um besserer Sicherheit halben / das Feuer noch 6. Stunden darüber oder länger continuiren, so wird alles aufs Beste ausgekochet / hingegen desto weniger Holtz verbraucht werden; jedoch muß man zusehen / daß solche Tiegel hierzu genommen werden/welche Feuerbeständig sind.

Diese Pasten wenn sie gleich wie die rechte Edelgesteine gepoliret werden/erlangen sie erst einen rechten Glantz /alsdenn kan man sie/mit unterlegten Folien in Gold einfassen: Diese dosis giebet eine härtere Pastam/als insgemein zu geschehen pfleget.

Das 78. Capitel.

Eine noch völligere Smaragd-grüne Farb zu machen.

MAn nimmt der obigen Berg-Crystall/ so gepülvert/2. Loth/und der gemeinen Mennig 13. Loth: zu diesem/ nachdem es wohl untereinander gemischet/thut man noch 75. Gran deß Grünspans/und 10 Gran deß mit Essig bereiteten Croci Martis.

Im übrigen verfähret man damit gantz und gar / wie mit dem vorigen/ so bekommet man eine Farbe/welche noch völliger und schöner/als die Orientalische Smaragd-grüne ist.

Diese Farbe/wenn sie in kleiner Arbeit/ mit unterlegten Folien in Gold eingefasset wird / bekommet ein unvergleichliches schönes Ansehen: Jedoch muß man diese Pastam mehr und besser / als die vorige / auskochen / damit alle Unvollkommenheit / welche gemeiniglich von dem Bley kommet / verzehret / werde: Diese dosis giebet zwar eine gar zarte Pastam / allein eine desto schönere Farbe.

Das 79. Capitel.

Eine noch schönere Smaragd-Pastam zu machen.

MAn nimmt der obig-bereiteten Berg-Crystall 4. Loth/und 14. Loth von der gemeinen Mennig oder Minio; zu diesen / aufs beste mit einander vermischet / thut man noch 90. Gran deß Grünspans / und 10. Gran deß mit Essig præparirten Croci Martis, also daß diese gantze Composition zusammen 18. Loth/1. Qvintlein/ und 2. Scrupel mache. Nachdem nun solches alles wohl untereinander vermischet worden / so verfähret man damit weiter / wie oben in dem 77. Capitel geschehen / so wird man einen überaus schönen und anmuthigen Smaragd bekommen / welcher wegen seiner völligen Farbe / zu kleinen Geschirren tüchtig / aber wegen des Bleyes sehr weich seyn wird; Derowegen ist vonnöthen / daß er länger als sonsten ins gemein ausgekochet werde/damit die bleiche Farbe und Fettigkeit / so von dem Bley kommet/verzehret werde; So wird es ein überaus schönes Glaß/und an der Farbe dem Orientalischen Smaragd gleich seyn.

Das 80. Capitel.

Noch ein anderer sehr schöner Smaragd.

MAn nimmt der obig-præparirten Berg-Crystall 4. Loth / und 12. Loth von der gemeinen Mennige oder Minio; diesem / nachdem es aufs beste mit einander vermischet/füget man noch bey/60. Gran deß wohl geriebenen Grünspans. Wenn nun alles wohl vermischet worden/so procediret man / wie oben im vorigen Capitel ist gesaget worden / so wird man überaus schöne grüne Smaragd-Farbe bekommen.

Das 81. Capitel.

Ein Orientalischer Topas.

MAn nimmt deß obig-præparirten und gepülverten Berg-Crystalls 4. Loth/und 14 Loth von der Mennige oder Minio; dieses/nachdem alles wohl mit einander vermischet / wird in einen Feuer-beständigen Tiegel gethan / welcher so groß sey / daß oben eines qver-Fingers-breit Raum ledig verbleibe; Denn weil diese Pasten / im Kochen / sehr aufschwellen / so hänget sich solche/entweder alsdenn am Deckel an/wenn der Tiegel zuvoll/ und wird ungestalt / oder sie läuffet gar über / und wird also alles unvollkommen.

Man muß derowegen Fleiß anwenden / und / wie gedacht / in dem Tiegel etwas Raum lassen; Im übrigen kan man auf gleiche Weise/ wie in dem obigen/

obigen / verfahren; so bekommet man eine fürtrefflich-schöne Topas-Farbe / aus welcher man allerley/nach Belieben/bereiten kan.

Das 82. Capitel.

Ein Orientalischer Chrysolith.

MAn nimmt der obig-bereiteten Berg-Crystall 4. Loth/und 16. Loth von der Mennig oder Minio / nachdem solches bester massen mit einander vermischet worden/thut man noch hinzu/12. Gran deß mit Essig bereiteten Croci Martis: hernach wird solches in einen Tiegel gethan / und ferner nach gewöhnlicher Art damit verfahren / nur daß diese Massa etwas länger ausgekochet werden muß/und zwar solches/wegen der vollkommenen Natur deß Bleyes; so wird man eine höchst-vollkommene Orientalische Chrysolith-Farbe bekommen / welche / wenn Folien darunter geleget / eine wunderbare Schönheit præsentiren wird.

Das 83. Capitel.

Eine Himmel-blaue Farbe zu bereiten.

MAn nimmt deß bewusten præparirten Berg-Crystalls 4. Loth / und 10. Loth von der gemeinen Mennig oder Minio/zu solchen/aufs beste vermischet/thut man noch 21. Gran von der præparirten und geriebenen Zaffera, und vermengets mit der obigen Materia: Hernach werden sie in einen Tiegel gethan / und die obig-gegebene Regel und Anmerckung in acht genommen/so wird man eine überaus schöne Himmel-blaue Farb bekommen.

Das 84. Capitel.

Eine Viol-blaue Himmel-Farbe zu machen.

MAn nimmt 4. Loth der bewusten und präparirten Berg-Crystall/und 9. Loth von der ordinari Mennig oder Minio; zu diesem wohl untereinander gemischet / thut man noch 26. Gran von der blauen Mahler Smalten: Nachdem nun solches alles wohl vermenget / so wird man eine überaus schöne Viol- und Himmelblaue Farbe erlangen.

Das 85. Capitel.

Ein Orientalischer Sapphier.

MAn nimmt der obig-präparirten Berg-Crystall / 4. Loth / und von der ordinari Minio 12. Loth / zu solchen / aufs beste vermenget / thut man noch 3. Scrupel von der præparirten Zaffera, wie auch 6. Gran von den

Pie-

Piemontischen präparirten Magnesie; diese wird mit der Zaffera vermischet / beyde aber zu denen andern gethan: Nachdem nun alles miteinander vermenget worden / so kan man ferner nach obiger Anleitung verfahren; so wird man einen höchst-schönen Orientalischen Sapphier / in der Farbe gleich einer Viole / bekommen.

Das 86. Capitel.

Ein Orientalischer Sappier / in einer noch völligern Farbe.

MAn nimmt der geriebenen Berg-Crystall / wie an seinem Ort vermeldet worden / 4. Loth / und 10. Loth von dem ordinari Minio, oder Mennig; diesem füget man noch bey 42. Gran von der präparirten und zerriebenen Zaffera, nachdem man solche / mit 8. Gran der Piemontischen präparirten Magnesie vermischet / wird in den Ofen gethan / und nach obiger Anleitung durch- und ausgekochet / so wird man einen Orientalischen Sapphier bekommen / der an der Farbe etwas völliger / als der vorige / und überaus schön / auch etwas Viol-blau seyn wird.

Das 87. Capitel.

Ein Orientalischer Granat.

MAn nimmt von der präparirten Berg-Crystall 4. Loth / und 12. Loth von der ordinari Mennig; zu diesen / nachdem sie aufs beste vermischet / thut man 16. Gran der Piemontischen präparirten Magnesie / und zu dieser / noch 2. Gran von der präparirten Zaffera; solches wird zusammen in den Ofen gethan / und / wie gebräuchlich / gekochet; so bekommet man einen sehr schönen und ansehnlichen Granat.

Das 88. Capitel.

Ein Orientalischer Granat / der noch völliger an der Farbe ist.

MAn nimmt 4. Loth der präparirten Berg-Crystallen / und 11. Loth von dem gemeinen Minio / solches vermischet man / und füget noch darzu 15. Gran von der Piemontischen präparirten Magnesie / und dieses wird mit 4. Gran / von der präparirten Zaffera, vermenget.

Nachdem nun alles wohl mit einander vereiniget worden / so verfähret man darmit / wie in den vorigen / nur dieses ist noch zu erinnern / daß man sowol hier / als in den vorigen / wegen der aufschwellenden Materia / in dem

Tiegel etwas Raum lassen muß; alsdenn wird man einen überaus schönen Orientalischen Granat bekommen / der mit einer Viol-Farbe etwas untermenget ist.

Das 89. Capitel.

Ein anderer schöner Granat.

MAn nimmt 4. Loth von der præparirten Crystall / 10. Loth der gemeinen Mennig / 35. Gran von der Piemontischen præparirten Magnesie / und 4. Gran von der præparirten Zaffera, welche mit der Magnesie vermenget wird: solches / nachdem alles wohl mit einander vermischet worden / wird in einen Tiegel gethan / und in demselben ein mehrerer Raum / als zuvor / gelassen / weiln die materia sehr aufschwillet: Dieser Tiegel muß verlutirt / getrocknet / in den Ofen gethan / und ferner / wie im vorigen damit verfahren werden / so wird man eine sehr schöne Orientalische Granat-Farbe / alle andere übertreffend / bekommen.

Das 90. Capitel.

Erinnerungen / betreffende die Pasten und ihre Farben.

ES ist zu mercken / daß die Farben in obiger Pasten völliger oder schwächer / je nachdem es einen beliebet / oder nachdem es die Geschirre erfordern / können verfertiget werden; denn es erfordern die kleinern Ringe eine dicke Farbe / hergegen die grössern eine dünne / die vergüldeten oder eingefasten Sachen aber / und die Halß-Gehänge eine volle Farbe. Und ist diese gantze Kunst an der Erfahrenheit deß verständigen Arbeiters gelegen; denn solches kan mit keinen gewissen Regeln eingeschrencket werden.

Und obwol hiervon einige Regeln von mir sind gegeben worden / so dienen solche nur / dem embsigen und verständigen Künstler einen Weg zu zeigen / wie man dergleichen noch bessere Regeln erfinden solle.

Der Farben / ausser deß Grünspans / Zafferæ und der Magnesie / geschiehet allhier keine Erinnerung; der Hoffnung / daß ein jedweder fleissig- und sorgfältiger Künstler / wird aus dem Gold eine Verwunderungs-schöne rothe Farbe extrahiren können; ingleichen eine andere schöne rothe Farbe aus dem Eisen / eine überaus schöne grüne Farbe aus dem Grünspan / eine Gold-Farbe aus dem Bley / eine blaue aus dem Silber / und aus den Böhmischen Granaten eine sehr schöne Lufft- oder Himmel-Farbe: Denn diese Granaten / weil sie nicht groß sind / kommen gar in einen wohlfeilen Preiß / und geben doch eine fürtreffliche schöne Tinctur / welches ich in Flandern zum öfftern erfahren habe.

Die-

Dieses ist auch / gleicher Weise / von dem Rubin / Sapphier und dergleichen Edelgesteinen zu verstehen; welches diejenigen wohl wissen/die in den Chymischen Operationen wohl geübet sind; welches alles / so ichs so deutlich und weitläufftig / gleichwie in den vorher gehenden / beschreiben wolte / ein weitläufftiges Werck machen würde; über dieses / so sind die besagten Farben oder Pasten genug/mancherley schöne Wercke und Arbeit zu verfertigen. Ich kehre mich aber wiederum zu dem Haupt-Zweck dieses Wercks/ welcher ist / daß die Tiegel / eh und bevor die Materia wohl gekochet / und gereiniget sey/ nicht zerbrechen; denn die Pasten / so sie von einem in dem andern Tiegel kommen / wegen der anhangenden Unreinigkeit deß Tiegels / Rauch / schuppicht/und gäntzlich zum Werck untüchtig werden; derowegen muß man den Tiegel/wenn die Pasten noch nicht genugsam ausgekochet sind / nicht zerbrechen/sondern mit Luto beschlagen/ und nochmals in den Ofen setzen; so werden die Pasten / auf solche Weise gereiniget / zu einer jeden Arbeit dienlich seyn.

Das 91. Capitel.

Die obigen Pasten/ und aus denenselben allerley Edel-Gesteine zu machen; auf eine wunderbare und nie bekannte Manier.

DIese Manier/die Edelgesteine nachzumachen/welche ich von Isaaco Hollando, (nemlich aus seinen hinterlassenen Schrifften) als ich mich in Flandern aufhielte/erlernet habe/ist/meines Wissens/gar nicht im Gebrauch / und vielleicht auch wenigen bekandt; wiewol es mühsam und beschwerlich/so ist es doch unter allen/welche sonsten bißhero im Gebrauch/ oder mir vorkommen und wissend sind/die allerschönste und beste.

Derowegen ich solche hiermit so deutlich anzeigen und beschreiben will / mit angefügten Umständen / und Erinnerungen / daß es ein jeder Kunsterfahrner und geübter Feuer-Arbeiter leichtlich verstehen/ins Werck setzen und ausarbeiten könne.

Man thut klein-geriebene Cerussam oder Bleyweiß in einen ziemlich weiten gläsern Kolben/und giesset deß gedistillirten Essigs so viel darauf / daß er eine queer Hand darüber gehe. Hier ist zu mercken / daß der Essig Anfangs sehr aufwalle; derowegen muß man gemach thun / und dem Aufbrausen Zeit lassen. Den Kolben setzet man darnach in eine warme Sand-oder Aschen-Capell / und lässet den achten Theil deß Essigs verrauchen / alsdenn nimmt man den Kolben vom Feuer/läst solchen erkalten / und giesset den übrigen

gen Theil deß Essigs mehlich ab/welcher gefärbet/und viel Bley-Saltz bey sich haben wird/darum soll er in einen gläsernen Geschirr aufbehalten werden.

Auf das hinterstellige Bleyweiß giesset man wiederum neuen Essig/ und wenn der achte Theil daran verrauchet/ wird er/ wie zuvor/abgegossen/ und zu dem vorigen gethan: solches wiederholet man so lang/ biß sich der Essig nimmer färbet/ und keine Süssigkeit mehr bey sich hat/ welches insgemein bey der sechsten Wiederholung zugeschehen pfleget.

Nach diesem soll man allen gefärbten Essig mit Fleiß filtriren/ und das gefiltrirte in einem Glaß gäntzlich ausrauchen lassen/ so wird auf dem Boden das weisse Bley-Saltz rückstellig verbleiben; welches man in einen offenen und beschlagenen Kolben/im Sand biß an den Hals bedecket/bey 24. Stunden ziemlich warm halten muß.

Alsdenn nimmt man das Saltz heraus/und reibet es klein; und wenn es roth/ gleichwie ein Zinnober/ so ists recht; im Fall es aber noch etwas gelblicht wäre/ muß solches in einen gläsern Kolben gethan/ nachmals 24. Stunden/ in einer ziemlichen Wärme gehalten werden/ jedoch daß es nicht schmeltze/ (denn es wäre alsdenn alle Müh umsonst) so wird es schön Zinnober-roth werden.

Dieses Bley-Saltz/also roth calciniret/thut man in eine gläserne Kolben/giesset einen distillirten Essig darüber/ und verfähret im übrigen damit/ wie zuvor/biß daß alles Saltz extrahiret/und alle fæces,oder der meiste Theil davon abgesondern worden.

Diesen colorirten Essig lässet man 6. Tage lang in verglasurten Töpffen stehen/damit sich die irrdische Unreinigkeit setze; alsdenn wird er filtriret/ und das Unreine weggethan; das filtrirte aber muß man nochmals in einer offenen Kolben abrauchen lassen/ so wird auf den Grund desselben ein Schnee-weises und Zuckersüsses Bley-Saltz verbleiben/ welches/ wenn es wohl getrocknet/in gemeinen Wasser abermal aufgelöset/ und damit sich die Unreinigkeit wieder setze/ 6. Tage in einen zugedeckten Glaß hingesetzet wird: Hernach filtriret mans wieder/ und lässets im Sande abrauchen/ so wird dieses Saltz nach schöner werden: Und dieses solviren mit gemeinem Wasser/zusamt dem filtriren/und evaporiren/ wird noch dreymal wiederholet/ so bekommet man das rechte Saccharum Saturni, oder den Bley-Zucker/ welches im Sand/ bey gelinder Wärme/so lange calciniret wird/ biß es gantz roth/ und ein subtiler Kalch/ oder wie ein durchläutert und unbegreifflich Meel sey: Und dieser Bley-Kalch/ auf diese Weise gecalciniret und gereiniget/wird ein Bley-Schwefel geheissen.

Wenn man nun eine Smaragd/Sapphier/Granat-und Chrysolith-

Pasten/

Pasten /blaue oder andere Farben machen will/so wird es eben so gebräuchet/ auch mit allen denselben Stücken / und im gleichen Gewicht vermischet / wie oben öffters gesaget worden: Nur daß man die Menige auslässet (als deren Stelle durch diesen Bley-Schwefel in gleicher dosi ersetzet wird/)so überkommet man die allerschönsten Gesteine / welche die andern mit Minio gemachet/ weit übertreffen: Denn dieser Bley-Schwefel gehet allen andern vor; Wie ich denn solches zu Antwerpen oft erfahren habe.

Es haben auch die Pasten mit diesem Schwefel bereitet / die schmierigte Fettigkeit nicht / gleichwie die andern / bey sich; werden auch durch die Länge der Zeit nicht ungestalt / und nehmen von Anhauchen deß Mundes / keine Flecken an sich. Derowegen soll sich niemand diese Arbeit dauren lassen / als welche im Werck und Ausgang wohl bezahlet wird.

Das 92. Capitel.

Die härtesten Pasten von allerhand Farben zu machen.

MAn nimmt der obig präparirten und klein geriebenen Berg-Crystall 10 Pfund / und deß purificirten Saltzes von dem Levantischen Pulver/ wie im dritten Capitel gelehret/ 6. Pfund; Dieses Saltz / wohl getrocknet/auf dem Weinstein gerieben/und gesiebet/wird mit der obigen Berg-Crystall vermenget / hernach thut man noch darzu / deß nach Chymischer Art präparirten Bleyschwefels / 2. Pfund.

Diese 3. Pulver nun werden in einen reinen und verglasurten Topff bester massen vermischet/mit ein wenig saubern und gemeinen Wasser angefeuchtet / und also incorporiret, daß es eine härtliche massa werde aus solcher formiret man hernach Kuchen von 6. Loth schwer/die in der mitten ein Loch haben/ daß man sie an der Sonnen trocknen könne.

Nach diesem muß man sie in der Höhe eines besondern Ofens calciniren/ zerstossen / auf einen Reibstein zerreiben/ und durch ein Sieb schlagen: Wenn dieses geschehen/thut mans in einen Topff/und setzet solchen 3. Tage lang in einen Glaßmacher-Ofen/damit die Materia gereiniget werde; Wenn sie gereiniget / wirfft mans ins Wasser / und nachdem sie trocken worden/wird solche wieder 15. Tage lang ins Feuer gesetzet / und also aufs beste gereiniget; damit sie alle Bläslein und Rauhigkeit verliehre/ und eine sehr reine massa, gleich denen natürlichen Edelgesteinen übrig verbleibe. Dergleichen Gattung dieses sehr reinen Glaß / kan mit allerley Farben getingiret werden.

Nemlich mit den 3. mahl calcinirten Hammerschlag / zu einer Smaragd und Meerwasser-Farb; mit Zaffera zu einer Topaß; mit Zaffera und Magnesie gleich dem gemeinen Glaß/zu einem Sapphir: (nemlich/ wie man dem gereinigten Glaß die Farben zusetzet/)mit Weinstein und Magnesie/ zur gelben Farb/ mit Magnesie und Zaffera, auf etlich mahl hinein getragen/zu einen Granat; als auch gleichfals im gemeinen Glaß geschiehet.

Ja es können hiermit warhafftig alle Farben bereitet werden/ und bekommen die hiervon bereitete Steine eine treffliche Härte/ auch einen herrlichen Glantz/und kommen denen natürlichen Edelgesteinen an Güte fast gleich: Voraus der Smaragd/ als welcher hiervon am allerschönsten/ und dem Orientalischen/auch an der Härte/ bey nahe sehr gleich kommet.

Johann Kunckels Anmerckungen über das Fünfte Buch ANTHONII NERI Von der Glaß-Kunst.

OB ich gleich dieses gantze Buch/mit allem so darinn enthalten (wovon doch der Autor zu vielen malen/vornemlich aber

Im 75. Capitel

SOlche grosse Dinge vorgiebt) nicht werth/ einige Anmerckungen darüber zu machen/achte; aus Ursach/ weiln die Steine/so aus der darinn beschriebenen Pasta bereitet werden/ nicht allein zu schwer/ sondern welches das vornehmste/ viel zu weich seyn/ dahero sie die Polit nicht annehmen können und allezeit schmieriger Art bleiben: So habe ich doch deßwegen/ weil man selbige wegen ihrer Leichtflassigkeit leichter als alle andere machen kan/denen besondern Liebhabern derselben/dieses berichten wollen: Daß er nemlich diese Pasta/ wie solche

Im 76. Capitel

GElehret wird/ so wohl aus den kleinen durchsichtigen Kießling-Steinen und Qvärtzen/ als aus dem Crystall selber/ machen könne. Sonsten aber müssen alle Regeln/die der Autor

von

von den eisern Mörsel und andern nöthigen Handgriffen setzet/ fleissig beobachtet werden / wiewol doch der eiserne Mörsel so viel nicht schadet / dafern er nur inwendig keinen Rost hat: So man aber grüne / blau und denen gleichende Farben / wozu ohn dem Crocus Martis oder das præparirte Eisen-Pulver kommt / machen will / so schadet dieses / daß der Mörsel rostig ist / auch nicht; sonst aber bleibets dabey / daß alle Dinge / so in diesen gantzen Buch enthalten / derer Mühe die der Autor befühlet / bey weiten nicht wehrt seyn.

Vom 77. Capitel.

Hierinnen lehret der Autor, daß man die Pasta / daraus man den Smaragd machen will / in Töpfer-Oefen setzen soll / worinnen doch eine gantz ungewisse Hitze ist; diese Steine aber wollen fürwar eine gewisse Hitze haben / wird also hieraus wenig besonders werden. So sich aber ja jemand in diesen Farben üben will / der kan seine massa nur in einen wohl verlutirten Tiegel ein Stund 6. oder 8. im Wind-Ofen stehen lassen: Doch weil dieses auch sich ohne sonderliche Beschwerlichkeit nicht thun lässet / indem es in den blosen Kohlen stehen muß / und offtmals die Tiegel auslauffen / als habe ich denen Liebhabern zu sonderbaren Gefallen meinen bißher noch geheimden Ofen mittheilen / und am Ende dieses Buchs beyfügen wollen / welcher Ofen so wohl mit Holtz als mit Kohlen kan gefeuret werden; ja es ist derselbe also eingerichtet / daß nicht allein die Tiegel vor Staub und Unflat wohl verwahret stehen / sondern daß man auch derselben auf einmal so viel einsetzen kan / als man fast nur will. Es hat zwar dieser Autor auch einen besondern Ofen gehabt / Er hat ihn aber hier weder beschrieben / noch in der Figur vorgestellt hinterlassen. Was demnach ferner die Farben betrifft: So können dieselben von einen jeden nach seinen eigenen Belieben gemindert und gemehret werden / wie schon in vorigen Büchern ausführlichen gedacht worden. Weiln aber auf diese Manier (nach öffterer Meldung) keine annehmliche leichte und harte Steine können gemacht werden / so will ich zuletzt eine andere Manier lehren/ die schön und angenehm seyn soll/ und in welche man alle Farben geschicklich bringen kan/ zumahln weil auch diese vom Autor beschriebene Weise an sich selbst sehr mühsam und doch zum Theil ungewiß ist. Denn soll mans im Töpffer-Ofen setzen / und / im Fall es auf einmal (wie es gerne pflegt) nicht rein genug / dennoch keinen frischen Tiegel nehmen so weiß ich nicht/ was gutes daraus werden soll/ indem es wohl unter zehen mahlen kaum einmal zutreffen dörffte / daß der Tiegel gantz bleibt &c. Der Autor gedenckt zuletzt/ daß die Zusammensetzung derer Stücke die Pasta weit härter machen; Es ist aber so wohl durch die Vernunfft als Experienz falsch befunden / wird auch im geringsten nicht zutreffen.

Im 78. Capitel

HAt die proportion, von Crystall und Minie / gantz keine Gleichheit; sondern wenn 3. oder aufs höchste 4. Theil Mini/ auf ein Theil Crystall gesetzt werden/ ist er mehr als genug. Wenn man aber nach deß Autoris Beschreibung dieses Gemeng zurichten würde / solte solches nicht allein in geringen Feuer wie Wasser schmeltzen/ sondern als viel zu weich/ schwerlich einige rechte Polite annehmen können. Zu dem/ wo wolte man einen Tiegel finden / der mit diesen Gemeng angefüllet / 12. geschweige 24. Stund / ein solch hefftiges (wie wohl unnöthiges) Feuer aushalten würde?

Im 79. und 80. Capitel

ISt gantz und gar nichts weiters zu beobachten / als dieses (wie im vorigen öffters erwehnet) daß ein jeder nach eigenen Belieben (betreffend die Farben) mit dem Gewicht Wechsel und Aenderung auf vielfältige Weisen selbst machen könne und möge.

Vom 81. Capitel.

WAs der Autor in diesem Capitel lehret und beschreibet / ist und wird ein ordentliches gemeines Bley-Glaß oder

vitrum

vitrum Saturni, von welchen fürwahr nicht viel rühmens zu machen; im übrigen wird es zwar schön gelb. Es wundert mich aber sehr / warum der Autor das Gewicht der Minie so oft geändert. Wenn man nun dieses einige Bley-Glaß hat / oder auch eines / da gleich weniger Minie dazu kommet / und man macht oder schmeltz dessen eine gute Quantität / so kan man hernach zu einer jeden Untz oder Loth desselben ein gewisses Gewicht von denen zusammen gemischten Dingen / als Grünspan / Eysen-Saffran / Zaffera, Magnesia oder Braun-Stein / ꝛc. zusetzen und darunter mischen / also kan denn ein jeder mit der Farbe nach Belieben und wie er selbst will / spielen oder verfahren.

Im 82. Capitel

IST die Qvantität von Eysen-Saffran oder Eisen-Pulver / welche der Autor zu diesen nach gekünstelten Crysolit-Steine uns vorschreibet / gegen der proportion der andern Materien zu wenig. Denn wie ich aus der Erfahrung habe / so seynd zwantzig Gran kaum genug: auch ist zu mercken / daß es gar nicht länger als die andern schmeltzen darf / ob schon hie der Autor solches spricht. Sondern ist die proportion deß Gewichts recht / nemlich 16. Loth Minie gegen 4. Loth Crystall / dadurch es flüssig genung wird: Denn je mehr der Minie dazu kommt / je flüssiger die Pasta und hingegen auch (wie zu erachten) je weicher die Steine werden.

Vom 83. Capitel.

IN diesem Capitel ist der Zaffera zu viel / zumalen 14. Gran mehr als gnug seynd: Denn es ist zu wissen / wenn derselben so viel dazu kömmet / daß die Massa gantz dunckel und nicht durchsichtig bleiben würde. Ja so die Zaffera recht gut / oder so man einen puren und reinen Cobelt hätte / könte solches / nachdem einer die Farbe hoch oder niedrig haben wolte / mit 8. 9. oder 10. Gran verrichtet werden.

Vom 84. Capitel.

DJeses und das vorige Capitel seynd fast einerley / nur daß dieses etwas strenger im schmeltzen ist. Sonst ists gar wohl zu sehen/daß der Autor nicht gewust/ daß die blaue Smalta aus der Zaffera gemacht wird/und nur der Unterscheid darinnen bestehe/ daß die Smalta zum Glaß geschmoltzen ist. Sonst ist eben eins ob ich die Verhönung in der Zaffera, oder in der blauen Smalta suche; wer es aber auf die Viol-Farbe haben will/ der muß nur etwas von der Magnesie oder Braunstein zu der Zaffera setzen, wie denn solches im vorhergehenden Buch / bey der Amethist und anderen Farben / vom Authore selbst gnugsam gedacht und erinnert worden.

Im 85. und 86. Capitel

BEhret der Autor den Braunstein der Composition beyzusetzen / da er es doch in den vorigen / allwo solcher wol eben so nöthig gewesen/ausgelassen und dessen nicht gedacht hat. Ist also aus diesen und andern sattsam zu schliessen / wie man es denn auch in der Erfahrung befindet/daß der Autor alle diese Ding nicht selber versucht und gemacht habe: Denn hier / zu der Sapphir-Farbe/ist der Zaffera zu viel; und übrig genug / wenn man zu der Untze oder zu 2. Loth der Composition 1. oder anderthalb Gran Zaffera, nach dem (wie gedacht) solche gut oder schlecht ist / nimmet. Das Gewicht mit der Magnesia oder Braunstein kan wohl in beyden Capiteln bleiben.

Vom 87. 88. 89. Capitel.

HJer hat es eben die Bewandniß/wie mit denen zuvor gelehrten Steinen / nemlich die Farbe nach eigenen Belieben zu mindern oder zu mehren; daß man aber dieses einen Granat / und zwar einen sehr schönen Granat heissen und nennen könne / ist zu weit gesprungen! weiln es mehr einem Amethist/ als einem Granat-Steine ähnlich siehet.

Vom 90. Capitel

DJe Unterweisungen / die der Autor hie giebet / seynd schon zum öfftern erwähnet und (die Warheit zu bekennen) wohl werth / daß man solche in acht nehme. Daß er aber unter diese seine vorgeschriebene Pasten / um denenselben eine schöne Coleur und Farbe zu geben / die natürlichen Orientalischen Steine / als Rubine/Sapphire ꝛc. schmeltzen lehret/ist falsch und kan nicht angehen; massen dieselben nach den Diamant die meiste Härte haben/ist also weit gefehlet/daß sich solche unter eine Bley-Gläserne Pasta solten schmeltzen lassen; ja sie vermischen sich kaum damit/ sondern bleiben bloß als ein Pulver darinnen liegen/ noch viel weniger geben sie eine Farb von sich. So aber ja der Granat unter Glaß geschmeltzt wird / so will er doch keine andere als eine Smaragd-Farbe geben.

Jm 91. Capitel

BRauchet der Autor sehr grosse Mühe / den (leyder so genannten) Sulphur Saturni, oder Bley-Schwefel zu machen; da ich doch einen noch weit bessern und schönern/ auf einmal zu bereiten hiermit lehren will/nemlich: Nimm einen sehr grossen Helm/ so groß als du ihn bekommen kanst/ und lege denselben inwendig voll von Bley / das sehr dünne geschlagen und einen Daumen oder zwey quer Finger in der Breite hat; mit solchen / sage ich/ fülle den Helm in der Runde herum / damit die auffsteigenden Tropffen vom Essig / nicht wieder in den Kolben fallen können / sondern in den Schurtz deß Helms gehen müssen. Diesen Helm setze auf einen grossen Kolben / der mit guten Wein-Essig gebührend angefüllet ist/und destillire den Essig gantz herüber/so greifft im hierübersteigender Essig das Bley an / solviert so viel davon als er kan / und führts mit sich in das vorgelegte Glaß oder Recipienten. Diesen gedistillirten Essig giesse in einen reinen Kolben / und destillire denselben wieder herüber/ biß auf den dritten oder vierdten Theil; das zuruckgebliebene setze an einen kalten

Ort / so schiessen schöne Crystallen/gleich einem Salpeter: Wenn es nicht mehr schiesset / so thue es zu den wieder hierüber gedestillirten / und destillire es wieder durch das Bley / laß es wieder schiessen / und das widerhole so oft / biß du der Crystallen (oder des von dir übelgenannten Bley-Schwefels) genug hast. So man aber von einer destillation deß Essigs nicht genug hätte / so müste man frischen Essig nehmen. Diese Crystallen seynd / wenn sie mit gebührender Gelindigkeit calciniret werden / von solch einer schönen Coleur / als wohl die / so hie der Autor lehret / schwerlich seyn werden. Wer auch noch mehr Mühe im solviren und coaguliren will anwenden/ dem steht es frey/ es ist aber hierzu vergebens: Denn dieses ist ohne dem der beste modus, das feinste Sacharum Saturni oder Bley-Zucker / als irgend wo in einiger Apothecke mag gefunden werden / zu machen.

Im 92. Capitel.

Ist zwar die Posta oder Gemeng/welche der Autor in seinen andern Büchern (wann solche zu Gläsern verbraucht wird) eine Fritta nennet / etwas härter als die vorigen. Es ist aber nicht nöthig / daß diese so gar lang in Glaß-Ofen stehe: ja in unsern Glaß-Ofen kan es in 48. Stunden ohne allen Mackel und Mangel schmeltzen / auch können derselben so wohl als denen andern (wie zwar der Autor selbst erwähnet) alle Farben beygebracht und einverleibet werden. Ein mehres achte ich unnöthig bey diesen fünften Buch zu erinnern.

Das

Das Sechste Buch.
Von der Glaßmacher-Kunst/
ANTHONII NERI
von Florentz.
Der Inhalt dieses Sechstens Buchs.

IN diesem sechsten Buch wird der warhafftige Weg gezeiget/wie man allerley Schmeltzwerck / die man Encaustẽn oder Smalten wie auch Amausen nennet/verfertigen soll; mit welchen die Goldschmiede auf das Gold mancherley Farben schmeltzen: nechst diesen werden die Regeln / und die ingredientien, so man darzu gebrauchet / angezeiget; ingleichen wie man das Feuer regieren müsse / damit die gedachte Schmeltzwerck oder Smalten und Amausen auf das allerzierlichste kommen/ mit beygefügten nothdürfftigen und sehr deutlichen Anweisungen.

Dieses ist eine anmuthige und schöne / wiewol arbeitsame / doch nothwendige Sache; indem die Metallen / mit so viel schönen Schmeltz-Farben gezieret / ein herrliches Ansehen haben / und die Augen der Anschauenden gleichsam an-und zu sich locken.

Und weiln diese Kunst nicht das geringste Stück von der Glaßmacher-Kunst / auch zugleich nöthig und nützlich ist; als habe ich allen und jeden annehmlich zu seyn erachtet/ und deßwegen viel und mancherley Arten/ wie man die Smalten oder geschmeltzte Arbeit verfertigen soll/ beschrieben.

Und gleichwie die Wissenschafft von dergleichen Sachen an und für sich selbsten zu der Glaßmacher-Kunst gehöret/und von derselbigen gantz und gar dependiret, als ist dieses für kein gemeines / sondern unter die verborgenen und geheimen Kunst-Stücke dieser Kunst zu rechnen. Derowegen/damit dieses Werck einer solchen schönen / nützlichen und nöthigen Sache nicht ermangle / als habe ich solches in diesem gegenwärtigen sechsten Buch / dem allgemeinen Nutzen zum besten / beyfügen und mittheilen wollen.

Das 93. Capitel.

Die Materia aus welcher alle Schmeltzgläser oder Smalten bereitet/werden.

MAn nimmt / zum Exempel / deß besten Bleyes 30. Pfund/ und deß besten

Zinns 33. Pfund; diese Metallen werden / gleichwie von dem Bley an seinem Ort ist gelehret worden / miteinander gecalciniret / und nach solchen durch ein Sieb geschlagen. Solchen Kalch lässet man alsdenn in einen reinen Topff oder Geschirr mit saubern Wasser kochen / und nachdem es ein wenig gekochet hat / so rücket mans vom Feuer / und giesset das Wasser gemachsam davon ab / welches den allersubtilsten Kalch mit sich führē wird; auf den zurückgebliebenen Kalch in den Topff giesset man von neuen frisches Wasser / lässets sieden und scheidets ab / wie zuvor; solches wird so lang wiederholet / biß das Wasser keinen Kalch mehr bey sich führe / und das Metallische dickere Theil deß Kalches auf dem Boden deß Topffes verbleibe / welches man nochmaln calciniret / damit man dessen subtilere Theil / im Kochen / mit gemeinen Wasser wie zuvor ausziehen könne.

Hernach lässet man das Wasser / welches den subtilen Kalch bey sich führet / alles verrauchen / und zwar solches insonderheit zuletzt mit einen geringen Feuer / damit der Kalch / welcher auf den Boden verbleibet / nicht verderbet / und schlechter als ein gemeiner Kalch werde.

Darnach nimmt man dieses subtilen Kalches / wie auch der mit weisen tharso bereiteten Frittæ, beydes wohl zerrieben / und durch ein enges Sieb geschlagen / von jedwedern 50. Pfund / und deß obigen weissen Weinsteins-Saltzes 16. Loth; dieses alles wohl zerstossen / vermischet und gesiebet / wird in einen neuen irdenen Topff gethan und zehen Stund lang ins Feuer gesetzet.]

Nach diesem nimmt mans heraus / und verwahrets / nachdem es gepülvert worden / vor dem Staub / an einen truckenen Ort; denn dieses ist die Materia / aus welcher die Smalten von mancherley Farben bereitet werden.

Das 94. Capitel.

Ein Milch-weisses Schmelz-Glaß zu machen.

MAn nimmt zum Exempel / der obig-bereiteten Materia 6. Pfund / und von der Piemontischen Magnesie 48. Gran: Dieses alles wohl m. e. a. vermischet / setzet man in einen Topff / der mit weisen Glaß verglasurt sey; hernach läst mans im Ofen bey einen liechten Feuer / mit Eichen-Holtz / damit es nicht so sehr rauchet / fliessen und reinigen / welches bald geschiehet; alsdann wird diese Materia / nachdem sie aufgelöset und geschmoltzen ist / in ein klares Wasser geschüttet; hernach wiederum in den Topff gethan / solviret / gereiniget / und wie zuvor ins Wasser geworffen: solches muß zum drittenmal wiederholet worden.

End-

Endlich wann es das vierdte mal aufgelöset und gereiniget worden/ so nimmt man eine Probe/ob es/wie es zu seyn pfleget/weiß genug seye; und im Fall es grünlicht wäre/so thut man der obigen Magnesie noch etwas weniges daran/ so wird es gantz weiß werden als eine Milch/ auch das Gold und andere Metallen damit zu bemahlen sehr dienstlich seyn.

Das 95. Capitel.

Eine Smalte oder Schmeltz-Glaß an der Farb wie ein Türckis.

MAn nimmt von der Materia / daraus die Smalten bereitet werden / 6. Pfund; solche in einen weiß-verglasurten Topff gethan / darinnen geschmoltzen und gereiniget/wird ins Wasser geworffen; hernach thut man solche wiederum in den Topff / und verfähret im übrigen darmit wie zuvor.

Nachdem nun solche wohl gereiniget worden / so füget man noch darzu 6. Loth von dem Kupffer-Hammerschlag/welcher/wie anderwerts berichtet / zum dritten mal gecalciniret sey/wie auch 96. Gran von der präparirten Zaffera, und 48. Gran von der präparirten Magnesie.

Diese 2. letzten Pulver werden wohl in einander vermischet / und in 4. gleiche Theil abgetheilet/ auf vier unterschiedliche mal zu dem obigen gethan / auch wohl untereinander gemischet / damit sich alles wohl incorporire: Wann nun die Farbe nach versuchter Probe / voll genug zu seyn scheinet; so kan man solche dem Goldarbeitern zum Gebrauch hingeben.

Vor allen Dingen aber soll man sich dahin bemühen / daß man die Farben an der herausgenommenen Massa / oder Probe / mit dem Gesicht recht beurtheilen lerne; dergleichen ich jederzeit gethan habe; denn es kan allhier das Gewicht so genau nicht beschrieben werden ; indem die Farben bald viel / bald wenig tingiren / müssen derohalben solche durchs Gesicht geurtheilet werden.

Und im Fall eine Farbe zu völlig wäre / so muß man ein mehres von der Materia/ davon die Smalta bereitet wird / zusetzen; denn es wird solche alsobald aufgelöset/ und die Farbe hingegen schwächer werden; wann die Farben/im Gegentheil zu dünne oder zu schwach wären / so muß man deß Pulvers/damit die Materia getingiret worden/etwas mehrers zu setzen: Und auf solche Weise kan man die Farbe/nach Belieben völliger oder dünner machen/ je nachdem es die Sache erfordern wird.

Solches habe ich zu Pisis/allezeit dem Augenmaß folgend/ zum öfftern gethan/ohne Jnachtnehmung einer gewissen Maaß oder Gewichtes.

Das 96. Capitel.

Ein blaues Schmeltz-Glaß zu machen.

MAn nimmt der bewusten und præparirten materia zu den Smalten 4. Pfund / der præparirten Zafferæ 4. Loth / deß zum dritten mal calcinirten Kupffer-Hammerschlags 48. Gran.

Erstlich werden die Pulver absonderlich wohl unter einander gemenget / alsdenn zu der Materia gethan / und ferner in einen weiß verglasurten Topff / in den Ofen gesetzet.

Nachdem nun alles wohl aufgelöset / und sich verreiniget hat / so wird solches ins Wasser geschüttet und wiederum in den Topff gethan / gekochet und aufs beste vereiniget; nach solchen nimmt mans aus dem Ofen / so wird es / für die Goldarbeiter / ein sehr schöne Smalte geben.

Das 97. Capitel.

Ein grünes Schmeltzglaß.

MAn thut der obgedachten Materia / zu denen Smalten 4. Pfund in einen weiß-verglasurten Topff / solche in den Ofen gethan solviret und reiniget man 10. oder 12. Stunden / hernach wirfft mans ins Wasser / und aus denselben thut mans abermal in den Topff zu reinigen; nachdem es nun wohl gereiniget / so thut man noch hinzu deß zum dritten mahl calcinirten Kupffer-Hammerschlags 4. Loth / und deß wolgepülverten Eisen-Hammerschlags 48. Gran / diese Pulver werden vorher sehr wohl vermischet / und sehr mählig / auf 3. mahl / nechst fleisiigen Umrühren hineingetragen; damit die Farb von der Materia wohl angenommen werde: Wenn nun selbige wohlgefällig und recht ist / lässet mans wohl reinigen / und sich mit einander vereinigen: hernach nimmt mans / wie gebräuchlich / aus dem Ofen / so bekommt man eine schöne / und denen Goldarbeitern dienliche Smalte.

Das 98. Capitel.

Eine andere grüne Smalte zu machen.

MAn nimmt von der Materia / daraus die Smalten gemachet werden / 6. Pfund; zu dieser vermischet man auf das genaueste und fleissigste / deß wohlgeriebenen Ferretti Hispanici 4. Loth / und deß Croci Martis 48. Gran / welchen man mit dem Ferreto zuvor / eh mans zu der Materia thut / vermengen muß.

Solches alles wohl mit einander vermischet / thut man / in einen weiß ver-

verglasurten Topff / und wirfft es / nachdeme es wohl gereiniget worden / ins Wasser / nach diesem wieder in den Topff / ferner zu reinigen.

Wenn nun die Farb / nach genommener Prob/recht zu seyn scheinet/lässet mans noch etwas reinigen / und nimmts alsdenn heraus.

Es können alle dergleichen Smalten in geringer Qvantität / nemlich 8. biß 12. Loth/bereitet werden/so man deren nicht viel von nöthen hat.

Das 99. Capitel.

Noch eine ander grüne Smalte.

MAn thut von der Materia der Smalten 4. Pfund/in einen weißverglasurten Topff/und diesen in den Ofen/so wird es in wenig Stunden gereiniget werden.

Die gereinigte schittet man ins Wasser/ aus diesem thut mans wieder in den Topff / und lässet sie ferner reinigen; hernach thut man den dritten Theil deß folgenden vermischten Pulvers auf 3. unterschiedliche mahl darzu.

Man nimmt ferner der zum drittenmahl gecalcinirten Kupfferschlacken 4. Loth / deß mit Essig præparirten Croci Martis 48. Gran / dieses gepülvert und vermischet / setzet man/wie gedacht/der Materia zu/nachdem solche gesolviret und gereiniget worden.

Es wird auch alles wohl gerühret/damit sichs recht incorporire: Wann nun die Farb recht und gefällig ist/so lässet mans noch etwas reinigen/alsdenn wird sie / wie gebräuchlich / geprobiret/heraus genommen und verarbeitet.

Das 100. Capitel.

Eine Schwartzes Schmeltzglaß.

MAn nimmt von der bewusten Materia / daraus die Smalten bereitet werden/4. Pfund / wie auch von der präparirten Zaffera, und der Piemontischen Magnesie/jedwedes 4. Loth; diese 2. Pulver aufs beste vermischet/werden mit der obigen Materia vereiniget/ in einen verglasurten Topff gethan und gereiniget; und weiln sich diese Materia sehr aufschwellet/ als muß man den Topff hierzu desto grösser nehmen / um das Uberlauffen zu verhüten: Solches nachdeme alles wohl gereiniget worden/ wird ins Wasser geschüttet/nachdem denn wieder in den Topff gethan/so wird sichs alsbalden reinigen.

Nach diesem siehet man / ob die Farb gefällig / und machet solche nach Erheischung deß Gebrauchs völliger oder dünner: Wann sie nun recht ist / so machet man / gleichwie aus den andern Smalten/runde Zeltlein daraus/

alsdann wird man ein sehr schönes und sammet-schwartzes Smaltum / den Goldschmieden dienlich / bekommen.

Das 101. Capitel

Eine andere schwartze Smalte.

MAn nimmt von der obig-gedachten Materia / daraus die Smalten werden / 6. Pfund der präparirten Zafferæ, wie auch deß mit Essig bereiteten Croci Martis und Ferretti Hispanici, von jedweden 4. Loth; diese Pulver wohl untereinander gerühret / und vereiniget / vermischet man mit der obigen Materia; solches wird in einen verglasurten Topff / und / wie gebräuchlich in den Ofen gethan.

Wann nun alles wohl aufgelöset worden / und sich miteinander vereiniget hat / schüttet mans in das Wasser / und aus demselben wieder in den Topff / so wird es in kurtzen gereiniget werden.

Und wann die Farb an der Prob recht und gut ist / so kan mans in gewöhnliche Zeltlein formiren: wann sie anderst zuvor wohl gereiniget und die Farbe recht angenommen haben / so wird es eine schöne schwartze Smalte / und denen Goldschmieden zu den Metallen dienlich seyn.

Das 102. Capitel.

Ein anderes schwarzes Schmelz-Glaß.

MAn nimmt der bewusten Materia vier Pfund / deß rothen Weinsteins acht Loth / und von der Piemontischen präparirten Magnesie 4. Loth; diese Pulver / nachdem sie wohl miteinander vermischet worden / zu der obigen Materia gefüget / und in einen ziemlich-grossen Topff gethan / damit ein leerer Raum übrig sey / denn es schwellet diese Materie sehr auf.

Nach diesem / wenn alles aufgelöset und sich vereiniget hat / so schüttet mans ins Wasser / und aus diesem wieder in einen Topff; so wird sichs gar vereinigen.

Wenn nun die Farbe / nach gethaner Prob / gefällig so machet man / wie gebräuchlich / Zeltlein daraus / dann wird man eine sehr schöne und Sammet-schwartze Smalta bekommen.

Das 103. Capitel.

Eine Purpur-farbichte Smalta zu machen.

MAn setzet zu 4. Pfund der bewusten obigen Materia / 4. Loth von der Piemontischen präparirten Magnesie; solches wohl vermenget / thut man

man in einen ziemlich-grossen Topff / damit wegen der aufbrausenden Materia ein leerer Raum übrig verbleibe.

Wann nun alles wohl geflossen und vereiniget ist / so thut mans ins Wasser/und nachmals wieder in den Topff/damit es sich noch ferner reinige/ mit Jnachtnehmung/ ob die Farb mit begehrter massen recht und gefällig ist / oder nicht/damit man solche/im Fall es vonnöthen ist/annoch verstärcken oder verschwächen könne; alsdann formiret man / wie gebräuchlich / Zeltlein daraus; so wird man eine sehr schöne Purpurfarb bekommen.

Das 104. Capitel.

Ein anderes Purpur-farbigtes Schmelz Glaß.

MAn nimmt von der Materia/ daraus die Smalten werden/ 6. Pfund / der Piemontischen präparirten Magnesie 6. Loth / und deß zum drittenmal gecalcinirten Kupffer-Hammerschlags/ 12. Loth: Diese Pulver / nachdem sie wohl miteinander vereiniget / werden mit der obigen Materia vermenget in einen weiß verglasurten Topff/dieser aber/wie bewust/ in den Ofen gethan/damit es bester massen gereiniget werde.

Hernach wird es in das Wasser geschüttet / aus diesem thut mans wieder in den Topff; wenn es nun wohl gemenget / so kan man zusehen / ob die Farbe etwas stärcker oder dünner solle gemachet werden: Wann sie gefällig/ nimmt mans heraus und verfähret ferner damit/wie sichs gebühret.

Das 105. Capitel.

Eine gelbe Smalte zu machen:

MAn nimmt von der Smalten-Materia 6. Pfund / deß Weinsteins 6. Loth / und der präparirten Piemontischen Magnesie 72. Gran; diese zwey Pulver nachdem sie wohl miteinander vereiniget worden / werden mit der obigen Materia aufs beste vermenget / und also vermischet in einen ziemlich grossen und weiß verglasurten Topff gethan; denn es schwellet sich die Materia sehr auf.

Nachdeme nun alles wohl gereiniget worden / so wirfft mans in das Wasser; aus diesem aber wird es wiederum in den Topff gethan / damit es gar gereiniget werde.

Wann nun die Farb weder zu dick noch zu hell sondern recht ist / so wird es eine schöne gelbe Smalte seyn/ womit man alle Metallen / das Gold ausgenommen/zieren und bemahlen kan; massen der Glantz dieser Smalte vom Gold übertroffen wird / wo man ihm nicht mit andern Farben wieder hilfft / wie solches denen Goldschmieden nicht unbewust ist.

Das 106. Capitel.

Eine blaue Smalte zu machen.

EIne blaue oder Meerwasser-Farb zu bereiten/werden erfordert deß obgelehrten calcinirten dünnen Zitter-Kupffers 4. Loth / der präparirten Zaffera 48. Gran; diese Pulver / nachdem sie wohl vermischet / und miteinander vereiniget / werden mit 4. Pfund der erwähnten Smalten-Materia/daraus die Smalten bereitet werden/vermenget.

Wann sie nun aufgelöset / und im gewöhnlichen Topff vereiniget worden/ so schüttet mans in das Wasser / und thuts / wie gebräuchlich / aus diesem wieder in den Topff/damit sie völlig gereiniget werde.

Nachdem sich nun alles wohl vereiniget und gereiniget hat / so besiehet man die Farb/damit man solche/wie auch anderwärts erinnert worden / verstärcken oder schwächen könne; nachdem sie etwan zum Gebrauch erfordert wird. Im übrigen kan man ferner nach Kunst-Gebühr damit verfahren.

Das 107. Capitel.

Eine Viol-blaue Smalte zu machen.

EIne vollkommene Viol-blaue Smalte zu machen / so nimmt man von der Smalten-Materie sechs Pfund / wie auch von der Piemontischen Magnesie vier Loth / und deß zum dritten mal gecalcinirten Kupffer-Hammerschlags 48. Gran.

Diese Pulver wohl miteinander vereiniget/werden mit der obigen Materia vermischet/und/wie gebräuchlich/in den Ofen gethan/auch in das Wasser geschüttet/und ferner/wie zuvor/gar gereiniget.

Nach diesem probieret man die Farb / und siehet/ob man solche zu verstärcken oder zu schwächen vonnöthen habe / alsdann verfähret man ferner wie gebräuchlich/so wird man eine schöne / und denen Goldschmieden dienliche Smalte erlangen.

Johann Kunckels Anmerckungen über das Sechste Buch ANTHONII NERI Von der Glaß-Kunst.

SO wenig und gering das vorige/ so vielmehr und höher ist dieses Buch zu schätzen/ und mus ich bekennen/ daß um dieses Buchs willen das gantze Werck deß Autoris zu æstimiren ist/ denn es ist fürwar keine geringe Ergötzlichkeit/ die in diesem Sechsten Buch enthaltene Stücke zu experimentiren. Was demnach

Das 93. Capitel

betrifft/ habe ich hierinnen dem Autori allerdings gefolget/ ausser/ daß ich von meinem Gemeng (wie ich solches zu Ende meiner Anmerckungen über das erste Buch zu machen gelehrt und beschrieben.) an statt seiner Fritta genommen/ welches Gemeng/ was das Saltz betrifft/ blos mit der gereinigten Pott-Asche gemacht wird; zum Überfluß habe ich/ an statt der von dem Autore vorgeschriebenen 16. Loth Weinstein-Saltzes/ auch nur 16. Loth gereinigte Pott-Asche genommen/ welches mir doch nach Wunsch angangen und gelungen; sonst aber/ was den Bley- und Zinn-Kalch betrifft/ bin ich/ wie gedacht/ dem Autori gäntzlich nachgefolgt/ habe auch befunden/ daß die Posta zu allen Schmeltzgläsern beqvem und dienstlich zu gebrauchen.

Diese Arbeit habe ich erst vor kurtzer Zeit zu unterschiedlichmahlen gemacht/ und weil ich eine sonderlich schöne Pott-Asche gekauft/ hatte ich solche erstlich nur rohe dazu gebraucht/ aber es hat mir kein gut thun wollen/ sondern an statt daß es weiß hat sollen werden/ ists mir Bech-Schwartz geworden/ da ich denn befunden daß es nur an der Pott Asche gelegen/ als welche man zuvor von allen fæcibus etlichmal reinigen und säubern muß/ wie anderswo gemeldet / so man anders seiner Arbeit erfreuet werden und nicht Schaden leiden will.

Vom 94 Capitel.

WJe ich dieses zum erstenmahl machte / ließ ich den Braunstein aus / denn ich gedachte / er würde sich in der undurchsichtigen Farbe nicht verzehren / und also eine Bräune verursachen; aber ich fand mich sehr betrogen; denn mein Glaß / an statt daß es eine milchfarbe Weiß solte erlangen / war gantz blaulich worden; Derowegen setzte ichs wieder ein / und thate nach und nach etwas von Braunstein oder Magnesia dazu; da kriegte ich eine überaus schöne Weisse oder Milchfarb: So mans aber versihet und thut zu viel hinzu / so will sich die Magnesia nicht verzehren / sondern das Glaß wird eine etwas bleiche Pfirsichfarb behalten.

Im 95. und 96. Capitel.

JSt dieses nur der Unterscheid / daß der Autor die Magnesia oder Braunstein in dem einen gesetzt / in dem andern aber ausgelassen hat. Sonst kan man beyderley Art fast aus einen haben: In deme gar sehr wenig / oder bey nahe kein Unterscheid darinnen ist. Diß muß ich aber hier erinnern / daß man ja in allen Stücken rechten Fleiß anwende / denn gewiß so schlecht man diese Arbeit ansihet / so genau will sie gleichwol gemacht oder beobachtet seyn / zumal so die rechte Türckis-Farbe eigentlich will getroffen werden. Es hat unsern Autor beliebt / hier in diesem Capitel sich der Weitläufftigkeit zu befleissen / indem er so oft / und allemal unnöthiger weise / wiederholet / und saget / wie man die Materia schmeltzen und reinigen soll. Dieses macht gewiß zum öftern / sonderlich denen Ungeübten / und die sich an die Worte binden / viel Verdruß und Ungelegenheit; Solchem aber abzuhelffen / will ich hiemit einen sichern Weg zeigen / nemlich: Schmeltze zusammen 10. 20. oder 30. Pfund / nachdem du viel Schmeltzglaß machen willt / lösche es ab / schmeltze es wieder / allerdings wie der Auor lehret / und verwahre dieses zum Gebrauch. Wann du nun willst

ein

ein Schmeltzglaß machen / so nimm so viel Pfund davon/als dir beliebt; so ist dann folgends die Farbe in wenig Stunden hinein-gebracht. Denn man kan hierinnen kein Gewicht/wie viel auf ein Pfund von den Farben muß zugesetzt werden/so genau vorschreiben / weil es eine Sache ist / die blos nach dem Gesicht muß geurtheilet werden. Dennoch ist das Gewicht so wohl von denen zusammen gesetzten Materien, als auch was die Farbe betrifft und geben soll / nach deß Autoris Lehr und eines jeden Capitels Inhalt/wohl in acht zu nehmen/jedoch auch also/daß solches ein jeder Verständiger nach seinem Belieben ändern könne. Der aber ungeübt in der Versetzung ist / der halte sich nur durchaus an deß Autoris Worte/als (zum Exempel) wenn er sagt: So viel Magnesia, so viel Zaffera, rc. so bleibe er gäntzlich dabey. Gleichwol muß man den Autor nicht alsobald beschuldigen / wann die Coleuren so genau nicht zutreffen / zumal wo Zaffera dazu kommt/ als mit welcher (weiln immerzu eine viel bessere als die andere/ (wie oben erwähnt)es eine sonderliche kürzliche Sache umzugehen ist. Derowegen wenn du mit dieser / oder der Magnesia, und Zaffera wilt oder solt Farben machen und bereiten/ so nimm erstlich ein helles und klares Glaß / und setze anfänglich auf zwey Loth desselben ein Gran/ oder Gerstenkorn schwer/deiner Magnesia, oder Braunsteins bey/(also verfahr auch mit der Zaffera,) und sihe wohl zu/ wie viel oder starck solche Farben; ist es zu wenig/so nimm 2. Gran rc. und hiernach/als einer gewissen Probe/ kan man sich auch einen unbetrüglichen Schluß machen. Solches kan und soll man billig bey allen Farben thun / und so lang man dann von dieser Farb oder Materia hat / so lange kan man auch einerley Art Farben machen; kaufft man was frisches / so muß man auch damit wider neue oder andere Proben vornehmen/sonst ist man/sonderlich in obig-erzehlten Farben/nimmer gewiß; und kriegt immerzu diß vor das rc. Doch ist auch dieses in acht zu nehmen / daß man nemlich/ wenn man etwas probiren will/als zum Exempel Magnesia oder Caffera, man zuvor den gantzen Vorrath derselben Species zum kleinsten und subtilsten Pulver reiben muß / weiln sonsten auch ein Stückgen andere Beschaffenheit der Farben in sich halten und mittheilen kan / als das andere. Dieses / als etwas sehr nothwendiges / habe ich denen Glaß-Künstlern nicht unberichtet lassen sollen und wollen.

Mit dem 97. 98. 99. Capitel /

Worinnen der Autor die Grüne tractirt, hat es eben die Beschaffenheit / wie allbereit in den vorigen Büchern / von denen durchsichtigen Farben / gemeldet und angemercket worden; wer nun dieselben wohl in acht nimmt / oder machen kan / der kan auch allerhand in diesen Schmeltzgläsern thun nnd ausrichten: und wie dorten die Veränderung in den Grünen oder Blauen ist / eben so ist solche auch hier zu observiren ꝛc. Hier im 99. Capitel meinet und wähnet mehr gedachter Herr Geißler / es würde zuviel seyn / wann es Pfund heisen und seyn solten: will also aus denen 4. Pfunden nur 4. Untzen machen: ja berufft sich hiermit auf deß Autoris eigene Worte / zu Ende deß vorigen 98. Capitels / welche in seiner Version also lauten: und werden aber alle diese Schmeltze / das Gewicht belangend / nicht über 4. oder 6. Untzen (das ist 8. oder 12. Loth) ungefehr zubereitet. Ist zwar wohl gezielt / wenn nur der Boltz nicht vergessen. Aber mein lieber Musen-Säugling! der Autor schreibet und meinet nicht / wie ihr solches unrecht verstehet und vertiret, als ob diese Schmeltze / das Gewicht betreffend / nie nicht über 5. oder 6. Untzen bereitet würde; sondern seine Meinung und Worte seynd: Man könne oder möge solche (nemlich im Fall man deren nicht viel benöthiget) nur bey 8. oder 12. Loth bereiten / welches ein grosser Unterscheid ist gegen den / wie ichs vertirt; Hat also eure falsche Version auch eure falsche Glossa verursacht / wie es wohl öffters zu geschehen pflegt. Hört aber ferner mein lieber Herr Geißler / wann ihr in der ganzen Massâ das Gewicht nach Untzen wolt rechnen / welches auf 16. mahl verkleinert oder verringert ist / warum lasset ihr denn die Mixtur der Farben / in ihren vollen

Gewicht stehen? Bedenckts doch selber/ wann 4. Loth und 48. Gran Metallische Farben/ auf 8. Loth Glaß kommen solten / ich meine/ es müste sich ja noch färben. Es ist mir zwar sehr leid/ daß ich als ein Ungelehrter einen so hochgelahrten (seiner Meinung nach) tadeln und carpiren soll; weil ich aber aus euren eigenen Worten leichtlich schliessen und præsumiren kan / das ihr gar neulich erst von der Milch entwehnet / so will ich auch nicht hoffen / daß ich übel thun werde/ euch zu sagen/ was ihr noch nicht wisset und erfahren habt; ist was guts an euch / so werdet ihrs wohl in besten vermercken und aufnehmen.

Im 100. 101. und 102. Capitel

ISt wegen der Schwarzen Schmelzgläser / oder amausen/ nicht nöthig / so viel Umstände zu machen; denn es fehlet niemahls/ wenn zu viel Blau von der Zaffera zugesetzet wird/ so wird es schwarz / und pflege ich (wie ich dennoch dieses vor etlichen Tagen in M. Gnädigsten Churfürsten und Herrn Crystall-Hütte gemacht) alle Farben / so mir nicht anstehen / oder alle fragmenta, Stücke und Abgänge zusammen zu mischen / und mit Zaffera zu übersetzen/ so kan ich eine sehr gute Schwärze haben. Weil aber unter Schwarz und Schwarz/ (sonderlich bey denen Goldarbeitern) ein grosser Unterscheid ist; denn wann solche damit amulieren, und sie ganz dünne über weise streichen / so kommt / daferne die Schwärze/ von einer Farbe herrühret/ die aus der Massa der Zaffera alleine besteht / die blaue wieder ganz kenntlich hervor/ etzliche auch præsentirt sich rauchgelb &c. Suma/ sie behält ihre Schwerze in der Dünnigkeit so nicht. Derohalben/ um unterschiedene Arten zu haben/ kan man dem Autori folgen/ denn es ist wahr was er hier setzet. Der es aber zu dicken amulieren oder Schmelz-Wercken gebraucht/ dem können billig alle Schwärzen gleich gelten.

Im 103. Capitel

IST sonst alles recht / nur das 4. Loth Magnesia oder Braunstein / zu 4. Pfund der Schmeltz-Materia etwas zu viel / und die Farbe dahero zu dicke wird. Doch hat sich der Autor sehr oft entschuldigt / wie es denn auch an sich selbsten wahr / daß man kein gewisses Gewicht setzen und beschreiben kan / weil es blos nach dem Auge muß judiciret werden: auch geschehen viel Veränderungen durch die Hitze; ist dieselbe zu hefftig / so gehen einige Farben weg / nnd die Schmeltz-Wercke vergestalten sich in solche Farben / die man weder sucht noch haben will. Ist also hierbey sonderlich und nothwendig zu erinnern und zu mercken / daß alle diese Schmeltz-Gläser bey einer mittelmässigen Hitze wollen und sollen geschmoltzen werden.

Vom 104. Capitel.

DIese hierbeschriebene Purpur-Röthe habe ich hier zweymahl versucht / ist mir aber keinmal nach Willen angangen oder gerathen. Ob das Gewicht der Farbe / oder das Feuer daran Schuld gewesen / weiß ich bißhero noch nicht / biß ich es weiter vornehmen werde; der es auch versuchen will / kan es thun.

Diese Purpur-Röthe / welche mir anfänglich nicht gelingen wollen / habe ich nachgehendes wieder mit Fleiß versucht und ist mir nach Wunsch zugetroffen; wobey ich befunden daß es vornehmlich an der Güte der Magnesia oder an den Braunstein ist gelegen; wann diese recht gut / so ist deß Autoris Composition recht / wo aber nicht / so muß man solcher etwas mehr nehmen. Auch liget nicht wenig hieran / wann man nemlich die Schmeltz-Gläser in allzustarcken Feuer hält / denn solcher Gestalte verlieren sie öffters ihre Schöne! derowegen man nicht alsobald dem Autor die Schuld beymessen muß / zumahl im Glasmachen / als wobey so viel und mancherley Umstände und Dinge zu observiren / als wohl bey einiger profession in der gantzbn Welt seyn mögen.

Vom 105. Capitel.

WAnn man hier die in diesem Capitel enthaltene vermischte Schmeltz-Materia zu lang im Feuer stehen lässet / so vergehet ihr die Gelbe. Es ist auch zu mercken / daß es keine Gelbe gibt / wann

wann der Weinstein rein oder weiß ist/sondern der gröbste Weinstein ist hierzu der beste. Ich pflege ihm noch von dem gelben Pulver/das man in denen Eychbäumen findet/etwas zuzusetzen/oder in Ermanglung desselben mische ich nur etwas weniges von gestossenen Kohlen darunter / und solches nur nach Gutdüncken. Dieses bläset das Glaß gräulich auf / und man muß sehr wohl und eben zusehen/daß / wann die Farbe gerecht ist / man es sobald ausnehme. Der Autor saget/daß man es wieder schmeltzen und ausgiessen soll; es ist aber unnöthig/wann nur anfangs die Materien geschmeltzet und wohl zugerichtet worden/wie ich schon beim 95. und 96. Capitel gnugsam erwähnet habe.

Vom 106. und 107. Capitel.

DIese beyde Capitel treffen gar nicht zu / muß also wol nothwendig hier ein Versehen von dem Autore seyn ; denn es durchaus kein recht Blau / sondern nur eine Meergrüne geben will. Wann ichs nicht selber versucht / so würdens mir doch die vorigen/als das 97. 98. 99. Capitel gnugsam ausweisen / nur daß hier vor den Eysen-Saffran oder Præparirte Eysen-Pulver die Zaffera gebraucht wird. Wer aber so wohl ein recht blau / als ein Viol-blau haben will/der besehe im 5ten Buch das 83. und 84. Capitel/und gebrauche zu der Blaue die Zaffera alleine; Zu der Violblaue/wann er diese verlangt/soll er nur etwas von der Magnesia oder Braunstein hierauf (nach seinem Gutdüncken) nachsetzen; so wird er schon zu seinen Zweck / wie meine Anmerckungen hiemit zum Ende deß 6ten Buchs/gelangen.

Dieses habe ich nach der Zeit wider mit Fleiß gemacht und es nach des Authoris Lehr sehr schön getroffen / der Fehler / daß ichs vorhin nicht treffen können ist blos gelegen an der Zeit im Feuer zu erhalten / oder daß ich es nicht zur rechter Zeit ausgenommen / sondern das Tempo versäumet ; Und weil ich solches dazumahl bey meiner ersten Edition nicht besser bewust/so habe ich auch nicht anders oder gegen die Warheit schreiben wollen ; nun ichs aber anders befunden/habe ichs auch nicht verhalten sollen / massen ich es

gar

ders oder gegen die Warheit schreibē wollen; nun ichs aber anders befunden/ habe ichs auch nicht verhalten sollen/ massen ich es gar vor keine Schande achte/ das jenige/ wo ich durch die experienz besser gelernet zu ändern und den gemeinen Besten bekandt zu machen; Es muß ja immer ein Tag den andern lehren.

Das Siebende Buch/

Von der Glaßmacher-Kunst/

ANTHONII NERI

von Florentz.

Summarischer Inhalt dieses Buchs.

IN diesem gegenwärtigen letzten Buch wird die Manier gezeiget/ die gelbe Lacca aus den Blumen deß Pfrimenkrauts/ für die Mahler auszuziehen: Jngleichen eine andere Manier/ wie man die rothe Lacca, wie auch die grüne/ blaue/ Purpur-Farbe/ und alle andere Farben/ aus jeden Blumen und Kräutern extrahiren soll: Item/ die Teutsche blaue Farb/ und die Ultramarin-Farbe zu machen/ wie auch die Lacca aus dem Kermesin-Beern/ Brasilien-Holtz/ und denen rothen Ferber-Beeren zu extrahiren; und wie man dem Türckis könne seine verlohrne Farb wiedergeben; Item eine Manier die durchscheinende rothe Farb zu machen/ wie auch eine Rosin-farbichte Smalte/ für das Gold und andere Metallen; welches alles keine gemeine und geringe Sachen sind.

Jch zeige in diesem Buch die Manier/ alle Farben aus den Blumen und Kräutern auszuziehen; gemeldte Farben können auch zum Gläser-Färben gebrauchet werden. Jch lehre auch die Art/ aus vielen Farben eine Laccam zu machen: Jngleichen wie man die Ultramarin-Farb aus dem Lasurstein bereiten soll/ welches alles zwar denen Mahlern zu gut kömmt: doch aber auch in der Glaßmacher-Kunst seinen Nutzen hat; nemlich die Gläser nicht allein von aussen damit zu bemahlen/ sondern sie auch durch und durch im Ofen damit zu färben: Ferner lehre ich eine durchsichtige rothe Farbe im Glaß vorzustellen; welche heutiges Tages fast in Vergessenheit gekommen/ gleich als ob es eine unnützliche Sache wäre: Jngleichen wird angezeiget/ wie man eine rothe Smalte bereiten soll/ das Gold damit zu bemahlen/ welche beyde Stücke/ wiewol sie auch zur Glaßmacher-Kunst gehörig/ so sind sie doch jetziger Zeit denen

denen meisten unbekannt und verborgen; über dieses / so sind auch noch viel andere Sachen diesem Buch beygefüget / welche alle / als diesem Werck angehörige / ich denen Kunst-begierigen und curieusen Künstlern / angenehm zu seyn erachtet habe.

Das 108. Capitel.

Eine gelbe Lacca aus den Pfriemenkrautblumen zu machen / denen Mahlern dienlich.

MAn machet eine mittelmässig scharffe Laugen / aus Kalch und der Glaßmacher Soda; in dieser Laugen kochet man frische Pfriemenkraut-Blumen / bey einem gelinden Feuer / so lang / biß die Lauge die Tinctur der Blumen gäntzlich extrahiret hat / welches man erkennet / so die extrahirten Blumen bleich / hingegen die Laugen schön gelbe worden seye: diese Laugen / nachdeme man die extrahirten Blumen heraus genommen / lässet man / in verglasurten Töpffen / auf den Heerd etwas kochen / und wirfft deß Aluminis de Rocha so viel hinein / als sich beym Feuer darinnen auflösen kan / hernach nimmt man die Laugen vom Feuer / giesset solches in ein Gefäß voll klares Wasser / so wird eine gelbe Farb zu Boden fallen: Nach solchem lässt man das Wasser ruhen / giesset solches ab / und schüttet an dessen statt ein anders darüber / solches wiederholet man so lang / biß so lang die Tinctur von dem Laugen- und Alaun-Saltz gäntzlich sey abgesüsset worden.

Hier ist wohl zu mercken / daß je besser diese Absüssung von den Laugen und Alaun-Saltz geschehen / je schöner wird die Blumen-Farb werden: es wird auch allhier zum Absüssen der gedachten Saltze / nur gemeines Wasser verstanden / auch muß man die Farbe / ehe das Wasser abgegossen wird / allezeit wohl niedersetzen lassen; solches Abgiessen geschiehet so lange / biß man bey dem Wasser keine Saltzigkeit mehr verspühret; denn solches ist alsdenn ein Zeichen deß weggenommenen Laugen- und Alaun-Saltzes; so wird auf den Boden eine schöne und reine Lacca verbleiben; welche man auf leinerne Tücher streuet / und auf neue Ziegelstein geleget im Schatten trocknet / so bekommet man eine sehr schöne Laccam, welche sowol denen Mahlern als Glasermachern dienlich seyn kan.

Das 109. Capitel.

Eine Lacca zu extrahiren / aus den Mohnblumen / Blauen-Schwärtel / rothen Violen / und allerley frischen Kräutern und Blumen.

MAn nimmt der Blumen und Kräuter / so einerley Farb / wie viel man will; und verfähret auf solche Weise damit / wie in dem vorher gehenden Capitel angezeiget worden / so bekommt man die Laccam und erlanget die Farb eines jeden Krautes oder Blumen / welche schön und billich hoch zu halten ist.

Das 110. Capitel.

Die Lacca und Farben zum Mahlen aus der Pommerantzen Blühe zu extrahiren: Jngleichen aus den Feldmohnblumen oder Klapperrosen / Schwärtelblumen / blauen und rothen Veilgen / leibfarben und rothen Rosen; Borragen-Kohl- und blauen Lilienblumen / auch andern dergleichen: Jtem eine grüne Farbe aus den Pappelnkraut / Pimpinellenkraut und andern dergleichen.

MAn nimmt die Blumen und Kraut / welcher Farb man will / solche wann sie zerrieben / müssen das Papier färben / sonsten sind sie hierzu untüchtig: Mit diesen Blumen füllet man einen gemeinen doch grossen Helm; solchen auf einen füglichen Kolben (mit Aquæ Vitæ gefüllet) gesetzet / einen Recipienten vorgeleget / und die Fugen wohl verlutiret / alsdenn mit einem gelinden Feuer gedistilliret / so wird anfänglich der subtilere Theil deß Brandweins in den Helm steigen / die Tinctur aus denen Blumen und Kräutern extrahiren / und alsdenn in den Recipienten fallen: Dieser gedistillirte und gefärbte Brandwein / wann er nachmals in einen andern Kolben wiederum gedistilliret wird / so gehet er gantz ohne Farb herüber / uñ kan zu dergleichen Sachen öffters dienen; die Tinctur oder Farb aber wird auf den Boden verbleiben / welche man bey gelinder Wärme trocknet; auf solche Weiß kan man die beste Lacca, denen Mahlern dienlich / aus allerley Blumen und Kräutern / bereiten.

Das 111. Capitel.

Eine blaue Farb / wie die Teutsche zu machen.

MAn nimmt deß Queckfilbers 2. Theil / und 3. Theil von den Floribus Sulphuris, auch acht deß Salmiacs; dieses alles auf einen Reibstein wohl zerrieben / wird samt dem Mercurio in eine langhalsichte und beschlagene Kolben gethan / auch in eine Sand-Capellen gesetzet / und bey gelindem Feuer lässet man alle Feuchtigkeit davon abdämpffen / nach diesen

machet

machet man das Mundloch deß Glases wohl zu / und giebet ein stärckeres Feuer/gleichwie in den sublimationibus zu geschehen pfleget/ solches aber continuiret man biß zu Ende/so bekommet man ein sehr schöne und anmuthige blaue Farb.

Das 112. Capitel.

Eine Manier / wie man einem natürlichen Türckis seine verlohrne Farb wieder geben solle.

MAn thut den weißlichten und entfärbten Türckis in ein Glaß / giesset süß Mandel-Oel darüber / und hält solches bey einem gelinden Feuer zwey Tag lang in der Aschen / so wird er seine verlohrne Farb wiederum erlangen.

Das 113. Capitel.

Eine Mixtur zu denen Spiegeln zu machen.

MAn nimmt deß gereinigten Zinnes drey Pfund / und deß gereinigten Kupffers ein Pfund / das Kupffer wird erstlich / hernach das Zinn geschmoltzen.

Zu diesen/wann sie wohl zerschmoltzen und geflossen/thut man 12 Loth/ deß rothen und ein wenig gebrandten Weinsteins/3. Loth Salpeter/ ein und ein halb Loth Allaun/und 4. Loth Arsenic.

Dieses alles lässet man ausrauchen/und giesset es in die Spiegel-Form; so bekommet man eine sehr gute und schöne Materia zu den Spiegeln/welche/ wann sie gepoliret / die Figuren und Gestalten sehr genau und ähnlich vor Augen stellet: Dieses nun ist diejenige Mixtur/die man insgemein die Stahlmixtur zu nennen pfleget.

Das 114. Capitel.

Wie man die Glaß-Kugeln / und andere weisse Gläser inwendig mit allerhand Farben färben soll / also daß sie / gleichwie natürliche Edelgesteine/anzusehen sind.

SO man eine Kugel oder ein anderes hohles Gefäß/von weissen Glaß bereitet/inwendig mit mancherley Farben tingiren will / so muß man deß Fischleimes eine gebührliche Quantität nehmen / welcher vorhero zwey Tag in Wasser geweichet / und sehr dünne worden seye; welchen kochet man in einen Topff mit klaren Wasser/biß er gäntzlich aufgelöset ist.

Alsdann nimmt man diesen zerkochten Leim vom Feuer / und giesset ihn / wann er laulicht worden / in eine Glaß-Kugel oder andern gläsern Geschirr / und schwäncket solchen herum / damit die innere Glaß-Fläche gäntzlich von demselben befeuchtet und bedecket werde.

Wann dieses geschehen / so schüttet man den übrigen Leim aus dem Glaß heraus / hernach muß man die Farben schon gepülvert in Bereitschafft haben / und zwar erstlich die rothe Mennig / welche man mit einem Schilffrohr hinein bläset ; also daß es recht geströmet werde : Nach diesem bläset man auf gleiche Weiß / blaue Mahler-Smalte / Grünspan / Auripigment, und endlich Laccam hinein / also daß sich diese Pulver / vermittels deß Leims / damit das Glas angefeuchtet worden / an allen Seiten inwendig wohl anhängen.

Und auf solche Weise verfähret man insgemein / mit allen andern übrigen Farben : Hiernechst schüttet man deß gepülverten Gypses einen guten Theil hinein / und schwäncket das Glaß starck herum / so wird sich der Gyps / indem der Leim noch feuchte ist / überall in dem Glaß oder Kugel anhängen ; das übrige schüttet man heraus / so wird das Glaß von aussen sehr schön und vielfarbicht seyn / auch das Ansehen haben / als ob die Natur selbsten in denen Steinen also spielete.

Es werden die Farben / wann der Leim getrocknet / also fest am Glaß hangen / daß man sie davon hernach nimmer absondern kan : sie sind aber sehr schön anzusehen : diese Glaß-Kugeln werden auf einen gefärbten höltzern oder andern Fuß gestellet / und in die Zimmer / oder auf die Gesimsen / Zierde halber / herum gesetzet.

Das 115. Capitel.

Die Kornblum oder Ultramarin-Farb zu machen.

MAn nimmt von dem Lazurstein die schönen blauen Stückgen / welche zu Venedig häuffig / und im geringen Preiß zu haben sind ; solche in einen Tiegel bey einem Kohlfeuer gecalciniret / werden also glüend mit zweymaliger Wiederholung ins kalte Wasser geworffen / und auf einen Reibstein zu einem dünnen und fast umbegreifflichen Pulver zerrieben.

Hernach nimmt man Dannen-Hartz / schwartz Pech / neu Wachs / Mastix / und Terebenthin / von jedwedern 6. Loth / Weyrauch und Leinöl / jedes 2. Loth ; dieses alles lässet man in einen irdenen Gefäß / bey einen gelinden Feuer wohl zergehen / rühret's mit einem Rührholtz / damit sie sich wol vereinigen / herum / schüttets nach solchem in ein kaltes Wasser / und hebets zum Gebrauch auf.

Nach diesem nimmt man zu jeden Pfund deß obgepülverten Lasursteines 20. Loth von der massa, aus gedachten speciebus componiret; solche massam lässet man/bey gelindem Feuer/in einen Töpffgen gemach zerfliessen/ streuet das Lasurstein-Pulver nach und nach hinein/ und rühret/ damit sichs recht incorporire/wohl herum; diese Materia/ nachdem sich alles wohl miteinander vereiniget/wird alsdann in ein Gefäß voll kaltes Wasser geschüttet/ und eines oder mehr runde oder länglichte Zeltlein daraus formiret; man muß aber die Händ mit Leinöl bestreichen; die Küchlein oder Zeltlein lässet man noch 15. Tage in den kalten Wasser liegen/ und verändert das Wasser allezeit übern andern Tag.

Diese Zeltlein leget man hernach in ein reines/ verglasurtes/ und irrdenes Geschirr/ und giesset warmes Wasser darüber; dieses/ wann es erkaltet/ giesset man ab/ und an dessen statt ein anderes warmes darüber/ solches wird so lang wiederholet/ biß die Zeltlein im Wasser zergehen/ so wird sich die Farbe hervor thun/ und das Wasser gantz blau/ wie Kornblumen-Farb werden.

Dieses gefärbte Wasser schüttet man in einen verglasurten und reinen Topff/ und giesset über die Zeltlein von neuen ein warmes Wasser: Dieses wann es gefärbet/ wird/ wie zuvor/ durch ein enges Sieb abgegossen/ und so lang wiederholet/biß sich das Wasser nicht mehr färben will.

Jedoch ist allhier zu mercken/daß das Wasser nicht gar zu heiß/ sondern nur laulecht seyn soll; denn es wird sonst diese Farb/ durch allzu grosse Hitz/ schwartz/derowegen ist solches wol in acht zu nehmen/ dieweil daran gar viel gelegen ist. Diese gefärbte Wasser durch ein enges Sieb abgegossen/ haben oben auf einige Fettigkeit schwimmend/darum lässet mans 24. Stund ruhen/ damit sich alle Farb auf den Boden setze.

Nach solchen giesset man das Wasser samt der darauf schwimmenden Fettigkeit gemächlich ab/ uud an dessen stat ein neues und klares wiederum daran/ solches lässet man samt der Farb durch ein enges Sieb/in einen neuen und verglasurten Topff lauffen/ mit stetigen umrühren/ so wird ein guter Theil von der schleimigten und fetten Materia in dem Sieb verbleiben; und dieses muß allezeit mit neuen und frischen Wasser zum dritten mahl wiederholet/auch das Sieb allemal/ von allem Unflat gereiniget werden: Hernachmahls giesset man das Wasser gemächlich ab/ und hebet es in den verglasurten Topff auf/ dieweil es von sich selbsten schon wird drucken werden; so wird man eine sehr schöne Ultramarin Farb bekommen/ dergleichen ich zu Antorff öffters gemachet habe.

Von der Massa kan man zu einen Pfund gepülverten Lazursteins mehr oder weniger nehmen/nachdeme er viel oder weniger Farb bey sich führet.

Es müssen auch / wie Anfangs erwähnet / die Stücklein dieses Steins sehr fleissig zerrieben werden / also / daß sie fast unbegreifflich sind / so wird die Farb desto besser seyn: Die gemeine Smalte / wann man sie auf eben diese Weis reibet / mit einer gummichten Massa incorporiret / wie auch 15. Tag nebenst dem Lapide Lazuli digeriret / und im übrigen wie zuvor verfähret; so erlanget man eine sehr schöne Materiam welche der Ultramarin nicht viel ungleich seyn wird: Diese Farb dienet nicht allein denen Mahlern; sondern sie tingiret auch das Glaß sehr schön.

Das 116. Capitel.

Die Kermesin-Lacca vor die Mahler.

Man nimmt von der zarten weissen Scheerwollen 1. Pfund / und solche lässet man einen Tag lang im frischen Wasser weichen: Hernach nimmt mans heraus / damit das schmierigte Wesen / welches im Scheeren darzu ist gekommen / davon abgesondert werde / hernach weichet mans in den Alaun / wie hier folget: Man nimmt aluminis rochæ 8. Loth und 4. Loth deß rohen und gepülverten Weinsteins / solches thut man mit 4. Maaß Wassers zusammen in einen kleinen Kessel / und wann das Wasser zu sieden anhebet / so wirfft man die gewaschene Scheerwolle hinein / und läßts bey gelinden Feuer eine halbe Stund sieden / nach diesen nimmt mans vom Feuer / und lässet solches / damit es erkaltet / 6. Stund stehen.

Darnach nimmt man die Wolle heraus / wäschets mit klaren Wasser / und lässet es 2. Stund also stehen / alsdenn drucket mans aus / und lässets trocken werden.

Das 117. Capitel.

Das Menstruum / damit man die Kermesin-Farb extrahiren soll.

Man nimmt 4. Maaß frisches Wasser / Rocken-Kleyen 4. Pfund / der Oriental Pilathri (ist eine Art deß Meersaltzes) und Fœni Græci jedes ein halb Loth; dieses alles zusammen in einen Kessel gethan / lässet man beym Feuer laulicht werden / so / daß man die Hände darinnen leiden kan; alsdenn nimmt man den Kessel vom Feuer / und decket solchen mit einem Tuch zu; damit es desto länger warm verbleibe: nachdeme es nun 24. Stund also gestanden / so seyhet man die Laugen ab / zu hernach folgenden Gebrauch.

Man thut in einen reinen Topff 3. Maaß kaltes Wasser / und 1. Maaß der besagten Laugen / und stellet es zum Feuer; wann es nun zu sieden anhebet / so so wirfft man die Kermesinbeer hinein / welche vorhero auf folgende Weiß müssen zerstossen werden.

Man zerstösset in einen metallenen Mörsel 2. Loth Kermesin-Beer / und stösset solche so lang / biß alles durch ein Sieb gehet: Endlich nimmt man ein wenig rohen Weinstein / zerstösset solchen in gedachtem Mörsel; so wird der Weinstein alle Tinctur / welche auf dem Boden deß Mörsels von den Kermesin-Beeren verblieben / an sich ziehen.

Diesen Weinstein mit den gesiebten Kermesin-Beeren vermischet / wirfft man in das obgedachte siedende Wasser / lässets so lang (ungefehr ein Vatter Unser lang) darinnen / biß sich das Wasser wohl färbet: Nach diesem nimmt man die mit Alaun rc. gesottene obige Scheerwolle / und thut solche / nachdem sie (von dem kalten Wasser / darinnen sie eine halbe Stund gelegen) wohl abgetrocknet / zu dem gefärbten Menstruo oder Lauge in den Topff / und rühret mit einem Stab wohl herum / damit sichs bald färbe; dieses lässet man noch eine halbe Stund also gemächlich stehen; hebt den Topff hernach vom Feuer / nimmt die wohl mit einer höltzern Spatel heraus / wirfft sie in ein Geschirr voll kaltes Wasser / giesset solches in einer halben Stunde gelinde ab / und frisches wieder darauf; wann solches abermal davon abgegossen / presset man die Wolle hart aus / und breitet sie an einen warmen Ort aus einander / damit sie trocken werde / und nicht anlauffe oder verderbe / auch muß man zusehen / daß kein Staub darein falle.

Im Färben muß man fleissig beobachten / daß die Feuers-Hitz nicht zu starck seye; denn davon würde die Farbe schwärtzlich werden / hernach wird eine Lauge auf diese Art gemachet.

Man leget die Aschen von Weinreben / oder Weyden / oder einem andern weichen Holtz / in ein gedoppeltes hänfenes Tuch / und lässet das darüber gegossene kalte Wasser gemach in das untergesetzte Geschirr lauffen; solches giesset man nochmaln über die Aschen: Nach diesem lässet man die Lauge 24. Stund ruhen / damit sich alle Unreinigkeit zu Boden setze / und die Lauge klar und lauter werde / alsdann giesset mans ab in ein ander Gefäß / und thut das irdische unreine Wesen / dieweil es nichts mehr nutzet / hinweg.

In diese kalte Lauge thut man die mit Kermesin-gefärbte Wolle / und lässets mit allem Fleiß bey einem gelinden Feuer sieden; denn auf solche Weiß wird sich die Laugen färben / und an der Farbe gleichwie die Kermesin-Wolle werden; hernach nimmt man etwas Wolle und truckets wohl aus: Wenn nun solche keine Farb mehr in sich hält / so hebet man den Kessel vom Feuer / denn dieses ist das Zeichen / daß die Lauge die Kermesin-Farb oder Wolle an sich genommen habe. Hernach hänget man einen leinern Strumpff /

oder Filtrir-Sack / über ein Becken oder Kessel auf / und giesset alles sammt der Wolle hinein/damit die gefärbte Lauge durchlauffe; wann solches geschehen / so trucknet man den Filtrir-Sack sammt der Wolle aus / damit man alle Farb bekommt; den Sack aber kan man umkehren/auswaschen und von den Haaren reinigen.

Wenn solches verrichtet / so nimmt man 24. Loth deß gepülverten Aluminis rochæ, solches in ein grosses Glaß voll kalten Wasser gethan / lässet man so lang darinnen / biß aller Alaun aufgelöset seye: Wann solches geschehen/so filtrirt man solches / durch den bewusten gereinigten Filtrir-Sack / und giesset dieses Alaun-Wasser alles in den Topff / Becken / oder Kessel / zu der Kermesin-Farb; so wird sich die Tinctur oder Farb alsobalden / vermittels dieses Alaun-Wassers / von der Laugen absondern / und gleichsam coaguliren.

Alsdann giesset man die Laugen sammt der Tinctur aus dem Topff / in Filtrir-Sacke / so wird die Laugen klar und hell durchlauffen / die Kermesin-Farb aber in dem Sack verbleiben/oder im Fall die Lauge noch etwas von der Farb mit sich hindurch nehmen solte / kan man solche noch einmal durch den Sack lauffen lassen / so wird die Sach gethan seyn.

Die im Sack befindliche Farb kan man mit einer höltzern Spatel zusammen streichen / und auf neu gebrandten Ziegelsteinen / die mit leinern Tüchern beleget / ausbreiten / damit sie desto geschwinder und besser trucknen: Denn wenn es lange lieget/und feuchte wird / so wird sie schimmlicht und ungestaltet: Derowegen wann die Ziegelstein genugsam Feuchtigkeit an sich gezogen haben/so muß man die Farb auf neue Steine lagen / so trucknet solche desto eher.

Wann nun die Lacca getrocknet / so wird sie als eine sehr gute Mahler-Farb aufgehoben; Dergleichen habe ich zu Pisis offtmahls bereitet. Es ist aber zu mercken/im Fall die Farbe völliger als sie seyn soll / wäre/so muß man deß Alauns ein mehrers; weniger aber / so sie zu schwach / hinzu thun/ so wird die Farb nach Begehren wohl und recht gerathen.

Das 118. Capitel.

Eine sehr schöne Lacca aus dem Brasilien-Holtz und der Färber-Röthe zu extrahiren.

Wann man aus dem Brasilien-Holtz oder dergleichen Specien eine Laccam extrahiren will; so muß man auf eben solche Art / wie oben von den Kermesin-Beeren ist vermeldet worden / verfahren / Jedoch also

daß/

daß man auf jede Untz deß Brasilien-Holtzes oder Färber-Röthe / weniger von dem Alaun / als zu den Kermesin-Beeren / nehme; denn es lieget in den Beeren die Farb tieffer verborgen/und stecket viel fester darinnen / als in den andern beyden.

Derowegen muß man den Alaun mit Maaß und Bescheidenheit / welches die Ubung lehren wird / hinzu setzen.

Uber dieses / so muß man auf jedes Pfund der Wolle / mehr von dem Holtz oder der Färber-Röthe nehmen / denn sie haben weniger Farb / als die Kermesin-Beer bey sich: und auf solche Weise wird man aus diesen beyden für die Mahler eine sehr schöne Laccam bereiten können / auch mit geringern Unkosten / als aus den Kermesin-Beeren.

Insonderheit kan solches mit der Färber-Röthe geschehen / als welche eine sehr schöne Laccam von herrlicher Farb zu geben pfleget.

Das 119. Capitel.

Ein näherer Weg/die Lacca aus den Kermesin-Beeren zu machen.

ES wird zu diesem Proceß / welchen ich zu Pisis erfunden / keine Wolle noch Menstruum oder Lauge erfordert / auch nicht die Farb aus der Wolle / der so viel andere Dinge / wie in der vorigen / zwar warhafftigen/doch sehr mühsamen Manier.

Darum ist diese viel leichter und kürtzer / und hat auch nechst diesem gleichen Effect/wie hernach folget: Man nimmt den Vorlauff vom Brandwein/ in solchen lässet man / in einem Glaß 1. Pfund deß gepülverten Alauns dissolviren/alsdann schüttet man 2. Loth deß gepülverten und gesiebten Kermesin-Beer darzu: solches alles behält man in einen weithalsichten Glaß/und rührets wol herum / so wird sich der Brandwein überaus schön färben; nach diesem lässet mans noch 4. Tage lang stehen / alsdann giesset mans in ein irdenes und verglasurtes Geschirr; Nach solchem nimmt man 8. Loth Aluminis rochæ, solvirts in gemeinen Wasser / und schüttet dieses aufgelöste Alaun-Wasser in das Gefäß / darinnen der mit Kermesin-Farb getingirte Brandwein ist: Solches zusammen / filtrirt man alsdann mit dem aufgehängten und bewusten Filtrir-Stück / in ein irdenes Gefäß / gleichwie von der Lacca und der Wolle oben ist gesaget worden / so wird der Brandwein gantz ohne Farb durchlauffen / die Tinctur aber in dem Filtrir-Sack verbleiben: Im Fall aber der Brandwein noch etwas gefärbet durchlauffen solte / so filtrirt man solchen noch einmahl/ so wird er gantz klar durchlauffen: Diese Lacca nimmt man mit kleinen und reinen höltzern Löffelgen aus dem Sack / und trocknet solche auf vorbesagte Weiß. Also wird man auf solche Weiß mit geringerer Müh vielmehr und bessere Kermesin-Laccam bekommen; gleichwie ich solches zu Pisis geprobieret habe.

Das 120. Capitel.

Eine rothe durchscheinende Farbe im Glas.

MAn nimmt von der subtil-gepülverten Magnesie / und vermischets mit gleich so viel deß gereinigten Salpeters/solches in einen Tiegel gethan/ lässet man 24. Stund im Feuer calciniren und reverberiren, hernach nimmt mans heraus/wäschet mit warmen Wasser das Saltz davon ab/und trocknet die Magnesie / so wird sie eine gantz rothe Farb haben.

Solche Farb vermischet man hernach mit gleich so viel Salmiac/reibts auf den Reibstein / imbibirets mit gedistillirten Essig / und lässets trocken werden; Nach diesem thut man solches in eine weetbauchigte und langhalsigte Retorten/setzets in die Sand-Capellen/und giebet ihme 12. Stund lang ein Sublimir-Feuer.

Nach diesem / wann das Glaß zerbrochen / und so wol das sublimirte, als das auf den Boden verbliebene / mit einander vermischet worden / so erforschet man das Gewichte der Materie/und thut deß Salmiacs noch so viel darzu/als durch die Sublimation davon ist abgegangen.

Solches miteinander gerieben / mit Essig / wie zuvor imbibiret / wird in eben dergleichen Retorten wiederum subliimiret; dieses wird so lang wiederholet / biß die Magnesia auf den Boden deß Glases fleissig verbleibet.

Und dieses ist diejeinige Medicin/ welche das Crystall / und die Pasten/ mit einer durchscheinenden Rubin-rothen Farb tingiret.

Dieser Medicin nimmt man eine Untz auf 20. Untz deß Crystalls/ oder Glases; jedoch kan man hierinnen nehmen und geben / mehr oder weniger / nachdeme die Farb erfordert wird: Es muß aber die Magnesie von der Piemontischen und guten Art seyn / denn diese giebet dem Glas eine überaus schöne und Rubin-rothe Farb.

Das 121. Capitel.

Eine Blut-rothe Farb.

MAn nimmt 16. Pfund von dem Bley-Glas / und 10. Pfund deß gemeinen Glases / solches thut man zusammen in einen weiß verglasurten Topff; nachdeme nun das Glaß wol gekochet und gereiniget worden/ so thut man deß hiebevor gelehrten rothen Kupffer-Schlackens etwas/jedoch

mit

mit vorsichtiger Behutsamkeit / darzu; solches vermischet und incorporiret man sehr wohl mit dem Glaß; endlich füget man noch etwas deß gepülverten rothen Weinsteins hinzu / so wird das Glaß Blut-roth werden: Wann die Farb gar zu dünne wäre / so muß man deß Hammerschlags und Weinsteins etwas mehrers nehmen / und das Geschirr wohl aus glüen / so wird das Glaß sonder Zweiffel wohl getingiret werden.

Das 122. Capitel.

Eine Balaß-Farb zu machen.

MAn setzet die Frittam Crystalli mit einen Topff in den Ofen / und wirfft sie 3. mal ins Wasser / hernach färbet man sie mit präparirten Piemontischen Magnesie / so wird sie Purpur-färbicht werden.

Alsdenn setzet man deß subtilgepülverten Alauns (allhier stehet im Italiänischen Exemplar Allume di Cantina) so viel als genug ist darzu / damit das Glaß Purpur-färbicht werde; Solches thut man zum 8.ten mal.

Wobey zu mercken / daß das Glaß vom Alaun nicht schwartz / sondern gelblicht werde / und zur Röthe sich neige / die Magnesie aber sich allmählich verliehre: Das letzte mahl setzet man nur die Magnesie allein / und keinen Alaun hinzu / es sey dann daß die Farb gar zu völlig wäre; Alsdann wird man eine herrliche und schöne Balaß-Farb bekommen.

Das 123. Capitel

Die Animam Saturni zu extrahiren, welche zu vielen Sachen der Smalten und Gläser dienet.

MAn thut eine Silberglett in einen verglasurten Topff / und giesset so viel Essig darüber / daß er 4. qver Finger darüber gehe: Dieses läst man so lang stehen / biß der Essig eine Milch-Farb bekommet / welches alsobald zu geschehen pfleget; Den gefärbten Essig giesset man ab / an dessen statt aber einen neuen daran / dieser / wann er auch gefärbet / wird gleichfalls wie zuvor abgegossen / solches muß so lang geschehen / biß der Essig keine Farb mehr an sich nehme: den gefärbten Essig thut man sämtlich in ein verglasurtes Geschirr / und läßets so lange ruhen / biß sich die Milch-färbichte Materia zu Boden gesetzet hat; alsdenn giesset man den lautern Essig davon ab: die Milch-färbichte Materia aber ist die Anima uñ der allerredleste Theil deß Bleyes welcher zu denen Smalten / und vielen Gläser-Sachen dienet: im Fall sich die Milch-färbichte Materia nit recht zu Boden setzete / so giesset man nur ein wenig kaltes Wasser daran / so schläget solches gedachte Materiam zu Boden; wann sichs aber auch auf solche Weiß nit zu Boden setzen wolte / so lässet man das Wasser und den Essig aus- oder abbrauchen/so verbleibet die subtilere Materia auf dem Boden liegen/welche/in der Glaßmacher-Kunst/zu vielen Dingen nützlich.

Das 124. Capitel.

Eine Rosen-färbichte Smalte oder Schmelzglaß zu machen/ von den Italiänern Rosichiero genandt/ mit welchen das Gold bemahlet wird.

Hierzu wird die Fritta Crystalli erfordert / die auf folgende Manier ist bereitet worden. Man nimmt deß Saltzes von dem Levantischen Pulver 10. Pfund / und subtilgeriebenen Tarsi 8. Pfund; die Materiam machet man mit Wasser zu einer festen Massa oder Teich / aus welchen man kleine und dünne Zeltlein formiren könne; solche in ein irdenes Gefäß gethan/ setzet man in das Oeflein / welches nach der Art eines calcinir-Ofens gemachet sey / und lässets 10. Stund darinn calciniren, oder wann dergleichen Oefelein nicht bey Handen wäre / so kan man sie in der Kammer deß grossen Ofens / nahe beym Lufftloch /3. oder 4. Tage lang wohl calciniren lassen.

Zu diesem thut man ferner deß Bley- und Zinnkalches (nach Anleitung deß 93. Capitels bereitet) wie auch deß weiß-calcinirten Weinsteins / jedes 2. Pfund.

Solches wohl mit einander vermischet / setzet man in einen weißverglasurten Topff/und wirfft solches/nachdem es wohl geflossen und gereiniget / in das Wasser.

Dieses wiederholet man zum andern mahl / und setzets alsdann wieder in den Ofen / auch thut man / wann es wol gereiniget / noch 20. Loth rothen Hammerschlag hinzu/und lässet es wohl mit einander vereinigen.

Nach diesem thut man den Crocum Martis mit Aqva forti bereitet/ gemächlich / gleichwie man mit der Magnesie pfleget / darzu / und lässet es 6. Stunden ruhen: Wann alsdann die Farb noch nicht gefällig / so kan man von dem Croco Martis noch etwas / nach und nach beysetzen/ so lang biß man die begehrte Farb erlanget.

Das 125. Capitel.

Eine andere Rosen-färbichte Smalte oder Schmeltzglaß zum Gold.

Man nimmt von der präparirten Fritta Crystalli deß vorigen 124. Capitels 4. Pfund; solche in einen reinen und verglasurten Topff geschmoltzen und

und gereiniget / schüttet man ins Wasser / und setzets alsdann wieder in den Ofen: zu solcher / nachdem sie wohl gereiniget / thut man noch deß Bley-und Zinn-Aschens / nach Inhalt deß 93. Capitels präpariret / auf einmal allezeit 1. Loth / nach und nach darzu; und lässets wohl miteinander incorporiren; alsdenn siehet man / ob die Materia im Tiegel/Aschen-farbicht seye: Wann deme also/so hält man mit dem Hineintragen inne/und thut von dem Pulver nichts mehr darzu / damit diese Aschen-Farb nicht weiß werde / denn solche Farb ist nicht gut.

Hernach setzet man dem gereinigten Kalch und Glaß noch 4. Loth von der Menig hinzu; solches / nachdeme sichs wohl miteinander incorporiret / wirfft man ins Wasser / setzets nach solchem wieder in den Ofen / und lästs noch 8. Stund lang darinnen stehen. Hernach thut man deß gecalcinirten Kupffers/oder rothen Kupffer-Hammerschlags / wie auch deß rohen weissen Weinsteins/von jedwedern 1. Loth darzu; zu diesem/wann es wohl untereinander gemischet / wirfft man noch von dem gepülverten Blutstein / den die Schwertfeger zum poliren gebrauchen/ wie auch deß fixen Schwefels / jedweders 1. Quintlein darzu.

Wann dieses wohl miteinander vermischet / und incorporiret worden / so siehet man / ob die Farb recht seye? zu solcher / wann sie gar zu dick wäre / thut man etwas von der Magnesie/so wird sie heller werden.

Wann sie vber im Gegentheil gar zu hell wäre / so thut man deß fixen Schwefels / wie auch deß Blutsteins / samt ein wenig von dem rothen Kupffer-Hammerschlag und weissen Weinsteins noch darzu / biß die Farb nach Belieben recht und anständig ist.

Das 126. Capitel.

Wie man den Schwefel zu obgedachten Gebrauch figiren müsse.

MAn kochet die Flores Sulphuris, eine Stund lang im gemeinen Oel; nachdem nimmt mans vom Feuer/und giesset den allerschärffsten Essig daran / so wird der Schwefel zu Boden fallen / und hingegen das Oel auf den Essig schwimmen: Dieses Oel und Essig giesset man vom Schwefel ab / und schüttet ein frisches Oel darauf / und verfähret damit wie zuvor; solches wird zum drittenmal wiederholet / so erlanget man zu obigen Gebrauch den fixen Schwefel.

Das 127. Capitel.

Ein blut-rothes Glaß / welches an statt der Rosen-farbichten Smalte dienen kan.

MAn nimmt deß Bley-Glases 6. Pfund / und von der Fritta Cryſtalli 10. Pfund / ſolche / damit ſie gereiniget werden / läſſet man in einen Topff oder Tiegel fliſſen / ſchüttet ſie ins Waſſer / thuts aus dem Waſſer wieder in den Topff / damit es wohl gereininiget werde: Nachdem es nun wohl gereiniget worden / ſo thut man deß rothgecalcinirten Kupffer-Hammerſchlags 8. oder 12. Loth darzu / läſſet ſolches wohl miteinander kochen und reinigen: Hernach thut man roth-gepülverten Weinſtein darzu / und läſſets abermahl reinigen und wohl miteinander incorporiren; alsdann beſiehet man / ob die Farb gefällig oder nicht; Wann es noch nicht völlig genug wäre/ſo thut man von den rothen Kupffer-Hammerſchlag und Weinſtein ſo viel darzu/als man nöthig zu ſeyn erachtet; Nachdeme man abermahls eine Prob genommen/ ſo läſt mans wieder erhitzen/biß es genugſam-roth werde / denn es wird hiervon die Farbe verſtärcket und erhöhet werden.

Das 128. Capitel.

Eine bewährte Manier / das Roſen-färbichte Smalte oder Schmeltz-Glaß zu machen.

MAn nimmt/ zum Exempel / 6. Pf. von der Fritta Cryſtalli, nach der Lehr deß 124. Capitels præpariret/ſolche/in einen verglaſurten Topff gethan/ läſſet man wohl reinigen; zu ſolchem thut man auf 4. unterſchiedene mal 8. Loth deß Bley-und Zinn-Aſchens/nach Inhalt deß 113. Capitels præpariret/ und in vier Theil abgetheilet: Dieſes läſſet man wohl miteinander incorporiren / und wirfft es / nachdem ſich alles wohl mit einander vereiniget und gereiniget hat / in das Waſſer: nach ſolchem wird es wiederum in den Topff gethan / damit es ſchmeltze und ſich ferner reinige; Alsdenn ſetzet man noch/ auf 3. unterſchiedliche Mahlen 3. Loth von dem rothen Kupffer-Hammerſchlag dazu / welcher der Maſſa eine völlige Farbe mittheilet / und rühret ſammt dem Glaß wohl herum: Zu ſolchem / nachdeme ſichs wohl incorporiret und gereiniget / thut man nach zweyen Stunden auf 3. unterſchiedliche mahl 3. Loth deß Croci Martis, nach Anleitung deß 16. Capitels præpariret/ und in 3-Theil abgetheilet/ſolches wohl untereinander gerühret und incorporiret/läſſet man alſo 3. Stunden lang im Tiegel reinigen: Hernach füget man ferner hinzu/deß gebrandten Weinſteins 12. Loth/und 2. Loth deß glaßhafftigen Schorſtein-Ruſſes. Der Weinſtein / gleichwie bey dem Calcedonier geſaget wurde / wird gebrennet / und noch ein Loth deß Croci Martis mit Schwefel præpariret/darunter gethan: Dieſe Pulver / wohl zerrieben/ werden / auf 4. unterſchiedliche mahl dem Glaß beygeſetzet / und alles aufs beſte

vermi-

vermischet / jedoch also / daß man im Tragen der Theile vom gedachten Pulver etwas inne halte: Denn sie schwellen sehr auf / und erhitzen das Gefäß über alle massen: Das Glaß / nachdem alles Pulver hineingetragen / lässet man / damit sichs mehr reinige / noch 3. Stund ruhen / rühret es hernach nochmahls herum / und probieret es / ob nemlich das Glaß blutroth und durchscheinend seye / welches recht ist; anderst / so thut man / wie oben gedacht / deß gebrandten Weinsteins / sammt dem Ruß und Croco Martis darzu / und dieses nach und nach / biß die verlangte Farb heraus komme: Hernach lässet man solches noch ein Stundlang ruhen / nimmt ein Stücklein Glaß heraus und machets glüend: Wann nun solches blutroth und durchsichtig ist / so ists gut und zum Goldmahlen recht: gleichwie solches zu Pisis vielmals ist geprobieret worden.

Das 129. Capitel.

Eine durchsichtige rothe Farb zu machen.

MAn calciniret das Gold mit Aqva Regis, und giesset eben dieses Wasser zum fünfften oder 6. ten mal darüber: Solches Gold-Pulver wird in einen reinen Tiegel gethan / und so lang in den Reverberir-Oeffelein gehalten / biß es roth wird / welches innerhalb etlichen Tagen geschiehet: Dieses rothe Pulver nun / so es einem gereinigten Crystall / welches zum öfftern in das Wasser geworffen / behutsam und gemächlich zugesetzet wird / so wird es die Röthe eines warhafftigen / oder natürlichen und durchsichtigen Carbunckel-Steins erlangen; wie solches durch die Erfahrung ist bestättiget worden.

Das 130. Capitel.

Noch eine andere Manier den Schwefel zu figiren / daß er zu der Rosenfarbichten Smalte diene.

ES wird eine Lauge aus Kalch und guter Aschen / (wie die von Eichen-Holtz ist) bereitet; in solcher kochet man den Schwefel aufs Beste: Denn es benimmt diese Lauge dem Schwefel seine verbrennliche Fettigkeit / welche natürlich bey ihm ist / und die Lauge verändert sich / der Schwefel aber wird weiß / fix und unverbrennlich; dahero dienet er denen Goldschmieden / das Gold damit zu bemahlen.

Das 131. Capitel.

Den Kupffer-Vitriol / dessen im 31. Capitel gedacht / zu machen.

MAn setzet die verlutirten Tiegel mitten unter die glüende Kohlen deß Windo-

Wind-Ofens/und lässet solche mit Kohlen wohl bedecket/ 2. Stunde darinnen stehen; nach diesem lässet man den Ofen für sich selbst erkalten/ und nimmt die Tiegel heraus/ so wird das gecalcinirte Kupffer schwärtzlich scheinen/als eine Farb/die etwas von einer dunckeln Purpur-Farb vermischet bey sich habe.

Dieses gecalcinirte Kupffer wird bester massen gerieben/ und durchgesiebet.

Nach diesem muß man ein irdenes und feuerbeständiges Gefäß/mit einem flachen Boden/bey der Hand haben; man nennet dieses Gefäß in Toscan, Tegame, auch muß der Ofen/oben auf/ein Eisen quer überliegend haben/darauf man das Gefäß voll Kohlen setzet: Auf solche/wann sie angezündet/ leget man das gecalcinirte Kupffer/ dieses aber zuvor mit Schwefel vermischet/nemlich zu jeden Pfund deß gepülverten Schwefels; wann nun das Gefäß sich zu erhitzen und der Schwefel sich anzuzünden und zu verbrennen angefangen hat/ so rühret man die Materia unaufhörlich mit einem eisernen Rührhacken herum/ damit sichs nicht anhänge oder in eine Massam zusammen gehe/solches continuiret man so lang/ biß aller Schwefel verzehret/und die Materie nicht mehr rauche.

Alsdann nimmt man das Gefäß/wie es ist/ also warm vom Feuer/ das herausgenommene Kupffer aber zerstösset man aufs beste/ und schlägets durch ein Sieb/ so bekommt man ein schwartzes Pulver: solche Arbeit wiederholet man auf gleiche Weiß zum drittenmal/ jedoch mit diesem Beding/ daß man das Gefäß bey Endigung der dritten Calcination, so lange im Feuer behalte/biß das Kupffer/ welches darinnen ist/eine rothgelblichte Farb bekomme; solche wann es erlanget hat/so wirds vom Feuer weggenommen/in einen metallenen Mörsel wie zuvor zerstossen/ so bekommet man gedachte Farb/und einen Kalch/welcher dienlich ist/zu Bereitung deß Vitriols/davon unten ein mehrers soll angezeiget werden.

Das 132. Capitel.

Den Kupffer-Vitriol ohne Corrosiv zu machen/aus welchen die wahre und hochblaue Farb extrahiret wird: eine wundersame Sach.

Damit nun aus dem obenbereiteten calcinirten Kupffer ein Vitriol extrahiret werde/ so muß man nach Gestalt deß calcinirten Kupffers ein oder mehr Gläser in einer gebührlichen Weite haben: Zum Exempel man thut von dem gecalcinirten Kupffer 1. Pfund in ein Glaß/ welches in

der

der weiten 6. Pfund Wassers in sich hält; Das Wasser darff nur klar und von dem gemeinen seyn / solches setzet man samt dem gecalcinirten Kupffer in einen Sand-Ofen/und giebet ihm vier Stund lang ein getemperirtes Feuer/ biß ungefehr 2. Pfund deß Wassers abgerauchet sind / welches man wohl im Augen-Maaß haben kan: hernach lässet man den Ofen erkalten / und giesset das übrige Wasser ab/ in verglasurte Geschirr; den Kupffer-Kalch aber / der auf dem Boden verbleibet/setzet man wieder in den Ofen/damit alle Feuchtigkeit davon abrauche: das abgegossene Wasser aber wird alles eine völlige blaue Farb haben/von einer wunderbaren Schönheit.

Dieses Wasser lässet man 2. Tag lang ruhen / so wird sich noch etwas röthliches von dem Kupffer-Kalch zu Boden setzen; das Wasser wird wie gewöhnlich/in untergesetzte verglasurte Geschirr filtriret. Und das auf dem Boden verbliebene Kupffer zu dem übrigen in das irrdene Geschirr gethan/ damit auch alle Feuchtigkeit davon komme.

Alsdann vermischet man mit jedem Pfund dieses getrockneten Kupffer-Kalches/ein halb Pfund gepülverten Schwefel / und calcinirets / wie zuvor; wann der Schwefel zu rauchen anhebet/ so muß mans mit einem Eisen/ wie gleichfalls zuvor erwähnet/umrühren/damit es sich nicht an das Geschirr hänge/sondern wohl calciniret werde: Nach verrichteter Calcination nimmt man die Materie also warm heraus / und zerstösset solche wohl / so bekommt man ein schwartzes Pulver; dieses wird nachmahlen mit einem halben Pfund deß gepülverten Schwefels vermischet / gecalciniret / und mit einem Eisen unaufhörlich herum gerühret / denn solches ist vonnöthen; auch so lang in dem Ofen behalten / biß das Kupffer eine roth-gelbe Farb erlanget habe.

Nach solchem nimmt mans vom Feuer / und zerstösset es also warm bester massen in einen metallernen Mörsel/schlägets durch ein enges Sieb / und setzets mit 6. Pfund Wasser / wie zuvor/ in den Sand-Ofen / biß der dritte Theil davon abgerauchet ist.

Hernach wird das Wasser abgegossen/gefiltriret/und zum Ruhen hingesetzet; das auf den Boden gefallene Kupffer thut man / mit einem Pfund gepülverten Schwefel/vermischet/wiederum in den Ofen/ und verfähret damit wie zuvor: Und weiln in dieser Operation gemeiniglich mehr als ein Gefäß zerbricht oder zerspringet/als muß man deren Abgang allezeit mit andern ersetzen; damit nicht / wann das Kupffer unter die Kohlen oder Aschen käme alle Arbeit vergeblich seye.

Dieser Proceß / wann er 5. biß 6. mal wiederholet wird / so wird das Kupffer gleich einer subtilen und linden Erden werden / und seine blaue

Tinctur in dem Wasser lassen/welches nachmahls gesammlet / und mit Hinwegnehmung der fæcum, gefiltriret wird/so bekommet man ein sehr lauteres und blaues Wasser von einer wunderbaren Schönheit.

Das 133. Capitel.

Wie man aus diesen gefärbten Wassern den Vitriol extrahiren soll.

MAn setzet ein Glaß/welches ungefehr 3. Pfund Wasser hält / mit diesem gefärbten Wasser anfüllet / in den Sand-oder Aschen-Ofen/und lässet es bey einem gelinden Feuer abrauchen; das übrige Wasser stellet man gleichfalls in andern Geschirren um den Ofen herum/ damit es warm werde; Und nachdem von jenen im Sande etlicher Massen etwas verrauchet ist /so füllet man mit diesem warmen und gläsernen Löffeln das Glaß wieder an; denn so mans kalt nachfüllen wolte/würde das Glaß zerspringen/und alles verderbet werden: Wann von diesem gefärbten Wasser 10. Pfund biß auf 3. Pfund abgerauchet sind / so werden diese 3. Pfund sehr viel von der Tinctur bey sich haben: Solches in irdene und verglasurte Geschirr gethan / lässet man über Nacht an einen feuchten Ort stehen; so wird man einen gesteinten Kupffer-Vitriol finden / der eckigt angeschossen ist/gleich einem Orientalischen Smaragd-Crystall. Das übrige Wasser giesset man davon ab; das Vitriolum wird getrocknet / das abgegossene Wasser aber lässet man biß zur Hälffte abrauchen / anschiessen / und sammlet den Vitriol/ verfahrend auf gleiche Manier wie zuvor.

Von diesem Vitriol thut man 1. Pfund in eine Retorten / welche wohl beschlagen und mittelmässig an der Grösse seye/leget einen grossen und weiten Recipienten für / und giebet vier Stund lang ein sehr gemässigtes Feuer; denn so man anfangs das Feuer nur ein wenig zustarck giebet / so brechen und steigen die feuchten und blästigen Vitriol-Spiritus mit seiner Macht herfür/daß fast kein Recipient ist / welcher deroselben Gewalt aushalten kan.

Darum ist dieses wohl zu mercken / daß das Feuer anfangs die ersten 4. Stunden sehr temperiret/und die Fugen wohl verlutiret seynd.

Letzlich / wann die trocknere Spiritus in Gestalt eines weissen Dampffs zu steigen beginnen/so giebet man ein starckes Feuer / und continuiret solches biß der Recipient hell und kühl werde/alsdann läst man das Feuer abgehen/ öffnet nach 24. Stunden die Fugen / thut alles/was in dem Recipienten ist/ in gläserne Gefässe / und hebets in solchen / wohl verwahret / auf: Denn es ist dieses die jenige wahre und hoch blaue Farb / mit welcher viel Wunder-

Dinge

Dinge verrichtet können werden; welches leichtlich an Geruch dieses Spiritus, als welcher/unter allen natürlichen Dingen der stärckste und schärffste ist/ mag abgenommen werden; Hiervon wäre noch viel zu sagen / weiln aber solches zur Glaßmacher-Kunst nicht gehörig / als wollen wirs mit Stillschweigen vorbey gehen / welches bey gegebener und bessern Gelegenheit vielleicht ein ander mahl kan erkläret werden.

Die in der Retorten übergebliebenen schwartzen fæces, wann sie einen Tag über an die Lufft geleget werden/ so nehmen sie von sich selbsten eine blaue Farb an sich / welche zwar etwas bleich ist; diese gepülvert / und wie in dem vorhergehenden angewiesen / mit Zaffera vermischet / auch dem Crystall in gebührlichen Gewichte zugesetzet/ geben eine sehr schöne Meer-Wasser-Farb; derowegen habe ich die Bereitung dieses Pulvers mit solcher Deutlichkeit beschrieben/ dieweil ich versichert bin / daß dieses kein gemeiner/sondern ein Natur-geheimer und verborgener Weg ist; Solches alles aber habe ich nur/denen edlen und curieusen Gemüthern zu Gefallen/ anführen wollen.

Johann Kunckels Anmerckungen über das Siebende Buch ANTHONII NERI Von der Glaß-Kunst.

HIer in diesem siebenden Buch tractirt unser Autor, nebst der Glaßkunst/und was zu derselben gehöret/ noch allerley andere nützliche und curieuse Dinge. Was demnach

Im 108. und 109. Capitel

DJe Lacc-Farben betrifft / habe ich allbereit vor vielen Jahren / ehe ich noch etwas vom Neri gewust / mich zum öfftern darinnen geübet und delectiret: Unter andern hat man hier bey dergleichen Intention und Operation auch dieses in Obacht zu nehmen; Nemlich: Wann man itzt die Blumen in der Laugen ein wenig gekocht, nnd alsobald/nachdem dieselbe abgegossen/ auf das Hinterstellige wieder frische Laugen giesset / und nach abermahliger gelinder Kochung solches zum drittenmal/oder so lange ckis sich noch eine Farbe extrahirt, wiederholet / hernach einen jeden Extract mit Allaun præcipitirt oder niederschlägt/so gibt ein jeder Extract oder Præcipitation eine andere und sonderliche Lacca, welches denn den Blummen-Mahlern zu ihren Schattirungen sehr nöthig und nützlich / dienlich und angenehm ist. Doch ist dieses nicht von allen Kräutern und Blumen zu verstehen/ weiln etliche gar sehr zart von Farben / und dahero deren sehr viel auf wenig Lauge muß genommen werden; bey etlichen aber braucht man wenig Kraut zu viel Lauge: Das rechte Mittel aber hierinnen zu treffen / muß alleine durch die Ubung oder Erfahrung gelernet und ergründet werden. Es kan aber alles dieses gar füglich mit einer reinen Lauge allein von unser teutschen Pott-Asche vollbracht oder verrichtet werden. Herr Friedrich Geißler hat in seiner Version also gesetzt und commentirt: Du solt dir zubereiten eine nicht allzu starcke / jedoch aber auch scharff-genugsame Laugen / aus der Soda/die die Glaßmacher gebrauchen (sonst Poth-oder Weid-Asche genannt) ꝛc. Ich muß mich aber/mein lieber Herr Geißler / hier nicht wenig verwundern / daß ein solcher scharffsinniger Commentator und Ausleger Philosophischer und Chymischer Schrifften/als ihr bey euch selber seyd/doch noch in dieser Einfalt stecket / daß ihr nicht einst die Pott-und Weid-Asche/(von der Soda will ich gar nichts melden/ denn weil dieselbe aus Spanien kommt / kan ich leicht erachten / daß solche euch zu Spanisch oder zu hoch seyn wird) von einander erkennen oder zu unterscheiden wisset: Habt ihr nicht gesehen oder gelesen / was der hochgelahrte Merrettus in seinen Anmerckungen zu Anfang dieses Capitels sagt: Es verrichte dieses eben so wohl die Pott-Asche und der Allaun. Nun ist der Allaun blos zur Præcipitation und die Lauge zur Extraction. Wenn ihr als ein in der Chymie Unerfahrner/meinen ob wohl ungelehrten Rath folgen woltet / so wolte ich euch dieses rathen; daß ihr doch euch / wann ihr nicht wohl wisset / was ein Ding für ein Ding ist/die Mühe und den Fleiß nicht soltet dauren lassen / solches von uns Chymicis, die wir in dergleichen Arbeit erfahren/und solche Sache aus der

Experi-

Experientz wissen / zu erkundigen oder erforschen; doch vielleicht lässet es eure Gelehrsamkeit nicht mehr zu / oder schämet euch / ein mehrers / sonderlich von Ungelehrten / zn lernen / oder ihr könnet dergleichen viel bey den Materialisten und Kauffleuten / die mit allerhand Waaren handeln / erfahren; wiewol auch dieses zu viel ist / weil sich leicht ein Chymischer Handlanger / oder Kohlen-Jung würde gefunden haben / der / ob er auch weder Lesen und Schreiben gelernet / dennoch euch diesen Unterscheid hätte sagen können. Ich hoffe aber / ihr werdet hieraus leicht erkennen / daß die Gelahrheit / der ihr euch selbst rühmet (denn von keinem andern habe ich euch jemals rühmen hören) euch bißher wenig Erfahrung gebracht; in übrigen weiß ich gar wohl / habe es auch zum öfftern gelehret / daß diese Saltze / als aus der Soda / Weid- und Pott-Aschen nach ihrer rechten Reinigung / nnr einerley seyn; aber in ihrer groben Substantz differiren sie gewiß sehr weit von einander; wisset ihr mir aber ein anders zu demonstriren, so solls mir lieb seyn; denn gewiß / wann nur einer / er sey so gering als er wolle / etwas sagt / das ich nicht weiß / so erkenne ichs mit hohen Danck; also hoffe ich / wird seine Höfflichkeit auch nicht anderst zulassen. Ich will aber zuletzt noch beschreibē / wie die Pot- und Weid-Asche am besten und copieusten in unserm Teutschland zu machen und zu erlangen sey ꝛc. Was nun sonsten der Autor in diesen beyden Capiteln lehret / sonderlich wie man die zugerichte Lacca trocknen soll ꝛc. Ist bey denen Kräutern und Blumen / da es sich practiciren lässet / gar recht. Als ich noch damit umgieng / habe ich mir eine Blatte von Gips etwann 2. biß. 3. Quer-Finger hoch gegossen; wann ich demnach die Lacca wolte trocken haben / macht ich erstlich meine Gipsblatte etwas warm / und striech die Lacca darauf / so ziehet selbige Blatta die Feuchtigkeit gar geschwind an sich; hieran / nemlich ob man geschwind oder langsam trocknet / ist auch nicht wenig gelegen / denn theils Lacca, wann solche gleichsam getrocknet wird / verliehrt ihre schöne Farb / oder stirbt ab und wird gantz ungestalt / dahero auch zum Trocknen genaue Auffsicht von nöthen. Endlich an statt deß Gips kan man nur ein grosses Stück

Kreyden nehmen/ und solches flach und eben machen / sonst aber kan man eine solche Gips-Blatte lange gebrauchen / wann man selbige nur allezeit/so bald man sie gebraucht/ beym Feuer wieder trocken thut machen.

Vom 110. Capitel.

Dieses ist eine curieuse Arbeit / will aber / wann es nach des Autoris Lehre soll gemacht werden/ eine viel genauere Aufsicht haben/ als er hier beschrieben. Vornemlich muß man gantz fleissige Achtung auf die Farbe der Tropffen geben / denn die ersten/die da kommen/wann sie das Kraut angegriffen/sind allezeit gar sehr schön/und demnach das beste ; wann man aber zu lange distillirt / so machen offt die letzten Tropffen / die rechte schöne Farbe / gantz veränderlich und ungestalt. Will mans demnach recht schön haben / so muß man die erste Coleur absonderlich abnehmen und verwahren. Vor allen andern aber ist dieses zu observiren / daß ja die zarten Kräuter und Blumen durchaus nicht zerknirschet noch zerschnitten werden ; sonderlich sage ich die gar zarten Blümlein / denn dadurch geht ihr grober Safft mit herüber/ und wird also auch die Lacca ungestalt/doch hats mit einigen Kräutern/die nicht gar Safft-reich seynd/ als zum Exempel der Bibenell ꝛc. auch nicht so viel zu bedeuten. Im übrigen melde ich hiemit / daß der Helm/ welchen F. G. in seiner Version beygefüget / im geringsten nichts dienet oder nützet ; weiln der grosse Bauch/ den selbiger von hinten hat / und mit den Blumen soll ausgefüllet werden/ nur verursachen würde / daß der Spiritus solcher Gestalt allzu lange darauf stehen bliebe / und dahero die Farbe desto ungestalter werden müste : Denn es bedürffte dieser bauchigte Helm von hinten zu wieder ein Feuer / der den Spiritum nach der Röhren triebe/oder man müste mir beweisen/ daß das Wasser von sich selbst Berg-an lauffe ꝛc. Und dieses ists/ was hier bey unsers Autoris Capitel zu erinnern und zu mercken vor nöthig geachtet.

Was meinen Modum belangt / so habe ich diese Manier gebraucht

braucht / und am besten befunden / nemlich: Ich nehme einen hoch-rectificirten Spiritum vini, der gantz ohne Phlegma ist / denselben gieß ich über ein Kraut oder Blumen/welches ich will (wenn es ein gar grobes oder trocknes Kraut ist / so zerschneide ichs ein wenig/wie oben erwähnet/die Blumen aber leiden gar keine Zerschneidung noch Zerknirschung) und sehe wohl zu / daß ich/ so bald es sich gefärbet/solchen geschwind herab / und einen andern oder frischen Spiritum vini darauf giesse/sehe ich nun/daß im Abgiessen die Coleuren einerley / so gieß ich sie zusammen: Seynd sie aber different, so behalte ich jedes absonderlich / hernach distillire ich den Spiritum vini wieder davon/ biß auf ein weniges / damit ichs aus den Kolben nehmen kan / folgends giesse ichs in ein unten rundes gläsern Schäligen oder in ein Urin-Glas/und laß es vollends gantz gelinde evaporiren, biß es seine behörige Consistenz und Dicke hat/oder (nach Belieben) gar trocken ist / welches aber sehr gelinde geschehen muß/weiln diese Farbē überaus zart seynd. Es sind etliche Farben der Blumen/die stehen allezeit ab und geben eine andere Coleur/dieses thut insonderheit uñ vor allen andern die blaue: Selbige recht zu machen / will vor allen andern gelinde tractirt und fleissig observirt werden. Es hat mir auch keine jemals mehr Mühe/als die Blaue gemacht/und kan doch die Warheit zu bekennen/mich nicht rühmen/daß ich eine rechte Blaue/ die mich contentiren können/gekriegt hätte; ob ich wohl unterschiedene derselben / noch bey meinem G. H. Hertzog Frantz Carl zu Sachsen Lauenburg Christm. Andenckens/(welcher ein sonderbarer Liebhaber der Mahlerey und in dergleichen Farbe Bereitungen war) da ich bey demselben noch als ein Cammer-Diener aufwartete / unter andern curieusen Dingen gemachet. Es bestehet aber / wie schon gemeldet/die gantze Sache in einer gar sehr genauen Aufsicht/welches allein die Erfahrung und Ubung recht lehren muß. Hier/nach diesem Modo, erspahret man viel Mühe im distilliren / und kan man auch also die Lacca besser in Copie machen. Denn die/welche nach der Lehr und Art unsers Autoris gemacht wird / muß umb der vielen Mühe willen sehr kostbar

fallen/

fallen/ welches die Erfahrung gnugsam bezeugen wird. Auf diese meine Art kan man auch stracks sehen / was für Kräuter hierzu tüchtig/ und was dieselben eigentlich für Coleuren geben/ wann man es nemlich nur mit einen paar Untzen Spiritus Vini versucht. Es wird auch niemand durch die destillation unsers Autoris aus dem Löffel-Kraut eine solche schöne Grüne bekommen/ als auf diese meine Art/ denn indem das Sal volatile in dem Löffel-Kraut von dem acido deß Weingeistes oder S. V. überwältiget wird/ so wird es roth/ also ists auch von andern zu verstehen; und solcher Gestalt kan die Farbe eines jeden Krautes oder einer jeden Blumen auf das schnelleste erfahren werden: Auch ist noch diß zu mercken/ daß dieselben zum öfftern eine andere Farbe im Spiritu Vini, eine andere aber in der Lauge ertheilen. Endlichen muß ich noch erinnern / daß diese Extraction nur in der Kälte muß geschehen/ denn so bald eine Wärme dazu kömmt/ so wirds ungestalt; Derowegen man auch im distilliren es gar leicht durch die Wärme versehen kan/ deß die Farben gantz unangenehm und häßlich werden.

Das III. Capitel.

GIbt eine ungestalte blaue Farb / allermassen auch aus deß Herrn D. Merretti Anmerckungen/ als welcher es gleichfals probiert / zu ersehen ist. J. Geißler hat daselbst auch das seine gethan / sonderlich / indem er ans einem Ihme nicht gar ungleichen Chymischen Autore eine blaue oder Lazur-Farbe mit 4. Loth Schwefel und 6. Loth Qvecksilber zu machen lehret rc. da doch ein jeder / der in der Chymie nur ein wenig mehr Verstad / als ein Sperling hat/ leicht sihet/ daß/ weil es die blosse Composition deß gemeinen Zinnobers ist/ solche auch durch dieses Tractament nur ein verdorbener Zinober wird; wer es aber nicht glauben will / der kan es selber versuchen.

Im 112. Capitel

IST dieses/ was der Autor vom Mandelöl/ dem Türckis seine verlohrne Farb wieder zu bringen / gedencket/ zwar offt versuchet/

suchet/ aber wenig Warheit daran befunden worden. Ich habe selbst/ dem abgestandenen Türckis seine verlohrne Farb wieder zu bringen/ viel Künsteln vorgenommen / aber wenig Vergnügen erlanget. Dieses habe ich von einem vornehmen Obristen gesehen / der hatte ein Wasser / welches er ein Mercurial-Wasser nannte / darein legte er den Türckis ein Tag 8. oder 10. da sahe er sehr schön; ich erfuhr aber hernach/daß solche Schöne nicht lange währte / sondern so bald er eine Weile getragen wurde / da hatte er seine vorige Coleur wieder; weiln ich denn befunde/ daß dieses eine solche Kunst / daran keine Gewißheit / noch etwas besonders war / als habe ich mich weiter nicht darumb bemühen wollen.

Vom 113. Capitel.

SO viele sich in dieser Spiegel-Kunst üben / so viel Manieren und Compendia findet man hiervon/ wie auch aus des Doctor Merrets Anmerckungen über dieses Capitel gnugsam zu ersehen: Doch ist diese/die hier unser Autor setzet/ sehr gut / nur dieses habe ich nach meiner Observation dabey zu erinnern/daß/ wann man das Arsenicum darzu thut / solcher dem Spiegel/ wann er auch gleich aufs schönste gepolirt/ immerzu blaulicht macht / muß also ein solcher Spiegel / weil er continuirlich anläufft/zum öfftern wieder gepoliret werden. Dieses haben auch andere nebenst mir beobachtet und also befunden. Mit dem Zinn und Kupffer handelt ein jeder hierbey nach seinem eigenen Belieben und Wolgefallen.

Im 114. Capitel

HAndelt und lehret der Autor die Spiegel-Kugeln zu marmoriren. Als ich dergleichen erstmals zu Hamburg gesehen/gefielen sie mir sehr wohl/ kauffte derohalben eine / und schlug dieselbe alsofort auf freyen Marckt zu stücken / wie ich denn derohalben von denen / die nicht wusten / warum ich solches gethan/ verlacht wurde; der Verkäuffer aber / welcher ein Holländer war/ merckte mein Vorhaben/ und ließ einen grossen Verdruß darob verspüren; meinte auch/ so er das gewust/ er wolte sie mir nicht verkaufft haben/ eben als wann ich solche/ weil sie öffentlich feyl/ nicht dennoch hätte kriegen können. Ich aber machte mich alsobald darüber/ und weil ich sahe/ daß was mähligtes von Gips daran war/ nahm ich allerhand Farben mit Spick-Oel angerieben (denn auf die Hausen-Blasen kund ich mich damaln nicht besinnen) und sprützte die in die Kugel/ ließ solche auch geflammet/ und wie es zutreffen wolte/ darinnen herum lauffen. Zwar wann man sie nur so ansihet/ lässet es gar ungestalt; so bald ich aber ein wenig Weitzen-Mehl hinein that/ sahe es sehr schön und angenehm/ und dienen auch auf feinen gedreheten Füssen sehr wohl auf den Gesimsen/ die Stuben und Cabinete auszuzieren. Hernach/ wie ich unsers Autoris Art bekam/ habe ichs auch nach derselben gemacht/ wiewol solche mehr Mühe und Beobachtung/ als die Meinige erfordert. Sonst kan man nach deß Autoris Weise/ an statt der Hausen-Blasen oder des Fisch-Leims/ nur reines Eyerweiß nehmen/ solches im Glas herum schwencken/ und das übrige wieder heraus lauffen lassen/ um zu andern zu gebrauchen ꝛc. Hier will ich den Liebhabern dergleichen Sachen/ noch eine Spiegel-Art mittheilen/ welche unter die vorigen versetzt/ sehr fein stehet. Nimm derohalben diese Spiegel-Kugeln zu begiessen

Quecksilber 2. Loth.
Wißmuth 1. Loth.
Bley und Zinn jedes ein halb Loth.

Das Bley und Zinn lässet man erstlich fliessen/ denn thut man den Marcasit oder Wißmuth dazu; sihest du nun/ daß er auch geflossen/ so lasse es stehen/ biß es schier erkalten will. Alsdann giesse den Mercurium oder das Quecksilber hinein. Ferner/ so nimmt man eine gläserne Kugel/ die inwendig gantz rein und ohne Staub ist/ und macht einen Triechter von Papier/ welchen man inwendig/ an einer Seiten der Kugel ansetzet/ und giesset also diß Amalgama fein sachte an den papierenen Triechter hinunter/

unter / daß es nicht sprützet / sondern gelinde an der Kugel hinunter läufft. Denn so es zu gähling auf dem Boden der Kugel fiel / so würde es allenthalben inwendig herum sprützen / und dahero die Kugel gantz ungestalt / oder nur lauter Flecken daraus werden; derowegen dieser Handgriff wohl und fleissig in Obacht zu nehmen. Jngleichen / so nur der geringste Staub in der Kugel gewesen / so hangt das Amalgama auch gar nicht an denselben Ort an. So auch das Amalgama an einem Ort sitzen bleiben / und / wie zum öfftern geschieht / breit oder körnicht werden wolte / alsdenn hält mans nur ein wenig über ein Kohl-Glut / so fliesset es wieder / und läufft fein allenthalben herum: Wenn es nun allenthalben sich wohl angelegt / so kehret man die Kugel um / also daß sie mit dem Loch auf einen Becher zu sitzen kommt / da dann das übrige wieder heraus läufft / mit welchen forthin andere mehr können begossen oder bezogen werden. Wann aber das herauslauffende Amalgama zu dünne wäre / setzt man ihm nur noch etwas Bley / Zinn und Wißmuth zu / und verfährt weiter damit / wie allbereit genugsam gelehret worden; ist nun das Glaß recht schöne / so spiegeln auch die Kugeln schöne / wo aber das Glaß schlecht / so muß es auch der Spiegel entgelten. Ob nun zwar diese Kugeln schon gemein / so seynd doch noch etliche / die solches nicht wissen und doch gerne wissen wolten / und um derselben willen / hab ichs auch hier so umständig beschrieben.

Vom 115. Capitel.

OB gleich diese hier gelehrte Ultramarin-Farbe / bey uns Teutschen nicht mehr mit Nutzen zu machen / (ungeacht dieselbe / wenn sie recht schön / viel höher als Gold æstimiret und bezahlet wird /) aus Ursach / weiln man uns den Lapis Lazuli viel zu theuer und kostbar ansetzet / so kan solche doch von unterschiedenen Künstlern / sonderlich vornehmen Mahlern / nicht gäntzlich entrathen werden. Es hat sich hier unser Autor genugsam bemühet / alle zu dieser Bereitung nöthige und nützliche Handgriffe zu beschreiben; dieses aber hat man in der / woran doch das allermeiste liegt) Composition befunden/daß die Farbe auf solche Weise nicht wohl rein und fein / sondern mehrentheils unsauber und ungestalt wird oder heraus kommt. Will derohalben dem Liebhaber einen Modum setzen/wie mir solchen einsten ein Franzmann gewiesen/und wir solche mit einander gemacht und verfertigt haben. Nemlich wir nahmen Lapis Lazuli und stiessen denselben in Stücken/so groß als Erbsen / selbigen liessen wir hernach roth glüen/ und schüttetē ihn also heiß in scharffen Wein-Essig/ (will man distillirten nehmen / ists desto besser) ferner rieben wir ihn mit dem Essig auf einen harten Marmor / so klein/ daß er gantz unbegreifflich ward/denn je kleiner er gerieben wird/ je besser es ist; man kan ihn auch nicht zu klein reiben: Und dieses ist das vornehmste Stück der gantzen Kunst. Alsdenn nahmen wir gleich so schwer / als das Pulver gewogen / reines gelbes Wachs und reinen Calophonium / jedes die Helffte; dieses liessen wir in einer irden verglasten Pfannen zergehen / und rührten also den aufs subtilst gepulverisirten Lapis Lazuli fein sachte und nach einander hinein; hernach thaten wirs in reines kalt Wasser / darinnen liessen wirs acht Tage liegen; hernach nahmen wir zwey grosse gläserne Zucker-Töpffe / und füllten die an mit Wasser/welches eben so heiß war / daß wir kaum die Hände darinnen leiden kunten/(dieses warme Wasser muß auch gantz rein seyn)alsdann nahm der eine von uns eine Rolle in die Hand/und malaxirte oder knettete dieselbe in dem warmen Wasser / wohl durch einander; nachdem nun das subtilst und schönste / wie uns dauchte / heraus war/so nahm sie der ander in ein Glaß/und was da heraus fällt / das ist nicht so schön/sondern bleicher und geringer. Dieses Wasser liessen wir wohl wieder über 4. Tage stehen/in welcher Zeit sich das subtile Pulver völlig setzet / welches man alsdenn aufs fleissigste zusammen sucht. Es gibt aber von den rechten feinen und schönen sehr wenig/ und man kan wohl 3. oder viererley Sorte aus einer Massa machen/nachdem man nemlich eine Quantität macht / und solche in unterschiedenen Wassern malaxirt. Daß man nun sehr saubere Hände und allemal gantz reines Wasser nehme / ist

noch-

nochmal das nöthigste zu erinnern/ weil diese Farbe überaus leicht eine Unsauberkeit fängt/ oder an sich nimmt. Und diß ist die Art/ die ich selber gemacht und machen helffen.

Das 116. und 117. Capitel

GEhören beyde zusammen/ und gehet die Farbe/ nach deß Autoris Lehre/ gut an. Weil ichs aber nur aus der Coscionelle gemacht/ und aber zwischen Grana Chermes und Coscionelle ein grosser Unterscheid/ weiß ich derohalben nicht/ zweifle auch sehr/ ob diese aus der Grana Chermes, so schön als aus der Coscionelle wird; doch habe ichs/ wie gedacht/ mit der Grana Chermes nie versucht. Ich will aber hier einen unfehlbaren Modum setzen und mittheilen/ den ich nicht alleine offt gemacht/ und sehr gut befunden habe/ sondern auch noch die kleine Dinge in meiner Haushaltung damit selber färben lasse; ingleichen kan ich daraus nach Belieben/ und wann ich will/ die allerschönste Lacca auf unfehlbare Weise machen und bereiten. Derowegen

Nimm Coscionelle 8. Loth.
Alaun 1. Pfund.
Reine und feine Wolle 8. Pfund.
Klein gestossenen Weinstein ein halb Pfund.
Rocken-Kleyen 8. gute Hand voll.

Koche die Kleye ungefehr in 24. Kannen Wasser/ mehr oder weniger/ es kan nicht groß schaden; denn stelle es auf die Seiten eine Nacht/ daß es sich wohl setze; geuß es durch einen Filtz/ daß er fein klar oder sauber und rein werde. Alsdenn nimm einen kupffern Kessel/ so groß/ daß die Wolle darinnen Raum habe/ geuß die Helffte vom Kleyen Wasser darein/ und ferner so viel reines Wasser darzu/ als dir bedünckt gnug zu seyn zu der Wolle; laß es also kochen. Weiter thue den obgesetzten Alaun und Weinstein darein/ und hernach die Wolle/ und ferner 2. Stund kochen lassen/ es muß aller die Wolle allezeit von Grund aufgerühret/ und denn wieder niedergestossen werden/ gleich wie es die Weiber im Waschen machen; damit die Wolle recht und wohl gereiniget werde: Wann es denn seine bestimmte Zeit gekocht/so thue die Wolle in ein Netz/ daß sie wohl ausrinne; denn nehm ich die zuvor behaltene Helffte deß Kleyen-Wassers / und giesse dazu noch 24. Kannen (ungefehr) rein Wasser/laß es kochen: wann es nun wohl kocht/so thue die Coscionell hinein / selbige muß zuvorhero aufs kleinste mit 4. Loth weissen Weinstein gerieben und miscirt seyn. Dieses muß man auch immerzu rühren/daß es nicht überläufft/alsdenn thue die Wolle hinein/und laß es anderthalb Stund wohl kochen; dabey wieder allezeit die Wolle um-und von Grunde aufgerührt. Wann nun die Wolle die Farb angenommen/so thue ich sie wieder in ein Netz/und lasse sie wohl abrinnen/so ist es Scharlach-Farbe. Es kan zwar diese Farbe auf eine andere Art und Weise/ nemlich mit Zinn und Aqua fort oder Scheidwasser / und in zinnernen Kesseln viel höher gebracht werden: ich hab aber hier nur diesen Modum gesetzt/weil er am dienlichsten eine Lacca daraus zu machen/und so leicht/ daß er fast von jederman kan imitirt und nachgemacht werden: ich selbst lasse Strümpffe / Cammesole und andere dergleichen Dinge / die ins Haushalten gehören / auf diese Weise vor mich / durch meine Leute färben. Ich habe hier alles aufs klärest beschrieben/ also daß man nicht wohl irren kan; nur erinnere nochmal / daß man die Proportion der ingredientien beobachte: Denn hat man mehr Wolle oder Wüllen-Zeug / so muß man es ausrechnen was auf das übrige kommt. Nun folget ferner

Wie man eine Lacca daraus machen soll.

Nimm reines Wasser/ungefehr 32. Kannen/und lasse so viel reine Pott-Asche darinnen zergehen / daß es eine gute scharffe Lauge wird; mache solche / indeme du sie durch einen Filtz oder wöllernen Beutel giessest / fein rein und lauter / darein thue die Wolle / und lasse solche im Kessel wohl kochen / biß sie wieder gantz weiß werde / und die Lauge alle Farbe an sich genommen habe; alsdann geuß es abermal durch einen reinen Beutel / und drücke die Wolle aus. Nun nimm 2. Pfund Alaun/laß den im Wasser zerge-

zergehen/und geuß es in diese gefärbte Lauge; rühre es wohl um/ so gerinnts zusammen und wird dicke; geuß es wieder in einen dichten leinen Beutel/so bleibt die Lacca im Beutel/ und die Lauge läufft klar und lauter durch. Wofern sie aber noch gefärbt durchlieffe/ so müste mans alsdenn nur ein wenig einkochen/ und noch etwas vom zerlassenen Alaun hinein giessen/ so würde es vollend gerinnen/ und die Lacca unfehlbarlich zurück bleiben. Wann nun solcher Gestalt die Lacca alle im Beutel ist/so must du offt frisch Wasser darauf giessen/damit das/was etwan noch vom Saltz oder Alaun dabey ist/ weggespühlet werde. Nimm alsdenn eine Tafel von Gips/ oder von Kreyde/ wie ich schon vorhin gelehret/streiche es darauf/oder lasse kleine Kuchen/ wie etwan in den Apothecken die Brustkuchen/ darauf tröpffelen/ welches gar fein in einen Triechter geschehen kan/ und verwahre sie zum Gebrauch: denn du wirst/ wenn du recht procediret/ eine sehr schöne Lacca haben. Hierbey ist noch zu mercken: wann im Kochen der Wolle/das Wasser wolte vergehen/ und zu wenig werden/ daß man ja kein kalt Wasser zugiesse; sondern auf bedürfftigen Fall/ muß man siedent-heiß Wasser bey der Hand haben/und nachgiessen; weil sonst leicht alles mißrathen solte. Im übrigen ist hierbey nichts mehr in acht zu nehmen/ sondern gehet alles unfehlbar an. Wer aber die Lacca machen wolte/und die Wolle nicht erstlich färben/ dem will ich hiermit einen noch leichtern und unkostbaren Weg zeigen: Er sehe nur/ daß er die Flock- oder Scheer-Wolle von Scharlach bekomme/ die koche er in der Lauge/ und mache es nur allerdings/ wie oben gelehrt/ also ist man sowol der Mühe von Färben/als auch der meisten Unkosten überhoben.

Im 118. Capitel

Hat der Autor gelehrt/ wie man eine Lacca aus der Brasilie machen soll. Diesen Modum bin ich gefolget/und habe selbigen ganz richtig befunden/nachdeme habe ichs einen guten Freund gewiesen/der macht sie noch auf den heutigen Tag/und verkaufft solche denen Mahlern mit guten Nutzen/ als welchen sie/ weiln solche wol tieffet (wie die Mahler reden) sonderlich dienstlich ist. Das Zugiessen des Alauns gibt sich selber. Im übrigen hat hierinnen der Autor das geringste nicht verhalten. Was aber

Im 119. Capitel

Nach des Autoris Lehre die Lacca zu machen betrifft / ist selbige etwas zu kostbar / sonst aber ist sie allerdings richtig. Meine Art ist diese: Ich nehme eine klare Pott-Asch-oder Weinstein-Lauge / dazu gieß ich ein gantz wenig zerlassenen Alaun / die Lauge thue ich in ein weit gläsern Geschirr / alsdenn nehme ich gestossene Coscionell, und thue sie in einen dichten-leinen Beutel / und schlage den hin und her in der Lauge / bis alle Farbe heraus geht / doch ist die erste die beste: derowegen um jede absonderlich zu finden / kan man zwey Gläser nehmen.

Wenn nun aber keine Farbe mehr heraus will / nimmt man ein lauter Alaun-Wasser / und giesset so viel davon unter die Lauge / biß solche gäntzlich gerinnt / das Geronnene giesse auf ein Tuch / und süsse oder wasche mit frischem Wasser die Lauge ab / und truckne sie auf vorige Art / so hast du eine so schöne Lacca, als der Autor lehret / die doch weder kostbar noch mühsam ist / kanst auch dieser Manier sicher trauen / denn ich sie zu unterschiedlich malen probirt habe.

Vom 120. Capitel.

Der Autor kommt nun wieder auf die Glas-Kunst / und lehret hier eine durchscheinende Röthe in das Glas zu bringen; es gehet auch / daferne die Magnesia / nach seiner Lehre / wohl und fleissig zugerichtet / gar gut an / und gibt eine schöne Granat-Farbe / wie ich denn dieselbige einem Liebhaber / so er bey mir kommt / wohl vorzeigen kan.

Hier stehet in des Geißlers Version also: Es soll von dieser Medicin 20. Untz oder 40. Loth / in ein jeder Untz des Crystalls oder Glases gethan werden. Wobey Geißler noch ferner ad marginem commendirt: Es soll vielleicht Pfund heissen. Aber

gewiß /

gewiß/lieber Herr Geißler/es ist mir leid / daß ihr so gar unglückselig in euren judiciren / und also fort auch im commendiren seyd. Billig solte man euch (zumalen / weiln ihr doch ein Chymicus seyn / und den Neri inskünfftig verbessern wollt) also zuruffen: Lerns besser/lerns besser rc. Ihr setzet/ oder rühmet euch in euer Charteque, daß ihr in der Chymie von Jugend auf wenig unnützlich Gold verthan: ich aber halte dafür / daß ihr noch weniger nützlich darinnen verthan habt. Ja es ist fürwar ohne euren Ruhm und Bekäntnis gnugsam zu sehen / daß das wenige (wie wenig es auch immermehr seyn mag) so ihr in der Chymia verthan/gleichwol bey euch recht unnützlich verthan ist; Ursach/ weiln ihr dadurch nichts gebessert / sondern noch so gar alber und unverständig seyd. Gewiß ihr habt vonnöthen / noch von unsern allergeringsten Jungen zu lernen / und Unterweisung anzunehmen; ist also freywillig billig und recht/daß es mit euch heisse/ wie ihr euch selber geprophezeyet habt / nemlich: Rücke hinunter. Denn es ist eine bekannte Warheit / daß / wer in der Chymie wenig verthan / selbiger auch darinnen wenig gethan habe; und dieses hat man aus eurer Charteque gar wohl gesehen / also daß es von euch unnöthig gewesen / ein solches Geheimnis der Welt zu offenbaren. Sage derohalben nochmal mit guten Fug/ daß mein voriger Jung/so eines schlechten doch ehrlichen Bauren Sohn / dennoch mehr als zu viel tüchtig gewesen/ euer Lehrmeister zu seyn/ um euch in denen Dingen / die ihr billig wissen sollt / und doch nicht wisset / zu unterweisen. Wiewol leicht zu sehen / daß eure Einbildung sich zu der Zeit sehr hoch erstreckt/hoffe aber/ sie wird von sich selbst vergehen / sonderlich wann ihr werdet zur Erfahrung derer Dinge/die ihr euch jetzt einbildet/einsten gelangen. Ich zwar wünschete euch gerne / daß ihr wüstet / was ihr euch einbildet/und hättet die Experienz an statt der Meinung/so wolten wir besser zusammen kommen.

Aber wieder von unsers Autoris Medicin zu reden / so will ich euch nur dieses zu bedencken geben: Ihr wollt ja ein Medicus seyn/und vermuthlich kein gemeiner; nun nennet dieses der Autor eine Medicin; habt ihr denn jemals gesehen einem Krancken / oder einem Corpo, eine Medicin beybringen am Gewicht / (ich will nicht sagen 20. mal) schwerer als das Corpus selber ist? Ich halte / es solte eine neue Art zu mediciniren seyn. Ihr wollt ja auch ein Philosophus seyn / ich muß aber glauben / daß ihr entweder zu raisoniren vergessen / oder niemals gelernet habt; denn überlegts nur selber / (es gehöret doch auch zur Philosophia) wann ein Färber / oder sonst jemand etwas färben wollte / und dazu (ich will nicht sagen 20. mal) schwerer als das Ding / welches er färben soll / Farbe / und zwar wohl-præparirte Farbe / nehmen und gebrauchte / solte er nicht (sonderlich auf Roth) zu recht kommen? würde er nicht von jederman / der es wüste / vor den grösten Ignoranten gehalten werden? Eben diese Bewandschafft hat es hier auch mit den Gläsern / in welchen doch als in einem durchsichtigen Corpo, die Farbe sich noch viel weiter (daferne recht verfahren wird) erstrecket und erstrecken muß: und dieses hättet ihr billig wissen sollen / daferne ihr nur ein halber Chymicus und dabey weder ein Medicus noch ein Philosophus wäret / da ihrs doch alle drey zusammen (sehet nur / wohin euch die Einbildung verleitet) seyn wollet.

Ihr werdet euch zwar hier entschuldigen wollen / und sagen / es stehe also in der Lateinischen Version: Wolan / gesetzt / daß ihm so ist / so seyd ihr aber (scilicet) ein Ausleger Philosophischer und Chymischer Schrifften: nun weiß jederman wohl / daß eine Sache / die an sich selber klar und richtig ist / keiner Erklärung oder Auslegung vonnöthen hat; sondern vielmehr / wo dieselbe zweifelhafftig / dunckel / ungewiß oder gar gefehlet ist. Ists nicht also? Ihr aber habt gerad das Gegentheil gethan / indem ihr (nach der rechten Ausleger Art) allezeit / wann der Text am klåresten / euren Senf am liebsten beygeschmiert; wann es aber am meisten vonnöthen gewesen / da habt ihr nichts im Faß gehabt.

Ich hätte hier Gelegenheit / euch / aus der Charteque an eure hochgeehrte Herren / und sonderlich aus den NB. wohl-ausgesonnenen Zuschrifften eures Neri recht blos und eigentlich vorzustellen:

stellen; wills aber doch/weil ich hoffe/ihr werdet euch bessern/ vor dißmal beruhen lassen/ und was die rechte Proportion der Medicin sey/hiemit erklären:

Ich habe zwey teutsche Versionen über den Neri/aber deren keine wills mit euch halten/ denn die eine setzt eine Untz auf ein Pfund/ die andere aber eine Untz auf 20. Untzen; und diese hat des Autoris Sinn und Meinung recht getroffen; weiln/wenn es ja in der Lateinischen Version also stehet/wie H. Geißler hat/ nur verkehrt gesetzt ist; welches aber ein Commentator billig sehen/ oder mercken und wissen soll/ sonderlich ein solcher/ der/ wie ihr euch rühmt/so viel Jahr der Musen Brüste gesogen; welches ich aber/weiln ihr nicht besser von einem Ding raisonirt/nicht glauben kan/daß es nemlich der Musen Brüste gewesen/von welchen/ weiln sie bey mir in einen bessern Credit seyn/ich nicht muthmasse/ daß sie solche einem jeden unverschämten Gast darreichen sollen/ indem es ihnen sonst ja zu grossen Schimpff (wie leicht zu erachten) gereichen würde: sondern wenn ich hiervon meine Meinung sagen soll/ so halte ich vielmehr darfür; es sey der Phantasia ihr mit Lufft und Wind angefüllter Ledersack gewesen/ womit mancher ehrlicher Kerl ist betrogen worden.

Zum Beschluß aber/sage ich euch/mein lieber Herr Geißler/ daß hier eine Untz Medicin auf 20. Untz der Crystallinen Massa zu viel ist; es wäre denn Sach/ daß man es zusammen in einer übermässigen Hitz wolte stehen lassen/ damit sich etwas an der Farb verzehrte/wiewol es dennoch hier nicht so leicht/ als mit der unpräparirten Magnesia geschicht: Ja es ist fast an einem Loth genug/und gibt/ wann alles recht getroffen/ reverà eine sehr anmuthige Farbe. Dieses schreibe ich nicht etwan aus dem Falopio oder sonst einem alten Buch/ sondern aus unbetrüglicher Experienz und Erfahrung; thut ihr auch dergleichen/ so habt ihr keiner Correction vonnöthen. Es soll mir auch sehr lieb seyn/ wann ihr mit Experienz mir meine Fehler zeiget/ mit leeren Worten aber werdet ihr euch nur prostituiren und doch niemanden/der bey gesundem Verstand ist/contentiren können.

Das 121. Capitel

WAs hier die Bluth-rothe Farbe betrifft / gebe ich nach / daß sie in schwachen Feuern wohl angehe. Ich habe dieses mehr denn einmal versucht / auch im Ausnehmen selbige öffters so blut-roth befunden / daß ich mich darüber verwundert / und von Hertzen erfreuet; aber wann mans will verarbeiten lassen / so wird es am Instrument ungestalt / und flechten sich allerhand unannehmliche Streiffen darein / auch wann ein oder 2. Stückgen gemacht / so vergeht die Farbe nach und nach fast alle wieder. Wann aber etwas / von dem mit Essig präparirten Eysenpulver dazu gethan gewesen / so kan / daferne die Farbe vergangen / selbige mit dem Weinstein wieder hervor gebracht werden; aber es ist doch keine Beständigkeit dabey ꝛc.

Hier wolte ich gerne einen bessern Modum anzeigen / und auf eine compendieuse Art das rothe oder Rubin-Glas lehren / wann es nicht vor eine so sonderbare Rarität von meinem Gn. Churfürst und Hn. gehalten würde: Wer es aber etwan nicht glauben will / daß ichs kan / der komme inskünfftige und sehe es bey mir. Wahr ists: Es ist itzo noch zu rar / gemein zu machen.

Im 122. Capitel

ERfodert die Farbe / wie kurtz sie der Autor auch beschreibet / viel Mühe in ihren eigentlichen Grad zu treffen / wiewol seine Beschreibung allerdings recht. Nur erinnere ich dieses dabey / so man das Glas anfänglich mit der Magnesia / oder Braunstein etwas zu starck gefärbet / so bekommt man die Farbe nimmermehr nach Belieben / sondern wird gantz dick und dunckel; derowegen muß sehr wohl in acht genommen werden / daß man es im Anfang nur helle färbet. Dieses habe ich mit Schaden erfahren.

Das 123. Capitel.

IST nicht werth / daß dabey etwas erinnert werde / weil es der

der alte Modus, den alle Apothecker-Jungen wissen. Es ist auch schon zuvor droben im 91. Capitel ein sonderlicher und compendieuser Modus, das Saccharum Saturni oder Bley-Zucker copieus zu machen/ausführlich gelehret worden.

Im 124. und 125. Capitel

Muß dieses wohl in acht genommen werden / daß / weiln der Autor mehr Saltz als Sand zu machen befiehlet/ man die Pasta, wann solche geschmoltzen / zu etlichmalen im Wasser ablösche / denn so solches nicht geschicht / und man hernach damit ameliren und mahlen will / so sihet alles unangenehm und blätterigt aus / und will nichts rechts feines und schönes daraus werden.

Es kan auch eben solches mit dem gemeinen Glas aus der Pott-Asche geschehen/nur daß dieses (nemlich in diesem Capitel) darum/ weil mehr Saltz dazu kömmt/weicher und geschmeidiger wird. Es ist zu wissen / daß man bey allen Schmeltz-Gläsern sich nur nach den Feuern muß richten: Denn ist das Feuer gar zu starck/so vergeht ihnen die Farb/ die sie haben sollen/und kommt eine andere hervor / die man nie begehrt noch haben will. Der figirte Schwefel dient hier zur Sache gar nichts/er mag so leicht davon bleiben / als dazu kommen: und weil hier sein Gebrauch nichts nutzet/ so ist auch nicht nöthig

Im 126. Capitel

Deswegen ein Wort zu verlieren/sondern Dinten und Federn weiter zu sparen. Was aber

Das 127. Capitel.

Anbelangt / so braucht dieselbe Schmeltze fürwar eben so viel Kunst nach zu finden/ als zu erfinden. Man muß wohl zu sehen / daß / so bald das rechte Tempo einer verlangten Röthe getroffen/ man es alsobald aus dem Feuer nehme / sonst veränderts sichs in einer halben Viertel Stunde.

Man kan aber diese Farbe nicht geschwinder kriegen / als wann man des gelben Staubs / der in den Eychen liegt / etwas unter den Weinstein mischet; und so der Weinstein nicht selbst sehr dicke von Farbe ist/so thut es auch wenig. Es bleibt dabey/ diese Farbe geräth selten wohl / aber die nachfolgende wird sehr schön / und hat nicht so viel Mühe / als diese. Summa / das Feuer ist hierinn das Hauptstücke zu beobachten.

Vom 128. Capitel.

WAnn hier die Kupffer-Schlacken dazu gethan werden / so muß mans nicht lange stehen lassen; sonst wird es Stahl-Grün / da es doch anfänglich eine schöne Röthe gibt / währt aber gar eine kurtze Zeit: Derowegen der Autor das Glas so milde und gelinde macht / daß man desto besser kan damit zu recht kommen. Auch/so das Feuer nur ein wenig zu starck / so wird es eine Leber-Farb: Imgleichen muß man nicht gedencken / daß man recht durchsichtig roth Glas daraus kriegen wolte / nein / das will hier nicht angehen / sondern so weit ist es durchsichtig / wann man ein Stücklein nimmt / und dasselbe / so es voneinander geschlagen / gegen das Liecht oder die Sonne auf den Nagel hält / da siehet es schön roth; Wann man es aber zum Glas-Blasen will / so wird es am Instrument oder an der Pfeiffe / Ziegel-Farb bekommen.

Dieses Glas hat eine wunderbarliche Art an sich / denn so dasselbe gerieben / und damit auf die Gold-Arbeiter Art gemahlt und eingebrannt wird / so kommt es nicht roth / sondern nur gelblicht aus dem Feuer: so man es aber über etliche trockene Bircken-Reiser räuchert / so kriegt es seine schöne durchsichtige rothe Farbe / wie denn dieses Kunst-Stücklein schon unterschiedlichen Gold-Arbeitern bekannt / welche es in dem Gebrauch oder Erfahrung also befunden haben.

Das 129. Capitel.

DJeser theure und kostbare Modus ist zwar von vielen versucht

sucht/aber darinnen wenig Vergnügen gefunden worden; es gehört auch mehr dazu/ das Gold dahin zu bringen/ daß es dem Glas seine rothe Tinctur mittheile/ und dasselbe in einen Rubin/ ja gar Carfunckel verkehre/ und hätte der Autor näher zum Ziel schiessen müssen/ wann man glauben solte/ daß er dergleichen gemacht oder machen können.

Vom 130. Capitel/

DArinnen wieder ein fixer Schwefel zu machen gelehret wird/ wie im 126. Capitel/ ist nur dieses zu setzen/ daß hierzu einer so viel nütz/ als der ander/ nemlich nichts. Dahero auch davon nichts weiters zu melden.

Im 131. 132. 133. Capitel

LEhret der Autor erstlich das Kupffer calciniren: zweytens/ daraus einen Vitriol oder Kupffer-Wasser zu machen; und drittens/ wie man den Vitriol reinigen und distilliren soll; von welchen allen nicht viel zu sagen ist/ weiln es gemeine Arten/ die schon jederman bekannt/und dazu hier deutlich genug beschrieben sind. Daß aber steht/ ohne Corrosiv und Schärffe solchen zu machen/wäre zwar/was die Herausziehung/ aus dem Kupffer-Kalch/betrifft/deme so; alleine die Calcination mit dem Schwefel/als welche blos durch das acidum desselben geschicht/ ist (was das Corrosiv belangt) eben so viel/ als ob es mit dem Oleo Sulphuris oder Vitrioli geschehen wäre; aber weil der Schwefel an sich selber nicht scharf schmeckt/ und der Autor nicht observirt/ daß die Calcination mit Schwefel/ blos durch das acidum desselben/welches im Feuer das Kupffer anfällt und solvirt/geschiht/ so hat er gemeinet/es seye ein Vitriol, der ohn alle Schärffe ausgezogen sey.

Der hochgelehrte Merrettus, führt hier aus dem Glaubero einen bekannten Modum an/ wie man mit dem Spiritu Salis Amoniaci (als bei welchen das Alcali Volatile manifest prædominirt) einen Vitriolum Veneris machen soll/ und diß möchte noch

einiger

einiger Massen ein Vitriolum Veneris ohne corrosiv heissen. Hätte sich also Herr Geißler billig ein klein wenig besser bedencken sollen / wider einen solchen Mann / der vielleicht in seinem kleinen Finger mehr Wissenschafft hat / als ihr in eurer gantzen Hand/ und ein vornehmes Mitglied der Königl. Englischen Societät ist/ hierinnen so unverständig zu corrigiren oder einer Correction würdig zu achten. Doch wann ihr es mit Raison gethan / und etwas bessers gezeiget hättet / so wäre es gut und zu erdulden gewesen / aber hier hat Herr D. Merrett zehen-fach recht für euch / und ist hieraus fürwar genugsam zu sehen / daß ihr noch nicht einst wisset/ was nur nach der bekandtesten und gröbsten Manier ein alcali oder ein acidum sey/ (welches gewiß nicht wenig von einem Medico, Philosopho & Chymico zu sagen ist) gleichwol wolt ihr vornehme und gelehrte Leute taxiren und corrigiren. Ich weiß endlich nicht/ was ich von euch gedencken soll rc. Aber hier ferner zum Beschluß

Von dem Vitriol und Reinigung desselben

Zu handeln / so ist gnugsam bekannt / wie viel sich mit dergleichen Reinigung schleppen und plagen; unterdessen habe ich dieses beobachtet (wie ich denn schon in meinem gedruckten Observationen erwähnt) daß/ wann ich den Vitriol gleich hundert und mehrmal im Wasser solviren und anschiessen lasse / so fällt doch allemal eine Terra oder Erde zu Boden / und vergeht dem Vitriol sein Metall; sondern wie gedacht/ es fällt so lange zu Boden / als Vitriol da ist.

Dieses ist auch bey allen andern Salien zu sehen / man solvire und coagulire ein Saltz mit Wasser/ so offt als man wolle/ so scheidet es sich doch dadurch nicht von seiner Terra, und ob es gleich im ersten solviren und coaguliren etwas klärer sihet / als vorher / so hat es zwar die gröbste Erde in etwas/ aber bey weiten nicht ganz verlohren; weiln solches absolut unmüglich ist / daferne es anderst Forma behalten/ und ein Saltz bleiben soll.

Ich habe dieser Sache offt nachgedacht / und zu ergründen mich

mich bemühet / nemlich; ob denn nicht müglich / einige Art und Weise zu finden / ein rechtes reines Saltz / oder einen puren Vitriol zu kriegen; da ich denn endlich einsten betrachtet / woher doch dieses käme / wann ich die Saltze im Wasser solvire / daß dieselben vornemlich der Vitriol / so hoch aus dem Wasser hervor steigen / und sich auch ausserhalb an das Glas anlegen; dieses / gedachte ich / müste nicht von ungefehr geschehen / ward derowegen bewogen / der Sache ferner nachzusinnen. Nahm derohalben etliche Pfund Vitriol / thate sie in einen festen steinernen Milch-Napff / (wie denn solche sonderlich um Dreßden / allwo ich mich damals enthielt / sehr feste gemacht werden / und unten spitzig zu gehen / oben aber gar weit seyn) in diesem that ich meinen Vitriol / und goß Wasser drauf / daß es über 2. Quer-Finger hoch darüber stunde; rührte es was um / da fieng mein Vitriol an / seiner Art nach / heraus zu wachsen / biß oben an den Rand / da er sich denn gantz kraus und weiß auf hielte; das ließ ich in 14. Tag und Nacht stehen / da ward dessen eine ziemliche Quantität / und war gantz schmierig anzugreiffen; diß nahm ich ab; wie ich dieses das erste mal weggenommen / wuchs es auch so geschwinde / daß ich alle Morgen dessen ein zimliches Theil mit Verwunderung wegnehmen kunte; dieses sammlete ich alles zusammen / bis der Vitriol aufgestiegen / und seine Terrestrität und metallisches Corpus zu rücke gelassen.

Diesen weissen / wie Butter-schmierigen Vitriol / solvirte ich einen Theil in distillirtem Wasser / und wollte es anschiessen lassen / welches schwer hergieng; doch weil die Kälte ziemlich einfiel / schoß er sehr schön und gantz weis / durchsichtig wie Crystall an; von welchen ich alsofort eine Proba an meinem wehrten Freunde / den Hochgelahrten / und in der Chymie wohl-erfahrnen Herrn D. Langelothen zuschickte / der sich über dieser Reinigung / sonderlich weil solche durch die Lufft geschehen / sehr verwunderte. Ein Theil aber / welches nicht anschiessen kunte noch wolte / war so dicke uñ zähe / wie ein dicker Syrup; dieses hätte ich auch gerne zum Anschiessen gebracht / es kunte aber nicht seyn / obschon die Kälte noch so hefftig; endlich stellte ichs auf mässige Wärme/ da setzt es sich zwar zusammen/ wie ein Alumen Plumosum, war aber doch dabey so schmierig/ daß man es ohne Gefäß nicht wohl fortbringen kunte.

Was dieser Vitriol nun vor Nutzen hat/ und was er vor einen Spiritum gibt gegen den andern/ der seine grobe Terra und Metall noch hat/ wirst du aus der Experienz lernen: denn des vorigen Vitriols/ wann er distillirt wird/ sein Caput Mortuum roth oder schwartz wird/ da ist hingegen dieses Schnee-weis/ und wird auch meistentheils in einen Spiritum übergehen.

Warum aber dieser letztere/ von meinem gereinigten Vitriol (sowol auch bey andern Salien) nicht anschiessen will/ noch kan/ ist diß die Ursach: das Saltz ist wieder wie es in seiner ersten Generation war/ ohne Terra, als welche sich schon erstlich abgesondert und præcipitirt oder gesetzt hat. Es ist auch noch ein mercklicher Unterschied/ unter dem/ der angeschossen/ und dem/ der nicht angeschossen ist/ noch anschiessen können. Zwar wann man fleissig ist/ kan man auch solches mit Solviren und Coaguliren etlicher Massen erlangen/ aber es geht doch sehr schwer und langsam zu. Ich habe auch dieses mit andern Salien versucht und feine Dinge angemercket/ die doch grossen Nutzen haben können/ welches ich dannenhero einem jeden/ besser darinnen nachzusuchen/ hiemit entdecken wollen.

Sonst hat man sich auch sehr bemühet/ wie man möchte den Vitriol in einem verschlossenen Glas zur Röthe bringen/ darüber ich mich auch nicht wenig macerirt/ wiewol es etliche vor eine gar schlechte Kunst achten. Ja zu lesen/ schreiben und glauben/ ists freylich eine schlechte Kunst/ aber zu machen/ solts wohl noch manchem eingebildeten Philosopho Kunst genug seyn. Mir sind darüber etliche mal die Gläser mit grossen Knallen zersprungen/ und habe allerhand andere Ungelegenheit damit gehabt; bis ich habe befunden/ daß er von seinem eigenen Spiritu, durch die Circulation müsse gefärbet und figirt werden. Dannenhero versuchte ichs also: Ich nahm einen durch Solviren und Coaguliren zimlich

lich

sich reinen Vitriol / lies solchen an der Sonnen calciniren oder zerfallen / und füllte damit ein Eyförmiges Glas gantz voll / biß oben an / also daß man nicht mehr das geringste hinein bringen können. Dasselbe / nachdeme ich es feste gnug vermacht / habe ich in eine / anfangs zwar gelinde / folgends aber ziemliche grosse Hitze gesetzt; da ist mein Vitriol zwar gelblicht worden / aber zur völligen Röthe hat er sich durchaus nicht geben wollen; bis ich endlich gemerckt / daß ich meinen Vitriol im Glas habe schütteln können / und daß derselbige näher zusammen gefallen / auch daß solcher an dem einen Ort / wo das Spatium war / sich schön roth gefärbet: weil aber nichts daraus werden wolte / öffnete ich das Glas und nahm das wenig Rothe ab / thate es in Essig / da färbte sich der Essig schon hoch gelb; den andern Vitriol solvirte ich auch / der war zwar auch ein gar weniges gelb / aber bey weiten nicht so schön / als das wenige.

Diesem dachte ich weiter nach / und befande / daß mein Raum im Glas zu klein gewesen / füllte derowegen mein Glas also / daß nur der vierdte Theil leer bliebe / und stellte es wieder in gehörige Wärme / da habe ich in 14. Tagen gesehen / daß das Glas an den Seiten schön Striemen-roth ward / und daß sich der Vitriol immer mehr und mehr zur verlangten Röthe schickte.

Aber man soll wissen / daß es nicht gleich sey / was man vor einen Vitriol nehme / doch kan man leicht probiren / was vor einer sonderlich gut hierzu sey / nemlich der / welcher / wenn man ein wenig davon im Feuer calcinirt / am längsten roth bleibt; aber man muß auch sehen und judiciren können / daß solche Röthe nicht vom Eysen herrührt / wie bey den Englischen / welcher ein lauterer Vitriolum Martis ist; sondern seine Röthe soll von seiner eigenen Terra herkommen. Muß also der / welcher den Vitriol brauchen will / diese Erkäntnis blos durch die Ubung lernen 2c.

Daß aber der Englische Vitriol Martialisch / sihet man nach seiner Distillation an dem Capite Mortuo, indem selbiges nichts anders als ein schöner Crocus Martis ist / sonderlich / wann der Vitriol zuvor fein etwas gereinigt worden.

Daß aber Basilius und andere den Vitriolum Veneris so hoch recommendiren/kan ich kein rechtes Warum? sehen. Das weiß ich aber / wann ich einen Vitriolum Veneris mache / es sey nun gleich mit Oleo Vitrioli oder mit Schwefel (mit welchem ich ihn in grosser Quantität machen kan) und distillire selbigen / examinire alsdenn sowol das hierüber gedistillirte Oleum, als auch das Caput Mortuum, so befinde ich netto, daß ich so viel Oleum habe / als Sal Sulphuris bey der Venere gewesen; das Caput Mortuum, ist gerade meine Venus wieder. Wer nun nicht glauben will/daß Oleum Sulphuris und Oleum Vitrioli eins/der kan diesem weiter nachdencken: ich weiß / er wird mir nicht den geringsten Unterscheid unter dem Oleo Vitrioli rectificato und Oleo Sulphuris finden/und reverà demonstriren können; denn sie beyde aus einer Minera kommen.

Doch rede ich hier von einem reinen Vitriol / und nicht von solchen/ die mehr aluminosischer als vitriolischer Art seyn / aber die Vitriole/ die recht venerisch / oder die aus Schwefel-Kies gemacht seyn / derer Oel ist und bleibt mit dem Oleo Sulphuris einerley. Hier wäre noch mancherley Dings anzuführen / und sehr viel von diesem Wunder-Saltz zu reden. Weil es aber nicht zur Glas-Kunst gehört / von welcher ohne dem schon zu weit hier abgeschritten / so schliesse ich billig/ und bringe auch zugleich hiermit meinen Neri zu seinem Ziel und gebührlichen

E N D E.

Johann

Johann Kunckels
Sonderbare Zugabe
Der
Glaß-Kunst/
Oder
Unterweisung und Anleitung/
Wie
Wie sowol die Gläser als Flüsse/oder künstliche Edelgesteine zu mehrer Perfection und Härte/weder sie ANTHONIUS NERI lehret/zu zurichten.

Item:

Wie man nach der besten Weise Doubleten machen/ und alsobald erkennen soll.

Ich habe den Liebhabern dieser Kunst versprochen / nicht allein meinen sehr bequemen Glas-Ofen zu communiciren / sondern auch Anleitung zu geben / wie das Glas und die Edel-Steine / sowol vollkommener und härter / als auch compendieuser möchten zu machen seyn; welches aber nicht zu verstehen / als ob ich eine mehrere Härte / weder das beste und härteste Crystallinische Glas insgemein hat / und haben soll / statuirte; wie der Herr Geißler / laut seiner Charteque, aus meinen gedruckten Titel-Blat zu erschnappen vermeint; da er spöttlich fragt / warumb nicht auch die Hämmerung? rc. Aber die mich kennen / und mit mir umgehen wissen gar wohl / daß ich so einfältig nicht bin / daß ich etwas wider die Natur tentiren oder statuiren solte; Nein / solche Künste kan ich gar wohl Herrn Geißlern allein lassen. Ich will aber hiemit meinem Versprechen ein Genügen thun. Wer derowegen das Glas und die Edel-Steine / auf eine bessere Manier / oder auf diese meine Art und Weise nachkünstlen will / der mache erstlich die Massa darzu also:

Wie man den Sand zu diesen Werck zurichten soll.

DRoben in meinen Anmerckungen über den Neri, habe ich etliche mahl die schwartzen Feuer-Steine / welche man vielfältig in Feuer-Zeugen gebraucht / recommendirt / und dieselben seynd auch hier / nemlich zu diesem Vorhaben / sonderlich bequem und dienstlich. Nimm derowegen derselben so viel du willt / und duncke sie erstlich in Wasser / schmeisse sie alsdenn also naß so naß in die Hitze des Ofens / so werden sie gar wenig springen / da sonst / so man sie trocken hinein schmeist / solche so klein zerspringen / daß man fast nicht ein Stück eines Groschens groß behält; aber man muß sie gantz sacht / und mit grosser Gelindigkeit aufwärmen. Wann sie nun durch und durch völlig glüen / so wirfft man sie in reines Wasser / so sehen sie sehr schön weis. Diese / nachdem man sie gebührlich getrocknet / muß man sehr klein und subtil pulverisiren. Welches man / wann man nur ein weniges machen will / fast nicht anders / als im eysern Mörsel verrichten kan / da denn gemeiniglich die Ungelegenheit dabey / daß sie etwas von dem Eysen an sich nehmen. Derowegen muß man solches in eysern Mörsel bereitete Pulver / mit einem Scheid-Wasser übergiessen; so nimmt dasselbige / was dieses vor Eysen bey sich hat / wieder zu sich / und das Aqua fort wird wieder abgegossen. Weil aber auch viel von demselben bey dem Pulver verbleibt / und also auch noch allerley Unflat von dem Eysen / sowol von andern Dingen / die es zu sich genommen; so muß man / um solcherley davon zu kriegen / reines heisses Wasser darüber giessen / und damit alles vollends abwaschen und reinigen: so dessen viel wäre / könte man auch das Wasser wieder verrauchen lassen / so würde man sein Scheidewasser auch wieder erlangen / und also zu andern und mehrern Gebrauch anwenden / oder nutzen können.

Wann nun dieser subtile Sand- oder Stein-Pulver solcher Massen zugerichtet / so ist er zu den allerbesten Glas / und zu den allerkläresten und reinesten Steinen / oder rechten Crystallen / so auf Diamant- oder Rubin-Art spielen sollen / recht und sonderlich gut. Will man aber Saphier / Smaragd / Topas / Chrysolit / Spinel / Amethist / Aqua-Marin, und dergleichen / daraus künsteln und machen; so ist die Procedirung mit dem Aqua fort nicht nöthig / daferne nur der Mörsel recht rein / und von allen Rost wohl gesaubert ist. Deßhalben kan man um besserer Versicherung willen den ersten Sand / der in den Mörsel gestossen wird /

wird/als welcher das meiste von dem Mörsel an sich nimmt/alleine behalten/ und zu den Saphir / noch besser aber zu den Smaragd/ welchen es / ob ja etwas von eysern Mörsel dabey ist/ wenig oder gar nichts schadet/verbrauchen. So man aber einen Mörsel von sehr harten Stein/als Porfir oder dergleichen hätte / und solchen nach der Weise einer Mühlen (wie ich hier zu fernern Anleitung zweyerley Arten will fürstellen) compendieus zu handthieren/ oder zu reiben weis/ (welches leichtlich zu erlangen wäre) der hat einen weit bessern Modum, und ist aller obigen Sorg und Mühe überhaben.

Es hat zwar Herr Geißler in seiner Version auch etwas gesetzt / und in einer Höltzern-Kupffer-Figur beygefügt/ welches er einen Philosophischen Mörsel/ ja wol gar einen proportionirlichen Philosophischen Mörsel nennet/und ich halte gewiß dafür/ daß/wer die holde Figur desselben proportionirlichen Mörsels/ ohne Verwunderung sihet und betrachtet/den müssen dergleichen Philosophise Thorheiten mehr bekandt / oder nicht seltsam seyn. Ob aber die Philosophi die Pistille oder Kugel in den Mörsel / oder den Mörsel in die Kugel bringen und darinnen reiben können/ weil ja hier die Kugel dieses so proportionirlichen Philosophischen Mörsels grösser als der Mörsel ist / hätte Herr Geißler billig erklären sollen; ich vor meine Person kan es nicht verstehen. Habe aber / denen Liebhabern zu Gefallen / hier / wie gedacht / zweyerley Art Mühlen / die die Chymici im Brauch haben / und nicht eben meine inventionen seyn / zu fernerer Anleitung und Verbesserung (nachdem eines jeden Operation und Vorhaben ist) mittheilen und vorstellen wollen.

Ich habe zwar auch eine inventirt / welche mir / wann ich sie aufgezogen / fast eine gantze Stund / ohne alle andere Handanlegung / nicht alleine aufs geschwindeste reiben / sondern auch zugleich/wann ichs haben will/einen Braten wenden / oder jedes allein verrichten kan; dieses ist meine Invention, die ich vielleicht künfftig in meinem Laboratorio Experimentali, beschreiben und communiciren werde. Wer aber hier eine Mühl und Mörsel ge-

Fig. K.

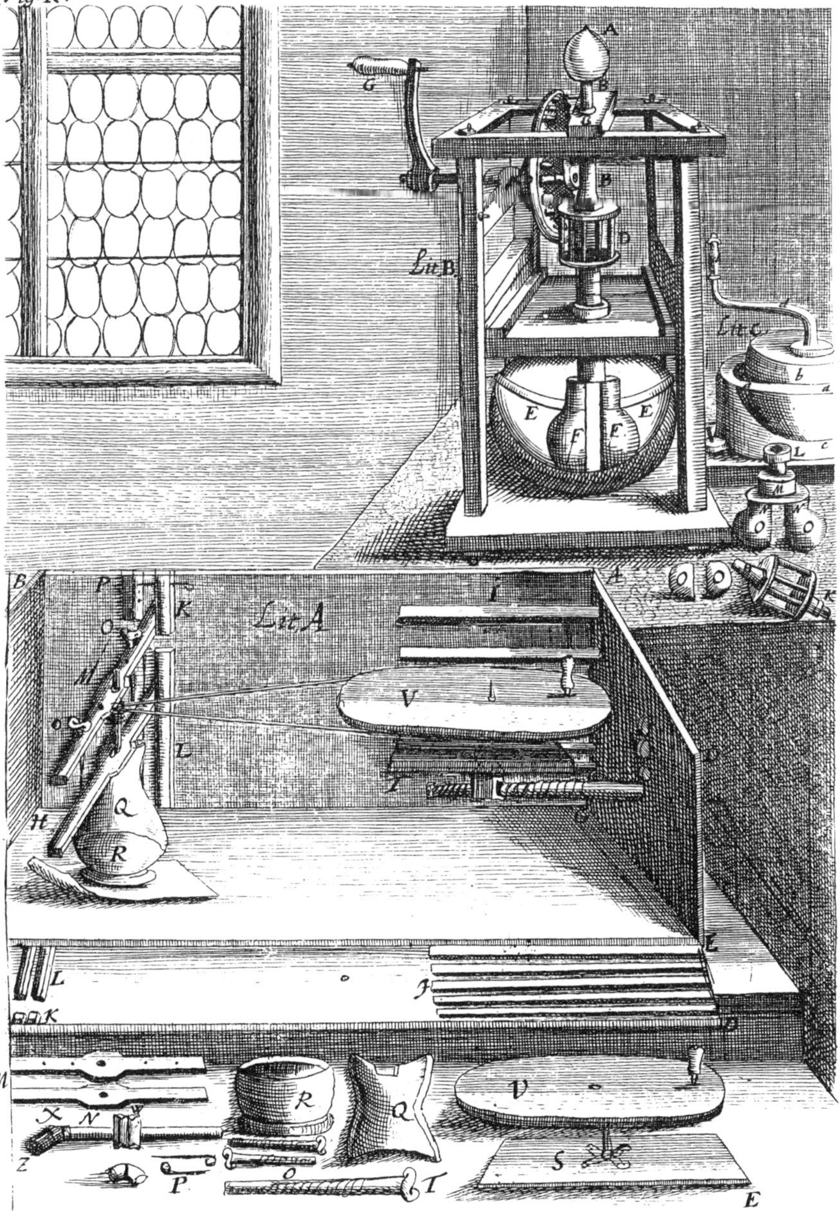

sel gebrauchen will / dem seynd diese beederley Sorten sehr gut und dienstlich. Diese mit Lit. A. bestehet / ausser dem Mörsel / fast von lauter Holtz / und kan mit anderthalb Reichsthaler zu weg gebracht werden. Die zweyte aber Lit. B. ist von Eysen / kan aber auch zu einem steinern oder gläsern Mörsel appliciret werden; doch kommt sie / wie leicht zu erachten / höher zu stehen. Man kan diese beyde Mühlen also einrichten / daß man / nach Gefallen / sowol grosse als kleine Mörseln davon fügen und treiben kan. Lit. C. ist nur ein Mörsel ohne Mühlen / von welchen wenig zu sagen / jedoch wann Herr Geißlers sein Mörsel gleichwol nur noch eine solche Proportion und Bequemlichkeit gehabt / so hätte man ihm seine Uberschrifft unangefochten lassen können; denn obs wohl die gemeinste Sache ist / so läufft sie doch nicht wider die Natur. Diese dreyerley Arten können von kleinen Jungen getrieben werden / und mags sichs ein jeder ferner so bequem und gelegen erdencken / als er kan und will / weiln eine vorgestellte Sache / die ein Fundament hat / leicht zu verbessern stehet.

So man nun diese obgemeldte schwartze Feuer Steine nicht haben könte / so müste man sich der weissen Kießlinge bedienen / doch geht der schwartze Feuer Stein weit vor / vornehmlich wegen der Härte / und dahero wird auch das Glas oder die Steine und Flüsse / so daraus bereitet werden / so viel härter / als die / so aus andern Sand und Zeug gemacht seynd: aber es ist zu wissen / daß der schwartze Stein auch länger im Feuer stehen muß / und strenger fliessen als die andern.

Diese Steine aus dem schwartzen Zeug bereitet / bestehen die Polit oder die Scheibe / und das Schneiden vor allen andern gemachten Steinen. Die übrige Schönheit und Reinigkeit ligt blos an dem Fleiß / und an genauer Beobachtung aller schon in den Anmerckungen und von dem Neri selbst gethanen Lehren / oder nachdeme mans lange in dem Ofen lässet. So viel wäre von Bereitung des Sandes zu gedencken. Folget nun /

Wie man das Gemeng oder die Mixtur componiren und zusammen setzen soll.

Wann dieser Sand gelehrter Massen wohl und gantz subtil bereitet ist/so mache die Compositiones also:

Rec.	Von diesem feinen Sand	3.	Theil.
	Schön geläuterten Salpeter	2.	
	Borrax	1.	
	Arsenicum	ein halb	

Ein anders.

Dieses Sandes	3.	Theil.
Salpeter	2.	
Borrax	1. viertel	

Ein anders.

Dergleichen Sand	2.	Theil.
Gantz gereinigte Crystallinische Pott-Asche oder Weinstein-Saltz	1.	
Borrax	1. halb	

Noch ein anders.

Obigen Sand	acht halb	Theil.
Rein geläuterte Pott-Asche	5.	

Oder

Sand	6. ein halb	Theil.
Salpeter	2. ein viertel	
Borrax	ein achtel	
Arsenic	ein achtel	
Weinstein	1.	

Dieses seynd alles Mixturen/die ich selber probiert/und wiewol eine etwas leichtflüssiger ist als die andere/ so seynd sie doch allzusammen viel härter/als sie Anthonius Neri lehret/ohne daß noch zum Uberfluß/die Steine/so hier ausgeschnitten/ nicht so schwer und schmürig seyn/als die Seinigen/vornemlich diese/da Bley zukömmt. Nun folgt:

Wie

Wie man die Massa schmeltzen / tingiren / und vollends verfertigen soll.

Nimm derowegen eines dieser Gemenge oder Mixturen / welches du wilt / und wäge davon / nach deinem Gefallen / ab / ein oder 2. Untzen / ferner thue die Farbe darunter / nachdeme du einen Stein haben wilt; als zum Exempel:

Den Saphir zu machen

Nehme ich auf eine Untz dieser Mixtur ein Gran Zaffera oder Coabald, mische solches wohl zusammen / und schmeltze es; sehe ich nun / daß mir die Coleur gefällt / so lasse ichs billig dabey / denn einer macht den Saphier sehr blau / der andere hingegen sehr blaß / und so ist es auch mit den andern Coleuren / dahero will und kan ich keinem die Proportion setzen / wie es mir denn auch unmüglich seyn würde / wie man dieselbe vielmal verändern auch ein jeder solches in einem kleinen Windofen mit einen kleinen Tiegelein versuchen / und sich solcher Gestalt perfectioniren kan.

Die Coleuren und Farben seynd bey unserm Autore schon überflüssig gedacht / und wann man die Dinge zusammen mischt / so kan ein jeder leicht nach seinem Gefallen hoch und niedrig tingiren.

Gleichwol will ich noch einige von mir Experimentirte General-Regeln geben: Als allerhand grüne Coleuren

Werden durch Vermischung deß / nach deß Autoris Lehre præparirten Kupffer- und Eysen-Pulvers / nach eines jeden Belieben bereitet / denn diese beyde geben allezeit grün / nachdem aber das Gewicht der Zusammensetzung dieser zwey / und nachdeme das Eysen-Pulver entweder mit Essig / oder mit Scheidwasser / oder durch die Reverberation bereitet ist / nachdeme gibt es auch mancherley Variationes und Unterschiedlichkeiten.

Noch einen schönern Smaragd

Geben die Böhmischen Granaten / wann sie calcionirt und sehr klein gerieben/der Mixtur zugesetzet merden.

Einen sehr feinen Hyacinth

Gibt Crocus Martis, oder das durch die Reverberation bereitete Eysen-Pulver / wann desselben acht oder zehen Gran / unter die Untze der Mixtur gemischet / oder derselben zugesetzet wird.

Den Opal zu machen.

Wann Silber in Scheidwasser solvirt und mit Saltz niedergeschlagen / ferner ein Magnet darunter gethan / und der Mixtur applicirt oder zugesetzt wird / so gibts diverse Coleuren/also/daß sie einen natürlichen Opal präsentiren.

Einen schönen röthlichten Stein

Machet man mit den Abgängen und Fragmenten von Calcedon, wenn er nur mit Borrax versetzt und geschmoltzen wird / und kan man hierinn ferner so viel Veränderung machen / als man nur selbst erdencken kan.

Hier will ich noch eine Mixtur oder Gemänge setzen/ dazu derjenige/so sich in dergleichen Dingen üben will / leichter als zu den vorigen kommen und gelangen kan.

Wer in diesen Schmeltz-Wercken künsteln/ und der vorigen Müh / den reinen Sand zu machen / überhoben seyn will / der nehme fein Crystallinen oder Venedisch Glas / und stosse dasselbe in einem saubern Mörsel aufs kleinste / dessen nimm acht Untzen /

Bor-

Fig. L.

Fig. M.

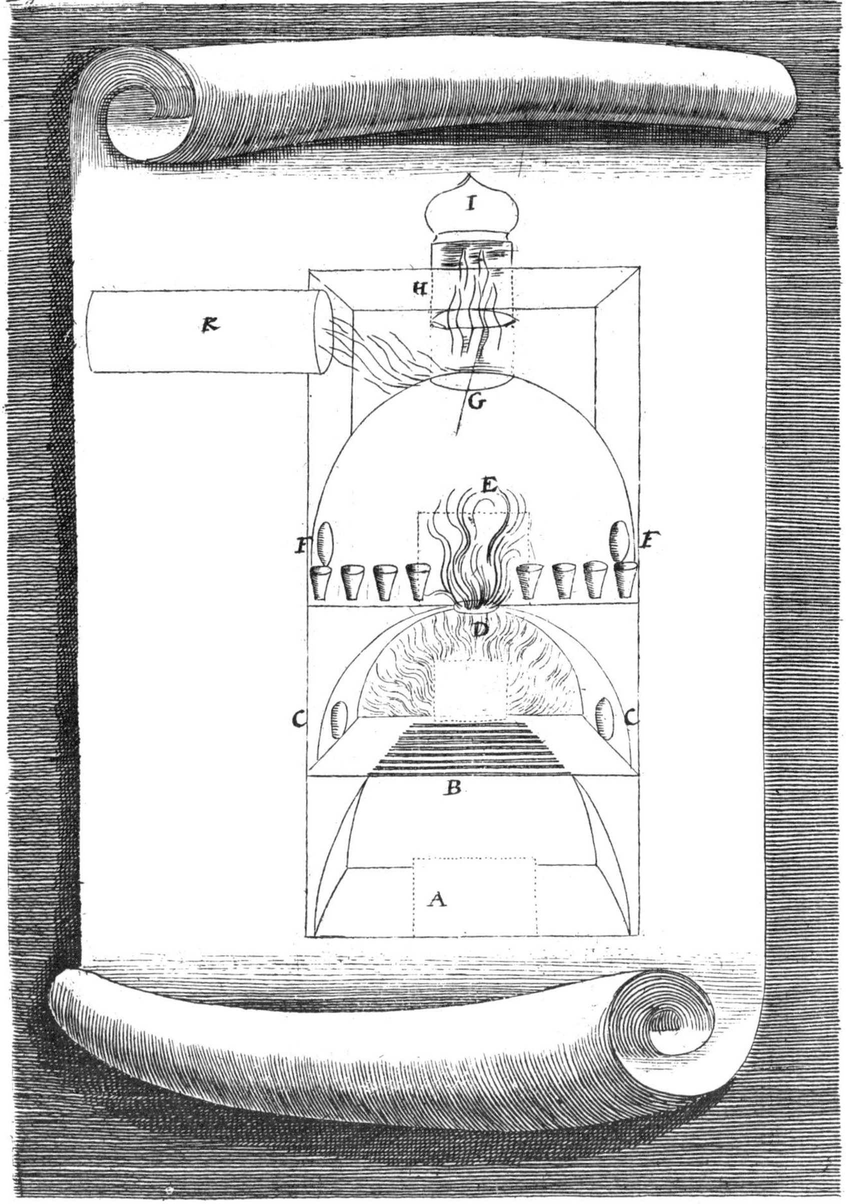

Borrax zwey Untz / reinen Salpeter ein Untz / aus dieser Massa kan man auch allerhand Steine von Farben / und zwar viel leichter als die vorigen / schmeltzen / bekommen auch nicht so viel Blasen / sondern werden gar bald rein und fein / da hingegen andere Gemänge / sie seyen auch wie sie wollen / sehr lange im Feuer müssen stehen / ehe sie recht sauber werden. NB. (Nur seynd diese etwas weicher und nicht so beständig / als die / so aus einer der vorigen Composition gemacht worden / die Ursach ist / weil hier mehr Salpeter und Borrax dazu kommt / als zum Glaß vonnöthen.)

In diesem meinem hier beygefügten Ofen / können wohl zwantzig Proben auf einmal gethan werden / und stehen die Tiegel vor allen Staub und anderer Ungelegenheit frey. Ich habe solchen den Liebhabern zu sonderbaren Gefallen / sowol von innen als aussen vorstellen wollen / hoffe auch / es werde sich ein Verständiger leicht darein finden / und diese meine Intention und Invention zu seinen Nutzen zu gebrauchen wissen.

Von den Doubleten.

Weiln die Doubleten sehr im Gebrauch / und von denen Stein-Schneidern oft so schön verfertiget werden / daß man sie / wann solche gefasset / öffters von den besten natürlichen Steinen nicht unterscheiden kan; als will ich auch hier einen sonderlichen Modum, dieselben rein und fein zu verfertigen / anzeigen. Wilt du sie demnach nach der besten Weise bereiten / so mache sie also:

Nimm ein Quintlein reinen Mastix / und des schönsten und klaresten Venedischen oder Cyprianischen Terpentin ein halb sechs Theil / zerlasse es zusammen / in einen kleinen silbern oder messingen Pfännlein; ist des Terpentins zu viel / so thue mehr Mastix darunter / damit es sein rechtes Tempo habe.

Ferner nimm die Farben / welche du wilt / als Florentiner-Lacc / Drachen-Blut / distillirten Grünspan und dergleichen / welcherley Art Steine du vorstellen wilt. Reibe jedes absonderlich auf das allersubtilste / und vermische auch jedes absonderlich mit der Mixtur von Mastix und Therpentin/ welche du zuvor zerlassen must/ so wirst du mit der Florentiner Lacc einen Rubin/ mit dem Drachenblut einen Hyacinth / mit dem Grünspan einen Chrysolit ꝛc. vorstellen können.

Wilt du aber diese Farben gleichsam gedistilliret oder gantz rein und subtil haben/ so lasse dir eine Büchse von dürren Linden-Holtz drehen / wie diese Figur ausweiset:

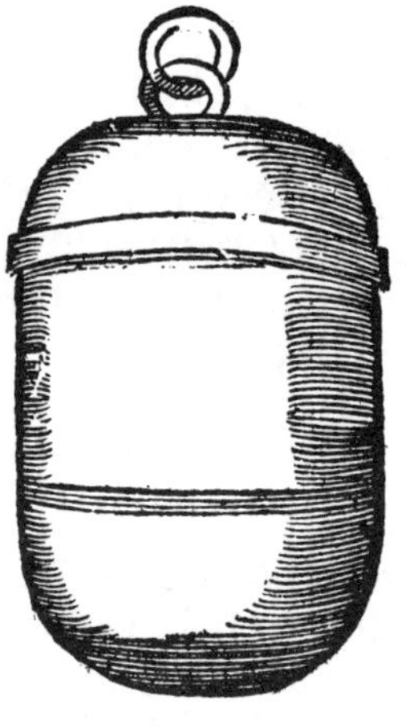

Diese muß / sonderlich von unten her / so gar dünne gedrehet seyn/ als nur müglich/ ja daß man auch durchsehen kan. Alsdann macht man eine Qvantität von obiger Massa / solche vermischet man mit einer Farbe/ welche man will/ und thuts in diese Büchse/ und hängt es über eine mässige Kohlen-Glut / oder im Sommer an die heisse Sonne / so dringt es aufs allersubtilste durch: Diß schabt man ab / und verwahrt es in einen feinen helffenbeinern oder sonst reinen Büchßgen (es ist sehr klar und lauter) und hebt es auf zum Gebrauch. Es ist aber nöthig/ daß man zu einer jeden Farbe

Farbe eine sonderbare solche distillir Büchse habe / sonst würde es vermischte Farbe geben.

Wann du nun Doubleten machen wilt / so nimm zwey Steine von Crystall / die müssen gantz nette auf einander geschliffen seyn / mache diese Mixtur in einem kleinen Pfännlein etwas warm / und die auf einander geschliffene Steine auch / also / daß sie / nemlich Farbe und Steine / in gleicher Wärme seyn / und bestreiche solche Steine auf der Seite / da sie zusammen passen / mit einer der beschriebenen Farben / vermittelst eines subtilen Haarpenselgens / drücke sie in der Wärme geschwinde auf einander / und laß sie erkalten; so seynd sie färtig.

Endlich weil man in den Historien unserer Zeiten befindet / daß durch die Doubleten sehr grosser Betrug geschehen / so will ich auch hiemit denen / die es nicht wissen / anzeigen

Wie man / daß es eine Doublete / alsobald erkennen soll.

Nimm derohalben / im Fall du an einem Stein einen Zweiffel hättest / denselben / er sey von was Coleur als er wolle / und sihe ihn allein von der Eck und Kentseiten an / so wirst du / wann es eine Doublete / alsobald den hellen und klaren Crystall oder das lautere Glaß / und zugleich den Betrug offenbar und erkenntlich sehen und mercken können.

HJemit bitte ich den geneigten Leser oder Liebhaber der Glaß-Kunst vorlieb zu nehmen / und dieselbe meine wohlgemeinte Arbeit über den Neri zu seinen Nutzen zu gebrauchen / weil ich ihn hiemit versichern kan / daß / ob ich wohl einfältig hierinnen gehe / und gantz keine Prahlerey (als welcher meine Seele gramm ist) nirgend mache / so seynd doch alle diese Dinge / welche ich hier gesetzet habe / lauter gewisse Experimente / die durch meine Hände gegangen / und denen auch der verständige Arbeiter sicher trauen

trauen und folgen mag: Denn weil ich niemand zu schaden/ sondern jederman zu nutzen gesonnen/ als habe ich das Buch mit keinen weitläufftigen und ungewissen Dingen/ damit viel vergebliche Zeit und Unkosten verlohren gehen/ vergrössern wollen/ wie leider ihrer viel/ die ums Geld Bücher schreiben/ oder wohl eine Ehre in der Unehre suchen/ thun und gethan haben.

Wird nun diese meine Arbeit so angenehm/ als sie in dieser Kunst nützlich und von mir wohl gemeynt ist/ seyn/ so werde ich desto mehr verursachet werden/ mit meinem Laboratorio Experimentali so viel eher an das Liecht zu tretten/ darinnen vielleicht nach manches/ was hier möchte verlangt werden/ zu finden seyn wird. Und also bringe ich denn meinen Neri mit dieser Vertröstung zu seinem endlichen

Schluß.

CHRI-

CHRISTOPHORI MERRETTI,

Der

Artzney Doctoris, und Mitglieds der Königl. Societät in Londen/

Anmerckungen

Uber die Bücher

ANTHONII NERI,

Von

der Glaßmacher-Kunst.

Mit noch einigen nützlichen Observationen und curieusen Erinnerungen/ verabfasset

Von

Johann Kunckeln.

Anmerckungen/ CHRISTOPHORI MERRETI, über die Vorrede deß Autoris, an den Leser.

Freundlicher Leser 2c. Den Autorem, und das gegenwärtige Werck von der Glaßmacher-Kunst/ betreffend/ so wird deßselbigen/ bey den Schreibern voriger Zeit/ wenig gedacht/ ausser daß Garson / in seinem Buch de Doctrina Universali, und Bornetius de Sufficientia, pag 141. nur den Namen nach / aber nichts weiters davon Meldung thun.

Uber dieses/ so habe ich niemaln erfahren können/ wie sorgfältig ich auch darnach geforschet / daß das andere von unserm Autore verfertigte / und so wol in der Zueignungs-Schrifft/ als auch in der Vorrede/ versprochene Chymische Buch / in den Truck / oder an den Tag gekommen wäre; auch habe ich solches niemahls/ bey einigem Chymischen Schreiber allegiret befunden: Aus welchem leichtlich zu schliessen ist/ daß dieses andere Chymische Werck gar nicht an das Tageslicht kommen sey.

Wiewohl solches kein Wunder; denn es verursachte gegenwärtiges Werck/ welches er am ersten hervor gab / bey ihm keinen fernern Antrieb und Lust/ auch das andere/ versprochener Massen/ durch den Druck mit zutheilen; und solches vielleicht darum/ dieweil man zur selben Zeit schon angefangen hat dergleichen Art Künste (welche doch unter allen den Menschen am nützlichsten) unter die Zahl der liederlichen/ oder garstigen/ und unnützlichen Sachen/ zu rechnen; als solche Dinge / welche von denen hochgelehrten Leuten dieser Zeit geringschätzig / und der Untersuchung kaum wehrt / von ihnen geachtet werden: Denn der subtile Kunst-Fleiß solcher Gelehrten ist nur eintzig und allein beschäfftiget / mit unnützlichen und unbegründeten Speculationen, deren Wissenschafften meistentheils / nur Spinnengebäu und leere Wortstreite sind.

Solches aber hat schon vorlängst unser Landsmann/ der hochgelehrte Baco, ein Mann von höherm und scharffsinnigerm Verstande/ in einer unvergleichlichen Schrifft/ Novo Organo intitulirt, mit gutem Grunde wiederleget

get / auch die Eitelkeit / samt der Unvermögenheit solches Weges angezeiget / und mit grösserer Weisheit einen andern an desselben Stätte gesetzet / der zu Beförderung der Künste und Wissenschafften / eine weit mehrere Würckung und Nachdruck haben wird.

Diese frucht- und nutzbare Lehrweeg aber ist zwar von etlichen / mit Untersuchung vieler Experimenten, absonderlich / aber noch nicht allgemein / oder von allen angenommen / und betretten worden; doch ists nunmehr an deme / daß es scheinet / als wolte solcher Weg guten Fortgang gewinnen; sintemaln die Hoch-Edle und Hoch-Ehrwürdige Königliche Societät / deß Greshamischen Collegii, Ihr denselbigen Weg erwehlet / welche auch mit ihrer Königl. Majestät Bewilligung / wöchentlich versammlet wird / damit das Vorhaben aller tapffern Leute befördert / dieser wahre Zweck und Vorsatz erreichet / und täglich eine Materia dargereichet werde / welche zu solchem schönen Gebäu dienlich seyn kan.

Deß gedachten Vorsatzes begreiffet auch einen Theil das gegenwärtige Buch in sich / darinnen die gantze Kunst / das Glaß zu machen / und solches zu färben vollkömmlich und deutlich erkläret / vorgestellet wird; wie solche unser Autor von seiner Jugend auf / so wohl von sinnreichen Künstlern erlernet / als auch aus der Feuer-Kunst und der Erfahrung erlanget und erfunden hat; wie er dann an unterschiedlichen Oertern seines Buchs / die eigentliche Zeit / den Ort und die Arbeit seiner Invention, und zwar solches mit allen Umständen / die hierzu benöthiget sind / erzehlet.

Das Lateinische Wort Vitrum, welches in unser Englischen Sprach das Glaß heisset / kommet auch mit dem Teutschen überein / solches wird von dem Lateinischen Wörtlein Glastum hergeleitet; denn so man von diesem die letzte Syllabe hinweg thut / so kommet das Wort Glaß heraus.

Das Lateinische Wort Glastum wird bey dem Cæsar, in seinen Commentarien / Vitrum geheissen / indeme er also saget: Omnes Britanni se vitro inficiunt, das ist / die Britannier färben sich alle mit Glaß: Von welchen auch Mela im 3. Buch / cap. 6. saget: Die Brittanier so ihre Leiber mit Glaß gefärbet; auch saget Vitruvius: die mit Glaß gefärbte Wollen: Denn also hat diesen Ort / deß Cæsars, der gelehrte Turnebus ersetzet; indem man vor Alters / an statt Vitrum, das Wort Ultrum zu lesen pflegte: Dasselbe Wort Vitrum, Glaß / bezeichnet das Griechische Wort Isatis, welches im Lateinischen Glastum heisset / und ein Kraut bedeutet / welches eine blaue Farb giebet / denen Wegwarten nicht ungleich; Solches erhellet aus den Worten Vitruvii, da er saget: Sie färben sich / in Ermanglung der Indianischen Farbe / mit dem Vitro, welches die Griechen Isatin nennen.

Nichts anders befindet sichs in deß Apuleji Tractat vom Kräutern/ der zwar noch nicht im Druck / sondern in deß Emerici Casauboni Händen sich befindet/ ist auch viel verbesserter und vermehrter / als alle andere editiones, so bißhero an den Tag kommen sind) da man also lieset: Das Kraut Isatis wird von etlichen Angion oder Arosion, von den Italienern Rutum, auch von andern das Glaß Kraut genennet: Jedoch setzet Salmasius beständig/ vor Glastum das Wort Gvastum, welches das Britannische Wort Gvadum ist/ damit sie die blaue Glaß-Farb benennen: Jngleichen bezeugets auch Plinius im 22. Buch / cap. 1. mit diesen Worten: Das Kraut / welches man in Franckreich Glastum nennet / so dem Wegerich nicht ungleich ist / gebrauchen der Britannier Weiber/ die damit ihren gantzen Leib bestreichen/ und einigem gewissen Gottesdiensten also nackend beywohnen: Jngleichen saget Camden, in seiner Britannischen Beschreibung also: Das ist jenes Kraut/ welches wir Glastum nennen/ es giebet etwas blaue Farb/ welche die Britannier / biß auf den heutigen Tag/ Glass heissen.

Die Ursach / warum diesem Wort Glasto der Name Glaß beygeleget worden/ ist vielleicht diese; dieweil das Glaß/ wie unser Autor und die Erfahrung lehren / etwas blaues von Natur bey sich hat: Das Lateinische Wort Vitrum, kommet her von dem Wort Visum, das ist/ gesehen (eben als wie das Wort Aratrum, ein Pflug/ und Rutrum, Schauffel/ von Aratum geackert/ und rutum geschauffelt/ die letzte Sylbe in trum verändert) weil es nach der Meinung Isidori, im 16. Buche/ cap. 15. dem Gesicht/ wegen seiner Helligkeit/ durchsichtig ist: Dann man kan alles dasjenige/ was man in andere Metalle giesset/ nicht von aussen her sehen; da hingegen alle Liqvores, und was nur im Glaß gehalten wird / zusehen sind / gleich als ob sie nicht im Glaß wären; und daher kommet es / daß alle durchsichtige Cörper / Gläser genennet werden: Wie dann die Naturkündiger und Poeten/ als Horatius, Ovidius, Boëthius, Apulejus, auch das Eyerweiß/ Meer / die Flüsse und Wasser also benennen.

Das Glaß ist eine Frucht von der wahren Feuer-Kunst.

Solches ist allerdings wahr; Denn es ist gantz und gar ein Werck der Kunst / und nicht der Natur/ kan auch sonder grosses Feuer nicht zu wege gebracht werden.

Jch hörte einsmahls von einem wackern Künstler / im Schertz sagen: daß die Glaßmacher-Kunst/ die letzte unter allen Künsten in der gantzen Welt seyn würde; denn/ saget er / wann Gott dieses gantze Weltgebäu / durch Gewalt deß Feuers verzehren wird / so wird alles zu Glaß werden; und solches

müste/

muste/wegen der vermuthlichen Zusammenmischung deß Saltzes und Sandes / oder Steine / vernünfftig also zu reden / sonder Zweiffel erfolgen.

Das Glaß kommet dem Geschlecht aller Mineralien am nechsten.

Ich befinde / daß die Autores das Glaß unter eine gewisse Geschlecht-Art zu bringen / unterschiedlicher Meinung sind: Agricola im andern Buch von den Metallen/hält es vor einen zusammengeflossenen Bergsafft; Vincentius Belovacensis im 11. Buch / vor einen Stein: Fallopius zehlet es unter die mittel Mineralien: der Glaß-Künstler nennet solches/wanns in den Fluß gekommen / ein Metall.

Es ist aber/nach meinem Bedüncken/ keines von diesem; solches beweiset dieser allgemeine Beweißgrund genugsam / daß nemlich oberwähnte Materien alle/natürlich gewachsene Cörper sind/da doch das Glaß durch Kunst/vermittels deß Feuers bereitet worden/und nirgend/ gleichwie die andern natürlichen Dinge / in den unterschiedlichen Hölen angetroffen wird.

Derowegen / gleichwie die Namen der künstlichbereiteten Dinge von den prædicamenten der Vernunfft-Kunst ausgeschlossen werden / also ist auch das Glaß von den oberwehnten Specien abzusondern;und kan man solches eben so wenig ein Metall/ als ein Bier/ Maltz/ Leim/ Ziegel und dergleichen heissen.

Es wird aber allhier Fallopius wieder einwerffen und fragen/was denn diß für ein Glaß sey / davon wir reden; ob es dasjenige sey/welches noch in seinen Berg-Adern/und eigentlich nur ein Stein ist;oder ob es das seye/welches aus solchen Bergsteinen extrahiret und gereiniget wird? solches aber kan man weniger ein künstlich-bereitetes Glaß / als ein Metall nennen / welches aus seiner Minera extrahiret/und anjetzo ist gereiniget worden: Dann so wir das Glaß/welches in dem ersten Stein ist und stecket/verstehen/so ist es/nachdeme es heraus gebracht/eben so wenig natürlich als ein Metall/welches aus gedachten Steinen extrahiret werde. Hierauff gebe ich zur Antwort / daß das Glaß nirgends auf solche Weis anzutreffen sey / sondern nur Sand und Steine/als welche die Glaßmaterien sind.

Mit den Metallen hat es aber eine andere Beschaffenheit / indeme die Natur eine gewisse Art derselben in ihren Berg-Adern gewürcket/ ob sie wol zuweiln aus solchen Berg-Adern/ Erden und Steine / als in welchen die kleinesten metallischen Theile verborgen liegen / vermittels der starcken Feuers-Macht / heraus geschmeltzet werden; jedoch mit diesem Unterscheid / daß das Metall/von der natürlichen Macht deß Feuers (als welche die gleichgenatur-

 ten

ten Theil zusammen samlet / und hingegen die Ungleichen zerstreuet) nur her- vor gebracht / oder vielmehr nur entdecket worden: Da sich doch die Sache mit dem Glaß viel anderst verhält / als welches durch Vermischung und Ver- einigung der unterschiedlichen saltzicht- und sandichten Theile bereitet wird.

Dieses will Fallopius, welches eine wunderliche Sache ist / nicht geste- hen / sagend / es werde das Glaß nicht aus der Aschen bereitet; noch hinbey fü- gend / daß zwar die Glaßmacher / die Aschen / so von Alexandria kommet / zum Glaßmachen gebrauchen / solche aber nehmen sie nur an stat deß Salpeters / welcher schon vor Alters im Gebrauch gewesen ist / und zwar allein zu dem En- de / damit das Glaß aus denen metallischen Steinen nur desto besser möge extrahiret werden; derowegen darff man nicht sagen / daß die Aschen mit dem Metall darum vermischet werde / damit das Glaß daraus werde; sondern darum wird es dazu gethan / damit das Glaß desto leichter aus den kleinesten Theilen deß Steins / das ist / aus seinen eigenem Metall extrahiret werde.

Allein / diese ungereimte Meinung kan leichtlich widerleget wer- den: Denn wann das Glaß eintzig und allein aus dem Stein extrahiret wür- de / so würde alsdann das Glaß-Metall am Gewicht viel leichter als der Stein werden; denn es geben 100. Pfund Sand mehr als 150. Metall. Uber dieses so ist das Saltz / welches zur Composition deß Glases genommen wird / viel fixer / als daß es könte durch das stärckste Feuer getrennet werden: Zu deme so kan man auch / an den Fenstern (so aus Frantzösischem Glaß bereitet) auf der / gegen der Lufft stehenden Seiten / einiges Saltz / will nicht sagen sehen / sondern greiffen / welche durch den Geschmack ihre Natur klar an den Tag geben: Ferner / das allerschönste Glaß / welches am meisten von einem gereinig- ten Saltz bestehet / und dessen am Gewicht mehr als deß Sandes bey sich hat; wann solches in die Läng unter der Erden / oder an einem feuchten Ort behal- ten wird / so wird man befinden / daß solches in Stücken zergehe und aufgelö- set werde / indem das Vereinigungs-Band deß Sandes mit dem Saltz zer- brochen wird.

Und dieses ist die Ursach / warum man sagt / das Venetianische Glaß werde von dem Gifft aufgelöset und zerbrochen; und solches ist wahr / jedoch nur von etlichen Mineralischen / nicht aber von Vegetabilischen und andern Gifft: Eben hierdurch wird ja augenscheinlich erwiesen / daß das Saltz bey dem Glaß verbleibe.

Hier schicket sich deß Helmontii Erfahrungs-Prob und Experiment, da er im Capitel von der Erden also saget: Wann jemand ein subtiles oder zu Mehl gestossenes Glaß / mit einem reinen Alkali vermischet / und an einem feuchten Ort hinsetzet / der wird befinden / daß sich alles Glaß / bald in ein Wasser resolviret: Auf dieses/ so man deß Aqvæ Regis, so viel als zur Saturation deß Alkali von nöthen/ giesset/ so wird man alsobalden den Glaß-Sand in eben dem Gewicht/ auf den Boden sich setzend/ befinden/ als er vorher zu der Bereitung deß Glases ist genommen worden.

Nun in diesem Experiment wird ja das Saltz deß Glases von dem Alkali und dem Aqva Regis angenommen; und werden also/ auf solche Weiß/ die zusammensetzende Theile deß Glaß-Cörpers/ welche zuvor in dem composito oder Cörper vermischet waren/ wiederum in ihre erste Principia aufgelöset und abgesondert.

Der zweyte allgemeine Beweiß-Grund ist dieser/ daß/ obwohln die geronnene Bergsäffte/ davon oben gedacht/ wie auch die Steine und das Glaß/ im Feuer schmeltzen; so nehmen jedoch nicht alle Steine/ noch die geronnene Bergsäffte und Metalle/ den Fluß im Schmeltzen an sich: Denn solches thut weder der Talck/ noch dergleichen viel andere/ welche unter die geronnene Bergsäffte gezehlet werden: Ingleichen weder der Diamant/ noch der Achat/ Calcedonier oder Jaspis und noch viel Edelgesteine mehr. Item der Marmor und viel andere Steine/ die man zu Belegung deß innern Ofen-Herds gebrauchet.

Unter den Metallen lässet sich auch der Mercurius oder das Qvecksilber nicht schmeltzen/ noch unter den mittelmässigen Mineralien das Auripigment: Und ob wohl der meiste Theil der gedachten Specien zerfliesset; So lassen sich doch nur die Metallen hämmern/ nachdem sie zimmlich kalt worden sind: Denn wann sie/ die Metallen sehr erhitzet/ so hangen dero kleinsten Theile nicht an einander/ sind auch nicht zähe/ gleich sie dem Glaß sind/ als welches/ so es recht erhitzt worden/ sich mit einem geringen Wind und Aufblasen/ vermittels eines Blaßrohrs/ zu einer cavität und mancherley Figuren/ verändern lässet; welches aber mit keinem andern/ von erwähnten Materien geschehen kan.

Uber dieses/ so zerfliessen die geschmoltzene Metallen hin und her/ werden zu viel kleinen Kügelein oder Körnergen/ und geben einzliche Stücke; das geschmoltzene Glaß aber läuffet auf einen Hauffen zusammen/ wann es verschüttet/ oder so in den Ofen die Töpffe zerbrochen sind.

Diese deß Glases dehnende und klebrichte Natur nun/ bedüncket mich/ sey diejenige Qvalität oder Eigenschafft/ welche wesentlich unterschieden ist/ von allen andern/ auch denen jenigen Cörpern/ welchen man gleichfalls den Namen eines Glases beyzulegen pfleget; als da sind das Vitrum Antimonii, das Moscowitische Glaß/ die verglasurten Ziegel und andere Steine/ als welche alle dergleichen Prob nicht aushalten/ und ihre Benennung/ nicht so

wohl

wohl von ihrer innerlichen Eigenschafft und Natur / als von ihrem gläntzenden Schein empfangen haben; auf Art/gleichwie das Wort Vitriolum vom Vitro oder Glaß seinen Namen hat.

Damit wir aber dieser Vergleichung ein Ende machen / als wollen wir die Eigenschafften deß Glases hierbey setzen / vermitels welchen es von allen andern Cörpern leichtlich zu unterscheiden seyn wird.

1. Ist es ein zusammengesetzter Cörper aus Saltz und Sand oder Steinen.
2. Durch Kunst bereitet.
3. Schmeltzet es bey einem grossen Feuer.
4. Wann es geschmoltzen/so ists klebricht oder zähe/und hänget an einander.
5. Wird vom Feuer nicht verzehret.
6. Ist deß Feuers eusserster Effect.
7. Wann es geschmoltzen/so hänget sichs an das Eysen.
8. Läst sich dehnen / wanns wohl erhitzet worden / und nimmt allerley Figuren an sich: Läst sich nicht hämmern / sondern wird durch das Blasen in eine Concavität geformieret.
9. Wann es sehr dünne und nicht heis ist / so zerbrichts.
10. Wanns kalt ist / so läst es sich zermalmen; dahero unser Sprichwort entstanden: zerbrechlich wie ein Glas.
11. Ist es durchsichtig/es sey gleich kalt oder warm.
12. Läst sich beugen/ und wanns in Faden gezogen / so hat es eine gleiche Bewegung.
13. Es zerspringet von der Kälte und feuchten Liquore, insonderheit wann solcher saltzigt / und das Glas gehling erhitzet wird.
14. Läst sich blos mit dem Diamant und Schmergel schneiden und arbeiten.
15. Ist es/ gleich wie die andern Edelgesteine/durchsichtig und gefärbt.
16. Wird im Aquaforti, Regis oder Mercurii nit dissolviret.
17. Die sauren Säffte / und alle andere Dinge bekommen /

von

von dem Glaß / weder Farb / Geschmack / oder andere Qvalität.

18. Es kan poliret oder geschliffen werden.

19. Es verlieret / durch vielfältigen Gebrauch / nichts von seinem Gewicht.

20. Es befördert den Fluß der andern Metallen / und machet solche geschmeidiger.

21. Es nimmt allerley metallische Farben / so wohl innerlich als äusserlich an sich / dahero ist es zu den Gemählen / vor allen andern Dingen / beqvem.

22. Es lässet sich / vor allen andern Dingen in der gantzen Welt / am besten biegen.

23. Es flüsset / wird aber nicht calciniret.

24. Wann man Sommerszeit ein offenes Glaß mit Wasser füllet / so setzen sich außwendig / so hoch das Wasser gehet / Wasser-Tröpfflein an: Auch wird es von dem menschlichen Athem scheinbarlich befeuchtet.

25. Wann man gläserne Kügelein einer Nuß groß mit Qvecksilber anfüllet / und solche ins Feuer wirfft / so zerspringen sie hin und her / als ein grüner Glaß-Tropffen / und geben einen hellen und starcken Laut / oder Gethön von sich.

26. Es nimmt keinen Geschmack von Wein / Bier oder andern Feuchtigkeiten an / verändert auch die Farbe nicht / und rostet auch nicht.

27. Es kan gleich denen Steinen und Metallen cæmentiret werden.

28. Ein Trinckglaß / darein Wasser gegossen / so es mit dem Finger um den Rand geschicklich gerieben wird / giebet einen Musicalischen-Klang von sich / hoch oder niedrich / nachdem viel oder wenig Wasser darinnen / und macht das Wasser in die Höhe hüpffen.

Deß Glases Alterthum.

BEtreffend das Altherthum deß Glases / so führet solches unser Autor aus dem 28. Capitel v. 17. deß Jops / her / allwo die Weißheit vom 15. biß zu dem 20. Verß/mit den auserlesnesten Sachen verglichen wird; in dem 17. Verß aber wird gesaget: Und das Gold noch das Crystall oder Glaß / mag ihr nicht verglichen werden; also setzets unser Autor, folgend der gemeinen Lateinischen Version; gleich also haben es auch die 70. Dolmetscher gegeben; ingleichen Hieronymus, Elias in seinem Nomenclatore, Pineda, wie auch die Zürcher und Syrische Bibel.

Die Arabische Ubersetzung aber gebrauchet das Wort Hyacinth; die Chaldeische hat das Wort Crystall; solchem folget Xantes, Arias-Montanus, Forsterus und die Hebreer / denen stimmet bey Nicetas, wie auch die Königliche Hispanische/und Englische Ubersetzung/Pagninus aus dem Rabbi Levi Kimchi nennets einen Stein/der köstlicher als Gold.

In dem Targo wird das Wort Spiegel gebrauchet; vielleicht darum/ dieweiln dazumahln die Spiegel erst neu erfunden/und in hohen Werth waren / auch aus einer kostbaren Materia bereitet wurden: Also hats auch Münzerus in der Ubersetzung gegeben. Die Complutenser nennen es ein Crystallinisch Glaß; Vatablus, einen Verill: Rabbi Abraham einen Diamant/ wie auch Rabbi Mardochai, Pagninus, Cajetanus; ingleichen die Italienische/Spanische/Frantzösische/Hollandische und Teutsche Version: Pineda gebrauchet das Wort Pyrop oder Carbunckel / oder einen dergleichen schönen köstlichen Edelgestein: Es sind aber alle diese Nahmen nur Benennungen eines eintzigen Edelgesteins/ der / wie unsere Vorfahren davor gehalten / bey der Nacht leuchten soll / solchen aber wird man heute allenthalben vergeblich suchen: die neuern Schreiber nehmen an statt dieses leuchtenden Edelgesteins/ den Rubin.

Die Ursach deß Unterscheids unter den Auslegern ist diese; dieweil das Hebräische Stammwort Zechuchih, entspringet aus der Wurtzel Zachah, welches so viel bedeutet/als rein machen / säubern / leuchten / weiß und durchscheinend seyn. Eben dieses Wort wird Exod. 3, v. 24. vom Rauchwerck gebrauchet / und ist von den 70. Dollmetschern / hell / gegeben worden.

Hieraus erhellet die mißstimmige Dollmetschung dieses Textes; denn dieweil dieses Wort alles das jenige / was durchsichtig und schön ist / bedeutet: als haben es die Ubersetzer solchen Dingen zugeeignet / welche schön / köstlich und in hohem Werth/auch nach Erheischung deß Textes und deß Grundworts durchsichtig waren.

Nach

Nach meiner Meinung / so wird allhier / weder Diamant / noch Carbunckel oder Hiacinth gemeinet; denn es wird solcher Steine / bey dem Brustschildlein Aaronis / Exod. 28. gedacht; es befindet sich aber obiges Wort nicht in solchem Capitel; ingleichen weder das Wort Glaß / noch Crystall; denn es wäre ungereimt / daß solche Dinge von so geringem Werthe solten in Vergleichung solcher Sachen kommen / indeme das Glaß und Crystall von einer gemeinen und schlechten Materia herkommet; dieses aber soll etwas ungemeines seyn.

Ferner / so scheinet es / daß dieses Wort nur zum Uberfluß dem Golde sey beygefüget worden; denn es wird deß Glases in dem gantzen Alten Testament niemals / hingegen aber in dem Neuen / zum öfftern gedacht / als bey dem Paulo / Jacobo / und in der Ofenbahrung S. Johannis.

Wer wolte nun glauben / daß ein solches Dinge welches zu vielerley Vergleichungen und Erläuterungen beqvem ist / von der H. Schrifft / als welche voller Wortzierlichkeiten in dergleichen Redarten ist / solte mit Stillschweigen übergangen werden; wann dergleichen Ding zur selben Zeit im Gebrauch gewesen wäre.

Derowegen bin ich der Meinung / und halte davor / daß man dasselbe Wort in einen allgemeinen Verstand annehmen müsse; und nicht eben von diesem oder jenen kostbaren und durchsichtigen Dinge oder Edelgesteine insonderheit; sondern es müsse etwas weitläufftiger / nemlich auf alle dasjenige / was beyde Eigenschafften / nemlich Köstlich- und Durchsichtigkeit hat / gezogen werden: Alleine ich komme hiemit zu weit vom Wege / und würde endlich in eine Fremde Erndte gerathen.

Es scheinet / Aristophanes sey der Erste gewesen / der deß Worts ὕαλος (hyalos) welches wir Glaß nennen / gedencket; denn er führet in seiner Comoedia, genañt Nubes, act. 2. Scen. 1. den Strepsiadem ein / welcher deß Socratis spottet / und eine neue Manier / die alten Schulden zu bezahlen / lehret; nemlich / wann man zwischen der Sonne / und der Schuldverschreibung oder Verklagbrieff / einen schönen und durchsichtigen Stein legte; welchen Stein dazumal die Salbenkrämer verkaufften / und mit welchem man Feuer anzünden kunte: Denn also würde die Sonne / die Buchstaben deß Schuld- oder Verklagbrieffs auslöschen; solcher Stein wird vom Socrate ὕαλος, daß ist / Glaß genennet.

Zu diesem Wort setzet Scholiastes noch hinzu / daß die Salben-Krämer / so wohl Edelgestein / als auch Artzney verkaufften.

Jngleichen so ist auch das Wort κρύος, so viel als Crystallus: Daß dem Homero solcher Name unbekannt / und hingegen an statt dessen das Wort Elect-

Electrum, von Jhm und der Atiqvität sey gebrauchet worden / bezeuget gedachter Scholiastes am gemeldten Ort/da er unser Glaß gantz deutlich mit folgenden Worten beschreibet: Wir / sagt er / nennen eigentlich dasjenige ein Glaß/welches vermittels deß Feuers / aus dem gebrannten Kraut geschmoltzen worden/daraus unterschiedliche Arten der Gefässe bereitet werden. Das Wort hyalos ist bey dem alten Grammatico Hesychio in solchem Verstand nicht zu finden; sondern hyal- und hyalœis bedeutet bey ihm so viel als durchscheinend und helle. Der Ethymologist gebrauchet es eben in solchem Verstand/und führet deß Worts Ursprung her von dem Wörlein ὕειν, welches so viel ist als regnen; und zwar wegen der Gleichniß / die es wegen seiner durchsichtigen Consistentz mit dem Eys hat / welches ein gefrorner Regen oder Wasser ist; und in solchem Verstand leiten etliche das Wort Glaß à Glacie oder vom Eysglaß her.

Aristoteles hat von dem Glaß zwey Auffgaben; deren die erste ist/warum man durch das Glaß siehet? die andere / warum das Glaß nicht könne gebogen werden: Diese Auffgaben/ wann sie anders deß Aristotelis sind/daran die Gelehrten zweiffeln / sind aus der Antiquität die allerältesten Nachrichtungen vom Glaß; denn man wird sonsten nirgend / bey keinem alten Griechischen Poeten oder Redner / von dem Glaß einige Meldung oder Nachricht finden/ob sich solches schon sehr wohl zu ihrem Vorhaben geschicket hätte.

Hier ist auch zu mercken der zweiffelhaffte Verstand deß Worts hyalos denn wegen der Gleichheit wurde der Crystall also genennet / wie oben aus dem Scholiaste und aus dem Hugone Grotio angemercket wird: Und Gorræus saget / es wäre eine gewisse / gelbe und durchsichtige Art deß Agsteins/ der duchsichtig gleichwie ein Glaß war/von etlichen hyalos genennet worden: Der erste unter den Griechen/der sonder allen Zweiffel deß Glases gedencket/ ist Alexander Aphrodisæus gewesen / welcher also saget: Die Farb / so man durch ein Glaß ansihet: Und noch deutlicher im ersten Buch: Die Gläser / saget er/wann sie im Winter jählings erhitzen/so zerspringen sie: Und abermal: Ein Glaßgeschirr zerbrechen: Der gläsern Trinckgeschirr gedencket Lucianus gar weitläufftig: Auch schreibet Plutarchus in den Symposiacis, daß das Feuer vom Tamarißken-Holtz/zum Glaßmachen am beqvemsten sey.

Daß die Egyptier der Glaßmacherkunst erfahren gewesen / ist aus den Worten deß Flavii Vopisci zu ersehen/ wie solche vom Marcello Donato auf diese Weise angeführet werden: Alexandria ist eine wohl vermögende Stadt und fruchtbar / in derselbigen lebet niemand müßig; etliche blasen Glaß/ und andere machen Papier: Doch gedencket Kircherus in seinem Oedipo, da er von den Künsten der Egyptier handelt/hiervon nichts: Unter den Lateinischen Poeten gedencket Lucretius deß Glases am ersten/dessen Verse/weil sie von der Durchsichtigkeit deß Glases handeln/ich allhier anführen will/also lautend: Lib. 4. 602. 603.

-- -- nisi recta foramina tranant,
Qvalia sunt Vitri -- -- --

Und wiederum:

Atqve alliud per ligna, aliud dransire per aurum,
Argentoque foras, alliud vitroque meare.
im 6. Buch/ v. 98. 99.

Dergleichen thun auch alle nachfolgende Lateinische Poeten.

Es war diese Kunst in America unbekannt/wie auch in gantz Asien/ausgenommen in Sidon und China/ als welchen diese Kunst gar spät ist bekannt worden; sie bereiten aus dem Reys ein sehr durchsichtiges/jedoch gar gebrechliches Glaß/welches keines wegs mit dem unsrigen/ob es ihm wohl der äusserlichen Gestalt nach ziemlich nahe kommt/zu vergleichen ist. Besiehe den Sinesischen Atlas pag. 6.

Endlich damit wir dieser Streit-Frage ein Ende machen/ so ist bekannt und offenbar / daß das Glaß vor Alters nicht unbekannt gewesen / auch daß die Wissenschafft deß Glases ja wohl so alt/als das Topff-und Ziegelbrennen sey: Denn man kan kaum einen Ofen voll Ziegel oder Töpffe ausbrennen/da nicht etliche Ziegel / oder ein Theil von solcher Waar/solten zu Glaß werden: Dahero ist ausser allen Zweiffel/ daß das Glaß zur Zeit deß Babylonischen Thurnbaues / mit der Kunst die Ziegel zu machen / zugleich erfunden und bekannt worden. Denn als die Kinder Israel gefänglich gehalten wurden/so war dieses / daß sie die Ziegel streichen musten / ein grosser Theil ihrer Dienstbarkeit.

Und dieser Art wird jenes gegrabene Glaß gewesen seyn / davon Ferrant. Imperatus im 25. Buch cap. 7. also schreibet: Es ist unter der Erden ein Glaß/ gleich den künstlich-bereiteten gefunden worden/an solchen Oertern „ da grosse Feuer entstunden: Solches Glaß aber/wann es geschlagen wurde/ „ gab kein Feuer von sich; es sind auch andere runde Glaßstücken/gleich denen „ Feuersteinen/gefunden worden/solche/wann sie zerbrochen wurden/glântzeten/waren auch etwas grün und durchsichtig/ gleich als ein Colophonium „ anzusehen / diese aber / so man daran schlug/ gaben nicht anders/als der ge- „ meine Feuerstein/Feuer von sich; jedoch waren sie von dem gemeinen Feuer- „ stein noch unterschiedẽ/sowol deß Wachsthums/darinn der Feuerstein was, „

„ besonders hat / als auch wegen deß Glantzes / und daß sie sich leicht zer„schmeltzen liessen / welches eine sonderbare Eigenschafft deß Glases ist.

„ Von den gedachten Glaß-Stücken waren etliche zerreiblich / etliche „ aber dicht und fest: Die zerbrechlichen oder zerreiblichen Stücke / wann sie „ ins Feuer kommen / schnelleten auf / wurden gleich wie ein weisser Bimsen„stein / und nahmen hernach den Glantz eines künstlich-bereiteten Glases / „ an sich: Die festen / gantzen / und dichten Stücke aber / die wurden im Feuer / „ nach einer geringen Veränderung aus der Schwärtze / zu einen künstlich„ bereiteten weissen Glaß.

„ Dieses gegrabene Glaß ist von den Americanern bereitet worden / „ daß sie an statt deß Eysens damit schneiden und Bretter bohren. So weit Imperatus.

Und vielleicht ist das Stück von solcher Art deß Glases gewesen / welches ich einsmahls zu S. Alban / da vorzeiten der Römer alte Wachstätte gewesen / von einem alten Römischen Ziegel abgebrochen habe: Denn es war an der Farb und Substantz / unserm heutigen Glaß gantz gleich.

Es ist auch weder zu zweiffeln noch zu verwundern / daß nicht dergleichen Art deß Glases / öffter so wohl unter ihnen (der Römer) als unter unsern Ziegeln / seye gefunden worden; denn sie temperirten ihre Erden / die sie zu den Ziegeln nahmen / durch eine 2. jährige Digestion unter der Erden / als wodurch die Arbeit desto fester und stärcker wurde; zugeschweigen / daß sie auch ihre Ziegeln stärcker ausbrannten.

Und diese Glaßwerdung der Ziegel-Erden geschicht nicht allein bey ihrer ersten Brennung / sondern / gleichwie auch Imperatus angemercket / von einem jedwedern grossen Feuer / dergleichen nemlich / wie in den Kalch- und Töpffer-Oefen gebrauchet wird; dergleichen auch in Asien und Africa / von Alters her sehr gebräuchlich ist / da sich die meinsten Steine zu Glaß brennen.

Ich habe aber in der Ziegel-Hütten niemals gesehen / noch gehöret / daß sich die Ziegelstein / von einem gemeinen Feuer zu Glaß gebrannt hätten; denn ich halte dafür / daß dieser Effect nur allein von dem Feuer / mit welchen der rohe und ausgetrocknete Ziegel-Hauffen ausgekochet wird / herkomme; und zwar auf Art eines Reverberation-Feuers / in solchen Oefen / da es verschlossen / starck und stetig kan erhalten werden: Dieses Glaß auf solche Art bereitet / dauret lang unter der Erden; ungeachtet Helmontius saget / daß das Glaß / innerhalb wenig Jahren / unter der Erden aufgelöset oder dissolviret, putreficiret, und zu einen Wasser werde: Solches ist zwar von unserm gemeinen weichen Crystall wahr / nicht aber insgemein von allem Glaß.

Belangend die Art und Weiß / das Glaß zu machen / wie solche von unserm sern Authore angeführet wird / und von den Kauffleuten soll erfunden worden seyn/kommet der Warheit nicht ähnlich/denn die stete Verbrennung und Einäscherung deß Krautes Kali oder einer andern Materie / weder bey den Egyptiern / und Hispaniern / noch bey uns / niemahls dergleichen hervorgebracht hat/ ungeachtet solche Verbrennung in weit mehrerer Copie/und mit stärckern u. langwierigern Feuer / als bey den gedachten Kauffleuten geschehen ist; ja das starcke Schmeltz-Feuer deß Kalchofens selbst / kan solches nicht zu wege bringen: Auch haben es auf solche Art niemahls in acht nehmen mögen die Metallschmeltzer/davon Tubalcain der erste Erfinder gewesen/noch die alten Feuerkünstler/ welche doch die Metallen in sehr heissen Oefen/und langwierigen Feuer gehalten haben.

Dergleichen Feuerkünstler sind die Egyptischen Fürsten / die allerersten und ältesten gewesen / welche alle von Hermete Trismegisto an / diese Kunst verstanden / und sich auf die universal-Medicin geleget haben; nicht aber auf die vermeinte Verwandlung der Metallen / wie Kircherus solches in seinem Oedipo behaupten will.

Das Vorhaben nun der gedachten Metallschmeltzer / wäre vergeblich gewesen / sonder grosses Feuer und Oefen / als welche doch offtmahls / samt den Materialien/zu einem Glaß werden geschmoltzen seyn; erhellet also gnugsam aus diesem / was bißhero ist gesaget worden/daß zwar die Wissenschafft deß Glases sehr alt / die Glaßmacherkunst aber / eine von den neuern Erfindungen seye/und ist nach Plinii Zeugnis im 38. Buch/Cap. 26. Sidon der erste Ort gewesen/welcher wegen dieser Kunst/ und den Glaßöfen berühmet gewesen ist: Gleichwie auch Tiberius unter den Römern der erste war / zu dessen Zeiten/laut der Historien/Glaß bereitet wurde/ wie aus der Geschichte deßjenigen zu ersehen/ von welchem Plinius erzehlet / daß einer deßwegen umgebracht wurde / dieweil er das Glaß also bereitete/daß mans hämmern konte: davon hernach ein mehrers.

Vom Gerbrauch deß Glases.

Es werden zu dem Haußwesen aus dem Glaß mancherley Geschirr/von unterschiedlicher Färb und Größ/verfertiget: Als da sind flache und zugespitzte Becher / gantz oder nur zum Theil gefärbet;dienende zum Rheinischen oder Spanischen Wein / zum Claret oder Bier: Ingleichen Flaschen und andere Geschirr/darinnen man Wein/Bier/Spiritus, Oel oder Pulver aufbehalten/ und in welchen man die Durchsichtigkeit der Liquorum, derselben Güte / Jährung / Scheidung und andere Verwunderungsachen sehen kan / welche mit der Zeit von der Natur in denselben gewürcket werden.

Uber dieses werden bereitet Näpffe oder Schalen / warme Speise darinnen aufzuheben; Stund- und -Zeit Gläser / Glätte-Gläser / das leinerne Geräthe zu glätten: Ziergläser / die Ramen und Studier-Stuben damit zu zieren; Fenster/die Kälte und den Regen aufzuhalten/und dadurch das Liecht in die Gemächer zu leiten.

Item/wann das Glaß gefärbet/so theilet es allen Dingen/die der Sonn entgegen stehen/seine Farbe mit: Endlich verfertiget man auch aus dem Glaß/ die Spiegel-Gläser/als mit welchen Narcissus und seine Nachfolger sich belustigen und gerne damit umgehen.

In der Naturkündigung hat man vor die alten Leute erhabene Gesicht-Gläser / und hochgeschlieffene für die Blödsehende / welche alle Dinge gantz nahe vor die Augen halten müssen; hierzu sind auch noch zu rechnen/ die Schrepff- und Laß-Köpff/die Harn-Gläser/die Aussaug Hütlein zu den Weiber-Brüsten/ die præservativ-Brillen / welche die Kunststecher/Siegelgräber und Jubilirer zu kleinen und accuraten Sachen gebrauchen/ auch andere künstliche Sehgläser/mit welchen man zur Lust oder Zierde / die Objecta verkleinern kan/item vergläsern / entfernen / vervielfältigen / und ihre Gestalten und Positurn mannigfältig verändern / durch welche Veränderungen / bey dem Unwissenden eine Furcht und Bestürtzung verursachet wird; wie an den Gesicht- und Spiegelgläsern / Brennspiegeln/Bilderspiegeln/Perspectiven/ und Tubis zu sehen ist; deren eine ziemliche Anzahl von sehr viel raren und verwunderlichen Spiegeln/Caspar Schottus, aus dem Kirchero, Porta und andern dergleichen Schreibern/zusammen gelesen und mitgetheilet hat.

Was für Seltzamkeiten und Wunder-würdige Sachen sind nicht in der Sternkunst/vermittels der Ferngläser entdecket worden? Und zwar derjenigen Ferngläser/welche Galilæus de Galilæis, oder Scheinerus (denn hierum sind die Sternseher unter einander uneinig) erfunden hat; und welche von Paulo Nealio, (der eine Zierde der Englischen Nation) wie auch von dem hochgelehrten Hugenio, von dem unvergleichlichen Hevelio, und dem berühmten Römer Eustachio, sehr sind verbessert und befördert worden; deren Gebrauch die Sternsehkunst warhafftig erleichtert hat / in täglicher Entdeckung der neuen Stern und Kreisen / welche vor Alters gäntzlich unbekannt waren; zu geschweigen deß Nutzens/welchen die Schiffleute/Soldaten/und andere Personen / in Erkennung und Unterscheidung der weitenfernten Sachen/ davon haben: Hierzu schicket sich jene gläserne Weltkugel / von welcher der Poet Claudianus das sinnreiche Epigramma geschrieben hinterlassen:

Jupiter in parvo cum cerneret æthera vitro,
Risit & ad superos talia dicta dedit:

Huc-

Huccine mortalis progressa potentia curæ?
Jam meus in fragili luditur orbe labor.
Jura poli, rerumque fidem, legemque virorum
Ecce Syracusius transtulit arte senex.
Inclusus variis famulatur Spiritus astris,
Et vivum certis motibus urget Opus.
Percurrit proprium mentitus signifer annum,
Et simulata novo Cynthia mense redit.
Jamque suum volvens audax industria mundum,
Gaudet, & humana sydera mente regit.
Quid falso insontem tonitru Salmonea miror?
Æmula naturæ parva reperta manus.

Welches nach der teutschen Reim-Kunst ungefehr also lautet:

Als Jupiter den Stand / der ungezehlten Sterne
Auf ein gebrächlich Glaß sah richtig eingeetzt /
Sprach lachende sein Mund zum Göttern in der Ferne:
Wie ist der Menschen Witz so hoch ans Bret gesetzt?
Mein wichtig Hände-Werck wird nichtig nun gehalten /
Indem ein rundes Glaß schon seines gleichen heegt.
Der Angel-stete Lauf ist auch von diesen Alten /
Den Syracuse ehrt / gantzkünstlich eingeprägt.
Ein ein-verschloßner Geist gibt jedem Sterne Leben /
Und treibt mit rechten Trieb das schon beseelte Werck:
Der Monde kan auch hier die neue Monat geben /
Die Sonne macht das Jahr. Es zeiget seine Stärck
Der hocherleuchte Geist / so diese Welt regieret /
Ja selbst das Firmament / das ferner ihm entfernt.
Nun / weil die Hand verricht / was der Natur gebühret:
Was Wunder / daß man mir den Donner abgelernt?

Die Ursach / warum wir darvor halten / daß diese deß Archimedis Welt-Kugel von Glaß gewesen sey / zeiget Cardanus in seinem Buch de Subtilitate weitläufftig an.

Es hat auch über dieses die Lehr von der Reflexion und Refraction, so vermittels der Kunst-Gläser observiret werden/in der Philosophie sehr wol gedienet/ um die Würckungen und Eigenschafften / der Lufft / deß Wassers/ und anderer Liquoren / auch ihre mancherley Bewegungen in den Röhren/ Phiolen oder Wetter-Gläsern zu erfinden: Ingleichen die Experimenten deß Vacui mit dem Quecksilber / wie auch noch unzehlich viel andere Experimenta, der Ausbreitung und Zusammenpressung der Lufft / in den Wetter-Gläsern / Wasser- und Wind-Künsten / in den Florentinischen / Romanischen/ und Magdeburgischen Experimenten. Davon Herr Robert Boyle Anlaß genommen zu seiner raren Invention, vermittels welcher er so viel herrliche Conclusiones oder Folgerungen erweiset / und so viel sonderbare Experimenta erfunden/durch welche Er berühmt worden ist bey seiner gantzen Nation, wie auch bey allen ausländischen Abgesandten/ und denen benachtbarten gelehrten Leuten.

Allhier sind auch die Brennspiegel nit zu vergessen; ingleichen die Linsen-Gläser / vermittels welcher man das Licht in ein finster Gemach fallen lässet/ aus welchen Plempius und Scheinerus die eigendliche Natur deß Sehens erwiesen haben; gleichwie auch Renatus Cartesius die Gebährung deß Regen-Bogens mit andern Gläsern gezeiget hat.

Auch muß man allhier der Rosenkräntze/ der Halsgehänge / und anderer dergleichen Zierrathen nicht vergessen / als welche uns aus Guinea eine grosse Menge Goldes zu wege bringen; dieweil die Innwohner desselbigen Orts/die Nasen/Ohren/Lefftzen und Beine mit dergleichen gläsern Schmuck zu behängen pflegen: Also hilfft auch das Glaß unsere Häuser und Kirchen zieren/indem dergleichen Gläser/so wohl mit natürlichen als künstlichen Sachen/und mit den allerherrlichsten Orientalischen Farben/ nach dem Leben abgemahlet und bezieret sind: Den Schluß hiervon wollen wir mit dem Prismate oder dreyeckichten Glaß machen/ welches ins gemein das Paradies genennet wird / und werth ist / von denen Gelehrten untersuchet zu werden; dieses Glaß repræsentiret eine so lebhaffte rothe/ blaue und grüne Farb/daß sie mit andern Farben nicht mögen verglichen werden.

Ich will nur aus dem Trigaultio erzehlen/wie hoch dieses Glaß bey den klugen Sinesern im Werth gehalten worden: Der Jesuit Riccius lag in einer Sinesischen Stadt / Tanian, gefehrlich franck darnieder; ein Chineser
„ aber/so sein guter Freund und Chiutaiso genannt/ wartete seiner so fleissig/
„ daß er innerhalb Monats-Frist/ so lang er sich allda aufhielte/ wiederum zu
„ seinen vorigen Kräfften kam/also/daß ihm dünckte/er wäre niemals gesün-
„ der gewesen; diese / seines Freundes Mühwaltung und Höflichkeit / beloh-
„ nete unter andern Riccius mit einem dergleichen dreyeckichten Glaß oder

pris-

prismare, an welchem er sich sonderlich belustigte/ und damit er solches Glaß „ noch mehr beehrte/ faste ers an beyden Enden mit einer güldenen Ketten an/ „ und legte es in ein silbern Kästgen/ fügte auch eine herrliche Lobschrifft dar- „ zu / darinnen er erweisen wolte/ es wäre dieses Glaß ein Stück/ daraus der „ Himmel bestünde: Durch diese Zierrathen deß Glases / wurden ihrer sehr „ viel angelocket/ und wie gemeldet wird / so hat sich kurtz hierauf einer gefun- „ den / welcher 50 Gold-Kronen dafür zu geben gebotten; der Chiutaiso aber „ wolte es um solches Geld nicht weglassen / und zwar fürnehmlich darum / „ dieweil er wuste / daß dergleichen Glaß dem König solte verehret werden; „ befürchtete sich derowegen / es möchte solches der Käuffer dem König über- „ senden / und also dem Herrn Riccio fürkommen: Nachdeme er aber erfah- „ ren/ daß dem König dergleichen schon überreichet und verehret worden/ hat „ er den Preiß noch etwas gesteigert / und solches verkaufft; auf diese Weise „ hat er sich von vielen Schulden los gemachet/ und sich ihme die Societät der „ Jesuiten verpflichtet.

Was die Hämmerung deß Glases betrifft / darauff die Chymisten die Müglichkeit ihres Elixirs bauen / die hat zum / wiewohl schwachen / Fundament/ die Worte deß Plinii im 36. Buch/ cap. 26. da er also setzet: Man saget „ daß unter dem Käyser Tiberio, ein solches Temperament vom Glaß sey er- „ funden worden/ daß es sich ohne Feuer habe biegen lassen; es seye aber deß- „ wegen die gantze Werckstatt desselbigen Künstlers ruiniret und eingerissen „ worden / damit der Preiß vom Kupffer / Silber und Gold-Metallen nicht „ geringert würde; Und diese Rede hat eine lange Zeit / doch ohne gewissen „ Grund/ gewähret.

Dieser Plinius hat gelebet zur Zeit deß Käysers Vespasiani, welcher nach dem Tiberio der dritte gewesen; daß es also scheinet / es habe die Sache lang gedauret.

Solches erzehlen auch andere mehr / nach dem Plinio, jedoch kommen sie nicht gäntzlich mit ihm überein: Dion Cassius im 57. Buch saget: Zu der Zeit/ als sich zu Rom ein grosser Schwiebogen auf eine Seiten senckte/ so hat „ solchen ein Baumeister (dessen Nahmen man nicht weiß / dieweil der Käy- „ ser aus Neyd verboten hatte/ solchen in die Bücher zu bringen) auf eine wun- „ dersame Manier wiederum aufgerichtet / und den Grund zu beyden Sei- „ ten also befestiget / daß er unbeweglich gestanden: Solchen hat der Tiberi „ us, nachdem er ihn ausgezahlet / aus der Stadt weisen lassen; der Künst- „ ler aber kam wieder zurück; Und als er zu dem Tiberio gieng/ und um Gnad „ bitten wollen/ hat er mit Fleiß einen gläsern Becher auf die Erden fallen und „ zerbrechen lassen / hat aber solchen alsobalden wiederum mit seinen Händen „

gantz gemacht / der Hoffnung / er würde dadurch Gnade erlangen / allein er muste deßwegen sein Leben hergeben.

Isidorus bekräfftiget dieses / also sagend: Der Käyser hätte selbst den glasern Becher / aus Zorn wider den Boden geschmissen / welcher also zerkrüpelt / und gleich einem Kupffer sich zusammen gebogen / der Künstler aber mit seinem Hämmerlein / welches er im Busen hatte / wiederum ausrichtete; darauf habe der Käyser gefraget / ob sonst noch jemand Wissenschafft von dieser Kunst hätte? und als der Künstler mit Nein geantwortet / auch solches mit einem Eyd betheuret / sey ihme / auf Befehl deß Käysers / der Kopff abgeschlagen worden; damit nicht / wann diese Kunst gemein würde / das Gold für Koth geachtet / und alle andere Metallen geringschätzig würden.

Und gewiß / wann die Gläser nicht so zerbrechlich wären / sie wären dem Silber und Gold weit fürzuziehen. Pancirollus, betreffend die Hämmerung deß Glases / folget der ansehnlichen Authorität der angezogenen obigen dreyen Authorum: solches thun ingleichen auch andere / welche es aber nur von Hören-Sagen referiren.

Allein Mathesius, Goclenius, Valensis, Libavius, und der gantze Chymische Hauffe / wollen solches ungescheuet behaupten / daß es durch Krafft deß Elixirs geschehen seye; Diese aber mögen kühnlich behaupten / was sie wollen; so setzet doch Plinius in Erzehlung dieser Historia hinzu / erstlich / man saget / zweytens / es ist die Rede / drittens / es sey zwar viel Redens / aber wenig Grund davon: Welche dreyfache Redensart genugsam an den Tag giebet / wie wenig Glauben er selbst dieser Historia beygemessen.

Es wäre genug gewesen / wann er bey dieser / nicht gar zu glaubwürdigen Erzehlung / seine Authorität zu solviren / nur diese allgemeine Art zu reden / man saget / hinzu gesetzet hätte / so saget er über dieses noch für sich / daß diese Rede zwar lange gewähret &c. Aus welchen Worten klar erhellet / daß zwar / wann man dem eusserlichen Ansehen nachgehet / von etlichen einiger Glaube dieser Historia beygemessen worden / solches aber nicht von klugen Leuten / so man dem eigentlichen Wort-Verstand nachgehen will; denn was kan man wohl aus den Worten / man saget / für eine ungewisse Reden / oder etwas anders / als deß erzehlenden Mißtrauen / schliessen? Solches war auch nur eine gemeine Sache / denn es wird solches / weder von einem Naturkündiger / noch Poeten oder Historienschreiber erzehlet; es gedencket niemand der Person / und / welches ein Wunder ist / noch weniger der ungewöhnlichen Straff / da doch deroselben Bücher voll Anmerckungen / von seltzamen Begebenheiten sind.

Solte auch wohl jemand der Warheit gemäß achten / daß der Käyser selbst

selbst nicht solte dieser Kunst nachgestrebet / und solche nebenst andern Cantzley-Archiven seinen Successoribus hinterlassen haben / als ein sehr merckwürdiges Stück / dergleichen in der gantzen Welt nicht gefunden worden / noch vielleicht jemahls möchte gefunden werden / nachdem der Künstler getödtet? Und solte diese gantz ungewöhnliche Erfindung / und die unerhörte Straffe in so wenig Jahren unter dem einigen Wort / man saget / gantz und gar verloschen seyn.

Ist derowegen solches nur deß gemeinen Volckes Rede gewesen / und zwar deß Römischen / auch der Neronischen Grausamkeit beyzumessen / welche gar leicht diese Fabel behaupten könte. Aus was Ursach aber hat es der Plinius erzehlet? Gewiß nur darum / damit er seinem Wohlgefallen nachlebte / welches (wie sein Enckel in seinem Sendschreiben / und auch diß sein Werck selbsten bezeugen) eintzig dahin ziehlte / daß er alles zusammen schrieb / was beydes in der Kunst und Natur seltzam ware. Vielleicht hat er auch solches darum erzehlet / damit er das Lob und die Erfindung eines fremden Dinges (als welches / seinem Gutdüncken nach nicht unmöglich / sondern dermaleins werckstellig zu machen wäre) seiner Nation zuschreiben möchte.

Ferner / so ist diß Temperament nicht anders gewesen / als daß das Glaß hätte können gebogen werden: Und wer wolte Glauben / daß die Nachkömmlinge solten so unachtsam gewesen seyn / in einem Ding / welches so allgemein im Gebrauch ist / und zu dessen Bereitung nicht mehr als zwey Materialien erfordert werden.

Und was soll das Gericht bedeuten / wann es von Verringerung deß Goldes und Silbers redet; ich sehe nichts / das dem Käyser unanständig / oder dem Werth deß Silbers und Goldes solte zugegen seyn; vielmehr befinde ich / daß es sehr nützlich solte gewesen seyn / in den Worten aber deß Käysers ersehe ich keine Folge. Und so viel von dem Zeugniß deß Plinii.

Aber was können jene / welche solches von dem Plinio entlehnet / zu dieser Sach ein mehrers / als die Authorität des ersten Erzehlers / hinzu thun? In Warheit nichts! insonderheit da sie dem Text deß Plinii eine solche Auslegung angedichtet / die mit demselben nit übereinstimmet / und habens durch ihren Zusatz in eine förmliche und vollständige Erzehlung bringen wollen: Plinius saget / damit sich das Glaß biegen ließ; deß Dionis Zusatz über solche Wort / ist: Der Künstler hätte das zerbrochene Glaß wiederum gantz gemachet; welches zur Hämmerung der erste Grad ist: Uber diß ist noch deß Isidori Zugab / sagend / solches zerbrochene Glaß sey mit dem Hämmer wiederum ausgerichtet worden: Hieraus ist nun zu ersehen / auf was Manier solche Meinung an uns gelanget / und mit was wunderbarer Veränderung und Auslegung

gung solches geschehen sey/ damit es denen Nachkömmlingen möchte wahrscheinlich fürkommen.

Dasjenige/ was Plinius vom Hörensagen erzehlet/ und sein Urtheil wegen der Ungewißheit darbey füget/ das lassen die Chymici aus/ damit sie ihre Meinung von dem allmächtigen Stein der Weisen beschützen/ verkehrend die Flexibilität des Plinii, und machen solche zur Malleabilität oder Hämmerung deß Glases/ als wann zwischen dem Biegen und Hämmern kein Unterschied wäre; da doch alle Cörper auf eine gewisse Weise sich biegen/ mit nichten aber sich hämmern lassen; ausgenommen die Metallen: Die Stücke von dem gemeinen Moscowitischen Glaß/ und dergleichen unzehlich viel ander lassen sich zwar biegen/ aber nicht hämmern/ oder mit dem Hammer tractiren/ auch kan man keine dünne Blech/ gleichwie aus denen Sachen/welche sich schmieden lassen/ daraus bereiten; Ja das Glaß/ wie es an sich selber ist/ lässet sich natürlicher Weise in gewissen Grad biegen/ denn die sehr dünnen Crystallinene Gläser/wann sie geb ührlich erwärmen/werden ein wenig/ jedoch sichtbarlich gebogen; ich habe gläserne Röhren von 12. und mehr Schuhe lang gehabt/ zu dem Experiment deß Mercurii gehörig/ diese wann sie mit Quecksilber angefüllet/ wurden ein merckliches gebogen; dahero bin ich der Meinung/ im Fall ja an der Erzehlung deß Plinii etwas warhafftiges seyn sollte/ daß solches daher komme/ daß/ nachdeme zu deß Plinii Zeiten (da das Glaß annoch sehr zerbrechlich/ und von dem allergeringsten Dinge leichtlich kunte verletzet werden/ dieweil es von Salpeter bereitet; denn dazumal war die Kunst das Glaß auszuglüen/ davon Plinius nichts meldet/ noch unbekandt/) sich habe ein Künstler hervor gethan/ welcher vermittels deß Krautes Kali oder Allkali und der Ausglüung/ein Glaß erfunden habe/ das dauerhafftiger und stärcker als das erste war/ auch auf gewisse Art einen Stoß/ und etwas mehrers/ als das vorige/ ertragen oder erdulten könne. Solches hat vielleicht der Famæ Anlaß gegeben (welche ohne diß/wie Virgilius saget/die Sachen/so erstlich klein/bald erhebet und in alle Welt ausstreuet) daß sie nemlich diese Sage mit Zusetzung einiger Umstände/wie es gemeiniglich zu geschehen pfleget/in diejenige Historiam, welche Plinius erzehlet/verwandelte und transformirte.

Betreffend nun die Müglichkeit das Glaß zu bereiten/ daß es sich hämmern lasse/so befinde ich bey dieser Sach keinen andern Beweiß-Grund/ als der Chymicorum Relation, welche solch ihr Vernunfft-Gebäud gleichsam Circulweis/ nemlich vom Elixier aufs Glaß/ und von diesem wieder auf jenes gründen; allein es wird vielleicht eines leichter als das andere zu machen seyn.; Denn das Elixier zu bereiten/ so wird nothwendig erfordert/ daß

daß es komme aus einem Ding / welches zwar an sich selbst dem Elixier nicht gleich ist/ unangesehen / daß solches in der Materia seyn muß/ daraus es kommen soll.

Mit dem Glaß aber hat es eine andere Beschaffenheit ; Denn das Glaß ist unter allen Dingen / von Natur das allergebrechlichste: Soll nun solches / daß es sich hämmern lasse/ bereitet werden / so wird nothwendig erfordert/ daß ihme eine Qualität / die derselben Natur contrar ist / eingeführet werde.

Uber dieses so ist ja nichts / welches sich hämmern lässet / durchsichtig: und wer würde dasjenige / welches nicht durchsichtig ist / ein Glaß nennen ? Fürwar man würde mit eben diesem Fug alles dasjenige können Gold heissen / was gewichtig ist/ und sich doch nicht hämmern läst / als man dasjenige Glaß heissen wollte / welches sich hämmern ließ / aber nicht durchsichtig wäre.

Hierzu kommet noch / daß die Natur und Eigenschafft deß Hämmerns bestehe/ in der genauen Zusammenhaltung der Theile / und in der Vermögenheit allerley Gestalten/ nach den kleinesten Theilen anzunehmen ; welches mit der Natur deß Glases nicht übereinstimmet : Denn es haben die Materialien deß Glases / nemlich Saltz und Sand/ eine solche Gestalt / welche zu einer solchen festen Verknüpffung untüchtig sind : Das Saltz hat für allen andern Dingen seine eigentliche und umschränckte Figur oder Gestalt / welche es auch unveränderlich behält/ ungeachtet mans solviret oder im Feuer tractiret/ es wäre denn/ daß es gantz und gar destruiret würde / welches man mit vielen Beweißgründen behaupten könte.

Solche Figur oder Gestalt ist alsdann mancherley / je / nachdem das Saltz ist : Der Salpeter und ein jedes Alkalisirtes Saltz ist eckicht / und weil solches eckicht/ und als eine Pyramide spitzig ist / so scheinet es / als ob solches von unzehligen vielen spitzigen Nadeln bestünde. Die Gestalt oder Figur deß Sandes ist auch mancherley/ ja/ wie man durch die Vergrösserungs-Gläser observiret/ fast unendlich : Wer wolte sich anjetzo bereden / daß diese Mannigfaltigkeit dergestalt in dem Sande / sich so eigentlich und genau zu der determinirten Gestalt deß Gläses schicken solte/ daß sie sich beyde in den allerkleinesten Theilen vereinigten/ und an einander hiengen/ welches aber die Hämmerung werckstellig zu machen nothwendig erfordert wird ; da es im Gegentheil das Glaß zu bereiten gnug ist / wann die Theile deß Saltzes und Sandes/ sich nur in diesem oder jenem Punct / an einander berühren / aus welchen Befassen eine solche Vereinigung geschiehet / die da erlanget die Form eines Glases/ und aber zum Hämmern gantz und gar untüchtig ist.

Es

Es sind auch von dieser Vereinigung in dem Glaß solche Durchgänge/ durch dessen Vermittelung / wie wir von dem Lucretio erlernet haben / die Durchsichtigkeit herkommet.

Uber dieses/ so ist und bleibet/ gleich wie wir vorhero schon erwähnet haben/ ein jedes Ding in seiner Zusammensetzung dasjenige/ was es zuvor war. Derohalben will ich diese Sache beschliessen/ und sagen/ was meine Meinung sey: nemlich/ ich halte dafür/ solcher Effect von der Hämmerung des Glases sey nur eintzig und allein von dem Elixir zu hoffen / diese beyde Stücke aber werden zu gleicher Zeit mit einander an das Tage-Liecht kommen.

Von denen Oefen.

Ehe und bevor wir zu der Kunst selber schreiten / so wird nothwendig seyn/ daß wir von denen Formen oder Gestalten der Oefen einige Anzeigung thun; ingleichen auch von dem fürnehmsten Werckzeug; item von der Art und Weiß/ wie man die verfertigte Glaß-Metallen verarbeiten soll; welches von unserm Autore ausgelassen worden / da es doch zu wissen auch sehr nothwendig ist.

Die Oefen nun werden bey dem Agricola, zu Ende seines Buchs von Metallischen Sachen/ in drey Sorten abgetheilet, der erste wird der Kalch- oder Calcinir-Ofen geheissen / dieser ist gleichwie ein ander Ofen gebauet / in der Läng 10. Schuhe / und 7. Schuh breit / wann er sehr weit ist/ auch zwey Schuh in die Tieffe; auf der einen Seiten hat er inwendig einen viereckigten Graben / von ungefehr 6. Zoll; dessen oberer Theil mit der Fläche deß Ofens/ in gleicher Ebene lieget / und wird von ungefehr 10. Zoll unterschieden: In diesen Graben werden die Kohlen gethan/ deren Flammen den gantzen Ofen bestreichen / und von dar sich wiederum zurück auf die Frittam biegen oder neigen; der schwartze Rauch aber / welcher über der Ofen-Fläche schwebet/ gehet zu dem Ofen-Loch hinaus.

Es berühret der Glaßmacher die Frittam oder das rohe Glaß-Metall nicht eher/ als biß aller Rauch zum Ofen hinaus ist; Die Kohlen liegen in diesem/ gleich wie in allen andern Oefen / auf einem eisernen Rost/ damit die Aschen von dar in den Aschen-Heerd/ welcher darunter gemachet ist/ fallen.

Der Glaßmacher / den man in den Glaß-Hütten insgemein den Giesser nennet/ ist derjenige/ welcher dem Saltz / Aschen und Sand/ das gebührliche Gewicht giebet oder zueignet/ auch zugleich machet/ vermittels eines sehr hefftigen Feuers / daß solches in eine Massam zusammen gehe / und eine weisse Farb erlange.

Wann dieses Glaß-Metall gar zu hart und also zerbrechlicher wird/ weder

der der gemeine Halt erfordert / so wird noch mehr Saltz der Aschen; hingegen wann es gar zu lind und dünne werden wolte / noch etwas deß Sandes hinzu gethan / und so lang herum gerühret / biß alle diese Stück ein Temperament oder Gleichheit erlanget haben / welches man nicht anders / als im verarbeiten erkennen kan: Die Frittam, wann sie also ist bereitet worden / nimmt er aus dem Calcinir-Ofen / und hebet solche / nachdem sie erkaltet / zum Gebrauch auf.

Diese Fritta wird bey uns / nicht wie unser Autor will / mit Wasser oder Laugen begossen / sondern es machet sich / nach Verfliessung etlicher Tage / der Arbeiter darüber / und bereitet aus der Fritta das Glaß-Metall / wann nemlich die Fritta geschmoltzen / so rühret er solche mit einen Kruckeysen: Dieses wann es erhitzet / wird in einen Eymer voll Wassers getauchet / damit sich das Glaß nicht daran hänge.

Das Sal Alkali nimmt er mit einem grossen Löffel heraus / oder schüttet das Metall aus diesen in ein andern Topff / und schäumet das Glaß mit dem Schaum-Löffel (Porteclo) wohl ab; endlich nimmt er mit einen spitzigen Eysen-Hacken etwas von dem Glaß-Metall heraus / und besihet / ob die Farbe recht / und zum verarbeiten tüchtig ist: Etliche andere lassen auch die Töpffe in diesem Ofen warm werden / als Agricola thut.

Der andere / oder Werck-Ofen ist derjenige / in welchen die Töpffe gesetzet werden; er hat auch einen Feuer- und Aschen-Herd; dieser Ofen ist rund / im Durchschnit 3. Eln hoch / und 2. Eln tief / auch ist er in der Höhe gewölbt / inwendig auf einer Seiten werden 8. oder mehr Töpffe gestellet / jedoch so / daß noch zwischen jedem allzeit noch einer stehen kan.

Die Anzahl der Töpffe ist je nach der Zahl der gemachten Ofenlöcher / allezeit gedoppelt / damit nemlich ein jeder Arbeiter habe einen Topff voll deß gereinigten Metalls / welches schon zur Arbeit tauget / den andern Topff aber zum Metall-reinigen / indem er in der Arbeit ist.

Dieser Ofen ist in zwey Theil abgetheilet / deren unterer Theil sondert die Töpffe vom Heerd ab / und hat in mitten deß Herdes ein rundes Loch / welches mit eysern Stäben beleget / die 14. oder mehr Zoll dicke sind / und durch welche die Flamme gehet / welche sich von dem obern Ziegel-Gewölb / zurück auf die Töpffe reflectiret.

Der andere und obere Theil deß Ofens theilet solchen von der Leera, (ist ein Englisches-Wort / und soll vielleicht den Kühl-Ofen oder das dritte Gewölb deß Werck-Ofens bedeuten) ab. Die Löcher dieses Ofens sind diese / als erstlich das Hauptofenloch / durch welches man das Metall aus dem Ofen nimmt / und auch die Töpffe dardurch hinein hebet: Dieses Ofen-Loch ist mit einem Deckel vermacht/bestehend aus Leimen und Ziegelsteinen/ welchen man auch / so es vonnöthen ist / wegnehmen kan; es dienet auch dieser Deckel darzu/daß die Augen der Arbeiter/vor der Hitz deß Feuer-Heerds verwahret werden; in mitten dieses Deckels ist ein Loch/ etwas grösser als ein Spann weit / bey welchen man den Werckzeug / so es von nöthen / erwärben kan; zu diesem Ofenloch gehören auch die Haacken / so an die Seiten-Wände deß Ofens eingemauret/so da dienen/daß man den Werckzeug/wann er erhitzet/ darauf leget und ruhen lässet.

Zum andern folgen die kleinern Ofen-Löcher / gegen einander über / zu beyden Seiten deß grossen Ofen-Lochs / eines / durch welche die Arbeiter das tingirte oder mehr gereinigte Metall/aus den Töpffen heraus nehmen: Nach diesem kommen zum dritten/ zwey Ofen-oder Mundlöcher nechst bey der Leera, diese stehen mit dem Haupt-Ofenloch in gleicher Ebene / und dienen zum Calciniren deß Weinsteins / Eysens und dergleichen; hierher gehöret auch derjenige Heerd / welcher zwey Ofenlöcher / deß beyden Seiten deß Ofens hat/durch welche die Jungen die Kohlen/bey Tag und Nacht hinein werffen/ damit dieses Feuer stetigs erhalten werde: Diese Ofenlöcher aber werden von Ziegelsteinen bereitet.

Diese Oefen sind je an einen Ort anders als an den andern/und haben/ damit sie desto stärcker halten / fünff oder je zu Zeiten mehr eyserne Bogen-Stangen; insgemein aber werden zu einem Crystall-Ofen / drey solche Bogen-Stangen nothwendig erfordert: Die mancherley Gestalten von solchen Oefen / besiehe beym Agricola im 12. Buch / Libavio im 20. Capitel deß ersten Theils seiner Alchymischen Commentarien/ Ferranto Imperato, im 14. und 15. Capitel deß 12. Buchs/und Joh.B. Porta im 3. Capitel deß 6. Buchs/ seiner natürlichen Kunst-Weißheit/

Diese Oefen / davon wir jetzt gehandelt / sind rund / die andern Oefen aber zu dem grünen Glaß / sind viereckigt / und haben in jedem Ecke ein Gewölb / darinnen die Gefässe erwärmet werden.

Die Leera (welches bey dem Agricola der dritte Ofen-Absatz oder Theil ist/hat mit dem andern Ofen / darinnen das Glaß-Metall geschmeltzet und im Fluß erhalten wird/gleiche Form; dienend/daß man die Gefäß darinnen erwärmen oder abkühlen lässet) und begreiffet zwey Theil in sich / deren einen die Engelländer den Thurn/denn andern aber die Leer nennen.

Der Thurn ist derjenige Ofen-Theil/ welcher gleich über den Schmeltz-Ofen stehet/und werden von einander mit einer Wand/ so eines Schuh dick/ unterschieden: In mitten dieser Quär-oder Scheidwand ist ein rundes Loche mit dem untern Heerd-Loch in einer Perpendicular-Linie (Agricola und Imperatus

peratus wollen / daß dieses Loch viereckicht / und eng seyn soll) durch welches die Flamme und Wärme deß Ofens gehen kan; dieses Loch wird das Ofen-oder-Licht-Auge geheissen / ist mit einem eysern Ring eingefasset / den man insgemein den Krantz zu nennen pfleget: Und also werden auf den Boden oder Heerd dieses Ofenthurns / die verfertigte Geschirr / von dem Glaßmacher/damit sie erwärmen/geleget; an den Seiten sind zwey Mundlöcher/ durch welche die nunmehr verfertigte Gläser von den Arbeitern mit einer Gabel auf gedachten Heerd gestellet/und bald hernach in die Schisseln (beym Agricola sind solche von Thon oder Leimen / bey uns aber in Engelland sind sie von Eysen) von solchen Leuten/die darzu bestellet/und auf Englisch Soroleman heissen/nach und nach gethan/und in die Leeram, welche 5. biß 6. Eln lang ist/ gebracht; und solches/damit sie abkühlen/ welches letzlich zu Ende der gedachten Leeræ geschiehet/ dessen Mund-Loch endiget sich an einem Ort/ dahin die abgekühlten Gläser gesetzet werden: Dieser Ort aber würd Sarosel (ein Englisches Wort) und von diesem derjenige Saroleman genannt / welcher die eyserne Schüssel in den Kühl-Ofen oder Leeram bringet.

In den gemeinen Glaß-Oefen dienen die zwey gegen einander überstehende Seiten/zum Ausarbeiten der Glaß-Metallen/denen zwey andern aber sind die Calcinir-Oefen beygefüget/in welche man das Feuer/so von den Oefen herauf steiget/ durch Löcher einlassen kan; sie dienen zu der Frittæ Præparirung/ und den Rauch zu vermeiden.

Einige andere machen das Feuer zu Erwärmung der Geschirr / innerhalb deß Gewölbes / und verrichten in diesen eintzigen Ofen alle Arbeit deß gantzen Werckes.

Die innere Fläche solcher Oefen bestehet nicht von Ziegel (denn diese würden gleichwie alle andere Steine zu einem Glase werden) sondern von einem härtern Sandstein/welche Stein-Art von dem Imperato Pyromachium genennet wird/sie werden zu uns von Novo Castello gebracht/sind weißlich/und geben / so sie an einander geschlagen werden / Feuer von sich: Jedoch wird dieser / wiewohl sehr harte Stein / innerhalb 3. Monat-Frist / in dem Ofen verzehret / oder bekommet zum wenigsten Klumpsen: die eusere Ofen-Fläche aber bestehet nur aus Ziegelsteinen; Die Hitze in solchen Oefen ist unter allen die stärckeste: denn ich habe beobachtet / daß die Stroh-Halmen / so den dritten Tag / nach Auslöschung deß Feuers in den Ofen geworffen / sich alsobalden angezündet haben; es berichtete mich auch ein Arbeiter / daß das Feuer in gedachten Ofen noch einmahl so starck und heiß ist / als in den übrigen Oefen.

Nun ist auch vonnöthen/daß wir von denen Gieß-oder Schmeltz-Töpffen etwas handlen. Diese bestehen aus guten Leimen / welcher von Purbecko (ein gewisser Ort in Engelland) auf Wägen anhero nacher Londen gebracht wird/aus diesem werden die Röhren bereitet.

Dieser Leimen oder Thon/nachdeme er sauber gewaschen worden/ wird in denen hierzu behörigen Oefen calciniret/ und mit einer Mühl zu einem subtilen Pulver gemachet/welches Pulver alsdann mit Wasser vermischet/ und mit blossen Füssen betretten/zu einer gebührlichen Consistenz gebracht wird; nach diesem giebet man ihm mit denen Händen eine gewisse Form/ und lässet das geformirte an einen bequemen Ort trocknen / auch auf oder in den Ofen warm werden: diejenigen Töpffe aber/welche zu dem gemeinen Glaß dienen/ die werden aus dem Thon/so von Nansucho gebracht wird / bereitet: zu diesem aber wird annoch beygemischet der Thon / so aus der Grafschafft Worcester kommet / als welcher das Feuer besser / als der andere erleidet; diese Töpffe werden mit dem rohen Glaß oder Metall angefüllet / und auf den Heerd/der mit dem Mundloch in gleicher Ebne ist/gestellet.

Bey den Crystall-Oefen sind zweyerley Art der Töpffe im Gebrauch; von der grössern Art hält einer 30. biß 40. Pfund deß Glaß-Metalls/sie sind eines Daumens dick / auf den Boden 2. Schuhe breit / und so viel tief / oben her aber haben sie in der Weiten 20. Zoll: Die andere Art der Töpffe ist etwas kleiner / und werden insgemein Pillingpots, in Englischer Sprach geheissen; dieweil diese auf die grössern Töpffe gesetzet werden / als in welchen sich das getingirte und ausgekochte Glaß-Metall befindet.

Letzlich wird vonnöthen seyn zu besehen die Art und Weiß/wie das Glaß verarbeitet werde / welches wir / mit einigen Zusatz aus dem 12. Buch deß Agricolæ vom Bergwercken/entlehnet/fürstellen wollen.

Nachdeme nun das Glaß Metall genugsam ausgekochet/ so stecket der Arbeiter ein hohles Eysen oder Rohr in solchen Topff / drehet solches etwas herum/und nimmt des Glases so viel/als er zum Geschirr/ welches er verfertigen will/benöthiget ist/heraus: denn das geschmoltzene rohe Glaß oder Metall hänget sich an das Eysen/gleich einem zähen oder kleberigten Safft / auch nichts anders/ wiewol etwas fester als das Terebenthin oder Theriac / wann es von dem Verkauffer aus dem Topff genommen wird.

Die Form deß Glases/ indem es an eyseren Rohr hanget / ist rund/ solches walgert der Arbeiter / indem ers hält / auf einen Marmor hin und her / damit es sich desto dichter mit einander vereiniget: nach diesem bläset der Arbeiter gemach in das eyserne Rohr/so blehet sich das Glaß/ von dem Athem / nicht anders als eine Blase auf.

Der

Der Arbeiter / so offt man in das Eysen bläset / welches sehr offt / nothwendig geschehen muß/so offt setzet er das Blaß-Rohr behend vom Mund genommen/an die Wangen oder Kühnbacken/ damit er mit den zurück gezogenen Athem/keine Flamme an sich ziehet: alsdann thut er das Blaßrohr hinweg / drehets rings um den Kopff herum / erlängert und erkältet das Glaß / auch druckt ers/ so es von nöthen/ in Modellen / oder den Boden deß Glases auf einen Marmor.

Nach diesem übergiebet er solches dem Glaßmacher / welcher den Halß deß Glases / oder denjenigen Theil / damit es an dem Eysen hänget / gelinde herab bricht / und wirfft dieses abgebrochene Stück zu dem gemeinen Glaß / das übrige aber machet er mit denen darzu behörigen Instrumenten glatt / hohl und weit / und was zu viel / schneidet er mit der Scheer herab / also und auf solche Weis / indem er/ wie gedacht/ die Glaß-Kugel aufbläset/ drucket / erweitert und abschneidet/ formieret er die Figur/ welche er im Sinn gefasset hatte; auch so es von nöthen / machet er Füß daran/ und stellet es gemarmelt oder strömicht für.

Nachdeme dieses geschehen/so nimmt der Arbeiter das verfertigte Werk mit einer eyseren Gabel/und bringet solches geschwind/ damit es erwärme/ in den Thurn deß Ofens / stellet es auch / die Treppen hinauf steigend / an einen bequemen Ort/ und nimmt sich in acht / daß er aus Unvorsichtigkeit nicht anstosse/denn es ist dergleichen Wahr sehr subtil und zerbrechlich.

Ferner ist vonnöthen / daß die Anzahl der Töpffe und Ofen-Löcher so viel als der Arbeiter sind; denn es hat unter diesen ein jeder seinen eigenen Stand/ in welchen er grosse Hitz erleidet / indem solche schnurstracks in das Angesicht/und durch den Mund auf die Lunge fället: solches verursachet/daß sie ihre Arbeit nackend/gleich als die Cyclopes oder Vulcanus-Knechte/ mit einem Fürtuch angethan / verrichten müssen: das Haupt aber für der grossen Hitz und Schein zu verwahren / bedecken sie mit einen ströhern und breiten Hut: Ingleichen pflegen sie sich auf weite und breite höltzerne Sessel zu setzen/die lange Geländer haben / um die Werck-Instrumenta darauf zu lähnen / und so zu befestigen / daß sie nicht leichtlich beweget werden können. Wann sie 6. Stunde gearbeitet haben/ (bis welche Zeit zu einerley Glaß genommen wird) so werden nach Verfliessung solcher Zeit die Arbeiter abgelöset; diese/wann sie ihren Theil auch gearbeitet haben/so werden sie von den ersten wiederum abgelöset; also und auf solche Weiß geschiehet es/ daß der Ofen / wann er eingerichtet / und im Werck stehet/ niemals leer oder müssig bleibet; es sey dann/daß die Töpffe einen Schaden bekommen/ oder das Metall zu fliessen aufhöre.

Es beobachtet Libavius von dergleichen Glaß-Arbeitern / daß die meisten unter ihnen bleich im Angesicht / und stets dürstig sind / auch nicht alt werden / dieweil ihre Wurtzel-Feuchtigkeit verzehret wird; und muß das Haupt und Brust viel Gebrechen erleiden; und dieweil sie schwaches Leibes sind / so werden sie von Wein oder Bier leichtlich truncken / welches ihr eigenthümliches Kenn-Zeichen ist.

Die Abrisse aller jetzt beschriebenen Oefen / Instrumenten und Handthierungen wird der geneigte Liebhaber zu Ende meiner Anmerckungen / mit noch einem sonderlichen kurtz-gefasten Bericht aufs eigentlichste in Kupffer-Figuren vorgestellet / finden und zu sehen haben.

Anmerckungen CHRISTOPHORI MERRETTI In das erste Buch / von Der Glaßmacher-Kunst.

Das I. Capitel.

Nachdem wir nun dasjenige / welches Anfangs nothwendig zu erinnern / geendet haben / so wollen wir zu deß Autore Text oder Innhalt selbsten schreiten. Was demnach Anfangs das Wort

Pülverlein oder Rochetta

betrifft / bedeutet derer eines so viel als das andere / und sind nichts anders als die Aschen von einer Pflantzen / jedoch in ihrer Güte unterschieden / wie solches aus unterschiedlichen Oertern unsers Autor erhellet. Das Wort ROCHETTA ist in unsern Glaßmacher-Hütten gantz unbekandt; dieses hat auch bey den Moranen gantz keinen Unterschied.

Das Wort Pülverlein aber ist bekandt / und wird solcher Name allem Aschen / oder zu der Glaßmacher Gebrauch aus Orient gebracht wird / beygeleget; die Ursach aber deß Unterschieds / bedüncket mich diese zu seyn; daß man alles dasienige / welches in der Form eines Pulvers zu uns gebracht wird / mit dem Namen Pülverlein bemercket; hingegen das andere Rochetta heisset / welches Stück-weiß zu uns gebracht / und gleich einem Stein hart ist.

Es ist auch bey denen Glaßmachern aus gewisser Erfahrung bekannt/ daß aus denen grössern und härtern Stücken viel ein weissers und schärffers Saltz / als aus dem Pulver und kleinern Stücklein kommet / und bereitet wird.

Im übrigen / ob solches von dem Unterschied der Pflantzen kommet / oder von Mannigfaltigkeit der Zeit im Wachsen/der Art und Weise im Einsammlen und Verbrennen ; oder auch ob solches von einen betrüglichen Verfälschung oder Zusatz/eines fremden Saltzes / Saltzwassers / oder einigen andern Feuchtigkeit / damit es sehr geschwächet werden kan / seinen Ursprung hat/lasse ich ohne fernere Berührung an seinen Ort bewenden.

Dieses ist bekandt/ daß sie ein sehr scharffes Saltz bereiten / welches zu harten und steinern Stücken wird ; ingleichen/daß sie aus Aschen / die erstlich gebrannt/eine Laugen bereiten/damit sie die Kräuter/die verbrennet werden sollen/ besprengen ; auf solche Weiß bereiten sie für die Seiffensieder und Färber eine sehr scharffe Aschen : Wo oder an welchen Ort aber diese Manier die Rochettam zu bereiten/ sey erfunden worden / und warum es anjetzo nicht sehr im Gebrauch sey? weiß ich keine Gewißheit.

Sie wird aus Orient und Syrien gebracht.

Syrien ist ein Theil deß Morgenlandes: bey unsern Zeiten aber wird die gedachte Aschen von Alexandrien und Tripoli hergebracht.

Eines Krautes.

Dieses Kraut wird von dem Autore in der Vorrede Kali genennet; bey welchen Namen es auch bey denen andern und meisten Schreibern / wiewol in geringer Veränderung / benamset wird: Alpinus, im Buch von den Egyptischen Pflantzen / nennets Kalli, und Kallu; andere aber Cali; Gesnerus, Alkali; Löbelius, Soda; Dodonæus, Salicornia: In Frantzösischer Sprach / wie auch in der Lyonischen Historia wirds genannt Salsola: bey dem Camerario, Cordo, Fuchsio und Lusitano, heisset es/ die Anthyllis deß Dioscoridis; welches aber Matthiolus in der Schutz-Schrifft wider Lusitanum, gründlich widerleget hat/indem er dafür hält; daß diese Pflantze bey Tergest in Mauritanien wachse: Endlich wird es Anthylloides, von dem Thalio geheissen.

Die Namen Soda, Solicornia und Salsol, werden wie bewust/von dem Wort Saltz hergeleitet / als dessen es sehr viel bey sich hat: also handelt von der Bekandtschafft / Alterthum und Namen dieser Pflantzen / unser hochgelehrter und wohlbekannter Herr D. Turner in seinem Kräuter-Buch.

Diese

Diese gedachte Pflanze hat/so viel mir wissend / keinen Englischen Namen/ ungeachtet es an vielen Oertern häuffig bey uns wächset; und habe ich niemand können antreffen / der solche kennete: Damit sie aber gleichwohl einen Namen bekomme / so wird sie füglich die Saltzwurtzel geheissen / dieweil es am Geschmack saltzicht ist: Oder das Glaß-Kraut / dieweil dessen Aschen zum Glaßmachen dienlich sind.

Parkinsonius schreibet / daß sie von unsern Landsleuten Froggras oder Crabgras, zu teutsch / das Frosch-oder Krebs-Glaß gennet werde; vielleicht darum / dieweil es dergleichen Thieren zur Nahrung dienet / indeme es einen substantialischen Safft hat / der wegen seiner temperirten Saltzigkeit dem Maul annehmlich ist.

Caspar Bauhinus erzehlet in seinem Pinace von der gedachten Pflantze 10erley Sorten/ deren Namen und Beschreibung / dieweil sie nicht hierher gehören / lassen wir aus; wollen aber von nur dreyerley gedencken / als aus welchen / wie Alpinus im 42. Capitel berichtet / die Alexandrier und die übrigen Egyptier/ein Pulver zur Bereitung deß Glases und der Seiffen bereiten: Die erste Art ist das knodichte Kali: Die zweyte wird von etlichen / als bey dem Alpino, Anthyllis, von Columna aber Kali repens Neapolitanum oder das Neapolitanische Kali genannt/als welcher solche Pflantzen/ zu Neapolis wachsend / gefunden hat / und beschreibets / daß sie zum Glaßmachen diene: Die dritte Art wird eigentlich in Egypten gefunden; darum wird es auch von obgedachten Autore das Egyptische Kali genennet; es hat sehr lange und zottichte Blätter.

Ausser diesen erwehnten dreyerley Sorten habe ich die 4te gesehen/ dergleichen eine ich auch bey mir habe / sie ist in den Fässern mit dem Pülverlein überkommen/und wird von den Botanicis das dornichte Kali geheissen.

Unter diesen viererley Arten wächset die erste und letztere Sorte/ allhier in Engelland / häuffig / nahe bey der Temps/ auch noch an andern Orten/ die nahe am Wasser oder an der See liegen.

Unsere Glaßmacher aber wollen die Aschen aus diesem dornichten Kali, zu der Bereitung deß Crystalls oder andern Glases nicht gebrauchen: Man hat auch auf der Glaßhütten aus der Erfahrung befunden/daß dieses Kraut/ auf ein glüendes Eysen geleget / fast gantz im Rauch weg gehe/und kein oder doch sehr wenig Saltz hinder sich zurück lasse: Da hingegen das Kali, welches aus Orient kommet / wann es in dergleichen Art aufs glüende Eysen geleget wird/gehet fast alle in eine schwärtzlichte und saltzigte Aschen/ als welche demselben eigentlich zukommet.

Dieses Kraut Kali krümmet sich / so es gebrannt wird / gleich einem

Wurm

Wurme zusammen / erhält die Feuerflamme lang / und giebt ein scharffes doch weisses Saltz: dasjenige aber / welches bey uns in Engelland wächst / so es gesammlet wird / hat einen Geschmack / dem Meerwasser gleich / und ist gantz saltzigt / auch ziehet es sich zusammen / so es an feuchten Oertern aufbehalten wird / welches ein Salgamarius, oder ein solcher / der eingemachte Sachen verkauffet / mit seinem Schaden erfahren hat / indeme er solches an statt deß Krautes Crithmi gesammlet hatte; denn als er solches gewaschen / und in einen scharffen Essig / um eine Myrie zu bereiten / eingebeisset / so hat er befunden / daß wenig übrig geblieben / sondern es wurde von dem Essig der mehreste Theil verzehret: Dieser grosse Unterschied nun / in Ansehung deß Erdbodens / wird nicht so sehr an diesen Kraut Kaly, als auch an andern dergleichen Kräutern wahr genommen / als an dem Taback / ob er gleich von einerley Saamen kömmet; Item an den Canarien- und am Rhein-Wein / welcher von einem Rebstock herkommet / wie auch an der Cicuta oder Schierling / des Griechen- oder eines andern Landes / und noch viel andern dergleichen Kräutern: Die alle in einem Land besser oder schlechter / als im andern gerathen. Und auf dergleichen Art wird das Levantische Pülverlein von der Soda unterschieden.

Diese mancherley Arten und Sorten deß Krautes Kaly, wiewol sie natürlich aus dem Wasser herfür kommen / und gemeiniglich nahe bey den saltzigten Wassern wachsen / so werden sie doch in Spanien und Egypten / bey dem Mittel-Meer / gesäet; welches sonder Zweiffel / in diesen heissen Ländern / viel bey der Quantität / Schärffe und Fixität dieses Saltzes thut; absonderlich in Egypten / welches niemals keinen Regen hat / sondern es wird dieses Land allezeit einmal deß Jahrs von dem Nilfluß überschwemmet und befeuchtet / welcher viel Erden und Koth hinter sich lässet / wie genugsam bekandt ist.

Die Arten aber dieses Krautes werden / in gedachten Ländern / mitten in dem Sommer / da sie am häuffigsten zu bekommen / abgeschnitten / und wann sie an der Sonnen-Wärme getrocknet / auf einen Hauffen gesammlet / und über eysern Rost verbrennet; da denn die Aschen herab in eine Grube fället / und hart oder zu einem Stein wird / welche man aufhebet / und wie Lobelius will / den Namen Soda bekommet. Wann oder zu welcher Zeit man dieses Kraut zu gebrauchen angefangen hat / ist unbekannt; die ersten aber unter denen / welche solches Kraut erfunden / und ihme einen Namen gegeben haben / sind die Araber gewesen / welches die Sylben Al, als eine Arabische Particula, genugsam ausweiset.

Unter den Physicis, welche vom gedachten Kraut etwas Meldung thun / ist Seist Serabio und Avicenna, die solches wider den Stein/ Geschwür / und Augen-Mängel recommendiren. Löbelius vermeinet / daß wir die Wissenschafft von diesem Kraut / samt dessen Namen und Bereitung / von denen neuern/ Grichischen und Arabischen Philosophis empfangen haben / als welche in der Chymie sich übende / mit dem Glaß zu thun hatten; davon sind deß gedachten Löbelii Adversar.p. 169. zu besehen.

Allein / so viel die Griechen und ihre Wissenschafft von diesem Kraut betrifft / bin ich einer andern Meinung; denn es wird weder bey den Grichischen Physicis, noch andern Schreibern/ nicht das geringste von diesem Kraut gedacht; über dieses / so hat es in der Griechischen Sprach keinem Nahmen: Dahero ist zu schliessen / daß die Wissenschafft von diesem Kraut ohne allen Zweiffel von den Arabern / oder von einigen andern Leuten der vorigen Zeiten / sey auf uns gebracht worden. Was den

Einkauff dieser Asche

betrifft / so ist zu wissen / daß die allerbeste und sicherste Art und Weis/ die Qualität oder Eigenschafft dieser Aschen zu erforschen / geschihet mit der Waag / welche die Seiffensieder gebrauchen: Die Aschen werden in lautern Wasser dissolviret / die Laugen filtriret / und da examiniret man solches: Nachdem man nun die Quantität der Laugen erforschet hat/ so hält man das Gewicht deß Wassers gegen dem Gewicht der Aschen / welche auch / ehe sie dissolviret/ gewogen wird/ da findet man alsdann/ wie viel die Quantität der Aschen Saltz bey sich hat.

Metallerne Kessel.

Unser Autor verbietet fast durchgehends denn Gebrauch deß Kupffers / es sey dann / daß man eine grüne oder blaue Farb bereiten will: Denn es ist gewiß daß dergleichen scharffe Laugen das Kupffer angreiffen und corrodiren / und daß selbiges von der Feuchtigkeit der Lufft und der Lauge zu einen Grünspan gemacht werde: Darum gebrauchen die Unsrigen solche Kessel / die inwendig mit Zinn oder Bley überzogen sind/ dergleichen Gefässe haben auch diejenigen/ welche den Alaun auskochen.

Vom Weinstein.

Der Weinstein/ der von unsern Autore Greppola, und grumè de i botri genennet wird/ ist eigentlich die Weinhefen/ welche von dem rechten Weinstein auch unterschieden ist / dieweil sich der Weinstein allezeit an die Seiten der Fässer leget / und zu harten Stücken wird / auch ist er / wie Helmontius bezeuget / niemals unter der Weinhäfen zu finden; da hingegen die Häfen oder

oder feces allemahl auf den Boden deß Fasses / feucht und dünne gefunden werden.

Der Weinstein vom rothen Wein / ist zu diesem Gebrauch der beste / indeme er ein schärffer und mehrer Saltz / als derjenige von weissen Wein hat: Dieser rothe Weinstein nun wird calciniret / damit aller Unrath / den er bey sich hat / verzehret / und das Saltz schön weiß werde / auch damit er im Wasser desto eher dissolviret / und desto leichter aus dem Pülverlein extrahiret werde / als dessen Cörper der Weinstein aufschliesset; auf Art / gleichwie der Cörper deß Nitri, von dem Alaun und Vitriol, wann man Aqua fort, oder den Spiritum Nitri bereitet / aufgeschlossen wird / welches sonder diesen Zusatz nicht würde von statten gehen; Und eben um dieser Ursachen willen wird der Weinstein im Wasser aufgelöset / eh man das Pülverlen in das Geschirr thut.

Den Weinstein calciniret unser Autor in den Ofen 6. Stund lang / biß er weiß wird; Alldieweiln aus der Erfahrung bekannt ist / daß dergleichen Calcinirungs-Art mehr thut / als wann man solche in kurtzer Zeit verrichten will.

Wie viel aber an der Extraction der Feuchtigkeit aus dem Weinstein gelegen sey / das erweiset die heimliche Arbeits Fortsetzung eintziger Chymicorum; indem sie nemlich die Crystallen oder den Cremorem deß Weinsteins / in grösserer Menge / und viel weisser bereiten / so sie ihn gröblicht zerstossen / calciniren / oder vielmehr auf zinnern Schüsseln in den Ofen wohl trocknen: Und auf solche Art wird der Cremor deß Weinsteins viel besser / als so man die gedachte Exsiccation oder Calcination unterlässet: Das Saltz / welches bey dieser Extraction deß Pulvisculi auf den Boden deß Gefässes fället / nimmt man mit einen durchlöcherten Löffel heraus / also daß alle Feuchtigkeit in dem Geschirr verbleibe: Die Lauge / nachdem sich die feces zu Boden gesetzet haben / wird mit einem Heber oder Rohr abgezogen.

Das 2. Capitel.

Von dem reinesten und weissesten Tarso.

DEr ander oder zweyete materialische Cörper / welcher dem Glaß die Consistentz und Feuchtigkeit giebet / ist der Sand oder Stein / nicht anders / als etwan dem Englischen Calcant das Eysen / und das Kupffer dem Hungarischen / Dantziger / und Römischen Vitrol / eine Consistentz machet welche sonsten / an einen feuchten Ort / mit der Zeit würden zu Wasser werden.

Betreffend die Steine / so saget von solchen Agricola, im 12. Buch daß diejenigen/ welche/ nachdem sie zerschmoltzen/ weiß sind/ den andern fürzuziehen/ und besser wären: Derowegen haben hierinn die Crystallen den Vorzug; denn es wird aus den zerbrochenen Crystallstücken/ wie Plinius schreibet/ in Indien ein so schönes und durchsichtiges Glaß bereitet/ daß es mit nichts mag verglichen werden.

Die andere Reyhen nach den Crystallen/ wird denen Steinen beygeleget: diese/ wiewol sie nicht so hart/ als die Crystallen; so sind sie jedoch auf gleiche Art weiß/und durchscheinend.

Nun folget die dritte Sorte der Steine/ welche zwar weiß/ aber nicht durchsichtig sind; unser Autor recommendiret nach dem Tarso diejenigen/ so Quocolos nennet/welche Ferantus Imperatus im 24. Buch/ Cap. 16. also beschreibet: Der Glaßmacher-Stein ist gleichwie ein weisser Marmor/ et-
„ was durchsichtig; jedoch in der Härte von ihm unterschieden/ indem er et-
„ wan so hart als ein Kieselstein ist/dahero funckelt er/so man daran schläget;
„ wird aber nicht gecalciniret/ ob man ihn schon ins Feuer wirfft. Dieser Stein hat allezeit/gleich dem Serpentinstein/ eine etwas hellgrüne Farb bey sich: Er wird an seinen eigenen Oertern gefunden/ bey welchen sich auch zu Zeiten einige Adern/ deß mit Hülsen überzogenen Talckes/ befinden: Gedachter Stein/so er ins Feuer geworffen wird/ verliehret seine Durchsichtigkeit/ und wird weisser/ leichter/ und endlich zu einem Glaß: Er giebet denen Glaßmachern die Materiam zum Glaß/ und wird von ihnen Cuogolo genennet: Er wird in dem Grund der Flüsse und Bäche gesammlet/ in Form eines irdenen oder Schaalen-Steines; diese sollen/ wie unser Autor berichtet/ bey den Muranen im Gebrauch seyn. Es ist ausser allen Zweiffel/ daß alle Steine/ welche weiß und durchsichtig/ auch im Feuer zu keinen Kalch werden/ zu dem Glaßmachen dienen; jedoch ist das Axioma unsers Autoris nicht universaliter oder gäntzlich für wahr anzunehmen; denn es dienen hierzu nicht alle Steine/ welche von Novo Castello gebracht werden/ davon wir in dem vorher gehenden Discurs von den Oefen gedacht haben/auch nicht die Feuerstein/noch die Pflastersteine/ und dergleichen viel andere/ welche/ so sie mit Stahl/ oder von den Pferdställen und Radschienen geschlagen werden/Feuer von sich geben.

Alle dergleichen Eigenschafften haben warhafftig alle Kieselsteine; denn so sie gecalciniret/und zu einen subtilen und begreifflichen Pulver bereitet/und durch ein enges Sieb geschlagen werden/ so geben sie ein überaus reines und gläntzendes Metall; es hat aber die Hüttenmeister/von dem Gebrauch dieser Steine/die überaus grosse Arbeit abgeschrecket.

Doch wird/ im Fall es an tüchtigen Steinen ermangelt/ der Sand an statt derselben genommen / es ist auch solcher / nach der Meinung unsers Autoris, am ersten im Gebrauch gewesen; dieser muß / eh er zum Werck gebraucht wird / weiß/klar/und wohl gewaschen seyn / er wird gemeiniglich bey den Eingang oder Ufern der Flüsse gefunden.

Das Crystall erfordert einen subtilen und weissen Sand; das gemeine Glaß aber einen härtern und rohern / der gegen jenen denen Schlacken nicht ungleich ist: Es ist in diesem Material ein grosser Unterscheid; dann einer / wann er mit Aschen vermischet/wird bald und leicht/der ander hingegen hart und schwer zum Glaß zerflissen.

Wunder-Dinge sind es / was Josephus im 9. Capitel deß andern Buchs / vom Jüdischen Krieg erzehlet; Der Innhalt davon ist kürtzlich die- „ ser: Bey Ptolemaide in Galilæa fliesset der Fluß Belus vorbey / welcher „ auf dem Berg Carmel / zwischen Ptolemaide und Tyrus enspringet; „ nahe bey diesem Fluß stehet die Statua deß Memnonis, bey diesem ist ein Ge- „ gend / von ungefehr 100. Ellen / welche sehr wunderwürdig ist; es ist dieser „ Thal gleichsam etwas rund/und daraus holet man zur Bereitung deß Gla- „ ses einen Sand.

Wann nun dieser Sandthal von denen allda versammleten Schiffen „ sehr erschöpffet worden / so wird der leere Ort alsobalden von Neuen wie- „ derum vollgefüllet; dann die Winde/wie es glaublich scheinet/tragen solchen „ Sand/von denen herum liegenden Hügeln/zusammen ꝛc. Dieses aber dun „ cket mich am wunderbarsten zu seyn; daß ein jeder Theil / deß zum Glaß ge- „ wordenen Sandes / so er auf die Seiten deß gedachten Sand-Ortes ge- „ worffen wird/wieder in einen Sand verkehret wird. Jngleichen saget Ta- „ citus im fünfften Buch seiner Historien: Der Fluß Belus, lauffet in das Jü- „ dische Meer: der Eingang dieses Flusses ist mit Sand angehäuffet / (also „ giebts Lipsius) welcher Sand/dieweil er mit Salpeter vermischet/zu einen „ Glaß bereitet wird; der Ort dieses Sandes ist zwar ein kleines Ufer / allein „ es ist daselbst / da der Sand herkommet/unerschöpfflich. Eben dergleichen „ lehret auch Strabo im 12. Buch / Plinius im 6. Buch/Agricola von unterirdischen Dingen/ und alle Autores, welche von dem Glaß etwas schreiben/gedencken dieses Orts / daraus der Sand hergeholet wird.

Unsere Glaßmacher allhier in Londen / haben einen sehr weissen Sand/ gleich unserm gebräuchlichen Streu-oder Haus-Sand / er wird von Maidstonio aus der Grabschafft Kant anhero gebracht: Jngleichen haben sie noch einen andern Sand/welcher zum gemeinen Glaß dienet/und von Wolwich hergebracht wird: Die gedachte erste Art deß Sandes/will sich mit dem Metall-Glaß nicht vermischen lassen; dieser Letztere aber ist sehr wohlfeil / indem er auf Schiffen anhero gebracht wird.

Cardanus im 5. Buch/ de Varietat. setzet zum Glasmachen annoch die Magnesie , als das dritte Ingrediens, und nennet solches Syderisch: das Glas/ saget er/ bestehet aus dreyen Stücken / nemlich von Steinen oder Sand/ von dem Saltz oder Cali/ und von der Sydera: Alleine es thut das kleine Bißgen der Magnesie/ welches man dem Glas-Metall beysetzet/ wenig zur Sach: Uber dieses/ so wird die Magnesie nicht zu jedem Glas / ohne Unterscheid genommen.

Das 3. Capitel.

LEhret/ wie das Saltz/ nach der gemeinen Art der Chymicorum, vermittels der Solution, Filtration, und Coagulation, gefigiret und bereitet / oder (mit einem Wort) recht gereiniget werde.

Das 5. Capitel.

Wenn das Kraut soll abgehauen werden.

INsgemein sollen alle Pflantzen zu ihrer gebührlichen Zeit abgehauen und gesammlet werden/ nemlich zu der Zeit/ wann sie reiff und zeitig worden sind: Jedoch ist zu allen Vegetabilien die jenige die beste Samlungs-Zeit/ welche etwas vor der völligen Reiffung geschihet; es sey gleich/ daß man die Stengel oder die Blätter/ von den Kräutern verlange/ um ihr Oehl oder Spiritum, mit Chymischen Operationen zu bereiten; denn man erlanget von diesen/ zur solchen Zeit/ noch einmal so viel als sonsten.

Das Saltz aber wird aus denen Kräutern alsdenn am besten extrahiret/ wann sie den Saamen getragen haben/ welches/ zur solchen Zeit/ mit dem Fahren-Kraut am besten geschihet. Es ist ein gemeiner Irrthum/ indem man vermeinet/ es trage das Fahren Kraut/ und andere dergleichen fasichte Kräuter/ keinen Saamen; da sie doch solchen/ inwendig an den Seiten der Blätter/ häuffig/ in Gestalt eines schwärtzlichten Pulvers/ herfürbringen: Ja auch der Muscus oder Moß selbst hat einen Saamen/ welches eine gewisse/ wiewol unbeschriebene Art/ deß Krautes Chamæpeuces, so unter andern in meinen trockenen Garten/ das ist unter meinen abgetrockneten Kräutern befindlich/ genugsam erweiset/ als an dessen Sprossen/ und zwischen einem jeden Blat/ eine ziemliche copia eines runden und schwärtzlichten Saamens/ zu finden ist.

Was die Vegetabilien nach denen Jahr-Zeiten für Unterschied haben/ wissen diejenige am besten/ welche die Höltzerne Wammes Knöpffe drehen/ indeme sie in acht nehmen/ daß der Birn-Baum im Sommer geschlagen/

und

und der Erlenbaum deß Winters / zu ihrer Arbeit am bequemsten sey: Der Buxbaum ist um die Oesterliche Zeit am allerhärtesten / im Sommer aber schon etwas weicher: die Saurach-Staude im October / der Sorbus oder Speierling wird im Sommer gelinder / als sonst durchs gantze Jahr gefunden werden.

Im 6. Capitel

Erzehlet der Autor diejenigen Pflantzen / welche zum Glaßmachen ein taugliches Saltz hergeben. Mit einem Wort/es ist zum Glaßmachen ein jedes Vegetabile dienlich/welches viel von einem Alkalisirten Saltz bey sich hat. Die Chymici nennen dasjenige ein Alcalisirtes Saltz/welches das stärckere Feuer erleydet/und nicht in die Lufft davon flieget; seinen Nahmen hat es von dem Wort Kali bekommen/welches so viel heisset als ein extrahirtes Saltz aus dem Kraut oder Aschen Kali: Dergleichen Saltze nun erzehlet/wie gedacht / unser Autor in diesem Capitel. Unser Kelp, (ist eine Art eines Engl. Glases) wird von dem Wort Cali also geheissen/ und dienet die Seiffensieder-Asche zu dem Crystallinischen Metall: der Kelp wird am allermeisten aus einer Meerpflantzen bereitet/die wir (in Englischer Sprach) Seathongs oder Laces nennen; davon J. Bauhinus im andern Capitel deß 39. Buchs seiner Pflantzen-Historien also schreibet: Das schmalblättrichte Meergras der Glaßmacher / so es also feuchte/ wie es gesammlet worden/ übern Hauffen gelegt/ und etwas länger als ordinar aufbehalten wird / so wird es / wann mans genau in acht nimmt / auf der Blätter-Fläche ein Schnee-weisses Saltz haben. Matthiolus in Dioscoridem nennet dieses Kraut/das gemeine Meergras der Venetier / und solches nicht allein wegen besagter Ursach halben/sondern auch darum / dieweil die Venetier ihre Gläser/welche sie in fremde Länder versenden / mit diesen Meergras/ so auch von einigen Kammel-Heu genennet wird/einpacken.

Dieses Meergras wird / wie Virgilius bezeuget / von dem ungestümmen Meer/ausgerissen/auf die Klippen zerstreuet / und an das Ufer geworffen/ da es alsdann von den Einwohnern deß Orts zur Sommers-Zeit gesammlet/und nach Beschaffenheit der Sachen/gleich als ein ander Heu / an der Sonnen oder bey den Winden gedörret wird; und wann es verbrennet wird/so dienet die Asche sowohl zum Allaun/ als auch zum Glaß / welches wir Kelp zu nennen pflegen. Nicht allein aber dieses Kraut/ welches in unserer See überall häuffig ausgestreuet / gefunden wird / sondern das Meergras von allerley Sorten; Item die Meer-Eiche/ und andere dergleichen Meer-Pflantzen/haben deß Saltzes viel bey sich.

Die

Die Seiffensieder-Asche wird aus Polen/Reussen und Neu-Engelland gebracht/und mehrentheils aus der Asche deß Thännen-Holtzes und der Thann-Zapffen bereitet: Allhier bey uns in Engelland wird allerley Asche zu der Bereitung deß gemeinen Glases zusammen gelesen/und aufgekauffet von denenjenigen / welche / zu dem Ende / durch gantz Egelland reisen.

Jedoch werden in Engelland die allerbesten Aschen / aus den gemeinen Disteln bereitet; nach diesen folgen die Hopffen-Sprossen oder Stengel/ nachdeme die Blumen davon abgebladet sind worden. Dieses alles aber ist kürtzlich erfunden worden.

Unter den Bäumen giebt der Maulbeer-Baum das beste Saltz / wie auch die Spitzigen Kuhnschroten / und nach diesem der Saurdorn / und das spitzige Kali, unter den Meer-Pflantzen.

Jngleichen befindet man jetzo / daß alle dornichte und spitzige Pflantzen/ in ihrer Art ein sehr gutes Saltz / und zwar in grosser Menge geben: Hieher gehören auch alle bittere Kräuter / nemlich der Hopffen / Wermuth/ Cardobenedict/Tausendgülden-Kraut / Gentian / Stab-Wurtz / Reinfarn oder Reinfall-Kraut / Glastum und dergleichen; als deren Aschen man leichtlich/ und mit wenigen Unkosten bereiten kan; zu diesen obgedachten Kräutern fügen wir noch den Taback; denn dessen Stengel / so sie gesammlet und verbrennet werden/ geben viel Saltz/als aus welchen/dem Ansehen nach / kein geringer Gewinn zu hoffen ist; allein der Acker / darauf er wächset / leidet etwas Noth. Es erzehlte mir ein Kauffmann / daß er sich gegen Seine Majestät König Carln dem Ersten/einsmahls erbotten/etliche Kirchen aufzubauen/und solche bauvöllig zu erhalten / ja noch über diß ein jede Kirche jährlich mit 100. Pfund Sterling zu versehen/im Fall nur Jhre Majestät beliebten/daß Jhm/ dem Kauffmann/ die Taback-Stengel/ so in Virginien wachsen/möchten zu Theil werden; hiemit zeugte er an/wie viel er damit gewinnen wolte.

Auf den Taback folgen/unter den Saltz-reichen Kräutern/die hülsigten Pflantzen als da sind die Erbsen/Bohnen und dergleichen/welche mit den übrigen Arten einige Vergleichung haben; als insonderheit/ Hopffen/Wicken/ Küchern / und Linsen / darunter man die letztern in der Grafschafft Ochsenfurt/zur Fütterung deß Viehes/sehr häuffig zu säen und zu pflantzen angefangen/und hierzu durch die Erfahrung sehr gut befunden hat.

Ferner können auch / unter den milchigten Pflantzen gezehlet werden allerley Arten der Wolffs-Milch / item der Feigen-Baum / welche alle eine feurige Art uñ Eigenschafften haben/wie auch die Weinreben und das Kraut/ Hasenkohl genannt / so etwas stachlicht ist / mit einer abhangenden Blume / fast wie die Disteln/und hat/ gleichwie die Wolffs-Milch/einen Milch-Safft.

Ferner

Ferner ist wegen der fixen Salien zu mercken / daß diejenigen die besten / welche am meisten von der Erden / und allen dergleichen unartigen Materien befreyet sind / bestehende in grossen harten und weissen Stücken / welche im Geschmack eine Schärffe erweisen: Zum andern diejenigen Aschen / welche viel deß reinen Saltzes bey sich haben / und sehr geschwind in dem Calcinir Ofen zerfliessen: Drittens ist die beste Asche aus den Vegetabilien diejenige / so dazumal / weil das Gewächs noch in seiner besten Krafft / und über diß aus den grösten Zweigen deselben bereitet worden.

Dahero es auch scheinet / daß die Cineres clavulati, oder Pot-Aschen / von denen Chymicis ihren Nahmen bekommen haben / als von Clavo lato, oder breiten Ast / oder Nagel: Davon sihe bey Varrone im 1. Buch von Baurnsachen / das 40. Capitel: bey den öhlichten Saamen-Zweigen muß „ man zusehen / daß sie von einem jungen Zweyge / an beyden Seiten gleich / „ abgeschnitten werden / diese nennen ihrer etliche abgeschnittene Reiser oder „ Sprossen / und sind ungefehr eines Schuhe lang: In diesem Text wird Clavus ein junger Sprosse oder Zweig genennet: Nonus aber lieset an statt deß Worts Clavi, Clavula, und saget / daß solches ein abgeschnittenes Holtz bedeute: Dieses ist gewiß / daß das Wort Clavola oder Clavula, von dem Wort / Clava oder Keule herkomme / welches in unser Englischen Sprach Clubi heisset. Zum Vierdten / so ist von diesen Salien zu mercken / daß sie im trocknen / und von aller Feuchtigkeit entfernet / müssen aufbehalten werden; denn allhier ist ihnen die Feuchtigkeit sehr schädlich. Endlich wird auch angemercket / daß immer eine Asche vor der andern ein weisseres Glaß gebe: denn die Eichen-Aschen / indem sie die Natur deß Vitriols an sich nehmen / geben ein dunckleres Glaß / da hingegen die Weyde und Saurdorn-Asche / ein weisseres Glaß-Metall / als jene geben / dieweil ihr Saltz der Nitrosischen Natur beykommt.

Die Art und Weis / wie Agricola aus dem Saltz das Glaß bereitet / ist diese: Das Nitr um hat unter ihnen die erste und fürnehmste Stell / dem folget das weisse und durchsichtige Berg-Saltz / und die dritte Reyhen hat das Saltz / aus dem Anthyllen oder einem andern saltzigten Kraut bereitet.

Einige unter den Glaßmachern / saget gedachter Agricola, halten die „ Aschen aus dem Anthyllen-Kraut / und nicht das Nitrum, für das erste „ und beste / solche / wann sie ihnen ermangelt / so bereiten sie das Glaß aus 2. „ Theil Eichen- oder Hageneichen-Aschen / oder wann auch diese nicht bey der „ Hand sind / so nehmen sie die Aschen von Buchen- oder Tännen-Holtz / mit ei- „ nem Theil Sand oder Kies / samt einem wenigen gemeinen oder Meer- „ Wasser-Saltz / und einem kleinen Stücklein Magnetstein; allein es wird auf „

„ diese Weiß kein sonderbar weisses noch durchsichtiges Glaß bereitet: Die
„ Aschen aber wird aus den alten Bäumen bereitet / in deren Stock oder
„ Stamm/wann er 6. Schuhe lang/ und hohl ist / man Feuer einleget / und
„ also den gantzen Baum verbrennet / und zu Aschen bringet. Dieses ge-
„ schiehet im Winter / wann die langwierigen und starcken Schnee liegen /
„ oder im Sommer/ wann es nicht regnet; denn die Platzregen / zu andern
„ Jahrs-Zeiten/vermischen die Aschen mit der Erden/und machen sie unrein;
„ derowegen werden alsdenn dergleichen Bäume in viel Stücken zerhauen/
„ unter einen Dach verbrennet/und also der gedachte Aschen aus ihnen berei-
„ tet. So weit Agricola.

Im übrigen so ist mit der Zeit und durch die Erfahrung / der Gebrauch deß Salpeters und Steinsaltzes / zu der Glaß-Bereitung gantz und gar abgekommen/und ist nun das Levantische Pülverlein unter allen das Fürnehmste; denn die andern erstgedachten Salia sind hierzu zu weich und linde; indem das Glaß ein fixes Laugen-Saltz erfordert / welches am Geschmack scharff/ und gleichsam brennend ist / auch hat es etwas wenig Fettes bey sich / dergleichen auch das Nitrum und Bergsaltz bey sich haben. Derowegen werden sie auch den mehresten Theil in ein Alkalisches Saltz resolviret/als welchen das Nitrum am Geschmack und Fettigkeit verwandt ist.

Der Agricola und andere mit ihm / haben / meines Bedünckens / den Plinium nicht recht verstanden / indem sie das Nitrum diesem Alkalisirten Saltz vorsetzen; denn also saget gedachter Plinius im 10. Capitel deß 31. Buchs: aus der Eichen / nachdem man sie verbrennet / ist niemals viel deß Nitri bereitet worden; in gleicher Meinung scheinet auch Virgilius zu seyn / wann er im 1. Buch Georgicorum also singet:

Semina vidi equidem, multos medicare serentes
Et nitro prius, & nigra perfundere amurca.

Welches zu Teutsch ungefehr also lauten mag:

Dem Saamen (wie man siht) kan selbst der Ackersmann
Offt gute Hülffe thun / damit er Früchte bringet /
Indem mit Nitro er die Erde feuchtet an/
Und durch den schwartzen Mist die Aecker wohl bedinget.

Welche Art deß Ackerbaues/in den vorhergehenden/ gedachter Poet also sagend / beschreibet:

-- -- Arida tantum
Ne saturare fimo pingui pudeat sola: neve
Effœtos cinerem immundum jactare per agros.

Zu

Zu Teutsch:

Man schlägt den fetten Mist nicht auf den besten Boden/
Nur der verbrannte Grund wird damit angelegt.
Ein Brachfeld/das nichts hat als die verwelckte Soden /
Wird mit der Asche nur beworffen/ daß es trägt.

Aus diesen letzten Versen deß Virgilii wird offenbarlich erwiesen / daß die Aecker mit Saltz bedünget worden: Denn das Wort Salpeter in dem ersten Verß bedeutet nothwendig / entweder ein extrahirtes Aschen-Saltz / oder den Aschen selbst / in welchen das Saltz verborgen lieget; dahin zielen auch im gedachten Buch diese folgende Verse:

Sæpe etiam steriles incendere profuit agros:
Atque levem stipulam crepitantibus urere flammis.

Zu Teutsch also:

Die Aecker brennen ab/die Stoppeln stecken an/
Hat offt bey armen Land nicht wenig guts gethan.

Durch diese Verbrennung nun der Stoppeln / wird nichts anders als das Saltz daraus bereitet / dessen Würckung und Natur ist die unnützlichen Kräuter auszurotten; welche / wann sie lang und tieff gewurtzelt/denen andern Pflantzen die nothwendige Nahrungs-Krafft entziehen / den Acker unfruchtbar machen/auch den guten Saamen verderben und verzehren.

Ich geschweige/daß man mit Saltz und Aschen/ das Ungezieffer und die Würmer tödtet/welche das Gute und den Korn-Saamen auffressen; aber hierzu ist die kalte Eigenschafft deß Salpeters / wie der Herr Bacon bezeuget/allein gnugsam/weiln solche allen dergleichen Gewürme zu wider.

Uber dieses so nennet der gelehrte Cæsalpinus im 23. Capitel deß dritten Buchs von den Metallen/die Asche Kali,eine Art deß Salpeters. Nechst diesem dienet auch noch allhier zu wissen/ daß die Bauren dieses Meer-Graß/ aus welchen der Kelp bereitet wird / in denen Theilen deß Engellands / so gegen Abend gelegen/zu der Bedingung der Aecker gebrauchen; welches auch/ nach dem Zeugnis deß Ferr. Imperati, bey denen jenigen / so um die Gegend deß Mittelländischen Meers wohnen / im Gebrauch ist: Es kan auch aus dem Meerwasser / wie auch aus einigen Vegetabilien ein Nitrum extrahiret werden; von diesem aber / so es in den Ofen kommet / wird der meiste Theil in ein Sal Alkali resolviret.

Das 7. Capitel.

Das Saltz aus dem Maurer-Kalch

IST bey uns nicht im Gebrauch / sondern wird zu Zeiten in dem alten Gemäuer gefunden / und deßwegen Paretonium genennet; es ist viel schärffer als das gemeine Saltz. Von diesen habe ich unter meinen Raritäten ein Stücklein / welches gantz durchsichtig und einem Alaun nicht gar ungleich ist: an Geschmack ist es scharff / wie ein ander Saltz. Ferr. Imperatus lobet dasjenige Saltz / welches man aus denen Muscheln / Austern und Krebs-Schalen bereitet / als aus welchen das beste Saltz zum Gebrauch deß Glases bereitet wird.

Jngleichen habe ich aus der Erfahrung gelernet / daß der Kalch / welchen die Maurer in Holland gebrauchen / deß allerschärffesten Saltzes viel bey sich hat. Jm übrigen / ob gleich dieses Saltz das Glaß ziemlich weis machet / so wird es doch nicht so durchsichtig / als dasjenige / welches aus dem Cali gemacht wird: Und der mehreste Theil davon wird zu einem Alkalischen Saltz.

Das 8. Capitel.

Von der Fritta.

DIeses Wort scheinet den Ursprung zu haben von dem Jtalienischen Wort Frittare, welches so viel heist als gefrieren: Denn es ist die Fritta nichts anders / als ein Saltz und Aschen / welche mit Sand gleichsam gefrierend / vereiniget werden / um welcher Ursach willen auch die Engelländer diese gantze Massam, welche aus dem Calcinir-Ofen kommet / in Englischer Sprach abatch, das ist / ein geriebenes nennen.

Zum andern / wann die Fritta zu schmeltzen beginnet / so gehet sie in eine Massam, gleich einem Kuchen zusammen / welches die Italiäner Frittelli, die Engelländer aber a little frits nennen: Vor Alters wurde es von etlichen Hammonitrum, ein Sandglaß / von andern aber mit einer füglichen Wortbeschreibung / Ammonitrum, genennet / als einem gedoppelten Wort / hergeleitet von dem Grichischen Wort ἄμμος, Sand / und νίτρον, Glaß: Denn „also schreibet Plinius im 26. Capitel deß 36. Buchs der weise Sand / wel„cher in dem mittelländischen Meer gefunden wird / wird mit 3. Theil Nitri „vermischet / entweder nach dem Gewicht / oder nach dem Maas; dieser / wann „er geschmoltzen / wird in andere Oefen gegossen / allda wird diejenige Massa „bereitet / so man Ammo-nitrum oder Sand-Glaß nennet; diese wird als„denn wiederum gekochet / und ein reines Glaß / auch eine Massa deß weissen Glases daraus bereitet.

Noch

Noch deutlicher handelt hiervon Cæsalpinus, sagend: aus Sand und Nitro wird eine Massa bereitet/welche Plinius Hammonitrum nennet. Heut zu Tag wird sie Fritta geheissen: Es hat aber diese Art und Weiß die Frittam zu bereiten/den Nutzen/daß nemlich die Ingredientia aufs beste mit einander vermischet/ und die überflüssige Feuchtigkeiten/ so noch darbey/durchs Abrauchen verzehret werden.

Die Fritta deß gemeinen Glases/ als dessen Materia nicht gar zart ist/ wird/ nachdeme die Asche oder der Sand gut und subtil ist/ innerhalb 10. oder 12. Stunden/mehr oder weniger verfertiget.

Bey uns in Engelland sind dreyerley Sorten der Fritten im Gebrauch/als erstlich die Crystallen/zu der Crystallinischen Arbeit/bereitet aus Sand und dem Levantischen Pülverlein: Zum andern die ordinari Fritta, so nur aus lauter Aschen deß Pülverleins/oder von der Soda, ohne vorhergehende Extraction deß Saltzes/gemachet wird: Zum dritten/die gemeine Fritta, welche zu der Bereitung deß grünen Glases gebrauchet/ und aus allerley Aschen/ sonder alle vorhergehende Bereitung/ gemachet wird/ oder man nimmt auch nur hierzu eine subtil-gepülverte Aschen/ und den härtlichten Sand/der von Woolwych hergebracht wird.

Die Materialien werden zart gepülvert/gewaschen/gesiebet/vermischet/ und damit sich alles wohl und genau mit einander vereiniget/ in das Calcinir-Feuer gethan: anders so würde das Saltz und Sand/ wann sie zerschmeltzen/zu unterschiedlichen Cörpern werden; welches auch bey allen diesen obgemeldten Beobachtungen leichtlich geschehen könte/so mit den Rührhacken nicht stetigs herum gerühret werde.

In einen Mörsel von Marmor.

Es ist aber die Manier/so anjetzo im Gebrauch ist/etwas bequemer/ indeme nemlich die härtere Massa als der Asche/ wie auch die Calcinirung der Magnesie und der Zaffera, item der Kiesel und das Saltz/ zermalmet wird auf einer Mühl/ die einen Mahlstein von Marmor hat/ so 9. biß 10. Zoll breit/und 7. oder 8. Schuhe im Durchschnitt dick ist; wird von Ochsen oder Pferden herum getrieben; der Boden/ darauf der Mahlstein lauffet/ ist gleichfalls von Marmor/darauf werden alle Sachen geschüttet/die zermalmet werden sollen: Und auf solche Art zu zermalmen/wird in einen Tag mehr gethan/als wohl 20. Menschen mit Mörsel-stossen ausrichten mögen.

Die Frittam begiessen wir nicht mit Wasser/noch mit Lauge/sondern wir vollbringen die Arbeit/ wann sichs schicket/im Topffe/innerhalb wenig Ta-

Tagen: Jedoch ist auch gewiß/daß die Besprengung mit Wasser oder Lauge/viel zur Reinigkeit deß Glases vermöge.

Das 9. Capitel.

Von der Magnesie.

Diese ist die Ursach so unterschiedlicher Qualitäten und Veränderung der Farben/als deren etliche völlig/einige aber hell sind. Man befindet anjetzo/daß die Magnesie und der Zaffera nur der Güte nach unterschieden sind/als da diese in ihren Vermögen etwas arm/jene aber desto reicher ist.

Es ist zwar noch ein Mittel-Unterschied zwischen beyden/solches aber kan von keinem/auch von dem allerkünstlichsten und erfahrnesten Glaßmacher nicht unterschieden werden/es sey denn/daß sie deß Ofens vorhero wohl kundig sind.

Uber dieses/so verändern die Metallen ihre Farben/ungeachtet sie auf einerley Art/und dergleichen Ingredientibus bereitet worden/je nach Art der Töpffe/in welchen sie ausgekochet werden; derohalben folget der Glaßmacher den Gutdüncken der Augen/indeme er seine Farben/nicht nach dem Gewicht oder Maas/sondern nach und nach/Absatz-weise/beymischet/folgends das Metall rühret/und nach genommener Prob von der Qualität der Farben urtheilet; und im Fall er solche gar zu hell befindet/so thut er noch so viel darzu/biß es die Farb/so er verlanget/erreichet.

Der Ofen erfordert ein dürres Holtz.

Unser Autor rühmet allezeit vor allen das Eichen-Holtz/als welches ein starckes Feuer/und eine daurhafftige Flamme giebet. Ferr. Imperatus saget/im 16. Capitel seines 14. Buches/daß die Glaßmacher/wann sie arbeiten/lieber eine lebhaffte als eine grosse Flamme/und dahero das Eschen-Holtz am liebsten haben/als dessen Flamme/wann es in den Wirbel deß Ofens kommet/seine Macht denen Töpffen selbsten mittheilet: Und gewiß das Eschenholtz giebet ein sehr helles Feuer/allein es währet nur nicht lang/und wofern es nicht immer angeschieret wird/so schmeltzet weder das Metall/noch wird solches zur Arbeit tüchtig.

Cammerarius recommendirt in seinem Buch nicht sonder Ursach das Wachholder-Holtz hierzu/wann man solches nur häuffig und genug haben könte. Ich verstehe nicht genugsam/was Plinius damit will/wann er also saget: Das Glas wird bey leichten und dürren Holtz gekochet; Auch weiß ich nicht/warum Plutarchus sich zu sagen unterstehet; nemlich/es diene das

Ta-

Tamarißken-Holtz trefflich wohl zum Glaßmachen; da dergleichen Holtz kein Feuer/gleichwie es das Gras vonnöthen hat/geben kan.

Allhier kan ich nicht vorbey gehen / etwas von der Würckung deß Feuers / auf die Bahn zu bringen / wie solches von den Arabischen Naturkündigern und deroselben Nachfolgern ist aufgezeichnet worden; daß nemlich das gebrandte Glaß / so es mit calcinirten Schwämmen vermischet wird / den Nieren-und Blasenstein zerbrechen / auch die äusserlichen Geschwär heilen soll; allein die Art und Weiß das Glaß zu brennen / wie es von gedachten Arabern und ihren Nachfolgern beschrieben wird/ist gantz ungereimt; indem gnugsam bekandt ist / daß zwar ein sehr starckes oder stets-währendes Feuer/solches wohl im Fluß erhalten / mit nichten aber zu einem Pulver brennen und bringen kan.

Das Saltz abzuschaumen.

Dieses abgeschaumte Saltz wird auch genennet Sal Alkali, bey den Teutschen Glaß-Gall / bey den Frantzosen / Suin de Verre, oder Glaß-Fett / bey den Engelländer aber Sandever. Dieses Saltz ist gantz weiß/ und vergleichet sich/dem Geschmack nach / mit dem Nitro / wird auch von der Feuchtigkeit der Lufft oder eines Orts leichtlich aufgelöset.

Unsere Glaßmacher werffen das Metall ins Wasser / damit von demselben das Saltz abgesondert werde / indeme es oben aufschwimmet; denn wenn das Saltz / durch dergleichen Abschaumen nicht von dem Metall geschieden wird/so bleibet das Glaß zur Arbeit untüchtig/verlieret seine Zähigkeit/und wird sehr zerbrechlich.

Ein Topff/ welcher deß besten Metalls 200. Pfund hält / der wird 50. Pfund deß Alkalischen Saltzes geben: Und je träger oder gelinder das Saltz / auch je schwächer die Aschen sind / je grösser wird die Quantität deß Alkalischen Saltzes werden; also/das ein Glaß-Metall das andere/um den 5. oder 6. Theil übertrifft: Und wann das gemeine Glaß und die Asche gar zu schlimm seynd/so müssen die Glaßmacher/wegen allzu vielen Uberfluß deß alkalischen Saltzes/den Topff 4. oder 6. mal mit Aschen anfüllen/damit er deß Glaßmetalls endlich voll werde / auch wann deß alkalischen Saltzes noch etwas in den Topff übrig ist/so dürffen die Glaßmacher kein kaltes Wasser daran schütten / damit die Ebullition oder Aufwallung deß Glases verhindert werde; denn wann sie solches thäten / so würde der Topff/samt dem Ofen / mit grausamen Ungestümm entzwey springen. Das alkalische Saltz machet das Metall fliessend/und wann man dessen eine kleine Quantität/mit Spieß-Glaß und Nitro vermischet / indem der Crocus Metallorum bereitet wird/

vermehret es die Quantität deß Croci, und machet / daß er desto leichter von den Schlacken abgesondert werde. In Franckreich ist dieses Saltz häuffig zu bekommen / und gebrauchen solches die Innwohner zum Einsaltzen der Speisen und deß Geträncks. Die Solution von solchem Saltz / wann es auf die Garten-Bette gegossen wird / tödtet die Würmer / und die unnützlichen Kräuter.

Der Halß ꝛc.

Also werden diejenigen übrigen Glaß-Stücke geheissen / welche an den eiseren Blaß-Röhren hangen bleiben/solches schlagen sie allezeit von gedachter Röhren herab / und legen es an ein hierzu bestelltes Ort; aus welchen hernachmals/wann sie zerstossen/ und mit Metall vermischet werden / nichts anders als ein gemeines/doch sehr reines Glaß/bereitet wird/nicht anders als ob es von dem allerbesten Metall wäre.

Das 10. Capitel.

Damit es wohl calciniret worden.

DAs Glaß bleibet nicht nur 24. oder mehr Stund / sondern wohl 2. oder 3. Tag lang in einem starcken Feuer; dann je länger es darinnen/ je besser wird es / denn auf solche Weise wird es gereiniget / und werden alle Flecken und Blätterlein davon verzehret.

Das 11. Capitel.

Vom Weinstein.

DIeser komet von dem allerbesten Wein her/und ist ein Zeichen/daß dem Wein/von dem Meerwasser oder andern dergleichen Dingen / nichts ungebührliches widerfahren / als von welchen die Tugend und Krafft deß Weins gemindert / der Weinstein aber in die allerkleinesten Stücklein dissolviret wird.

Bey uns wird der Weinstein / zum Glaßmachen/ in der dritten Cammer deß Glaßofens / nahe beym eussern Ofen-Loch / 6. Stund lang biß zur Weisse gecalciniret; diese Calcinirung hat in dem Glaß eben die Würckung / als ob der Weinstein an einem andern heissen Ort wäre gecalciniret worden.

Das 12. Capitel.

Die Zaffera.

DIese und die Magnesie werden allhier nicht anders bereitet / als daß sie

auf

auf der Mühl zu einen zarten Pulver gemachet/und durch ein Sieb/gleichwie das Pülverlein und die übrigen Materialia / gesiebet werden.

Was die Zaffera sey / finde ich bey keinem Autore, und sind derselben gar wenig / die davon etwas gedencken. Cardanus nennet es im 5. Buch seiner Subtilitäten/ eine Erden: Es ist / saget er / auch eine andere Erden/ „ welche das Glaß also blau färbet/welche ihrer etliche Zafferam nennen. Al- „ lein Cæsalpinus, nach dem Cardano, rechnet solche/ zu den Steinen/im 55. „ Capitel seines andern Buchs; noch ist ein anderer Stein/sind deß Cæsalpini „ Worte / der das Glaß blau färbet/und wenn man deß gedachten Steins „ ein wenig zu viel nimmt/so wird das Glaß schwärtzlich: Solcher Stein aber „ wird Zaffera genennet / ist an der Farb grauröthlicht / schwer und zerreib- „ licht; im Feuer fliesset er / für sich allein aber nicht; sondern wann er mit dem Glaß vermischet wird / fliesset er gleich einem Wasser.

Aldrovandus in seinem Musæo, folget obgedachten Autoribus, und nennet es an einem Ort ein Erde/ an einem andern aber einen Stein. Ferr. Imperatus vergleichet im 8. Capitel deß 28. Buchs die gedachte Zafferam, dem Bleystein und der Magnesie. Allein es ist keine Erde/dieweil es sich mit Wasser nicht vermischet/noch mit demselben kan verreiniget werden: Zu dem/ so ist kein Stein gleichwie die Zaffera so zerreiblich / als welche mit den Fingern / und geringer Müh / zu einer zarten und sandichten Substantz gemachet wird/welche man kaum betasten oder fühlen kan.

Und gewißlich/ wann diese Materia ein oder andere dergleichen Eigenschafft/oder eine gewisse Farb hätte/sie würde von denen Schreibern/die von dergleichen Sachen geschrieben/und solchen nachgeforschet haben/nicht gäntzlich seyn aus der Acht gelassen worden; Insonderheit nachdem sie bey allen in so starckem Gebrauch ist/ und derselben eine grosse Menge / so wohl von den Glaßmachern/als auch von den Töpffern verarbeitet wird. Der embsige und gelehrte Bergmann Agricola, kennet solche nicht/und thut auch nicht die geringste Meldung davon. Julius Scaliger, welcher ein Buch / die Gläser-Sachen betreffend/geschrieben hat/saget nichts davon / hat auch den Cardanum, um daß er solche eine Erde nennet/im geringsten nicht gestraffet.

Derohalben bin ich dieser Meinung / und halte dafür / daß dieses eine neu-gefundene Sache sey / und durch Kunst von irgend einem Teutschen Künstler bereitet / auch der Ursach halben annoch in geheim gehalten werde; denn es ist gewiß / daß es aus Teutschland komme: Und so ich muthmassen solte / wolte ich dafür halten / daß es aus Kupffer / Sand und vielleicht ein wenig Gallmeystein / bereitet werde.

Die blaue Farb / so es hat / ist meiner Meinung nach/dem Kupffer beyzumessen / nicht anders als die Farb der Magnesie dem Eisen: Auch ist dieses gewiß / daß nichts ist / welches dem Glaß eine Farb mittheilet / ausser die Metallen / denn es wird das Glaß von einem jeden Metall getingiret. Der Lasurstein ungeachtet er ziemlich hart ist / giebet im Feuer seine Farb von sich / und also auch die übrigen Mineral-Steine: Das Spießglaß tingiret zwar das Glaß auch; allein solches geschihet nur von seinem metallischen Theil / oder dem Regulo: Vielweniger kan einige Erden dergleichen starckes Feuer ausstehen; wiewol sich die Scotische Ochergelb / wie auch die Indianische Röthe / durch die Calcination in keine unliebliche Farben verändern / so sie anders recht angeordnet werden / jedoch können sie die Hitze des Glaß Ofens nicht aushalten.

Ist also der endliche Schluß / das diese Zafferæ-Farb von keinem andern / als einem metallischen Dinge ihren Ursprung habe. Und so dieses ist / was kan es wohl anders / als das Kupffer seyn? denn ob man schon glauben wolte / daß diese Farb vom Silber herkäme / so ist doch solche nur dem Kupffer / als welches mit dem Silber eine Verwandschafft hat / zuzuschreiben; denn das Silber / nachdem es zum drittenmal ist ausgesotten worden / färbet das Scheid-Wasser gantz und gar nicht mehr.

Das zweyte Stück / welches zu der Composition der Zafferæ kommet / ist der Sand / welches man mit der Zung und Hand fühlen und unterscheiden kan: Und wann man ein Aqua fort darzu nimmt / so wird man augenscheinlich befinden einen weissen und und durchsichtigen Sand-Kieß / welcher dem Pulver derjenigen durchsichtigen Steinlein (bey uns in Engelland Pebles, in Italien und von Feranto aber Quocolos genannt) gäntzlich gleich kommet: Noch über dieses / so wird sich eine Art deß Sandes bey der obigen Solution befinden / welcher unserm Englischen gemeinen Sand nicht gar unähnlich ist / schwärtzlich an der Farb und leichtlich in den Fluß zu bringen.

Zum dritten / warum ich dafür halte / daß auch Gallmeystein mit der Zaffera vermischet seye / ist dieses die Ursach / daß weder ein Aqua fort, noch Spiritus Vitrioli, über die Zaffera gegossen eine merckliche Operation thut / als daß sie solten Blasen aufwerffen / solviren oder tingiren: Solches habe ich versuchet / mit der Angissung eines gemeinen Scheid-Wassers und Vitriol-Spiritus, allein ich habe niemals vermercken können / einige ebullition und Bewegung der Liquorum, noch einige Entfärbung oder Getöß / gleich wie sonsten in Auflösung der Metallischen Cörper zum öfftern zu geschehen pfleget.

Daß aber der Gallmeystein die Solution verhindere / und das übrige verursache/ soll aus nachgesetzter Versuch-Prob/ welche wir darum anführen wollen/ zu ersehen seyn: Es kan auch über dieses ein Hartz oder Gummi/ so sie bey obiger Composition der Zafferæ vermischet wären / die Ebullition oder Auffwallung deß Aquæ fortis verhindern / dieweil dergleichen schwefflichte Materien von solchen Wassern nicht angegriffen werden.

Auf was Weis aber das Kupffer zu gedachter Composition der Zafferæ müsse gepræpariret werden / und ob solches nur auf gemeine Art / wie die Chymici lehren / oder aber auf eine andere Manier geschehen soll/ kan ich allhier nicht beschreiben; es solten aber etliche wenige Experimenta dieses Secret entdecken / und diesen Knopff aufflösen können/ als dahin wir den Leser wollen gewiesen haben.

Endlich wer das Gewicht / den Preiß / und die Farb (welche nur Purpurfärbicht/ und schwärtzlicht / was wir biß dato gesehen / fürgekommen ist) in acht nehmen und betrachten wird / der wird meiner obigen Meinung leichtlich Beyfall geben.

Das Wort Zaffera hat sonder allen Zweiffel seinen Namen von Saphiro, als mit dessen blauen Farb es sich mehrentheils vergleichet/

Das 13. Capitel.

Magnesia.

Solche wird darum also genennet / dieweil es sich / so wohl am Gewicht/ als an der Farb mit dem Magnetstein vergleichet. Dieses ist eine fast allgemeine Materia deß Glases / und gebrauchet man diese Magnesie nicht allein zu dem Ende/ daß dadurch die grüne und blaue Farb dem Glaß benommen werde/ davon Virgilius im 4. Buch Georgicor. also singet:

-- -- Eam circum Milesia vellera Nymphæ
Carpebant hyali saturo fucata colore.

Teutsch:

Vom Thale brachs die Nymph/ das durch Myleso gehet/
Welchs stets in voller Blüht und hoher Farbe stehet.

Ein Ausleger deß Virgilii füget zu diesem Verse noch hinzu / nachfolgende Wort: Vitreo viridi, Nymphis apto, in Glaß-grüner Farb/ so zum Wasser sich schicket.

Die grüne Farb ist in allen Glaß Sorten zu finden / dahero mag die Magnesie mit allem Fug eine Seiffe / welche das Glaß reiniget / genennet werden; es giebet auch die gedachte Magnesia dem Glaß allerley Farb /

als roth/schwartz/ Purpur-Farb und dergleichen; ja sie mag für eine Haupt-Materia aller Farben gehalten oder benamset werden/wie solches dieses gantze gegenwärtige Buch/und absonderlich Cæsalpinus mit folgenden Worten weitläufftig und warhafftig erweiset/also lautende: Es wird diese Art deß Magnetsteins heut zu Tag insgemein Manganese und und vom Alberto Magno, Magnesie genennet / und wird zu dem Glaßmachen gebrauchet; dieweil man davor hält/daß es das geschmoltzene Glaß/gleichwie der Magnet das Eysen / an sich ziehet: Es ist ein schwärtzlichter / dem Magnet ähnlicher Stein / und gebrauchen ihn die Glaßmacher; denn so man von solcher Magnesie nur ein wenig mit geschmoltzenem Glaß vermenget/so reiniget es dasselbige von allen fremden Farben/und machet das Glaß hell; nimmt man aber der gedachten Magnesie etwas mehrers / so bekommet das Glaß eine Purpur-Farb; Man bringet diese Magnesie aus Teutschland / auch wird sie in Italien/aus den Bergen Vitorbii, und anderswo gegraben.

Plinius gedencket auch eines falschen Magnetsteins / also schreibend: „In Cantabria wird auch ein Magnetstein/ aber nicht der warhafftige/gefunden / an unterschiedlichen Oertern; allein ich weiß nicht/ ob solcher zum Glaßschmeltzen nützlich ist / denn es ist/ so viel mir wissend/ von niemand annoch versuchet worden; dieses aber ist mir wohl wissend/daß solcher Stein/ gleich dem rechten Magnet / das Eysen scharf machet.

Diese Magnesie nennet Cardanus im 5. Buch seiner Subtilitäten/eine syderische Materia; mit was Grund er aber solches thut / weiß ich nicht. Ingleichen saget er / und vielleicht aus Irrthum / daß sie blau seyn soll/da sie doch roth oder dunckel ist. J. Scaliger bemercket in der 104. Exercit. §. 23. „von diesem deß Cardani Ort nachfolgends: Was die Magnesie sey / saget er / weiß und kenne ich nicht/ es kam mir aber ein geschriebenes Buch / vom Glaßschmeltzen handlend/ einsmals unter die Hand / welches ein Venetianischer Bürger / Namens Pantheus / verfertiget hatte / darinnen stunde verzeichnet / daß das Glaß eine Purpur-Farb von der Magnesie erlangte: Auch weiß ich mich zu erinnern / als ich annoch ein Knab war / und zu Ladron dazumal mich aufhielte/daß/ so mir recht ist / aus den Solodonischen Bergen etwas / weiß nicht was / ausgegraben / und nacher Venedig gebracht wurde; mit welcher Materia man das Glaß also schön und weiß machte/daß es fast auf die Art/gleich einem Crystall/hell und rein anzusehen war / und solches dann war an der Farb fast gleichwie ein Eysen gewesen. Mein anderer Lehrmeister lehrte mich das Glaß / mit Zusetzung auch einer eysenfarbichten Materia/läutern und weiß machen/also/daß die Substantz der beyden Ingredientien so fest vereiniget/und zusammen verbunden wa- „ ren/daß die Farben/ so davon vermischet/ noch andere Glaßfarben annah- „ men / und selbige im Feuer reinigten; indem die eysenhafftige Magnesie/ „ als welche die Hitze nicht erdulten kan / ausrauchet / auch die Unreinigkeit „ deß Glases mit sich nimmt/und also selbiges/ gleichwie die Seiffe oder Lau- „ ge/das leinerne Geräthe von allem Unflut saubert. „

Ich finde fast eine gleiche Meinung bey dem Aristotele, da er handelt von dem Kraut Wohlgemuth / und weiset/wie die Eigenschafften dieses Krauts/den trüben Wein läutern und reinigen. Sonsten aber ist zu wissen / daß diese eysenhafftige Substantz/so sie mit einen Metall vermischet wird/im Feuer nicht ausrauche / sondern in kurtzer Zeit (mit demselben) verkochet wird. Und dieses/was bißhero gesaget worden/ist es/das wir von der Magnesie in acht genommen haben.

In diesen obigen Discurs nun sind zweyerley Sachen in acht zu nehmen/ als die Attraction oder Anziehung / und die Reinigung-Krafft / damit die behandelte Magnesie ihre Würckung vollbringet: Betreffend das erste / als die Attraction, so finde ich kein ander Fundament/als daß solche Eigenschafft/ aus freyen Willkühr / wegen deß Nahmens der Materie/ ist beygeleget worden; denn so man gleich ein grosses Theil der Magnesie / zu einem wenigen Theil deß zerbrochenen oder geschmeltzten Glases thut / so wird man in derselben weder Attraction noch Bewegung spühren: Wollen sie aber / an statt deß glaßhafftigen Liquors, das Alcali, oder ein Theil deß Glases verstehen/ so ist gewiß / daß die grüne Farb auch dem wohlverschaumten Metall anhängig/und wann man alsdann einige Magnesie darzu thut/so ists auch richtig / daß es das Glaß reinige: Verstehen sie aber durch den Liquor deß Glases nichts anders / als ein geschmeltztes Glaß / so reden sie vergeblich von der Sach/indem sie solches nicht/wie sichs gebühret/ mit einem Beweiß-Grund / oder einiger Erfahrungs-Prob erörtern.

Sonsten aber wie obscur und verborgen diese Attraction, so offenbar ist hingegen die Glaß-Reinigung/ die Art und Weise aber / wie solches geschehe / ist gäntzlich verborgen. Vorerwähnter Scaliger hält / samt seinem Lehrmeister / dafür / daß solche Operationes der Magnesie/ in Attrahirung und Reinigung deß Glases / vermittels einer Art der Exhalation geschehe: Plinius und Cæsalpinus verstehen durch dieselbe Attraction vielleicht nichts anders / als die Reinigung / allein sie geben davon keinen gebührlichen und sattsamen Bericht.

Einmal / aber ist gewiß / daß vermittels der Magnesie die Unreinigkeiten und fremden Dinge von dem geschmoltzenen Glaß-Metall abgeschieden werden / es mag nun gleich durch die Præcipitation oder Exhalation geschehen; durch die Præcipitation aber kan solches nicht geschehen / denn wann das Metall beweget würde / so würde seine gehabte Farb wiederum kommen / oder es würde solche in Form eines Pulvers / gleichwie in allen Præcipitationen geschiehet / auf deß Topffes Boden zu finden seyn.

Die Exhalation ist noch weniger warscheinlich; dieweiln man an dem gereinigten Glaß keinen Abgang deß Gewichts spühret: und wie sollte sich der fixe Cörper der Magnesie / samt der klebrichten Substantz deß Glases vermischet / also erheben und ausrauchen können? und könte auch wohl eine grössere Unbeständigkeit der Magnesie beygemessen werden / als daß man sagen wolte / sie dämpffe unvermercket / nachdem sie die grüne Farb deß Glaß-Metalls an sich genommen / in die Lufft auf / und davon?

Ich vor meinen Theil halte dafür / daß hieran nichts anders / als die formliche Veränderung des Cörpers / und der kleinesten metallischen Particuln / die Haupt-Ursach solcher Operation sey: Dann indem die Magnesie vom Feuer geschmoltzen / auch durch dessen Vermittlung / mit den allerkleinsten Atomis deß Metalls durchaus vermischet wird / so formiret das Feuer / vermittels der mannigfaltigen Herumtreibung / atomialische Figuren / welche alsdann tüchtig werden / den meisten Theil desjenigen Lichtes / welches wir hell und weiß nennen / reflectirend fürzustellen.

Diese Lehr von der Farben Herfürbringung / nur aus ihrer Theil-Verwechßlung / noch weitläufftiger zu erörtern / könten noch unterschiedliche Instanzen oder Einwürffe auf die Bahn gebracht werden; allein wir wollen uns begnügen lassen / hier anzuführen nur diejenigen Cörper / welche durch Vermischung / und Zusammensetzung anderer gefärbten Materien / eine Weise erlangen / als zum Exempel; man nehme gelblichten Terbenthin / oder ein schwärtzlichtes Oleum Caperæ, oder ein altes Terbenthinöl / welches mit Grünspan (denn solcher wird darinnen leichtlich aufgelöset) getingiret worden / und zwar in solchen Grad der Farb / welcher mit dem Glaß übereinkommet / solches vermische / und rühre mit einem Eyerdotter bester massen herum / so wirst du eine helle und weisse Farb bekommen.

Noch ein anders / man nehme eine starcke Seiffensieder-Lauge / solche umrührend / mische ein grünes Hollunder-Oehl darunter / so bereitest du eine Artzney / welche von den Naturkündigern Jungfer-Milch genennet wird.

Man kan auch wohl der gedachten Lauge ein anders Oehl beyfügen / und gleichen Effect erreichen. Allhier schauestu erstlich die Lauge / welche an der Farbe gelb röthig ist / und doch hernach durch die Grüne deß Oehls zu

nicht

nicht gemacht / verzehret / und in eine Milch-weise verändert wird. Ferner wann man Weinstein-Oehl in ein grünes Wasser / (welches durch Aufflösung der grünen Feuer-oder Schwefel-Steine/ mit Regen-Wasser bereitet wird) giesset / so wird man eine weisse Farb erlangen.

Gedachtes Weinstein-Oehl in ein grünes oder blaues Wasser (darinnen Vitriol zergangen) gegossen / wird gleichfals obigen Effect erreichen; allein die Farb ist in diesem letzten experiment nicht so weiß / gleichwie sie in dem ersten ist/ es sey dann/ daß man deß Weinstein-Oehls einen guten Theil daran schütte.

Mit diesen Einwürffen nun wird ja die Exhalation der Magnesie hoffentlich gnugsam widerleget worden seyn/ mit augenscheinlicher Erweisung daß die vielmals erwähnte Glaß-Reinigung/eintzig und allein von Mannigfaltigkeit der Metallischen Theil Textur oder Gewürck/ und deroselben Disposition/ welche die darzugethane Magnesie würcket/ herrühre. Und was könte wohl für eine andere Ursach gegeben werden / warum das Glaß-Metall von zwey weissen Cörpern / nemlich Sand und Saltz / eine gantz andere Farb erlange? oder warum die Zaffera, und die Magnesie / eine schwartze Farbe geben?

Daß die Magnesie viel deß Eysens bey sich führe/düncket mich ohne allen Streit wahr zu seyn/auch will ich solches mit folgender Erfahrungs-Prob erweisen: Ich goß einsmals Scheid Wasser über eine gepülverte Magnesie/ in einen enghalsichten Glaß/so erreate es in das Glaß/mit einen engen Mund-Loch/sehr grosse und aufwallende Blasen(nicht aber geschiehet solches so sehr in einem andern Glaß so ein weit Mund-Loch hat) und einen scharffen durchdringenden Dampff/ welcher übel zu riechen war; nachdeme ich aber einen Vitriol-Spiritum daran gegossen / so kochte es zwar ein wenig / und wurde das Glaß (nachdem in demselben die Materia viel Füncklein schlissen ließ) so heiß / daß ichs nicht länger in der Hand behalten kunte; und wann man auf gedachte Magnesie noch ein kaltes Wasser schütte/ so wird die schon allbereit abnehmende Hitz nach mehrers erwecket / welches / wie mich bedüncket / eine sonderbare Eigenschafft dieser Materiæ ist.

Die Tinctur dieses Steins hatte eine saturirte Farb/ gleich einem Claret: Dieses alles nun geschihet auch mit dem Eysen / so die oberwähnte Spiritus daran gegossen werden; und ist gewiß darfür zu halten / daß die Farb/ welche die Magnesie bey sich führet / von dem Eysen seinen Ursprung habe/ indem sie beyde einerley Röthe haben; solches wird sammt einer hochrothen Purpur-Farb / wie auch einigen Arten der blauen und andern

Farben

Farben/in unterschiedlichen Præparationibus deß Eysens/ befunden. Und gleichwie die bleiche Erdfarb/aufs beste von der Zaffera, und Magnesie/ also wird die Seiden von der Schwärtze getingiret/ so man den Schliessand dazu thut/der von dem Schleiffstein/darauf Eisen geschliffen wird/kommet; solchen Schliessand aber kan man bey denenjenigen/welche Scheer und dergleichen Sachen schleiffen/bekommen. Auch solte gedachter Schliessand/ohne Zweiffel/ dem Glaß-Metall/welches in dem Topf oder Ofen gefärbet werden soll/gar wohl dienen/wann nur die Glaßmacher den Nutzen solches Sandes wüsten/oder ihn einmal deß Gebrauchs würdigen wolten.

Zum andern so machet die Magnesie das rohe Glaß oder Metall sehr aufschwellend/ nicht anders als der Stahl/ wie auch desselben Crocus, oder eine andere dergleichen Eisen-Operation oder Composition, welches dieses Metall mit dem Kupffer und Bley gemein hat.

An diesem/unsers Autoris Ort/ ist in acht zu nehmen/ daß er begehret/ man soll von gedachten Materien nichts auf einmal/ sondern solches auf unterschiedlich mal oder nach und nach in den Topff werffen: und zwar so/ daß allezeit ein Theil deß Topffs leer verbleibe/ damit das Metall nicht allzusehr aufstrudlend/in das Feuer und Asche sich verlauffe/ und also Zeit und Unkosten zugleich verlohren gehen/ welches gemeiniglich mit einander zu geschehen pfleget.

Allhier rühmet unser Autor die Piemontische Magnesie/ als welche die beste unter allen seyn solle; und das ist die Ursach/ daß/ so offt als er etwas von der Magnesie schreibet/ er zugleich auch deß Orts gedencket/ da solche herkommen.

Hierzu kan auch verglichen und beygebracht werden diejenige Magnesie/welche vor Jahren durch den Fleiß unserer Engelländischen Berg-Leute/in unserm Lande/bey den Mendippischen Hügeln/ an einem (wegen deß Bley-Ertzes) sehr berühmten Ort/in der Grafschafft Sommerset/ist erfunden/und an den Tag gebracht worden: Und weiln solche sehr gut/als wird sie von denen Moranen sehr nützlich gebrauchet. Von dieser Magnesie bezeugen die Berg-Leute ausdrücklich/daß an selbigem Ort/ allda solche Magnesie gefunden wird/ eine Bley-Minera/insgemein in Englischer Sprach Potern genannt/anzutreffen sey; solche Bley-Mineram gebrauchen die Töpffer/damit sie ihre Gefäß schwartz/ gleichwie mit der Zaffera blau machen: Sie halten diejenige für die beste/welche schwartz ist/keine gläntzende Füncklein hat; und so es zu Pulver gemachet wird/dem Bley eine schwartze Farb mittheilet. Sie ist hart anzufühlen/und schwer am Gewicht/ und je voller es an der Farb ist/ je mehr färbet das Glaß-Metall; sie kan mit der Fritta zu gleicher Zeit in den Topff getragen werden.

Das

Das 14. und 15. Capitel.

Ferretum Hispanicum.

DAs Wort Ferretum bedeutet insgemein nichts anders/ als ein gebrannt Kupffer/ zu Latein æs ustum genannt; denn also ist es von Cæsalpino Lateinisch und Italiänisch gegeben worden / im 5. Capitel seines dritten Buchs/ indem er/ an gedachten Ort/ also davon redet: das beste gebrannte „ Kupffer wurde vor Zeiten in Egypten zu Memphis / nachgehends aber in „ der Insel Cypern verfertiget: Dessen Kennzeichen der Güte sind / daß es „ roth/ und im Zerreiben der Zinnoberfarb gleich ist; denn so es schwartz ist/ so „ ist es zu viel verbrannt: Heutiges Tages aber wird es in Spanien verfer- „ tiget/ und wird von ihnen Ferretum geheissen; allein es ist und färbet schwarz, „ dahero wird es zum Haarfärben gebrauchet: sonsten/ wann es nur mittel- „ mässig gecalciniret wird/ so erscheinet es roth/ behält auch solche Farb/ wann „ es gleich zu einem Pulver gemacht wird. Und scheinet/ es habe den Namen Ferretum à Colore ferreo, von der Eisenfarb bekommen: denn der Crocus Martis gibt eine rothe Farb / wiewol dieser Crocus etwas gelinder / als das Ferretum ist. Cæsalpinus saget/ und bestättiget in eben diesen Discurs deß obangezogenen Ortes ferner / daß dieses Ferretum besser in einen als an- „ dern Ländern bereitet werde; Gleichwie Castilien die Seyfen/ Venedig „ aber das beste Glaß giebet. Im übrigen so scheinet die Gelegenheit deß Orts keinen so mercklichen Unterschied zu machen/ daß wir eben deßwegen gezwungen wären/ solches aus Spanien herzuholen.

Die zwey fürnehmste Hauptfarben/ sowol an sich selbst/ als in Ansehung deß menschlichen Gesichtes und der Glaßmacher-Kunst / sind die blaue und grüne Farb: solches sind sie in sich selbst / dieweil sie deß Liechtes viel entlehnen/ und Theil an denselben haben/ wie solches an den bekannten dreyeckigten Gläsern zu ersehen ist: Und um dieser Ursach willen sind dergleichen sehr lieblich/ und dem Gesicht gar angenehm / indem sie den Augapffel nicht allzu sehr zusammen ziehen / noch zu viel erweitern / welches beydes nicht sonder Wehtagen und Verletzung deß Auges geschiehet.

In der Glaßmacher-Kunst aber sind obgedachte zwey Farben darum sehr beliebet/ dieweil sie eine genaue Verwandschafft / und Ubereinstimmung mit vielen Edelgesteinen haben / und dafür angesehen werden; absonderlich so in die Flüsse Brenn- und Bleygläser getragen / und wie denenselbigen vereiniget werden; andere dergleichen unzehliche Nutzen zu geschweigen/ als unterschiedliche Gradationes, welche sie entweder gantz simpliciter allein oder eine mit der andern vermischet/ annehmen.

Die blaue Farb ist fast in allen Künsten / die mit solcher Farb zu thun haben/gantz einfach im Gebrauch; die grüne Farb aber wird in der nützlichen Färberey-Kunst/aus blau und gelb/ oder andern Farben zusammen gesetzet / und gebrauchet. Andere Künste hingegen nehmen diese Farb auch nur einfach: Diese beyde sowol die grüne/ als die blaue Farb / werden aus einerley Materia / nemlich dem Kupffer oder Kupffer-Ertz auf mancherley Weise bereitet und zu wege gebracht.

Es ist fast ein sonderbares Wunder / und ohne grosses Geheimnis nicht anzusehen / wie oftmals im Gebrauch einerley Materia / auf eine fast leichte und kaum vermerckliche Weise/ diese oder jene Farbe werde/ und erscheine; welches die Scheidkünstler und Metallenreiniger täglich erfahren und innen werden/ indem sie vielmals aus einerley Quantität deß Aquæ fortis, der Kupfferblech/und weissen Farb/das allerschönste Blaue-oder Hell-und Gelbgrüne zu wegen bringen; von solchen aber wissen sie keine Veränderungs-Ursachen zu geben/vermögen auch nicht / als ohne grossen Verlust ihrer Sachen/an statt deß grünen / die schöne blaue Farb erlangen/ als welche viel höher weder jene geachtet wird.

Ob nun wohl die eigentliche und natürliche Farb deß Kupffers / die Meerfarb ist/ weiln solche aus beyden / nemlich grün und blau zusammen gesetzet/so ist es doch mehr zur grünen Farb/als zur blauen geneiget; im übrigen ist das meiste an den auflösenden Mensturis gelegen/denn der Grünspan/welcher aus den Kupfferblechen/mit Weinbeeren oder Tröstern unter die Erden vergraben/bereitet wird/erlanget eine grüne Farbe; allein der Calcant / oder das Kupfferwasser / aus Kupffer bereitet / und der Liquor deß Feuersteins oder Pyritis, so sie im Wasser aufgelöset werden / geben in dem Dantziger / Hungarischen und Cyprischen Vitriol / eine blaue Farb; welches nirgend anders herkommet/als von Auflösung der Materie in dünnere und subtilere Theile/wie auch von der unterschiedlichen Textur oder Gewürck der Atomialischen Particuln / in der gedachten dissolvirten Materia: Die Ursach aber / warum das Ertz eine höhere Blaue giebet / als das Kupffer / bedüncket mich diese zu seyn/daß der Gallmeystein / als in welchem sie eintzig und allein unterschieden sind/sich mit der natürlichen Acidität deß Kupffers/solche in sich nehmend / vereiniget / und durch Vermittlung solcher Acidität / das Kupffer in eine grüne Substantz verkehret; wie solches auch an dem gemachten Grünspan/nachdeme in demselbigen die Acidität der Weinbeer ist erhöhet worden/ zu ersehen ist: eben solche Acidität ist auch die Ursach / warum der Frantzösische Wein/als welcher mehr offenbare Säure als der Spanische hat/ (ungeachtet

achtet

achtet das Spanische Clima einer wärmern Lufft / als zu diesem Werck am tauglichsten) befunden wird.

Aus diesem nun/was bißhero ist gesaget worden/ kan man leichtlich abnehmen / die sonderbare Tugend und Krafft der Vitriolischen Säffte deß Englischen Calcants oder Kupfferwassers/wie ingleichen deß Eisen-Vitriols/ welcher mit Spiritu Vitrioli aus Stahl ist bereitet worden; denn es wird in selbiger die bleiche Eisenfarb in eine grüne verkehret; solches geschiehet auch mit dem Lapide Armeno, so er/oder die extrahirte Tinctur aus solchem/ mit Weinessig abgerieben wird. Der Effect dieser/ deß Gallmeysteins / Imbibition, (als eines Ingredientis zu dem Aqua fort) erhellet Sonnen klar / aus jenem fürtrefflichen und deutlichen Experiment, welches mir mein Nachbar/ein Metallenreiniger/ neulich gezeiget hat/indem er Kupffer-Blech / das Silber in Aqua fort, aufgelöset damit zu præcipitiren / kauffte; es geschahe aber diese Arbeit vergeblich/ und verblieben von 30. Pfund deß Silbers 10. Pfund in dem Solvir-Wasser ohne Præcipitation, dessen Ursach aber war / weiln die gedachten Kupffer-Blech / in einen Tiegel geschmoltzen wurden / darinnen zuvorhero auch ein Ertz geschmoltzen wurde; dahero nahm der Metallenreiniger einen neuen Topff/und verbrannte/wie gewöhnlich/die von Natur flüchtigen flores deß Gallmeysteins/mit einem starcken Feuer/welche also weg getrieben/herum fliegend/sich/gleich einem Mühlstaub/an die Kleider/Haar und Bart hängen/und selbige tingiren. Diese flores, wann sie nun auf solche Weise abgesondert worden/so wird alsdann das in Aqua fort schwimmende Silber / alles und jedes præcipitiret werden. In diesem Experiment ist zu mercken daß der Gallmeystein (welcher die Säure deß Kupffers und Wassers oder Calcants imbibiret / und also verhindert / daß die Kupffer-Blech vom Aqua fort nicht gäntzlich corrodiret / und folgbar / nicht alles verzehret) dem Silber Raum gelassen/ daß es im Solvir-Wasser schwimmen möchte / in welchen Kupffer-Blechen doch die Ursach der Præcipitation bestehet: Denn so man sonsten ein frisches Metall in das Aqua fort, darinnen Silber aufgelöset worden / thut/ so nimmt es erstlich die Stell deß Silbers ein / und verursachet alsdann / daß sich das Silber in Gestalt eines weissen Pulvers an die Kupffer-Blech hänget/und also zu Boden fället.

Daß aber dieser Effect von der Imbibition der Acidität/so in dem Aqua fort ist/herrühre/erscheinet daraus/ daß nemlich ein jedes Aqua fort, Essig / ingleichen desselben Spiritus, und ein jeder saurer Liquor, viel süsser und schwerer wird / so man sie über den besagten Gallmeystein giesset / als wann sie über die Corallen/Krebs-Augen (vielmehr Krebsstein) Fisch-Muscheln/oder

Luxstein / und dergleichen gegossen werden; daher geschahe es auch / daß das Wasser von den gedachten Kupffer-Blechen die allerschöneste blaue Farb bekam / dergleichen der Metallenreiniger niemals gesehen hatte: Bey eben dieser Gelegenheit fiel mir ein / daß das Kupffer / so es in Aqua fort aufgelöset/ und etwas gepülverte Krebs-Augen darzu gethan würden / eine überaus schöne blaue Farb gebe.

Das Kupffer ist unter allen Metallen das geschmeidigste / oder daß sich am leichtesten hämmern lässet / es befördert auch in den Müntzen/die malleabilität oder Geschmeidigkeit deß Silbers und deß Goldes; schmeltzet und zerfliesset bey geringern Feuer; wird leichtlich von den sauren Spiritibus oder Saltz corrodiret/ und von dem Feuer ohne alle Schwerigkeit zu einem Pulver gemacht / welches letztere/ wie unser Autor lehret / auf fünfferley Manier geschehen kan: Als erstlich durch Calcination deß Kupffers/nach Innhalt deß 14. Capitels; deß Grünspans/ laut deß 21. Capitels / wie auch mit Schwefel und Vitriol / nach dem 15. Capitel; zum dritten / vermittels einer simpeln oder einfachen Calcination deß Grünspans im Feuer/nach Anleitung deß 20. Capitels; item deß Kupffer-Hammerschlags / laut deß 24. Capitels; zum vierdten / vermittels einer dreyfachen Calcination deß Kupffers / besag deß 25. und 28. Capitels; zum fünfften / durch die Præparation deß Kupffer-Vitriols / nach Innhalt deß 31. 132. 133. Capitels. Diese Præparationes, dieweiln sie alle/ zu denen ersten Lehrübungen der Chymischen Feuer-Kunst / gerechnet werden/als befinde ich für nothwendig/davon etwas beyzufügen; absonderlich / weiln wir von der Herkunfft jener ersten Farben / als blau und grün/so weitläufftig und nach der Länge geredet haben.

Derohalben so ist zu wissen/ daß unter allen diesen Bereitungen/diejenige / welche mit dem Kupffer-Vitriol geschiehet / die erste und fürnehmste ist: Dieser Præparation und Calcination auf gleiche Art und Weiß / sonderlich diejenige/welche mit lebendigen Schwefel geschiehet/bey solcher Calcination, je grösser und stärcker man das Feuer dazu gebrauchet / je höher und besser wird die Vitriol-Farb / ist auch füglicher auf diese als auf einige andere Manier/deren unser Autor gedencket.

Und wiewol der Schwefel samt den Calcant oder Vitriol von einerley Geschlecht und Art deß Marcasits sind/ auch ihre gedistillirte Spiritus keinen mercklichen Unterschied haben/so durchdringet dennoch der Schwefel / durch die scharffe Flammen-Hitz angetrieben / die metallischen Cörper viel leichter und eher / auch dissolviret er also folgbar bester Massen die subtillesten Theile der gedachten metallischen Cörper.

Uber dieses / so wird der Schwefel-Spiritus vom Feuer verzehret/dessen

Eigen-

Eigenschafft sonsten ist / daß er schwartz und die Farben etwas lettigt mache: Denn das Vitriol / wie es insgemein bekannt ist / so man Galläpffel oder einig ander Vegetabilisches astringens darzu thut / gibt eine Dinte oder schwartze Farb für die Färber: Jmfall aber dieses mit dem Vitriol zu versuchen jemand beliebet / so muß er nicht den Englischen / als welcher aus Eisen bestehet / sondern denjenigen nehmen / welcher sey aus dem Kupffer bereitet worden: denn es hat die Erfahrung die Metallenreiniger gelehret / daß das Aqua fort aus dem Englischen Vitriol bereitet / allen seinen bey sich habenden Unrath der Solution mittheile / als mit welchen auch nothwendig die Farb lettig oder schmutzig gemachet wird.

Derohalben bereiten sie ihr Aqua fort gantz allein aus dem Dantziger Vitriol. Darum so jemand die Farb mit einem guten Aqua fort extrahiren will / welches zwar unserm Autori, äusser in der Præparation deß Croci Martis, ungewöhnlich ist / der verrichte solches an statt deß Vitriols / mit Nitro und Alaun / davon unten ein mehrers im 38. Capitel / handlend von Chalcedonier: oder man kan das Ungarische oder Römische Vitriolum nehmen. Absonderlich ist dieses letztere / nemlich das Römische hierzu sehr gut / als welches das Wasser sehr scharff machet / auch viel deß Kupffers bey sich führet / und auf das nechste mit dem Kupffer-Vitriol verwandt ist: denn es gehen im Distilliren der gedachten Wasser / einige subtile Atomi deß Kupffers mit herüber / als welche sich an ein Messer / über dergleichen siedendes Wasser gehalten / wie genugsam bekannt / hengen / und solches Messer mit einer Kupffer-Farb tingiren.

Jngleichen / wann man in dergleichen Aqua fort das beste Kupffer auflöset / und solches præcipitiret (welches ich etlich mal gethan / mit dem andermalig gebrauchten Aqua fort der Metallenreiniger / als welches viel Kupffer bey sich hat) so bekommet man eine überaus schöne blaue Farb / die zum Glaßfärben dienlich ist.

Jch zweiffle auch gar nicht / es werde ein starckes Schmeltz-Feuer den Zincken / als welcher schweflichter Natur ist / entweder gantz zertheilen / oder gar in ein Glaß verändern; denn so man solchen in einen Aqua fort auflöset / so giebet er grüne Crystallen / welche das Kupffer damit das Glaß getingiret wird / übertreffen.

Daß aber dieser Weeg mit der Præcipitation besser sey / als die Extraction der Spirituum, welche in der Wärme geschiehet / ist daher abzunehmen / indeme die subtilern und reinern Theile deß Kupffers / in der Distillation zugleich samt dem Wasser / mit herüber gehen; wie solches zu ersehen ist an dem

Messer/und vielen Experimenten, welche hin und wieder in den Chymischen Schrifften vorkommen.

Allhier will ich nur noch eines eintzigen Experiments Erwählung thun/ wie nemlich die Tinctur aus dem Kupffer extrahiret werde: Ich nahm deß calcinirten Kupffers uñ Grünspans/von jedwedern 2. Loth/solches that ich in zwey Phiolen/und goß den Safft von den Blättern deß Garten Löffelkrauts (als welches viel deß flüchtigen Saltzes hat) ausgetrucknet/darüber: solches ließ ich/mit vermachten Glaß/ein Monat lang im Keller stehen/ hernach aber stellte ichs den Sommer über an die Sonnen: nach Verfliessung solcher Zeit ließ ich alles durch ein Fließ-Papier lauffen/da bekam ich in der einen Phiolen eine überaus schöne blaue Farb/ in der andern aber eine anmuthige Meerwasser-Farb.

Solches erzehle ich desto lieber/dieweil mir/ meines Wissens/ dergleichen Experiment mit dem flüchtigen Saltz noch nicht ist zu Handen gekommen; denn es ist sehr glaublich/daß alle andere dergleichen Pflantzen/ welche viel von einem flüchtigen Saltz/ und einen zähen Safft haben/ als da ist der Knoblauch und dergleichen mit dem Kupffer infundiret/eine rare Operation geben/denn es haben die Blätter von gedachten Pflantzen/entweder eine sattgrüne Farb/ oder mit einer Blaue vermischet/bey sich.

Aus diesem allen ist zu schliessen/ daß alle Aciditäten und fixe Salien/ als welche eine Säure bey sich haben/das Kupffer auflösen können; ereignet sich derohalben eine grosse Menge und Mannigfaltigkeit der Menstruen und Processen/die Tinctur zu extrahiren.

Unser Autor gedencket im 20. Capitel/ daß die Kupffer-Blumen/ aus dem Kupffer und Gallmeystein bereitet werden: Dieweil ich aber solchen Proceß nirgend vollkömmlich beschrieben befinde/ als will ich solchen allhier erzehlen.

Der Englische Gallmeystein wird in der Sommersetanischen Grafschafft/ gegen den Mitternächtischen Theil deß Walliserlandes/ gefunden/ und wiewol er auch von Dantzig anhero gebracht wird/ so muß solcher doch in der Güte unserm Englischen weichen. Dieser Gallmeystein nun/ muß/ eh man ihn gebrauchet/ nothwendig zuvor wohl gepräpariret werden; und zwar/ so soll er erstlich gecalciniret werden/ in denjenigen Ofen/welcher auf der einen Seiten ein enges Ofen-oder Mundloch hat/ welches/ das Feuer zu schieren/ dienet: Das Feuer aber wird von Kohlen/ oder/welches besser ist/ von dürren Holtz/ gemachet; denn solches giebet eine grössere Flamme/ und also folgbar/ eine bessere reverberation: Die Calcination wird ungefehr innerhalb 5. Stunden vollbracht/als in welcher Zeit die Materia/ mit dem

grössern

grössern Rührhacken zum öfftern muß umgerühret werden; denn es ist/ wann es wohl gecalciniret werden soll/fleissiges Aufmercken vonnöthen. Zu dem/wann es nicht gebührlich gecalciniret ist/so will sichs nit mit dem Kupffer vermischen lassen;wann es aber gar zu viel gecalciniret/so machet es das Kupffer brüchig/ und tingiret in beyden Fällen das Glaß nicht/wie sichs gebühret.

Das Zeichen einer rechten und guten Calcination ist/ wann gedachter Gallmeystein/zu einen weissen und subtilen Pulver wird; es verdirbet aber von dieser Cadmia (wie ihn etliche nennen) fast der halbe Theil/ und wird zu flüchtigen Blumen/ welche sich in unterschiedlicher Gestalt an das Ofenloch hangen. Diese sublimirte Blumen sind wenig nutz/ wiewol man leichtlich erweisen könte/ daß diese Blumen der eigentliche Pompholix seye/ davon die Alten schreiben/ auch solchen/ zu dem Salben/ die annoch ihren Namen davon bekommen/zum öfftern gebraucht haben.

· Diese sublimirte Blumen geben ein fürtreffliches austrocknendes äusserliches Artzney-Mittel/ denn wann sie über die Gleiche und Nerven/ so mit Flüssen behafftet/geleget werden/ so trocknen sie solchen ohne allen Schmertzen geschwinde aus; dieses Pulver habe ich dem Herrn Harvæo (welcher ist eine unvergleichliche und ewige Zierde der Anatomie und der gantzen Englischen Nation, wie auch ein fürtrefflicher Chyrurgus, und Curieuser Nachforscher in natürlichen Dingen/ und dessen Andencken ewig bey mir verbleiben wird) mitgetheilet/ der bekannte dazumal/ daß ihme dieses Pulver die warhafftige Pompholix der Alten zu seyn bedünckte; er gebrauchte auch solche sehr oft/und mit guten Fortgange.

Nachdeme nun der Gallmeystein gecalciniret/ so wird solcher zu einen sehr subtilen Pulver zerrieben/durchgesiebet/ und mit Kohlen/ welche gleichfalls subtil pulverisiret worden/ vermischet; diese Mixtur thut man in einen Topff/und leget Kupfferblech darauf/nemlich 5. Pfund Kupfferblech/zu 7. Pfund der gedachten Mixtur/als welche Proportion man insgemein zu halten pfleget: Die Töpffe zu dieser Arbeit werden bereitet aus dem Nonsuchanischen Leimen/entweder allein/und gebrannt/ oder mit gleich so viel Pulver/ von gebrochenen Scherben/ vermischet; alsdann dauren sie/ wann sie wohl gearbeitet sind/14. und mehr Tage.

Die Oefen/in welchen das Kupffer und die Cadmia oder Gallmeystein geschmoltzen wird/ liegen ungefehr 6. oder 7. Schuhe tieff unter der Erden/ der Boden wird von der obern Fläche deß Tennens/ in der Glaßhütten oder Laboratorio, Stuffen-weiß in die Runde herum/ biß zu dem untern Loch dieser Hölen/unter-und aufgegraben/ durch welches Loch zugleich das Feuer/ und die Materialien in den Ofen geworffen und gethan werden; gedachtes

untere

unter Ofenloch / welches in mitten deß untergrabenen Bodens ist / lieget mit dem Tennen/und dem Ofenheerd in einer perpendicular-oder schnur-gleichen Linie; auf den Boden ist er im Durchschnitt 3. oder 4. Schuhe breit/und endet sich Kegel-formigt oder Stuffen-weiß / nach und nach / gegen dem untern Mundloch zu: Dieses Ofen-oder Mundloch hat einen eiseren Deckel/mit einem kleinen durchbrochenen Loch / dienend das Feuer zu regieren; ingleichen hat der Ofen zu unterst eine hole Röhre oder Ort / durch welches man das Feuer mit Blaßbälgen an-und aufblasen kan; anfangs muß man ein sehr gemässigtes Feuer geben / solches nach und nach vermehren/ so lang/biß man sihet/ daß das Kupffer schmeltze / und sich mit der Cadmia oder Gallmeystein vermischet/welches gemeiniglich innerhalb 12. Stunden/oder alle 12. Stunden zu geschehen pfleget.

Indem man allezeit früh um 5. Uhr biß Abends um 5. Uhr zu zehlen beginnet/pfleget man die Kupfferbleche einzulegen / und die Töpffe deren gemeiniglich 8. an der Zahl sind / mit einer langen Zangen heraus zu nehmen / und solche an ein wärmeres Ort eine kleine Weil zu setzen / damit sich das Metall/ ohne Congelation etwas erhitze; diese Massa wird alsdann in steinerne Formen ausgegossen/ und die Kupfferbleche drey Schuhe lang / und anderthalb Schuhe breit/60. oder 80. Pfund währende/geformiret.

Die gedachten Formen werden aus zweyen / und wie mich bedüncket / Kalchsteinen zusammen gefüget und bereitet; denn es haben gedachte Formsteine unterschiedliche kleine und gläntzende Stücklein / welche auch durch langwierigen Gebrauch nicht abgenutzet werden / sondern sie dauren immer / wiewol ihre blaulichte Farb etwas Kupffer-röthlicht wird: Diese Steine wurden erstlich aus Holland anhero in Engelland gebracht; allein sie wurden auch hernach in den Kornwallischen Gebürg / in Form und Grösse der Grabstein/gefunden.

Diese Steine müssen zuvor/ eh das Metall darein gegossen wird / wohl erhitzet werden; denn wann solches nicht geschiehet / so springet das Metall davon / oder es werden die Formen verderbet: Es ist auch vonnöthen / daß man dergleichen Formen viel in Vorrath habe/denn sie werden/ wie man saget/nach dreytägigen Gebrauch stumpff/derowegen muß man ihnen mit Unschlit und Kohlen zu Hülff kommen.

Allhier ist zu mercken/daß man muß von der Mixtur deß Gallmeysteins und der Kohlen/immer etwas über die Kupfferblech werffen / denn es dringet der pulverisirte Gallmeystein / durch die Hitze und den Staub der Kohlen erhitzet/viel leichter hindurch / und machet also / mit dem geschmelztzten Kupffer nach und nach vermischet / eine Massam, oder dasjenige Compositum, welches wir ches wir das gecalcinirte Kupffer nennen: Da sonsten im Gegentheil der Gallmeystein / so er bloß über das Kupffer geworffen würde / im Feuer davon flieget; wiewol auch auf diese Weise solches nicht allerdings gehindert wird / indem sich ein guter Theil desselben / also davon fliegend / an den Seiten deß Ofens anhänget; welches alsdann / nach der mancherley Form und Farb / unterschiedliche Benennungen überkommet: Plinius im 10. Capitel deß 34. Buchs / nennet solches / Capnitis, Botritis, Placitis, Onychitis, Ostracitis.

Diese Gallmeystein-Blumen haben auch allezeit eintzige Theil deß Kupffers bey sich / welche mit Darangiessung eines Aquæ fortis, leichtlich von ihnen können separiret werden; ingleichen kan auch solches geschehen / so sie an die Lufft geleget werden. Daß sie etwas vom Kupffer bey sich führen / ist daraus abzunehmen / indem sie / so bald man sie aus dem Ofen nimmt / eine grüne bläulichte Farb haben.

Die Vermehrung deß Gewichts steiget von 38. biß 40. Pfund hinauf / also daß 60. Pfund deß Kupffers / mit dem zugesetzten Gallmeystein / 100. Pfund deß gecalcinirten Kupffers / oder Grünspans geben.

Allhier muß man auch in acht nehmen / daß das Feuer nicht zu starck sey; ingleichen daß die Töpffe / wann das Kupffer geschmoltzen / nicht so lang in dem Ofen bleiben / damit nicht der Gallmeystein davon fliege eh der Kohlenstaub dazu gethan / oder auf den Boden deß Topffes ruhend / zu Aschen werde / als welche auch zum öfftern annoch gantz und unverletzt in den Töpffen gefunden werden / ungeachtet die Töpffe etliche Stunden lang in stäter Wärme gestanden haben; solches aber muß nothwendig geschehen / alldieweiln das Kupffer und der Gallmeystein / noch einmal so viel Zeit zum Schmeltzen erfodern / als so man das Kupffer allein tractiret.

Betreffend die Separation deß Gallmeysteins von dem Metall / so fügen wir solches diesem bey / was schon allbereit gesaget worden; das bereitete Kupffer / wann es zum Drathziehen gebraucht wird / muß man so offt erwärmen / als offt es die Stärcke deß Ziehens empfindet; denn wann solches nicht geschiehet / so bricht oder springet solcher ab; jedoch muß man die Wärme so mässigen / daß das Kupffer immer / gleichwie eine rothe Kirschen / aber nicht röther / seye; denn wann man den Grad dieser Wärme überschreitet / so weichet die Cadmia mit grossem Verlust deß Verlegers dieser Arbeit davon / welches doch / so man kleinen Drath ziehet / gar leichtlich geschehen kan.

Das 16. 17. 18. und 19. Capitel.

IN diesem Capiteln werden unterschiedliche Wege den Crocum Martis zu bereiten/ gelehret/ solche aber/ dieweiln sie von vielen Chymischen Autoribus auch schon gelehret / und angezeiget worden / als werden sie kürtzlich in nachfolgende Haupt-Stücke zusammen gezogen.

Erstlich wird der Crocus Martis bereitet / vermittels einer simpeln Reverberation, ohne alle Vermischung / dergleichen Crocum habe ich an den eysern Stangen oder Rost gesehen/ welche in den Feuer-Herd / oder in Bauung der Oefen/ um solche beysammen zu halten / unterleget werden: Dergleichen Crocus, welcher so schön an der Farb / als ich jemals gesehen / wurde in den Ofen/ darinnen man stetigs Scheid-Wasser brannte / eine ziemlich grosse Quantität gesammlet: Und zwar an den eysern Rost-Stangen / als welche von der stettigen grossen Hitz/ in einen Crocum resolviret wurden

Der andere Weg den Crocum Martis zu bereiten / ist die Calcination oder Reverberation, welche mit Schwefel/ Saltz/ Urin oder Essig geschiehet.

Der dritte Weg wird füglich durch die Solution vollbracht / oder mit dem Aqua fort, Aqua Regis, Saltz oder Salpeter-Spiritu verrichtet; denn auf diese Art bekommet der Crocus, wann das Wasser abgerauchet ist / eine rothe Farb: Durch die Aufflösung deß Eysens/ in dem Vitriol oder Schwefel-Spiritu wird der Eysen-Vitriol bereitet / welchen an der Güte der Englische Calcanth fast gleich kommet; wiewohl er in der Artzney / und Färberey-Kunst keine so grosse Tugend/ als jener erweiset.

Aus diesem Eysen-Vitriol / wann solcher gecalciniret / wird ein Colcothar/ demjenigen so aus dem gemeinen Vitriol kommt/ nicht gar ungleich/ bereitet / als welcher zwar denen Mahlern zu Verfälschung einer Farb / in der Glaßmacher-Kunst aber nichts dienen kan; denn es hat ein jeder Colcothar/ sehr viel irrdische Unreinigkeit bey sich / welche das Glaß garstig und dunckel machet; und solches bedüncket mich die Ursach zu seyn / warum unser Autor in diesen Sachen dergleichen Vitriol / nicht so wohl als bey dem Kupffer/ gebrauchet.

Was die Tinctur deß Eysens betrifft / so will ich nur dieses erwähnen/ daß alle saure Sachen/ und was unter den Säfften eine corrodirende Krafft hat / auch alles was das Kupffer angreiffet / præstiren und thun eben solchen Effect auch in dem Eysen; jedoch also / daß eines vor dem andern / je eine röthere / hellere und bessere Farb giebet / welche Gradus der Farben zu vielen Sachen dienen / und mit andern metallischen Dingen auf mancherley Weis vermischet werden können.

Also/

Also/auf solche Weis/schicket sich der Crocus Martis, mit dem Essig bereitet zu der grünen Farb/besag deß 32. 34. und 35. Capitels: wie auch zu der Smaragd grünen Farb/aus dem Bley-Glaß bereitet/laut deß 65. Capitels: Ingleichen wird gedacht Crocus in den Pasten/ auf Mannigfaltige Weis mit dem Grünspan vermischet/nach Inhalt deß 77.78. und 79. Capitels; item mit der schwartzen Farb/nach dem 101. Capitel.

Wann man aber ein schöne rothe Farb haben will / so muß man den Crocum Martis mit Schwefel bereitet / laut deß 128. Capitels/haben; soll aber die gedachte Farb noch schöner werden / so muß es der Crocus Martis mit dem Aqua fort bereitet/seyn.

Sonsten aber/gleichwie aus den Ertzen die beste grüne Farb/das Vitriol oder Kupffer ist/also die jenige rothe Farb deß Stahls oder Eysens/ die fürnehmste und beste/welche mit dem Aqua Regis bereitet wird/und solches theils wegen Beymischung deß Salmiacs / theils aber wegen besserer und genauerer Aufflösung.

Nachdeme wir anietzo dasjenige zu Ende gebracht/welches eigentlich zu der ersten Materia deß Glases/ und zu derselben Farben Bereitung gehöret/ so ist zu wissen/ daß das übrige und fürnehmste Theil deß Glasmachens bestehe / in der gebührlichen Mischung der Farben / sammt darzu gehörigen Umständen / als welchen Theil unser Autor vollkömmlich absolviret / und davon Bericht gethan hat; derohalben werden wir in denen / was hiernechst folget/ sehr kurtz seyn / uns vergnügende / daß wir nur etwas weniges davon erinnern.

Die Bereitung von dem Schmeltz-Glaß oder Smalte / welche/ als ein sonderbares / und höchstschätzbares Kunst-Stück / uns ehdessen kund gethan wurde / anietzo aber vielen bekannt/ist diese: Man nimmt deß Spieß-Glases und deß Salpeters/beydes wohl zerstossen und vermischet/von jedwedern 12. Pfund / und von der Materia deß gemeinen Glases 176. Pfund: Dieses alles wohl gemischet/und vereiniget / wird in dem Kalch-Ofen calciniret/und zu einer Fritta bereitet: Oder welches auch angehet; man kan nemlich aus dem rohen Spieß-Glaß / und mit dem Salpeter / einen König oder Regulum bereiten/und alsdann / wie oben gedacht/damit verfahren: Die Art und Weis den Regulum zu machen / ist gemein/und bey denen Chymicis bekannt: Dieser Regulus, so er mit dem Glaß-Metall vermischet wird / giebet nicht allein eine sehr weisse/ Smalte / sondern dienet auch zu mancherley Farben.

Das 29. Capitel.

DEr Neapolitanische Scribent / Johann Baptista Porta / lehret im 5. Capitel seines 6ten Buchs/ wie man die Türckis färben solle / in Gestalt eines Sapphiers / welche Farb insgemein die Meerwasser-Farb ge-
„ nennet wird; man soll / sagt er / das gecalcinirte Kupffer zu einen sublilen
„ Pulver machen/ daß man solches kaum fühlen kan / (denn sonsten wird der
„ Stein gar zu grob und rauch) solches wird alsdann mit dem Glaß vermi-
„ schet; die Quantität dieses Pulvers kan man nicht benennen; denn es
„ werden/theils völliger/theils dünner an der Farb bereitet; insgemein aber
„ nimmt man zu jedem Pfund deß Glases/1. Quintlein von dem obigen Kupf-
„ fer-Pulver.

Das 32. Capitel.

VOn der Smaragd-Farb saget gedachter Porta im 5. Capitel deß 6. Buchs/also: wann man die Meerwasser-Farb bereitet / so kan solche leichtlich zu einen Smaragd bereitet werden/indem man von dem Cro-
„ co Martis etwas darzu thut: es muß aber unter diesem Croco die Helffte
„ deß gecalcinirten Kupffers oder Croci Cupri seyn / als nemlich / ich that
„ erstlich den vierdten Theil deß Kupffer-Pulvers darzu / darnach nahmen
„ wir von beyden Crocis den achten Theil.

„ Allhier ist zu mercken/ daß man es / nachdem man die Farb hinein ge-
„ worffen hat / 6. Stund miteinander kochen lasse / damit die Materien der
„ Steine wiederum hell werden / als welche / durch das Hineinwerffen der
„ Farben/mit einer Wolcken oder Mackel gleichsam überzogen worden. Das
„ Feuer läst man nach und nach abgehen/ biß der Ofen erkalte/ alsdann wer-
„ den die Töpffe aus dem Ofen genommen / so bekommet man die sogenann-
„ ten falschen Edelgesteine.

Von der Rosen-Farb/welche Rosichiero genennet wird/saget erwähn-
„ ter Porta im 9. Capitel /deß 6. Buchs/ dieses: die neuern und künstlichere
„ Glaßmacher sind wegen der Bereitung und Färbung einer hellen und ro-
„ senfarbichten Smalte / so insgemein Rosachiero genennet wird / nicht we-
„ nig bemühet / indem sie sehen / daß unsere Vorfahren solches sehr künstlich
„ und überaus schön bereitet haben.

Das 37. Capitel.

ES will unser Autor / daß man das Aqua fort auf seine Manier / und zwar nit sonder Ursach bereiten soll: den ein gantzes Pfund deß gemeinen

Scheid-

Scheid-Wassers / hat / wie ich zum offtern erfahren habe / nicht mehr als 8. Loth guten Spiritus bey sich / hingegen alles das andere oder was darüber ist / ist nichts anders als ein Phlegma vom Vitriol.

Daß man zu dem Aqua fort etwas von Arsenic thun soll / finde ich auch bey der Frauen Isabell Cordosia, deren Buch vor 18. Jahren zu Venedig gedrucket worden / und also eher an den Tag gekommen / als dieses unsers Autoris Neri-Buch: Man findet von der Bereitung dieses Scheid-Wassers unterschiedliche Compositiones; allein es wird bey allen der Salpeter / als ein starckes und vielkräfftiges ingrediens, gefunden: Es sind deren auch viel / welche das Aqua fort oder Scheid-Wasser / aus dem Ungrischen Vitriol und Salpeter alleine machen; einige auch aus dem Englischen Calcanth / als welche Art deß Scheid-Wassers / bey denen Färbern in gemeinen Gebrauch ist; solches Wasser aber würde noch besser seyn / so es sammt dem Salpeter von dem Dantziger Vitriol bereitet würde: Dieses Dantziger Vitriols bedienen sich die Metallenreiniger am meisten / denn der bey uns in Engelland wird etwas lettigt befunden.

Andere nehmen in der Bereitung deß Scheid-Wassers / an statt deß Vitriols / Alaun / dieser aber giebet nichts / als ein schwaches Phlegma: Noch andere haben Stein-Saltz dazu gethan; allein man hats aus der Erfahrung / daß solches Saltz wenig Spiritum giebet / sondern es hänget sich an den Retorten-Hals / verhindert den Zugang der Spirituum, und machet also daß die Gefässe zerbrechen.

Wann im distilliren die höchste Röthe vorbey / so sind die Spiritus vom Salpeter alle herüber gegangen; und alsdann kan man das Feuer auslöschen; denn alles was nach diesem kommet / ist nichts anders als ein Vitriol-Spiritus, als welcher die Operation deß Salpeters-Spiritus, in Aufflösung der Metallen nur verhindert.

Ich habe bey den Metallenreinigern / innerhalb 24. Stund / das beste Scheid-Wasser zweymahl bereiten sehen; als in welcher kurtzen Zeit / bey solchen Grad deß Feuers / wenig von den Vitriol-Spiritus herüber steigen kunte / indem solche Spiritus ein dreytägiges stetiges / ja die 2. letzten Tage ein überaus starckes Feuer erfordern / so sie anders sollen herüber steigen und extrahiret werden: Bey dem Aqua fort aber hilfft vielleicht die Flüchtigkeit deß Spiritus Nitri, daß sie / die Vitriol-Spiritus eher herüber kommen.

In der Bereitung deß gedachten Scheid-Wassers / lässet unser Autor etwas aus / welches doch höchst nöthig / und bey den Metallenreinigern allezeit im Gebrauch ist / so sie anders kein unreines Aqua fort bekommen wollen. Die Art und Weiß solcher Bereitung / wie auch die Summa derselben lehret Begui-

Beguinus im 3. Capitel deß andern Buchs seines Chymischen Tyrocinii, also: Man nehme; sagt er/ den vierdten Theil deß gedistillirten Wassers/ und werffe 1. Quintlein deß gereinigten Silbers darein/ und lasse es über einen Kohl-Feuer aufflösen; diese Solution giebet man zu den andern übrigen drey Theilen/ so werden sie weiß als eine Milch werden/ laß solches stehen/ damit sichs setze/ alsdenn giß das Reine davon ab; dasjenige/ welches sichs auf den Boden/ gesetzet hat/ wird von den Metallenreinigern das fixe Silber geheissen/ welches/ wanns in ein Gefäß/ darinnen 20. Maaß Scheid-Wasser sind gegossen wird/ so bekommet alles Wasser alsobalden eine Milch-Farb.

Es ist mir ein Metallenreiniger bekannt/ welcher all sein Scheid-Wasser in eysern Töpffen præpariret; deme ist auch durch die Erfahrung bekannt worden/ daß das Wasser auf solche Weis viel schärffer und stärcker/ als sonsten werde: Uber dieses/ so hat man auch/ bey dieser Art zu distilliren/ einen Vortheil an den Töpffen/ und dem Feuer; die Art und Manier/ wie solches geschehe/ ist bey dem Ausleger deß Beguini zu sehen.

Das 40. Capitel.

DAß man zu dem Aqua Regis so viel von dem Salmiac thue/ als viel darinnen kan aufgelöset werden/ solches ist so nothwendig nicht; denn es wird genug seyn/ so wir in eine Maaß deß Aquæ fortis, 2. Loth deß Salmiacs thun.

Daß der Beguinus in Bereitung dieses Wassers/ den Salpeter mit dem Salmiac durch das distilliren/ vereinigen will/ wundert mich; denn es hat mich die Erfahrung gelehret/ daß der halbe Theil deß Aquæ Regis, in welchen ein Salmiac ist solviret worden/ fast eben dasjenige præstire/ als deß andern Wassers noch so viel/ welches mit gedachten Salmiac ist gedistilliret worden.

Das Aqua Regis machet das Silber nur schwartz: Auch die sehr dünnen Kupffer- und Zinn-Blätgen werden/ nur etwas weniges/ davon/ corrodiret/ nicht anders als wie das Aqua fort die Gold-Blätter zu corrodiren/ pfleget; So man aber das Aqua Regis von dem dissolvirten Gold abstrahiret/ so greiffet es auch alsdann das Silber/ und die übrigen Metallen an.

Das 42. Capitel.

DJe Art und Weis einen Calcedonier/ Jaspis und Achat zu machen/ bedüncket mich fast gleich zu seyn mit derjenigen Manier/ vermittels welcher man daß so genannte Türckische Papier/ mit mancherley Farben und Wassern/ gleich einem Marmor bereitet/ welches Kircherus in seinem 10.

Buch

Buch vom Licht und Schatten / und aus ihm Schottus im 5. Buch seines ersten Theils / sehr genau und vollkommen beschreibet.

Solche Art und Weiß aber ist diese: Es werden in einen bequemen Liquore gewisse / und zwar solche Farben aufgelöset / welche sich / wann sie in das Wasser gethan / langsam oder gar nicht / oder alsdann erst vereinigen / wann sie auf das Papier kommen / welches man mit mancherley Farben tingiren will; eben also / und auf gleiche Weis wird das Metall nothwendig / von mancherley Materialien / getingiret / ungeachtet sonsten solche / wie man sie auch vermischet / sich nicht mit einander vereinigen.

Allhier könten sehr viel Experimenta von den Tincturen auf die Bahn gebracht werden / in welchen ein jeder Liquor, man mag sie rühren und unter einander mischen wie man will / noch dennoch seinen eigenen Ort und Stelle im Glaß behält.

Wegen der dreyfachen Præparation deß Calcedoniers ist zu mercken:

1. Daß alle färbende Materialien / als die Zaffera, die Magnesie / das Silber / der Stahl / die Smalte / und das Bley / wiewol zwar nicht allezeit auf einerley Art præpariret / jedoch zu einer jeden Præparation deß Calcedoniers genommen werden.

2. Je grösser die Mannigfaltigkeit der Ingredientien ist / je schöner und besser wird der Calcedonier; denn in deß Autoris Bereitungen ist der erste simpler als der andre / und der andre schlechter als der dritte / noch dennoch recommendiret unser Autor den andern für den ersten / und den dritten für den andern.

3. Daß in einer jeden Art der Præparationen / einige unter den Ingredientien sind / welche dem Glaß gantz keine Farbe mittheilen / als das Bley oder Ruß / der Weinstein / die Smalte und dergleichen / welche die Vereinigung der Materialen nur verhindern / und verursachen / daß sie sich von einander scheidend / in dem erkalteten Metall geströmet erscheinen / und sehr schöne Farben / von mancherley Sorten / vorstellig machen: Im übrigen ist an der gebührlichen Wärme / und an der Art und Weis ordentlich fort zu fahren / ein grosser Theil der gantzen Kunst gelegen: Und in diesen letztern Punct bestehet auch reverà die gantze Kunst / wie man das gemarmolirte oder Türckische Papier bereiten soll.

Der vormals erwähnte Joh. Bapt. Porta, lehret auch das Glaß mit „ mancherley Farben zu tingiren / welches er / mit andern Sachen umgehend / „ ungefähr erfunden hat / auf folgende Weise: Der Zinn-Kalch / saget er / „ benimmt dem Glaß seine Crystallinische Durchsichtigkeit / und färbet sol- „ ches auf unterschiedliche Manier: Dann wann gedachter Aschen auf „

„das Crystallinische Glaß / welches an dem Rand ist gepoliret worden / ge-
„streuet / und übers Feuer gehalten wird / so giebet er dem Glaß mancherley
„Farb/und machet es dunckel; indeme ein Theil deß Glases zum Stein wird/
„der andere Theil aber bekommet unterschiedliche Farb / daß es wird gleich
„wie ein Opal; In dieser Arbeit aber muß man das Glaß zum öfftern aus
„dem Feuer nehmen/und accommodiren/biß es nach Belieben recht ist.

An diesem und vielen andern Oertern lehret unser Autor, wie das Glaß in mancherley Figuren könne ausgearbeitet werden; derowegen will ich allhier zur Belustigung oder Beliebung deß Lesers/von demjenigen/was ich bey den Autoribus von dergleichen Sachen gelesen / die allercuriösesten erzehlen.

Cardanus im 52. Capitel de Rer. variet. deß 10. Buchs / hat einen gläsern Wagen mit zweyen Ochsen / von Glaß ausgearbeitet / gesehen; welche mit einen Mücken-Flügel haben können bedecket werden. Agricola im 12. Buch von Berg-Wercken / hat zu Moran von Glaß verfertigte Bäume/ Schiffe / und viel andere dergleichen beruffene Wunder-Dinge mehr gnsehen. Der Herr Howel p. 39. hat auch ein gläsernes Schiff gesehen/welches da hatte seine Mastbäume/Seegel/ Stricken und alle gehörige Ausrüstungen/wie auch der Vorter-und Hintertheil deß Schiffes / Ancker/ und Kahn: Jngleichen hat er auch gesehen einen ausgerüsteten und bewaffneten Mann. Worminus hat in seinen Musæo kleine gläserne Staturen/so wohl von Männern als andern Dingen: Item den berühmten Venetianischen Tempel St. Marx inwendig mit Masiv-Arbeit ausgearbeitet / repræsentirend gewisse Historien/mit füglichen Farben ausgezieret/und hin und wider vergüldet gehabt/und andern vorweisen können.

Das 48. Capitel.

PORta im 5. Capitel seines 6. Buchs nimmt / damit es eine Amethisten-Farb bekommet / von der Magnesie ein Quintlein zu jedem Pfund der Metahen.

Das 49. Capitel.

ZU dem Sapphir nimmt Porta 2. Quintlein von der Zaffera zum Meta: und je länger es im Feuer verbleibet (sind seine fernere Wort) je mehr bekommet es eine gläntzende Farb / man muß es aber stetigt umrührend/ vermischen.

Das 58. Capitel.

EJne völlige rothe Farb so in Italienischer Sprach/rosso in Corpo genennet

net wird/davon saget Imperatus im 1. Capitel seines 4ten Buchs: Insge- „
mein saget man/daß diejenigen Farben einen Cörper haben/welche dicke und „
nicht durchsichtig sind, hingegen die andern/welche durchsichtig sind/werden „
keinen Cöper zu haben vermeinet.

Das 61. Capitel.

DAs Bley-Glaß ist bey unsern Glaßmachern in Engelland nicht im Gebrauch/und zwar solches wegen seiner grossen Zerbrechlichkeit: Die Art und Weis aber/ das Bley zu calciniren/ mit welchen die Töpffer ihre Gefässe verglasuren/ist bey ihnen sehr wohl bekannt/ und in einen allgemeinen Gebrauch.

Wann das Bley-Glaß so zähe und zügig/gleichwie das Crystallinische wäre/ so würde es alles andere Glaß/wegen seiner schönen Farb/ weit übertreffen; solches wird keinem/ der dieses Metall kennet/ unbewust seyn; dieses kan auch mit dem Experiment deß Kircheri, welches leichtlich/und ohne sonderbare Unkosten zu bereiten/erwiesen werden; denn also schreibet erwähnter Kircherus im Buch/von dem Licht und Schatten Lib. 1. part. 3. c. 5. So man das Quecksilber/ so durch den Bley-Rauch coaguliret/in einen Metallern „
Löffel leget/und über einen Kohl-Feuer erwärmet; siehe/so wird in der zerflos- „
senen Materia alsobalden eine solche Mannigfaltigkeit der Farben erschei- „
nen/dergleichen man kaum in der Welt erdenken und erfinden kan/ja so hell, „
und leuchtend sind solche/daß fast keine Farben/ welche man scheinbar nen- „
net/mit solchen mögen verglichen werden.

Ich erinnere mich/als ich einsmals bemühet war/die Cerussam bey dem Feuer wiederum in ein Bley zu reduciren//daß ich ausser etlichen wenig Granen deß Bleys/eine Materie in ziemlicher Quantität bekommen habe (indem ich ein gespitztes Eysen darein tauchte) welche zwar zerreiblich und dunckel/ allein mit überaus schönen Farben gezieret war/ als mit Blau/Grün und Gelb / welche letztere auch vor allen andern hervorreichte: Also auf solche Weis/gab das Bley mit Zuthuung eines Stücklein Schwefels/eine so schöne blaue Farb / als mir jemals ist zu Gesicht kommen / ingleichen noch viel andere und beständige Farben/ welche nunmehro schon in das zwölffte Jahr dauren.

Es saget Libavius im 20. Capitel seines 7. Buchs/ daß die Metallen-Schmeltzer/ wie auch diejenige/welche mit den Scheiden zu thun haben/täglich einiges Bley zu einem Glaß verändern/ und daß solches Glaß theils eine schwartze/theils eine rothe/blaue und viel andere Farben habe/nur nachdeme das Bley gecalciniret/oder durch die Calcination in ein Bley-Glett / Cerussam oder Mennig ist verkehret worden.

Quercetanus bestätiget auch im 9. Capitel seiner Hermetischen Medicin / daß er mit seinen Augen einen Ring/aus dem Bley-Glaß bereitet / gesehen habe/welcher/so er über/Nacht in einen Wein gelegen wurde/allezeit eine purgierende Krafft von sich gegeben hatte: Eben solche Mannigfaltigkeit ist auch an den Wißmuth und Zinn-Glaß zu sehen; davon ein mehrers Libavius in Syntagm. Chym. lib. 6. c. 4. handelt.

Wann das gecalcinirte Bley sich wiederum reduciret / so zerreisset es den Boden der Töpffe.

Es kan das Bley schwerlich also gecalciniret werden / daß nicht einige Particuln davon gantz verblieben / welche hernach durch die Hitze deß Ofens wiederum zu Bley werden; eben solches kan auch von der Cerusta und der Mennig verstanden werden; auf was Weis und Wege sie auch immer mögen gecalciniret werden.

Die Ursach aber/ warum das Bley die Töpffe und Tiegel zerreisset / bedüncket mich diese zu seyn; nemlich / indem das Bley wiederum gecalciniret wird / so zerstopffet die Fettigkeit und Schere seines Cörpers/ die Poros oder subtilen Dampff-Löchlein der Töpffe oder deß Tiegels / welches verhindert/ daß das Feuer in das Metall weniger würcket / bey welcher Verhinderung dieser Würckung/alle Gewalt und Krafft der Hitz/ in den Dohn oder Leimen gekehret wird / als aus welchen die Töpffe oder Tiegel bestehen; wann nun mit diesem Bley eine fernere Calcination geschiehet / so muß der Topff oder Tiegel nothwendig zerspringen.

Daß aber unter den Metallen nur allein das Bley auf den Boden sich setze / und hingegen die andern Metallen / in den Glaßmacher Töpffen / oben auffschwimmen / bezeuget nicht allein die Reduction deß Bleyes; sondern es ist auch aus den Schmeltz-Tiegeln der Goldschmiede und Metallenschmeltzer bekannt/ als welche durch ihr eusserliches Ansehen und Gewicht / die Quantität/deß an sich genommenen Cörpers genugsam an den Tag geben.

Daß die Teste vom Silber etwas in sich schling/und gar gewiß/ und die Ursach / warum man ein starckes Feuer gebrauchen / und die Schmeltzung wiederholen muß; derohalben ist auch kein Zweiffel / daß nicht eben solches auch mit den Schmeltz-Tiegeln geschehe: Und ob wohl solches die Königliche Müntz-Meister bey uns / wider die Goldschmeltzer hefftig und beständig verneinen wollen; so wissen wir doch/daß diejenige/welche denen Goldschmieden für-

fürgesetzet sind / das Silber wiederum aus den Tiegeln kochen und extrahiren.

In diesem Fall aber kan man nur von dem Silber etwas weniges wiederum bekommen/und zwar solches vermittels deß Bleyes/als die Metallen reiniger/als die Scheidkünstler bedienen/ sonsten aber ist unter den Metallen keines / als das Silber / welches in den Test gehet: Die andere Ursach aber/ warum das Bley die Töpffe zerreisse / kan seyn / dieweiln sich das Bley in die Poros oder Lufft-Löchlein der Töpffe sencket / und allgemach darinnen forttrucket / auch endlich wegen seiner Cörperlichen Schweren / den Boden deß Topffes durchdringet / und also Löcher hinter lässet/ durch welche das Metall heraus lauffen kan.

Unser Autor gedencket nichts von dem Hyacinth/aus dem Bley-Glaß/ noch von dem Zinn- oder Kupffer-Glaß; solchen Mangel aber ersetzet Porta im 7. Capitel/seines 6. Buchs/allwo dieses nachfolgende zu lesen ist: Einen sehr schönen Hyacinth zu bereiten/ welche dem guten nicht gar ungleich komme: „ Man thut das Bley in einen irdenen und starcken Topff / und setzet solchen „ zum Feuer in den Glaßmacher-Ofen/lässet ihn auch etliche Tage lang darin- „ nen stehen/ so wird das Bley zu einen Glaß werden / welches einer Hya- „ cinth-Farb ähnlich seyn wird: Und im 9. Capitel saget er / man soll in ein ir- „ den und Feuerbeständiges Gefäß ein Pfund Zinn thun / solches lässet man „ schmeltzen/und setzets auf eyserne Stangen angefasset/3. oder 4. Tang lang/ „ in die Flammen-Hitz der Glaßmacher-Oefen; alsdann nimmt mans heraus/ „ lässet das Glaß erkalten / und zerbricht solches; so wird man oben auf ein „ Saffran- und trübfarbichtes Glaß finden; dieses aber/wann es noch etwas „ länger im Feuer verharret / wird vollkommener; und habe ich von dieser „ Sorten kein besser Glaß unter allen/welche ich untersuchet habe/gefunden; „ allein es muß/ eh es hinein getragen wird / zu einen subtilen Pulver gebühr- „ lich bereitet werden/welches nicht allein einen Stempel und Mühlstein/son- „ dern auch auf einen harten Reibstein geschehen kan: Wann es sich entzün- „ den solte/so wird solches mit Zusetzung deß Glases verhindert.

Es ist noch eine andere Manier/dieses Glaß zu bereiten/welche ich eini- „ gen Freunden zu gefallen/allhier offenbaren will: Nemlich man nimmt 9. „ Theil gebranntes Zinn/7. Theil Bley/2. Theil Zinnober/ anderthalb Theil „ deß Feretti Hispanici, und so viel deß Weinsteins / 1. Theil Blutstein/und „ ein viertel Theil von der Mahler-Röthe / damit soll man verfahren / wie „ bewust.

Von dem Kupffer-Glaß berichtet/ gedachter Porta im 7. Capitel deß „ 6. Buchs

„ 6. Buchs/ also: Man löset in einem Aqua fort etwas Silber auf; in solches
„ leget man Kupffer-Bleche / so wird sichs daran hängen; solches sammlet
„ man aus dem irrdenen Gefäß / und trocknet es: Alsdann wird es in den
„ Glaßmacher-Ofen gethan / so wird es innerhalb wenig Tagen / in einen
„ Stein / gleich einem Smaragd verwandelt. Also und auf solche Weis auch mit den übrigen Metallen einen Versuch zu thun / wil ich einen jeden zu fernerer selbst eigenen Untersuchung überlassen; im übrigen wird es genug seyn/ daß wir das Eys zerbrochen/ und den Weg darzu gebahnet haben.

Das 72. Capitel.

Von der blauen Mahler-Smalte.

Die Composition dieser Smalte finde ich nirgend bey einigem Autore; Ich bin aber von einem wohlerfahrnen Glaßmacher berichtet worden/ daß solche aus Zaftera und Seiffensieder-Aschen / indem sie beyde mit einander gecalciniret, bereitet werde/ in einen Ofen / welcher in der Form dem Glasmacher-Ofen nicht gar ungleich kommet: Gedachter Glasmacher sagte/ daß sie/ auf solche Weise/ von ihm/ in Teutschland wäre bereitet worden; von diesem aber/ und allen andern natürlichen und künstlichen Farben/ soll geliebts Gott künfftig ein mehrers/ in einem sonderlichen hierzu gehörigen Tractat/ gehandelt werden.

Das Gold verhindert die Effervescentz deß Glases.

Wenn man / auf gleiche Weise / in den Topff eines siebenden Zuckers/ etwas wenig von Oehl oder Unschlit thut/ so wird es nicht überlauffen / ungeachtet der Zucker mit Gewalt über sich steiget.

Das 74. Capitel.

Diese Manier/ das Berg-Crystall zu tingiren/ lehret und zeiget an / die warhafftige und eigentliche Art/ auf was Weise der Opal/ Achat/ Jaspis/ Crysolit/ Calcedonier/ Marmor und dergleichen / die Mannigfaltigkeit der Farben / die sie haben / bekommen: Nemlich von der Exhalation der Mineralien / als von welchen die darüber geworffene Materia angegriffen wird / nicht anders / gleichwie der Crystallen-Cörper von dem Auripigment, (welches von der Gewalt deß Feuers beweget und erreget worden) mit mancherley Farben getingiret wird.

Wann nun die Materia deß Steins erstlich flüssig / und dahero der Tinctur fähig / auch ein solches Einfassungs-Ort hat / aus welchen ein der

gleichen

gleichen einfache Exhalation gehet / so wird auch alsdann die Farb einfach und simpel seyn; ist aber diese Exhalation mancherley/so wird auch die Farb/ nach Art deß auffsteigenden Rauches/mannigfaltig seyn.

Die Warheit dieses Dinges wird durch stetige Beobachtung in denen grössern durchsichtigen Steinen bestättiget / als bey welchen ein Theil mit einer natürlichen Farb getingiret / hingegen ein anderer Theil von allen Farben entblöset / und gleich einem Ey durchsichtig ist. Also stellet der gantze Stein die Gestalt eines gefrornen Wassers vor/ als dessen Theil/welcher am ersten completiret/empfindet und empfänget den Zugang der Farbe/ die übrigen Theile aber nicht also; welches man bey den Amethisten öffter / als bey den andern Edelgesteinen / in acht nehmen kan; als unter welchen einige nur an einem Theil gefärbet sind/einige andere aber haben theils gar keine Farb/ theils aber stellen an gewissen Oertern mancherley Farben für; welches auch zu Zeiten mit andern Edelgesteinen zu geschehen pfleget.

Das 75. Capitel.

Daß man den Smaragd nachmachen kan rc.

Alhier ist nichts / das von Importantz wäre; sondern es ist nur ein erfundener und gezeigter Weeg zur Falschheit und Verführung der Menschen.

Im übrigen/alldieweiln die Kunst / die Edelgesteine vollkömmlich nachzumachen/dem Erfinder einen mehrern Nutzen/ als alle andere Verfälschungen bringen würde/und solches vielleicht sonder allen Schaden der Menschen/ ja/ so wir denen Chymicis Glauben zustellen wollen / mit grossen Nutzen geschehen kan; auch diese Kunst / die Edelgesteine zu tractiren / so viel mir wissend/ mit keinen Gesetzen umschräncket ist/so ist kein Wunder/daß nicht zu Zeiten/der Goldschmied einen falschen für einen warhafftigen Edelgestein verkauffe/und daß man dieses zu erlangen / so viel Mittel erfunden und gebrauchet habe / ja so vielerley Pasten / Duppleten / Goldblätter / Tincturen oder Färbung auf den Boden/auch andere dergleichen Compositiones und Kunstgriffe an Tage kommen seyn/welche alle das Ansehen haben/als ob sie natürliche und warhafftige Edelgesteine wären/wie solche unser Autor lehret. Von dem Betrug der Duppleten erzehlet Ferrantus Imperatus im 14. Capitel deß 20. Buchs; daß ein Meiländischer Jubilirer / einen falschen Smaragd mit Duppleten um 9000. Ducaten verkauffet habe / und sey dieser Betrug lang verborgen geblieben.

Diesen Pasten haben die Chymici einen eignen / wiewol fremden Namen

„men gegeben/der sonst nirgend/als bey Ihnen anzutreffen ist/nemlich Amausa; denn also nennet sie Libavius Johannes Isaacius und Glauberus: Ob solcher Name von dem Wort Masaico (nicht aber Mosaico, wie Vossius in seinen Glossario nach der Länge beweisen will) hergeleitet werde / kan ich nicht „gewiß wissen; es scheinet zwar die Grund-Bedeutung solches Worts sehr „probabel zu seyn; denn es wird Musaicum Opus oder eine Massiv-Arbeit/ „von Hermolao Barbaro also beschrieben: Es ist/saget er/eine eingelegte Ar„beit/von mancherley gefärbten Steinen / aus welchen allerley Figuren und „Bilder/durch Kunst zusammen gesetzet und gefüget/geformiret werden.

Dergleichen Arbeit wurde vor Alters aus mancherley gefärbten Marmerstücken/unterschiedliche Figuren der Thiere vorstellend / bereitet / auch zu Zeiten Gold darzwischen geleget/wie solches erhellet aus dem Plinio l. 36. c. 1. und Seneca Epist. 86. Es gedencket Philander in dem Vitruvio, l. 7. c. 1. einiger überbliebenen Boden-Stücke / die im wären zu Gesicht kommen / in welchen der eingelegte Marmor/in der Größ einer kleinen Bonen/ der Fische und anderer Dinge Bildnüß / unter mancherley Farben / fürstellete; anjetzo aber bey unsern Zeiten gebrauchet man an statt deß Marmers / das getingirte Glaß.

Libavius saget in seinem Syntagmate, es werde diese Materia / zu der eingelegten Arbeit / bey denen Saracenischen Autoribus, die Saracenische Erde geheissen; allein er machet keinen Unterschied zwischen den Pasten und Amausen; es ist zwar nicht ohne / wann man die Natur dieser Materien betrachtet/ so sind sie ziemlich nahe miteinander verwandt; jedoch sind sie in diesem unterschieden / daß nemlich die Pasten von præparirten Crystall / mit ein wenig Glaß vermischet / bereitet / und zur Durchsichtigkeit der Edelgestein ausgearbeitet werden; da hingegen die geschmeltzte Arbeit oder Amausen das gecalcinirte Bley oder Zinn zum Grund haben/als von welchen es/wegen der beygemischten vielen Ingredientien/eine Dunckelheit und Corpus, auch eine Solidität bekommet.

Es hält Glauberus im 4ten Theil seiner Philosophischen Oefen darfür/ daß die Pasten nur ungefehr sind erfunden worden/ von denenjenigen/welche mit starcken Feuer die calcinirten Cörper reduciren / und zu einen Glaß machen; auch füget gedachter Glauber aus dem Hollando noch dieses hinbey/ daß man nemlich / aus den vitrificirten und reducirten Metallen/ wiederum könne ein edlers Metall herfür bringen/ als zum Exempel / aus dem Gold eine Tinctur / aus dem Silber ein Gold / und aus dem Kupffer ein Silber/ und dergleichen: Item / daß aus den Metallen ein fürtreffliches Glaß könte

könte verfertiget werden / so man nur genugsam starcke Schmeltz-Tiegel hätte.

Im übrigen was allhier unser Autor von der Præparation deß Crystalls/und seiner Ausformung/so viel die Tinctur betrifft/mit vielen Worten auf die Bahn bringet/ solches alles sind nichts anders als gemeine und bekañte Sachen.

Das 76. Capitel.

Diesen nachfolgenden sonderlichen Weg/ wie man zu denen Edelgesteinen das Crystall præpariren soll/hat Hartmannus in seiner Praxi Chymiatrica beschrieben/also lautend: Man soll/saget er/ 4. Loth deß Weinstein-Saltzes / in Wasser solviren / und mit dieser Solution 1. Pfund Bü-„ chen-Aschen anfeuchten / daß solche gleich einer Capellen-Aschen werde; aus„ dieser Massa formiret man Kugeln in der Größ eines Apffels/solche getrock-„ net / werden in einen verdeckten Topff gethan / und in einen Töpffers-Ofen„ gebrennet: denn auf solche Weiß werden diese Kugeln etwas zerschmeltzen,„ und sich an einander hängen: Nach diesem werden diese Kugeln auf das sub-„ tilste zerrieben / und eine Lauge aus solchen bereitet / diese lässet man abrau-„ chen biß zu einen Saltz; in der Lauge aber werden die glüende Crystallen so„ lang und offt ausgelöschet/biß man sie zwischen den Fingern zerreiben kan.

Wann dieses geschehen/so nimt maa das im Tiegel verbliebene Saltz/„ reiniget solches nochmaln vermittels der Solution, Coagulation und Fusi-„ on, so lang / biß sich in der Solution keine fæces mehr erzeigen: Eben auf sol-„ che Weis muß der Weinstein-Saltz / aus dem weissen Weinstein præpari-„ ret / und durch die Solution, Coagulation und Fusion gereiniget wevden/„ biß es von allen Unreinigkeiten abgesondert sey / und im Feuer nicht mehr„ sprotzele.

Alsdann nimmt dieses Weinstein-Saltzes 2. Theil/und deß vorherge-„ henden præparirten Saltzes einen Theil: Dieses lasse man miteinander flies-„ sen/so wird man eine Materie erlangen/welche allerley Farben an sich nimt/„ und ein Ansehen hat gleich denen Orientalischen Edelgesteinen.

Fast alle andere Chymische Autores lehren das Crystall auf obige Art präpariren/einige unter denselbigen gebrauchen an statt deß klaren Wassers/ den Wein-Essig.

Aus demjenigen/was wir hernach von dem Glaß-Thränen oder Tropf-Glaß sagen werden / wird leichtlich abzunehmen seyn/ welches die beste Manier / das Crystall zu præpariren sey / und welcher Præparation man billig

billig folgen solle; es wird aber die beste Manier sonder Zweiffel seyn/ daß man nemlich das Crystall in einer starcken Lauge ablösche.

Die Pasten werden auf gleiche Weise/ wie das Glaß bereitet; nur daß dieses aus dem Crystallinischen Metall/ jene aber aus der præparirten Crystall bestehen/ es werden auch zu beyden Theilen einerley Farben gebrauchet: Derowegen giebet Porta seinem getingirten Glaß den Namen eines Amethist/Rubins und dergleichen; in dergleichen Dingen könte man mit unserm Englischen Diamanten einen Versuch thun/ als welcher viel reiner und härter/als das gemeine Crystall ist.

Das 77. Capitel.

Boetius de Boot, ein berühmter Schreiber von den Edelgesteinen/ schreibet von dem Smaragd dieses nachfolgende: Die Smaragd/ saget er/ können auf mancherley Weise verfälschet werden; unter welchen Ver-
„ fälschungs-Arten/die fürnehmste mit Crystall/ Glaß/ auch gecalcinirten
„ und geschmeltzten Kieselsteinen geschiehet/indeme man zu solchen Materien
„ etwas weniges Menig oder Minii mischet; auf diese Manier habe ich für-
„ treffliche Smaragd bereitet: Andere setzen das gebrannte Kupffer/ subtil
„ gepülvert/ darzu/mit halb so viel Croci Martis, solches lassen sie 6. Stund
„ lang mit einander kochen/ und alsdann das Gefäß von sich selbsten erkal-
„ ten/ nach diesem lässet man die Steine poliren; wird jemand in dieser Ar-
„ beit Fleiß ankehren und genaue Achtung haben/ so wird er solche schöne
„ Smaragd bekommen/welche denen Americanischen Smaragden fast ähn-
„ lich kommen werden.

Ingleichen schreibet auch Garcias ab Horto, daß in Balaquata und Bisnager aus denen grössern Glaßstücken sehr grosse und schöne gefärbte Smaragd verfertiget werden: Dalechampius hält darfür/man müsse noch etwas von dem Jaspis darzu thun. Eben diese Composition der Smaragden/ welche unser Autor beschreibet/ hat auch Borellius lib. I. c. 9. 10. beschrieben. Es wird auch der Smaragd noch anders aus Menig und Kupffer-Hammerschlag bereitet/ wie unser Autor in dem 78. Capitel lehret.

Es lehret Hartmannus von dieser künstlichen Smaragd-Bereitung unterschiedliche Manieren/ und ist zwar die erste/ welche aus der Gold- und Silber-Tinctur/ mit Crystall und etwas wenig Salmiac bereitet wird/ sehr dunckel/und mag nicht genugsam verstanden werden.

Die andere Manier geschiehet aus 8. Loth Minii/ 4. Loth præparirten Crystall/und 2. Quintlein Gold.

Der dritte Weeg gehet aus gecalcinirten und subtil gepülverten Kupffer/zu solchem thut man noch so viel Glaß-Sand/ solches mit einander vermischet/

Die vierdte Manier bestehet darinnen/man nimmt nemlich das gepræparirete Crystall und ein wenig deß gecalcinirten Kupffers/und füllet mit dieser Materia die Töpffe biß zur Hälffte damit an/und lässets 6.biß 7.Stunde/ erstlich bey einem gelinden / nachgehends bey einem starcken Feuer zerfliessen/ nach diesem nimmt mans vom Feuer / und nachdeme der Topff zerbrochen/ nimmt man alles dasjenige/was sich darinen befunden/und mit Bleyschaum überzogen ist/und reiniget solches von allen unartigen Dingen/so wird ein sehr schöner Smaragd erscheinen / welcher in Stücke zerbrochen / gebührlich kan bereitet oder geschliffen werden.

Es ist aber zu wissen / daß diese Arbeit nicht einmal wie das andermal von statten gehe; absonderlich muß man eine sehr heitere Lufft und Tag darzu erwehlen; Auch werden zu dieser Arbeit 4.unterschiedliche Töpffe genommen/ und also in einer Arbeit unterschiedliche und fürtreffliche Smaragd von mancherley Farben bereitet; indeme man in den ersten Topff deß gecalcinirten und pulversirten Kupffers ein Scrupel nimmt/in den andern Topff aber 2.Scrupel; in den dritten 1. Quintlein: In den 4. anderthalb Quintlein; und allhier bey dieser Dosi hält man ihnen; denn so man deß besagten Kupffers noch etwas mehrers zusetzete / so wird das Glaß gantz und gar nicht durchsichtig werden; eben dieser Proceß wird auch in acht genommen / in der Bereitung deß Jaspis und Topases/da man von dem Croco Martis etwas zusetzet/ingleichen auch deß Sapphirs/bey welcher man von der Zaffera etwas darzu nimt.

Es giebet aber in dieser Composition der Mars seiner Veneri/oder das Eysen dem Kupffer weder ein Corpus, noch einigen Glantz: Cardanus de varietat. rer. l. 10. c. 52. lehret diese Smaragd-grüne Farb aus den weiß-calcinirten Fluß-Kiselstein bereiten / indem man solche mit gleich so viel Minio in einem Tiegel vermengen / miteinander schmeltzen / und zweymal wiederholen soll; allein es ist diese Art / also zu verfahren / sehr undeutlich und dunckel angezeiget.

Isaacus Hollandus will/daß solche Composition auch geschehen könne,, mit gecalcinirten Vitriol und etwas übrigem Kalch /indem man solche erst-,, lich mit warmen Saltz-Wasser/hernach aber mit süssen Wasser besprengen/,, und untereinander mengen soll; als auf welche Art sie dann viel eine bessere,, und grössere Würckung geben / auch vollkömmlicher zusammen schmeltzen,, werden.

Seneca schreibet in seiner 91. Epistel/ es habe Democritus eine Ma-,, nier erfunden / wie man einige Smaragd aus den Steinen bereiten solle Ingleichen saget Plinius l. 37. c. 12. daß man bey denen Autoribus man-,

cherley Arten befinde / wie man das Crystall mit Smaragd grün / und an-
„dern Edelgestein-Farben tingiren soll; welches alles mit deme / was gedach-
„ter Plinius l. 36. c. 26. von dem schwartzen / wie auch von dem mancherley-
„farbichten Myrrhenstein saget/übereinkommet.

Das 81. Capitel

Joh. Bapt. Porta lehret den Topasstein also zuzurichten: Man soll / sagt „er/zu jedem Pfund deß Glases / ein halb Loth deß Croci Martis vermischen/ „auch etwas weniges von dem Minio darzu thun/ damit es desto heller glän- „tze; man nimmt aber zu jedem Pfund der gantzen Massa 6. Loth von dem „Minio; es wird auch dieses letztere zu erst/ hernach aber der Crocus Martis, „mit dem Glaß vermischet: Dieses / was allhier aus dem Porta angeführet „worden / hat auch Bootius ausgeschrieben / und füget solchem annoch nach- „folgends aus unserm Autore bey/sagend: Man soll ein subtiles Pulver vom „gebrannten Kupffer machen/ingleichen von natürlichen Zinnober und Cry- „stall / solchem soll man 4. mal so viel deß gebrannten Zinnes beysetzen/und es „zusammen in einen starcken und Feuerbeständigen Schmeltz-Tiegel thun/ „und einen Tag lang in den Ofen setzen; es muß aber das Feuer nicht gar zu „starck seyn / sondern es soll in gleichen Grad erhalten werden; denn es fliesset „das gedachte Pulver sehr leichtlich.

Dieses letzterzehnten Processes bedienet sich Birellus von Wort zu Wort/ausser daß er an statt deß Zinnobers setzet/man soll Menig nehmen.

Hartmannus und Libavius nehmen wohl zu einen jeden Loth präparirten Crystalls 6. Loth von der Cerussa: Der Autor deß Chymischen Buchs/ Quadrig. Chymica genannt/gebrauchet zu den Topasstein das Zinn-Saltz.

Das 82. Capitel.

DEn Chrysolit lehret Porta also nachmachen: Man soll nur / saget er/ wann man den Topas bereitet hat/ noch etwas weniges von dem gecalcinirten und gepülverten Kupffer darzu thun / damit er etwas grünlicht „werde; denn es ist der Chrysolith von dem Topas nur darinnen unterschie- „den / daß nemlich jener von diesem etwas besser gläntzet.

Claveus sagte/daß er ein Silber gesehen hätte / welches 2. Monat lang in dem Glaßmacher-Ofen ist gecalciniret worden / und hat dessen ein Theil zu zwölff Theiln Crystall gefüget / ein gantz Cintrünfarbiges Glaß gegeben.

Das 85. Capitel.

GLauberus bereitet die Sapphier-Farb aus dem Silber-Margasith/ indem er selches in Aqua Regis dissolviret, und mit dem Liquore von Kieselsteinen præcipitiret.

Das 90. Capitel.

Aus dem Gold kan man eine wunderschöne rothe Farb bereiten.

ES ist zwar nicht ohne / es verheissen die Chymisten mit ihren sonderbahren Menstruis eine Tinctur aus dem Gold zu bereiten: Ich hörete einsmals von einem fürnehmen Chymico, welcher um etwas grosses wetten wolte / dasjenige Gold wiederum in ein Gold zu reduciren, das sich bey einer so genannten Goldtinctur / von einer hohen Standesperson bereitet/ befinde / allein es getrauete sich solches niemand zu wagen; scheinet also / es seye in diesem Proceß eine warhafftige Goldtinctur zubereiten / etwas verlohren gegangen.

Sonsten ist mir durch die gewisse Erfahrung bekannt / daß das Gold/ wann es in Aqua Regis ist aufgelöset worden / die Haut deß Menschen mit einer völligen Purpur-Farbe tingire/ welches etliche Tage dauret; ingleichen wird eine grosse Quantität deß Wassers getingiret / so es in diese Gold-Solution gegossen wird: Diesem solvirten Gold eignet Glauberus eine schöne Sapphir-Farb zu / wann es nehmlich mit dem Liquore von Kieselsteinen ist gepräcipitiret worden.

Die Silbertinctur hat keine blaue/sondern eine weisse Farb/ wie solches die vielgiltige Autoritæt deß Herrn Boyle in seinen Physiologischen experimenten p. 60. bezeuget: Derowegen bleibet es dabey/was ich schon all reit zuvor gesaget habe/daß die blaue Farb von dem Kupffer / mit welchen jedes Silber vermischet ist / herkomme.

Aus den Böhmischen Granaten.

Es will Boethius de Boot, daß die Böhmischen Granaten ihre Farb im Feuer gehalten / als welches nicht fast allen dergleichen Steinen gegeben ist; derowegen sind diese Böhmische Granatsteine / zu dergleichen Gebrauch sehr gut; wiewol sie aber in einem gemeinen Feuer ihre Farb behalten/ so verlieren sie doch solche in der starcken Hitze deß Glaßmacher-Ofens.

Das 91. Capitel.

Klein gestossen Bleyweis oder Cerussa.

Unser Autor bedienet sich in der Præparation deß Bleyzuckers zweyer-Wege; als einen / welcher mit dem Bleyweiß; der ander aber / so mit dem Bley-Glett geschihet/besag deß 123. Capitels.

Allhier in diesem Capitel calciniret er den Bley-Zucker/und bereitet aus solchem wiederum einen andern Bley-Zucker: Insgemein gebrauchen die Chymisten hierzu das Minium, andere hingegen nehmen gecalcinirtes Bley/ allein es zielen alle diese Arten auf einen Zweck.

Jedoch hat man beobachtet / daß man aus der Mennig oder Minio ein mehrers Saltz oder Zucker bekomme; und solches ist kein Wunder / denn es hat die Mennig eine stärckere Calcination, als alle andere erlitten: Hierzu gebrauchet man insgemein in der Extraction den Wein-Essig; jedoch will Begvinus man soll an statt dessen das Phlegma von dem Essig nehmen: Uber diese deß Beguini Wort aber hat sein Commentator mit allem Fug ein Auslöschungs-Zeichen hinzu gesetzet.

Allhier will ich zwey Ding bemercken: erstlich / daß es viel besser seyn/ und weniger kosten würde/ wann man über die Mennig allezeit einen frischen und neuen gedistillirten Essig / keinen aber/ der schon einmal gebrauchet worden/schüttete; denn es ist die Mennig geringer als der Essig/und wird aus ihr gleich das erstemal / so viel als sie gutes von Zucker bey sich hat / extrahiret; zugeschweigen / daß man deß Essigs nicht so viel von nöthen habe / welches ja dem Laboranten zum Nutzen gereichet.

Das ander Stück/welches ich allhier anmercken will/ ist eine neue Manier/solche Operation mit dem Bley-Zucker zu verrichten / welche ich meines Wissens bey keinem Chymischen Scribenten gelesen; sie gehet schleuniger von statten / und wird mit wenigen verrichtet; auch ist solcher Bley-Zucker in den Chyrurgischen Sachen/als dahin er sonderlich gehöret/nicht geringer als der gemeine / sondern noch wohl besser / welches mir genugsam bekannt ist: Man nimmt sehr dünne Bley-Bleche/oder welches besser ist/dasjenige Bley/so ein zeitlang in den Fensterrahmen ist gebrauchet worden / und lässet solches in einen Aqua fort dissolviren (ein gutes Scheid-Wasser löset deß Bleyes eben so schwer auf / als schwer das Wasser gewesen) so wird das dissolvirte Bley in kurtzer Zeit/in Form eines Zuckers /auf dem Boden deß Glases erscheinen: Auf solche Art habe ich dieses Zuckers eine ziemliche Quantität in einer halben Stund / mit einem kleinen Glaß / und bey geringer Sand-oder Aschen-Wärme/wie auch nur ein eysern Stäblein übers Kohlfeuer geleget / bereitet.

Und fürwar dieser Proceß/ gleich wie er viel schleuniger/ als die andern/ also kostet er auch nicht so viel: Was aber der gedachte Bley-Zucker in der Heil-Kunst ausrichten könne/davon habe ich allhier nicht Noth zu sagen.

Das 93. Capitel.

DJeses sechste Buch unsers Autoris handelt von den Encausten/ Schmeltz-Gläsern oder geschmeltzter Arbeit/ welche bey den Engelländern Enamels genennet wird; und solches vielleicht darum/dieweil man viel von dergleichen Arbeit zu denen Ringen gebrauchet; oder dieweil dieses Englische Wort dem Ansehen nach/hergeleitet wird von dem teutschen Wort emalliren/welches die Frantzosen Esmailler nennen/ à maille, oder Mackeln/ die dergleichen Arbeit repræsentiret.

. Diese Arbeit wird bey den Lateinern Encausta (vom Brennen) geheissen; derowegen findet man bey den Schreibern der Wörter-Bücher diese Wort/ Encauston, eine geschmeltzte Arbeit/Encaustice die Kunst/geschmeltzte Arbeit zu machen/Encaustes der Künstler/welcher geschmeltzte Arbeit verfertiget.

Jedoch waren die Schmeltz-Werck und geschmeltzte Arbeit der Alten/ davon bey dem Vitruvio l.7.c.9. Plinio l.35.c.11. und Mart.l.1. stehet/ von den unsrigen gantz und gar unterschieden: Salmasius in Exerc. Solin. welcher/ nachdeme er in gedachtem Buch von den Schmeltz-Wercken der Alten und deroselben dreyerley Arten/ nach der Länge gehandelt hat/hält endlich dafür/ es sey diese Kunst/ die geschmeltzte Arbeit der Alten zu machen/ verlohren gegangen. Porta nimmt in Benennung dieser Arbeit das Italienische Wort Smalto, und nennet es auch im Lateinischen Smaltes, welche bey dem Libavio gleichfals Smalta genennet werden.

Das 94. Capitel.

Eine weisse Smalte.

DJese wird auch noch auf andere Weisse aus dem Regulo deß Spieß-Glases bereitet; davon schon allbereit oben etwas gedacht worden: Diese weisse Smalte lehret Libavius und Porta aus einem Theil deß gecalcinirten Zinnes/und zweymal so viel deß Glases zu bereiten.

Das 95. Capitel.

DJe Türckis Farb bereitet Porta nur eintzig und allein mit der Zaffera.

Das 97. Capitel.

EIne vollgrüne Smalte oder Schmeltz-Glaß zu machen / gebrauchet Porta das gebrannte Kupffer / welches man bey den Italienern insgemein Raminella, unser Autor aber Ramina nennet: Jngleichen damit diese Smalte hellgrün wird / so nimmt Porta den Kupffer-Hammerschlag darzu.

Das 100. Capitel.

Eine schwartze Smalte.

BEreiten Libavius und Porta aus einer Blumen und Purpur-Farb/ bestehend von Magnesie und Zaffera: Jm übrigen ist alles einerley Proceß und Gewicht/mit demjenigen/wie es unser Autor allhier beschreibet.

Das 103. Capitel.

EJne Purpur-rothe Smalte wird bey dem Libavio mit Croco Martis bereitet.

Das 108. Capitel.

Die Lauge aus der Glaßmacher Soda und dem lebendigen Kalch.

MAn hat wegen dieses Menstrui viel Fleiß angewendet; dasjenige aber ist das beste / welches aus der Soda und dem Kalch bereitet wird; es præstiret aber die also genannte Pott-Asche / mit dem Alaun eben dieses.

Jch kenne einen gelehrten von Adel / welcher Jhme vermittels einer solchen Lauge/allerley Farben aus den Pflantzen und Blumen/bereitet hat; mit welchen Farben er vielerley / und zwar die fürnehmsten Blumen in ein grosses Buch/nach dem Leben mir ihren eigenen Farben abgebildet hat.

Die Operation der Pott-Aschen / deren sich die Färber gebrauchen / ist auch an den Jndig und Glesto zu ersehen / als von welchen beyden keines seine Tinctur/ ohne die Asche / von sich giebet.

Die hellen und durchsichtigen Farben erfordern nur die Solution deß Alauns; denn sie werden von einen schärffern Saltz verderbet / wie solches in der Färberey-Kunst / und mit der Seiffensieder-Laugen genugsam zu ersehen ist: Item daß die gelbe Glaß-Farb / wie im 4. Capitel zu ersehen ist / mit dem Weinsteinnicht angehe.

Das 110. Capitel.

Aus allerley Blumen und Kräutern rc.

DIeses Experiment und Probierungs-Art unsers Autoris ist sehr gut; wann aber die Farb ein leinernes Tüchlein färbet / so ist es ein besser Zeichen: Wann die Schiffleute nach dergleichen gefärbten Pflantzen verreisen / so wird ihnen von den Kauffleuten insonderheit anbefohlen / daß sie die Pflantzen sollen im Munde zerkäuen und sehen / ob der Speichel gefärbet seye / welches ein gutes Zeichen ist; solche Prob kan auch mit einem dünnen Papier oder leinern Geräth geschehen.

Allhier will ich dem Liebhaber eine Verzeichniß derjenigen Pflantzen und Vegetabilien mittheilen / welche eine Farb bey sich haben / und also folgbar dienen eine Lacca aus ihnen zu extrahiren; und zwar wollen wir erstlich diejenigen / welche die Färber gebrauchen / erzehlen / dergleichen sind:

Lignum Nephriticum, das Grieß-Holtz / samt seinen dreyerley Geschlechtern / welches die Engellander Fusticks zu nennen pflegen / dienet zur gelben und grünen Farb.

Campegiana und Sylvester, dieses sind einige Arten der kleinern Beere oder Körner / und werden aus West-Indien zu uns anhero gebracht; sie geben fast eben eine solche Farb wie die Kermesinbeer / jedoch nicht so schöne.

Hieher gehöret auch Semen Sumach oder Färber-Saamen / die Korn-Rosen / die Gelbwurtzel / wie auch das süsse Holtz / und die Blumen von wilden Saffran; Item zur gelben Farb die Pfrimenkraut-Blumen.

Anotto ist eine Composition, welche eine sehr schöne Scharlach-Farb giebet / und wird aus dem Fugo Marino Tinctorio / Urin und Schmär bereitet.

Noch sind einige andere Dinge / welche die Färber nicht gebrauchen / nichts destoweniger aber eine schöne Farb bey sich haben / als der Saffran und Camillen: Item Tradescanti, welches eine volle und schöne blaue Farb hat; die Kornblumen / aus welchen die herrliche Kornblumen-Farb der Färber bereitet wird.

Die Meer- oder Seeblumen der Färber / so von dem so genannten Fuco etwas unterschieden sind: dieser beyden Sorten gedencket Johann Bauhinus: Die Hyacinth-Blumen: Unser Purpur-farbichtes Colchicum: Unsere dreyerley Stauden-Beer / von welchen man eine schöne rothe Farb haben kan.

Heliotropium, in dessen Safft die eingetauchten Tüchlein diejenige

Farb geben / so wir in Englischer Sprach Turnesole zu nennen pflegen: Item Blattaria, mit einer blauen und gelben Blume.

Der Americanische Convolvulus mit seinen zusammen gezogenen Blättern.

Es sind auch etliche Pflåntzen / welche einen gefårbten Safft bey sich haben / als da sind / die Wolffs-Milch / der wilde Hasen-Kohl oder Sönchen-Kraut / die Pfaffen-Röhrlein oder Küh-Blumen mit zottigten Blättern: Item Bock-Bart / Lattig / Rapuntzeln und dergleichen.

Ingleichen andere Pflantzen / welche / wann sie an der Sonnen getrocknet / der mehreste Theil von ihnen gelb werden / als durch welches ich fast zu glauben veranlasset werde / die Cambaja sey nichts anders / denn ein solcher getrockneter Safft aus der Wolffs-Milch: Die Johanneskrautblumen aber haben in ihren Knöpffen einen rothen Safft / und das Schwalben-Kraut hat einen gelben Safft / wie auch das Felssel-Kraut des Alpini.

Es geben auch die Beeren von vielen Pflantzen einen farbichten Safft / als das Einbeer-Kraut; ja einen röhtlichen Safft / als die Steck-Wurtz; hieher gehören auch die Wolffs-Beer / das Kraut Mäusdorn / die Weiß-Wurtz / die Himbeer / die Creutzbeer / der grüne Mahler-Safft / die grünen Welschen Nüsse.

Es gehöret auch hieher die Bezetta oder Torna solis deß Bezedini, welche bey dem Wormio in seinem Musæo l. 2. c. 34. also beschrieben wird: Es „ist aber solches Bezetta ein leinernes subtiles Tuch / gefärbet mit einer über„aus schönen Röthe / so mir von dem kunsterfahrnen Apothecker deß Durch„läuchtigen Fürsten / Christians deß Fünfften / nemlich Herrn Christopff Herfurt ist verehret worden; wie aber solches gepræpariret werde / und auf was „Art und Weiß man es verfertigen solle / das wuste gedachter Herr Herfurt „selbsten nicht: Die Tinctur / damit dieses Tuch gefärbet ist / scheinet von ro„then Santel zu seyn: Sein Gebrauch ist / daß man sich damit anstreichen / „auch die Eß-Waaren damit fårben kan / gleichwie mit der gemeinen Torna „solis; allein diese ist weit schöner als die gemeine: Sie dienet auch zu der „Schmincke / und hat diese sonderbare Eigenschafft / daß es dem Wasser / so „mans darein leget / seine Farbe mittheilet / nicht so wohl aber dem Wein / dem Spiritu Vini aber gar nicht. Biß hieher Wormius.

Dergleichen Tinctur habe ich auch von Wollen bereitet gesehen / sie diente an statt einer Schmincke / und ist noch heut zu Tag bey den unsrigen sehr im Gebrauch: Auß diesem solte man sonder Zweiffel eine fürtreffliche Laccam bereiten konnen.

Zu denen Blumen-Farben gehören auch die Granat-Blüe / die

Tau-

Tausend schöne/ und der Saamen deß Heliotropii tricocci, als welcher / so man ihn zerreibet/ erstlich grün/darnach etwas blau/und letzlicht Purpurfärbigt wird/wie solches Libavius bezeuget: Die Stücke von dem Alaterno geben/ wie Crusius sagete eine schwartze Farb: die Wegwarten-Blumen / die Blumen des Indianischen Apostem-Krauts/ der Indische Brunnkreß / und viel andere dergleichen Pflantzen mehr / davon ins künfftige / so GOtt will/ ein mehrers absonderlich soll geschrieben werden; dieweil unter den Pflantzen-Beschreibern/ meines Wissens / ihre Farbe niemand beobachtet / noch solche in gewisse Reihen abgetheilet hat ; da doch deroselben Nutzen in dem täglichen Gebrauch sehr groß ist / auch unterschiedliche von denen / davon wir geredet haben / von den Kauffleuten zum Gebrauch eingeführet worden.

Die Pflantzen / deren Blätter einige Farben geben / sind diese : Das Stramonium/ der Virginische Farb-Baum/ als dessen Blätter / so man sie mit der Hand zerknirschet / geben unter allen Vegetabilien die beste vollgrüne Farb / die Pflantzen Bähren-Klau genannt/ die rechten Toback-Blätter; Item die schwartzen Spanischen Kümmel-Blumen; und wiewol diese eine blaue Farb geben/so sie zwischen der Hand/oder einen Papier/ oder Tuch zerrieben werden/so wird doch aus ihnen eine schöne grüne Farb bereitet.

Die Art und Weis die Farben durch die distillation zu extrahiren / ist heutiges Tages sehr wohl bekannt / und gebräuchlich: Denn es werden alle Chymisch-bereitete Spiritus weiß/wann sie im Distilliren in die Höhe steigen/ und werden getingiret in der Infusion solcher Materialien / welche eine Farb bey sich haben; auf solche Weis ist auch in der Londischen Apothecken der Spiritus Lavandulæ compositus getingiret : Item das componirte Mohn-Wasser / das Mariendistel-Wasser / und dergleichen: Zu deme so lehren fast alle Apothecker/solche/unsers Autoris Manier.

Es ist aber zu wissen/daß diese extraction, deß so genannten getingirten Spiritus Vini, eine gantz todte Farbe gebe/welche nichts nutze ist/es seye dann/ daß solche in geringerer Quantität und bey einer gemässigten Wärme deß B.M. geschehe: Denn es machet die allzu starcke Wärme/ die Vegetabilischen Farben schwartz / auch verliehret der Lasurstein selbsten / ob er schon hart ist/ seine Farb / durch eine allzu starcke Hitze.

Das III. Capitel.

DIese unsers Autoris beschriebene Manier/ eine blaue Farb zu bereiten/ habe ich einsmals versuchet/allein es ist mir nichts anders daraus worden/als daß ich die blaugelblichte Farb/zum irdenen Geschirren dienend verderbet habe.

Es nennet unser Autor diese Farb die Teutsche Blaue/ solches thut auch Brellus l. 11. c. 160. da sie doch bey denen Teutschen nicht im Gebrauch ist/ weiln sie sonst die blaue viel leichter und schöner haben können: Allein es nimt annoch dieser letztere zu den Schwefel / deß Salmiacs nur vier Theil darzu; dergleichen andere Farben mehr sind bey dem gedachten Birello zu finden.

Das 112. Capitel.

Dem Türckis seine verlohrne Farb wieder zu geben.

Hieran will ich schier zweiffeln; denn ich habe einsmals vernommen / als ob diese Sach nicht angehen solle; jedoch aber ist vielleicht die Manier/ dergleichen mit dem Türckis zu thun/ wie Isabel Cartesia l. 3. c. 53. hat/ besser: Sie reibet nemlich den Tirckis mit Ultramarin/ welche einen Tag lang in Aqua fort gestanden/ dieses wann es abgerauchet/ und das Pulver getrocknet / so ist es zum Gebrauch fertig: Der Türckis-Stein wird hernachmahls erstlich in ein Aqua fort aus Kupffer (soll vielleicht Nitro heissen/) und Vitriol bereitet/ gethan/ nach diesem in einen Wein-Essig / und endlich in ein Wasser/ auch muß er in jedem eine Zeitlang liegen bleiben.

Das 113-Capitel.

Eine Spiegel-Mixtur.

Ich befinde von dergleichen Mixtur unterschiedliche Arten bey dem Autoribus; und weiln diese Mixturen in Opticis einen sonderlichen Nutzen haben/ auch dergleichen in Englischer Sprach nicht beschrieben worden/ als will ich deroselben Beschreibung allhier beyfügen.

Es werden diese Spiegel und Gläser Metallisch genennet/ nicht darum/ als ob sie aus Metall wären / sondern dieweil in diese Composition etliche Metallische Cörper kommen / und dieweil sie / so wohl am Gewicht / als auch dem eusserlichen Ansehen nach/ den Metallen ähnlich kommen.

Es lehret diese Mixtur zu solchen Spiegeln / Porta im 23. Capitel deß „17. Buchs seiner Magie/ also bereiten: Man soll einen neuen und Feuerbe„ständigen Topff nehmen/ solchen/ damit er desto stärcker halte / mit Luto in„wendig beschlagen / dieses wiederholet man / wann er trocken worden / zum „andern und drittenmal: Alsdann thut man 2. Pfund Weinstein darein/ und „lässets beym Feuer fliessen/ ingleichẽ auch eben so viel deß Arsenici Crystallini; „wann diese Massa in den Topff zu rauchen anhebet/ so wirfft man 50. Pfund „deß gebrauchten und alten Kupffers hinein / und lässet solches sechs biß „siebenmal miteinander schmeltzen / damit sichs wohl reinige und läutere;

bald

bald darauff thut man 50. Pfund deß Englischen Zinnes hinein/und lässet es „ miteinander fliessen; nach diesem nimmt man mit einen Eysen etwas von der „ Mixtur heraus/und siehet ob es zerbrechlich oder hart seye.

Wann es zerbrechlich ist/ so thut man deß Kupffers noch etwas hinzu/ „ ist es aber gar zu hart / so nimmt man das Zinn: Oder so man will / so kan „ mans kochen lassen / damit von dem Zinn ein Theil davon komme: Nach- „ deme es nun das begehrte Maas erreichet hat/so schittet man 4. Loth Borax „ darüber / und lässet es in den Ofen so lang stehen / biß sichs aufgelöset hat; „ hernach giesset mans in das Modell/und lässet es erkalten.

Nachdeme nun diese Mixtur kalt worden ist / so wird sie mit einem „ Pimsenstein gerieben / auch bald darauf mit einen Schmirgel: Wann nun „ die Fläche hübsch gleich und poliret ist / so muß man solche mit Trippen rei- „ ben: Endlich machet mans mit Zinn-Aschen hell und gläntzend.

In dieser Composition nehmen die meisten von dem Zinn den dritten „ Theil zum Kupffer / damit die Massa härter und desto heller werde.

In der ersten Edition deß gedachten Buchs/lehret Porta l.4.c.23. die- „ se Mixtur auf solgende Weis verfertigen; und auf solche Manier wird sie „ fast insgemein von allen andern bereitet.

Mann nimmt deß Kupffers einen Theil / und 3. Theil deß Zinns / aus „ etwas wenig Arsenici oder Weinstein; dieses lässet man mit einander flies- „ sen und incorporiren.

Etliche nehmen deß Zinns 1. Theil und 3. Theil deß Kupffers/wie auch „ etwas weniges vom Silber / Spieß-Glaß und weissen Feuersteinen: An- „ dere thun solches mit 1. Theil Bley / und 2. mal so viel Silber; es kan auch „ diese Mixtur aus andern Metallen und anders temperiret werden.

Nachdeme nun diese Mixtur gegossen und geformiret worden/so wird „ erfordert/daß man sie glätte und polire/in so fern/damit der zurückgebogene „ Spiegel-Strahl das Bilde deßjenigen Dings mit sich führe / welches er „ fürstellen soll. Auch / damit sie denen andern Spiegeln gleich werden / als „ welches am meisten von der Glättung und Auspolirung der Theile de- „ pendiret.

Wann die Mixtur nicht glatt genug ist / so kan man etwas davon ab- „ nehmen/ oder man kan sie reiben / damit sie wegen dieses letztern / das Spie- „ gel-Bild grösser/wegen deß Abnehmens aber kleiner/ und also auf mancher- „ ley Art fürstelle.

Wann die Mixtur fleckicht oder schieferricht ist / so gebrauchet man „ ein Polier-Rad / damit man die Waffen sonsten polieret / so kan sie schön „ und rein geschliffen werden: So man die Spiegel-Mixtur hohl rund oder „

„bauchicht bereitet hat / und damit solche durch die Bewegung deß Polier-„Rades nicht zerbrochen werden/so muß man in den Spiegel ein Holtz drechseln lassen/und damit sich derselbe nicht bewegen kan/ mit Pech ankütten/ als-„dann kan man solchen Spiegel mit einen Tüchlein oder Leder / und mit „Schmirgel reiben; nach diesem mit subtilen Bümsenstein-Pulver / oder in-„deme es noch an dem gedrechselten Holtz anklebet / mit Zinn-Aschen (Putty „von den Engelländischen Goldschmieden genannt) und mit Trippel; letzlich „mit gepülverten Ruß / Weinstein und Weiden-oder Wacholder-Aschen/ „als von welchen es sehr gläntzend wird: Der Schmirgel wird gepräpariret/ „indeme man ihn zu Staub zerreibet und wann er durchgesiebet / mit Was-„ser infundiret.

Bey dem Cardano l. 2. de Variet. Rer. c. 57. werden die so genannten „Stahl-Spiegel aus 3. Theil Kupffer/ 1. Theil Zinn und Silber/mit ein Ach-„teltheil Spieß-Glaß bereitet: Es lassen aber ihrer viel / um die Unkosten zu „mindern das Silber davon: Andere hingegen thun nur den 24. Theil von „dem Silber dazu / wie solches Aldrovandus bezeuget / in Musæo metallico „l. 1. c. 4.

Solche Stahl-Spiegel / wie man sie nennet / werden auch von einigen „andern bereitet/aus einem Pfund Zinn und ein Drittheil geschmeltzten Kupf-„fer/alsdann thun sie zwey Loth Weinstein und ein Loth deß weissen Auripig-„ments darzu/wann nemlich die Massa im Kochen rauchet: Nachdiesem gies-„sen sie das geschmeltzte Metall in eine Spiegel-formigte Figur / auf einen „ebenen Bret oder Tafel/welche zuvor mit Hartz oder Pechrauch seye getrock-„net und erwärmet worden; alsdann wird der Spiegel auf ein Holtz gekle-„bet/und erstlich mit Wasser und Sand gerieben / darnach mit Schmirgel/ „oder einen subtilen Bimsenstein-Pulver / und endlich mit Zinn-Aschen ge-„glättet und gepoliret. Biß hieher Cardanus, und aus ihm Kircherus und „Schvventerus.

Harsdörffer hingegen saget in seinem ersten Theil der Mathematischen „Erquickstunden part. 6. p. 13. Man soll in Bereitung der besagten Mixtur „drey Viertheil deß Zinnes und ein Viertheil deß gereinigten Kupffers neh-„men. Hernach nimmt man deß gecalcinirten Weinsteins 8. Loth / deß sub-„limirten Spieß-Glases 4. Loth / deß gemeinen Oehls 8. Loth / und 6. Loth „Marcasits.

Wann dieses letztere alles wohl miteinander vermischet worden / so „nimmt man von dieser Mixtur der Pulver 8. Loth / und setzet solche zu jeden „Pfund der besagten Metallen; und nachdeme solches verrauchet und in et-„was gereiniget worden / so thut man etwas weniges vom Purgundischen

Pech

Pech darzu/und giesset diese Materie/nachdeme das Pech verzehret ist/in die,, Modelln oder Formen.

Scaliger schreibet Exerc. 82. sect. 3. von dieser Spiegel-Mixtur also:,, Man soll / saget er / 18. Loth deß Zinnes / und 6. Loth Kupffer / miteinander,, schmeltzen lassen; und hernach deß getrockneten Weinsteins 2. Loth / und 1.,, Loth von dem weissen Arsenic darzu; solches alles lässet man/so lang es noch,, rauchet/im Feuer stehen/und verfähret im übrigen mit dem Giessen/Formen,, und Probiren/wie die andern Autores angezeiget haben.

Dem P. Schotten hat Cornæus diese Manier/gedachte Spiegel-Mix-,, tur zu machen / mitgetheilet: Man nehme 10. Theil deß Kupffers / diesem/,, wañ es zerschmoltzen/setzet man 4. Theil deß Zinnes hinzu/streuet auch etwas,, weniges Spieß-Glaß und Salmiac daran; solches rühret und mischet man,, so lang wohl untereinander / biß das der schädliche Rauch / davor man sich,, hüten soll/aller hinweg seye; so kan man nach diesem/ die Massa in die Form,, aufgiessen: Diese Mixtur/ saget er ferner / habe ich durch langwierigen Ge-,, brauch sehr gut befunden.

Dergleichen Mixturen mehr/ wie auch andere dergleichen Dinge/ item Materialien zum Poliren sind bey dem Birello, l. 9. 47. biß 55. zu finden / als dahin ich den Leser Kürtze halber will angewiesen haben.

Das 114. Capitel.

Diese Manier / die innere Fläche der Kugel zu tingiren/scheinet heutiges Tages geändert zu seyn/indem man dergleichen Kugel von aussen / mit solchen Leim-Farben bemahlet; denn sie kommnn sehr schön/und sind hin und wieder in den Häusern vielfältig zu sehen.

Das Gyps.

Dessen gedencket unter den Lateinischen Autoribus Cæsalpinus l. 1. c. 9. Es giebt / saget er / eine bleiche Erde eines steinigten Erdschollens / man ge-brauchet solche den Messing zu trocknen/und wird insgemein Gyps geheissen: Was aber diese Erde eigentlich seye/ hat dem ansehen nach der gedachte Au-tor selbst nicht gewust.

Es ist aber das Gyps eine Art/ eines schönen und hartgebrannten stei-nigten Kalches / welcher sehr schwer ist / und hat einige gläntzende Flecklein/ gleich wie die Bley- und Zinnertz-Steine. Eusserlich ist dieser Stein / nach der Brüchigkeit / gleich einen Alabaster anzusehen: Denn also ist dasjenige und ziemlich grosse Stück dieses Steins / welches ich bey mir habe: Er wird in Spanien verfertigt / und in die Canarien-Inseln verführet um denen

denen dahin gebrachten Wein eine weißlichte Farb zu geben / und eine Fermentation zu machen/als durch welches Mittel sie erhalten werden/ damit sie nicht verderben / oder den Geschmack und Geruch verliehren / wann sie in fremde Länder verführet werden.

Das 115. Capitel.

Die Ultramarin-Farb.

DIese wird/wie Cæsalpinus saget/ insgemein also genennet/und ist unter allen andern blauen Farben die schönste / welche am Werth dem feinen Gold/wo nicht höher/doch aufs wenigste gleich geschätzet wird.

Es lehren insgemein fast alle Autoris, so von den Steinen und Farben handeln/die Art und Weis/diese Ultramarin-Farb zu extrahiren: Es ist diese Farb die allerzarteste; und wann man hierzu nicht einen sehr guten Lasurstein nimmt / so ist alle Arbeit vergebens angewandt: Allhier wird uns genug seyn / daß wir die Autores, welche davon geschrieben haben / anzeigen; mit Unterlassung ihrer langen und verdrüßlichen Processen.

Boetius de Boot lehret / im Buch von Edelgesteinen / vom 123. biß zu dem 124. Capitel / mit vielen Worten: Wie man nemlich sich in Auslösung dieses Steins verhalten soll (denn einige von gedachten Steinen können das Feuer erleiden/ und werden fixe Lasurstein / vom Aldrovando genennet ; andere hingegen verliehren die Farb/so bald sie ins Feuer komen) Item wie man sie calciniren soll: Wie man die Gefäß / die Laugen/und die hartzigte Massa/ als mit welcher die Farb desto besser extrahiret wird / gelinde und starck bereiten und zurichten soll; auch wie man das extrahirte waschen solle / damit es zur Farbe taugen könne; es lehret auch der gedachte Autor im letzten Capitel einen Weg/wie man diese Farb gar leicht / und mit geringen Unkosten extrahiren könne.

Nechst diesem folget Birellus, welcher im 6. Buch vom 80 biß zu den 109. Capitel / alle diese oberwehnte Proceß / noch auf einen kurtzern Weg beschreibet: Etliche unter den Mahlern/zerreiben den Lasurstein nur also roher/ und gebrauchen ihn.

Das 116. Capitel.

Eine Kermesin-Lacca.

ES ist kein Zweiffel/das Wort Lacca kommet her von dem Gummi/welches wir Lacca heissen / und einerley Farb mit der Mahler Lacca hat; Matthiolus im 23. Capitel deß 1. Buchs über den Dioscoridem bezeuget/

get/daß es vielerley Sorten von den künstlich bereiteten Laccen gebe/welche,, aus dem / was sich auf den Boden sencket / von mancherley Farben bereitet werden.

Dergleichen Lacca wird aus den Bibenell-Knöpffen oder Beeren (von,, den Engelländern insgemein Crisnon genennet) bereitet: Eine andere Lacca,, wird aus den Kermesin-Beeren verfertiget; die dritte aus dem warhaffti-,, gen Gummi-Lacc; die vierdte letzlich/und die allerbeste Lacca wird aus Bra-,, silien-Holtz gemachet: Die Art und Weis aber solcher Bereitungen / wie,, eine oder die ander geschehe/füget gedachter Matthiolus nicht darzu.

Von dieser deß Matthioli Art aber/und von denen Irrthümern / die er allda begehet/ wollen wir künfftig in einen absonderlichen Tractat gedencken/ da wir von den Farben ein Mehrers handeln werden.

Den Weg/wie man aus dem Gummi die Lacca bereiten soll / lehret Birellus l.11.c.39. Man soll / saget er / ungefehr 20. Pfund von Manns-Urin,, nehmen/solche wohl kochen und verschaumen lassen; alsdann thut man von,, der Gummi-Lacca 1. Pfund darzu / wie auch 10. Loth Alaun; solches alles,, miteinander vermischet/thut man zum Feuer/und lässet solches allda so lang,, kochen/biß alle Farben extrahiret seye: Und nachdem man eine Prob davon,, genommen hat / so thut man noch deß Alaun-Zuckers so viel hinein / als je-,, mand gnug zu seyn düncket; darnach seyhet man solches durch/ gleichwie andere Laccen.

Sonsten finde ich bey unterschiedlichen Scribenten mancherley Arten/ die Laccen zu bereiten; welche alle aber nur in der Materia/daraus/und in denen Menstruis / als durch welche man sie bereitet / unterschieden sind.

Es sind etliche / welche die Kermesin-Beer nehmen (aus welchen die Apothecker einen sehr schönen und gefärbten Syrup bereiten) solche Beer wachsen auf einen beertragenden Baum/der Art/wie der Eibisch-Baum der gleichen Baum ist in einen Garten allhier zu Londen / in der alten Strassen/ zu finden / nechst bey dem Pesthaus; allein es hat dieser Baum noch niemals eine Frucht gebracht.

Noch ein anderer dergleichen Art Baum ist in den Witthal/in den Königlichen Privat-Garten/herfür gewachsen/allein er ist neulich von den Innwohnern dieses Gartens/aus Unwissenheit/hinweg geraumet worden.

Es sind auch noch andere / welche die Cochinelle zu einer Lack machen; diese Cochinella ist ein Wurm oder Mücke/welche auf den Indianischen Feigen-Baum gezeuget wird; hiervon kan man noch mehrere Nachricht suchen/ bey dem Johann de Laet, seiner Indianischen Beschreibung im 3. Capitel deß 5. Buchs/Item bey dem Herera und Zimene.

Es

Es sind deren auch / welche die tingirte Scheer-Wolle hierzu gebrauchen; der Weg/welchen unser Autor allhier beschreibet / ist sehr gemein / und vor allen andern der beste: Andere bedienen sich der Waschung und Reinigung / der mit Scharlach gefärbten Kleider.

Von der Art und Weis/wie man die Lacca in Indien machet/schreibet Hernandes am 45. Capitel deß 3. Buchs seiner Historien / also: Aus der Nochetztli, das ist/Cochinella, wird zu Zeiten eine Purpur Farb / bißweiln aber eine Kermensin-Farb/ je nach Art der Bereitung verfertiget: die allerbeste Art solcher Bereitung aber ist/ und geschiehetmit dem gekochten Wasser / von dem Baum Totzuat genannt/ indem mans darinnen maceriret, und etwas wenig Alaun darzu thut; alsdann werden aus deme/was übrig verbleibet/Küchlein geformiret.

So viel hierinnen die Menstrua betrifft / so bereitet unser Autor seine Lauge / aus der Aschen der Weiden oder eines andern weichern Holtzes; andere bereiten sie aus der Aschen von Eichen oder einem andern harten Holtz: Man gebrauche nun welche Laugen man will / so soll sie doch nicht stärcker seyn / als daß sie / wann mans mit der Zunge kostet / etwas weniges beisse.

In dieser Sach könte auch das Aqua fort sehr viel thun; solches ist in unseren unvergleichlichen und wohlbestälten Färbereyen sehr wohl bekannt; denn sie in Bereitung der Kermesin-Farb/ mit dem Aqua fort sehr guten und grossen Fortgang erreichet haben; dieses einige scheinet annoch im Weg zu stehen / daß die Laccam auf solche Manier bereitet/ ihre Farbe wann sie an die Lufft gesetzet / oder angefeuchtet worden/ von sich würden gehen lassen/ indeme nemlich das Saltz zerfliesset; man könte aber vielleicht diesem Ubel noch wohl abhelffen/entweder durch die Extraction, oder durch Abwaschung deß Saltzes/ohne Verlust der Farbe.

Betreffend die Herausnehmung der Laccen / auch ihre Præcipitation, Durchseyhung und Austrockung so sind alle Autores darinnen einig/indeme sie sich einerley Manieren bedienen.

Letzlich füge ich noch dieses hinbey / daß der Kalchstein besser und geschwinder/ als die Ziegelsteine die Fäuchtigkeit der Farben an sich ziehe und selbige trockne / welches im Austrocknen die tägliche Erfahrung der Mahler und Färber bestättiget.

Die Lac muß man/ eh sie gäntzlich trocken wird / in einen höltzernen Mörsel (aber ja in keinen eysern) mit Hülff eines Messers oder Spatels in eine beliebige Figur formiren; oder man kan sie/nach dem Exempel der Mahler/auf einen Stein/welcher Furgeln oder Rünlein hat/legen.

Das

Das 117. Capitel.

Deß Orientaiischen Pilatro oder Saltz.

DAs Wort Pilatro habe ich bey keinem Italienischen Autore finden können / es hat mir aber solches ein alter Glaßarbeiter zu Moran ausgeleget und gesaget / daß solches eine Art deß Saltzes wäre / welches aus dem Meerschaum extrahiret / und durch die grosse Hitze desselbigen Landes coaguliret werde; eben dergleichen habe ich annoch von einen andern Glaßarbeiter vernommen.

Das 118. Capitel.

DJe Lacca aus dem Brasilien-Holtz lehret Birellus also bereiten: Erstlich extrahiret er die Tinctur aus der Scheer-Wolle; darnach nimmt er 1. Pfund deß zerschnittenen Holtzes / (zerstossen wäre es besser) und kochet solches in der Laugen / biß es eines Fingers breit abgerauchet sey; alsdann wirb es durchgesiehen: Zu diesen durchgeseyhten thut man 2. Loth deß Arabischen pulverisirten Gummi; und lässets noch einmal ein Finger breit einkochen / rühret es mit einem Stäblein wohl herum / und gebrauchet den Filtrir-Sack / wie oben gelehret.

Das 124. Capitel.

Eine schöne Rosin-Farbe bey den Italienern Rosichiero genannt.

DJese Farb nennet Porta l.6.c.9. Rosaclerum, und lehret deroselben Bereitung auf folgende Manier: Man lässet 10. Pfund Crystall in einen „ Topff schmeltzen / und thut zu solchem 1. Pfund von der besten Mennig / alle- „ zeit einen halben Theil auf einmahl / auch muß man es sehr geschwind mit ei- „ nem Eysen herum rühren; denn es wird sich sonsten / wegen seiner Schwe- „ ren / bald zu Boden setzen: Wann es nun wohlgemischet und sich vereiniget „ hat / so nimmt mans mit füglichen eysernen Instrumenten aus dem Topffe / „ und schüttet es in das Wasser; solches muß man zum drittenmal wiederho- „ len: Zu diesem füget man ferner 10. Loth deß gecalcinirten und pulverisir- „ ten Kupffers / wie auch deß allerschönsten Zinnobers / solches / nachdem es „ wohl untereinander gerühret / lässet man 3. Stund ruhen; wann dieses ge- „ schehen / so thut man 6. Loth von dem Zinn-Glaß darzu / so wird man in dem „ Glaß eine überaus schöne Rosen-Farb erlangen / welche man / das Gold da- „ mit zu bemahlen / gebrauchen kan.

Das 126. Capitel.

Wie man den Schweffel noch auf eine andere Manier figiren solle / lehret unser Autor im 129. Capitel. Noch einen andern / aber viel weitläufftigern Proceß beschreibet Pirellus im 1. Buch/c. 50. Alsdann lässet sich der Schwefel auf diese Weis präpariret / leichtlich mit Salmiac sublimiren.

Die Art und Weiß aber dem Schwefel zu figiren/ wie es Helmontius beschreibet/will keiner von den Chymisten / so viel mir bekandt sind/ approbiren; denn es saget gedachter Autor, in der Rubric von Vermischung der Elementen/daß ihme ein Weg bekannt seye/durch welchen man den Schwefel/er mag wie er wolle seyn aufgelöset worden/ in ein irdisches und fixes Pulver bringen könne.

Was dieses fixe Schwefel-Pulver in der Glaßmacherkunst für einen Nutzen habe/lehret unser Autor an keinem Ort.

Das 129. Capitel.

Eine durchscheinende rothe Farb.

Es hat diese Farb aus dem Gold / Libavius.l.2. Tract.1 c.35. wohl nur muthmassend / doch sehr genau errathen / mit diesen Worten: Ich bin dieser Meinung/saget er/daß man von der rothen Tinctur deß Goldes/ „welches in einen Liquorem oder Oehl dissolviret worden / sonderlich mit „dem Crystall einen Rubin bereiten könne; dieser seiner Muthmassung setzet „er diese Ursach hinzu; daß nemlich die Rubinstein an denen Oertern / da Gold ist / stetias gefunden werden/derowegen sey es glaublich / daß das Gold an dergleichen Oertern in Edelgestein verwandelt werde.

Das 131. Capitel.

Das Kupffer Vitriol.

Von dieser Bereitung lehret Glauberus im 2. Buch seiner Philosophischen Oefen / diesen nachfolgenden kurtzen Weg: Der Salmiac-Spiritus, wann er auf das Kupffer / welches durch offtmahlige Ausglüung „und Auslöschung gecalciniret worden / gegossen wird / extrahiret innerhalb „einer Stund eine sehr schöne blaue Farb; diese Extraction giesset man von „dem aufgelösten Kupffer ab / und setzets an ein kühles Ort / so wird es einen „überaus schönen Vitriol geben.

Die Præparation dieser Medicin beschreibet Crollius in seiner Basilica Chy-

Chymica auf das allerbeste. Begvinus zeiget im 12. Capitel diesen Weg an: Man pulverisiret das gecalcinirte Kupffer / oder den Kupfferhammerschlag subtil / und pigerirets einen Tag lang in einen distillirten Essig: Denn getingirten Essig giesset man durch die Neigung davon ab; und an dessen Statt schüttet man einen andern daran / und zwar so lang biß sich der Essig nicht mehr färbet: Das abgegossene muß man filtriren / davon lässet man 3. Theil abrauchen/oder abdistilliren; das übrige/was im Gefäß verbleibet/setzet man an ein kühles Ort / so wird ein sehr schöner und dunckelgrüner Vitriol anschiessen. Und damit will ich auch meine Anmerckungen beschliessen.

Zum Beschluß folget allhier die Historia Von dem Tropff-oder Thränen-Glaß.

Es hat die Art dieses Glases der Durchleuchtigste Printz Rupert am ersten aus Teutschland anhero in Engelland gebracht / und Seiner Majestät dem König præsentiret / als welche solches Ihrer Societæt in dem Großhamesischen Collegio mitgetheilet haben: Es wurde von der Societæt alsobalden ein Commissarius deßwegen abgeordnet / welcher vom besagten Glaß dasjenige / wie hierbey folget/berichtet hat/ wie solches in dem Buch dieser Societæt, so viel die Sache betrifft/verzeichnet worden/auch mit derselben Bewilligung aus selbigen abgeschrieben / und allhier mitgetheilet wird: Solchen Bericht habe ich desto eyferiger verlanget/damit diese eigentliche Manier mit diesem Glaß zu procediren/ein Muster und Exemplar aller andern Experimenten wäre: Denn also hat es der Herr Rupert Moray A. 1661. der Societæt fürgetragen.

A. B. der gläserne Faden. B. C. das Corpus. B. der Hals. A. das Ende oder eusserste Drumm deß Fadens.

Dieses Tropff-Glaß wird aus einem grünen und und wohlgereinigten Glaß bereitet: Und wann das Glaß-Metall / wie sie es nennen / nicht wohl ausgekochet ist / so sind sie nichts nutz / sondern sie zerbrechen und zerspringen alsobalden/und fallen ins wasser zu Boden.

Die beste Manier dergleichen Glaß zu machen / ist diese: Man nimmt mit einen eysern Rohr oder Stäblein etwas Glaß-Metall aus dem Topff/ und lässet es unmittelbar in ein kaltes Wasser tropffen / darinnen mus mans so lang / biß es kalt worden / liegen lassen.

Wann das Glaß-Metall gar zu heiß ist / so wird sonder Zweiffel der Glaß-Tropffen/so bald er ins Wasser fällt / zerspringen und Stucken-Weis zerfallen.

Ein jedes Glaß / welches so lang im Wasser / biß es erkaltet / ohne Zerspringung verbleibet/das ist unfehlbar gut.

Der Grad einer gebührlichen Hitze / in der Bereitung dieses Glases/ist auch dem allergeübtesten Arbeiter unwissend: Auch kan er nicht versprechen/ daß er etwas von dergleichen Glaß-Tropffen verfertigen will / welches die Prob hielte; es verderben auch in der Bereitung sehr viel / und geräthet je unter zweyen oder dreyen kaum eines.

Einige von diesen Gläsern / gleichsam von der Kälte zerschlitzt / springen auf/ungeachtet sie im übrigen gantz verbleiben: Andere zerspringen / indem sie annoch mehr oder weniger heiß sind/ sonder grosses Knallen / in Stücke: Andere / so bald sie ein wenig erkaltet / zerspringen mit grossen Knallen: Andere knallen oder zerspringen nicht eh / als biß sie gäntzlich erkaltet sind: Andere bleiben/so lang sie im Wasser sind/gantz zerspringen aber von freyen Stücken/ nicht sonder grosses Getöß / so bald sie heraus kommen; andere zerspringen erst eine Stund hernach: Noch andere/ungeachtet sie/ nach dem Herausnehmen / etliche Tage oder Wochen getauret haben / so zerspringen sie dennoch offtmals/ohne alles Betasten und Anrühren.

So man von den Gläsern eines / weil es noch warm ist/aus dem Wasser nimmt / so wird der dünnere Theil deß Halses / auch was an dem Faden-Hals hänget/und im Wasser gewesen ist/in kleine Theile zerfallen/der Cörper aber wird gantz verbleiben / ungeachtet das Corpus eben so viel Cavitæt hat/ als das/welches zersprungen.

Wann eines von diesen Gläsern / an einen Faden in der Lufft hangend/ oder auf der Erden liegend / erkaltet; so erlanget es eben eine solche Soliditæt und dergleichen/wie ein ander Glaß.

Wann in der Bereitung dieses Tropff-Glases in das Wasser fällt / so rauchet es mit einem kleinen Getöß / auch bleibet das Corpus eine kleine Weil heiß / und springen von demselben viel rauchende Füncklein heraus / als durch deren Vermittlung das Glaß in die Höhe springet / und sich beweget: Es steigen auch von demselben / nachdem es erkaltet / sehr viel Blasen auf; wann aber das Wasser / 10. oder 12. Zoll tieff ist / so vergehen die auffsteigende Blasen / eh sie auf die öbere Fläche kommen / und kan man in diesem Fall nichts anders / als ein tumbares Geräusch vermercken.

Die äusserste Fläche dieses Tropff-Glases / ist / gleichwie bey allen andern Gläsern / glatt; das Glaß aber selbsten ist inwendig schwammicht / löcherricht und voller Blätterlein: Auf dem Boden ist es rund / und den birnformigten Perlein nicht ungleich; es endet sich in einen länglichten Hals / jedoch so / daß keiner an diesen Gläsern gleich / sondern den mehresten Theil in kleine Furchen und Bögen gebogen / welche sich vom Hals an / in ein subtiles Knöpfflein endigen.

Der mehreste Theil von diesen Tropff-Gläsern / bekommen an dem erhabenen Theil deß Cörpers einen Buckel / welcher sich gemeiniglich auf die Seiten lendet / wo sich der Hals endiget; jedoch so / daß dieser Buckel je zu Zeiten an dem Theil deß Glases sich befindet / welcher in dem Gefäß / darinnen es bereitet wird / oben her ist.

Wann der Glaß-Tropffen in ein heisses Wasser fält / eh die Hitz etwas vergangen / so zerspringet und bricht er unfehlbar: Wann man solchen in ein Oehl fallen lässet / so hat es weniger Gefahr wegen deß zerbrechens als im kalten Wasser: In dem Oehl setzet es mehrer / auch zu Zeiten grösere Blasen / als in dem Wasser; auch währet die Aufwallung im Oehl länger / als im Wasser.

Diejenige / welche im Oehl bereitet werden / haben keine so weite Furchen / als die im Wasser; einige von diesen Furchen sind gantz glat / und haben keine Buckeln / gleichwie die andern.

Ein Theil deß Halses und deß subtilen Glaß-Fadens / von dem in Oehl bereiteten Glaß-Tropffen / zerbricht / nicht anders / als ein gemeines Glaß: Wann man aber den Halß nahe bey dem Cörper zerbricht / das Corpus selbst aber in der hohlen Hand behält / so wird es gantz zerspringen und brechen / allein mit keiner grossen Gewalt und Getös / gleichwie die / so im Wasser bereitet werden / daß es also nicht in gleichkleine Theile zerspringet / sondern es hängen die Stücke / wann sie sich zertheilet / annoch an einander: Und in diesem Fall werden an diesem Glaß die Furchen und Linien länglicht erscheinen / nach dem Mittel-Punct deß Cörpers reichende / und deroselben

Cavität überzwerg durchschneidende: Es sind aber deren nicht so viel / als in den andern Gläsern / welche im Wasser sind bereitet worden.

Wann man das Glaß in einen Wein-Essig tropffen lässet / so wird es gleichfalls zerspringen / auch / eh es gar erkaltet / zerbrechen und zu Boden fallen; es wird auch einen grössern Knall von sich geben / als es im Wasser thut; allein es wird nicht so viel merckliche Blasen / gleichwie im Wasser / erwecken: In der Milch giebet es gar kein Getöß von sich / es machet auch keine Blasen / die man mercken könte / allein es prasselt etwas / und wird / eh es erkaltet / in Stücken aufgelöset.

In den Wein-Spiritu erwecke dieses Tropff Glaß mehr Blasen / als irgend in einen andern Liquore, und wird / indeme es noch gantz ist / ohne alles Umschrencken mehr als in andern Liquoren herum getrieben / es springet aber allezeit auf / und fället Stückweis unter: Wann man 5. oder 6. Tropff-Gläser zu gleicher Zeit auf einmal in den Wein-Spiritum fallen lässet / so wird sich zwar der Spiritus entzünden / aber er wird keinen sonderlichen Geschmack davon bekommen.

Diese Bereitung deß Tropff Glases gehet im Scheid-Wasser deß Nitri oder Salmiacs besser / als im Wein Essig von statten: In den Terebenthinoehl zerbrache ein solches Tropff Glaß / eben / gleichwie im Wein Spiritu; als man daß andere hinein ließ tropffen / so entzündete sich dieses Oehl / also daß es hernachmals nichts mehr taugete.

Als ich dergleichen Tropff-Glaß in das Quecksilber geworffen / und solches mit einen Stab und mit Gewalt hinunter getauget / so ist es breit und rauch worden: Dieses Experiment aber habe ich nicht vollführen können / dieweil es nicht so lang / biß es kalt worden / kunte untergetauchet werden.

Als man dergleichen Tropff-Glaß in einen Cylindrischen Glaß / gleich einem Kelch mit kalten Wasser angefüllet / zu machen propieren wolte / so ist endlich eines / von 6. biß 7. welche zerbrochen / gerathen.

Es ist auch von einigen aus der Societæt in acht genommen worden / daß dieses Tropff Glaß / so bald es aus der Hand ins Wasser fällt / auch zu Zeiten etwas hernach / so lang die rothe Farb wehret / in das Wasser rothe Funcken schiessen lasse / zu welcher Zeit auch zugleich einige Blasen / augenscheinlich herfür kamen; und daß solches Glaß nicht nur allein / und zwar mit sehr grossen Getöß zerbreche / sondern es bewege sich auch der Glaß-Cörper / und springe gleichsam in die Höhe / so wohl in diesen / welche gantz bleiben / als welche zerbrechen.

Dieses Tropff-Glaß wird von dem Schlag eines geringen Hammers / oder

oder eines andern härtern Rüstzeugs nicht zermalmet / so es an kein anders Ort / als auf den Bauch geschlagen wird.

Wann man von diesem Glaß nur das Knöpfflein zerbricht / so wird es alsobalden in die allerkleinesten Theile zerspringen / und solches nicht ohne grosse Gewalt und Gethön; auch können die zersprungenen Theile leichtlich gepulverisiret werden.

Die Theile deß zerbrochenen Glases / wann sie einen freyen Raum / sich um und um auszubreiten / finden / so werden sie mit gleicher Gewalt / gleichwie die kleinen Feuerpallen / welche man wegen ihrer Gleichheit Granaten nennet / ausgestreuet.

Einige von diesen Gläsern zerspringen / durch Berührung eines trockenen Ziegelsteins / in Stücke / und werden alsobald am Boden etwas zermalmet: Andere lassen sich nicht auffheben / es sey dann / daß sie halb abgewetzet sind: Man hat dergleichen Glas / welches fast halben Theil hinweg gerieben ward / auffgehebet / welches aber bald darauff sonder Anrühren zersprang: Ein anders / welches mit Stein-Wasser und Schmirgel / fast biß auf den Hals abgewetzet worden / bliebe dennoch gut.

Wann dieses Glas unterm Wasser mit der Hand zerbrochen wird / so stösset es stärcker an die Hand / und mit grössern Getös / als wann solches in freyer Lufft geschehe: Und obschon solches mehr bey der Fläche deß Wassers gehalten wird / so fället doch alles von den kleinern Theilen / nicht ausser / sondern in das Wasser / ohne alle Zerstreuung ihrer Theile / der Art zu wider / so in der freyen Lufft geschiehet: Ingleichen so man von diesen Gläsern eines / in die Machine deß Herrn Boyle thut / und zerbricht solches darinn / wann der Recipient wohl evacuirt oder ausgelähret ist / so wird solches nicht anders als in der freyen Lufft / auf alle Seiten zerspringen / und sich vertheilen.

Wann man dergleichen Tropffglaß im Feuer erhitzen lässet / so wird sich solches gleich einem gemeinen Glaß verhalten; ausser daß sein Temperament also sehr geschwächet wird / daß sichs ohne Gefahr deß Zerbrechens / weniger als zuvor biegen lässet.

Wann man dieses Tropffglaß mit Hausenblasen / als mit einem Leim / verwahret / und aber das Knöpfflein davon abbricht / so giebt es einen Knall von sich / jedoch ist solcher Knall nicht so starck / wann man das besagte Knöpflein mit der Hand hält; wiewohl dennoch genugsam zu ersehen / daß der innere Theil deß Glases gantz zertrümmert ist; es bekommet auch eine blaulichte Farb / die äussere Fläche aber bleibet eben und glat; wann es aber auf eine solche Art zerspringet oder zerschlagen wird / daß deroselben heraus-

genom-

genommene Particuln / zu subtillen Zäserlein werden / so repræsentiren sie eine Kegel-Form / und sind so zerbrechlich / daß man sie mit geringer Müh zu einen subtilen Pulver zerreiben kan.

Wann dergleichen ein anders Tropff-Glaß / eines Zolls dicks / mit Fischleim eingefasset und rings umher bedecket wird / so wird aller Leim / wann das Knöpfflein deß Glases zerbrochen / nicht anders / als von einer kleinen Hand- und Feuer-Granaten / in lauter Stücke zerspringen und zermalmen.

Als man 2. oder 3. Stück von dergleichen Gläsern zum Edelgestein-Arbeiter geschicket / um ein Löchlein / gleichwie in die Perlein / darein zu bohren / so sind sie / wann man ihnen mit dem Dreh-Eysen zu nahe gekommen / alsobalden in Stücke zersprungen / nicht anders als diejenigen / denen man das Knöpfflein abbricht / zuzerspringen pflegen.

Ein Anhang
Von den Glaßmacher-Oefen / und derselben üblichen Instrumenten oder Werckzeuge.

Alldieweiln in diesem vorhergehenden Werck der Glaßmacher-Kunst/zum öfftern der Glaß-Oefen Erwehnung gethan wird/als hat man für gut angesehen / dasjenige hier beyzufügen / welches uns Agricola von dergleichen Sachen/ so wohl deutlich/ als zierlich beschrieben hinterlassen hat: Zu diesen haben wir noch hinzu gethan / die Abrisse der Oefen und Werckzeuge der Glaßmacher / wie sie zu Amsterdam gebräuchlich sind; wie auch eine Benennung derjenigen / deren sich die Glaßmacher zu Londen in Engelland bedienen / wie solches Herr Merrettus gesehen/und bezeuget.

Es schreibet demnach Agricola im 2. Buch von Metallischen Sachen / folgendes Innhalts: Es ist noch übrig das Glaß/ als dessen Bereitung darum hieher gehöret / dieweiln solches aus etlichen geronnene Berg-Säfften / und Kieß oder Sand durch Gewalt deß Feuers / mit einer subtilen Kunst bereitet und ausgetrucket wird.

Zum andern sind alle ausgetruckte Sachen/ als da sind die Bergsäfft / die Edelgestein und etlich andere Steine / durchsichtig und können geschmoltzen/auch gleichwie die Metallen gegossen werden.

Erstlich aber muß ich von der Materia/daraus das Glaß bereitet wird/ handlen; hernach von den Oefen / als in welchen es geschmoltzen und bereitet wird; und endlich dann von der Art und Weis / wie solches verfertiget und geblasen wird.

Es wird aber das Glaß aus den flüssigen Steinen / und aus den harten Berg-Säfften / oder aus den Säfften solcher Dinge / welche sich mit jenen / wegen natürlicher Verwandschafft vereinigen/ bereitet: und zwar so sind die flüssigen Schmeltzsteine / wann sie weis und durchsichtig sind / vor allen andern hierzu die besten; um welcher Ursach willen man auch den Crystallen hierinnen den Vorzug giebet; denn es wird aus den zerbrochenen Crystallen-Stücken in India ein so fürtreffliches und durchsichtiges Glaß bereitet / daß mit demselben keines mag verglichen werden / wie solches Plinius schreibet: Die andere Stelle nach den Crystall / wird den Steinen gegeben / welche / ob sie schon nicht so hart als die Crystall / so sind sie doch auf gleiche Art weis und durchsichtig: Die dritte Reyhen wird den weissen Steinen zugeeignet / wiewol sie nicht durchsichtig sind.

Es müssen aber alle diese erzehlte Stein-Sorten zuvorhero gebrennet oder gecalciniret werden / alsdann muß man sie mit Stämpeln zerstossen und zermalmen / damit ein Kies daraus werde; nach diesem wird solches durch ein Sieb geschlagen; im Fall aber die Glaßmacher dergleichen subtilen Sand an den Wasser-Ufern finden / so sind sie der Arbeit / solchen zu brennen und zu sieben / entübriget.

Belangend aber die geronnene Bergsäffte / so erlanget den Vorzug unter allen das Nitrum oder der Salpeter: Diesem folget das weisse und durchsichtige Berg-Saltz; die dritte Stelle nach diesem hat das jenige Saltz / welches aus der Aschen-Laugen deß Anthyllen- oder eines andern Saltzkrautes / bereitet wird; doch sind einige / welche jenes Saltz besser als dieses achten.

Es werden aber in der Vermischung deß Kieß oder Sandes / aus den Schmeltz- oder fliessenden Steinen bereitet / 2. Theil mit dem Salpeter oder Berg-Saltz / oder Sal-Alkali, miteinander vermischet / und wird zu diesen ein kleines Stücklein von dem Magnetstein gethan / indem man so wohl vor Alters / als auch bey unsern Zeiten gewiß darfür hält / daß dieser Magnetstein den Liquor deß Glases (gleichwie das Eysen) an sich ziehe / auch das angezogene Glaß von seiner grünen und gelben Unart reinige und weis mache; es wird aber nachgehends dieser hineingeworffene Magnetstein von dem Feuer verzehret.

Die jenige aber / welche von ersterwehnten Bergsäfften keine haben / die nehmen 2. Theil von der Eichen- Büchen oder Fichten-Asche / und vermischen solche mit dem Sand oder Kieß; auch thun sie annoch zu diesem etwas wenig deß gemeinen oder Meer-Saltzes / wie auch etwas weniges von dem Magnetstein; allein es wird aus diesem kein so schönes und durchsichtiges Glaß / gleichwie aus dem andern / bereitet.

Es wird aber die besagte Holtz-Asche aus den alten Bäumen bereitet / indem man deren Stöcke / wann sie 6. Schuhe hoch / aushohlet / Feuer darein leget / und also den gantzen Baum verbrennet: Solches aber muß im Winter / wann ein lang-wieriger Schnee lieget / geschehen / oder im heutern Sommer-Tägen / wann es nicht regnet; denn zu andern Zeiten verursachen die Platz-Regen / daß sich die Asche mit der Erden vermischet / und also unrein wird; derowegen werden zu solchen Zeiten diese alten Bäume in viel Stücke zerschnitten / unter einen Dach verbrennet / und also die Asche bereitet.

Von

Fig N. No.1

Von den Oefen haben etliche unter den Glaßmachern 3./etliche 2./etlich aber nur einen im Gebrauch: Diejenige / welche 3. Oefen haben / die kochen in dem ersten die Materia/solche schmeltzen und reinigen sie in dem andern Glaß-Oefen noch einmal / und in den dritten Ofen kühlen sie die gläserne Gefässe/ und andere glüende Sachen ab: Von diesem soll der erste Ofen gewölbt und gleich einem Back-ofen seyn, dessen oberes Gewölb 6. Schuhe lang/ 4. Schuhe lang / 4. Schuhe breit / und 2. Schuhe hoch seyn muß.

Nachdem man nun ein Feuer von dürren Holtz in diesen ersten oder Schmeltz-Ofen gemachet / so werden die vermischten Sachen bey einen starcken Feuer so lang darinn gekochet / biß sie zerschmeltzen / und in eine gläserne Massa verändert werden; solche/ungeachtet sie noch nicht genugsam von dem Unrath gereiniget worden/wird/wann sie erkaltet/aus dem Ofen genommen/ und in unterschiedliche Theile vertheilet: Alsdann werden/in eben diesen Ofen/ die Töpffe/darinnen das Glaß ist/ gesetzet / und warm gemacht: Diesen Ofen stellet die erste Figur vor.

A. **Die untere Ofen-Kammer deß ersten Ofens.**
B. **Die obere Ofen-Kammer.**
C. **Die gläserne Massa.**

Der andere Glaß-Ofen / so rund / ist 10. Schuhe breit und 8. Schuhe hoch von aussen her: Damit er aber desto stärcker halte / wird solcher mit fünff eyseren Bögen eingefasset / deren jede anderthalb Schuhe dick ist; auch hat er zwey Kammern; das Gewölb der untern Kammer soll anderthalb Werck-Schuhe dick seyn / und vornher ein enges Mund-Loch haben / damit man dadurch das Holtz auf den Herd / welcher auf den Ofen-Boden ist / legen kan; zu oberst aber / und in den mittlern Gewölb soll ein grosses rundes Loch seyn/ welches von dar biß ins obere Gewölb offen sey / damit die Flammen dahin reichen mögen: Es sollen aber in der Mauren deß obern Gewölbs 3. grosse Fenster zwischen den eyseren Stangen seyn / damit dadurch die weiten Töpffe auf den Gewölb-Boden / um das grosse Loch herum / mögen gesetzet werden; die Töpffe müssen 2. Zoll dick seyn/und 2. Werck-Schuhe hoch/ im Bauch anderthalb Schuhe/beym Mund-Loch aber/ und auf den Boden nur 1. Schuh breit.

In den hintern Theil dieses Ofens muß ein viereckichtes Loch seyn / dessen Höhe und Breite einen Spann groß seyn soll / durch welches die Hitze/ aus diesem in den dritten oder Kühl-Ofen/ der an den andern stösset / gehen könne: Dieser dritte oder Kühl-Ofen soll gevierdt / 8. Werck-Schuhe lang/ und 6. breit seyn / auch wi eder ander Ofen 2. Kammern oder Gewölbe haben; vornher muß das untere Gewölb ein Mundloch haben / damit man dadurch das Holtz auf den Heerd / welcher auf desselben Gewölb-Boden ist / einlegen möge: es soll auch auf beyden Seiten dieses Mundloches / in der Mauren / ein länglichtes irdenes Behaltnüß seyn / so ungefehr 4 Werckschuhe lang / 2. hoch / und anderthalb breit seyn muß: Das obere Gewölb aber muß 2. Mundlöcher haben / eines zur rechten und das andere zur lincken Seiten / so hoch und breit / daß man die Gefäß füglich darein setzen möge: Diese Gefässe sind 3. Werckschuhe lang / anderthalb Werckschuhe tieff / unten einen Werckschuhe breit / und oben rund; in diesen werden die verfertigte Glaßwercke / damit sie abkühlen / behalten / als welche sonsten leichtlich zerbrechen / wann sie nicht also gemach abgekühlet worden; hernach sollen diese Glaßgefässe aus der obern Kammer genommen / in die Behältnüsse gesetzet und gantz wieder abgekühlet werden.

Die andere Figur.

A. Der Bogen deß andern Schmeltz-Ofens.
B. Das Mundloch der untern Kammer oder Gewölbs.
C. Die Fenster deß obern Gewölbes.
D. Die groß bauchichten Töpffe.
E. Deß dritten oder Kühlofens Mundloch.
F. Die Behältnüsse der Gefässe.
G. Die Löcher deß obern Gewölbes.
H. Die länglichten Gefäß.

Diejenigen Glaßmacher aber / welche zwey Oefen gebrauchen / die schmeltzen oder calciniren in dem ersten die vermischten Materien; und in dem andern oder Glaß-Ofen / schmeltzen sie diese Mixtur nicht nur allein wiederum / sondern sie legen auch die verfertigte Arbeit darein: wiewol sie solche in unterschiedlichen Gewölbern / zum theil aber in dem andern schmeltzen / und wieder schmeltzen / und in den dritten die verfertigte Glaß-Arbeit legen; und also haben jene keinen Kühl-Ofen / diese letztern aber mangeln deß Schmeltz-Ofens.

Es wird aber ein solcher anderer Ofen von dem andern in dem unterschieden / dieweil er zwar rund ist / allein sein hohler Theil ist 8. Werckschuhe breit / und 12. Werckschuhe tieff / welches 3. Gewölber haben soll / dessen unterstes nicht ungleich ist dem untern Gewölb deß andern Ofens; in der Mauren aber deß untern Gewölbs sollen sechs Bögen seyn / welche / wann die

Töpffe

Fig. O. *No. 2.*

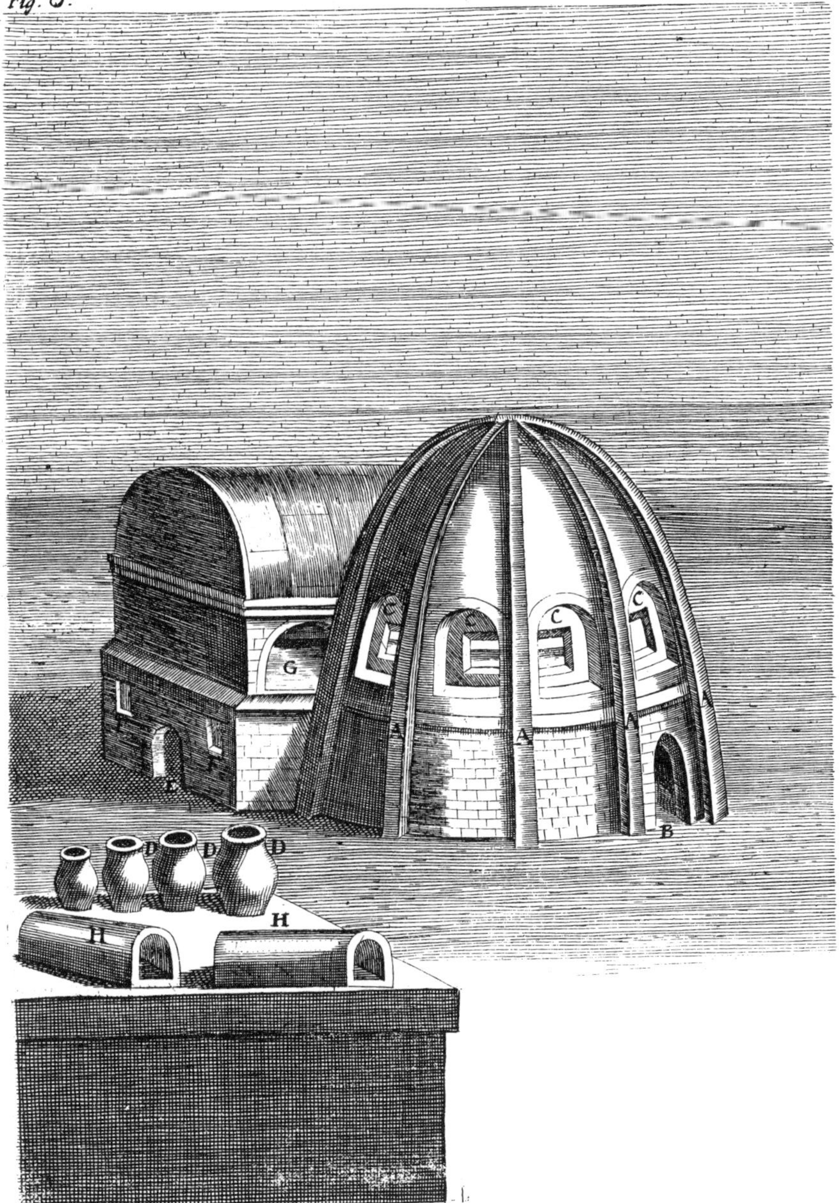

Töpffe heiß worden sind / mit Leim verlutiret werden / man muß aber kleine Fensterlein daran offen lassen. In den höchsten und mittlern Theil dieses Gewölbes ist ein gevierdtes Loch / dessen Länge und Breite einer Spannen weit ist / durch welches die Wärme in die höchste Kammer oder Gewölb gehet / welches Gewölb am hintern Theil ein Mundloch hat; damit man in einen länglichten irdenen Gefäß hinein setzen könne die verfertigte Glaß-Arbeit / welche allgemach soll abgekühlet werden: es ist aber an diesem Ort der Werckstatt-Boden etwas höhers / oder es ist eine Banck dahin gemacht / damit die Glaßmacher hinaufsteigen / und die Arbeit hineinsetzen können.

Die dritte Figur.

A. Deß Glaß-Ofens anderes und unterstes Gewölb.
B. Das mittlere Gewölb.
C. Das oberste Gewölb.
D. Das Mundloch deß obersten Gewölbs.
E. Das runde Loch.
F. Das gevierdte Loch.

Diejenigen aber / welche den ersten oder Schmeltzofen nicht haben / die werffen deß Abends / wann sie ihr Tagwerck vollbracht / die Materia in die Töpffe / welche die Nacht über schmeltzet / und zu Glaß wird: Es müssen aber 2. Jungen / deß Tags und die Nacht über / wechsels weis das Feuer schieren und erhalten / mit dürrem Holtz / welches sie auf den Herd werffen.

Diejenigen Glaßmacher aber / so nur einen Ofen haben / die gebrauchen den andern / welcher 3. Gewölber hat; denn es werffen diese / wie die andere / die Materie deß Abends in die Töpffe / deß Morgens aber / wann sie die Unreinigkeit und Gallen davon abgesondert / verarbeiten sie das Glaß / und verfertigen die Glaß-Arbeit / welche sie / wie die vorigen in das oberste Gewölb setzen.

Es soll aber dieser andere Ofen / er habe gleich 2. oder 3. Gewölb / wie auch der erste Ofen bereitet und gebauet werden aus rohen Ziegelsteinen / welche an der Sonnen sind getrocknet worden; und die von einer solchen Erden seyn / die im Feuer nicht leichtlich zerschmeltzet noch zu Pulver wird / ingleichen die von den Steinlein gesäubert / und mit Knebeln gepläuet sey worden; auch sollen die Ziegel / im Bauen mit eben dieser Erden gemauret und zusammen gesetzet werden; es pflegen auch die Töpffer / aus eben dergleichen Erden oder Leimen / allerley Gefässe und Töpffe zu formiren / und an den Schatten zu trocknen.

Nachdem wir nun die 2. Theil von der Glaßmacher-Kunst behandelt haben/als ist noch übrig der dritte/davon nachfolgender Bericht dienet.

Wann nun die gläserne Massa / in dem ersten Ofen / auf die Art / wie ich im vorher gehenden angezeiget habe / ist verfertiget und zerbrochen worden / so sollen die Helffer-Knechte den andern Ofen heitzen / daß sie in selbigen die zerbrochene Glaß-Stücke wiederum schmeltzen: Indeme sie aber solches thun/so erwärmen sie unterdessen/ in dem ersten Ofen / erstlich bey einem linden Feuer/die Töpffe/damit die Feuchtigkeit davon rauche; darnach verstärcken sie das Feuer/biß die Töpffe wohl ausgetrocknet / und fast roth werden; bald hierauf öfnen die Glaßmacher das Ofen-Loch/nehmen die Töpffe / mit einer Hebzangen angefasset/heraus/und solche/wann sie keine Ritz haben/ geschwind in den andern Ofen / auch füllen sie solche alsdann an / mit den erwärmten Stücken der Gläsern Massa; hernach vermachen sie alle Fenster mit Leimen und Ziegelsteinen; lassen aber / an jedem Ort nur 2. kleine Fensterlein offen stehen / als durch deren eines sie in den Ofen sehen und mit dem Blaß-Rohr / das Glaß so in den Töpffen ist / heraus nehmen; in das andere Fenster-Loch legen sie das andere Blaß-Rohr/damit es warm werde; beyde Röhr sind entweder von Messing/Kupffer oder Eysen/ und 3. Werckschuhe lang.

Es wird auch vor das Fensterlein ein Stück Marmorstein in den Bogen geleget / und in diesen wiederum die Erde / so zusammen getragen / samt dem Eysen; dieses Eysen träget das in den Ofen gelegte Blaßrohr; das 2. aber verwahret die Augen deß Glaßmachers für dem Feuer: nachdem nun dieses alles ordentlich ist verrichtet worden / so beginnen die Glaßmacher / in Verarbeitung deß Wercks/einen Anfang zu machen.

Es müssen aber die gebrochene Stücke / bey dürrem Holtz / welches eine Flamme/und keinen Rauch giebet / wiederum geschmoltzen werden; denn je besser diese Stücke geschmoltzen und wiederkochet worden sind / je reiner und durchsichtiger wird die davon verfertigte Arbeit; auch wird solche desto weniger Flecken und Bläslein bekommen / und hingegen die Glaßmacher ihre Arbeit desto leichter verrichten.

Derowegen diejenigen / welche die Materie/ daraus das Glaß wird / nur eine Nacht über schmeltzen und kochen / und darnach solche alsobalden zum Verarbeiten nehmen/verfertigen kein so reines und durchsichtiges Glas/ gleichwie die/ welche erstlich eine gläserne Massa verfertigen / und lassen deroselben Stücke einen Tag und Nacht über nachmals schmeltzen / und alsdenn erst verarbeiten: Noch reiner aber und durchsichtiger wird derjenigen Arbeit/ welche die Glaßstücke 2. Tag und Nacht über schmeltzen lassen; denn es beste-

Fig. P. No. 3.

bestehet die Güte deß Glases/nicht nur in der Materia/ daraus solches wird/ sondern auch im Kochen.

Es nehmen auch die Glaßmacher/von dem Glaß/mit dem Blaß-Rohr/ zum öfftern eine Prob; so bald sie aber aus demselbigen erkennen/ daß die geschmoltzene Glaßstücken genugsam sind gereiniget worden/ so langet ein jeder mit dem andern Blaßrohr in den Topff/ drehet solches ein wenig darinnen herum/ und nimmt alsdenn etwas Glaß heraus/ welches sich/ als ein zäher und lettiger Safft/ und zwar kuglicht an das Blaßrohr hänget: es nimmt aber der Glaßmacher deß Glases so viel auf einmal heraus/ als viel zu der Arbeit/die er machen will/ genug ist; dieses/ in Marmolstein getruckt/ wältzet er hin und her/ damit es zusammen komme; und indem er in das Rohr bläset/bläset er solches gleich einer Blasen auf; das Rohr aber/ so offt er hinein bläset/ (solches aber muß offt geschehen/) nimmt er vom Mund und setzets an die Wangen/ damit er/ mit der Zurückathmung/ keine Flamme in den Mund ziehe: bald darauf/ wann er das Rohr hinweg gethan/ machet er ein langes Glaß/ welches er ringsweis um das Haupt windet; oder er formiret solches in einen kupffern und hohlen Instrument/ welches er umdrehet/ und machet also/ indeme er die Glaß-Massa wieder wärmet/ aufbläset/ trucket und erweitert/ gläserne Gefässe/ als Becher/ oder in anderer Form/ welche er in den Sinn gefasset hat; nach diesem trucknet er solches wiederum in den Marmelstein/und erweitert also den Boden; indem er solches mit dem andern Theil deß Rohrs in den innern Theil treibet: Darnach schneidet er mit seiner Scheer das Mundloch deß Glases ab/ auch so es die Noth erfodert/so machet er Füsse und Handheben daran; und mahlet solches/wann es ihm gefället/mit mancherley Farben oder er verguldet solches.

Endlich setzet er das verfertigte Glaß in das länglichte Gefäß/ welches in den dritten Ofen/ oder in den obersten Gewölb deß andern Glaß-Ofens sich befindet/und lässet solches allda abkühlen; dieses länglichte Gefäß/wann es mit Gläsern/welche allgemach erkaltet/voll worden ist/ so wird solches bey dem breiten Stab-Eysen/so daran gemachet/ bey dem lincken Arm angefasset/und in die andere Behaltnüsse gesetzet.

Es machen aber die Glaßmacher mancherley gläserne Sachen/ als da sind/ Becher/ Phiolen/ Krüge/ Kolben/ Schüsseln/ Blatten/ Glaßscheiben/ Thier/ Bäume und Schiffe; dergleichen herrliche und wunderbarliche Arbeit habe ich weiland zu Venedig/ als ich mich 2. Jahr alldar aufhielte/ mit Verwunderung gesehen; sonderlich aber ist solches geschehen/ zur jährlichen Zeit der Himmelfahrt Christi/ da dergleichen Sachen zu verkauffen/ von

Moran

Moran sind hergebracht worden / als an welchen Ort / die allerberühmsten Glaßmacher-Hütten sind / welche ich zur andern Zeit gesehen habe / sonderlich dazumahln / als ich wegen gewisser Sachen / den Herrn Andreas Naugerium, in seiner Behausung / die er allda hat / sammt Francisco Asulano, besuchete.

Die 4. Figur.

A. Das Blas-Rohr.
B. Die Fensterlein.
C. Der Marmelstein.
D. Die Zange.
E. Die Instrumenten / darein man Formen geust.

Allhier nun wäre annoch von nöthen / daß wir nicht nur allein die Form der Glaßmacher-Oefen und der Instrumenten / welche bey den Amsterdamern im Gebrauch sind / vorstellten / sondern wir solten auch ein ausführliche / kurtze und deutliche Beschreibung hinzu thun / von allen ihren Werckzeuge / wie auch von der Art und Weis / wie sie das Glaß bereiten: Allein / weiln der Herr Merret die fürnehmsten Sachen der Glaßmacher-Kunst mit grossem Fleiß beschrieben hat; als wollen wir vergnüget seyn / nur das jenige allhier anzufügen / welches diese Sachen / die an sich selbst dunckel / wo nicht völlig erklären / doch die Lehr eines so tapffern Mannes in etwas erläutern wird.

Die 5. Figur / fürstellend

Den Amsterdamischen Glaßmacher-Ofen / und deroselben Instrumenta.

aaa. Die Marmor-Platten / oder Eysen-Bleche / auf welchen das Glaß-Metall / wann es also frisch aus den Ofen kommet / damit es gleich gemachet werde / hin und her gewaltzet wird.

bb. Das Mund- oder Ofen-Loch / auf Italiänisch Bocca genannt / durch welches die Töpffe in den Ofen gethan und das gegeschmoltzene Glaß-Metall wiederum aus den Töpffen hervor gelanget wird.

c. Ein

A
A
B
B
B
A
C
C
A
C
E
A
A
D
E

Fig. S. No. 6.

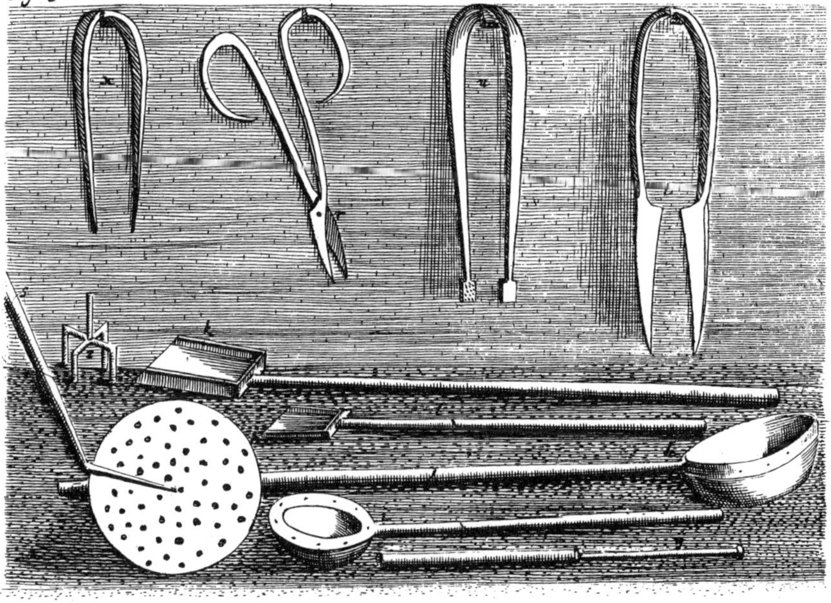

Fig. R. No. 5.

c. Ein anderes und kleineres Ofen-Loch / Borcarella von den Italiänern geheissen / durch welches man allerley Glaß-Sorten heraus nimmt.

d. Die Quer-Maur dienend die Hitz auffzuhalten / und die so genannte Halsinellen oder Maur-Hacken daran fest zu machen.

e. Die Halsinellen oder Maur-Hacken / auf welche man die Instrumenta leget.

f. Der Glaßmacher Instrumenta / als das Blaß-Rohr / Spiei und pontello.

g. Die Ofen-Krucken / mit welcher man die Kohlen und die Aschen räumet.

h. Der grössere Löffel von Metall / mit welchem man die Aschen und Laugen aus den Kesseln nimmt.

i. Der kleinere Löffel / mit welchem man das Metall in den Ofen rühret / und aus einen Topff in den andern giesset.

k.l. Die grössere und kleinere Schauffel / mit welchen man die Glaß-Stücklein / so von dem Blaß-Rohr herab geschlagen worden / auffhebet und in die Töpffe thut: Davon die kleinere Schauffel l. so groß ist / daß sie füglich durch die Mund-Löcher bb. gehe.

m. Derjenige Theil deß Ofens / welcher Leera genennet wird / in welchen die Gläser allgemach abkühlen.

n. Das Mund-Loch der besagten Leeræ, durch welches man die Gläser hinein thut.

o. Das äusserste End der Leeræ, welches sich an dem Gewölb endiget / darein die schon abgekühlten Gläser gethan werden.

p. Die dreyeckichten Glaßmacher-Töpffe / deren sich die Amsterdamer bedienen.

q. Die runden Glaßmacher-Töpffe / wie man sie zu Harlem gebrauchet.

r. Die Glaß-Scheer / von den Italiänern Tagliante geheissen / damit man das überflüssige Glaß abschneidet.

s. Ein löcherichter Abschaum-Löffel / mit welchen man das untenliegende Sal alkali heraus nimmt.

t. Ein Instrument / bey den Italiänern Borsella genannt / mit welchen sie die Gläser / nach Beschaffenheit der Sachen / erweitern oder verengern und glatt machen.

u. Ein Instrument / welches die Italiäner Borsella da fiori nennen / mit welchen sie das Glaß walckend / mancherley Blumen oder Zierrathen daraus machen.

x. Das gespitzte Borsella, mit welchen man das Glaß ausdehnet / zusammen leget / und gleich einem Strick drehet.

y. Das Blaß-Rohr der Glaßmacher / an einem Theil mit Holtz umgeben / wegen der Hitze / damit man desto leichter mit solchen handieren könne.

z. Ein Instrument / welches man in Verfertigung der Urin-Gläser gebrauchet.

Sonst schreibet Herr Merret von den Glaßmacher-Instrumenten / welche in Engelland im Gebrauch sind / dieses folgende / an statt einer

Zugabe.

Ich habe in dem Capitel / von den Glaßmacher-Oefen / beschrieben diejenigen Instrumenta / deren sich die Glaßmacher in der Bereitung deß Crystallinischen Glaß-Metalls gebrauchen; weil ich aber sonsten von denen andern Instrumenten / deren sie sich in der gemeinen Glaß-Arbeit bedienen / keine Anregung gethan habe / so will ich solche in der Ordnung / wie hier folget / beschreiben.

Tvvo Bars. Zwey Riegel / ungefehr 4. Elnbogen lang / mit welchen man die Töpffe aufhebet und in den Ofen träget.

A. Padle. Eine Schauffel / mit welcher man die Aschen und den Sand in den Kalch-Ofen rühret und beweget.

Rackes.

Rackes. Eine Ofen-Krucke / mit welcher man die Aschen und den Sand zusammen thut.

Procers. Sind eyserne Instrument / an ihren eussersten Theil gekrümmet / mit welchen man die Töpffe von ihren Ort / auf die beyden Seyten deß Mundlochs / also stellet / damit sie nicht zu nahe / noch zu ferne stehen.

Ladles. Löffel / mit welchen man das Glaß-Metall aus einen Topff in den andern schittet / es geschehe gleich solches wegen Zerbrechung deß Topffs / oder um einer andern Ursachen willen.

Smal ladles. Kleinere Löffel / mit welchen die Arbeiter das Alkalische Saltz und allen andern Unrath / abschaumen / und aus den Werck-Töpffen nehmen.

Strocals, ist ein eysernes und länglichtes Instrument / gleich einem Schäufelein / mit welchen man das Glaß-Metall aus den zerbrochenen Töpffen / in die gantzen Töpffe thut.

Forks, die Gabeln / mit welchen man die Gitter-Löcher deß Ofen-Heerds öffnet und durchstichet / damit die Aschen desto leichter durchfallen / und das Feuer desto heller brenne.

Sleepers, die grössern Riegeln oder eyserne Stangen / auf welchen noch andere oder kleinere überzwerch liegen / welche verhindern / damit die Kohlen desto weniger durchfallen / und also die Aschen einen freyen Durchgang haben könne.

Ferrets, sind eyserne Instrumenta / mit welchen man die Prob von dem Metall nimmt / ob solches zum Werck tüchtig seye oder nicht ; und mit welchen man auch die Mundlöcher der gläsern Kolben formiret.

Fascets, sind eyserne Instrumenta / welche in die großbäuchigten Gläser gethan werden / damit sie füglich zum Erwärmen können getragen werden.

The Pipes, die Blaß-Röhren von Eysen / mit welchen sie das Glaß / aufblasend / formiren.

Pontee stake, ist ein Eysen / auf welchen ein Stücklein-Holtz lieget / darauf man das Glaß / von dem Blaß-Rohr hinweg gethan / hin und her walgert / damit es dem Instrument / so man Ponto nennet / angefüget werde.

Schears, sind solche Instrumenta / mit welchen das Glaß geformiret und zu End gebracht wird.

Scissers, sind Instrumenta / mit welchen sie das Glaß ab schneiden und glatt machen.

Cranny, ist ein rundes Eysen / darauf man das Glaß kugelt / und desselben Hals dünner machet.

Tovver, ist ein Eysen / darauf das Instrument / Pontee genannt / indem das Glaß erwärmet wird / ruhet.

Endlich zum letzten/so haben die Glaßmacher mancherley Modellen und Formen / mit deren Hülffe sie unterschiedliche Figuren / nach Art eines jeden Modells ausbilden

Ende der Merrettischen Anmerckungen.

Johann Kunckels

Nützliche und nöthige Erinnerungen über die gesammten Merrettischen Anmerckungen.

Was hier unser gelehrter Merrettus von der Antiquität oder Alterthum / auch Nutzen / Gebrauch und Würden deß Glases gedenckt und schreibet / das stelle ich hier alles an seinen Ort; weil es eine Sache / daran sich vornemlich die Gelehrten delectiren, als welche sich sonderlich gerne um eines Dings Anfang und Herkommen bekümmern/ wie solches denn auch nicht zu schelten ist ꝛc.

Weil aber mein Vornehmen über dieses Buch anders nichts gewesen / als anzuführen / was practicabel oder nicht / und was den Glaßmachern nützlich und beförderlich seyn kan; als lasse ich billig deß hochgelehrten Herrn Merrets Bedencken beruhen/und berühre oder tractire, wie allezeit / also auch hier nur dieses / so eigentlich zu der Kunst und Practic gehöret / wie folget:

Erstlich carpiret HErr Merret den Fallopium recht und wohl / indem selber geläugnet / daß das Glaß aus der Asche gemacht werde; welches doch so gar manifest und offenbar ist / daß auch ein jeder/der nur den geringsten Bescheid davon weiß/solches mit Händen greiffen kan; Ja in Hollstein und Meckelnburg wird fast

fast nichts als Asche und gar wenig Sand zum Glaß gebraucht: Je mehr nun die Asche von Saltz bey sich führt/je mehr kan man zwar Sand zusetzen/ welches dem Glaß-Meister zum Vortheil dienet; je weniger Saltz aber dieselbe hat/ je weniger Sand kan zugeschlagen werden: Wann aber die Asche zu wenig Saltz hat/ so gibt es ein gar strengflüssiges Glaß/ und muß man ihm mehr Saltz zusetzen. Die nun die Asche von denen Saltz-Siedern/ als von Lüneburg und dergleichen Arten haben können/die thun wol/ wann sie solche gebrauchen/ denn sie ist sehr reich von Saltz/ und kan mehr Sand als alle andere Aschen vertragen.

Ferner setzt Herr Merrett/daß (über andere Eigenschafften) das Saltz/woraus das Glaß zusammen gesetzt/viel zu fix und beständig sey/ als daß solches/ auch durch das allerhefftigste Feuer solte können aufgelöset/oder verzehret/oder in die Höhe getrieben und flüchtig gemachet werden: Darauf antworte ich aus der Experientz: Daß/ wann der Sand vom Saltz so viel hat zu sich genommen/daß er seine behörige Geschmeidigkeit erlangt/ so lässet er nun und nimmermehr/ durch kein Feuer/ wie auch solches seyn mag/sich wieder davon treiben noch separiren; was aber ein solcher Sand übrig von Saltz hat/das kan nicht so fix und beständig seyn/daß es nicht durch eine solche Hitze/wie in unsern Glaß-Oefen gebrauchen wird/ solte abgesondert und über sich getrieben werden. Zum Exempel/ ich mache eine Composition von Kiesel-Steinen und Pott-Asche/oder Weinstein-Saltz/ oder Salpeter: Ich nehme aber deß Saltzes zu viel/ und schmeltze solches/ und arbeite dasselbe etwas zu frühe aus; so lässet sich zwar das Saltz gar wohl mit in ein Glaß formiren; wann aber solche Gläser eine zeitlang in der Lufft stehen/ so zerfallen sie/ wohl gar von sich selber/wird man aber solches Glaß lang genug in Feuer gehabt haben/so wird solches nimmermehr geschehen/ wie denn dergleichen das Mecklenburgische/ Hollsteinisch- und Hessische Glaß gar zu keinen mahl thun wird/Ursach: Weiln mit dem sehr grossen Feuer das überflüssige Saltz alles weggetrieben und abgesondert worden/ und dieses kan man sehen/ wann nemlich das Glaß wol geschmoltzen oder in Fluß ist / so fliesset oben auf das Saltz gantz dicke / welches man abschöpffet und Glaß-Galle heisset; dieses ob es wol ein gantz fixes Saltz / wird gleichwol durch das übermässige Feuer / wie ein weisser Nebel in die Höhe getrieben / (nicht anders / als wenn man den Spiritum Salis treibt) und gleichsam volatilisirt; denn kein Saltz in der Welt so fix ist / das nicht von diesen Feuer solte über sich getrieben / ja als ein Spiritus flüchtig gemachet werden; derowegen auch alle Bäume / die um solche Glaß-Hütten herumstehen / sonderlich da sie die Sultz- oder Saltz-Sieder-Asche gebrauchen / von diesem Saltz-Nebel verderben und verdorren müssen; weil sie nemlich von denselben überhäuffet werden.

Ich will noch ein Experiment beyfügen: Man nehme einen Tiegel / der von Glaßmacher-Thon gemacht / und mit Glaß überzogen ist / denselben schmeltze man halb voll Glaß / welches man genau wieget / denn dieses geschmoltzen / so lege man 1. 2. 3. oder mehr Pfund Koch Saltz darauf / und lasse es etliche Tage / in recht grosser Hitze stehen; so wird man befinden / daß das Saltz alles ist davon geflogen / ohne daß das Glaß im geringsten davon am Gewicht zugenommen; mit rechten reinen Weinstein-Saltz gehets eben so: So ich aber gemeine Pott-Asche nehme / so nimmt das etwas am Gewicht zu; denn diese Asche oder Saltz hat eine subtile Erde / die behält ihr Theil Saltz und vitrificirt sich mit; so aber selbige recht geschieden / und durch Solviren und coaguliren gantz rein gemacht / so lässet sie gleichfals kein pondus noch Gewicht hinter sich / denn das Glaß hat einmal so viel / als es zu seiner Nothdurfft bedarff / bey sich / mehr aber als zu seiner Vollkommenheit von Nöthen / nimmt kein Ding in der Natur an / sondern stösset solche auf alle Weise wieder von sich / wie solches auch an den Glaß zu sehen; denn so dasselbe mehr Saltz behält / als es zu seiner Proportion von nöthen / so wird es hernach offt auch nur von der blossen Lufft und Erden consumirt oder wieder voneinander getrieben und aufgelöset werden.

Sonst aber hat man Exempel / daß alle Werck-Stätte aufgeräumet worden/von welchen man/wegen der darauf stehenden sehr alten und grossen Eych-Bäume / so darauf gewachsen / hat schliessen können/daß solche schon vor etlich 100. Jahren verfallen/ allwo man doch gläserne Töpffe und andere Dinge von Glaß gefunden / die so rein und gut noch waren/als wann solche nur einen Tag in der Erde gelegen gewesen.

Solcher Gestalt hat auch Helmont, welcher schreibt/daß sich das Glaß in der Erden auflöse/so wohl recht als unrecht/und liegt nur hieran / daß Helmont nicht distinguirt, und diesen Unterscheid nimmt/ daß nemlich das Glaß/welches sich auf der gleichen Weise consumirt, zu viel Saltz hat und haben müsse; wo aber dieses nicht/so vergehet auch das Glaß (welches sein rechtes Tempo und Proportion hat) nimmermehr.

Sonst ist das Experiment von Helmont gäntzlich wahr / da er spricht / wann das Glaß mit noch so schwer Sal alkali versetzet und geschmoltzen werde / daß es sich hernach in einen Wasser auflöse und seine terram durch ein accidum, als Spiritum nitri oder aqua regis, fallen und præcipitiren lasse.

Daß aber unser Merrett hierinnen gedenckt/es lasse sich nach der ersten Schmeltzung / weder das Eysen / noch der Talck / noch der Salmiac/noch der ebenfalls unter die Metalle gerechnete Mercurius, noch das in die mittel-mineralia gesetzte aurumpigment, im Feuer nicht wieder / noch zum andermal schmeltzen/ weiß ich nicht wer ihn dergleichen überredet/ antworte aber darauf mit billiger Bescheidenheit also:

Erstlich ist ja genugsam bekannt / daß alles geschmiedete und gegossene alte Eysen / auf den Eysen-Wercken wieder umgeschmoltzen und zu Gute gemacht wird; wers nicht glauben will/ der kan es daselbst leicht sehen und erfahren; der Talck aber / wenn er mit Weinstein-Saltz versetzt / und unter die Composition deß Glases gemischet wird/schmiltzt er im Glaß-Ofen gar leicht: Was den Mercurium / ist solcher zwar ein rechtes Metallisches Wasser / so aber derselbe einmal oder etliche mit oleum vitrioli übergossen / und solches wieder davon abgezogen wird / so schmeltzt er eine geraume Zeit im Feuer/und siehet im Tiegel wie ein Blut/ so man ihn ferner in einen Einguß geust/so siehet er wie ein weisses Salz/ wann man aber solchen ins Wasser wirfft / so solvirt sich das Salz davon / und bleibet der Mercurius sehr schön gelb / wie der Turbeth Minerale &c. Der Salmiac ist ein Sal artificiale, und fleucht vor sich selbst das Feuer/jedoch/wann sein Sal urinosæ von ihn geschieden / so bleibt gleichfalls auch ein fixes Salz / welches im Feuer wie Wasser fleust / und andere Dinge mit flüssig macht 2c.

Was das aurum pigment betrifft / so ist von denselben fast einem jeden Chymico bekannt / daß solches leicht im Glaß zusammen fliesse; wobey sich den auch ein Theil auffsublimirt / an der Coleur nicht anders/als die schönsten Rubin-Körner/welcher sich denn die Wachspostrer / zur Ausziehrung ihrer Bilder zu bedienen wissen; so aber das aurumpigment zu starck Feuer kriegt/ so fleuget selbiges gänzlich / biß auf eine wenige Terra davon/ welche/so man solche unter die Composition eines Glases mischt/ eine Hyacint-Farbe in denselben nach sich lässet.

Den Unterschied deß Glases und Metalls lasse ich allerdings passiren / denn das Glaß ist freylich nichts als ein zusammengesezter Stein / da aus vielen Sand-Körnern eines / und durch das Salz/so lange es in der Hitze/zur Geschmeidigkeit gebracht wird/ wann es aber wieder kalt / so ist es ein durchsichtiger Stein / der allen Zufällen der Steine unterworffen.

Was die Geschmeidigkeit deß Glases betrifft / lasse ich einen jeden davon glauben/ was er will/ halte aber meines Theils davor / daß dergleichen niemals in Rerum Natura gewesen; dieses aber glaube ich / daß wohl etwas / so dem Glas (dem Gesicht und Ansehen nach) gleich und ähnlich / welches sich doch biegen und hämmern lässet / könte gefunden oder bereitet werden; wie mir denn dergleichen selbst bewust/ja ich will einen ganz durchsichtigen Becher aus dem Silber machen / welcher sich doch mit allerhand Figuren soll stechen und graben / ja guten Theils hämmernlassen.

Hier wird vielleicht bald einer sagen / es wäre nichts neues

eine

eine Luna Cornua zu machen; aber versuch es zu erst/ und bringe es mit solcher Klarheit oder Durchsichtigkeit in die Forme eines Bechers/ daß man den Wein und Bier darinn erkennen kan; du wirst gewiß neues genug daran finden.

Welche aber in dieser Meinung stecken/ daß ein solcher/ der den Lapidem Philosophorum hat/ auch das Glaß geschmeidig machen könne/ die haben keinen Grund. Denn ich will nur dieses sagen: Entweder der Lapis Philosophorum ist nie in Rerum Natura gewesen/ oder es müste ja etwan einer ein Gedächtniß von einem solchen Wunder-Glaß hinter sich gelassen haben/ weiln man doch noch wol andere Spuhren von diesem Stein findet; ich solte auch meinen/ daß Theophrastus, dem die Natur gewiß mehr bekannt gewest/ als wol vielleicht hundert derjenigen/ die ihn meistern und carpiren; ja der bißhero auch wenig oder schwerlich seines gleichens gehabt/ solte es etwan auch gewust und davon geschrieben haben.

Unser Commentator, Herr D. Merret/ setzet unter andern aus dem Libavio, es hätte derselbe angemercket/ daß die Glaßmacher meistentheils bleich/ ungesund und kurtzen Lebens wären; auch von Wein und Bier gar leichte truncken würden: Darauf berichte ich J. K. der ich von Jugend auf bey und um sie erzogen/ daß ich sie/ die Glaßmacher/ eine Art der härtesten und gesundesten Leute/ die fast seyn können/ befunden/ ja aus langwürigen Umgang mit ihnen/ angemerkt habe/ daß selten einer jung stirbt/ und daß ihnen keine Travallien/ weder von Hitze noch Kälte zu schwer fallen/ als welche sie fast mehr denn alle andere Menschen ausstehen und leichte vertragen können ꝛc. Was den Trunck betrifft/ so wird freylich einer leichte vor den andern truncken/ dieweiln er vielleicht grössere und stärckere Züge thut/ sonst aber können sie/ wie bekannt/ hierinnen ihren Mann meisterlich bestehen/ und nach der besten Weise Bescheid thun und aushalten.

Was sonst Merrettus von dem Saltz/ als auch von dem Holtz/ so zum Glaßmachen gehöret/ und am besten dienlichen ist/ gedencket; habe ich allbereit zum öfftern in meinen Anmerckungen über den Neri davon erwähnet; nemlich daß alle ausgelaugte Saltze/ nach ihrer rechten Reinigung/ einerley seyn. Das Holtz betreffend/ so ist Büchen/ Erlen und Bircken das beste; trocken Fichten- und Küffern Holtz kan/ in Manglung deß andern/ auch passiren/ das Eychen aber ist hierzu ungeschickt rc.

Von den Caobald oder Zaffera (auch unserer teutschen Magnesia) habe ich auch genugsame Erklärung gethan/ und zwar vornemlich/ weiln dem Herrn Merrett um solches zu wissen sonderlich angelegen gewesen.

Es wird auch von Herrn Merrett erwähnet/ daß das Kupffer unter dem Hammer sich am meisten ausdähne / auch die malleabilität an Gold und Silber befördere/ und dahero von denen Müntzern zugeschlagen werde; item/ daß man solches bey einem mässigen Feuer schmeltzen künne rc. Nun ist allen Müntzern und Silber-Schmieden bekannt/ wie leicht sich das feine Gold und Silber hämmern / dehnen und ziehen lasse; wie viel härter es aber wird/ wann denenselben Kupffer zugesetzt wird / und wie so viel schwerer und übler es sich alsdenn treiben lasse / das wissen sie auch; ja daß das Kupffer / nächst dem Eysen / das stärckste Schmeltz-Feuer haben will / und sich von keiner geringen Hitze schmeltzen lasse / wird ohne Zweiffel allen denen / die Metalle geschmoltzen haben/ bekannt seyn.

Weiter gedenckt Herr Merrett/ in seinen Anmerckungen über das 58. Capitel/ daß das Bley allein im Glaß untersincke/ da hingegen alle andere Metalle in demselben über sich schwimmen; mich aber hat die Erfahrung gelehret/ daß alle Metalle im Glase zu Boden sincken/ und daß dasselbe nichts als die ungeschmoltzenen Steine über sich in die Höhe wirfft; daß aber das Bley / vor andern Metallen / die Töpffe und Tiegel durchbohret/ ist seines Saltzes vor andern Metallen schuld; welches immerzu so viel von der Terra deß Tiegels solvirt/ biß es ihn durchgebohret. So aber deß Bleyes zu wenig / so nimmt es von der Terra deß Tiegels / auf der Stelle da es liegt/ so viel es zu seiner vitrification nöthig/ und fängt nur an / den Boden zu durchbohren: denn / weiln

deß

deß Bleyes nicht genug da ist / so kans auch nicht gar durchkommen; das Kupffer thut eben dergleichen. Von dem Bley-Glaß werden die Tiegel gleichfalls angegriffen / zerfressen und verderbet; solches geschicht aber darum / weiln dasselbe mehr Sand bedarff als es hat; wann mans aber mit Sand gnugsam übersetzt / so geschicht es nicht / welches ich gnugsam probirt und warhafftig befunden.

Was in eben diesem Capitel Herr Merrett aus dem Porta sagt / nemlich: wann man das Silber solvire / mit Kupffer præcipitire / und etliche Tage im Glaß-Ofen setze / solches alsdenn in einen natürlichen Smaragd verwandelt werden soll; ist gantz falsch / und der Warheit / auch aller Experienz zuwider; ingleichen ist auch falsch dieses / daß das Gold die Aufblehung deß Glases verhindern soll; zwar macht das Gold keine Aufblehung / sondern wann es unter das Glaß gethan wird / so schmiltzts und geht zu Grund / verhindert aber das Aufblehen deß Glases auf keinerlei Weise / man mags gleich vor / oder mit / oder nach der Materia, die aufblehend macht / dazu thun; welches einem jeden die Erfahrung bekräfftigen wird.

Weiln endlich auch unser Herr Merrett unterschiedene Autores, und ihre Manier oder Dosin / das Glaß und die Edelgesteine zu machen / anführet; selbige aber allezeit Bley oder Minie zu ihren Glaß oder so-genannten nachgekünstelten Steinen thun; auch ein Theil ihrer Proportion recht abschmack und alber heraus kommt / als würde es viel Mühe und vergebliche Worte setzen / solches zu wiederhohlen / indem ich vorhin schon droben bey unserm aufrichtigen Autore, dem Neri, alles dieses weitläufftig angeführet / und völlig gewiesen / worauf auch ein jeder sich sicher und gewiß verlassen kan / als würde es / sage ich / wenig nutzen / wann ich solches nochmal vergeblich wiederhohlen solte; weiln ich mich allhier ohne diß in allen / wie der Warheit / also auch der Kürtze beflissen / hoffe / der Kunst- und Gunst-geneigte Leser wird mich deßwegen entschudigen / und mit diesen vor dißmal vor Lieb nehmen; als der ich im übrigen einem jeden nach Stands-Gebühr / müglichsten Fleisses aufrichtig zu dienen verharre.

J. K.

Folget zum Beschluß dieses ersten Theils meiner Glaß-Kunst/

Eine kurtze und überaus nützliche Manier/ wie man die besten Saltze/ welche die Glaßmacher zu ihren feinsten Gut gebrauchen / und vonnöthen haben / an statt der weit-hergebrachten Materialien / als Soda Hispanica, Pulvisculo, Syrische oder Levantische Asche und dergleichen / auf einen leichten und gantz kurtzen Weg / und gleichwol eben so schön und noch schöner und reiner / auch sehr wenig Unkosten / an allen Orten und Enden / in Teutschland in der Mänge erlangen und machen/oder zurichten könne und möge.

WAnn ich dieses Compendium, zu Ende meiner Anmerckungen über den Neri, nicht versprochen hätte / so wollte ich es fürwar lieber zurücke lassen / und weiter spahren / indem es ein mehrers hinter sich hat/ als mancher dencket / ich auch ohne diß hierinnen schon so viel Dinge erkläret/und Compendia vorgebracht / die das Buch vielfach bezahlen. Weil ichs aber zugesagt / so muß ichs halten ꝛc. Wer demnach das feinste Saltz zum Glaßmachen/compendiose und auf die beste Weise zu machen verlangt; der ist erstlich an keinen Ort in Teutschland deßwegen gebunden / weiln alle Vegetabilia, es seyn Bäume/ Stauden/ Hecken/ Kräuter ꝛc. nach ihrer Destruction, oder wann sie mit Feuer zu Aschen verbrannt/ einerley Sältze geben und beweisen; wiewol eines mehr als das andere. Sihe derowegen nur zu/ daß du Asche bekommest/sie seye von Eichen/ Büchen/ Erlen/ Bircken/ Fichten/ oder Küfern Holtz ꝛc. es seyen/ Hecken/ Kräuter/ was auf den Feld wächst / und zum Brennen taugt ꝛc. oder was du vor Asche bekommen kanst; du brennest sie selber / oder lässest sie brennen; du bekommst und kauffst solche von Bürgern oder Bauern / wie sie selbige in ihren Kachel-Oefen/ Feuerheerden/ oder unter der Braupfannen brennen ꝛc. wanns nur Aschen ist.

Nimm/sage ich/solche Asche/schlage sie auf eine grosse hültzerne Butte / da unten eine Stellung von Stroh / wie die Bierbrauer zu thun pflegen/ gemacht ist: Auf solches Stroh schütte / wie gedacht / deine Asche / nur muß unter der Stellung am Boden / Seit-wärts deß Vasses / ein Zapffen-Loch seyn. Wann dieses nun alles bereitet / so giesset man Wasser auf die Asche/

und lässet sie wohl durchziehen / biß endlich das Wasser über die Asche gehet; solche lässet man eine Nacht stehen / denn ziehet man den Zapffen unten heraus/und lässet die Lauge in ein drunter gestelltes Faß lauffen / ist selbige trüb/ muß mans nochmal oben drüber giessen/biß so lange sie schöne/ helle und gelbe durchläufft.

Wann das geschehen / so giesset man nach Proportion, als das Faß groß/ und der Asche viel ist / noch etwas Wasser hernach / diese starcke Lauge bewahret man in einen besondern Kübel / und giesset wieder von neuen Wasser auf die Asche / biß selbiges darüber geht / lässets auch wieder über Nacht und länger stehen/und zapfft es endlich ab; dieses ist eine schwache Lauge/ die giesset man an statt Wassers wieder über frische Asche/so kan nichts von Saltz umkommen / sondern wird alles zu Nutze gemacht / die zurück-gebliebne ausgelaugte Asche dienet hernach sonderlich die Felder zu bedingen / als wozu sie fast noch eines ihr Geld verdienet.

Dieser Laugen nun macht man so viel als man will; wann man aber derselben genug hat / so muß man einen von starcken Eysen geschmiedeten / oder welches besser / gegossenen Kessel haben / welcher fast nach Art/ wie die Wasch-Kessel der Weiber / muß eingemauret seyn. In denselben wird die Lauge gegossen / doch daß der Kessel nur den dritten Theil voll ist / auf selbige Mauer nun (in welche der Kessel eingefast) wird ein höltzern Fäßgen mit Laugen angefüllet gestellt / welches an der Seite ein Zapfflöchlein hat / darein man einen Zapffen stecket / welchen man so weit auszeucht / daß an den Hahnen/ die Lauge / wie ein starcker Stroh-Halm dick herunter in den Kessel lauffe; wie beygefügte Figur genugsam ausweiset. Wann nun die Lauge im Kochen ist/ so ziehet man das Zäpfflein von Fäßgen/ wie gemeldet/so weit/ daß es allezeit wie ein dicker Stroh-Halm / in die untenkochende Lauge / die im Kessel ist/laufft/ oder so der Kessel gar groß / so muß es auch stärcker lauffen / denn es muß allezeit so viel Lauge hinein lauffen / als Wasser heraus raucht; doch muß man sich in der erst vorsehen / daß die Lauge nicht überlauffe / welches sie sonst gerne mit dem ersten Kochen zu thun pflegt; wo aber solches geschehen wollte / muß man nur kalte Lauge nachgiessen/ und das Feuer etwas mässigen ꝛc.

Diese Lauge nun lässet man gemachsam und nach Proportion deß Kessels/ gantz zu einen trocknen Saltz einkochen / und wann es kalt worden / so schläget man/was sich nicht selber abgelöset/mit einen eiserm Meysel/ans dem Kessel/und verfähret von neuen/biß man genug hat.

Wann man nun dieses schwartz-grauen Saltzes so viel beysammen hat/ als man nöthig oder die Mühe verlohnt; so wird es in einen dazu gemachten

 beque-

bequemen Calcinir-Ofen/wie gleichfalls beygefügte Figur ausweiset/gethan/ alsdenn nach und nach Feuer gegeben / doch daß das Saltz nicht schmeltzt/ sondern durch und durch wohl glühe. Will man nun wissen/ ob das Saltz durch und durch gut und rein / oder genugsam calcinirt; so nimmt man eines von denen grösten Stücken heraus/lässets kalt werden/ und schlägts alsdenn von einander; ist das Stück nun innen wie aussen gantz weiß / so ists ein Zeichen/ daß es recht und gut/wo aber nicht / so muß mans länger calciniren / so wird es schön weiß / und zum Theil von der Hitze etwas blaulicht; dieses Saltzes kan man so viel Centner machen/als man will/ und giebt auch nur zum erstenmal mit Versetzung eines reinen Sandes / ein sehr fein und schön Glaß.

Will mans aber noch feiner haben / so kan man solches nochmal solviren/die klare Lauge oben abschöpffen / das andere aber durch einen Filtz giessen / und wieder einkochen und calciniren. Je öffter nun dieses Solviren / Coaguliren und Calciniren geschicht / je mehr wird das Saltz von seiner Irrdigkeit gereiniget / ja es kan so klar gemacht werden/ als ein Crystall/und weiß als ein Schnee; also daß man auf solche Weise / ein weit schöner und klärer Glaß oder Crystall daraus verfertigen kan/als aus allen fremden Pulvisculis, Sodis und dergleichen weit hergebrachten Materien / wie ich solches genugsam aus der Erfahrung befunden und demonstriren kan / auch dieses bey einem jeden / der meiner Lehr und Angebungen folget/ die Erfahrung bestättigen wird.

Erklä-

Fig. W

Erklärung der Kupffer / zum Laugen- und Saltz-machen.

Fig. 1.

A. Ist das höltzerne Faß / welches auf der Mauer / so um den Kessel gemacht / stehet / und worein die Lauge gethan / auch woraus sie in den Kessel läufft.

B. Ist der höltzerne Zapffen / welcher so weit ausgezogen wird / daß die Lauge C. einen Stroh-Halm / und nach Befindung was stärcker hinunter in den Kessel läufft.

D. Ist der eyserne Kessel.

E. Ist die dicke Mauer um den Kessel.

F. Ist das Loch zum Holtz-einschieren.

G. Ist ein Lufft-Loch an der Seite in der Mauer / damit das Feuer desto besser brennen kan.

H. In die Seite / damit man die Lauge in das Fäßgen A. giesset.

I. Ist die Bütte / darinnen die Asche ist / und woraus die Lauge in das Faß K. läufft:

Fig. 2.

A. Ist der Calcinier-Ofen deß Saltzes.

B. Ist das Loch / wo das Holtz eingeschüret wird.

C. Ist / wo die Flamme in die Höhe geht.

D. Ist der Heerd / da das Saltz aufgeschüttet wird.

E. Ist das Mund-Loch am Ofen / vor welchen ein Kerl stehet / der das Saltz offt rühren muß.

Folgende Observationes von der Pott-Asche / wie solche zu sieden / und zwar / auf die jenige Manier / wie sie in denen beeden Aemptern Dornburg und Bürgel / im Fürstenthum Jena gelegen / üblichen (auf welche Weise sie auch soll in Pohlen und in der Ukraine / da die beste Pott-Asche herkommet / gemacht werden:) Habe ich / zusamt den völligen Anschlag einer solchen Hütten / dem geneigten Liebhaber / hiemit noch gleichsam zum Uberfluß / allerdings wie ich solche empfangen / communiciren / und dieser zweyten Edition beyfügen wollen.

Etliche

I.

Etliche Observationes von der Pott-Asche.

Je älter die Asche ist/ je mehr sie Pott-Asche gibt.

Die Asche soll man an einen feuchten Ort schütten/ so gibt sie hernach desto bessere Lauge und Pott-Asche.

Von harten Holtze/ als Eichen/ Birckenen und Büchenen/ kömt die beste Asche/ und gibt mehr Pott-Asche als weiches.

Im Sommer giest man kalt Wasser auf die Asche/ Winter-Zeit aber soll man halb heisses und halb kaltes nehmen/ daß es laulicht sey. Denn wenn man im Winter lauter kaltes nehmen wolte/ so frören die Kiebel ein/ und kan der Aschen die Fettigkeit nicht genommen werden. Hingegen wann das Wasser gar zu heiß ist / so verbrennt die Asche / und kan gleichfals die Fettigkeit nicht raußkommen.

Die Asche von welcher die Lauge abgezogen worden ist gut zu verbrauchen auf Wiesen und Gärten/ denn solche vertreibet das Mooß/ und wünschet gut Klee-Graß darnach/ dienet auch zu Düngen / solches muß aber in nassen Jahren geschehen und nicht in dürren.

Das Wasser anlangend/ so ist das stehende/ faule/ matte und weiche Wasser am besten / und gibt noch einmal so viel Pott-Asche / als das helle und harte Wasser / saltzig Wasser taug gar nicht.

NB. Saltz und Fett kan die Pott-Asche nicht vertratten/ und soll man sich hüten / daß man keine Asche aus Saltz-Ketten nehme.

Asche ehe man solche in die Kiebel thut / soll man zuvor die Leüthe die solche bringen rein sieben lassen.

Winter-Asche ist besser/ als die Sommer-Asche/ denn in Sommer pflegen die Leute viel Stroh und Laub zu verbrennen/ welches keine Pott-Asche giebt.

Sonst pfleget allezeit bey Calcionirung der Pott-Asche das zehende Pfund ins Feuer zu gehen / wann sie aber in der Pfanne sehr gebrannt wird / so gehet / beym calcioniren nicht so viel ins Feuer.

Die Kübel / darein die Asche kömmt / werden also gestellet: (1) legt man unten 3 oder 4 Höltzer / die unten an dem Ende / damit sie auf deß Kübels Boden stossen / hohl geschnitten seyn / auf diese legt man runde Bretter / und sticht durch solche kleine Löcher Fingers-weit / oder man schiebet auf obgedachte Höltzer / von unterschiedlichen Brettern einen runden Boden in einander / und legt wieder Reiß oder etliche dinne Stücker Holtz drauf / daß sich das Stroh nicht in die Ritzen legen könne / nachmals macht man einen Krantz von Stroh drauf / damit die Asche nicht am Rande hinein fallen könne / zwischen den Krantz aber legt man auch Stroh / daß also ein gantzer Stroh-Boden wird / etwa zwey guter Finger dicke / auf solchen Stroh-Boden legt man hernach wieder etliche schmale Breter / doch daß sie ein biß zwey Finger weit von einander liegen / auf diese nun schüttet man die Asche / und wenn drey Butten voll hinein seyn / muß man solche mit einer höltzern Keile einmal oder drey um den Rande rum / wohl und derb einstampfen. (NB. Denn wenn dieses Stampen nicht geschehe / so würde das blose Wasser / wie mans aufgossen hatte / von der Aschen ablaufen und keine Fettigkeit mit nehmen:) in der Mitten aber stampet man solche nicht / sondern läst sie liegen / wie sie eingeschüttet worden. Wenn dieses geschehen / so schüttet man weiter die Kiebel voll Asche / stampet aber solche nicht wieder / sondern giesset alsdenn Wasser drauf / daß es Lauge werde / und wann sie die Asche in den Kübel nach dem Wasser drauf gegossen werden / setzet / kan man wohl noch etwas Asche nach schütten. Winters-Zeit muß man die Kübel alle 6 oder 7 Wochen stellen / denn da zerfrist das heisse Wasser das Stroh / Sommers-Zeit aber wohl kaum in 9 biß 10. Wochen einmal.

Von einem Kübel aber kan man 3. Täge und 3. Nächte / Lauge

abziehen / die Asche aber soll oben in dem Kübel alle Tage/ etwas umgehackt werden / (auch 3. Täge und 2. Nächte/ damit es nicht schleime / und die Lauge desto besser durchgehen kan.

Im Anfange sihet die Lauge ganz braun aus/ auf die Letzte aber / wann die Fettigkeit heraus ist/wird sie wieder helle.

Zuletzt (nemlich den letzten Tag) soll man die Kiebel wohl abtriesen lassen/sonst bleibet noch viel Fettigkeit in der Pott-Asche.

Wann man nun einen Tag Lauge in einer Wanne gesamlet / so schlägt man 2. bis 3. Eymer in die Pfañe/ wie auch beide Kessel voll/ und macht Feuer unter/wann nun die in den Kesseln siedet/ so schlägt man solche zu der in der Pfanne / thut wieder andere in die Kessel/und verfähret auf itzgedachte Weise/bis es Pott-Asche wird/die Pfanne darff aber nicht ganz voll gegossen werden/ sondern muß allezeit noch einer guten quer Hand hoch ledig gelassen werden/damit die Lauge nicht überlauffen könte; wann nun die Lauge eingekocht und Pot-Asche werden will/ so hört es auf zu rauchen / und wenn dieses geschicht / soll man es mit einem Holze umrühren/damit sich die Pott-Asche nicht am Rande so sehr ansetze/ sondern in die mitten komme/da es die Hitze besser zwingen kan. Wenn auch die Pott-Asche in der Pfanne begint weis zu werden / soll man das Feuer unter der Pfanne/ in der mitten weg thun / und auf die Halbe schieren / damit die Pott-Asche am Rande auch gar werde; und so nun die Pott-Asche über und über weislich aussihet/läst man das Feuer verrauchen/ und solche kalt werden / dann schlägt man sie mit einem eisern Meisel aus/und verwahret solche zum Calcioniren in einen Kasten.

Nachdem nun der erste Sud verrichtet / so behält man diejenige Lauge so in den Kesseln übrig blieben/bis zum andern Sude/ und schlägt solche zu erst in die Pfanne / alsdenn verfähret man wie ob gelehret. Desgleichen kan man auch die letzte Lauge

Lauge / so von den Kübeln bey dem ersten Sude übrig blieben / behalten / und bey dem andern wieder über die Asche giessen.

Die Tauben an den Kübeln müssen zwey Finger dicke seyn / deßgleichen auch der Boden/und wann sie mit eisern Reifen können belegt werden/so ists desto besser.

Die Fässer oder Kübel/sollen aus Kiehnbaumen Holtze oder Eichenen gemacht werden/ das Tännene aber schickt sich nicht wol darzu/weil solches viel Bechgallen hat / dann wenn hernach warm Wasser dran kömmt / zerschmelzt es und bekömmt Löcher.

Die Pfanne soll aus guten zähen Eisen gemacht werden/ eines guten Messer-Rückens dicke/ und soll einer quer Hand breit auf der Mauren aufstehen / damit sie sich am Rande so sehr erhitze/ und die Lauge in sieden heraus springe.

NB. Wie der Kit zur Pfanne soll gemacht werden/wann solche ausläufft oder einen Ritz bekömt.

Man soll nehmen von einen Mandel Eyern das Weisse/eine Kanne gestossenen Lederkalck / und halb so viel kleinen Hammerschlag mit Rinders-Blute unter einander mengen/und mit etwas klaren Hanfwerge/nicht aber vom Flachse/in den Ritz auswendig der Pfannen stopffen oder drüber schmieren.

Wann die Asche gut ist / so kan man aus einer Butten Asche 4. Pfund Pott-Asche / aus einer Scheffel aber 16. Pfund bekommen.

Die Pfanne soll aus alten Eisen / das noch einmal umgegossen wird / gemacht werden/nicht aber aus eingeschmoltzenen Eisen-Steinen geschmolzen wird / und solche kan man am besten zu Ziegerick und zu Raude bekommen / welche beyde Oerter bey Eisenberg liegen.

II.

Anschlag über hiesige Bürgelische oder Dornburgische Pott-Aschen-Hütte.

Hiesige Hütte ist 32. Elen lang und 14. breit/kostet ohngefehr aufzubauen 100. fl. den fl. 21. Gr.

Die Pfanne wiegt fünfthalb Centner/den Centner à 9. fl. und 6. Gr. ist eine Ele / und 1. sechzehen Theil hoch / 7. Viertel breit und 2. gute Elen lang/ gehen 9. Ohm Eymer drein / thut 41. fl. 16. Gr. 6. Pfen.

Zwey kupfferne Kessel/gehet in jeden ein Eymer/und wigt 19. Pf. kostet 4. fl. thut 8. fl.

Zehen Kiebel/darunter 8. gebraucht werden/ gehet in jedes 1. Schäffel und 1. Viertel oder 5. gute Butten Aschen / und kostet 12. Gr. thut 5. fl. 15. Gr.

8. Stuntzen darein die Lauge laufft à 1. Gr. 2. Wasserkannen à 1. Gr. 2. Wannen à 1. fl. thut zusammen 2. fl. 10. Gr.

Eine Kricke und Schauffel/so beym calcioniren gebraucht wird / und ist der Krickenstiel 2. gute Elen lang/ die Schauffel anderthalb Viertel breit und eine Ele lang / kosten zusammen 1. fl. 15. Gr.

Zwey Kasten/ darein die Pott-Asche gethan wird/kosten ohngefehr 2. fl.

Der Calcionir-Ofen ohngefehr 15. fl.

Summa 176. fl. 14. Gr. 6. Pfen.

Exclusivè was das Wasser dahin zu leiten / item die Stette und Wohnung vor den Pottascher kost.

Der Calcionir-Ofen wird inwendig ganz mit Packsteinen ausgemauret/answendig aber mit andern starcken Mauersteinen/ und ist hiesiger Ofen inwendig in der Mitten kaum eine Ele hoch/und muß in Circkel gemacht werden / in die Breite ist er 3. Elen/nemlich in der mitten/ vorne und hinten aber nur anderthalb Ele weit / die inwendige Länge ist 5. Elen / das Loch aber

aber zum Eingange ist 1. Ele breit / und 3. viertel Elen hoch/wie in gegenwärtiger Form zu sehen.

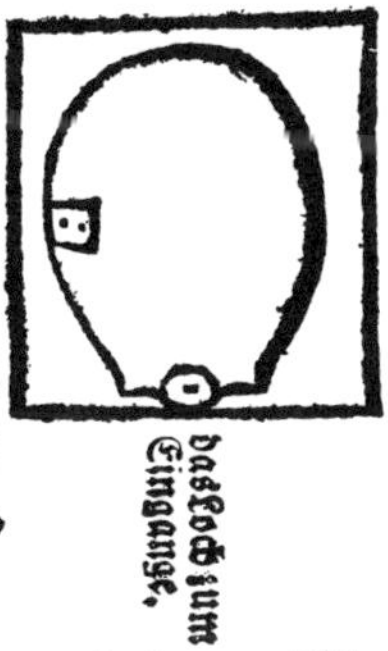

Auswendig ist die Höhe an dem Ofen 3. Elen ohne den Filmund / die Breite 5. Elen/und die Länge 6. gute Elen.

Der Ofen oder Loch/da das Holz inne brennt/muß in der Mitten deß Ofens der Quere durchaus gehen/und ist die Höhe daran 5. viertel Elen und 1. sechzehen Theil / die Breite 3. viertel Elen/das Loch aber da das Feuer im Calcionir-Ofen hindurch schlägt/ ist ein halbe Ele weit und breit.

In diesem Calcionir-Ofen kan man auf einmal nicht mehr als 3. Centner calcioniren/dergleichen aber kan allezeit nach Gelegenheit grösser gemacht werden/wann man nemlich ein mehres einsetzen will.

Die Oefen sollen auswendig mit höltzern und hangenden Riegeln verwahret werden / damit die Hitze das Mauerwerck nicht voneinander treibe / die Löcher aber können mit eisern Spriegeln belegt werden / und oben auf den Ofen noch eine Leimen-Decke geschlagen werden.

Bey Verfertigung deß Ofens ist in acht zu nehmen / daß er wohl aus- oder eingestampfft werde / damit sich der Heerd hernach nicht setze / und an einem Orte höher als am andern werde.

Anschlag eines Sudes.

Zu einem Sude braucht man 10. bis 11. Scheffel oder 44. Butten Asche/die Butte à 1. Gr. gerechnet/thut 2. fl. 2. Gr.
Drey Klafftern Holz/ à 18. Gr. thut 2. fl. 12. Gr.
Den Sieder von 1. Centner 3. St. 8. Pfund/von Centner 8. Gr. gerechnet/thut 14. Gr.

Summa 5 fl. 7. Gr.

Wann ich nun aus obgedachten Sude 1. Centner 8. Pfund bekommen hätte/und der Cent. à 4. fl. verkaufft würde/machtens 6. fl. 14. Gr. 9. Pfen. von diesen nun den Aufgang/nemlich 5. fl. 7. Gr. gezogen/ bleibet der Uberschuß oder Gewinn 1. fl. 7. Gr. 9. Pfen.

NB. Wann es aber gute Asche ist/so kan man auch ein mehrers bekommen.

III.

Folget nun die Beschreibung wie die Pott-Asche soll calcioniret werden.

(1.) Muß der Ofen geheitzt werden/ nemlich Sommerszeit 7. Stunden / Winterszeit aber wohl 9. Stunden

(2.) Wenn der Ofen geheitzt ist / schütt man die Pott-Asche fast einer Hand hoch/ und mercke nun / daß wenn die Pott-Asche eingeschüttet/so darf man im Anfange nit starck Feuern /sondern läst sie nur mählig erwärmen uñ verrauchen/ und wenn sie eine halbe Stunde gelegen/ und anfängt weiß zu werden / muß sie mit der Schauffel unterfahren/und alle viertel Stunden umgewandt werden/(denn je öffter sie gewandt je besser sie wird) nemlich man muß die vorne am Loche gelegen / ganz enhinter & vice versa öfters bringen / denn die Pott-Asche/ so hinten im Ofen ligt/hat allezeit grössere Hitze denn die vorne und wann man sie immer auf einem Orte liegen liesse/so bäcke sie leicht an könte auch nit allzugleich ausgecalcionirt werden.

(3.) Daß der Ofen heiß satt sey / erkennet man daraus / wenn man

man mit der eisern Keule hin und wieder fähret / so springen die Funcken aus den Steinen.

(4.) Die Pott-Asche muß Sommerszeit 5. biß 6. Stunden/ Winterszeit aber 7. bis 8. Stunden im Ofen stehen/ auch wohl länger und weniger/ nachdem der Ofen sehr oder schwach gefeuret wird.

(5.) Beym Calcioniren pfleget allewege das zehende Pfund ins Feuer zu gehen.

(6.) Zum Calcioniren ist das beste Holz das lindene/ wann mans ohne sondern Kosten haben kan/ denn davon wird sie schön blau/ und bekomt einen schönen Glanz.

(7.) Wenn die Pottasche gut und reine/ und wohl calcionirt ist/ so sihet sie fast wie ein Grünspan/ und weiß durcheinander/ ist sie aber nicht reine und wohl calcioniret/ so ist sie inwendig noch schwarz/ gleich wie s. v. Koth.

(8.) NB. Oft geschicht es/ wann man den Ofen zu starck feuret/ und die Pottasche nicht fleissig wendet/ daß sie von grosser Hitze in den Ofen zerfleisst/ und wie Blut aussihet/ wenn nun solches geschicht/ soll man das Feuer schwächer machen/ das Zerflossene mit der Schauffel unterfahren/ und dasjenige/ so nit zerflossen/ wohl drunter und über einander werffen und mengen/ und wenn sie wieder erhärtet/ kan man wieder starck Feuern/ sie muß aber hernach wieder oft und fleissig gewandt werden/ es schadet zwar der Pottasche nichts/ jedoch wenn solche zerfleist/ so gehet desto mehr ins Feuer/ hingegen geschichts ofte auch/ daß/ wenn man zu schwach feuret/ und nit fleissig die Pottasche wendet/ sich solche auf den Heerd ansetze/ und wie ein Kuchen oder Klumpen wird/ in solchem Fall/ soll man sehen/ daß man sie mit der Schauffel etwas lüfften könne/ und hernach starck feuren/ so ziehet sie das Feuer oder Hitze vollends ab/ daß man sie hernach leicht zerstossen und wieder wenden könne/ und muß man anders procediren wann die Pottasche zerfleisst/ anders aber wenn sie auf dem Heerde anbäckt/ dieses alles aber zu verhüten/ soll gute Achtung

tung darauf gegeben / werden besonders im Anfange / wenn sie fleissig gewandt wird / so backt sie darnach nicht so leicht auf dem Heerde an.

(9.) Daß die Pottasche gnug calcioniret sey / erkennet man daraus / wenn sie über und über glüet / und man kein Schwartzes mehr darinnen gewahr werden kan / denn wird sie mit der Kricke heraus gezogen / in ein Loch von Calcionir-Ofen / darinnen sie so lange lieget / biß sie ein wenig erkaltet / darnach wird sie in Fässer geschlagen. Man soll sie auch nicht lange in der Lufft liegen lassen / denn solche ihr die Farbe verderbet / und macht sie schmierig / und wo mans verhüten kan / daß gar keine Lufft daran kömt / so ists desto besser; derowegen soll man solche bey Zeit in die Fässer schlagen / und ob sie gleich noch etwas warm / schadets ihr doch nicht. Eine mehrere gründliche Nachricht / von der Güte und dem Wehrt der Pottasche / findet der geneigte Leser überflüssig zu Ende / in denen beeden Tractätlein genannt / Ars Tinctoria Fundamentalis, & Experimentalis, welche beede Hochteutsch gedruckt und zu finden in Jena / bey Johann Bielcken / Buchhändlern daselbsten.

Hiemit Kunst- und Gunst-geneigter Leser / beschliesse ich völlig den ersten Theil meiner Glaß-Kunst / mit Bitte / meine Müh und gute Intention dir gefallen zu lassen / und versichert zu seyn / daß ich mich hierinnen nichts mehrers / als deines Nutzen / und der einfältigen Warheit beflissen / auch ferner befleissigen werde / biß an mein

E N D E.

Johann Kunckels/

Churfl. Brand. würcklich-bestalten geheimden Cammerdieners/

ARTIS VITRARIÆ EXPERIMENTALIS

PARS SECUNDA,

Oder

Zweyter Theil

Der

Vollständigen Glaßmacher-Kunst/

In dreyen sonderlichen Büchern bestehend/

Deren das I. umständig/ 1. von Glaßbrennen/ Vergulden und Schildemahlen/ 2. von feinen Glasurwercken/ und 3. von allerhand nützlichen bißhero wenig bekannten/ denen Glaß- und andern Mahlern sehr dienlichen/ liecht- und braunen Spicc-Therbentin und Lacc-Fürnissen/ auch wie solche zu vielen schönen Dingen nützlich zu gebrauchen/ handelt/ nebst vielen andern Curieusitäten/ die sämtlich in 100. Experimenten bestehen/ samt einer Zugabe/ wie man den sehr schönen Nürnbergischen Gold-Strau-Glantz aus allen Metallen machen und bereiten soll.

Im II. wird völliger Nachricht von der Kunstreichen und allerschönsten weissen und bunten Holländischen Töpffer-Glasur und Mahlerey (von einigen Barcellan-Arbeit genannt) ertheilet/ bestehend in 60. Experimenten/ und gleichfalls einer Zugabe/ von dem zierlichen und accuraten kleinen Glaßblasen/ so bey der Lampen geschicht/ und wie dergleichen Modus anderwärts nützlich zu gebrauchen.

Das III. aber/ so in 50. sonderbaren Experimenten bestehet/ handelt vornemlich/ wie man allerhand Kräuter und Vegetabilien in Silber abgiessen/ item den Gips färben und tractiren/ Türckisch Papier/ schwartze Schreibtaffeln ꝛc. ꝛc. und viel andere nützliche Dinge bereiten und zu wege bringen soll.

Wobey zum Beschluß desselben eine vortheilhaffte Flaschen-Forme vor die Glaßmacher/ die sich über tausend mal verändern lässet/ beschrieben und in Kupffer vorgestellet wird.

Endlich ist ein sonderbarer Anhang (so aus dem Englischen übersetzet) mit beygefüget/ in welchen von allen natürlichen Edelgesteinen/ ein fast völliger Unterricht begriffen/ auch gleichfalls einige sonderbare Nachkünstlungen gezeiget werden/ allen Feuer- Glaß- und Farben-Künstlern/ auch Jubilier und Goldschmieden/ item Mahlern/ Töpffern/ und vielen andern Künstlern und Mechanicis zu sonderbaren Nutzen aus gewisser Erfahrung aufs kürtzest und einfältigste beschrieben und vorgestellet.

Mit Röm. Kays. Maj. und Churfl. Sächs. Durchl. allergnädigst und gn. ertheilten *PRIVILEGIO*.

Nürnberg/ In Verlegung Christoff Riegels/ Anno 1689.

Geliebter und Curieuser Leser.

Ich stelle dir hier für (nebst dem ersten und Haupt-Theil) den zweyten Theil meiner vollständigen Glaßmacher-Kunst / und dieser zweyte Theil hält wieder in sich drey Bücher:

Das erste von denenselben / welches

I. Vom Glaß-brennen / Glaß-vergülden und Glaßmahlen;

II. Von allerhand feinen Töpffer Glasur-Werck;

III. Von mancherley künstlichen / noch ungemeinen und so wol zur Glaß- als andern Mahlereyen und Handthierungen sehr nützlichen Lacc-Therbentin / Spicc- und Leinfürnissen / auch andern sonderbaren curieusen Dinges mehr handelt / und

zusammen in hundert Experimenten /

oder durch die Ubung und Erfahrung bestättigten Kunst-Stücklein / und einer Zugabe / wie man den künstlichen Nürnbergischen Gold-Strau-Glantz machen soll / bestehet / ist mir aus einer vornehmen und der Künste wegen sehr berühmten Stadt deß Reichs / von sonderlichen Freundes Handen zukommen: Und weil ich in Durchlesung desselben befunden / daß es fast lauter 1. vielen dienliche / 2. zur vollständigen Glaß-Kunst meistentheils nothwendig-gehörige Sachen seyn / 3. auch noch niemals in Druck gesehen worden / als habe ich mich bald resolvirt, solches meiner (damals vorhabenden) Glaß-Kunst zu inseriren. Dahero / nachdem ich es mit allen Fleiß / von denen dabey befindlichen Fehlern corrigirt, auch einen kunstreichen Glaß-Mahler durchsehen lassen / welcher es vor gar köstlich geachtet / hab ich es / geneigter Leser / dir hiemit durch den Druck mittheilen und gemein machen wollen.

Der Autor dieses Tractätleins ist selbst ein guter Glaß-Mahler gewesen / und wie es einige Nachricht gibt / neulich erst gestorben / seinen Namen weiß ich nicht / ohne daß er sich H.I.S. schreibt / daß er aber alles kurtz und einfältig beschreibt / wirst du dich hoffentlich nicht irren lassen. Es seyn Experimenta und keine Speculationes, bedürffen also so viel zierliche Umstände nicht / und endlich seynd solche nur von einen Künstler / nicht aber von einen Gelehrten beschrieben worden.

Da dir nun ja/ geliebter Leser / eins und das andere/ von dem Glaßmahlen und brennen zu dunckel und kurtz beschrieben wäre/ so hoffe ich doch/ es werde dir solches mein dabeygefügtes / als dieses zweyten Theils

Zweytes Buch / handlende

Von der Holländischen / kunstreichen (nach Barcellan-Art) weissen und bunten Töpffer-Glasur.

(bestehend in LX. Experimenten)

Samt noch einer Zugabe/ oder eigentlichen Bericht

Vom kleinen Glaß-Blasen/

so mit der Lampen geschicht.

Wo nicht gnugsam/ doch ziemlich erleutern: Geht dir aber dennoch nicht alles nach Willen an / must du gleichwol / wenn du raisonabel handeln wilst/ dem Autor nicht flux die Schuld geben/ sondern gedencken / daß (welches gar bald geschicht) auch du es versehen können / und dahero desto vorsichtiger lernen handeln; so viel aber ich und andere mir wissend daran probirt und nachgekünstelt haben/ ist es richtig genug befunden worden.

Indem auch ja einige geringe Stückgen diesem Glaßmahler Büchlein einverleibt wären / hab ichs doch nicht ändern wollen / sondern gedacht / vielleicht sind einige / denen damit besser als mit hohen Sachen gedient ist. Es sind Experimenta ; und gleichwie mancher ein lebendig Zeißgen höher als einen todten Adler schätzet / also auch ist mir das geringste Experiment viel wehrter / als die höchsten Speculationes die keinen Grund haben.

Weil ich denn glaube/ daß sich noch viele finden sollen/ die dißfalls meiner Religion seyn/ als habe ich in dem zuletzt befindlichem

Dritten Buch

noch L. dergleichen allerhand Curieuser Experimenten,

Auch zum Beschluß dieses zweyten Theils/

Eine vortheilhaffte Flaschen-Forme/ vor die Glaßmacher/ die sich etlich 1000. mahl verändern lässet/

anfügen wollen / sind gleich solche zur Glaß-Kunst nicht eben alle dienlich / so seynd sie doch auch dazu nicht undienlich: Aufs wenigste seynd sie einigen / die der Glaß-Kunst nicht entbehren können (wie denn derselben wenig seyn werden)

den) angenehm / welche ich auch hiermit versichere / daß es lauter solche Sachen seyn / die durch meine eigene Hand gegangen / welche auch / ob sie gleich noch so gering scheinen / (weil sie die Praxin oder vielmehr die natürliche Warheit zum Grund haben) leichte zu etwas grössers leiten können; ja ob auch welche wären / die zum Theil vor unnütze Dinge zu halten / so weiß ich doch / daß das geringste davon / als ein Experiment eine weit mehrere Warheit und Nutzen hat / als alle Subtilitäten die F.G. in seinem Neri, so wohl mit Worten als in Figuren vorgestellt / wie die Erfahrung endlich beweisen wird.

Dem aber / der es vor eine Nothwendigkeit halt / diese meine wohlgemeinte Arbeit gering zu achten / oder zu verachten der soll wissen / daß ich solche theils selber (ausser daß ich sage / es sind Experimenta) niemahls selber hoch / oder vielanders als gering geschätzt / ja daß er hierinnen mir nicht so sehr zu wider / sondern bey nahe einerley Sinnes ist; nur bitte ich ihn gleichwol dieses (er sey / wer er sey) er wolle sich doch großgünstig belieben lassen / dem gemeinen Nutzen etwas bessers vorzustellen / oder biß dasselbe geschicht / mit seinen Urtheil inne halten; bringt er aber was bessers vor / so will ich das meinige gerne und willig / solts auch offentlich geschehen / verachten lassen. Inmittelst getröste ich mich meiner guten Intention, welche ist: Durch falsche und betrügliche Vorstellung / Speculationes oder processe niemand um die edle Zeit / noch um sein Geld zu bringen / oder mit kurtzen zu sagen:

Niemand zu schaden /

sondern hiemit einem jeden

Zu nutzen und ergötzen.

Geräths nicht wie ich will / was hilffts? ists doch wohl grössern Leuten also gangen; gnug ists / daß ichs gut gemeint / hab ichs aber getroffen / so werde ich nur dardurch gereitzt werden / etwas bessers und nützlichers / ins künfftige zu publiciren; und mit dieser warhafftigen Vertröstung will ich auch den geneigten Leser der Göttlichen alle Morgen neue Güte und Treue empfohlen haben.

J. K.

Inhalts-Register dieses ersten Buchs/
Deß andern Theils/ von der Glaß-Kunst/
handlende vom
Glaß-Brennen/ Vergulden und Mahlen/ und andern Curieusitäten.

LXIX.

Ende deß Ersten Buchs.

Zum

Zum Ersten.

Vom Glaß-Brennen/ vergülden und mahlen.

I.

Vom Glaß-brennen.

Wie man das Glaß in die Brenn-Pfanne legen soll

ERstlich / lege von unten 2. Schichten Glaß-Stücken vergeblich in die Pfannen/ (desselben gleichen thue auch von oben) alsdenn nimmt 2. Theil ungelöschten Kalch und einen Theil reine Asche/ beyde müssen durch ein enges Sieb geschlagen und wohl untereinander gemischt werden. Wenn du nun das Glaß einlegst/ so lasse durch das Sieb / von dem mit Aschen vermischten Kalch darauf lauffen/ streich es oben fein gleich und eben; wenn du aber Stücken einlegst die mit Farben gemahlt sind / so must du auch Glaß-Scherben zwischen die Lücken legen/ damit es alles den Geschirr oder der Pfanne nach / gleich / voll und eben werde.

Nota.

Daß der Autor hier lehret/ oben und unten vergebliche Schichten von Glaß-Scherben zu legen / geschihet aus der Ursache / daß die guten Scheiben in der mitten keinen Schaden leiden / weiln doch die Hitze oben und unten stärcker und unmässiger als in der mitten sich befindet: Dahero diese Erinnerung zur nöthigen Vorsicht gar dienlichen ist.

II.

Beschreibung / wie die Brenn-Pfanne muß gestalt und beschaffen seyn.

Die Brenn-Pfanne muß eigendlich nach den Ofen eingerichtet / und viereckicht / oder etwas länglicht / auch 5. oder 6. Finger hoch seyn / auch einen gantz flachen Boden haben / und dienen diese am besten / welche man von guten Waldenburger-Zeug verfertigen lässet.

Nota.

Es darff nicht eben Waldenburger-Zeug seyn / sondern ein jede Töpffer-Erde ist hierzu dienlich / weil es doch allenthalben mit Kalch ausgefüllet und keine subtile Spiritus halten darff. Nur soll die Pfanne nicht verglassurt seyn / die eisernen von starcken Blech geschlagenen Pfannen / können hierzu noch sicherer dienen.

III.

Ein anderer Unterricht / wie man das Glaß in die Pfanne soll legen.

Wenn du Glaß brennen willt / so nimm ungelöschten Kalch / welcher zuvor wohl in einen Topff gebrandt und über einer grossen Glut ausgeglüet ist; wann nun solcher gantz erkaltet / so siebe ihn durch ein kleines Sieblein / in die Pfanne; erstlich etwan eines Fingers dick / streiche aber den Kalch fein mit einer Feder gleich / alsdenn lege dein Glaß so du brennen willt; redle ferner durch das Sieb wieder Kalch darauf; hernach wieder Glaß / alsdenn wieder Kalch 2c. Dieses treibe so lange biß deine Pfanne schier voll wird; endlich mache es vollends mit Kalch der Pfanne gantz eben gleich. Setze also die Pfanne auf den Rost in den Ofen / decke den Ofen mit Ziegeln zu und bekleibe ihn wohl mit Leimen / damit die Hitze beysammen behalten werde und nicht heraus streichen kan.

Nota.

Hier ist keine difficultät / sondern ist alles deutlich genug / zudeme oben mit den ersten fast einerley / nur daß hier statt der vergeblichen Glaß-Scherben auch Kalch geleget wird / so auch fast besser angeht. Im übrigen ist hier sonst nichts nöthig zu erinnern.

IV.

Von denen Gradibus des Feuers zum Glaßbrennen.

Mache Anfangs ein sittsames Feuer auf zwey Stunden / darnach je länger je besser. Es muß das Feuer allezeit von sehr guten harten und dürren Holtz seyn / das fein klein gespalten ist / also daß es recht unter die Pfanne gehet / auch immerzu / ohne grossen Rauch / fein hell und klar brennet. Setze auch Wächter-Stücken aufrecht an die Pfannen / und ob sich dieselben schon biegen / so lasse dichs nicht irren / sihe nur auf die Jütten / wenn sich aber diese spreitzen/alsdenn kanst du das Feuer gemachsam abgehen und alles zusammen nach und nach erkalten lassen.

Nota.

Was Wächter und Jütten seynd.

Wächter. Seynd Glaß-Scheiben/ so an der Pfannen aufgerichtet werden ; dienende zu einen Merckmahl / dabey man wann sich selbige biegen und schmeltzen wollen/abnehmen kan/daß allbereit das meiste gethan/ und man nicht mehr so scharff zuschüren darf.

Jütten. Ist ein sonderlich Terminus dieser Kunst und denen Glaßmahlern wohl bekannt / bedeutet so viel / daß man wohl oben auf der Pfannen zusehen soll / so das Feuer sprützet / und mit Hauffen kleine Funcken hin und wieder wirft / so ist Zeit daß man nach deß Autoris Lehr hartes/ dürres und kleines Holtz gebrauchen muß/ ist das vornehmste so bey diesem Punct zu mercken ist.

V.

Ein anderer Unterricht / wie das Feuer zu regiren und anzumachen sey.

Nimm gutes Büchen-Holtz / so recht dürr und ziemlich klein / wie Fisch-Holtz gespalten ist; mache damit zum ersten ein kleines lindes Feuer/hernach je länger je besser / biß die Pfanne gantz glüet / alsdenn lasse das Feuer von sich selbst gantz ausgehen. Wenn es denn erkaltet und über Nacht gestanden/ so hebe deß andern Tages die Pfanne aus den Ofen / räume den Kalch mit Manier weg/und wische das Glaß auf der rechten und lincken Seiten mit einen leinen Tüchlein abe/ so wirst du dein Kunst-Gemählde gantz rein und beständig auf demselben finden.

VI.

Von viererley Arten zu brennen.

Es seynd einige / die bloß nach Gesichte brennen ; andere brennen nach einer gewissen Anzahl der Stunden. Die aber sicherer gehen wollen/

die brennen nach den Wächtern wann sie sich biegen. Am allersichersten aber handeln diese/welche nach den Jütten brennen/ wenn dieselben fliegen.

Wann du die Wächter auf die Pfannen legest / in das obere Theil deß Geschirres / also daß sie zweyer Daumen der Pfannen vorgehen / und sie sich denn in der Glut biegen und schmeltzen wollen / so hast du ein schönes Kunst-Gemählde. So du auch Venedische Scheiben wilt mit-brennen / so lege solche (dieweil sie milder sind als das teutsche Glaß) mitten in der Pfanne / und streich das Kunst-gelb herum auf die Venedische Scheiben / wann es denn oben wie Wasser fleust / so brennt es auf den Scheiben gantz gleich aus.

Nota.

(Oben wie Wasser fleust. Ist der Kalch/so oben auf liegt/ der fleust und rührt sich wie Wasser.

VII.

Noch ein anderer und ausführlicher Bericht von Brennen und einsetzen.

So du wilt anfeuren zum Brennen / so zerhaue erst dürres Büchen-Holtz klein / als wenn du Fische dabey sieden woltest / und behalte die kleinen Splitterlein absonderlich ; alsdenn so feure ferner fein gemach-oder langsam/ mit Kohlen nach/ und zwar immer besser hinein ; hernach feure mit den kleinen Sprößlein ferner am Loch und so folgends auch mit guten Kohlen ; endlich feure auch mit grossen Stücken / recht unter die Pfanne / und lege derselben immer eins nach den andern hinein / mercke alsdenn / auf die Pfanne/ mit den Wächtern / wie auch auf die Stangen darauf die Pfanne stehet / denn so sich die Wächter neigen / und die Stangen roth werden darauf die Pfanne stehet / und zwar gantz liecht roth / die Pfanne aber fein braun-roth / so wirst du auch wohl die Striemlein oder Jütten sehen auf der Pfanne. Alsdenn lasse das Feuer abgehen / denn es hat sein genug / wilt du aber die Striemlein noch besser sehen / so ziehe das Holtz heraus / also daß keine Lohe oder Flamme mehr unter der Pfanne ist / und rühre mit einer eisernen Gabel in den Kohlen/ so wirst du sehen / wie die Striemlein auf der Pfanne funckeln / und auf derselben hin und her hüpffen oder fahren / wo sich denn auch haben die Wächter geneiget / so bist du gewiß / daß du schön Kunst gelbe wirst haben.

So du aber nach den Stunden brennest / und 6. Stunden volles Feuer gehalten hast/ so ziehe dasselbe aus den Ofen/ du wirst alsobald auf der Pfannen helle Striemlein fahren sehen / und wenn du in die Kohlen rührest / so

siehest

Fig. V.

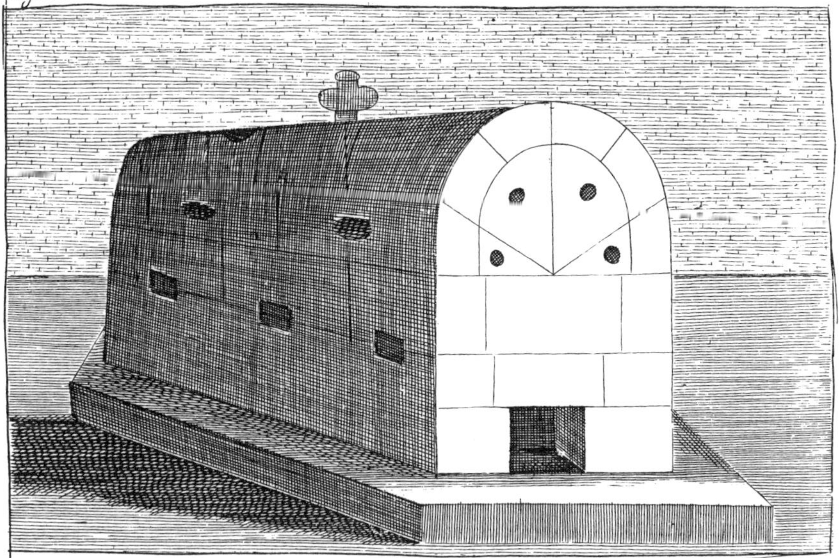

Fig. I.

sihest du sie auch / sie seynd aber nicht so hell / verlöschen auch bald wieder. Wann du sie aber gleichwol siehest / so ist es ein Zeichen daß es fein genug hat / siehest du sie aber nicht / so feure besser / biß sie sich erheben und eine Flamme von sich geben / alsdenn thue das Holtz miteinander gleich heraus / denn du hast ein rechtes Wahrzeichen / daß es einschmeltzet. Jngleichen wenn der Kalch fleust und sich rühret / so schmeltzt es auch / solches wirst du wohl an den Dampff / der davon gehet / empfinden. Wilt du Venedische Scheiben mit und unter ander Glaß brennen / so lege solche / wie oben gedacht / mitten in die Pfannen / damit solche / weil sie milde sind / nicht durch die gröste Gewalt deß Feuers Schaden nehmen; streiche auch das Kunst-gelb um und um auf die Venedische Scheiben wann es denn oben wie Wasser fleust / so brennt es mit dem andern Glaß allerdings gleich aus.

Wilt du brennen / so erinnere ich nochmal: Nimm gut dürr hart Holtz / welches fein klein / und nach proportion deß Ofens geschnitten und gespalten ist; schüre auch im Anfang ja nicht zu sehr zu / und mache das Feuer nicht allzu groß / sondern nimm zum ersten nur glüende Kohlen / und hernach klein gespalten Büchen-Holtz / es muß aber zum wenigsten 6. Stunden gebrannt werden.

VIII.

Von den Brenn-Oefen

Die Brenn-Oefen habe ich hier in einer deutlichen Figur vorgestellet / hoffe auch / die Liebhaber werden sich hierein gar leichtlich zu finden und schicken wissen.

IX.

Noch eine Erinnerung vom Glaß-brennen / eines andern Meisters.

Welches Glaß du brennen wilt / von selbigen Glaß mache auch die Wächter der Pfannen / es sey nun gleich Venedisch-Glaß / oder Wald-Glaß / oder andere und gemeine Scheiben. Mercke / das Venedische-Glaß schmeltzet eher als die Wald-Scheiben / und das Wald-Glaß eher denn das Zielbacher-Glaß eher denn das Hessische-Glaß / darnach wisse dich zu richten / wilt du aber Venedische Scheiben mitbrennen / so lege solche in die mitten / und das andere Glaß oben und unten / so kanst du doch zugleich deine unterschiedliche Gläser ausbrennen. Man kan in 6. oder 7. Stunden der Sache ein Genügen thun / wiewol einige 8. biß 9. Stunden dazu gebrauchen.

X.
Nachricht und Beschreibung deß Schmeltz-Glases.

Das Schmeltz-Glas ist mancherley; dieses / welches in Kuchen gegossen und von Venedig kommet / ist das beste / es hat keine sonderliche Farbe/ ausser daß es der Dicke wegen etwas gelblicht scheinet / fast wie das reine gemeine Wachs / und gibt das Pfund dessen wie es die Glaßmahler gebrauchen / zu Leipzig 4. Groschen. Die Jetkörner aber bekömmt man zu Franckfurt am Mayn/ grün und gelb wie man will/ und werden 5. Schnüre vor einen Weißpfennig verkauft. Es ist auch das gar alte Glaß von denen Kirchen-Fenstern hierzu sonderlich gut zu gebrauchen/ ingleichen auch das grüne Töpffer-Glaß/ wie auch das jenige was bey ihnen in den Ofen abfleust.

Nota.

Was die Schmeltz-Gläser eigendlich seyn/ ist vornen im ersten Theil der Glaß-Kunst / oder in deß Anthoni Neri Tractat **genug zu sehen / auch wie es gemacht werde von allerley Farben. Sie werden sonst Smalten/** Item Encausten **und** Amausen **genannt. Jetkörner aber seynd die grünen / gelben und sonst von allerley Farben aus Bley-Glaß gemachte Corallen / auf Nürnbergisch/ Paterlein / genannt / und allen Kindern bekannt. Das grüne Töpffer - Glaß ist ein gemeines Bley - Glaß mit etwas Kupffer-Hammerschlag versetzt/ von welchen allen du in diesem Buch gnugsame Nachricht kanst finden.**

Vom Glaß-vergülden und mahlen.

XI.
Von allerley Gold-Gründen auf Glaß.

Nimm Gummi arabicum, lege den in einem guten Wein-Essig / der durch Fließ-Papier filtrirt ist / wann du ihm eine Weile darinne stehen lässest/ so wird er weiß wie Mehl / alsdenn seiche den Essig davon / und reibe den Gummi auf einem Stein / mit einen wenig frischen und reinen Gummi amygdalorum, das ist Gummi von Mandel-Bäumen / (es thuts auch der Gummi von Kirsch - Bäumen wenn er rein ist) und ein wenig reinen Wasser/ mahle damit auf ein Glaß nach deinen Belieben / und so es auf selbigen bey nahe trocken werden will / also daß es nur ein wenig klebricht ist / so lege alsdenn das Gold darauf / so wird / wo du es recht machest / das Gold völlig durchs Glaß scheinen. Wische das übrige Gold / nachdem es über einen

nen mässigen Kohlfeuerlein gäntzlich getrocknet ist / mit einer Baumwolle gelinde davon / (du must aber das Glas nur von ferne über die Kohlen halten / damit es nicht zerspringe) so wird das Gold sehr schön auf dem Glas erscheinen / und nimmermehr / ob es auch schon von Wasser und dergleichen naß würde / abgehen und ungestalt werden.

XII.

Ein anderer Glaß-Gold-Grund.

Nimm klein gepülverten Mastix / lasse solchen in einen Gummi-Wasser über gelinder Wärme zergehen / daß es zusammen in der Dicke wie ein Fürniß werde; damit mahle oder bestreiche das Glaß / lege hernach das geschlagene Gold oder Silber oder Metall darauf / und lasse es bey einem Kohlfeuer und mässiger Wärme recht trocken werden.

XIII.

Noch ein anderer Grund zum Vergülden.

Nimm Silberglett / reibe sie erstlich trocken auf einen Stein / so klein wie ein Mehl; darnach reibe sie ab / mit einem klaren Therbenthin-Fürnis / streiche damit / vermittelst eines gelinden Föh-Pensels / das Glas nach Belieben an / lasse es wie einen andern Gold-Grund trocken werden / doch daß es noch ein klein wenig klebrich bleibet / lege hernach das Gold darauf / und drücke es mit einer Baumwolle an / lasse es alsdann vollend trocknen / und wische das übrige fein sanfft abe.

XIV.

Noch ein anderer Gold-Grund auf Glaß.

Nimm Mennig / Oggergelb / Bleyweis / jedes ein Loth / Silberglett 2. Loth / mit Leinöl oder Spick-Fürnis abgerieben / und damit auf Glaß gemahlet; darauf zwölff Stunden stehen lassen / ferner die Gold- oder Silber-Blätlein drauf gelegt / und hernach mit einer Baumwolle abgewischt.

XV.

Einen Gold- und Silber-Grund auf Glaß und Gesteine / wie auch auf Metalle / als Glocken und eisern oder zinnerne Geschirre.

Nimm 1. Theil Ogger / 3. Theil Mennig / 4. Theil Boli armeni auch etwas wenig Galitzenstein / diese reibe erstlich mit wohl-rectificirten Brandwein / hernach mit lautern Leinöl / so viel als genug ist / endlich so thue etliche Tropffen Spick-Fürnis darunter thue es denn von dem Stein in ein leinen Tuch / und ringe es durch solches in ein sauberes Gefäß / streiche es worauf

du willt /

du wilt / lasse es biß auf ein weniges trocken werden / alsdenn lege das Gold oder Silber darauf/und lasse es/wenn du es mit einer Baumwolle drauf gedrücket/ vollends vertrocknen.

XVI.

Gold auf Glaß zu legen/ daß es sich auch polieren lasse.

Nimm reine Kreiden und Mennig / reibe es gar sehr klein mit klaren Leinöl an/mahle oder bestreiche das Glaß damit/ lege alsdenn das Gold darauf/lasse es gemachsam trocken werden/so läst sichs gar schön poliren.

XVII.

Ein anders dergleichen.

Nimm Leinol einer guten Nußschalen voll / thue darunter 3. oder 4. Tropffen Fürnis / auch dreyer Erbis groß gestossenen Mastix / und einer Rohr-Kugel groß Bleyweiß/rühre und reibe es wohl untereinander/schreibe damit auf ein Glaß; wenn es schier trocken ist/so lege das Gold darauf; damit sich aber das Gold nicht auch nebenst der Schrifft oder Mahlwerck anlege/so wische fein vorhin / ehe du schreibest / das Glaß mit gestossenen Bleyweis/oder Kalchmehl fein reine ab/es wird dir nach Begehren gelingen.

XVIII.

Gold-oder Silber-Schrifft auf Glaß zu schreiben / die vom Wasser nimmer abgehe.

Nimm 1. Theil Bleyweis / 1. Theil Zinnober / 1. Theil geschwämmet Bley-Glaß/reibs auf einen Stein durch einander / daran geuß rein Leinöl so viel als genug ist/und nachdem du viel machest / auch etliche Tropffen schönen klaren Firniß; reibe es alles fein wohl durch einander / je mehr je besser / und schreibe oder mahle damit auf Glaß/laß Tag und Nacht stehen / biß es schier selber trocken worden: darnach lege dein geschlagen Gold oder Silber darauf/tupffe es mit einer Baumwolle wohl an/ so verguld sich die Schrifft oder was du bemahlet hast sehr schön/und das übrige Gold wischt sich hinweg. Ich erinnere aber nochmal / ja ein vor allemal/ daß du / wann du willt auf Glaß schreiben/das Glas zuvor mit ungelöschten und gantz klein-zerriebenen Kalch/ oder auch mit kleingeriebenen Bleyweis fein abreibest und säuberst / sonsten hanget sich das Gold auch neben der Schrifft am Glaß an / undverderbt dir deine Kunst welches du wohl solt mercken.

Zum Silber-Grund aber kanst du nur zu 1. Quintlein Bleyweis nebst dem gehörigen Oel / so viel zur rechten Dicke von nöthen / auch 3. Tropffen Firniß nehmen und damit schreiben / oder allerdings wie mit dem Gold verfahren.

XIX. Eine

XIX.

Eine sehr leichte Art zu verguldén.

Nimm Quitten-Kerne / weiche derselben ein gut Theil im Wasser oder in schlechten Brandwein / lasse 3. Tage weichen / bestreiche die Arbeit damit / und lege das Gold darauff / verfahre ferner wie mit denen andern / es wird eine durchsichtige Verguldung geben.

XX.

Glaß zu verguldén / daß es einschmeltze.

Nimm Borrax / zerlasse den in Wasser / mit diesen Borrax-Wasser bestreiche das Glaß nach deinen Gefallen / und verguldé darein / ists nun ein Trinck-Glaß / so fülle dasselbe alsdann voll Saltz / setze es auf ein Eysen in eine dazu gehörige Hitze / so schmeltzt der Borrax ein / und gehet nimmermehr abe. Ist auch eine von den schönsten Verguldungen.

XXI.

Eine andere Verguldung die einschmeltze.

Nimm Gummi arabicum und ein wenig Borrax / zerlasse es in so viel reinen Wasser als nur vonnöthen / lasse es über Nacht stehen; streiche das Glaß damit an / oder schreib damit mit einen Pinsel / oder neugeschnittenen Feder was und wie du wilt / lege alsdann das Gold darauf / laß es drucken werden / gradire hernach darein nach deinen Gefallen; man kan allerhand schöne Figuren darein zeichnen oder gradiren / lege es hernach in einen Ofen / und laß es wohl heiß werden / so geht es nimmermehr ab.

XXII.

Glaß zu verguldén / daß nicht gebrannt wird.

Wilt du Glaß verguldén / daß nicht gebrannt wird? so nimm Gummi arabicum und Gummi armoniacum, item Grünspann / Minie / und ein wenig Kreyde / auch etwas Fürniß und Honig; reibe es alles auf einen Stein wohl ab / mit dicken Gummi-Wasser / schreibe und florire damit auf Glaß / nach deinen Belieben / verguldé darein / lege es alsdann hin daß es gar drucken werde / wann es dann wohl getrocknet / kanst du es nur mit einen Zahn poliren.

XXIII.

Noch eine gemeine Verguldung.

Nimm Mennig / Bleyweiß und Oggergelb / temperire es mit klaren Fürniß / daß es ziemlich dünne werde / damit es fein sanft aus der Feder fliesse;

kanst du aber aus einen Pinsel schreiben / so mag es wohl etwas dicker angemachet werden; schreibe damit was du wilt / lasse es über Nacht stehen; wann es nun fast gantz trocken worden / so lege die Gold-Blättlein darauf / drücke solche mit einer reinen Baumwolle fein sanft daran / lasse es wieder über Nacht stehen; hernach wische das übrige mit einer sauberen Baumwolle ab / so bleibt das geschriebene alleine / und das übrige lässet sich (daferne anders das Glaß gantz rein gewesen) gäntzlich abwischen.

XXIV.

Eine sonderliche Verguldung.

Nimm ein Ey / thue das Weisse davon in ein Glaß oder Tügelein / zerquerrele solches daß es gantz zu Schaum werde; lasse es alsdenn stehen / so wird ein klares Wasser daraus. Nimm dasselbe Wasser / thue ein wenig Saffran darein und schreibe darmit; schneide das Silber oder Gold zu kleinen Stücklein / so breit als die Zeilen oder Buchstaben seyn / lege es auf die Schrifft / weil es noch etwas naß ist / lasse es wohl trucken werden; hernach nimm Baumwollen / überstreich die verguldе Schrifft damit / so gehet das übrige / so nicht geschrieben ist / alles hinweg; wiltu aber / daß es nicht mehr und schöner soll gläntzen / so must du es mit einen Zahn poliren.

XXV.

Noch eine Vergüldung.

Nimm zwey Theil Kupfferschlag und zwey Theil klaren Ruß / der wie Hartz oder Bech in Stücken ist; reibe es mit dünnen Gummi-Wasser / und streich die Schalen oder Scheiben damit an; lasse es trucken werden; gradire hernach darein nach deinen Gefallen; hernach überfahre es mit einem klaren aber doch zähen Oel oder Fürniß / und vergülde oder versilbere darein / so wird er sonderlich schön auf der andern Seiten erscheinen.

XXVI.

Noch eine sonderliche Art zu vergülden.

Nimm Gummi armoniacum, lege solchen über Nacht in scharffen Essig / so zergehet es darinnen und wird so weiß als ein Weitzen-Mehl / giesse alsdenn den Essig davon in ein ander Geschirr / und reibe das Gummi auf einen Stein / thue auch ein wenig Gummi arabicum, oder amigdalarum, oder reines Kirsch-Hartz darunter; reibe die beyden Gummi wohl durch einander / mit lautern Wasser; wann solche wohl miscirt und klein gerieben / so schreibe oder florire damit auf gläserne Gefässe / wann es nun fast trocken / also daß es nur noch ein wenig klebrig ist / so lege und drücke mit einer Baumwolle das Gold darauf / so wird das Gold sehr fein durch das Glaß scheinen / lasse es als-

alsdann über Nacht stehen / hernach reiße das übrige mit einer Baumwolle ab / so bleibet das geschriebene oder musirte alles auf dem Glas / das soll man ferner auf einer mässigen Kohlen-Glut sanfft abtrucknen / und folgends langsam heiß lassen werden / aufdaß das Glas von der Hitze nicht zerspringe; darnach laß das Glaß von sich selber kalt werden / so bleibet solches schön / wird sich auch nimmermehr verwandeln / auch weder von Wein noch Wasser abgehen.

Mit dieser Materia kan man auch auf glatte Steine / Helffenbein und allerley Metall gleicher Gestalt verguldẽn.

XXVII.

Ein sonderliches curieuses Trinckglaß zu machen.

Nimm zwey glatte Glässer / welche sich gerade in einander fügen / welche auch / sonderlich was die Höhe betrifft / also beschaffen seyn / daß das innere Glaß / dem eisern ja nicht an der Höhe vorgehe / sondern beyde gleich hoch seyn; mahle das grössere inwendig mit Oel-Farben nach Edelgestein-Art aufs beste als du kanst; laß es trocken werden / alsdenn reisse mit einer spitzigen Gradier-Nadel hin und wieder / Aederlein oder was du wilt darein. Ferner schwäncke altes Leinöl / darinn herum / lasse es wieder wohl heraus lauffen / und umgestürtzt fast trocken werden; wann es demnach ein wenig klebricht ist / so lege Blättlein von Gold oder Metall hinein / drücke sie mit einer Baumwollen inwendig an / und laß es folgends wohl austrucknen / so scheinen die gerissenen Aederlein gold-reich heraus. Indessen nimm das andere oder kleinere Glaß / streiche es auch vermittelst eines Pensels mit alten klaren Leinöl oder einen reinen Fürnis aufs dünste an / und belege es über und über mit geschlagenen Gold oder Metall / so sihet es von inwendig einen verguldeten Becherlein gleich / lasse es auch trocken werden und setze sie in einander (es müssen auch die Gläser also eingerichtet seyn / daß sie in der Mitten / wann sie in einander gesetzt / keinen oder wenig Raum haben / damit sie nicht gar zu dick scheinen.) Ferner pulverisire reine Kreiden / mache solche mit rechten Lacc-Fürnis zu einem Teig / verkütte damit oben den Rand der zwey Gläser fein glatt / auf daß mans nicht erkennen kan / daß es zwey Gläser seyn / welches sich denn gar wohl thun lässet; lasse es trocken werden / wanns wohl trocken / überstreichs wieder mit einem Penselein mit lautern Lacc-Fürniß / laß wieder trocknen / poliers hernach mit Pimsstein; streichs wieder mit lautern Fürniß an / und wanns schier trocken / so lege geschwind Blättlein von Gold darauf / alsdenn noch einmal oder 3. mit Lacc-Fürniß angestrichen / so kan das Gold nimmermehr abgehen.

Wann an statt der Farben und Mahl-Wercks nur alt und klares Lein-Oehl in das grössere Glaß giesset / solches wieder auslehret und austropftropffen lässet / hernach deß Hautschen Streuglantz darein streuet / von allerley Coleuren/und dennoch das inwendige Glaß verguldet / so kommet es noch schöner.

Man kans auf allerley Arten bemahlen und belegen / nach eines jeden selbst Belieben und Gefallen / es hat auch/ wann es recht gemacht / ein sehr feines und ergötzliches Ansehen.

Nota.

Was deß Hautschen Streuglantz sey / soll nachfolgends ausgelehret und beschrieben werden.

XXVIII.

Verglasurte Ofen-Kacheln / oder einen gantzen Ofen zu verguldeu.

Nimm Gummi arabicum 1. Theil / und 2. Theil Mastix / der fein rein und klar ist / lege solche in guten alten klaren Wein / lasse es wohl vermacht in der Stuben-Wärme zergehen; bestreiche damit die Kacheln oder den Ofen/ und lege die Gold-Blätter manierlich darauff / drücks mit der Baumwollen an wie sichs gebührt / lasse es folgends trocken werden / und wann hernach der Ofen scharff geheytzet wird/ so schmeltzt sichs ans Glaß/und gehet nimmermehr davon ab.

XXIX.

In ein Glaß allerley zuschreiben.

Lasse dir von einen Glaßmahler ein Glaß mit Loth anstreichen; darein kanst du mit einer Feder gantz rein und fein/ wie fast auf Pergament schreiben; lasse dirs darnach schmeltzen oder brennen / so bleibet die Schrifft ewig darinnen / und kan (es sey denn / daß das Glaß schmeltze oder zerbreche) sonst weder vom Feuer noch Wasser verderbet werden.

XXX.

Eine weise Schrifft auf Glaß zu schreiben / daß es nicht anders sihet als wäre es darauff geschmeltzt.

Nimm 1. Quintlein Bleyweis / reibs mit Wasser rein und wohl abe darnach mache Häufflein draus / und solche lasse an der Sonnen trocken werden; darnach lege es wieder auf einen Stein/und thue schön Lein-Oehl und 3. Tropffen Fürniß darunter; reibe es alles sehr wohl durch einander / also daß gar wohl damit möge geschrieben werden; schreibe alsdann damit um ein Trinck-oder ander Glaß / es mag daselbe gleich roth / grün oder blau seyn / je

länger

länger es darauf stehet/je härter es wird / also daß es auch von keinen Wasser leicht wird abgehen.

XXXI.

Von allerhand Farben aufs Glaß zu mahlen.

So du Glaß mahlen / und dasselbe absetzen oder nach der Kunst schattiren und duppliren wilt / so streich es erstlich gantz dünne an / darnach lege es auf deinen Abriß oder Versierung die du machen wilt / und ziehe die Hauptlinien / und so du es wilt absetzen / so richte dich nur nach der Versierung die du machen wilt / und streich das Loth dahin da der Schatten seyn soll / da nimm einen gelinden Haar-Pensel / und dupplire es aus nach der Kunst und deinen besten Verstand / alsdenn lege die Haupt-Farben an. Endlich verhöhe es mit Fleiß / und brenne er hernach in einer irdenen Pfannen / die 5. Finger tief ist/und mercke daß du unten und oben in die Pfannen vergeblich Glaß und ungelöschten Kalch legest / damit es nicht leicht Schaden nehme / allerdings wie zu Anfangs dieses Büchleins gnugsam gelehret und gerinnert wordene

XXXII.

Beschreibung der Pensel zum Glaß-mahlen.

Die Penseln / welche man zum Gewanden brauchet müssen von weichen Porsten seyn; wann man nackends will mahlen / so müssen sie die Pensel von Ziegel-Haaren oder Bocks-Bärten seyn; die Schlicht- und Dupplier-Penselchen aber sollen von fähen Haaren seyn/wie gleichfalls auch die breiten Gold-Pensel / und müssen fein in Gäns-Federn eingefasset werden.

XXXIII.

Wie das Glaß abzureiben und tod zu machen / damit man also/ wie geschmeltzet auf Glaß mahlen möge.

Nimm 2. Theil Eysen-Hammerschlag und einen Theil Kupffer-Hammerschlag / das sind 3. Theil / alsdann nimm 3. Theil Schmeltz-Glaß / und thue es darunter / reibe es mit klaren Wasser auf einen Marmorstein / oder auf einen Messing- oder Eysen-Blech ein Tag oder 3. so klein als du immer mehr kanst / damit reibe das Glaß wohl ab / so mahlet sich alles besser und schärffer/und auf diese Weise soll alles Glaß / welches man mahlen will / zugerichtet / und abgerieben werden.

XXXIV.

Allerley Farben auf Glaß zu tragen.

Trage auf die ebichte Seite deß Glases alle Farben / welche du gebrauchen

chen wilt / als blau/roth/grün/gelb/braun / mit Borrax-Wasser angemacht/ wie die Goldschmied im Gebrauch haben/und wann du vertiefen wilt/so trage es nur dicker auf/so wird es schon um ein gutes dunckler erscheinen.

XXXV.

Wie man Wapen von allerley Farben brennen und mahlen soll.

Erstlich sihe was vor Farben es seyn sollen / ists blau und weiß? so nimm Burgundisch blau / unterfange und zeichne es ab wie dir wissend; soll es aber gelb und blau seyn? so streiche es allein auf die ebigte Seiten deß Abrisses: Mit den Kunst-gelb thue eben dergleichen; soll es roth und weiß seyn? so thue ihm wie mit den blauen / wilt du es aber roth und gelb haben? so ziehe das Rote davon ab / und läutere es hernach mit den Schmirgel / der auffs allerkleinste gestossen und gerieben ist; zuletzt läutere es mit Drippel / scharffen Essig und linden Holtz / und wenn du es mit Kreusel-Glaß vollend abgezogen und abgerieben / also daß aller Schmutz auf der ebigten Seiten / und wo es glatt seyn soll / wieder weg ist / so trage das Kunst-gelbe darauf / und zwar erstlich auf der ebigten Seiten / wie auch fein gleich und eben / damit es nicht fliesse / sondern fein dicke auf einander liegen könne / alsdann kanst du dich damit zum Brennen schicken / und dabey nur die schon genugsam vorgeschriebenen Regeln beobachten.

Nota.

Kreusel-Glaß ist gantz klein gestossen oder gerieben Glaß/oder solches / wie die Glaser mit ihren Kreusel oder Grissel-Eysen von den Scheiben abgrisseln.

XXXVI.

Allerhand Loth zu machen.

Nimm 1. Theil Eysen-Hammerschlag/und 1. Theil Kupffer-Hammerschlag / auch 2. Theil Schmeltz-Glaß. Oder

Nimm Jett-Körner/Eysen-Hammerschlag/und Spieß-Glaß. Oder

Nimm Kupffer-Hammerschlag/Spieß-Glaß und Jett-Körner/solches reibe auf einen Eysen-Blech 1. Tag oder 3. mit frischen Wasser zum allerkleinsten/und wenn du wissen wilt/wann das Loth klein genug ist / so siehe / wann es beginnet gelblicht zu scheinen / und zähe wird / also daß es dicke an den Läuffer hangt / so ist es ein Zeichen / daß es klein genug gerieben ist.

XXXVII.

Schwartz Loth/oder Ventur zu machen.

Nimm Eysenhammer-Schlag und Jett-Körner/ jedes gleich viel / reibe es untereinander ein Tag oder 3. aufs kleinste / allerdings wie oben.

Oder

Nimm ein Pfund Schmeltzglaß / drey Viertels Pfund Kupfferhamschlag / und 1. Viertels-Pfund Eysenhammer-Schlag / reibe es wohl mit Wasser / wie vor gemeldt.

Oder

Nimm 1. Pfund Schmeltzglaß/3. Viertels-Pfund Kupffer-Hammerschlag/und 2. Untzen Spietzglaß / verfahre damit nach obigen Bericht.

Oder

Nimm 2. Untz weisses Glaß/2. Untz Eysen-Hammerschlag/1. Untz Kupffer-Hammerschlag.

Oder

Nimm 3. Theil Bley-Glaß/2. Theil Kupffer-Hammerschlag / ein Theil Eysen-Hammerschlag / 1. Theil Spießglaß / procedire damit ut suprà.

Bleyloth zu machen.

Nimm 2. Theil Bley / 1. Theil Spießglaß / nimm ein wenig Bleyweiß darunter / und reibe es wie Anfangs erinnert worden.

XXXVIII.

Schwartz auf Glaß zu brennen.

Nimm Jettkörner (so auch Jettglaß und Grünspiessen genannt) und Kupffer-Hammerschlag / eins so viel als deß andern / auch Eysen-Hammerschlag die Helffte so viel / ferner nimm Bleyaschen / wasche den Kupffer-Hammerschlag und die Bleyaschen / biß alles Unreine davon gehet/reibe die Materia untereinander auf einen Stein oder Eysen-Blech mit reinen Wasser aufs kleinste / lasse es wieder trocknen / schlage es durch ein enges Sieblein / so wird es schwartz auf Glaß; je dicker du es nun anstreichest / je schwärtzer; und je dünner du es aufträgest/je grauer es wird / darnach kanst du dich in deiner Arbeit richten.

Nota.

An statt der Grün-Spiessen oder Jettkörner kanst du nur das gemeine / oder grüne Bley-Glaß nehmen / welches man bey den Töpffen haben kan / es wird hier eben das verrichten.

XXXIX.

XXXIX.

Eine andere Schwärtze auf Glaß zu mahlen und brennen.

Nimm Kupffer-Aschen zwey Theil/ Schmeltz-Glaß ein Theil/ reibe diese zwey wohl mit guten Brand-Wein/ und mahle damit auf Glaß/ es schmeltzet sehr gerne ein.

LX.

Noch eine dergleichen schöne Schwärtze.

Nimm weiß Glaß 2. Loth/ Eysen-Hammerschlag anderthalb Loth/ Spießglaß ein Loth/ Braunstein ein halb Loth/ reibe es an statt Wasser mit guten Essig/ und brenne es/ es wird dir nicht ungefällig werden.

Wie man ferner alle Farben zum Glaßmahlen machen soll.

XLI.

Braun auf Glaß zu machen.

Nimm eine Untze Weis- oder Schmeltz-Glaß/ und eine halbe Untze guten Braunstein/ reibe es sehr klein/ erstlich mit Essig/ hernach mit Brandwein/ oder auch mit Wasser und mahle damit nach Belieben.

Mercke!

Wann du auf Glas/ das braun-roth oder roth-blau ist/ weis machen willt/ so nimm Schmirgel und Leinöl/ ziehe es damit abe/ an denen Orten wo es dir gefällt. Oder mache dir eine Spindel/ wie man die Mund-Perlen abzuthun gebraucht; du kanst sie groß oder klein machen/ nach deinem Gefallen/ ungefehr nach der Manier/ wie du hier verzeichnet findest;

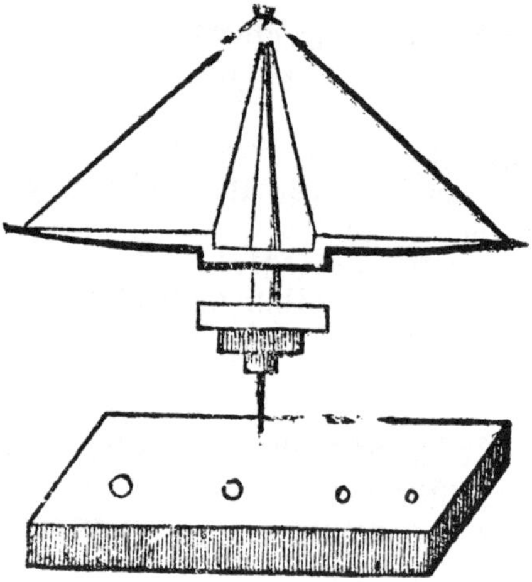

Dieses

Dieses kanst du nach Belieben durch ein höltzern Brettlein appliciren, und hernach deine Arbeit mit Schmirgel oder Drüppel poliren / erstlich zwar kanst du solches mit linden Holtz / hernach aber mit harten Eychen/Weiß-Büchen oder Birnbäumen-Holtz verrichten.

XLII.

Roth Loth zu machen.

Nimm 1. Loth guten Röthelstein / 2. Loth gerieben Schmeltzglaß / thue ein wenig Kupffer-Hammerschlag darunter / daß es nicht so leicht ausbrenne/ reibe es untereinander / und versuche es erstlich mit Wenigen / brennt es zu sehr aus/so thue mehr Kupffer-Hammerschlag darunter / damit es nicht ausbrenne.

Nota.

Ausbrennen ist / wenn die Farben vergehn / so ist es ausgebrannt / und die Sache verdorben.

XLIII.

Andere Manieren/roth Loth zu machen.

Nimm Röthelstein / so gar harte ist und nicht gerne schreibet / ein Theil/ 1. Theil Schmeltzglaß / und einen vierdten Theil Auripigmentum, reibe solches wohl mit Essig und gebrauche es; du must dich aber vor den Rauch hüten.

Oder

Eysen-Hammerschlag 1. Loth / Kupffer-Hammerschlag / Schmeltzglaß/ jedes 2. Loth / mit Wasser abgerieben.

Oder

Kupffer-roth und Jettglaß / jedes gleich viel/Röthelstein den vierdten Theil darunter gerieben / und verfahren wie oben gesagt.

Oder

1. Theil harten Röthelstein/2. Theil Schmeltzglaß/einen vierdten Theil gelbes Bleyglaß / wie die Töpffer machen / aufs kleinste untereinander gerieben / ut supra.

XLIV.

Roth auf Glaß zu brennen.

Nimm Crocum Martis, oder Rost von alten Eysen und gelbrothes Vitrum Antimonii, auch gelbes Bleyglaß / jedes gleich viel; und ein wenig alte Müntz/welche du mit Schwefel brennen und calciniren must; reibe es alles zusammen untereinander aufs kleinste/und also / daß wann man es unter die Zähne nimmt/es nicht mehr knirsche/so ist es recht; mahle damit nach Gefallen auf Glaß/und brenne es/so wirst du schön Roth haben.

XLV.

Leinfarb auf Glaß.

Nimm Mennig 1. Loth / roth Schmeltzglaß zwey Loth. Dasselbe reib fein rein und klein/mit einen guten Brantewein/auf einen harten Marmelstein / so wirst du / wann du es sehr mässig brennest / eine schöne Leibfarb erlangen.

XLVI.

Blau auf Glaß zu schmeltzen.

Nimm Burgundisch-oder Berg blau/wie auch Jett-Glaß/jedes gleich viel/mache es gleich wie das Loth an/ und wenn du wilt Glaß damit mahlen/ so lasse die Blumen / oder was du wilt blau haben/ gantz oder blos blau/welches du aber gelb haben wilt / das etze ab / und streiche Kunst-gelb darauf; mercke / daß Gelb auf Blau / und Blau auf Gelb / sich allezeit in Grün verwandelt.

XLVII.

Berg-Blau auf Glaß.

Nimm blaue Smalte oder Bergblau/ziehe es mit Loth an / mahle und handle damit nach deinen Gefallen / wilt du nun Blumwerck/ als Rosen/oder andere von allerhand Farben haben? so lasse dasselbe blos/und gib einem jeden seine Hauptfarbe.

XLVIII.

Grün auf Glaß.

Nimm grüne Jett-Körner 2. Theil/Messing-Staub 1. Theil / Bleymennig 2. Theil aufs kleinste gerieben/und aufs Glaß getragen/wird / nachdem es gebrannt / eine annehmliche Grüne geben.

Weil/wie oben gemeldet/ Blau und Gelb allezeit Grün geben/ so ist auch nicht von nöthen / daß man deß Grünen hier weiter Meldung thue / wollen derowegen alsobald zu der gelben Farbe uns wenden.

XLIX.

Das rechte Kunstgelb oder Silber-Loth zu machen / daß es sehr schön werde.

Man hat durch die Erfahrung befunden / daß aus dem Silber das allerschönste Kunst-gelbe auf Glaß bereitet werde. Wilt du demnach das allerbeste Gelbe machen/so nimm Laminirt-Silber / löse solches auf in einen

Scheide-

Scheide-Wasser/wennes alles aufgelöst/ so schlage das Silber nieder / welches also geschicht: Man thut in die Solution deß Scheidwassers einige Kupffer-Bleche legen / so arbeitet das Scheidwasser an den Kupffer-Blechen/ und lässet das Silber zu Boden fallen: oder man schüttet gemeines Saltz in Wasser zerlassen daran. Wann nun das Silber zu Boden sich gesetzt/ giesse das Scheidwasser von dem Silber ab / und reibe es auf einen Stein/ mit sehr gebrannten Leymen/ aus einem Backofen; also daß deß Leymens 3. mahl mehr sey als deß Silbers / und wenn es sehr wohl gerieben / so trage es auf die ebigte Seite deß Glases / mit einen Haar-Pensel/und brenne es / so wirst du schön Kunstgelbe haben.

L.

Ein ander schön Gelb zu brennen.

Nimm Bruch-Silber / so viel du wilt; schmeltze solches in einen Schmeltztiegel/und wann es schmeltzt/so wirf nach und nach so viel Schwefel darauf / daß es gantz mürbe werde; reibe es aufs subtilste auf einen Stein; darnach nimm so viel Spieß Glaß dazu / als deß Silbers ist; denn / ist deß Silbers ein Quintlein/ so soll deß Spieß-Glases auch ein Quintlein seyn; wann diese beyde sehr wohl untereinander gerieben / so nimm Oggergelb/ lasse solches wohl ausglüen / so wird es Braunroth / lösche es in Harn ab. Nimm dieses Braun-roths zweymahl so viel als der andern zwey Stück/ nemlich deß Silbers und Spieß-Glases ist / reibe es alles aufs allerbeste mit gemeinen Wasser untereinander / hernach auf Glaß nach Belieben auf die ebigte Seite gestrichen und gebrannt / so wird es dir schon gefällig werden.

LI.

Noch ein Gelb auf Glaß.

Nimm 1. Loth Silber/ 1. Loth Schwefel/ 1. Loth Ogger/laß das Silber zuvor mit dem Schwefel brennen oder calciniren / daß es mürb werde und sich reiben lasse; desselben gleichen brenne oder glüe den Ogger auch wohl aus / und lösche ihn in Horn ab / alsdann reibe das Silber und den Ogger zusammen einen gantzen Tag / auf das allerkleineste / so hastu schön Kunstgelb auf Glaß.

LII.

Eben dergleichen Gelb auf Glaß.

Nimm gute alte Müntz/brenne solche mit Schwefel / nimm auch gelbe Cölnische Erde / wie solche die Weißgerber und Colet-Wäscher gebrauchen; brenne solche Erde auch wie den Ogger / und reibe es mit guten Brantwein wohl untereinander / und streiche es auf das Glaß; es muß aber alles sehr wohl gerieben werden.

LIII.

Noch ein anders.

Nimm 1. Theil ungebrannten Ogger/ und einen Theil gebrannt Silber mit Schwefel dieses Kunstgelb gehöret auf hartes und rauches Glaß.

LIV.

Ein sehr gutes Kunstgelb.

Nimm 1. Quintlein gefeilt Silber/und 2. Quintlein gestossenen Schwefel / thue solches in einen Schmeltztiegel / den Schwefel unten / das Silber in die Mitten/und oben auf wieder Schwefel/ laß also das Silber wohl brennen und calciniren / nimm alsdenn deß gebrannten Silbers 1. Theil / gebrannten Ogger 2. Theil / vitrum antimonii 1. Theil/ reibe es auf das allerkleinste / als es möglich ist/ und verwahre es zum Gebrauch ꝛc.

LV.

Noch eine andere weisse Kunst-gelb auf Glaß zu brennen.

Nimm Matteyen/ (sind dünne Messing-Bleche) lege sie in einen Scherben / reibe Schwefel und Spießglaß auf einen Stein zu Pulver/streue es darauf / und wieder eine Lege Matteyen / alsdann wieder Pulver darauf gestreuet/mache also Stratum super Stratum, biß du genug hast ; brenne es / biß es auslösche / denn gieß es also heiß und glüend in ein kaltes Wasser / so wird es gantz mürbe und lässet sich reiben. Nimm ferner deß gebrannten Pulvers oder Matteyen 1. Theil und 5. oder 7. mahl so viel Oggergelb / so auch wohl gebrannt und in guten Essig abgelöscht ist; lasse es trocknen / reibe es hernach mit reinen Wasser auf einem Stein/so klein als es nur möglich ist/und bediene dich dessen nach deinen Gefallen.

LVI.

Noch eine Kunst-gelbe.

Nimm einen alten Böhmischen Groschen / oder sonst eine gute Müntze/ feile solche klein / darnach thue es in einen Schmeltztigel / und lasse es auf den Feuer gantz glüende werden; wirff alsdenn auf das gefeilte glüende Silber im Tiegel 2. oder 3. Erbis groß gelben Schweffel; rühre es mit einem spitzigen Eisen oder Drath alsobalden um / daß es sich nicht anhange; so verzehrt der Schwefel das Kupffer/ und wird aus dem Silber ein graues Pulver.

Nimm dasselbe graue Pulver / und reibe es auf einem Eisen-Blech sehr wohl/ mit 3. mal so viel gebrandten Ogger / und trage es mit einem Gummi-Wasser auf die ebigte Seite deß Glases/handle damit ferner nach deinem Gefallen.

NB. Das

NB. Das Gelbe wird auf dem Böhmischen und Venedischen Glaß am schönsten/ so wohl zu mercken.

Wilt du gelb auf Glaß mahlen/ so nimm zuvor Griesel-glas/ und einen Willen-Lappen/ mit demselben in frisch Wasser getunckt/ must du das Glas wohl reinigen und abreiben.

LVII.

Gelb auf Erd-Glaß oder Töpffer-Glasuren zu mahlen und brennen.

Weil dieses Glaß sehr weich ist und bald schmeltzet/ so nimm 1. Quintlein Silber und 2. Loth Ogger/ beydes gebrannt/ und so es noch zu frisch von Silber wäre/ so muß man noch mehr Ogger darunter reiben/ wilt du es aber zur Holtz-Farbe auf Glaß gebrauchen/ und dahero gar Liechtgelbe haben/ so thue noch mehr Ogger darunter reiben/ biß du es nach deinem Gefallen sihest/ also kanst du es machen/ daß es balde oder langsam einbrennet.

LVIII.

Gelbe Farb auf Glaß/ die man nicht brennen darff.

Nimm 1. Loth Allaun/ 1. Loth guten Saffran/ seude das miteinander/ und streiche es auf das Glaß. Ferner reibe Saffran und Rhebarbara mit einen klaren Spickfirniß wohl ab/ in einer solchen Temperantz die dir gefället und zum Mahlen dienstlich ist/ mahle nach Gefallen/ und lasse es trocken werden.

LIX.

Allerhand andere Farben zu mahlen/ die nicht in das Feuer kommen.

Nimm Hammerschlag/ gebrannt Silber/ Rausch-gelb/ Vitrum Antimonii, und dergleichen/ was du vor Farb wilt haben/ reibe es unter Leinöhl/ und mahle damit auf Glaß/ und lasse es an der Sonnen trocken werden.

LX.

Eine Auswaschung.

Nimm Blut-Stein und Eysen-Rost/ reibe es wohl durcheinander/ alsdenn glüe es aus; wann es recht glüet/ so würf nach und nach reines Unschlitt drauf/ so brennt es wie ein Licht/ alsdenn lasse es noch etwas glüen/ und gemachsam erkalten/ dieses dienet wohl das Glaß zu reinigen.

LXI.

Von Amulier-Glaß.

Das Amulier-Schmeltzglaß/ muß mit starcken oder distillirten Wein-

Essigeln 24. Stund aufs allersubtilste gerieben werden/gleichwie das Loth / davon oben gemeldet / so schmiltzet es gerne ein/wann es zuvor mit einem guten Gummi - Wasser nach Gehör angestrichen worden; es muß erstlich alles Gemahlte/so man schmeltzen will / mit Amulier-Glaß / oder mit Braunroth oder Schwartz-Loth verzeichnet werden / (wie schon droben gemeldet) doch ist es mit Amulier-Glaß am besten.

Wann man auf Glaß / das schon gemahlt und gebrannt / noch mehr floriren will/ so reibe man klaren durchsichtigen Mastix oder Weyrauch mit starcken Wein-Essig gantz klein / lasse es hernach vertrocknen / hernach muß man selbigen mit Gummi - Wasser reiben/ in rechter Consistentz / damit läst sich so wohl auf durchsichtig Glaß / als auf allerhand Farben schön und lieblich floriren.

Zum andern/

Von allerhand feinen Töpffer-Glasuren.

WEil die Töpffer-Gefässe mit allerhand Farben zu bemahlen und verglasuren / auch unwiedersprechlich zur Glaßmahlerey gehörig / indem sie fast einerley Materi / und in vielen Dingen einerley Modum gebrauchen / als hab ich auch allerhand Bereitung und Composita ihrer Farben/damit sie schon verglasuren können/ meiner Glaßmahler-Kunst mit beyfügen wollen. Figuren / Blumen und Bilder mit auf das verglasurte zu bringen/wird ein jeder Töpffer, der etwas zeichnen kan /aus dem schon gethanen Bericht von Glaßmahlen/ lernen und abnehmen können.

LXII.

Weise Glasur auf Kacheln.

Nimm 4. Pfund Bley und 2. Pfund Zinn-Asche / darunter reibe 3. Pfund Venedisches-Glaß/ und eine gute Hand voll gemein oder Steinsaltz/ schmeltze es zusammen zum Glaß und geuß es in Kuchen/damit kanstu Ofen-Kacheln / und sonst allerhand Geschirr schön weiß verglasuren.

LXIII.

Gelb zu glasuren.

Nimm Bley-Asche/Bley-Mennige und Spießglaß/jedes einen Theil/ calcinirt und gestossen / Kießling 2. Theil / gemein oder Stein-Saltz andert-halb Theil/reibe es zusammen/und schmeltze es/wie allbereit genugsam gelehret worden.

Item:

Nimm Bley-Aschen 6. Pfund/Spießglaß und Schlief jedes 1. Pfund reinen Sand auch 6. Pfund/schmeltze/giesse und behalte es zum Gebrauch.

LXIV.

Schön grün Glaß auf Kacheln.

Nimm Sand 2. Theil / Bley-Aschen 3. Theil / thue dazu so viel Kupffer-Hammerschlag als dir gefällt; schmeltze es zu Glaß / du kanst auch ein Theil Saltz dazu thun / so wird es desto desto leichtflüssiger; und mercke / wornach du viel oder wenig Kupffer-Hammerschlag dazu thust / darnach kanst du es Liecht- oder Dunckelgrün bereiten.

LXV.

Blau Glaß auf Töpffer-Arbeit

Nimm weissen Sand oder Kieselstein / stosse solche klein / thue dazu gleich so schwer Bley-Aschen / und den dritten Theil blaue Smalte / schmeltze und giesse es in Kuchen / und verwahre es zum Gebrauch / also thut man mit allen andern Farben.

Oder

Nimm 6. Pfund Bley-Aschen / 4. Pfund klaren und reinen Sand / 2. Pfund Venedisch Glaß / ein halb Pfund oder drey Viertel Zaffera-Farb / und eine gute Hand voll Saltz / verfahre damit wie oben.

LXVI.

Violen-blau zu verglassen.

Nimm Bley-Asche / 1. Theil / reinen Sand 3. Theil / blaue Smalte 1. Theil / Braunstein das 8. Theil / handle damit wie gemeldet.

LXVII.

Braun und dunckel zu glasuren.

Nimm gemein Glaß und Braunstein / jedes 1. Theil / Bley-Glaß 2. Theil. Verfahre wie gelehrt.

LXVIII.

Schwartz und dunckel Glaß.

Nimm Braunstein 2. Theil / blaue Mahler-Smalta 1. Theil / gebrante Kießling und Bley-Aschen jedes anterthalb Theil / damit handle / wie öffter gemeldet.

LXIX.

Eine sonderliche oder seltzame Kachel-Farb.

Nimm Bley-Mennig / gebrannte und abgelöschte Kießling / jedes gleich viel / reibe es gantz klein / und schmeltze es / gieß es alsdenn in Kuchen / es wird eine gar sonderliche Glasur geben.

LXX.

LXX.

Eysen-farbig zu verglasuren.

So must du nehmen Bley-Aschen 2. Theil/Kupffer-Aschen und gemein Glaß/oder reinen Kießling/jedes 1. Theil/damit procedire wie öffter gemeldet/so wirst du eine perfecte Eysenfarbe Verglassirung bekommen.

Zum Dritten.

Von allerhand nützlichen Kunst-Stücken und Experimenten / so zu der Glaß- und Glaßmahler-Kunst nöthig und nützlichen zu gebrauchen sind.

Allerhand Fürnisse zu machen.

WEiln bey Bereitung der Farben auf Glaß / noch mehr aber zum vergulden desselben/deß Fürnisses offt gedacht/und solcher dazu gebraucht wird/so will ich auch allerley Arten/ derer ich H. I. S. bey meiner Glaßmahlerey mich bedienet/oder sonst aus Curieusität selbst probirt habe/hiemit nebenst etlich andern ungemeinen Kunst-Stücklein zu machen / lehren und beschreiben.

LXXI.

Einen schönen gläntzenden Spick-Fürniß zu machen.

Nimm gutes Spicköl 2. Loth/Mastix und Gummi Sandracca jedes 1. Loth / Cyprischen oder Venedischen klaren Therbentin ein halb Loth. Pulverisire oder reibe und mische den Mastix und Therbentin / aufs subtilst und kleinste unter einander/nimm ein Kolben-Glaß/ thue das Spicköl darein / setze es in ein Balneum Maris, oder sonst in einem Kesselgen mit Wasser übers Feuer; mercke! du must unten an dem Glaß-Kolben einen Ring von Bley binden/damit das Glaß im Wasser bleiben und stehen kan; wann das Spicköl nun erwärmt / so thue auch den Therbentin drein/ hernach die Pulver von Sandrack und Mastix / rühre es mit einem saubern Höltzgen um / biß alles recht zergangen / und sich auflöset / (das Wasser in Balneum mag wohl gemach sieden oder kochen) wann es recht aufgelöset / so verwahre es in einem Glaß/wohl zu gebunden zum Gebrauch / und wann er durch langes Stehen etwas zu starck würde/so kan man nur / wann man etwas gebrauchen will / solchen in einen Schüsselgen ein wenig über Feuer oder in warm Wasser haltē.

LXXII.

Ein anderer Spick-Fürniß.

Nimm Spicköl 3. Loth / Sandracc 2. Loth / Mastix 1. Loth/ zerreibe den Mastix und Sandracc erstlich klein / gantz trocken hernacher wasche solchen mit guten Spiritu Vini, oder rectificirten Brandwein / reib es auch damit / laß den Brandwein wieder vertrocknen / thue solche in das Spick-Oehl / lasse es über sanfter Wärmde darinnen solviren oder zergehen / und so er der Fürniß zu starck würde / so thue nur noch ein wenig klares Spicköhl darunter.

Hütte dich / daß du dergleichen Fürniß / nicht leicht zu einen andern Feuer oder Hitze / als heiß Wasser / bringest / wenn du ihn bereitest; denn er entzündet sich leicht / und ist nicht zu löschen; gestalt denn gar unlängst / zu Nürnberg / ein wohlgeachter mit samt seiner Frauen / wie auch Magd und Jung / elendiglichen sich verbrannt haben / also / daß sie sämtlichen in wenig Stunden sterben müssen / indem sie einen dergleichen Fürniß / in der Röhren deß Ofens / in ihrer Stuben bereiten wollen / welcher sich entzündet / und sie / als diejenigen so löschen wollen / wie gemeld auf den Tod beschättiget; daher o ich jederman um vorsichtig zu seyn hiemit nothwendig erinnern müssen.

LXXIII.

Etliche Manieren / den noch nicht jederman bekannten Lackfürnisse zu machen.

Weisser Lackfürniß.

Nimm auf 10. Loth rectificirten Brandwein / der kein Phlegma hält / klein pulverisirten Gummi Sandracca 2. Loth / klaren Venedischen Therbenthin auf 2. Loth / thue es zusammen in ein gutes Glaß / verwahre das Glaß oben wohl mit gewächsten Papier und Rinds-Blasen / setze solches in einen 3. füssigten Topff mit warmen Wasser / unten auf den Boden deß Topffs soll Heu gelegt seyn / damit das Glaß sanft darauf stehen könne; stelle das Glaß in den Topff / und den Topff über ein Kohlfeuer / also daß das Wasser darinnen starck siede oder koche; lasse das Glaß mit den Fürniß ein Stund oder 3. in den kochenden Wasser stehen / damit sich der Sandracc und Therbenthin in dem Brandwein recht aufflöse / und mit denselben wohl vereinige; alsdenn geuß deinen Fürniß also siedentheiß durch ein rein hären Tuch / und verwahre solchen in einen Glaß mit einen engen Hals / wohl zu gebunden / zu beliebten Gebrauch.

Dieses ist ein edler Fürniß / man soll auch mit diesen Fürniß nur die liechten und hellen Farben / als weiß / gelb / grün / blau / hochroth / item was versilbert und verguld ist / überstreichen.

LXXIV.

Eine andere Art von Lacc-Fürniß / mit welchen man rothe und dunckle Farben anmachen / und folgends überstreichen und beglåntzen kan.

Nimm hochrectificirten Brandwein/welcher seine Probe hålt/also daß er / wann man ihn auf Pulver geust und anzündt / dasselbe wegbrennt: Item wann man einen leinen Lappen drein dunckt und anzündt / mit samt den Lappen reine verbrennt; nimm / sage ich / desselben ein gutes Pfund / reinen und wohlausgelesenen Gummi Lacca 1. Viertels-Pfund / reibe den Gummi Lacca klein/thue ihn in ein Phiole, geuß den Brandwein darüber/ lasse es ein paar Tage stehen / doch alle Stunden einmal wohl herum geschwenckt und gebeutelt; deß 3ten Tages hånge es über eine måssige Kohlen-Hitze/und lasse es so lange über der Kohlen hangen/biß sichs wohl aufgelöst/und wann mans im Glaß schüttet/daß es recht/ als ein dünner Leim das Glaß herunter lauffe/ wann solches geschehen/und zu sehen / kan die Materia durch ein hårin Såcklein gedruckt/und zu beliebten Gebrauch aufbehalten werden.

LXXV.

Noch einen bessern Lacc-Fürniß.

Nimm den allerbesten und stårcksten Brantwein/der/wie oben gemeld/ das Pulver wegbrennt / giesse desselben eine Kanne oder Maß / über ein Pf. deß bey einen Töpffer gantz weiß-gebrannten Weinsteins; lasse den Brandwein auf den Weinstein einen Tag stehen/nur in der Stuben Wårmde/doch daß der Brandwein wohl verwahrt sey/ daß er nicht verriche; giesse hernach den Brandwein fein sauber abe/ oder filtrire ihn durch ein Papier; nimm desselben Brantweins 1. Pfund weisen Agtstein 6. Loth/Sandracca auch 6. Loth/ Gummi-Lacca 2. Loth. Der Agtstein muß nicht von den Abgang-Pulver/ sondern von reinen Stückgen/und in übrigen mit samt den andern Speciebus wohl ausgelesen seyn; reibe sie alle 3. gantz klein zusammen/thue es in eine Phiole oder Glaß-Kolben/und geuß 3. Pfund Brandwein daran/das Glaß aber muß nicht gar die Hålffte voll seyn; rüttels und beutels eine gantze Stund herum/lasse es hernach ein paar Tage stehen/doch daß es alle Stunden / wieder ziemlich umgerüttelt werde; nach diesen kan es abgegossen und in einen andern Glaß wohl verbunden/zum Gebrauch verwahret werden.

Was von der Materia in Glaß zurücke bleibt / kan man nur in selben stehen lassen und aufheben / denn wenn man den Fürniß von neuen machen will/darff man nur die Helffte frisches Zeugs dazu nehmen.

LXXVI.

LXXVI.
Noch ein sonderlicher guter Lacc-Fürniß.

Nimm hoch-rectificirten Brandwein / der wie oben zugerichtet sey / eine halbe Maß; Gummi Lacca 4. Loth / Sandracca 2. Loth / weissen Agtstein 1. Loth / Mastix 1. Loth / weissen Weyrauch 1. Loth. Diese 4. Stücke sollen in einen steinern Mörsel aufs kleinste gerieben / und hernach mit samt den Brandwein in eine Phiol oder Kolben-Glaß gethan werden; welches Glaß / nachdem du es aufs beste vermacht / also daß nicht der geringste Dampff oder Geruch heraus kommen kan / so setze es in die heisse Sonnen / oder in Winter auf den warmen Ofen; lasse es ein Tag 3. oder 4. stehen / hernach setze es in eine warme Aschen-Kappelle / und lasse es gar sittiglich ein paar Stunden gelinde kochen; so bald der Brandwein genugsam aufgelöset / und als ein Fürniß in einer gelbbraunlichten Farb und ziemlich dicken Consistentz erscheinet; so giesse es also siedent heiß durch ein rein härin Tuch / und presse es mit 2. Höltzern (wie bey denen Apotheckern gebräuchlich) fein wohl aus; giesse es alsdenn in ein gläsern Gefäß mit einen engen Hals / und verwahre es aufs beste verbunden zu deinen Gebrauch.

LXXVII.
Lacc-Fürniß auf eine leichtere Art.

Nimm Gummi-Lacc anderthalb Loth / Mastix / Sandracc / Agtstein jedes 1. Quintlein / thue es gröblich zerstossen in eine Phiole, giesse deß starcken Brandweins darauf 1. Loth / setze es in die Wärme / biß es sich wohl aufgelöset / (was sich auflösen will) hernach durchgepreßt und damit angestrichen.

LXXVIII.
Ein anderer dergleichen.

Nimm auf ein Pfund deß allerstärckesten Brandweins / 6. Loth reinen und kleingestossenen Gummi-Lacc, thue es in ein Phiolen-Glaß / schwäncke es etliche Stunden herum / es muß aber das Glaß nicht zu klein seyn / denn sonst würde es zerspringen / wenn es genug gerüttelt / setze es an die Sonne / oder auf den warmen Ofen / auf einen Stroh-Ring / laß es etliche Täge stehen / alsdenn durch ein hären Tuch gezwungen / und in einen andern Glaß wohl verwahrt aufbehalten.

LXXIX.
Noch einen dergleichen guten Fürniß.

Nimm auf 1. Pfund deß allerstärckesten Brandweins / 6. Loth reinen

Gummi=Lacc / thue es gröblich zerstossen in den Brandwein / beutels oder rüttels eine Stund herum / lasse es hernach in einen Balneum Maris eine Stund kochen; seuge es also warm in ein ander Glaß / und gebrauchs nach Belieben.

Daß ich nun hier so vielerley Manieren von Lacc=Fürnissen beschreibe / wird sich niemand irren lassen / sondern vielmehr solches mit Danck erkennen / und versichert seyn / daß ich nichts beschreibe / alles was durch die Experientz warhafftig erfahren und bestättiget worden / so wohl von mir als andern Künstlern; zu dem / so ist immer einer leichter und geschwinder zu machen als der ander / ohne daß auch einige liechter von Coleur / und dahero zur hellen Farben besser dienen / ingleichen sind auch immerzu in einen Proceß einige Handgriffe gemeldet / die in andern vergessen oder ausgelassen; meine also / der Verständige werde sich solches wohl zu Nutz zu machen wissen ꝛc.

Ich erinnere aber nochmal / wer mit diesen Fürnissen umgehen will / daß er sich mit den Feuer in Obacht nehme / zumal wo Therbentin / und Spicc= oder auch Therpentin=Oehl und dergleichen dazu kommen. Denn wenn sie sich entzünden / so sind sie nicht zu dämpffen / wolte man Wasser zugiessen / so würde es schlagen ärger als ein Püchsen=Pulver / und auf etliche Schritte herum alles anzünden / so ich denen die unvorsichtig seyn / nicht ungemeldet lassen können ꝛc. Mit den Lacc=Fürniß / da stärckster Brantwein zukommt / ist sich gleichfalls vorzusehen / daß man nicht mit einen angezündten Licht zu nahe komme / denn der Brandwein entzündet sich wie ein Blitz / doch ist solcher ehe zu dämpffen als der andere. Ist also gut / daß man solches Dinges nicht zu viel auf einmal mache ꝛc. Und keine andere Hitz / als wie oben erwehnt / das Balneum Maris dazu gebrauche.

Weiter / wenn ja ein solch Versehen oder Unglück entstünde / so soll man nur eine nasse Kalbs= oder Schafs=Haut / oder ein leinen Tuch wie ein Tisch= oder Bettuch groß / in Wasser eingenetzt / in Bereitschafft haben / und vier= oder mehr=fach drüber decken / und alsdenn / wo nöthig / Wasser auf dasselbe / so muß es ersticken / und kan keinen weitern Schaden Thun. Wer solches nun vorhin oder besser weiß / vor dem ist es hier nicht geschrieben.

LXXX.

Noch einen Lacc=Fürniß zum Glantz=geben.

Nimm Gummi Lacc, und Sandracc jedes 2. Loth / ein halb Nössel hoch rectificirten Brandwein / daran gossen / wohl vermacht 3. Tag an der Sonnen stehen lassen (oder sonst in gleichmässiger Wärme) es darf aber nicht gebeutelt oder geschüttelt werden.

LXXXI.

Eine andere Art deß besten Glantz-Lacc-Fürniß.

Nimm hoch-rectificirten Brandwein/ filtrire denselben durch calcinirten Weinstein / nimm hernach weissen Agtstein / Gummi-Lacc- und Gummi-Sandracc jedes anderthalb Loth/ solches wohl ausgelesen und klein gerieben/ thue in ein Kolben-Glaß/ geuß den filtrirten Brandwein drüber/ rüttels etliche Stund herum / laß hernach 3. Tag in der Wärme stehen/ zwing es durch in ein ander Glaß / und brauchs nach deinen Willen.

LXXXII.

Eben dergleichen.

Nimm Sandracc 2. Quintlein Gummi-Lacc 4. Quintlein/ giesse darüber deß stärckſten Brandweins / rüttels herum / stells im Sommer an die Sonne etliche Tage / zwings durch ein härtern Tuch und verwahrs zum Gebrauch/ dieser Fürniß dienet wohl auf Holtz/ und die Farben anzumachen.

LXXXIII.

Einen sonderlichen geheimen und künstlichen weissen oder hellen Lacc-Fürniß zu machen.

Nimm Gummi Elemi, Gummi animi (man kan solche in allen Apothecken haben) weissen Weinrauch und weissen Agtstein/ jedes ein Quintlein; es muß alles schön rein und wohl ausgelesen seyn / stosse oder reibe es klein/ thue es in ein Glaß / und koche solches in distillirten Essig / giesse hernach den Essig ab/ und wasche die Materia wohl mit reinen warmen Wasser/ so wirds gantz weiß scheinen / laß trocknen / und reibs wieder klein; thue noch dazu 1. Quintlein Gummi / Drachant / und 2. Quintlein weiß Crystallinischen Zuckercanth/ auch klein gerieben; thue es in ein ziemliches Phiolen-Glaß/ in welchen 1. Pfund hoch rectificirter Brandwein ist / trage es allgemach hinein/ wann es hineingetragen / so rüttle es eine gantze Stund herum / setze es hernach ins Balneum Maris, und wann dasselbe anfängt zu sieden/ so lasse es noch ein paar Stund stehen/ alsdenn wieder erkalten/ und einen Tag oder 3. ferner darauf stehen lassen/ hernach abgegossen / und so viel man kan / durchgezwungen / ferner in einen reinen Glaß mit einen engen Mundloch wohl verwahrt/ zum Gebrauch behalten rc.

LXXXIV.

Diesen Fürniß auf eine andere und noch geheimdere Art / solche als einen Spick-Fürniß zu verfertigen.

Nimm die obige Materia/ tractire sie erstlich mit distillirten Essig allerdings

dings wie oben/thue auch dazu den Tragant und Zucker/zureibe/ wann alles trucken/gantz klein; hernach nimm reines und gantz klares und helles Spicc- oder Therbentin-Oel 1. Pfund/ nimmt auch klaren Cyprischen Therbentin 6. Loth/ thue es zusammen in einen starcken Glaß-Kolben/ und setze denselben mit einen Bley-Ring versehen/in ein warmes Balneum, wann nun das Balneum anfänget zu sieden/ der Therbentin auch recht zergangen/ und ziemlich warm zusammen worden/ so thue nach und nach die andere untereinander klein-geriebene Species darein/ rühre es wohl mit einer reinen höltzern Spatel um/ lasse es eine Stund 3. oder 4. in kochenden Balneo stehen/ hernach nimms heraus und verwahrs in einen andern Glaß/so wirst du einen schönen klaren und raren Fürniß haben/ der zu vielen Dingen mit grosser Zier und Nutzen kan gebraucht werden.

LXXXV.

Einen künstlichen Fürniß/ das Blaue und andere gemahlte Coleuren/wie einen Spiegel gläntzend zu machen.

Ist ein Kunststückgen/so noch wenig Mahlern bekandt: der Proceß ist also: Was du wilt blau mahlen mit Oelfarben/ daß es wie ein Spiegel gläntzen soll/ das untermahle erstlich mit Indig und Weiß/ doch daß Therbentin-Oel unter den Indig sey; sihe/ daß es dir schön gerathe/ und nicht im Anfang verderbe/ und so es getrocknet/ so höhe und tieffe drein nach deinem Gefallen/lasse es wieder trocken werden/brauche hernach diesen Fürniß. Die Bereitung desselben ist also:

Nimm klaren Cyprischen Therbentin ein halb Loth/Sandracc 1. Loth/ Mastix auch 1. Loth. Den Sandracc und Mastix reibe aufs kleinste/ alsdenn nimm 2. Loth Spicköl/1. Loth Therbentinöl/ thue es nur in ein Zuckerglas/ lasse den Therbentin drinn auf der Wärmde zergehen/ thue des gepulverten Gummi auch darunter/ setze das Glaß in eine Pfanne mit Wasser/ lasse das Wasser über den Feuer auf einen Dreyfuß allgemach kochen/etwan auf eine Stund/ so wird schon alles wohl zugangen seyn/ und sich zusammen vereiniget haben; laß es denn erkalten/ und hebs in einen Glaß/ mit einen engen Hals/wohl verwahrt/zu folgenden Gebrauch auf.

Gebrauch.

Wische erstlich das obbemeldte untermahlte Stück/ mit einen reinen Läppgen trocken ab/ alsdenn nimm eine liecht Smalten auf deine Politen/ so viel du bedarfst/ das Blaue damit zu lasire/ mache selbe mit gelehrten Fürniß wohl dünne/ und lasire also auch fein dünne mit einen guten und saubern Porst-Pinselein über das Gemahlte; lasse es trocknen/ denn es trocknet innerhalb

nerhalb 3. Stunden; stelle es nur an ein reines Ort / daß kein Staub drauf falle/lasire wieder darüber / solch lasiren soll zu 7. mal geschehen / und allezeit getrocknet / so wirst du darinnen als in einen Spiegel alles / was du davor hältest / sehen können. So du es noch gläntzig und gläseriger haben wilt / kanst du nur öffter drüber lasiren / nemlich ein 12. oder 16. mal; doch daß es allezeit dünne mit der Smalten vermischt aufgestrichen/auch allezeit wohl getrucknet werde/du kanst auch wo du wilt mit weiß darauf spielen / es wird ein überaus schönes und ergötzlichs Ansehen überkommen.

LXXXVI.

Allerhand von harten Holtz / (als Ahorn-Birn-Nuß-und Pflaumen-Baum-Holtz) bereitete Tischer-Arbeit/item Stäbe und dergleichen / mit den Lacc-Fürniß / auf Schild-Kröten Art zu zurichten / alsô / daß es weder von scharffen Wassern noch von Oel abgehe und Schaden nehme.

Uberstreich dasjenige Stück/so du machen wilt / erstlich mit einen Lacc-Fürniß / dergleichen von LXXIII. biß LXXX. beschrieben seyn / darnach überstreichs mit Mennig / so die Helffte mit Rauschgelb vermischt / aber auch mit Lacc-Fürniß angemacht sey/wanns trocken / überfahrs wieder einmal 2. oder 3. mit Lacc-Fürniß/ doch allemal zuvor trocknen lassen; überschabs alsdenn mit reinen trocknen Schafft-Heu.

Ferner nimm Drachen-Blut (ist ein rother Gummi) stoß und reibs klein/machs mit dergleichen Fürniß dünne an/ rührs um/ zwings durch/so du wilt / doch ist solches eben so nöthig nicht; hebs in einen Gläßgen wohl verwahrt auf / denn je länger es steht / je schöner es an der Coleur wird/hiemit kanst du Wolcken über das überstrichene Stück machen / doch muß von dem gelben noch viel durchscheinen; wo du nochmal auf das Gewölcke düpffst / so wirds daselbst danckler / du kanst auch mit dergleichen Fürniß / Bein-Schwärtz / oder nur Kupfferdrucker-Farb / oder auch Indig oder Umbra, oder Indianische Dinte anmachen / und zum Theil mit den Drachen-Blut misciren / damit kanst du es noch denckler vertiefen; du musts aber allzeit trocknen lassen/alsdenn nimm Pimsstein/laß ihn wohl durch glüen/stosse ihn gantz klein/nimm Schafft-Heu / legs in frisch Wasser / tuncks alsdenn in gepulverten Pims/poliere oder reibe es glatt nach deinem Gefallen rc.

Wann es denn glatt genug ist/ so reibe es starck mit einen reinen willen Lappen / halts über eine gelinde Glut / und überfahre es einmal 5. oder 6. mit den Glantz-Fürniß; gib aber acht/ daß ihm nicht zu heiß gehe / sonst fahren

ren Blattern auf; laß es wohl trocknen / nimm alsdenn Zinn-Aschen mit Baumöl abgerieben / und Jucht-Leder poliers damit / letzlich nimm etwas Zinn-Aschen auf den Ballen der Hand / und reib es biß es Glantz genug hat / denn es muß wie ein Spiegel gläntzen.

Man kan es wohl mit halber Müh machen / aber daß es so schön werden soll / das ist nicht / gleichwol wird die Ubung manche Vortheile und Verkürtzung der Arbeit an die Hand geben.

Man kan auch andere Farben dabey thun / wie es ein jeder haben will / weil man doch nicht alles beschreiben kan.

LXXXVII.
Rothe oder Corallen-Arbeit.

Gründe das Stück wie obiges / überstreiche es auch einmal 4. mit Mennig / allemal getrocknet; hernach einmal 6. mit Zinnober / so auch mit diesen Fürniß / oder / welchs noch besser / mit lichten oder hellern Fürniß (wie oben zu machen gelehrt) muß angemacht werden; wenn das geschehen / schabe es mit Schafft-Heu / und überstreiche es wieder mit klaren Fürniß / einmal 8. oder 9. verfahre ferner / wie erst mit der Schildkröten Arbeit ist vermeldet worden.

Auf dergleichen Art und Weise kan man Thresoren / Betten / ja gantze Zimmer zurichten / auch mit Gold drein mahlen / es hat ein recht Fürstlich Ansehen.

LXXXVIII.
Mit gülden oder hautschischen Streu-Glantz auf dergleichen Art zu verfahren.

Erstlich bestreich deine Arbeit einmal oder 2. mit Lack Fürniß / hernach reibe auch Cölnische Erde oder Gummi-Gütte mit dergleichen an / diß muß ein solcher Fürniß seyn der fein helle ist / streiche auch damit deine Arbeit einmal oder 2. an / laß es trocknen / alsdenn überfahrs allein mit lautern Fürniß / und zwar nur an einem Ort / sie deinen güldenen Glantz darauf / bestreiche wieder ein Theil / und wieder Glantz darauf gesäet / und das so lange biß deine Arbeit ganz überstreuet ist; mercke: Wann man zu viel auf einmal mit Fürniß überstriche / so würde derselbe theils vertrucknen / und der Glantz nicht hafften können. Wann es nun gantz bestreuet ist / so nimmt man ferner klaren Fürniß / und überstreicht die Arbeit 16. mal damit / alsdenn polirt oder reibt mans mit Schafftheu / und klar abgeriebenen Pimms / wohl ab / ferner einmal oder 6. mit Fürniß überstrichen / und mit Zinn-Aschen polirt / wieder etlich mahl überstrichen / und noch einst mit Zinn-Aschen poliert / so ist es fertig.

LXXXIX.

LXXXIX.

Wie man die liechten Farben / die man mit hellen Lack-Fürniß überziehen will/ zurichten soll.

Weiß Bleyweiß soll man nur klein reiben / mit Milch anmachen / und die Arbeit einmal oder 3. mil überstreichen; Grünspann wird mit halb Milch/ und halb starcken Brandwein gerieben / und auf das Weisse getragen / auf die Art / die einem jeden beliebt; mit Safftgrün kan man den Grünspan vertiefen; blaue und gelbe Farben werden eben wie Grün angemacht / und damit nach Willen verfahren; zu alle dergleichen Arbeit wird der weisse Fürniß / der LXXIII. oder LXXXII gelehrt worden/ gebraucht; auch wann solche so weit gethan / einmahl 10. oder 12. drüber gezogen/ alsdenn mit Zinn-Aschen glänzigt gemacht / allerdings wie oben ausführlicher gelehret worden.

XC.

Stäbe auf Spanische oder Indianische Rohr-Art mit Lacc-Fürniß zu machen.

Nimm Gurck-Mehl/ thue solches in ein Glaß/ geuß starcken Brandwein darüber/ laß 24. Stund in ziemlicher Wärmde stehen/ alsdenn seyhe es durch ein Tüchlein.

Gründe deine Stäbe / wie droben mit der Schild-Kröten Arbeit gemeldet/ alsdenn mit diesen Gurck-Mehl/ so mit Brandwein bereitet/ angestrichen / folgends mit Umbra, oder gar mit Helffenbein Schwärtz vertiefft/ machs allerdings nach denen natürlichen Stäben / überstreichs mit Fürniß/ gleich auf die Art wie droben bey der Schildkröten Arbeit vermeldet worden.

XCI.

Wie der Lacc-Fürniß von denen künstlichsten Buchbindern / zu den allerzierlichsten Frantze-Bänden gebrauchet wird.

Erstlich wenn das Buch mit Schaf- oder Kalbs-Leder / welches blos seine natürliche Leder-Farbe hat/ oder auch mit weissen Pergament überzogen ist / so wird es mit Fürniß überstrichen / und mit Farben/ wie droben bey der Schildkröten-Arbeit gemeldet / besprengt / (einige überstreichens nicht zu erst mit Fürniß / geht auf Leder wohl an) auch ist die leichteste Manier / daß man das Leder nur mit Umbra, besprengt aus einen Porst-Penselgen/ und wanns trocken wirds mit Fürniß überzogen / hernach mit einem Gerbstahl / womit die Goldschmied Silber und verguldе Arbeit ausbreiten / polirt / oder glat gemacht / und endlich noch einmal oder etliche bey der Wärme mit Fürniß überstrichen.

Man kans auch mit allerley Farben punctiren und bemahlen/ auch mit den Güldischen und andern Strau-Glantz / wie droben bey LXXXVIII. gedacht / zurichten.

Item / mit Muschel-Gold / Silber oder Metall besprengen / aber man muß keinen andern als einen Liechten Fürniß darüber ziehen / sonst wird alsobald die schönste Lieblichkeit verdunckelt.

Man kan auch den Lackfürniß mit wohlriechenden Sachen perfumiren/wornach man solchen nemlich gebrauchen will ꝛc.

Ich gebe hier zwar einen jeden genugsame und warhafftige Anleitung/ die Arbeit aber compedieus zu machen/ muß allein die Ubung und Experientz lehren.

Wann diese und andere obige Arbeiten recht gemacht/so kan das jenige/ so also gemahlt / verguld / versilbert oder medailirt und mit dergleichen nach unserer Lehr wohl-bereiteten Lack-Fürniß etlichmahl gebührlich überzogen ist/ weder von Oehl noch Wasser / wanns auch gleich Scheidwasser wäre/keinen Schaden nehmen / und so es gleich besudelt / oder von denen Fliegen bestuhlgängelt worden / so kan doch solches gleich / als wenn es von Glaß wäre gar wohl wiederum gereiniget werden.

XCII.

Den schönsten Nuß-oder Lein-Fürniß zu machen.

Nimm Gummi Sandrac/Aleopadica, weiß Hertz oder nur rein Schuster-Bech / jedes 4. Loth / Calophonium 3. Loth / Gorcum, oder an desselben Stelle / welches besser / Gummi-Gutti 3. Loth / weissen Vitriol anderthalb Loth: Hierzu nimmt man anderthalb Pfund gutes und klares altes Nuß- oder Leinöhl / dasselbe muß erstlich per se wohl gesotten und verschaumet werden/ hernach die obgemelden Stücke in der Ordnung / wie sie geschrieben/ darein gethan / der weisse Vitriol muß zu einen Meel / die andern Stücken nur gröblich zerstossen werden. Wenn nun alles nacheinander sagte hinein gethan/und mit einen Holtz wohl umgerührt worden/muß mans noch 3. Stund gemachsam sieden lassen/so ist er fertig / und kan / wenn er erkaltet / zur Zierde vieler Arbeit (sonderlich auch die Geigen anzustreichen) nützlich gebrauchet werden.

Es wird die Arbeit noch einen viel schönern Glantz erlangen / wann man unter ein halb Pfund dieses Fürnisses / eine Untze oder 3. Loth Venedisch Crystal-

Crystallinisch Glaß / aufs kleinste und begreifflichste reibet / es trocknen auch alsdenn um so viel desto lieber / doch muß das Glaß recht unbegreifflich gerie- hen werden.

Sonst wird unter diese Fürnisse / nebst den Venedischen Glaß / auch Kupffer-Rauch / Agtstein / Silberglett / Bleyweiß und dergleichen gleichfalls unbegreifflich gerieben / nachdeme mans gebrauchen will / welches ich jenes jeden Verstand und belieben anheim stelle.

XCIII.

Ein guter Fürniß auf Pergament oder Leder.

Nimm ein Untze Mastix / stosse es klein zu Pulver / nimm darnach 3. Untz / oder Theil altes klares Lein- Nuß- oder Hanff-öhl / welches du an leichtesten bekommen kanst / setze es zum Feuer / lasse es sieden / in einen reinen Gefäß / das nicht zu klein ist; verschaume es wohl / wenn es nun wohl verschaumt ist / so nimm das Mastix-Pulver / rühre es nach und nach in das heisse Oehl / lasse nicht nach zu rühren / biß es wohl zergangen ist. Alsdann lasse es noch eine Stunde sänfftiglich über einer kleinen Hitze sieden / doch allerweg umgerührt / damit es sich nicht entzünde; siehest du / das es will dicke genug werden / so thue mit einen Höltzlein einen Tropffen auf einen zinnern kalten Teller / tuncke den Finger darein / zeucht es sich Faden-weiß wie ein Fürniß / so hat es genug / wo nicht / so laß ihn länger sieden / alsdenn thue ihn vom Feuer / lasse ihn erkalten / doch must du ihn zuvor / wenn er noch erleidlich warm ist / durch ein härin Tuch in ein verglasurtes Töpffgen seyhen. Du kanst an statt Untzen Pfunde neh- men / wenn du viel brauchest.

Wilt du nun / daß dein Fürniß in der Arbeit geschwind trockene / so nimm nur klein gerieben gebrannt Schafbein / thue nach Belieben ein wenig davon und einen heissen Fürniß / je mehr du aber hinein thust / je eher es trocknet.

XCIV.

Ein nützlicher Fürniß / den man zu allerley gebrauchen kan.

Nimm altes lauteres Leinöhl 1. Pfund / thue es in einen Topff / siede es mässig / und verschaume es wohl / thue alsdenn darein Pimmsstein / und ge- brannt Schafbein / so aufs kleinste gestossen / und durch ein Tuch gebeutelt seyn / iedes 1. Loth / rühre solches nach und nach mit Massen darunter / verscha u- me es denn wieder / hernach thue dazu 1. Loth klaren Cyprischen Therbentin / und wenn du ihn noch stärcker und besser haben wilt / so thue noch 1. 2. biß 3. Loth reinen Mastix dazu / wenn solcher zergangen / so hebe es von Feuer / und verwahre es in einen Glaß / zu deinen Gebrauch.

XCV.

Einen betrüglichen Fürniß zu machen.

Nimm neugelegte Eyer so viel du wilt/ lege sie in scharffen Wein-Essig/ lasse sie 3. Wochen darinnen liegen / wenn du sie heraus nimmst / so wird die Schale gantz weich seyn/mach ein Löchlein darein/so wird das Wasser als ein klares Wasser heraus lauffen / welches / wanns gesamlet per se an der Sonnen steht/kan es zu einer sehr guten Schminck von Weibspersonen gebraucht werden: Aber zu unsern Vorsatz zu gelangen/nimm dieses Wasser / und wañ dessen ein halb Pfund ist / so nimm 2. Loth Gummi / Dragant und zwey Loth Gummi arabicum, und ein Loth weissen Crystallinischen Zucker-Kandi / zerstoß solches gröblich / und giesse das Wasser drauf / lasse es wohl verbunden etliche Tage drauf stehen/wann sich nun die Gummi darinn solvirt / so nimm eine wohlriechende Essentz/welche dich die beste dünckt/miscire solche unter ein wenig geläutert Honig/und füge sie dazu/(oder man kan nur gut Rosenwasser dabey thun/)und wenns etliche Tage gestanden/ so seyhe es ab in ein ander Glaß/man kans statt eines Glantz-Fürniß auf Holtz/ Leder / Pappier und allerhand andere Dinge / auf die Art wie Wasser-Farben gebrauchen und appliciren.

XCVI.

Allerley Manieren gut Siegel-Lacc zu machen und nachzukünsteln.

Weil wir bißhero viel von Lack-Gummi gehandelt haben / und allerley Arten Lack-Fürnisse beschrieben/ so wirds nicht ungereimt seyn / daß wir auch das Siegel-Lack zu machen erwehnet.

Erstlichen allerley Composita deß Siegelwachses.

1.

Roth Lack.

Gummi-Lack 1. Loth / Therbentin und Calophon jedes ein halb Loth/ Zinnober und Mennig jedes 1. Quintlein.

Gummi-Lack und Calophon lasse erstlich zergehen / ob einer sanften Glut in einen reinen Tiegelgen/thue den Therbentin daran/und hernach fein

mäh-

mählig den Zinnober und Mennig / wann solches zuvor aufs kleineste unter einander gerieben/darzu gethan/alsdenn Stengel daraus formirt.

2.

Gummi-Lacc anderthalb Loth / Therbentin und Calophonien jedes ein halb Loth/Mennig und Zinnober jedes ein halb Quintlein verfahre wie oben.

3.

Gummi-Lacc 1. Loth/Calophon und Venedischen Therbentin / jedes 1. Quintlein/Zinnober ein halb Quintlein.

4.

Gummi-Lacc ein Viertels-Pfund / Gummi animi ein Achtels-Pfund / Zinnober 2. Loth/Gummi-Gutte 1. Loth/ diese 2. erstlich unter einander gerieben/und wie oben procedirt.

5.

Calophonium 2. Untz / Gummi-Lacc 4. Untz / Schusterbech anderthalb Untz/Zinnober/wie viel du wilt.

6.

Mastix 2. Loth / reinen Schwefel und Therbentin jedes ein halb Loth / Benzoi auch ein halb Loth/Zinnober biß es gnug ist.

Laß erstlich den Therbentin zergehen und heiß werden / hernach den Schwefel gepulvert drein gethan. Mastix/Benzoi und Zinnober reibe auch klein unter einander/und trags nach und nach drein/wann alles wohl geflossen und sich vereinigt hat/so gieß es aus und formire es wie du wilt.

7.

Gummi Lacc 1. Loth/Calopheni 1. Quintlein/ zerstoß beydes klein/ und thue so viel als genug schönen Zinnober dazu/geuß hoch-rectificirten Brandwein darauf/so solvirt sich zum Theil der Gummi-Lacc / setze es über ein mässiges Kohl-Feuer/laß wohl zergehen/wanns wohl zergangen/ und sich vereiniget/so halte ein wenig davon mit den eysern Spatel übers Liecht / und zünde damit den Brandwein an/rührs wohl durch einander / biß er ausgebrannt / formire alsdenn Stengel daraus / und bereite es wie du wilt/ man kan auch etwas von Zibet darunter thun/damit es wohl riechend werde.

8.

Grünen-Lacc.

Gummi-Lacc und Calophonium / jedes 1. Loth / Therbentin 1. Quintlein/Borrax 1. Scrupel/Grünspan aufs kleinste/wie Staub zerrieben/ drey Quintlein.

Item:

Gelb rein Wachs 4. Theil/Sandracc/Agtstein/jedes 2. Theil/Röthel ein halb Theil/Borrax ein Achtels-Theil / Grünspan 3. Theil / aufs kleinste wie Staub gerieben.

Gold-gelb Lacc.

Weiß Schuster-Bech 4. Loth / Mastix und Sandracc / jedes 2. Loth/ Agtstein 1. Loth/thue dabey ein halb Loth Gummi-Gutti/ klein gerieben/und auf obige Art verfahren / wenn man das Gummi-Gutti auslässet / und an statt Mastixs oder Sandracces/Gummi-Lacca nimmt / so wirds braun man kan auch etwas guldischen Strau-Glantz drunter nehmen.

Schwartz Lacc.

Man nimmt einen Weeg von oberzehlten / nur daß man statt Zinnobers oder Grünspans/Kupfferdrucker-Schwärtze nimmt; diese Schwärtze ist besser als andere gemeine Schwärtzen / sie wird nirgend in Copia als zu Franckfurt am Mäyn gemacht / und zwar aus den Weinheffen gebrannt / und ob solche wohl ander Orten/wie in Franckreich 2c. auch gemacht worden/ hat doch die Franckfurter vor allen den Preiß gehabt / dahero auch weit und breit verführt worden / aber heut zu Tag wird auch solcher schändlicher Betrug damit vorgenommen (wodurch sonderlich denen Kupffern sehr grosser Schade geschicht) der wohl wehrt wäre/daß demselben von der Obrigkeit mit gebührlicher Straffe Einhalt gethan/und begegnet würde.

Wann man solches gantz glatt machen oder poliren will / so muß mans nur auf einen glatten Marmerstein/der zimlich warm/walgern und rundiren/ vermittelst eines auch gantz glatten harten Holtzes / welches ein Drittheils-Elen lang / 1. Daumen dick und 3. Querfinger breit ist / oder man lässet in einen Tisch ein viereckigt Loch schneiden / und auf demselben eine rein-polirte Kupffer-oder Messing-Blatte nageln / darunter stellt man eine Kohlpfanne/ so kan mans nach Belieben warm halten/und darauf manierlich sein Wachs polieren.

XCVII.

Ein Kupfferstück auf ein Glaß abzuziehen / daß allein die Kunst oder das Schwartze darauf bleibet / das Weisse aber oder das Papier alles davon kommen muß/ welches man hernach von hinten vergulden / versilbern / mit Metall belegen/oder mit allerhand Farben mahlen kan.

Wann du ein Kupfferstück nimmst/das erst oder kürtzlich gedruckt/und also

also noch nicht völlig vertrocknet ist / so gehet es sehr leicht und am allerbesten an / indem man das Papier fast auf einmal davon abziehen kan / wo es aber schon lange gedruckt ist/so must du folgender Gestalt verfahren.

Lege das Kupfferstück / welches eben so groß als das Glaß seyn muß/in ein Becken/geuß heiß Wasser daran / laß es eine halbe Stund darinnen weichen; hernach nimms heraus/legs auf ein weiß rein Tuch / damit solches das Wasser an sich ziehe; immittelst nimm klaren Venedischen oder Cyprischen Therbentin/mache solchen/ wie auch das flache Glaß/ auf einem Kohlglütlein warm/ überzeuch das Glaß durch Hülffe eines Haarpensels gantz dünne mit dem Therbentin / legs hernach aufs ausgebreite Kupfferstück / drücke solches allenthalben wohl an; wenn nun das Papier allenthalben wohl von den Therbenthin angenommen / so muß man den Therbentin auf das Glaß über eine gelinde Wärmde vollends verharten lassen; hernach netzt man das Papier wieder wohl / und reibt solches mit den Fingern walgern-weiß herab / es gehört aber grosse Gedult und Fleiß dazu / damit nicht durch Unvorsicht das Schwartze verletzt / oder mit genommen werde. Wenn das geschehen / so überzieht mans noch einst von hinten zu mit klaren Therbentin/ oder klaren Lack-Fürniß / und leget das Gold / Silber oder Metall darauf; so scheinet das Gold durchs Glaß/und sihet wie ein Kupfferstück/ so auf Gold gedruckt; auf das Gold von hinten kan man/wenn mans nur mit schlechten Leimwasser oder etwan nur Eyerweiß überzogen / einen Streu-Sand oder sonst ein Gestüpp streuen/ so siehet man im geringsten nicht / wie es gemacht / alsdenn kan mans in eine schöne Rahm fassen lassen.

XCVIII.

Schwartz einlassen vor die Goldschmiede.

Tuncke Werg/oder Flachs/oder rohes Garn in Leinöl/zinde es an/ halte ein Kupffer-Becken gantz niedrig darüber / so hänget sich der Rauch oder ein subtiler Ruß gantz dicke daran; thue / wenn du dessen genug hast / solchen herab / reibe es mit Spick oder Lack-Fürniß wohl ab / und lasse damit ein was du willt/es wird sehr schön schwartz und gläntzigt werden.

XCIX.

Wie man das Schülpgen oder Muschel-Gold und Silber machen und bereiten soll.

Nimm Salarmoniacum/das fein reine ist/reibe dasselbe mit einen fetten und dicken / doch aber gantz klaren Gummi-Wasser / wohl ab / daß es wie ein dünner Syrup werde; hierunter reibe nach und nach so viel Gold oder Silberber-Blättgen / als dir gefällig / hernach reibe alles zusammen / noch ein paar Stunden aufs allerkleinste als nur müglich / thue es alsdenn in ein reines Glaß/gieß klares oder filtrirtes Regen-oder Brunnen-Wasser drüber/rühre es immerzu mit einem Höltzgen wohl untereinander / und wenn das Holtz zu Boden gefallen/ so giesse das Wasser ab / und anders oder frisches drüber / welches man absüssen heist; wenn nun alle Saltzigkeit von Salmiac und alle Fettigkeit von Gummi ab / und weggewaschen / und das Gold gantz klar und rein ist; so zettle solches mit einen Mahler-Pinsel unterschiedliche kleine Schiff oder Schülpgen/und lasse es trocken werden.

Dieses so klein-geriebene Silber oder Gold mache / so offt du es gebrauchen wilt / mit einen Gummi-Wässerlein feucht / doch nicht mehr als du auf einmal zu verarbeiten gedenckst / und gleich also kanst du auch das Silber zubereiten.

C.

Flache Gläser auf Lapis Lazuli und andere Edelgesteine Art zu mahlen und zu zurichten / also daß solche / Thresor und Schreib-Tische damit einzulegen/fein können gebraucht werden.

Nimm blaue Smalte und andere Farben/die du gebrauchen wilt/ reibe solche mit Leinöl an/ folgends schneide deine Gläser in der Grosse als du solche haben willt / nimm aber zuvor Muschel-Gold mit Gummi-Wasser angemacht/druck ein Post-Penselein darein/sprütze oder sprenge das Gold hin und wieder aufs Glaß/ laß trocken werden / hernach reisse Aederlein darauf/von welchen Farben du wilt/darnach nimm deine abgeriebene Farben/und mahle mit einen Pinsel auf Gold/welche Farb du wilt/als blau wie der Lapis Lazuli, oder mit andern Farben gleich dem Agat oder was du wilt / und wie die Steine aussehen; wanns trocken/ so streich dünnen Leim darüber/ und streu Seegmehl / Sand oder ander Gestüpp darauf / so sihet man nicht wie es gemacht worden/und die Farben scheinen durch Glaß / damit kanst du was du wilt einlegen.

Also habe ich dem geneigten Leser und Liebhaber guter Künste hiemit 100. warhafftige Experimenta vorgestellt; es sind lauter Sachen/die durch meine Hände gangen; und da ja etliche seyn / die ich nicht selber versucht / so hab ichs doch machen sehen/und weiß daß solche angegangen seyn. Hoffe also/es werde ein jeder/dem dieses zu handen kommt/es mit Danck annehmen/und erkennen/daß ich es gut gemeinet habe.

H. I. S.

Zugabe

Zugabe.

Wie man den schönen Nürnbergischen oder Hautschischen Gold- oder Streu-Glantz aus allerley Metallen machen soll. Ist ein ungemeines Kunst-Stücklein.

Nimm das Abfeylig von Kupffer / Messing / Eysen oder Stahl / oder einen andern Metall/beutle solches jedes absonderlich/ durch ein ziemlich enges Sieb / alsdenn thue das durchgesiebte in ein Becken/oder dergleichen Geschirr / wasche es erstlich wohl mit einer scharffen und reinen Laugen/hernach/wenn diese abgegossen/mit reinen warmen Wasser/und dieses wiederhohle so lange/biß alle Unreinigkeit davon komme.

Wann nun das besagte Feylig gantz rein und wohl getrocknet ist / so nimmt man ein Eysen-oder Kupffer-Blech/und legt das auf glüende Kohlen/ und auf dasselbe eines von denen Feyligen / welches man immerzu mit einen eysern Spattel umrührt; so bald nun das Metall die Hitze empfindet/so lauft es mit mancherley Farben an / und welches die gröste Hitze leidet / oder am längsten über den Feuer steht/ das wird am dunckelsten / jedoch jedes nach seiner Art.

Wenn du nun allerley Coleuren nach deinen Gefallen hast/ so ist dir eine dazu bequeme Plättmühle (wie bey denen Gold- und Silbertraht- Ziehern bekannt und gebräuchlich ist) vonnöthen / dieselbe muß also eingerichtet seyn/ daß man das gefeylt und colorirte Metall / oben gleich als durch ein Triechterlein kan aufschütten/muß auch breitere Wellen haben als die andern Plättmühlen / welche Wellen von den allerhärtesten Stahl / und wie die schönsten Spiegel polirt seyn müssen; dergleichen Plättmühle wollen wir vielleicht zur andern Zeit auch in Kupffer vorstellen: Wann solches nun durchgelauffen/ und durchgetrieben / und die Mühle nur gut gewesen / so wirst du einen wunschönen / und mit allerley unbeschreiblichen Coleuren gezierten güldischen und Metallischen Streu-Glantz erlangen.

Hierbey ist zuerinnern / daß die Feylspäne von Messing helle und liechte Gold-Farben / das Kupffer-rothe und blinckende Feuer- Farben / das Eysen und der Stahl allerley dunckel blaue Coleuren / Englisches Zinn / item Marcasit und Wißmuth aber / allerley schöne weisse Coleuren geben.

Zum Beschluß

Folget / wie man allerhand Kütten und Leime die auch Stein / Glaß und Metall halten / machen soll.

Ein trefflicher Leim / damit man Holtz / Steine / Gläser / ja auch Metall an einander befestigen kan.

NImm guten Leim 4. Loth / lege solchen über Nacht in distillirten Essig / den andern Tag lasse solchen ein wenig in Essig auffsieden / ferner nimm eine Knoblauch-Zwieffel / zerstosse und zerreibe solche in einen Mörsel / reibe auch darunter 1. Loth Ochsen-Gall / so wirds als ein Safft / zwings zusammen durch ein leinen oder härin Tüchlein in den warmen Leim; ferner nimm Mastix und Sarcocollæ, jedes ein halb Quintlein / Sandracc und Therbentin jedes 1. Quintl. / reibe Sandracc und Mastix klein / und thue es mit den Fleischleim oder Gummi Sarcocollæ, samt den Therbentin in ein Gläßgen; schütte deß allerstärekſten Brandweins eine Untze drüber / lasse es 3. Stund in gelinder Hitze wohl vermacht stehen / doch indessen einmal etlich in Glaß herum geschüttelt; schütte es hernach zusammen auch in den warmen Leim / schlage es mit einen Holtz immerzu untereinander / biß ein wenig von der Feuchtigkeit verrochen / und der Leim kalt worden. Wilt du solchen gebrauchen / so nimm davon so viel oder wenig daß du von nöthen hast / weichs in ein wenig scharffen Essig / biß es über der Kohlen zergangen / und gebrauchs wie oben in Titel vermeldt.

Wann man Steine will leimen / so kan man nur etwas von Drippel oder klein-geriebener Kreyde darunter thun; zum Glaß kan man nebst ein wenig Drippel auch auf kleinst geriebenes Venedisch Glaß zusetzen; will mans zu Messing / Kupffer / Eysen / gebrauchen / so kan man auch von dergleichen Metall aufs kleinste gefeylt zusetzen / man kan auch etwas Hausen-Blasen dazu thun. Soll dieser Leim noch besser im Wasser halten / so muß man ihm starcken Drucker-Fürniß inseriren / man muß aber nicht mehr mit Fürniß anmachen / als man auf einmal gebraucht / weil man ihn sonst nicht mehr erweichen kan.

Ein guter Stein-Leim oder Grotten-Kütte.

Nimm 2. Theil Hartz / laß es schmeltzen / und sondere dem Schaum davon ab; thue darunter 4. Theil gelb Wachs / wanns zusammen wohl geschmoltzen / so nimm Steinmehl / von den Stein den du kütten oder leimen wilt / 2. oder 3. Theil / oder so viel / daß der Leim die Farbe deß Steins bekomme; thue dazu ein Theil gepülverten Schwefel / incorporire alles zusammen / erstlich über gelinden Feuer / und letzlich mit den Händen in warmen Wasser / so hälts sehr wohl / es müssen aber die Steine / die geleimet werden sollen / wohl trucken und ziemlich heiß zuvor gemacht werden / damit sich die Kütte oder Leim besser damit vereinigen können.

Holtz Leim / der in Wasser hält.

Denn gemeinen Leim nur mit alten Leinöhl oder Fürniß angemacht / und wann man das Holtz leimen will / muß mans auch am selben Ort / da es soll geleimet werden / wohl wärmen / alsdenn mit warmen Leim geleimt und wohl durchtrucknen lassen / so hälts köstlich / auch in Wasser.

Noch ein stattlicher Leim.

Hausen-Blasen und gemeinen Leim über Nacht in starcken Brandwein geweicht; hernach über die Kohlen gesetzt und zergehen lassen / ein wenig rein und aufs kleinste gestossene Kreyden darein gerührt / hält vortreflich.

Noch besser.

Solviere Sandracc und Gummi-Landracc in starcken Brandwein / gleichwie droben von Lacc-Fürniß gelehrt worden / thue ein klein wenig klaren Therbentin dazu; wann alles solvirt, so gieß es über Hausen-Blasen und gemeinen Leim / lasse es in verschlossen Gefäß über der Wärme zusammen zergehen / thue etwas zu Staub-geriebenes Glaß darunter / und siehe daß es alles seyn recht Tempo habe. Es ist nicht zusagen / was diß vor ein köstlicher Leim ist.

Einen guten Mund-Leim zu machen.

Nimm 2. Loth Hausen-Blasen / ein halb Loth weissen Zuckercand / ein Quintlein Gummi-Dragant. Hernach nimm 1. Loth Abschnitt von reinen Pergament / geuß ein halb Maaß Wasser dran / laß wohl kochen / dasselbe Wasser nimm / seyhe es durch / und geuß es über obige Species, (man kan auch etwas wohlriechendes Rosen-Wasser dazu thun) lasse es über die Helffte einkochen / nimms hernach vom Feuer und geuß Riemlein daraus / wie du es nemlich zu deinen Gebrauch begehrest.

Rothe Corallen-Zincken zu machen / die Grotten-Wercke damit auszuzieren.

Nimm schönen Calophonium/ zerlasse solchen in einen messingen Pfännlein/ ist dessen 1. Loth / so rühre 1. Quintlein zu Staub geriebenen Zinnober darunter/ wann es wohl unter einander gerührt/ so nimm einen Pensel/ streiche damit Zweige oder Aeste von einen Schleen-Dorn/ der fein kraus und abgescheelt/ gantz warm an; halte sie darnach über eine Glut / dråhe sie fein rund herum/ so überlauffen sie sich von der Hitze/ und werden gantz glatt / als wann sie poliert worden wåren.

Auf eben diese Art kan man mit Bleyweiß weisse und mit Kühn-Ruß schwartze dergleichen Corallen-Zincken bereiten / mit welchen nebst allerley Muscheln rc. dem Grotten-Werck keine geringe Zier gegeben wird.

E N D E.

Deß
Andern Theils
Der vollständigen Glaß-Kunst/
Zweytes Buch/
Handelt von der Holländischen kunstreichen weissen
und bunten
Töpffer-Glasur-und Mahlwerck/
(Von etlichen/ Holländische Barcellan-
Arbeit genennt/)
Dienet auch zu einer fast völligen Erklärung deß vorigen
Buchs/
Vom Glaß-brennen und Mahlen/
Und
bestehet in 60. unfehlbaren Experimenten,
Nebst
beygefügten eigentlichen Bericht
Vom
Kleinen Glaß-Blasen/
so mit der Lampen geschicht/
Cum Privilegio.

Gedruckt im Jahr Christi M. DC. LXXXIX.

Günstiger Leser!

Dieses Tractätlein von den Holländischen/ weissen und bunten Töpffer-Glasur- und Mahlwercken/ habe ich nicht ohne grosse Müh/ auch theils Unkosten/ zusammen gebracht/ und kan dich hiemit versichern/ daß es lauter Experimenta seyn/ die ich als ein Glaßkünstler/ gegen Communicirung anderer Sachen/ von denen künstlichsten Töpffern und Glaßmahlern in Holland/ und anderwerts auf meinen Reisen erlangt; solche auch nicht allein allerdings arbeiten sehen/ sondern viel davon versucht und richtig befunden habe; sie seynd auch bißhero von manchen dergleichen Arbeitern rar genung gehalten worden. Diesem Tractätlein ist auch beygefügt ein eigentlicher Bericht/ von der sehr nobeln curieus- und zierlichen Arbeit des kleinen Glaßblasens/ so mit der Lampen geschicht/ und eine Sache die noch nicht einem jeden bekannt ist. Es seyen aber diese Dinge von einigen geacht wie sie wollen/ so seyns doch Warheiten/ die niemand umstossen kan/ weiln sie sich nach der Weise/ wie ich hier beschreibe/ täglich mit Nutzen practiciren lassen. Wer aber hierinn weder Verstand noch Erfahrung hat/ auch kein Belieben dazu trägt; dem wird vollkommene Freyheit gelassen/ solche ungelesen vorbey zu streichen ꝛc.

J. K.

Inn-

Innhalts Register dieses zweyten Buchs.

Des andern Theils von der Glaßmacher-Kunst/ handlende von der Holländischen kunstreichen/ weissen und bunten Töpffer-Glasur-und Mahl-Werck.

Ende deß andern Tractates.

Das

Das Zweyte Buch

Handelt von dem Holländischen / oder (so genannten) Barcellanischen Weissen und bunten Töpffer-Glasur- und Mahlerwerck / Welches Nebst seinen eigentlichen Nutzen auch zur Erklärung deß vorigen Tractätleins von Glaßmahlen und Brennen / der vollständigen Glaß-Kunst beygefüget ist.

I.

Wie die Holländischen Töpffer ihr Mastichot / oder die Basin ihrer feinen Weiß machen.

ERstlich nehmen sie feinen Sand / den sie noch ferner aufs reinste waschen (wie solches geschehe / wird in dem Neri und in meinen Anmerckungen darüber gnugsam gelehret) 100. Pfund / Soda 40. Pfund / Pott-Asche 30. Pfund / diese Mixtur wird gebrannt / und von denen Holländern Mastichot genannt.

II.

Wie dieses Mastichot ferner zugerichtet werde.

Von diesen Mastichot nehmen sie wieder 100. Pfund / Zinnkalch 80. Pfund / gemein Saltz 10. Pfund / und diese Mixtur wird wieder 3. mal in gebührenden Feuer gebrannt oder gebacken.

III.

Vom Zinn-Kalch

Nimm Bley 100. Pfund / Zinn 33. Pfund / solches must du calciniren / wie bey allen Töpffern bekannt und gebräuchlich ist / dieses nennen die Holländer das feine zur weissen Glasur.

IV.

Wie sich das schlechte Gutt machen/ und was sie vor Zeug dazu nehmen.

Sie nehmen 40. Pfund reinen Sand / 75. Pfund Glett-oder Bley-Asche/ 26. Pfund Pott-Asche/ und 10. Pfund Saltz / diese Mixtur wird gleichfalls gebrannt wie oben.

V.

Andere nehmen

Reinen Sand 50. Pfund / Glett-oder Bley-Asche 70. Pfund / Pott-Asche 30. Pfund/Saltz 12. Pfund/und brennen es.

VI.

Andere befindenden Gutt/wenn sie nehmen

Reinen Sand 48. Pfund / Bleyasche 60. Pfund / Pott-Asche 20. Pf. Meer-Saltz 8. Pfund.

VII.

Andere hab ich gefunden/die nehmen

Reinen Sand 10. Pfund / Bleyasche 20. Pfund / Meer-oder Berg-Saltz auch 10. Pfund/in der Bereitung aber sind sie/was das schlechte Gütt betrifft/ einerley.

VIII.

Von Holländischen Glasuren und Brennen.

Mit diesen sowol schlechten als feinen Gutt/überziehen sie das Geschirr/ und wenn sie es nach ihrer Art mit Blau / (welches sie am meisten gebrauchen) oder auch andern Farben gemahlet/ wird es in einen sonderlichen dazu gemachten Ofen wohl gebrannt; der Ofen ist also zugerichtet / daß von dem Feuer weder Rauch noch Flamme / auf die eingesetzte Arbeit kommen kan.

So sie nun einsetzen zu brennen / so werden die Teller/ Schüsseln und Schalen über einander/ auf dreyeckichte Stücken Thon gesetzt/damit keines das andere berühre /die Stücken Thon aber werden in die dreyeckigten Löcher eines solchen Topffs gestecket / wie beygefügte Figur ausweiset:

Stehet

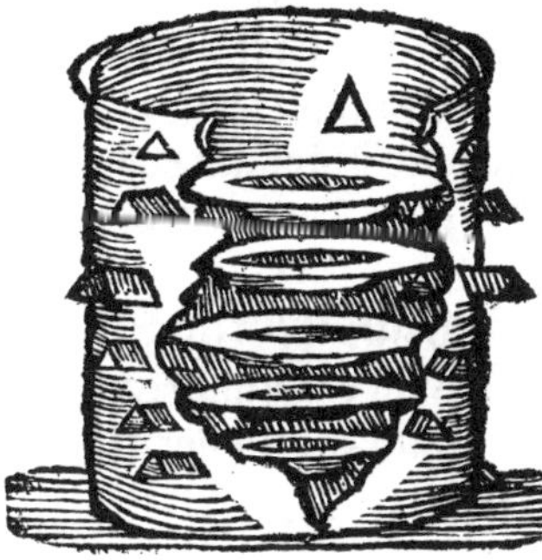

Stehet also immer ein Teller oder Schüssel übereinander / dieses kan ein jeder sehen an dergleichen Zeug / indem nemlich allemahl unten am Port der Teller und Schüsseln drey Flecke seyn/und solche seynd eben von diesen dreyeckigten thönern Dingern/ die daselbst gestanden und abgebrochen worden.

Es brennet immerzu einer anderst als der ander / und bestehet ihr meister Kunstgriff (bey denen Holländern) in ihren Mahlen / denn darinnen haben sie eine flüchtige/geschwinde und sehr artige Manier.

Folgen die schönen Schmeltzgläser/

Wie sie daselbst/ sowol von denen Töpffern als Glaßmahlern/gebrauchet werden.

IX.

Erstlich ein schön weiß Schmeltz-Glaß / wie solches die Glaß- oder so-genannten Parcellan-Mahler gebrauchen.

Nimm Bley zwey Pfund/Zinn ein wenig mehr denn ein Pfund/ dieses brenne nach Art der Töpffer zu Aschen / nimm dieser Aschen zwey Theil/ reinen Sand/oder Kießling / oder helle Glaß-Stücken ein Theil/ Saltz ein halben Theil/ (sie mässen alles in gewissen Mäßgen oder Näpffgen) dieses wol gemischt/in den Calcinir-Ofen gesetzt / und alsdenn geschmoltzen / gibt ein gutes Weiß.

X.

Ein ander fein Weiß.

Nimm Bley anderthalb Pfund / Zinn 1. Pfund / calcinier es zu Pulver/dessen nimm 8. Mäßgen oder Näpffgen voll/calcinirten Kiesel und Saltz jedes 4. Näpffgen/schmeltz es zum Kuchen/so hast du sehr schön Weiß.

XI.

Ein Weiß auf irdene Schalen.

Nimm Bley 3. Pfund/Zinn 1. Pfund/ calcinir es nach Gebrauch/ desselben nimm 2. Näpffgen / Saltz 3. Näpffgen voll / wie auch so viel reinen Kieß/schmeltze es wie gelehret.

XII.

Eine andere Art.

Nimm Bley 4. Pfund / Zinn 1. Pfund / wenn du es nun calciniret / so nimm von diesen Kalch 8. Näpffgen / Kießling 7. Näpffgen / Saltz 14. Näpffgen/schmeltz es wie oben.

XIII.

Ein Uberguß über das Geschirr.

Nimm calcionirten Weinstein/1. Näpffgen/ Kießling und Saltz jedes auch 1. Näpffgen / dieses dienet nur zum Uberguß / denn im Fall die Glasur nicht fliessen will/so macht man dieses zum Glase/und übergeust es damit.

XIV.

Ein anderer Uberguß.

Nimm weiß-gebrannten Weinstein und Kießling jedes ein Pfund / schmeltz es zum Kuchen / mache es zum subtilen Pulver / von diesen nimm 1. Pfund/Bleyaschen 2. Pfund/schmeltz es/so hast du einen guten Uberguß.

XV.

Ein ander weiß Papier.

Nimm gebrandten Weinstein ein Näpffgen/ Aschen / (diß ist die Asche von Bley und Zinn) auch 1. Näpffgen / ingleichen Kießling 1. Näpffgen / Saltz 2. Näpffgen voll/dieses geschmoltzen.

XVI.

Eine andere Weiß auf gemahlte Latten-Geschirr.

Nimm Bley 4. Pfund / Zinn 1. Pfund / Kießling auch 4. Pfund / und

Saltz

Saltz 1. Pfund/Venedisch-Glaß 1. Pfund/brenne es zusammen zum Kuchen/ und gebrauche es recht.

XVII.

Ein ander fein weiß Glaß.

Nimm Zinn 1. Pfund / Bley 6. Pfund / calcionirs / von diesen Kalch nimm 12. Näpffgen/reinen gebrannten Kiesel 14. Näpffgen/Saltz 8. Näpffgen/und brenne es 2. mal zum Kuchen.

XVIII.

Ein noch sonderlich Weiß.

Bley 2. Zinn 1. Theils calcinir / dieses Kalchs 1. Theil / Saltz und Kieß auch jedes ein Theil zusammen geschmoltzen/ist sehr fein.

XIX.

Ein anders.

Nimm Bley 3. Pfund / Zinn 1. Pfund / Saltz 3. Pfund / gebrannten Weinstein 1. Pfund/brenne es recht zum Kuchen.

XX.

Noch ein ander Weiß.

Nimm Zinn 1. Pfund/Bley 5. Pfund/Venedisch Glaß 1. Pfund/Weinstein ein Viertels-Pfund/backe es zum Kuchen.

XXI.

Ein Besseres.

Zinn anderthalb Pfund / Bley anderthalb Pfund / Kießling 3. Pfund/ Saltz 1. Pfund/Venedisch Glaß ein Viertels-Pfund / schmeltze es.

XXII.

Dito.

Bley 4. Pfund/Zinn anderthalb Pfund / guten Kiesel 3. Pfund / Saltz 2. Pfund / brenne es / und mache es zum Kuchen.

XXIII.

Weiß auf Weiß zu mahlen.

Nimm ein wenig Englisch oder sonst lauter Zinn/vermache es mit Erden oder Thon / um und um ; und thue es in einen Topff / brenne es mit dem Geschirr / alsdenn schlage es von einander / so ists eine gantz weisse Aschen ; wenn man nun damit auf ander Weiß mahlt / so stichts um ein gar merckliches vor denselben hervor / und stehet viel weisser.

Erinnerung.

Bey allen oberzehlten weissen Glasuren / muß allemahl das Bley und Zinn (theils nehmen Englisches Zinn) wohl calcionirt oder gebrannt werden; und wann diß Gemeng mit dem Saltz und Sand zusammen gesetzt und gemacht ist / und man solches mit einander wieder eine Zeit calcionirt / ehe mans schmeltzt / (so in 12. oder 16. Stunden geschehen kan / nachdem viel Saltz und Weinstein dabey ist) so wird es um kein geringes besser und schöner. Und so viel von der weissen Glasur / die ich zum Theil selber gemacht / zum Theil aber von denen Glaßmahlern und Holländischen Töpffern eigentlich machen sehen.

Folgen die gelben Gläser.

XXIV.

Nimm Spieß-Glaß und Zinn/jedes 2. Pfund/ Bley 3. Pfund (andere nehmen jedes gleich viel) dieses wird zusammen in wohl calcionirt / und zum Glaß geschmoltzen/es ist schön gelbe/auch sehr milde und flüssig.

XXV.

Ein ander gut Gelb.

Nimm Minie 3. Näpffgen / Ziegel-Mehl 2. Näpffgen/ Bley-Aschen 2. Näpffgen / Sand 1. Näpffgen / von der obig-bereiteten weissen Gläser eins/ 1. Näpffgen / Spieß-Glaß 2. Näpffgen/ dieses wohl calcionirt und geschmoltzen/giebt ein gut Gelb-Glaß.

XXVI.

Ein sehr schön Citronen-Gelb.

Nimm Minie 3. Näpffgen / Ziegel-Mehl von schönen rothen Ziegeln drey und ein halb Näpffgen; Spieß-Glaß 1. Näpffen; dieses wird zusammen in der Glaßmacher Asch-Ofen 2. oder 3. Tag und Nacht gelinde calcionirt; und alsdenn geschmoltzen / gibt ein schön Citronen-Gelb; alleine es ist zu mercken/daß hier sehr viel an denen Ziegelsteinen gelegen; diejenigen / die fein roth und mürbe seyn /seynd die besten; die weissen aber / als welche mehr von Thon als von Leymen seyn/ dienen hier nicht / und dieses ist bey denen andern Orten auch zu observiren.

XXVII,

XXVII.

Noch ein fein Gelb.

Nimm 7. Näpfflein Ascher/ (bedeutet allemahl Bley und Zinn-Aschen/ zusammen calcionirt/wie bey den weissen gedacht) Spieß-Glaß 1. Näpfflein/ schmeltz es zusammen.

XXVIII.

Ein anders.

Nimm Weiß-Glaß 4. Näpffgen/Spieß-Glaß 1. Näpffgen / Minie 3. Näpffgen / Eysen-Sinter ein halb Näpffgen / schmeltz es zum Kuchen.

XXIX.

Noch ein anders gelbes Schmeltz-Glaß.

Nimm Schlieff von Schleiffstein 4. Näpffgen / Minie 4. Näpffgen/ Spieß-Glaß 2. Näpffgen/dieses wohl untereinander gemischt/und gerieben/ man darff es eben nicht schmeltzen.

XXX.

Noch ein gutes Gelb.

Nimm Kießlinge oder Stein 16. Näpffgen / Eysen-Feyligt 1. Näpffgen / Glätte 24. Näpffgen / zusammen geschmeltzt.

XXXI.

Ein schön Licht-Gelb.

Nimm Minie 4. Näpffgen/Spieß-Glaß 3. Näpffgen/Ascher 8. Näpffgen/Glaß 3. Näpffgen/schmeltz es zusammen.

XXXII.

Gold-Gelb.

Nimm Minie 3. Näpffgen / Spieß-Glaß 2. Näpffgen / Eysen-Röthe 1. Näpffgen/schmeltze es in Kuchen/reibe es klein/schmeltze es wieder / und das thue zu vier mahlen; so hast du schön Gold-Gelb.

XXXIII.

Ein ander Gold-Gelb.

Nimm Minie und Spieß-Glaß jedes 2. Loth / Eysen-Röthe 1. Loth/ schmeltz es 4. oder 5. mahl.

XXXIV.

Noch eine schöne Gold-Gelb.

Nimm Bley-Asche 8. Näpffgen / Kießling 6. Näpffgen / Ogger-Gelb 1. Näpffgen/Spieß-Glaß 1. Näpffgen/Weiß-Glaß 1. Näpffgen/ calcionirt und geschmoltzen / gibt ein schön Gold-Gelb.

XXXV.

XXXV.

Noch ein rein gelb Geschmeltz.

Nimm Bley-Asche und klaren Stein jedes 12. Näpffgen / Eysen-Feyl 1. Näpffgen / 2. mahl geschmoltzen.

Erinnerung.

Alle diese Bereitungen/ob sie wohl sämtlichen gelb/so hat doch eine jede ihre eigene Coleur oder besondere Farb / nicht allein im Schmeltzen / sondern wann es auch geschmoltzen und gerieben/ aufgetragen und eingebrannt worden; ja eine jede wird ihre besondere Art/so wohl was die Coleur / als den Fluß betrifft / behalten; und ob auch einige gleich in der Coleur überein treffen / so discrepiren sie oft desto mehr in Fluß/da eine Composition leichter oder härter fleust als die andere / woran den Künstlern oft viel gelegen. Eine solche Bewandniß hat es auch mit den andern Coleuren.

Von grünen Schmeltz-Gläsern.

XXXVI.

Grün auf Weiß.

Nimm Kupffer-Asche 2. Näpffgen / von den gelben Schmeltz-Glaß/ welches du wilt/auch 2. Näpffgen/schmeltze es 2. mal / du darffsts aber ja nicht dicke mahlen/sonst wirds zu dunckel.

XXXVII.

Ein anders schön Grün.

Nimm Schiefer-Grün 1. Näpffgen / Messing-Feylig von denen Nadlern 1. Näpffgen Minie 1. Näpffgen / Venedisch-Glaß 1. Näpffgen / schmeltz es / so hast du sehr gut Grün / man kans auch / so man will / ungeschmeltzt gebrauchen.

XXXVIII.

Ein anders.

Nimm Minie 2. Näpffgen / Venedisch-Glaß 2. Näpffgen / Messing-Staub 1. Näpffgen/schmeltze es und gebrauchs.

XXXIX.

Noch ein sehr gut Grün.

Nimm weiß Glaß 1. Näpffgen / Minie und Messing-Staub oder Feyl

jedes

jedes auch 1. Näpffgen/schmeltz es/ stosse es klein/ nimm derselben Farb zwey Näpffgen voll/und ein Näpffgen Schiefergrün/so hast du eine grüne Coleur auf Glaß.

XL.

Die beste Grüne.

Nimm der vorgehenden gelben Gläser / welche du willt / ein Theil/ der nachfolgenden blauen Gläser gleich viel / reibs unter einander/ so wirst du die schönste Grüne haben.

Erinnerung.

Mit Zusammensetzung derer beyden / als blau und gelben Farben / kan man / nachdem man eines viel oder wenig nimmt / sehr vielerley grüne Coleuren machen: und weil denn dieses eine Farbe/die gäntzlich aus jenen beyden besteht / so ist hier auch nicht nöthig mehrere Composita zu setzen.

Von blauen Gläsern.

XLI.

Ein schön blau Glaß zum Mahlen.

Nimm Bley-Aschen ein Pfund/reinen Sand von Kießlingen 2. Pfund Saltz zwey Pfund/ weis calcionirten Weinstein ein Pfund / Venedisch oder ander fein Glaß ein halb Pfund/ Zaffera ein halb Pfund / schmeltze es zusammen / und lösche es in Wasser / schmeltze es wieder/ und dieses muß man zu etlichen malen wiederholen; man muß auch dergleichen Procedere mit allen Schmeltzgläsern / wo Weinstein zukommt / vornehmen / denn solche sonst zu viel Saltz behalten / und ungestalt in Mahlen werden; auch muß man dieses Gemeng/wenn es recht schön soll werden/einen oder 2. Tag und Nacht im Glaß-Ofen gelinde calcioniren.

XLII.

Ein ander blau Glaß.

Nimm Weinstein ein Pfund / Aschen oder Bleyglett ein Viertels Pf. Zaffera ein Loth/ reinen Kiesel-Sand ein Viertels Pfund / schmeltze es / und verfahre ferner damit/wie nächst oben gelehret worden.

XLIII.

Noch ein fein blau Mahler-Glaß.

Nimm Bley 12. Pfund/Zinn 1. Pfund/brenne es zusammen zu Aschen/

nimm dazu Saltz 5. Pfund/Kiesel-Sand 5. Pfund/Zaffera 1. Pfund/Weinstein und Venedisch-Glaß 1. Pfund/tractire und calcionire es wie oben/ und schmeltze es endlich zum Kuchen.

XLIV.

Ein anders.

Nimm Weinstein 1. Theil/Saltz 2. Theil/Kießling 1. Theil/ Bley-Asche und Zaffera jedes 1. Theil/ mit diesen/wie mit den andern oben/ verfahren und geschmoltzen.

XLV.

Noch ein ander blau Glaß.

Nimm Bley-Asch 1. Näpffgen/Sand 3. Näpffgen/Zaffera 1. Näpffgen/man kan auch in Ermanglung der Zaffera nur blaue Smalte nehmen.

XLVI.

Noch ein anders.

Bley-Glett 2. Pfund/ reinen Stein 1. Viertels-Pfund/ Zaffera ein Viertels-Pfund/ dieses zusammen klein gerieben/ wird vermischt/ und nach obiger Lehr geschmoltzen.

XLVII.

Noch dergleichen.

Nimm Bley-Glett 4. Pfund/ reinen Stein 2. Pfund/Zaffera 1. Pf./ calcinirt und geschmoltzen.

XLVIII.

Dito.

Nimm Bley-Aschen 8. Loth/Sand 6. Loth/Zaffera 2. Loth/ Weinstein 1. Loth/ rein Glaß 2. Loth/ geschmeltzt und wie oben verfahren.

XLIX.

Violen-Blau.

Nimm Weinstein 12. Näpffgen/ Kießling 12. Näpffgen/ Zaffera 12. Näpffgen/kuche es wie oben.

L.

Noch ein Violet.

Weinstein 8. Loth/ Bley-Asche 4. Loth/ Kießlinge 10. Loth Zaffera 8. Loth/Braunstein ein halb Quintgen/nach obiger Lehr bereitet.

Erinnerung.

Diese blaue Farben allzusammen/dienen so wohl denen Töpffern

fern als Glaßmahlern / es ist aber hierbey zu mercken / daß in denen meisten zu viel Zaffera ist; dieses aber nicht ohne Ursach: Denn etliche dieser Farben werden gantz dünne über andere Farben gemacht / wann solche dann nicht dick-blaue seyn / so lassen sie sich nicht wohl über denen andern Coleuren; doch kan ein jeder nach seinem Belieben die Farben mit der Zaffera mindern und mehren / wie es ihme gefält; sonst aber gehen sie alle richtig an / und seynd so wohl von mir als von andern gnugsam bewährt erfunden worden.

Von rothen Schmeltz-Farben und Gläsern.

LI.

Ein feines rothes Glaß zum Mahlen.

Nimm Antimonium 3. Pfund / Silber-Glett 3. Pfund / Eysen-Rost 1. Pfund / aufs allerkleinste gerieben / und damit gemahlt.

LII.

Ein anders dergleichen.

Nimm Spieß-Glaß 2. Pfund / Silber-Glett 3. Pfund / gebrannten Eysen-Rost 1. Pfund / handle damit wie oben.

LIII.

Ein noch besser Roth auf Gläser.

Nimm Stücken von Holländischen Glaß-Scheiben / reibe solche unbegreifflich klein / darnach nimm auf die Röthe gebranten Vitriol / oder vielmehr das Caput mortuum desselben; laug das Saltz daraus mit warmen Wasser / und thue dasselbe nur auf die Seiten / denn es dient nicht hierzu / die Röthe aber / oder (wie es einige nennen) die todte Erde / aus welcher das Saltz gelauget ist / nimm und reibe es nur nach deinem Augenmas unter das zu erst schon geriebene Glaß; so wirst du eine köstliche rothe Farbe auf Glaß erlangen / nimm nun solche / und mahle damit und brenne es ein / so wirst du sehen was du hast.

Erinnerung.

DJe rothe Farbe auf Glaß ist bißhero wenig gesehen worden / wovon du in deß Neri Tractat und meinen Anmerckungen darüber/ als in dem ersten Theil wie auch bey dieser zweyten Edition in der Schutz-Schrifft zu Ende dieses Wercks eine mehrere Nachricht findest; ich habe hierbey gethan was zu thun ist/ alles aber zu entdecken ist die Zeit noch nicht kommen.

Von allerhand dunckeln Farben und Schmeltz-Gläsern.

LIV.

Purpur-braun Glaß.

Nimm Bley-Aschen 15. Näpffgen/ reinen Stein 18. Näpffgen/ Braunstein 1. Näpffgen/ weiß Glaß 15. Näpffgen/ dieses aufs kleinste gerieben und geschmoltzen.

LV.

Braune Glasur.

Bley-Asche und reinen Stein/ jedes 14. Näpffgen/ Braunstein 2. Näpffgen zum Kuchen geschmoltzen.

LVI.

Eine andere braune Farb auf Glaß

Bley-Asche 12. Näpffgen/ Braunstein 1. Näpffgen/ dieses geschmoltzen ist gantz milde wie Wasser.

LVII.

Braun auf Weiß zu machen.

Braunstein 2. Näpffgen/ Minie und Weiß-Glaß jedes ein Näpffgen; schmeltz es 2. mal.

LVIII

Eysen-Farb-Glaß.

Nimm Glette 15. Näpffgen/ Sand 14. Näpffgen/ Kupffer-Asche 5. Näpffgen/ calcinirt und geschmoltzen.

LIX.

Ein anders dergleichen.

Glette 12. Näpffgen/ reinen Stein 7. Näpffgen/ Kupffer-Asche auch 7. Näpffgen/ zum Kuchen gegossen.

LX.

Schwartze Glasur.

Nimm Bley-Asche 8. Näpffgen/ Eysen-Feyl 3. Näpffgen/ Kupffer-

Asche

Asche 3. Näpffgen/ Zaffera 2. Näpffgen / dieses / wann es geschmoltzen / wird halb Braun-Schwartz / soll es aber noch schwärtzer seyn / so nimmt man nur mehr Zaffera darunter.

Schluß-Erinnerung.

Diese und alle obgemeldte Farben / vom Anfang biß zum Ende / seynd sowol denen Töpffern / als Glaßmahlern dienlich; daß ich num so viel von einer Farbe gesetzt / ist die Ursach / daß ich bey einem Töpffer oder Glaßmahler diese / bey dem andern eine andere gesehen / gefunden und auch selbst erfahren habe: Zudem seynd auch solche einerley Farben / dennoch in ihren Grad unterschieden; hoffe gleichwol nicht / daß den Verständigen die Wahl eine Quaal werde seyn; diß aber hoffe ich wohl/ daß nicht leicht ein einiges Stück unter diesen 60. Experimenten soll zu finden seyn/ so nicht Practicabel, oder dem Künstler nachzumachen fehl schlagen wird; was hier noch einigen möchte zu dunckel seyn / kan der erste Theil dieses Wercks / und sonderlich meine Anmerckungen/ über den Neri völlig erleutern. Es würde zu viel werden / wenn man alles allemal wiederhohlen sollte / es ist ohne diß manchmal wider Willen geschehen. Der geneigte Liebhaber nehme also vor Lieb / und gebrauche solches zu seinem Besten.

Folget
Zur Zugabe
Ein
Eigentlicher Bericht
Vom kleinen Glaß-Blasen/
so mit der Lampen geschicht.

Es ist dieses kleine Glaß-Blasen / so mit der Lampen geschicht / ob zwar nicht der nützlichsten / doch eines der allerzierlichsten Stücke der gantzen Glaß-Kunst; womit gewiß mancherley Ergötzlichkeiten anzustellen. Was es aber vor eine Bewandnis mit dieser recht netten und nobeln Arbeit habe / will ich hiemit kürtzlich / jedoch klar und warhafftig berichten:

Man muß sich erstlich eine Anzahl Stängelchen oder Röhrchen / die inwendig hohl/ auch zum Theil Massiv seyn / aus guten und reinen Crystallinen Glas / und von allerley Coleuren / auf einer Glaß-Hütten bestellen und machen lassen / die Stücken von zerbrochenem Venedischen Glaß seynd hiezu am dienlichsten. Wann nun dergleichen fertig und bey handen/so hat man solch einen Tisch oder Werck-Stelle von nöthen / oder in Bereitschafft / gleich wie hier in der Figur angedeutet und vorgestellet wird; um einen solchen Tisch können nun 4. und mehr Personen auf einmal arbeiten/nur daß ein jeder eine solche Lampe / wie Lit. B. ausweiset / vor sich habe; welche Lampe mit Rübsen-Oel / oder dergleicken/was ein jeder brennen will / angefüllet / und mit einem starchen Dacht / von gesponnener Baumwolle versehen seyn muß / unter dem Tisch ist ein guter Blasbalge wie Lit. D. zu sehen ist: Wenn nun einer von denen Arbeitern den Tritt des Balges / so Lit. E. ist / tritt / so gibt der Blasbalg D. durch die dazu geleitete

blecher-

Fig. X.

blecherne Röhren/so unter den Tisch A. verborgen/seinen Wind herauf/wie C. anzeiget/nur muß in das Loch oder Röhre C. noch ein ander Röhrchen gefüget und gestecket werden/welches Röhrchen forn krum/ und ein kleines rundes Löchlein hat/damit man durch den Wind eine gantze spitzige und concentrirte Flamme von dem Licht auf das Glas werffen und bringen könne/ gleichwie die Goldschmiede dergleichen Art Röhrchen zum Löthen gebrauchen; Ein solches Röhrchen / wanns auch nur mit dem Mund geblasen wird/gibt so eine spitzige Flamme/und vermittelst derselben so eine scharffe Hitze/daß man auch damit das allerhartflüssigste Glaß weich machen kan.

Wann man nun ein solch gläsern Röhrchen / von welchem hier Anfangs gemeldet/an einem Ende/auf solche Weise weich gemacht / und an dem andern Ende darein bläset / so kan man es in Kugeln und allerhand Dinge formiren; wer nun hier das Zeichnen und Possiren wohl versteht / der kan auf diese Weise in das Glas / was er nur will/possiren / als Bilder/Figuren / Crucifix / kleine Gefässe rc. ja was man nur erdencken kan; wozu man denn auch kleine Zänglein/und von Draht zusammen gebogene Klüfftlein haben muß/damit man es darzwischen fassen/und zu Zeiten/wann man in der andern Hand was hat / das man daran possiren will / das erste damit halten und regieren könne / weiln alsdenn beyde Theile in die Hitze zusammen gekehrt/und an einander müssen gesetzt werden. Die Röhre als C. geht vor eines jeden / der am Tisch sitzt / seine Stelle oder Lampe herauf; G. ist ein Röllgen/ in welchen der Strick geht/ der den Blaßbalg zeucht. F. ist ein blechern Triechter (einige haben ein dergleichen höltzern Camminchen) mit einer Röhre/durch welche der Dampf und Dunst/ von der Lampen hinaus gehet; diese gantze Kunst muß durch die Ubung/oder von einem wohl erfahrnen Meister erlernet werden. Es stecken wohl einige andere Nutzbarkeiten darhinter/sonderlich ist eine solche Werckstelle einem Chymico zu vielen Dingen nützlich; ich will aber nur dieses unter vielen melden: Es kommt

offt

offt / daß man ein gar weniges metallischen Kalch oder dergleichen hat / welches man gerne zusammen schmeltzen und was vor ein Metall hält / sehen und probiren wolte; dieses kan auf keine Weise füglicher als auf diese geschehen / indem man nur eine Kohle ein wenig aushöhlt / den Kalch oder was man schmeltzen will darein thut / und durch ein solch Röhrchen die Flamme eines starcken Lampen-Lichts darauf bläset / es geht sehr geschwinde von statten; wie auch gleichfalls / wenn man etwas löthen will; anderer Bequemlichkeiten / wozu es zu gebrauchen / so einem jeden selbst zu bedencken überlassen wird / vor dißmal zu geschweigen.

Ende deß Zweyten Buchs.

Deß
Zweyten Theils
Der
Vollständigen
Glaß-Kunst
Drittes Buch /

Hält in sich Funfftzig durch eigenhändige Erfahrung bestättigte

EXPERIMENT

und jederman dienliche

Kunst-Stücke /

Wie solche auf folgendem Blat Innhalts-Weise können gesehen und gelesen werden.

Zum Beschluß wird beschrieben und in der Figur vorgestellet /

Eine gar vortheilhaffte und bequeme

Flaschen-Forme vor die Glaßmacher /

Welche sich ins Kleine und Grosse / Länglicht und Gevierdte gebrauchen / und über Tausend mal verändern lässet.

Cum PRIVILEGIO.

JN diesem dritten Buch/ deß zweyten Theils meiner Glaß-Kunst/wirstu geneigter Leser 50. Experimenta von allerley Künsten befinden/ die ich zwar nicht inventirt, aber wohl mehrentheils durch meine eigene Hände experimentirt, oder mit meinen Augen von andern experimentiren sehen/ weiß auch daß sie so warhafftig/ als manchem dienstlich und angenehm seyn werden; den Innhalt aber selben wirst du auf folgenden Blatt finden. Endlich habe ich zum Beschluß dieses zweyten Theils beygefügt/eine sonderbare neue/ und noch gantz ungemeine vortheilhaffte Flaschen-Forme/vor die Glaßmacher/ vermittelst welcher sie allerhand kleine und grosse/ richtig und ablangs gevierdte Flaschen/nach ihren und eines jeden Begehren ohne alle Mühe formiren; ja diese einige Forme über tausendmahl verändern können. Der verständige Leser wird alles zu Gottes Ehre und zu seinem Besten/ (wie auch zu seines Nächsten Wohlfart) zu gebrauchen wissen. Vale.

Inhalts-Register dieses dritten Buchs Deß Zweyten Theils / von der Glaß-Kunst / so in 50. allerhand Experimenten bestehet.

Beschluß.

Von einer Flaschen-Forme vor die Glaßmacher/ welche sich über Tausend mal verändern lässet.

E N D E.

Das

Das Dritte Buch

Bestehet in Funfftzig sonderbaren und durch eigene Erfahrung bestättigten

Nützlichen Kunst-Stücken und EXPERIMENTEN.

I.

Eine sehr schöne Kunst / Kräuter und allerley Vegetabilia durch sonderlich dazu bereitete Formen in Silber abzugiessen.

Erstlich:

Solt du nehmen einen guten reinen Spath (ist eine gewisse Erde oder Minera, die wohl zu bekommen) denselben must du gantz klein zerstossen; hernach nimm einen Kessel von Kupffer oder Eysen/thue den klein zerstossenen Spaht darein/und röste solchen über dem Feuer wohl/so zergehet er wie ein Wasser; rühre ihn/ so lange er über dem Feuer ist/stätig um/biß daß er wieder so hart wird/wie zum ersten/ da man ihn über das Feuer gesetzt hat / gleich solches der Spath zu thun pflegt / darnach thue ihn herunter/und lasse ihn erkalten.

Zum Andern.

Nimm ein Theil dieses obgemeldten gebrannten oder geröst-und zugerichteten Spahts / und 1. Theil Federweiß / stosse und reibe solches klein untereinander/ und geuß Zeltlein daraus / lege solche ferner ins Feuer/und lasse sie glüen; nimm es darnach heraus und zerstosse es wieder klein. Wenn du nun formen willt/ so nimm 1. Theil dieser gebrannten und wieder zerstossenen Zeltlein/und noch einen Theil Federweiß/ reibe es durch einander gantz klein / und nimm deß gebrannten Spahts wiederum so viel dazu / als der Zeltlein und deß Federweisses ist / reibe und rühre es abermal wohl durch einander.

Zum Dritten.

Wann du nun / von diesem wohl und mit Fleiß bereiteten Spath etwas formen und giessen willt/so nimm einen reinen Töpffer-Don / und mache

Zärglein davon / so groß als etwan die Blumen oder Kräuter seynd die du wilt giessen / wann aber die Blumen oder Kräuter so hoch / daß man das Zärglein so hoch nicht machen kan (denn wenn der Lette oder Leime so hoch soll stehen / so setzt er sich krumm) so lege das Kräutlein auf die Seiten / doch daß es unten den Boden nicht berühre / auf daß der Fluß wohl kan darunter kommen; mache alsdenn das Zärglein darum. Wann du nun jetzo den Zeug willt über die Blume giessen / so solt du zuvor das Blümlein mit einem guten Brandwein anfeuchten / wie auch gleichfalls das Zärglein oder Särglein / alsdenn solt du solches mit dem obgelehrten pulverisirten Zeug allenthalben belegen / und sachte beschütten / und wanns über und über ausgefüllet / must du es fein sachte klopffen / so setzt es sich wohl / und legt sich auch der Guß an allen Oertern an.

Zum Vierdten.

Wenn nun der Zeug gestanden ist / so lege die Formen in kalte Kohlen / und thue darauf glüende Kohlen / damit solches durch die Hitze von oben hinab wohl erglüe und schmeltze / lasse es hernach immerzu gemachsam erkalten / dieses wäre nun die rechte Forme.

Zum Fünfften.

Nimm einen gelben reinen Leimen / und so viel klaren reinen Sand / auch ein gut Theil klein-gezupffte Scheerwolle; diese drey Stücke lasse wohl unter einander klopffen / darnach mache einen Guß davon / und bestreich die Formen mit dem Leim; thue es wieder ins Feuer / daß es durchaus glüend wird / darnach geuß das Silber im Namen GOttes darein.

Zum Sechsten.

Nimm Weinstein / so aus dem zerflossenen Weinstein-Saltz gemacht wird / und schabe darein so viel Salarmoniacum als du willt / doch auch nicht gar zu viel / sondern daß es wie ein Mus oder Brey wird / dieses ist ein guter Fluß auf Silber; wirff davon auf Silber wenn du giessen willt / so wirds schön geschmeidig.

Zum Siebenden und Letzten.

Wann du den Zeug so rein wilt aussieden / so begeuß das Silber mit guten Weinsteinöl / und lege es auf glüende Kohlen / glüe es wohl / darnach siede es in Weinstein / darein auch ein wenig Saltz gethan / wie bekannt und gebräuchlich ist.

Auf

Auf eine andere Art /
Kräuter und Blumen abzugiessen.
Wodurch der vorige Proceß desto besser erkläret wird.
Zum Ersten.

Nimm Alabaster/ der wohl gebrannt ist/also/daß seine Feuchtigkeit gar verrauchet sey/stosse denselben in einen Mörsel zu Pulver/ und siebe ihn durch ein Haar-Sieb; hernach nimm gleich so viel Frauen Eyß / wie man solches an einigen Orten in Thüringer-Lande findet / brenne dasselbe in einem Ziegel-Ofen ungefehr ein 8. oder zehen Tage / thue dazu Alumen plumosum, oder Feder-weiß/ nach deinem Belieben / doch nicht so viel als der obberührten Stücken; weiter thue darzu ein wenig Schaafs-Röthe / damit man das Holtz pflegt anzustreichen / und vermische es mit der obgedachten Materi/aufdaß die Stücke/so dazu kommen/unkäntlich werden.

Zum Andern.

Nimm diese Materia/feuchte solche an mit einem gantz lautern und reinen Wasser / das ja nicht feiste sey / reibe es auf einem Stein wohl untereinander / also daß solche wohl fliessend werde; darnach mache eine Forme von Töpffer-Leimen / in welche man die obige Materia / die man ein Zement heisset/giessen kan; doch lege Papier darunter/ aufdaß man die Forme desto füglicher von der Tafel thun möge. Geuß alsdenn von dem abgeriebenen Zement ein wenig in die Forme/ und lege das Kraut/so abgegossen soll werden / in das Zement / unterscheide fein mit einem Zänglein die Stängel und Blätterchen; Indem aber das Zement oder Wasser/das Kraut nicht tragen will; so tauche das Kraut in eine gute reine Lauge / und thue solches hernach in das Zement; geuß folgends das Zement so viel als nöthig darüber / und mache die Forme zu/doch lasse ein Löchlein am Halse / darein hernachmals das Metall mag gegossen werden. Diese Forme setze an einem trockenen Ort/so wird solche in einer halben Stunde so hart/daß man sie gar wohl zum Feuer thun/ und ausglüen kan.

Zum Dritten.

Wann nun das Kraut im Zement ausgebrannt / so muß man vornemlich auf das Regiment deß Feuers gute Achtung geben / denn man muß sich wohl vorsehen / daß die Widerwärtigkeit der Kälte und Hitze die Sache nicht zerrütte noch verderbe; darum muß man die Forme nicht plötzlich vom

Feuer rücken / sondern allmählig erkalten lassen; wann solche nun erkaltet / so must du die Asche vom gebrannten Kraut / entweder durch Anziehung deß Athems / oder mit einem Blasbalg / durch Aufhebung desselben Obertheils / herausziehen; man kans auch mit einem dazu geformten Glaß / wie auch mit Quecksilber verrichten. Wann dann solches geschehen ist / so kehre das Löchlein über ein Kohl-Feuer / und brenne es so lange / biß die Forme inwendig die Röthe und Gestalt deß Feuers verliere / also / daß / wann man ins Löchlein siehet / welches denn sonderlich von nöthen ist / solches schön weiß als Silber scheine; alsdenn giesse das Metall hinein / und wirff die Forme gantz ins Wasser / damit solche sich wiederum auflöse.

Nota.

Man muß auch gleichwohl einen Unterscheid halten / aufdaß die Stengel an denen Kräutern / so abgegossen sollen werden / nicht gar zu subtil seyen / damit die Subtiligkeit den Einguß nicht verhindere.

Das Silber / so man giessen will / muß sehr wohl oder leichtflüssig seyn / derohalben wenn mans giessen will / pflegt man Wißmuth darunter zu thun / welches es sehr flüssig macht.

Letzlich ist nochmahl zu erinnern / daß ja die Forme recht heiß seye / in welche man das Metall giessen will.

III.

Einen Spath zuzurichten / in welchen sich Gold / Silber und andere Metalle giessen lassen.

Erstlich

Nimm Spath so viel du wilt / thue solchen in einen unverglasurten Hafen / vermache den Hafen oben mit einem Deckel / und verlutire denselben auch allenthalben wohl mit guten Leimen; lasse ihn in einem Hafners- oder Töpffers-Ofen brennen / so lange als sonst ein Hafen brennen muß. Darnach so er gebrannt ist / so nimm den Spath / reibe ihn auf einem harten Stein fein klein und subtil / folgends schwinge ihn durch ein Sieb / in ein sauber lauter Wasser; darnach seyhe das Wasser herab / und reibe den Spath noch viel kleiner auf den Reibstein / und lasse ihn also an der Sonnen oder hintern Ofen trocken werden.

Zweytens.

So der Spath nun wohl getrocknet 3. Pfund schwer ist / so nimm 2. Pf. Salar-

Salarmoniac / 2. Pfund Weinstein / 1. Pfund Vitriol / thue das untereinander / in einen oder 2. Töpffe / geuß ungefehr 7. Maaß lauter Wasser also warm / und mache dem Spath damit an / doch daß solcher nicht gar zu dünne werde / mercke / wann er sich lässet ballen / so hat er zum erstenmahl genug. Hernach giesse wieder Wasser über die zurückgebliebene Materia / die noch im Topff ist; lasse solche wiederum wohl einsieden / und mache den wieder-getrockneten Spath abermahl mit demselben Wasser gantz warme an. Geuß folgends noch einmahl lauteres Wasser über die Materia / und lasse ein Theil einsieden / mache auch mit demselben den Spath zum drittenmahl warme an; so denn solcher zum drittenmahl angemacht / so lasse ihn auch wiederum hintern Ofen trocken werden. Hernach thue den Spath wieder in einen Topff der unverglasurt ist / vermache solchen wie oben erwehnet / und so er gebrannt ist / reibe ihn auf einen Reibstein / so ist er recht.

Zum Dritten.

So nun der Spath also bereitet ist / so nimm Salarmoniac / thue solchen in ein Glaß mit Wasser / in das Glaß soll ungefehr 2. Maaß gehen / deß Salarmoniacs thue so viel in das Wasser / als solches in der Wärme solviren und halten kan; laß es eine Stund oder 2. zugebunden stehen; darnach nimm deinen Spath / mach solchen mit diesem Wasser an / biß er sich lässet ballen; alsdenn forme ihn wie du wilt; wenn du nun drein giessest / so muß die Forme wohl glüend seyn / must auch sehr heiß und eylend giessen. Es lässet sich aber hierinnen weit anders und besser / als in die gemeinen Formen giessen. Mercke auch / im Fall du etwan hast Bley gegossen / und wilt nach dem Guß das Bley schwartz machen / so nimm nur Schwefel und Baumöhle / reibe solches mit einen wöllenen Tuch wohl ab / so wird es schön schwartz werden.

IV.

Wie man gute Leimen-Formen machen / und Messing oder ander Metall darein giessen soll.

Nimm einen guten und saubern Leimen / wie ihn die Zinngiesser gebrauchen / thue darunter Scheerwolle von Barchend / oder sonst aufs kleinst zerzupffte Baumwolle / auch einen sehr reinen und kleinen Sand; so aber der Sand nicht rein und klein genug wäre / so soll solcher gewaschen / und auf einen Reibstein klein gerieben werden; mache mit diesen beyderleyen deinen Leimen an / damit er seine rechte Consistentz in der Dicke habe / und nicht mehr feyst sey; man soll aber solchen Leimen nicht mit Wasser / sondern mit starcken Bier anfeuchten / formier darein was du wilt / und so du giessest / so soll die Forme wohl glüend seyn.

Nota.

Wann der Guß soll recht fein fallen / so müssen die Formen fein geäschert / das ist / mit einer geschwämmten Asche inwendig angestrichen werden.

V.
Ein Bergischer Stein-Guß.

Man findet zu Bergen in Norwegen einen dünnen weissen Stein / der sehr leichte ist / man nennet ihn daselbst Pumes, nimm solchen / (es thuts auch wohl NB der gemeine Bimßstein) und thue dazu von den weissen Alabaster Stein / brenne sie beyde in einen Töpffer-Ofen wohl / und zwar in einen grossen wohl verlutirten und bedeckten Topff; darnach nimm ein lauteres warmes Leim-Wasser / giesse es darauf / biß es die gebührliche Consistentz habe / und forme damit / so hast du einen Guß der immerzu währt / ist auch am Gewicht sehr leicht / man kan auch Eysen und Messing darein giessen.

VI.
Eysen zu giessen.

Nimm klares Eysen-Feylig / wasche dasselbe gantz rein / erstlich mit Lauge / hernach mit Wasser / mische darunter halb so viel gepulverten Schwefel / thue es in einen Tiegel / gib ihn gut Feuer / biß es wohl fliesset; wie es denn auch so leicht / wo nicht noch leichter / als Kupffer fliessen / wird / und lässet sich / wann recht erfahren wird / sehr rein und fein giessen.

VII.
Kalt und doch sehr nett in eine Forme zu giessen.

Nimm feinen Sand / wie ihn die Goldschmiede gebrauchen; mische darunter Kühnruß nach Gutdüncken / mache es mit guten Rübsenöhl oder Lein-Oehl an / damit es sich formen lasse; was man nun hierinnen giesset / wird nicht alleine sehr nette / sondern man darff auch die Forme gar nicht heiß machen / wie sonst bey andern Formen höchst nöthig seyn muß / ja man kan das allerheisseste Metall in diese kalte Formen giessen / nur dieses muß in Obacht genommen werden / daß der Sand recht und wohl getrocknet sey.

VIII.
Eine feine Art geschwinde Zinn zu löthen.

Nimm Marcasit und fein Englisch Zinn / schmeltze es und gieß es über ein Blech / daß es gantz dünne werde; wann man nun will ein Zinn an das andere löthen / so leget man das Loth auf das Zinn / und das andere Zinn / so man

daran

daran löthen will / darüber; und hält es nur über ein Licht oder gering Kohl-Feuer / so fliesset das Loth / und wann das Zinn kalt wird / so sitzts gantz feste aneinander.

IX.

Noch eine dergleichen / und noch fast bessere Löthung.

Nimm Zinn und Bley jedes 1. Loth / Wißmuth oder Marcasit 2. Loth / dieses wird geschmoltzen / und damit wie erst gemeldt / verfahren.

X.

Gegossen und gepolirten Messing eine schöne Gold-Farb zu geben.

Nimm gantz kleingestossene Kreyde / die nicht steinigt ist / 9. Loth / Schwefel 1. Loth / dieses mischt man sehr wohl untereinander / und reibet die gemachte Arbeit / wann sie zuvor wohl gescheuret / damit trocken ab / so wird solche in einer glantzigen sehr schönen Gold-Farb erscheinen.

XI.

Den Messing weiß zu sieden ohne Silber.

Palliere erstlich den Messing rein / hernach nimm ein von denen Zinngiesern abgedrähtes feines Englisches Zinn und gestossenen Weinstein / koche hiemit den Messing in einen unverglasurten Topff / mit reinen Wasser / so wird es weiß wie versilbert.

XII.

Ein Wasser / das Eysen zu verguͤlden.

Nimm Allaun und gemeines Saltz / jedes ein Quintlein Salpeter ein halb Quintlein / ferner nimm 25. Gold-Bletter / reib dieses untereinander aufs kleinste / und gieß 8. Loth Wasser darauf / lasse es einkochen / hernach gieß 3. Quintlein starcken Brandwein darüber / lasse es 24. Stund stehen; wann man nun damit auf reingepolirtes Eysen schreibet / so werden gantz güldene Buchstaben erscheinen / nicht anders / als wenn es recht verguldet wäre; man muß aber geschwinde mit reinen Wasser nachfahren / sonst wirds wieder schwartz / man kan hiemit allerley Namen auf Eysen schreiben.

XIII.

Eine feine Art zu verguͤlden / für einige Mahler oder dergleichen Leute / die manchmahl in der Lufft verguͤlden müssen / da man / wann der Wind gehet / die Gold-Bletter nicht wohl halten kan.

Nimm Zinn-Folien / überstreiche die mit Gold-Grund / und vergülde

 sie;

sie; wann man nun bey starcken Wind verguͤlden soll / so muß man nur den angelegten Goldgrund etwas klebrichter als sonst lassen / und die verguͤlden Folien darauf schneiden/so ists geschehen.

XIV.

Das Silber kalt zu verguͤlden mit den Daumen.

Nimm 2. Ducaten / schlage solche duͤnne / und loͤse sie auf in Aqua Regis; thue 1. Quintlein Salpeter darein/alsdenn duncke reine Tuͤchergen darein / lasse sie trocken werden / und verbrenne sie in einem Tiegel zu Pulver; wann man nun Silber verguͤlden will / so reibt man solches mit dem Pulver/ vermittelst deß Daumens / so verguld es sehr schoͤn/ darnach kan mans hellen und polieren.

XV.

Eine treffliche Helle zur verguͤlden Silber-Arbeit.

Nimm 3. Loth Schwefel/1. Loth Allaun/1. Loth Arsenicum, ein halb Gurcum, und ein halb Quintlein Spießglas / reibe diese Species alle aufs kleinste/ hernach lasse Urin sieden / verschaume selbigen wol/ruͤhre die Species nach und nach darein / lasse es ein gar wenig zusammen kochen / hernach lasse das Verguͤlde darinnen sieden/bis es hoch genug ist. Welcher Goldschmied dieses Stuͤckgen recht zu gebrauchen weiß / der kan mit einen Ducaten im Verguͤlden so weit kommen / auch so schoͤne Arbeit machen / als ein anderer kaum mit 2. ja wohl 3. Ducaten wird thun koͤnnen.

XVI.

Buchstaben zu verguͤlden/auf solche Art wie an den alten geschriebenen Muͤnchs-Pergamenten zu sehen.

Nimm praͤparirten Crystall/wie man solchen in denen Apothecken hat/ mache selbigen mit guten Gummi-Wasser an/und schreibe damit fein dick auf Pergament; nimm darnach ein Stuͤckgen gantz pures und feines Goldes / reibe und streiche es zu vielen malen gantz starck uͤber das Geschriebene / (es muß solches aber zuvor wohl trocken seyn) so streicht sich das Gold daran ab / und die Schrifft wird einen vortrefflichen Gold-Glantz erlangen.

XVII.

Bilder zu metalliren.

Nimm Hausen-Blasen / giesse sehr starcken Brandwein darein / setze es vermacht in die Waͤrme / so zergehts; thue hernach ein wenig Saffran darunter; folgends thue dazu Metall-Pulver aus einer Muschel/und bestreich die

Arbeit damit / mit einem linden Penselein, es muß aber solche Arbeit zuvor mit Leimwasser / darein etwas Menig gethan war / angestrichen seyn gewesen.

XVIII.

Ein Oel / so die Waffen und ander schön Zeug / so von Eysen und Stahl bereitet / vor allen Rost bewahrt.

Nimm Bleyglette / reibe solche mit klaren Baumöl / auf einem Stein / so klein / daß es gantz unbegreifflich sey; es mag deß Baumöls ein gut Theil seyn / doch nicht gar zu viel: hernach thue es in eine Büchse von Linden-Holtz / die unten so dünne ausgedrähet sey / daß man durchsehen kan (eine solche Büchse ist im ersten Theil dieses Wercks / bey dem Beschluß meiner Anmerckungen über den Neri / da ich von den Duppleten gehandelt / abgebildet zu sehen) hänge es an die heisse Sonne / oder sonst an die Wärme; so wird ein reines und süsses Oel durchdringen / welches vor allen Rost genugsam bewahren kan.

XIX.

Den Rost füglich und geschwind von Eysen zu bringen.

Stosse Venedisches Glas gantz klein / hernach nimm ein dichtes Leinen- Wollen- oder Hären-Tuch / spanne solches in eine Rahm / überstreichs starck mit Leimwasser / streue durch ein enges Haarsieb das klein-gestossene Glas darauf / laß trocknen / überstreichs mit Leimwasser / streu wieder durch das Sieblein Glas darauf / das kanst du zum drittenmal wiederhohlen / lasse es letzlich wohl trocknen / hiemit kan man den Rost gewaltig herab kriegen.

XX.

Alle Metallen / auch die meisten Mineralien / am Tisch / über einen Unschlitt- Wachs- oder Lampen-Licht zu schmeltzen.

Man nimmt eine gute Kohle / die fein klar ist / darein macht man ein Loch / wie ein Schüsselchen / in der Grösse wie ein Dreyer / hernach muß man ein gutes Lampen- Wachs- oder Talck-Licht haben / und dabey ein krummes Röhrchen / womit die Goldschmiede löthen; hernach thut man von einem Ertz / oder gefeylten Metall etliche Gran in das Löchlein der Kohlen / und bläst mit einem langen Athem / vermittelst deß gemeldten Röhrchens / durch das Licht / auf das Metall / so in der Kohlen liegt / welche Kohlen man mit der Hand an das Liecht hält / so entzünd sich die Kohle um dieselbe Refier / und die Hitze vom Licht und der Kohlen / samt der modus von Blasen / machen das

 Metall

Metall perfect schmeltzen. Man kan auf diese Manier allerley curieuse Pröbgen ins kleine anstellen.

XXI.

Gips / lauter und schön zu giessen.

Nimm Gipsstein/schlage solchen recht klein/ nimm ihn hernach und lasse ihn in einen Backofen einen Tag und Nacht zu Aschen brennen / mahle die Aschen so klein als Mehl/thue solche in einem Zuber/und flösse sie ab/so sauber als du nur kanst; lasse es denn trocken werden. Darnach so mahle es noch einmal/ und schlage es durch ein Tuch/ sauber und rein: Ferner nimm die Abgänge von reinen Pergament/ seude solch in reinen Wasser 12. Stund / und immerzu reines warmes nachgefüllt / und wann sie / die Spähne / wohl aus und gantz zu Mus gesotten seyn / so geuß es durch ein Tuch / mit diesen muß dein Gips bereitet und angemacht werden / so wird er lauter wie Horn / hält auch sehr starck/und läst sich trefflich giessen.

XXII.

Ein anders / wie man den Gips zubereiten soll.

Nimm die Steine von den Gips-Bergen/ zerschlage und brennen sie in einen Backofen/und wenn sie einen Tag und Nacht gebrannt haben/ so stoß sie klein und behalts.

Wann du nun den Gips anmachen wilt zu Bildern / so nimm lauter warm Leimwasser/rühre den Gips damit/und geuß deine Bildwerck.

XXIII.

Ein anders/den weissen Gips zu giessen.

Wilt du Bilder giessen von Gips/so nimm gebranntenGips/mahle ihn aufs kleinste/nimm hernach klares/ lauteres/ heisses Wasser/ in welchen Pergament-Spähne seyn gekocht gewesen / würcke den Gips also warm damit an/und geuß solchen in dazubereiteten Formen zu Bildern / sie werden feste/ schön und gut.

XXIV.

Kreide wie Gips zu giessen.

Nimm die Kreide / brenne sie zuvor wie den Gips / und lösche solche mit Essig; handle damit ferner wie mit den Gips abgelehrt/schmiere die Löcher der Formen mit Oele/und giesse.

XXV.

Gips von allerhand Farben zu färben.

Erstlich den Gips Gold-Farb zu färben.

Nimm Erbselen Wurtz / seude die mit Wasser wohl ein / mische unter diesen Safft ein wenig Saffran / laß solchen mit kochen / seuge das alles durch ein Tuch / und mache deinen Gips damit an / er wird eine schöne Gold-Farb erlangen.

XXVI.

Gips grün zu giessen.

Nimm Nachtschatten-Kraut / siede dasselbe mit halb Essig und Wasser wohl ein / färbe damit deinen Gips oder Stein / und handle damit nach Belieben.

XXVII.

Gips blau zu färben.

Nimm Attich-Beer / siede sie mit Allaun im Wasser / nimm dasselbe also warm / bereite deinen Gips damit / er wird sehr schön blau.

XXVIII.

Gips roth zu färben.

Nimm dünnes Alexander-Holtz siede selbiges sehr wohl aus mit reinen Wasser / thue ein wenig Allaun daran / und tractire damit deinen Gips / wie oben gelehrt.

XXIX.

Gips braun zu färben.

Nimm Brisillgen-Holtz / thue dazu etwas starcke Lauge / und siede es mit Wasser wohl aus / färbe deinen Gips damit / gleichwie mit denen andern Farben gelehret worden.

XXX.

Gips brand-schwartz zu färben.

Nimm grüne Erlen-Rinden / siede die mit lautern warmen Wasser und Allaun auf halb ein / und thue ihm denn / wie bey denen andern Farben gethan worden.

Nota.

Wann du den Gips und das Gestein färben wilt / es sey von was Farben es sey / so muß das Wasser allezeit ein Leimwasser seyn / darein

darein du die Farbe thust / und den Gips anmachest; so färbet er sich nicht allein / sondern wird auch gehärtet; wann man an statt Leims will Hausen-Blasen nehmen / ists noch viel besser.

XXXI.

Horn oder Helffenbein wie Schild-Kröten zu färben.

Nimm Scheidwasser 2. Loth / fein Silber ein halb Quintlein/lasse das Silber in Scheidwasser zergehen / besprütze erstlich das Horn oder Helffenbein mit Wachs nach deinem Belieben/ streiche alsdann diese Solution darüber / lasse es von sich selbst trocken werden / so ist das Horn an der Stelle/ da kein Wachs ist hinkommen / Braun und Schwartz worden.

XXXII.

Horn oder Holtz grün zu beitzen.

Nimm 2. Theil Grünspan/ein Dritt-Theil Salmiac/reibe es wohl mit und untereinander / geuß starcken Essig darüber / und in denselben das Holtz/ Horn oder Bein / decks feste zu / laß es liegen / biß es genug hat.

XXXIII.

Eine andere Grüne.

Nimm die grünen Nuß-Schalen / thue solche in scharffe Laugen / thue auch etwas Vitriol und Allaun dazu/laß 2. Stund sieden /nimm Holtz / welches du haben wilt / legs erst 2. Tag in scharffen Essig; nimm hernach noch ein halb Loth Grünspan mit Essig abgerieben / thue es zur Laugen / seude das Holtz/wohl darinnen/so wirds schön grün.

XXXIV.

Roth.

Nimm ungelöschten Kalch / geuß Regenwasser darauf / laß es über Nacht stehen / seihe es hernach durch ein Tuch / thue ferner hinzu ein Maaß rein Wasser / 1. Loth geschabte braune Prisilgen / lege das Holtz oder Horn darein/laß sieden / so hast du schön roth gepeitzt Holtz / es muß aber das Holtz zuvor in Allaun-Wasser gelegen seyn.

XXXV.

Eine sehr schöne braune Beytz.

Nimm ungelöschten Kalch/lösche solchen mit Urin/ bestreiche das Holtz damit; alsdenn nimm rothes Gerber-Loh-Wasser / wasche es damit wieder ab / so wirds erstlich grün / darnach bestreichs wieder mit obgedachten Kalch/ wanns trocken/so wasche es wieder mit Lohnwasser ab / oder lasse es ein Weil drinnen liegen/so wirds gar schön Kirschbraun.

XXXVI.

Holtz schwartz zu beytzen.

Nimm Nestlers- oder Sänckler-Schwärtz/ thue sie in einen neuen Topff/ ferner thue dazu ein wenig Salmiac/ hierinnen laß das Holtz sieden/ biß es schwartz genug wird/ alsdenn mit weissen Wachs abgerieben. Mercke/ein jeglich Horn oder Holtz/ so du beytzen und färben willt/ soltu einen halben Tag zuvor in Allaun-Wasser legen/ und wieder trocknen lassen

XXXVII.

Helffenbein-Schwärtze zu machen.

Nimm geschabtes und gefeyltes Helffenbein bey denen Kammachern/ da du es gar wohlfeyl kanst bekommen/ mache es fett mit Lein-Oehl verlutirts in einen Töpffgen/ setze es in ziemliche Glut/ laß es stehen biß man keinen Rauch mehr merecket/ alsdenn setze es geschwind aus der Glut/ in einen Sand/ und stürtze ein ander Töpffgen darüber/ so hastu eine solche Schwärtze/ daß auch nichts schwärtzer seyn kan.

XXXVIII.

Eine feine Manier/ die Clave Cord und Clave Cimbeln, auch ander Tischerwerck anzusprengen.

Erstlich Leim träncke deine Arbeit/ hernach streichs mit schwartzer Leim-Farb ein paar mal an/ wenns wohl trocken/ so besprengs nach Belieben mit abgeriebenen Bleyweiß/ so auch mit Leim-Wasser angemacht/ wenn es wieder gantz trocken/ so nimm einen mit Oel abgerriebenen Grünspan/ und überlasure es mit solcher Oehl-Farb über und über/ so werden die weissen Flecken grün/ und geht nimmer mehr ab.

XXXIX

Allerhand Arten von Holtz in eine Massa oder Forma zu bringen.

Nimm die abgedröhten und abgesegten Spähngen von 3. 4. 5. und mehrerley Holtz/ nach deinen Belieben/ es muß aber klein wie Pulver seyn; ferner nimm Pergament-Spähne 1. Pfund/ thue solches in einen Topff/ und gieß halb Brunnen- und halb Regen-Wasser darüber/ in welches man zuvor etwas von Nelcken und Zimmet eingeweicht hat; lasse es 3. Tage und Nacht stehen; alsdenn nimm Gummi arabicum und Tragant jedes 4. Loth/ und thue das in das Pergament-Wasser/ lasse es 2. oder 3. Stund wohl verdeckt kochen/ darnach giesse es durch ein Tuch/ rühre das Holtz-Mehl übern Feuer darein/ daß es werde wie ein Brey/ hierunter kan man auch Farben mischen welche man will/ nur daß solche nicht gifftig seyn/ man nimmt auch wohl klein gestos-

gestossenen Agt-oder Bernstein/und wirfft den darauf; thue es in eine Form wornach du es haben wilt/ welche mit Mandel-Oehl bestrichen/ laß es einen oder 2. Tag stehen / darnach heraus genommen und davon gedröht was man will/ es hält so gut und besser als das gantze Holtz.

XL.

Holtz in Formen als Bilder und dergleichen nach Art deß Gipsers zu giessen.

Nimm wie erst gelehrt/aufs kleinste rasirtes Holtz/welches/und so mancherley als du wilt/es mag auch nur gantz schlechtes und gemeines Holtz seyn/ je kleiner es rasiret/ je besser es ist; richte es allerdings zu wie hier nechst gelehret worden/ und giesse es in Formen/ allerdings wie man das Gips giesset; wo es nicht allerdings tief genug gefallen/ da mustu ihm etwas helffen/ du kanst allerley Bilder also giessen;hält so gut als obs aus einen Stück geschnitten wäre; kansts auch hernach mahlen und mit Lacc-Fürniß überziehen/ wie fast zu Ende deß ersten Tractats dieses andern Theils auf vielerley Arten ausführlich gelehret worden / und solche ferner poliren / so erlangen sie nicht allein einen schönen Glantz/ sondern kan ihnen auch kein Wasser noch Regen schaden.

XLI.

Eine Schrifft von Pappier vollkommen weg zu bringen.

Nimm Spiritum Vitrioli, oder gutes Scheidwasser 2. Loth/ gelben oder weissen Agtstein 1. Loth/diesen subtil mit dem Spiritu Vitrioli zurieben und mit einen Pensel auf die Buchstaben/ gestrichen/ so werden sie damit all nach gerade gäntzlich weggenommen / man muß aber mit reinen Wasser nachwischen/ sonst wirds Pappier gelbe.

XLII.

Eine verborgene Schrifft zuschreiben.

Thue Galläpffel in rein Wasser/ schreibe damit/ oder wenn du auf der Reise bist/ nimm nur einen grossen Gall-Apffel/ höhle ihn bey dem Löchlein den solcher hat wohl aus/wie ein Schiffelgn oder Dinten-Faß/thue Wassrr darein und schreibe auf Pappier/ so wird man nichts sehen/ wiltu aber daß mans lesen soll / so lasse gemeinen Vitriol in Wasser zergehen / netze einen Schwamm drein und fahre über das Geschriebene / so wird dasselbe schön schwartz. Wiltu aber um allen Argwohn zubeneben gleichwol eine falsche Schrifft oder Dinte auf dem Pappier haben/so nimm nur Haberstroh/brenne dasselbe daß es schwartz bleibet/ rühre es mit Wasser an daß es schwartz werde/ und schreibe damit/ in dem du nun mit dem Schwammen in Vitriol-

Wasser

Wasser eingedunckt über das Pappier fährest/so wischest du die schwartze oder sichtbare Schrifft damit gantz weg/und die unsichtbare erscheinet schwartz/also/daß man solche aufs beste lesen kan.

XLIII.

Ausführliche Beschreibung / das schönste Türkische Pappier zu machen.

Erstlich muß man eine Forme von Holtz machen lassen / die so groß ist als ein Bogen Pappier / der Bord oder Rand dieser Forme muß ungefehr 2. Zoll hoch seyn.

Zum zweyten / must du einen Kamm von Messingen Drath haben / in welchen die Zähne oder Dräthe / alle mahl so weit von einander stehn / gleich man bey dem Türckischen Pappier / wie weit ein Zug von einander stehet / wohl sehen kan; solche Zähne sollen auch in gleicher Weite stehen / doch nach Belieben; wann du nun diese zwey Stück in Bereitschafft hast/so nimm.

Zum dritten / Gummi Tragant / gieß darüber ein gut Theil reines Wasser / lasse es weichen / dieses muß man so dünne machen / daß mans gar wohl durch ein leinen Tuch drücken kan: Also daß es nur wie ein starckes Gummiwasser ist/damit die nachfolgenden Farben darauf stehen können.

Zum vierdten; geust man dieses Wasser in die höltzerne Forme / und tröpffelt hin und wieder die bereiteten Farben darauf; wann nun die gantze Forme über und über mit Farben versehen/so nimmt man

Zum fünfften / den obgemeldeten Kamm / streicht solchen von oben biß zu Ende hinunter / so ziehen sich die Farben zusammen und stehn gantz ordentlich/will man aber die Züge an beyden Orten spitz zu oder auf und nieder haben / so fahre ich nur mit den Kamm / in selbiger Linie wieder in die Höh; will man aber etwas gedröhtes darauf haben/ so nimmt man eine Feder und rundirt damit / oder ziehet einen halben Circkel / oder macht Figuren wie es einem jeden seine Phantasie giebt/die man niemand vorschreiben kan.

Zum sechsten/was für Farben dazu gebraucht werden;

Nimm Schönes auripigment und Rauch-Gelb untereinander / das giebt Gelbe; Indig mit Kreiden abgerieben giebt Hell-Blau; blos Indig gibt Dunckelblau; Blau und Gelb untereinander gerieben giebt Grüne; Du kanst/nach dem du deß einen oder deß andern mehr oder weniger nimst/allerhand Grüne machen; Florentiner Lacc wird zum Rothen genommen; Schwartz wird nicht dazu gebraucht / und Weiß ist nichts von nöthen / weil das Pappier solche hin und her schon selber giebt.

Zum siebenden wie die Farben bereitet werden:

Alle diese Farben werden aufs aller subtiliste mit stärckften Brandwein gerieben/ und in eine jede etwas von Fisch Galle gethan; dabey dieses zu observiren/daß offtmals entweder die Farben gar zu weit aus einander gehen / oder aber manchmal wol gar in Tropffen wollen stehen bleiben; hieran ist blos die Galle schuld / daß entweder derselben zu wenig oder viel dabey ist; denn wenn zu viel dabey ist/ so bleibts gern stehn / ist zu wenig dabey/so fleusts zu sehr/ das rechte Tempo aber kan man nicht vorschreiben / sondern es muß solches ein jeder aus der Ubung lernen. Wann nun dieses alles gethan/und die Farben nach Gebühr auf dem Gummi oder Tragant-Wasser stehn/ auch nach Gehör gezogen seyn; so nimmt man

Zum achten gemein Drucker-Papier / feuchtet solches auf die Art und Weiß/wie die Buchdrucker solches zum Drucken gebrauchen/und legt es auf die Farb/drückts auch mit den Fingern fein an / damit das Pappier die Farb fein an sich ziehe/wann es nun solches gethan/wie es denn thut/so ziehet mans am untersten Rand heraus / damit sich das Gummi-Wasser abstreiche / und hängt es auf Bogen vor Bogen / damit es trocken werde. Wann es nun wohl getrocknet/so nimmt man

Zum neunten solches herab / streichts ein wenig mit Seiffen / hernach glättets oder planirt mans mit einem Glättstein / oder was ein jeder vor ein Compendium hat/denn der Glantz muß fast die schönste Zierde geben.

Zum zehenden/kan auch gemahlte Muschel oder Schulpgen-Gold/Silber/Metall/ oder aurum und argentum Musicum darunter gebraucht werden / man darf solches nur mit Gummi Arabicum, daß es nicht zu dicke oder dünne werde / anmachen / auch kan man sonsten allerley Zierlichkeiten anstellen/nach eines jeden Verstand und Belieben.

So man nun diesem / wie ichs her beschrieben/ fleissig folget/so kan man nicht irren/denn ich J. K. habe es öffter so schön gemacht / sonderlich wenn ich Gold dazu genommen / daß es eine Lust ist anzusehen gewesen; daß aber (wie einige / die gerne aus einem Floh einen Elephanten machen/ hievon schreiben) solche grosse Künste und Geheimnisse dabey seyn sollen / kan ich nicht absehen / noch verstehen/viel weniger solches einem andern zu glauben bereden.

Die Buchbinder können auch auf solche Art ihre Bücher auf den Schnit bemahlen/(gleich wie ich in Holland gesehen) ist was neues/und sihet wann sonderlich Gold und Silber drunter kommt/überaus anmuthig aus.

XLIV.

Papier zu zurichten / daß man mit einen Silber-oder Messing-Stifft darauf behände zeichnen und schreiben kan.

Nimm gebranntes Hirschhorn/stosse es klein/hernach nimm weisses Papier

pier

pier das nicht gar zu glatt / sondern etwas weniges grob und rauch ist / reibe solches vermittelst eines saubern starcken Leders allenthalben wohl mit dem klein-gestossenen gebrannten Hirsch-Horn / so legt sich dieses gar fein in das Papier / so man alsdenn mit einen Messingen Stifft darauf schreibet / so wird es schwartz / und kan man also sehr sauber und nette darein zeichnen.

XLV.

Ein anders dergleichen.

Nimm gebrannte Schaffs-Beine / stosse solche zu Pulver / und mache sie mit Gummi-Wasser an / bestreiche das Papier damit auf beyden Seiten / laß es alsdenn trocken werden / alsdenn zeichne mit einen messingen oder silbern Stifft darauf / es ist so gut als eine Schreib-Taffel / ohne daß mans nicht so wohl auslöschen kan.

Solch Papier kan man zu denen kleinen Calenderchen die man in Sack trägt / und ohne diß nur in Papier oder schlecht Pergament bindet / hefften lassen / so hat man keinen Schaden an der Schreibtafel / wann man solchen alle Jahr weglegt.

XLVI.

Schwartze papierene Schreib-Tafeln zu machen.

Erstlich:

Nimm 2. Theil Leim / weiche solchen mit etwas Hausen-Blausen (so du wilt) in ein Nösel Wasser / lasse solchen bey den Feuer wohl erhitzen / thue dazu nach und nach / damit es nicht überläufft / ein Theil gepülverten Allaun / laß es alsdenn wohl kalt werden / und streiche ein dickes Karten-Papier (dergleichen du dir auf der Papier-Mühl / wenn du solche Schreib-Tafeln in Copie machen willt / von groben Zeug / doch daß es wohl geleimet sey / kanst zu richten lassen) auf beyden Seiten damit wohl an / häng es alsdenn auf / und lasse es trocken werden.

Zum Andern.

Nimm ausgebrannten Kühn-Ruß / oder welches viel besser / Kupfferdrucker-Schwärtz / reibs auf einen Stein wohl mit Wasser ab / hernach mache davon Häufflein auf Fließ-Papier / damit sich das Wasser hinein zieht / und lasse es wol trocken werden / reibs hernach wieder klein / und siebe es durch ein Haar-Sieb.

Zum Dritten.

Nimm guten gebrannten und gepülverten Bimsstein / und Schlief/

eines so viel als das ander / reibs mit Leim-Wasser wohl ab / thue darunter von der Drucker-Schwärtz (welche hierzu viel besser als Kühnruß ist) so viel biß es dich schwartz genug dünckt / doch muß der Schwärtze am meisten seyn; wann nun solche 3. Species in gehöriger dicke/mit Leimwasser wohl ab und untereinander gerieben seyn / so nimm

Zum Vierdten.

Dein zuvor geleimtränckt Pappier / streichs mit dieser Schwärtze/vermittelst eines Porst-Pensels/auf beyden Seiten an; laß wieder trocken werden/streichs wieder an / laß wieder trocknen / man kans zum drittenmahl anstreichen und trucken lassen werden.

Zum Fünfften.

Wann es trocken/so wirds etwas rau seyn / must es derowegen mit einen Wöllen oder hären Tuch wohl abreiben / damit es fein glatt werde.

Sechstens.

Nimm von obiger Schwärtz/ machs gantz dünne mit Leim-Wasser an/ und überstreiche das geschwärtzte Pappier nochmals damit / so wird es glatt werden/ und desto besser halten.

Siebenden/

Wird man gleichwohl noch die Streiffe vom Pensel sehen / derohalben must du es letzlich mit einen feichten Schwam̃ abwischen/so werden solche auch vergehen/und die Tafel schön schwartz / glatt und rein erscheinen.

Hierauf kan man nicht allein / wie auf eine Schifer-Tafel mit einen steinern Griffel schreiben/und wieder rein auswischen/ wobey man den Vortheil hat / daß sie nicht zerbrechen / wie der Schifer / sondern nebst dem / daß man auch mit einen Silber oder Messing-Stifft/ solches verrichten kan/ kan man auch im Nothfall Gold und Siber darauf streichen und probiren.

XLVII.

Schöne / tiefgeriebene silberne Schalen / mit Pappier abzuformen/daß sie fast den Silber gleich sehen.

Mache einen Pappen mit Wasser und Mehl an/so du denn schöne mit tieffen Blumen oder Figur-geriebene silberne Schalen abformen oder figuren wilt; so nimm Fließ-Pappier / welches so groß als die Schaalen ist; netze es mit einem Schwammen / und drucke es allenthalben auf die Schaalen; alsdenn wieder Fließ-Pappier genommen / solches mit Wasser genetzt / und die halbe Seite mit Pappen bestrichen/ und also gedoppelt auf die Schaalen gelegt/

gelegt / bestreichs wieder mit Pappen / und drucke es auf; alsdenn wieder doppelt genommen/und wie vorhin gemacht/ daß also 3. oder 4. mahl gedoppelt Pappier kommt / allein daß erste mahl muß es einfach unbeschmirt seyn. Lasse es also auf der Schaalen liegen / biß es gantz drucken wird / alsdenn bestreichs dreymal mit starcken Leim-Wasser / lasse es wieder allezeit trocken werden / wann mans nun wie Silber haben will / wirds mit Silber-Grund bestrichen / und wieder getrocknet / doch muß es noch etwas klebricht seyn/ lege also Silber-Blätter darauf / mit den Gold-Grund wird eben so verfahren und verguldet / solcher Gestalt wirds auch auf der andern Seiten tractirt / und versilbert oder verguld. Man muß aber bey allen / sonderlich mit Anstreichen deß Grundes / daß selbiger nicht zu naß noch trocken sey / wie auch mit den verguldeten und versilberten grossen Fleiß gebrauchen und anwenden.

XLVIII.

Einen weissen Pferd schöne kohl-schwartze Flecken zu machen.

Nimm Silber-Glett 3. Loth / lebendigen Kalch 6. Loth / mische dieses kleingestossen/untereinander / thue es in einen Topff / gieß eine scharffe Lauge darüber / und koche es / so kriegt es oben eine feiste Haut; die nimm ab und bestreich das Pferd damit/an welcher Stelle/du solches wilt schwartz haben/ so wirds von Stund an schwartz / diese Curieusität gehört vor vornehme Liebhaber/vor die Pferde-Diebe ists nicht geschrieben.

XLIX.

Rothe Haar schwartz zu färben.

Geht fast eben zu wie oben erwehnt/ausser daß man Kalch und Silber-Glett gleich viel nimmt / und solches an statt der Laugen im Wasser kocht/ und mit dem was oben schimmet/ das Pferd salbt / auch von sich selber trocknen lässet / so wird das jenige was man deß Abends gesalbet / deß Morgens frühe schön schwartz seyn.

L.

Ein Pferd geapffelt zu machen.

Nimm im Frühling die grossen Knospen von jungen Eychen / gibs einen Pferd einmahl 3. oder 4. unter das Futter/ (von jungen Ellern ists gleich viel) so werden sie geäpffelt / und bleibet ein gantzes Jahr.

Zum

Zum Beschluß Deß Zweyten Theils meiner Vollständigen Glaß-Kunst/

Will ich den geneigten Liebhaber beyfügen eine vortheilhaffte und nutzbare

Flaschen-Forme vor die Glaßmacher/

Welche sich ins Kleine und Grosse/ Länglicht und Gevierdte gebrauchen und über tausendmal verändern lässet.

WAs vor unglaubliche Mühe es denen Glaßmachern macht/ wann ihnen offters kleine Reis-Apothecken oder Flaschen-Futter zugesandt werden/ da immerzu eine Art klein/ die ander grösser/ die dritte wieder anders ist/ also daß kein Fach den andern gleich; wird denen die damit umgehen am besten bekannt seyn; dannenhero man auch bißhero dergleichen/ weiln sie die Glaßmacher deßwegen so viel Formen haben und machen müssen/ nicht leicht können gemacht kriegen/ wie die wohl wissen/ die solche vonnöthen ꝛc. um diesen abzuhelffen/ ist der Churfürstl. Sächsische Commercien-Rath/ Herr Johann Daniel Krafft bemühet und bedacht gewesen/ als welcher es auch folgender Gestalt glücklich und wol ausgesonnen; nemlich: man lässet 4. messinge Platten eines kleinen Fingers dick machen/ jeder derselben muß einen Winckel von ein baar Zoll haben/ solche mögen so hoch und breit seyn/ als zu denen allergrösten Flaschen von nöthen; diese Platten müssen gantz glatt und eben gepollirt seyn; wann nun selbige fertig/ so setzet man nach Anzeigung beygefügter Figur Z. den Winckel A. an die Flache B. und die Flache von den Winckel A. mit C. bezeichnet/ die setzt man an den Winckel D. die Fläche von den Winckel D. mit E. gemerckt/ setzt man an den Winckel F. und G. an H. so macht es ein richtiges viereck/ man kan auch ablange viereckt machen ja zu allerhand Sorten/

klein

Fig. Z.

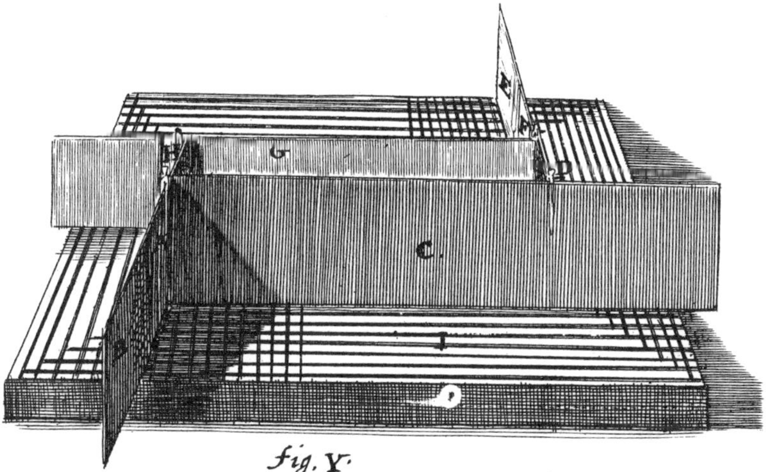

fig. Y.

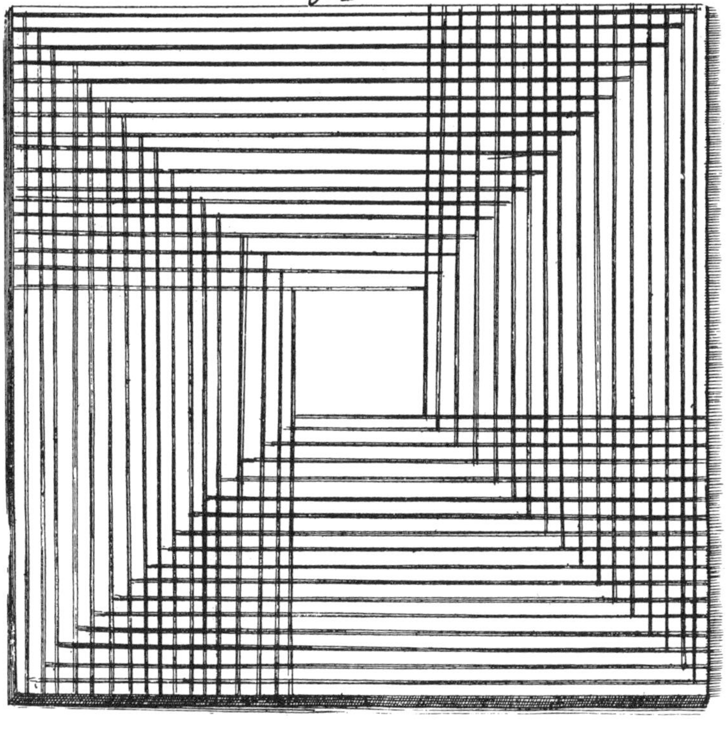

klein und groß wie mans selbst verlangt dazu Augenblicklich und ohne alle Mühe auf diese Weise die Blatten einrichten/und also Flaschen formiren und fügen. Solche Winckel und Flächen aber / werden allezeit mit zweyen Eysern Klammern/deren jede eine Schrauben hat / damit man es feste anhalten kan / zusammen geschraubt. Es giebt sich auch wenn man diese Forme nur einmal zusammen gesetzt / schon alles selber wie und welcher gestalt man nemlich solche / nach gefälligen Belieben/wie auch Lit. I. und die Fig. Y. Anleitung giebt näher zusammen oder weiter von einander rücken könne und möge / und wenn die Platten so groß seyn/daß man zu erst eine Flasche darein von 1. oder 2. oder mehr Kannen formiren kan / so kan mans zusammen setzen / daß auch Fläschgen von ein Loth darein mögen gemacht werden / da aber ja die Forme zu hoch / kan solche doch leichtlich mit einem guten Thon so weit als man will und nöthig ist/ausgefüllet werden. Man kan hier nicht nur alleine auf tausenderley Art und Weise varieren, sondern auch solche von einerley Forme oder Sorte so nette machen / daß eine wie die andere fast auf ein Haar passen müssen.

Dieses kan ein jeder mit 4. Kartenblättern probiren/wenn er an jedes einen kleinen Winckel beuget und allezeit den Winckel mit der Flache zusammen setzet/so wird er sich (vermuthlich) den Effect alsobald einbilden und also/ eher er Unkosten in Messing daran thut / sich zuvor versichern können/daß es angehet/und so wohl bequem als Practicabel, ja so leicht und einfältig als sie anzusehen/ wenn sie gemacht/so Sinnreich doch ausgedacht ist.

Die erste/welche Herr J. D. K. machen ließ/war von dünnen Messing Blechen/ es wolte sich aber/wie ich sie probiren ließ/mit grossen Flaschen nicht schicken; müssen derowegen die Platten absonderlich dazu gegossen werden. Ich hoffe / daß bey denen Glaßhütten wo diese Forme wird im Brauch kommen / hinfüro (was die Flasche betrifft) viel Mühe / Verdruß und Ungelegenheit soll ersparet werden rc.

Beschluß.

HJemit geneigter Leser / wäre auch mein Zweyter Theil / meine vollständige Glaß-Kunst völlig zu Ende gebracht / in welchen ich mich nichts anders als der Einfalt und der Warheit beflissen habe: Hoffe der verständige Liebhaber werde solches in der Warheit und Experiment also befinden / als worauf allein ich mich beziehe; nochmal freundlich bittend meine Aufrichtigkeit sich gefallen zu lassen/und dessen hiermit vor Willen zu nehmen / biß bald etwas bessers nachkomme / wie ich mich denn den Gemeinen besten zu dienen/die Wunder GOttes durch warhaffte Experienz zu entdecken / und die natürliche Warheit von der Lügen und Phantasie zu reinigen und unterscheiden mich je mehr und mehr befleissen werde biß an mein Ende.

Weiln bey den Türckischen Papier deß Aurum Musicum gedacht / und hier ohne diß ein Blat leer will bleiben / als will ich zu mehrer Completirung ein oder zweyerley approbirte Manieren desselbigen zu machen hiebey fügen.

Aurum Musicum zu machen.

NJmm Zinn/ Queckſilber / gelben Schwefel und Salmiac eines so viel als deß andern/gleich gewogen zerlaß das Zinn ob den Feuer / laß das Quecksilber drein lauffen und also zusammen erkalten; nach dem zerlaß den Schwefel / stosse auch den Salmiac und schüts in den zerlassenen Schwefel / rührs wol untereinander / biß es will erkalten; schütte es alsdenn auf einen Reibstein und reibs aufs kleinste zu Pulver; reib hernach auch das Zinn und Quecksilber darunter / also daß es zusammen wohl ver-

vermischt und sehr klein werde; Thue es in ein starckes Phiolen- oder Kolben-Glaß/ mit einen langen Halß/ das Glaß muß drey Theil leer bleiben und unten mit guten Leimen beschlagen seyn; oben muß auch ein Deckel von Plech darauf passen und mit Leimen verstrichen werden/ doch muß das Plech ein Löchlein haben/ einer Erbis groß/ daß man in dasselbe einen Nagel oder Zweck stecken könne/ damit kein Rauch heraus kommen kan; stelle es in eine Sand-Kapele oder in die Aschen/ gieb erst gelindes Feuer und immerzu stärcker bis es sachte glüet; thue einst den Nagel heraus und sihe ob es noch raucht/ raucht es denn nimmer/ so lasse es noch eine halbe oder wohl gantze/ ja um mehrer Sicherheit zwey/ drey/ vier Stunden stehen/ in einer gleichmässigen Hitze/ so wirst du ein sehr gutes Aurum Musicum haben/ welches zum Glaß und andern Illuminir- und Mahl-Wercken auch zu Türckischen Papier und vielen Dingen wohl zu gebrauchen.

Ein ander gut Aurum Musicum.

Nimm ein Untze reines Zinn/ laß es zergehen/ thue darein ein halb Loth Wißmuth/ laß es mit und im Zinn fliessen und erkalten; reibe es zusammen wohl auf einen Stein/ nimm alsdenn ein halb Loth gelben Schwefel und ein halb Loth Salmiac/ reibs auch wohl durch einander/ thue es alles zusammen in ein wohl beschlagen Kolben- oder Phiolen-Glaß/ setze es in heisse Aschen/ immerzu heisser biß es sachte glüht/ laß etliche Stunden in einer Hitz/ (es muß aber das Glaß wohl verwahret seyn daß kein Rauch heraus komme/ wozu alles so oben gemeldet kan observiret werden) so wirst du das beste Aurum Musicum haben.

Ein Argentum Musicum zu machen.

Nimm drey Loth gut Zinn/ zerlasse es in einem guten Schmeltz-Tiegel und wenns schier zergangen/ so thue drey Loth

Wißmuth darein/ rühre es mit einem eisern Drath/ bis du merckest und versichert bist/ daß der Wißmuth alle zerflossen / alsdenn hebs alsobald von der Glut / laß es ein wenig überschlagen/ daß es nicht mehr so heiß sey. Nimm nun anderthalb Loth Quecksilber/ schütt es in die zerlassne Materia, rühre es durch einander/ damit sich das Quecksilber wohl darunter zertheile; giesse es auf einen kalten trocknen und reinen Stein / daß es gestehe; wann du es denn gebrauchen willt / so temperirs mit Eyerklar / man kans auch wornach die Arbeit ist / mit klaren Lacc-Fürnis thun / item mit starcken Brandwein in dem Gummi Arabicum zerlassen ist ꝛc. und wenn mans aufgetragen und mit einem Zahn pollirt/ so wirds überaus gläntzigt und schön/ ist ein gutes und oft probirtes Stücklein / mercke / je mehr du Quecksilber drunter thust/ je milder solches wird/ jedoch muß es auch nicht gar zu milde seyn.

E N D E.

Anhang

Anhang
Der
Vollständigen
Glaß-Kunst/
Oder
Sendbrief/
an einen guten Freund/
In sich haltend
Einen vor Jubilierer und Goldschmiede sehr deutlichen
und dienlichen Unterricht
Von der Art/ Unterscheid/ Erkänntnis und
Güte der fürnehmsten natürlichen Edel-
gesteine/
(Dabey auch gleichfalls einige gar sonderbare und curieuse Nach-
künstlungen gelehret werden/)
Deme sind beygefügt etliche rare Anmerckungen
Aus denen neuesten Relationen und Actis Philosophicis der
Königlichen Societät in Engelland/
In welchen/ sonderlich von dem Diamant/ Rubin/
Smaragd/ denen Perlen/ Corallen und
Bezoar 2c.
Wo selbige eigentlich gefunden werden/ item von ihren warhaff-
tigen Wehrt und Preiß/ und wie selbiger sich durch das Gewicht erhöhen/
(welches um Kürtze willen in einigen Tabellen abgefasset) gantz genaue
Nachricht ertheilet wird/
Samt vielen andern Curiositäten.
Cum Privilegio.

Vorbericht.

FReundlicher und geliebter Leser! gegenwärtigen Sendbrief/ in sich haltend einen sehr dienlichen und deutlichen Unterricht/von denen natürlichen Edlen Steinen/ist erstlich durch einen gelehrten Mann/

In der Gestalt eines Sendbriefs / an einen guten Freund/

In Englischer Sprache abgefasset und beschrieben worden; weil man nun selbigen der vollständigen Glaß-Kunst / (in welcher eines der vornehmsten Stücken ist/zu unterweisen/ wie man die Edelgesteine durch Kunst nachmachen soll) als einen Anhang beyzufügen/ vor sehr rathsam und nützlich befunden; zumahlen weiln auch hierinnen einige dergleichen nicht unebene künstliche Bereitungen enthalten seynd/ und damit man nach aller Müglichkeit nichts ermangeln lasse/ hat man sich auch dieser Müh nicht entübrigen wollen/ solchen ins Teutsche zu übersetzen. Zwar hätte man wohl einiges darinnen anders demonstriren oder ändern können; weil es aber Dinge/ die hoffentlich niemand in Schaden oder vergebliche Unkosten setzen werden/ als hat man den gutmeinenden Autor nicht carpiren / noch (zumahlen auch die Zeit kurtz worden) sich etwas irren lassen wollen/ sondern solches an deren statt / und um so wohl das gantze Werck desto mehr zu completiren / als den geneigten Leser so viel besser zu contentiren/ aus denen allerneuesten Relationen/und Actis Philosophicis, der Königlichen Societät in Engeland/

Mit einigen raren Anmerckungen/

(Betreffende sonderlich den Diamant/Rubin/Smaragd/Perlen/Corallen / Bezoar 2c. Von dero Herkommen / oder wo sie gefunden werden/ von ihrer Güte 2c. Item von ihren eigentlichen Werth / und Preiß / so um Kürtze willen wie solcher nach ihren Gewicht sich verhöhet in einige Tabellen abgefasset) vermehren und ergäntzen wollen / nicht zweifflende / der geneigte Leser werde es zu seinem Besten zu gebrauchen wissen. Vale

Inhalt.

Inhalt.
Dieses Sendbriefss/
Von
Denen natürlichen Edlen-Steinen.
Eingang.

Mein Herr 2c.

DEmnach in unserer letzten Zusammenkunfft von denen Edelgesteinen Anregung gethan worden / auch derselbe Anlaß genommen / ein mehrers von besagten Gesteinen zu forschen / und mich gebetten / einen umständigen Bericht / so viel einem Jubilirer oder Goldschmied in dieser materia zu wissen von nöthen / mit Gelegenheit aufzusetzen; als habe meinem Herrn hierinnen / nach meinem wenigen Vermögen / und Kundigkeit / zu willfahren / mit gegenwärtigen bedienen wollen / mit Bitte / mein Herr beliebe / dasjenige / was diesem meinen Bericht annoch ermangeln möchte / aus seiner und anderer rühmlichen Wissenschafft und vielfältigen Erfahrung / beyzufügen: Damit ich aber solches in einer Ordnung verrichte / als will ich erstlich etwas weniges von denen Edelgesteinen ins gemein / nachgehends aber von einem jeden insonderheit handeln / und denn endlich von einigen geringen Steinen auch etwas weniges benachrichten. Mache derowegen den Anfang.

I.

Von denen Edelgesteinen ins gemein.

Diese werden nach Aussage deß Basilii Valentini, im 2. Buch / Cap 12. m. pag. 152. aus einer Substantz / der vollkommensten und edlesten Erden Irrdigkeit / mit Vermischung deß subtilsten und besten Central-Saltzes / Schwefels und Mercurius / mehrentheils in den untersten der Erden zusammen gesetzet / und durch die stete Dampffwärme und auffsteigenden Brodem / deß allerwürckenden Archeji / vollkömmlich ausgekochet: Sie streichen aber nicht Gängweiß wie andere Metallgewächse / sondern eintzig / fort / und haben ihre eigene Centra / sammt vielen seltzamen Wundergeburthen / dardurch sie alle nur pröcklich und Tropffen-weiß lapilliret werden: Dahero ist glaublich das jenige / was Baccius von ihrer Formirung / Ernehrung und Vermehrung also saget: Ein jeder Edelgestein hat eine Mutter / die entweder von eben selbigen / oder einen andern Stein gemachet ist / in welcher Mutter er durch Abtröpfflung eines gewissen und nährenden Saftes / genähret und geformiret wird / eben wie ein Kind / durch das Mütterliche Blut im Leibe. Ihr wesentlicher Unterschied bestehet in dem Grad ihrer Digerirung / oder Auskochung; und sind durchsichtig / dieweil sie ein reines himmlisches Wasser / und den allgemeinen Welt-Geist / in grosser Reinigkeit und ziemlicher Quantität / in sich concentiret und verschlossen haben; ihre Tinctur oder Farbe ist von einem reinen Solarischen Schwefel / welcher an der Krafft demjenigen der vollkommenen Metallen nicht ungleich ist / daher auch nach diesem / ihr Werth und Preiß insgemein gemachet wird: Wann man die Farb an einen natürlichen Edelgestein an seinen gantzen Cörper / oder nur an einem Theil desselben / benehmen oder verändern / und einen doppelfarbigten Stein bereiten will / der theils wie ein Diamant / theils wie ein Sapphir oder Rubin scheinen soll / so nimmt man solchen Stein / und bestreicht ihn entweder gantz oder nur an einen Theil / mit Kreiten oder Kalch / und leget ihn alsdenn ins Feuer/so wird sich der bestrichene Ort/ nach dem Grad der Hitze/ in andere Farben verändern.

Von der Verfälschung der Edelgestein/ist zu wissen/daß solche bey allen gefärbten Steinen/durch zween Sapphir / oder mit zwen Crystallen/so sie eine Folie zwischen ihnen haben/ geschehen kan: Es werden aber solche / mit Folien oder Mastix gefälschten Steine leichtlich erkannt / so man sie auf die Nägel zwischen beyden Däumen leget/und das Gesicht recht / zwischen der Ebene deß Edelgesteins und der Nägel richtet; wann nun der ober Theil deß Edelgesteins weiß erscheinet/so ist der Betrug deß falsch gefärbten Steines offenbar.

Noch eine andere Art deß Betrugs ist/ wann man die Steine durch ein klein gemachtes Löchlein aushöhlet / und an statt dessen etwas weniges von einem Sapphir oder Crystall / sammt einen Tropffen einer durchsichtigen Feuchtigkeit hinein thut/so wird der Leib deß Steins fürtrefflich leuchten.

Die Erhöhung der Farben an den natürlichen Edelgesteinen / geschihet vermittels der unterlegten metallischen Folien und der darzwischen gethanen gläntzenden Materia, welche also bereitet wird: Man lasse ein Mastix-Körnlein/auf einer Eysenspitze heiß werden/biß es zerschmeltzen will/alsdenn scheide man den durchsichtigen Theil / von dem finstern oder dunckeln ab / mit dem Finger / so ist es zum Gebrauch gut.

Der allgemeine Unterschied und Kennzeichen zwischen den künstlich bereiteten und natürlichen Edelgesteinen/ bestehet darinnen / daß nemlich / obwohl solche offtmals nicht viel schöner am Glantz noch reiner in der Masse weder die künstlichen / dennoch aber allezeit so hart sind / daß man mit einer Stahl-Feylen ihnen wenig oder nichts thun kan / da sich hingegen bey denen andern das Widerspiel erweiset.

Betreffend ihre wunderbare Würckungs Eigenschafften/die ihnen von denen Edelgestein-Schreibern beygeleget werden / so sind solche so wohl nach innerlichen als auch äusserlichen Gebrauch / nicht allerdings und durchgehends/wie von den meisten geschihet/zuverwerffen/in Ansehung/ daß in solche

Stei-

Steinen/nach der Lehre Hermetis und Platonis, wie auch der geheimen Naturkündigung / die allerreinesten Wesens-Bilder oder Intelligentien deß Englischen Himmels/ihren Wohnungs-Sitz genommen/und sich in selbigen/ unter allen natürlichen und elementarischen Cörpern am offenbarlichsten erzeigen; wie solches ihre liebliche und liechtstrahlende Geister genugsam anzeigen; ein mehrers/von der Tugend und Krafft eines jeden Edelgesteins insonderheit/zu melden/will die fürgenommene Kürtze dieses Briefs nicht zulassen: Ich will aber meinen Herrn an den Albertum Magnum, Boethium à Boot, Dioscoridem, Matthiolum, Lonicerum und andere dergleichen / ein mehrers hiervon zuerfahren / gewiesen haben: Es ist gleichwohl bekand und kein geringes Wunder der Natur / daß sich die rothen Corallen / nach der disposition deß Leibs oder der Gesundheit derer Personen/so sie an den Hals tragen / entfärben: Jngleichen daß der Türckis Ring / so er an einen Faden wagrecht in ein Glaß gelassen wird/die Glocken Stunden vernehmlich anzeiget; daß auch selbiger zuspringt / wann derjenige / so in trägt / in unverhoffte Gefahr und Schrecken geräth/ hat die Erfahrung offtmals bestätiget. Und dieses sey genug von den Edelgesteinen insgemeine. Ich wende mich nun in der Ordnung / von denen fürnehmsten / und zwar von einem jeden insonderheit/etwas weniges anzumercken. Mache derohalben den Anfang.

II.
Vom dem Diamant.

Als welcher der durchleuchtigste und härteste unter allen Edelgesteinen ist/jedoch sonder Farbe/ und gleich einem hellen und reinen Wasser durchsichtig/wann er aber eine Gelbe oder Schwärtze hat/ so ist er mangel oder schadhafft; er hat die Eygenschafft daß er die Farben gleichsam zu sich reiset / selbige annimmt und ihme solche zueignet/ auch sie mit seinen lebhafften und scheinenden Strahlen / in grosser Weite von sich wirfft: Es giebet von diesem Stein mancherley Arten/unter welchen seynd die fürnehmsten/ der Jndianische/welcher mit dem Crystall einige Verwandschafft hat/er ist zugespitzt/und hat 6. glatte Seiten. Diese Art wird offt gesunden in der Grösse einer Haselnuß; die andere Art dieser Steine / sind die Arabischen/ welche etwas kleiner als die vorigen/ihnen aber sonsten nicht ungleich/und wachsen diese beyde Arten nit wie einige geschriebē in Gold/sondern für sich allein; der Macedonische Demant aber ist gleich einem Kürbissaamen/uñ wird im Gold gefunden; über dieses sind noch andere Arten der Demanten/welche theils rund / theils aber sehr eckigt gefunden werden/als da sind die Böhmischen Armenische Englis. und Ungaris. diese alle aber sind mit dem Oriental. nit zu vergleichen. Der viel erfahrne teutsche Alchimist Barthol. Korndörffer/lehret in seinem Büchlein von Edelgesteinen / (so meines Wissens noch nicht im Druck) aus den guten und reinen natürlichen Crystall / den besten Diamant zu machen folgender gestalt: Nimm (sagt er) den allerbesten polirten Crystall / er sey groß oder klein / wann er nur schön helle ist / setze im 3. mal so viel fixen Gold-Schwefels zu / thue solchen sammt den Crystall in einen Tiegel / also daß der Crystall oben und unten mit dem Gold-Schwefel bedeckt sey; vermache den Tiegel oben / und lasse / ihn 3. Tage und Nacht lang in Feuer wohl und sehr starck erglüen / alsdenn nimm solchen heraus und lösche ihn ab in Brunnen-Wasser / darinnen zuvor auf die 20. mal ein glüender Stahl ist abgelöschet worden / so hastu einen Diamant / der dem natürlichen Diamant in allen gleich gerecht und gut ist; und so weit gedachter Korndörffer. Er lässet aber das Vornehmste aus / indem er seinen Gold Schwefel nicht ausführlich genug zu machen lehret.

Sonst sind in Bißnager / einer Landschafft in Ost-Indien 2. oder 3. Felsen / welche Demanten bringen / davon etliche 2. Quintlein / andere 1. Scrupel / item 8. Gran und dergleichen wägen: Es schreibet Monordus / daß er einen solchen Demant / welcher 140. Karat / jeden Karat zu 4. Gran gerechnet / gesehen habe. Ein wohl polirter Demant ohne Mangel / der ein Gran schwer wieget / ist 10. der aber 2 Gran schwer ist / schon 100. Reichsthaler werth / wie Bootius saget. Anderwerts aber spricht er: Ein wohl polirter und geschnittener Demant von 4. Gran schwer / sey 50. Ducaten werth. Cardanus gedencket eines Demants / der zu Antorff ist / welcher eine Untz / weniger einen Scrupel wieget / und wird um hundert und funfzig tausend Cronen geschätzt. Und so viel von Diamanten.

Anmerckungen /

Wo die Diamanten gefunden werden / und von dem Werth desselben.

Es seynd in den gantzen Orientalischen Indien / nur fünff Oerter / wo solche gefunden werden; darunter 2. Flüsse seyn / nemlich Saccadan in Bornea **und** Nage **im Reiche** Bengala; **in den Grund und Sand dieser beyden Flüsse / werden sie gesuchet und erlanget / diese beeden Flüsse / fallen von vielen Felsen herab in die Thäler / und schwämmen solche Diamanten mit sich / nechst diesen sind noch drey andere Diamant-Gruben / als in denen Königreichen Decan / Kuncan / und** Kalcanda: **Aber diejenigen Diamanten / so in den Grund der Flüsse gefunden werden; haben den schönsten Glantz / und spielen am herrlichsten: Da hinge-**

hingegen die andern / so aus denen Diamant-Gruben kommen/ gerne Risse haben; welche herkommen von den hefftigen Einhauen der Arbeiter/ in die so sehr festen und starcken Felsen / darinnen diese Steine verborgen; die Mackeln und Flecken aber / so diese Steine haben / schreibet man zu der Erden oder Sand; daraus sie gegraben werden / als welche unrein/ schwartz und schmierig ist.

Sonst ist der Diamant der schwerste Stein / unter allen Edlensteinen; nicht anders als wie das Gold unter denen Metallen.

Der Preiß aber der Diamanten ist nach der Proportion ihres Gewichts wozu folgende Regul dienet.

Nimm einen Diamant/ der 10. Karath wigt / quartire diese Zahl / so wird es 100. ist nun der Stein rein/so wird ein jedes Karath/nachdem der Stein vollkommen schön ist/40. biß 60. Kronen geschätzt / ist solcher aber nicht so schön an der Farbe / sondern hat Flecken oder Risse / so wird das Karath nur 10. biß 30. Kronen geachtet; wann du nun gedachte 100. mit der Zahl deß Preises/ eines jeden Karats / so viel ein dergleichen Stein wigt / multiplicirest / so wirst du eines jeden abgewogenen Steines eigentlich- und ordentlichen Werth finden.

III.

Von dem Rubin oder natürlichen Carfunckel.

DEr Rubin ist ein durchsichtiger Stein/von einer reinen Scharlach oder Carmesin-Farb/ je feuriger er in dieser Farb ist/je besser ist er / so er aber eine gelbe an sich hat / so ist er vom Geschlecht oder Granaten oder Hiacynthen; eine Carfunckel ist nichts anders/als ein grosser Rubin/ als welcher mit guten Fug also genennet werden mag/ so er nemlich 4. Karath schwer gefunden wird/welches aber selten geschiehet.

Ich kenne einen vornehmen Künstler / welcher einen natürlichen Rubin fast völlig nach künstlen kan / und weiln wir desselben modus wunderbarlich zu handen kommen/als will ich nit unterlassen/ solchen hiemit meinem Herren in Vertrauen zu sonderbaren Gefallen mitzutheilen / welches folgender Gestalt zugehet.

Man nimmt von dem Saltz / so aus den Caput mortuum deß Scheidwassers gelauget und clarificiret wird/welches man in den Apothecken arcanum dupplicatum heisset 3. Loth/gepülverten Crystall 6. Loth ferner bereitet man diese Tinctur/die ich hiemit lehren will also:

Nehmet Eysen oder Stahl-Feyhligt so viel ihr wolt/giesset darauf guten Spiritum von gemeinen Saltz / so viel euch genug zu seyn dünckt/setzet es in eine gelinde Wärmde/biß der Spiritus Salis seine Schärffe verliehret/und über den Eysen in der Wärmde süsse worden ist lasset alsdenn den Spiritum biß auf die Helffte abrauchen / und thut dazu gleich so viel als deß Eysens gewesen / reinen Bley-Zucker; dieses thut mit einander in eine gläserne Retorten / und lasset ferner über gelinden Feuer alle Feuchtigkeit weggehen / wenn ihr nun mercket (daß alle Feuchtigkeit abgezogen ist / und daß die Blasen sich nicht mehr in die Höhe werffen/noch die Materia übersteigen kan/ so stärcket das Feuer noch ein wenig / biß die Materia trocken / und zum rothen Pulver werde / welches Pulver so wohl zu diesen Werck als in der Medicin hoch zu schätzen ist.

Wenn ihr nun dieses Pulver bereitet habet/so nehmet deß Saltzes und Crystalls / wie oben gemeldet/thut es in einen Tiegel und 2. Loth dieser Tinctur dazu lasse es im Glaß-Ofen fliessen/ rührts unterdessen öffter mit einen eysern Trath um/ und ob sich die Farbe recht erzeige: Gefällts euch/so nemts heraus / und lasts erkalten/ wo es aber noch nicht nach euren Willen/so lasset es so lange stehen/biß es euch gefällt.

Es gehöret aber ein sehr geübter Künstler hierzu/weil an der Regierung deß Feuers fast das meiste liegt/ und also nicht ein jeder dieses Stückgen treffen wird.

Sonst berichtet Ludovicus Vardomaneus, ein Römer/daß der König zu Pegu in Indien einen so grossen und hellen Carfunckel oder Rubin habe/ daß er bey dessen hellen Schein/an einen finstern Ort/eben so wohl sehen kan/ als wann selbiger Ort / von der Sonnen-Strahlen erleuchtet würde: Von den Rubinen werden vielerley Arten gefunden / darzu kan man auch die rothen Hyacinth und Granaten rechnen: Die besten Rubin werden in der Insul Zeilan gefunden/man findet auch etliche kleine in Coria/ Calecuth / Cambaya und Bißnager: Sonsten aber wird er meistentheils in den Berg-Gängen gefunden / da man den Sapphier findet / und nach seiner mancherley Nahrung wird er in vermischter Farb angetroffen: Käyser Rudolphus/ der ander dieses Nahmens / hat nach Aussag deß Boetius / einen Rubin gehabt / der so groß als ein Hüner-Ey gewesen ist / und von s inem Werth ist zu wissen/daß / wann er zween Scrupel wiegt / so wird er wegen seines herrlichen Glantzes und Strahlen / dem Diamant gleich geschätzet; sonst wird er selten grösser als eine Haselnuß gefunden.

Anmer-

Anmerckung/

DJe Rubinen werden an zweyen Orten in Indien/nemlich im Königreich Pegu / und in der Insel Ceylan gefunden / man lässet aber wenig von dannen herausführen.

Von dem eigentlichen Werth und Preiß deß Rubins.

Der Preiß oder Werth der Rubinen ist dieser: Ein guter Rubin / am Gewicht 1. Rati (so sieben Acht-Theil eines Karats seyn) wird geschätzt vor 20. alte Indianische Pagaden / eine jede Pagade ungefehr zu 10. Kopff-Stück oder 2. Philipps-Thaler unsers Gelds gerechnet / 2. Rati aber (ist am Gewicht 1. Karat 3. Gran) beträgt sich schon am geschätzten Werth 5. mal so viel/ nemlich 100. Pagadi oder 200. Dicke- oder Philipps-Thaler. Aber,

I.

Rati		Karat	Gran		Pagadi		Phil. Thl.
					250		500.
3		2	$2\frac{1}{2}$		500		1000.
4		3	2		900	oder	1800.
5	das ist	4	$3\frac{1}{2}$	wird schon werth geschätzt	1500		3000.
6		5	1		2300		4600.
7		6	0		12000		24000.
12		10	$\frac{1}{2}$				

II.

gilt also das Rati an einen guten Rubin / der ohne Mangel ist/wie hier zu sehen.

	Rati		Philipps-Thaler.
	1		40
	2		100
	3		$167\frac{1}{3}$
Wann er wigt	4	in einander gerechnet.	250
	5		360
	6		500
	7		$657\frac{1}{3}$
	12		10000

III,

III.
Oder ein jedes Rati absonderlich geschätzet.

Rati		Philipps-Thaler
1		40
2		160
3		340
Das 4	gilt	670
5		1130
6		1870
7		1600
12		1000

Aus dieser dritten Tabell ist zu sehen wie jedes Rati absonderlich steigt / das sechste gilt am meisten / das siebende gilt schon etwas weniger / Ursach / weil in dem der Stein grösser wird / man das Gewicht eines Rati nicht mehr so sehr spürt / und wenn solcher am Gewicht biß auf 12. Rati kommt / so kommt hernach jedes Rati, er mag so viel wägen als er will / wann er vollkommen schön ist / 1000. Philipps-Thaler / dabey er auch unbeweglich bleibet.

IV.
Von dem Balasen oder Pallast.

Dieser Edelgestein hat eine bleicherne Röthe oder Glantz als der Rubin; denn er flammet mit einer Purpur- oder Rosen-Farb: er wird aber darum also genennet / dieweil er gleichsam ein Pallast oder Mutter ist / in welcher der Carfunckel oder Rubin sitzet und gezeuget wird / er wird auch offt in den Sapphier-Adern gefunden / als durch dessen Tinctur / seine Röthe blässer gemachet und temperiret wird: Dem Preiß nach ist er viel wohlfeiler als der Rubin; Lintschott saget daß ein solcher Stein der 4. Gran schwer / zehen Ducaten wehrt sey.

V.
Von den Rubaces oder Rubacelles.

Ob diese Edelgesteine zu den Spinellen oder Hiacynthen gehören / wird annoch gezweiffelt / dieweil sie scheinen eine vermischte Farb von beyden zu haben / sie sind denen Böhmischen Granaten sehr gleich / und werden erst im Feuer geprobiret / nemlich ob sie Granaten sind oder nicht / denn die Böhmischen Granaten können das Feuer ertragen ohne Verlierung ihrer Farbe / und mit keinem oder gar kleinen Schaden; diese andern aber verlieren ihre Farb / und verändern sich im Feuer dergestalt / daß man leicht dardurch wissen kan / ob es Granaten sind oder nicht; auch haben sie meistentheils eine gelbe

Farb /

Farb / an ihren äussersten Enden an sich: Dem Preiß nach / gelten sie halb so viel als die Palassen / so sie an allen Mangel sind.

VI.

Von den Granaten.

Diese Edelgesteine/sind ein Geschlecht der natürlichen Carfunckel / oder Rubinen/durchsichtig roth/ gleich einer Granat-Apffelblüthe; und giebt fürnemlich deren dreyerley Geschlecht/ davon der beste ein Granat-Blüth Farb hat; der ander hat eine Röthe so sich nach der Farb deß Hiacynths neiget/die dritte Art ist roth/ und ziehet sich nach einer Viol-Farb / welche von den Italiänern für die vollkommenste unter allen gehalten / und dahero Rubino di Rocca genennet wird.

Plinius erzehlet von den Mohren / daß sie einen Weeg haben / die dunckeln und schwachen Rubinen zu erquicken und lebhafft zu machen / also daß sie ihnen einen Glantz und Schöne 14. Monat lang / gleich einer glüenden Kohlen geben können/und dieses geschiehet/wann sie solche 14. Tage in Wein-Essig weichen/ aber / ob schon durch dieses Mittel ihr Glantz / auf eine zeitlang erhöhet wird/so werden sie doch dardurch nur weicher und gebrechlicher/wers nicht glauben will / den stehts frey solches für ein Plinisches Mährlein zu halten. Sie werden mehrentheils in Indien / Calecuth / Cananor/ Cambaja/ und Belaguar / wie auch in Mohren-Land und in Böhmen gefunden; von den Böhmischen gemeinen und grössern Granaten / ist ein wohl polirtes Stück 6. Schilling werth; hingegen ein guter Orientalischer von 4. Gran schwer ist 2. Silber-Kronen werth da doch der Böhmische fast schöner und härter als der Orientalische/nur daß man solchen nicht leicht groß findet/ und so offt sie auch noch zweymal so viel gelten; der Rubin de Rocca oder Felß-Rubin/ist eben so theuer als die Spinellen.

VII.

Von den Almandinen.

Dieses ist ein Mittelstein zwischen den Granat und Rubinen / also / daß die Rubinen/gegen diesem mehr Schwartzroth zu seyn scheinen / sie sind wohlfeiler als die Rubinen; zuweilen werden sie Alabandicken genennet: Mit den Orientalischen Granaten aber sind sie gleiches Werths: dieses sind die Steine welche von dem Plinio Troezeny genennet werden; sie sind roth / mit unterschiedlichen Farben/untermenget mit weissen Flecklein.

VIII.

Von den Hiacynthen.

Dieser Stein ist an der Farb Goldgelb röthlich / gleichend einer Feuer-

Flamme / dahero kan er als ein Art der Rubinen gerechnet werden: Von diesem/ Stein sagt Plinius / daß er selten grösser als eine Erbis gefunden wird etliche sind / welche/wie ein Feuer flämmigt/und an der Farb wie Scharlach / oder Charmesinroth sind; solchen nennen die Frantzosen Jacynth la belle, und halten ihn für den besten; dieser mag auch wohl unter die Geschlechte der Carfunckel gerechnet werden: Noch ist eine andere Art dieser Edelgesteine / welche den Bärnstein der Farbe nach nicht gar ungleich sind / die Steine von dieser Art sind nicht theuer / wegen ihrer Dunckelheit und der kleinen Stäublein oder Cörperlein / so ihre Durchsichtigkeit verhindern: Einen solchen Stein hat Cardanus pflegen zu tragen / um den Schlaff zu befördern: Auch ist noch eine andere Art dieser Steine / welche gantz keine Röthe in sich haben / dahero auch sie gar wohlfeil sind; die Steine welche Plinius Hiacynthen heisset / werden heut zu Tage für Amethisten gerechnet/ gleichwie auch der Amethist der Alten nur für einen Granat gehalten wird: Sie werden in Morenland/Indien und Arabien gefunden; auch findet man einige Hiacynthen in dem Iser-Fluß der Bäyrischen und Böhmischen Gräntze / so an der Farb dem Vitro Antimonii nicht ungleich sind.

IX.

Von dem Amethist.

Dieser Stein hat eine Farb gleich der Pfirsching-Blüth / welche Liebliche Farb herrühret von Vermischung der rothen und blauen Farbe: Die Fürtrefflichsten unter diesen Steinen haben einen feurigen Glantz / der sich sehr lieblich ausbreitet: Er hat vielerley Geschlechte / die besten darunter haben eine Rosenrothe Purpur Farb; ihrer Schönheit nach sind sie fast so herrlich als ein Rubin/ und von fürtrefflicher Härte; Boetius saget / daß er einen solchen Orientalischen Amethist / in einen fürtrefflichen Demant verwandelt gesehen / und ist / nachdem er in einen güldenen Ring versetzt gewesen um 18000. Gold-Cronnen verkaufft worden / in dem man solchen nach der Gestalt und Art eines Demants völlig geschätzet hat.

Rulandus erzehlet von dem Amethisten sechserley Geschlechte / als / der Meißnische Amethist / welcher in dem Undehenstonischen Berck-Werck gefunden und gebrochen wird; 2. der andere/ welcher bey Stolpen und in den Bach der Trebisch gefunden wird / 3. der Böhmische aus den Böhmischen Gebürgen/4. der unreine und mit Crystallischen Streichen vermengte Amethist/5. der geringe oder Crystall ähnliche; 6. der braune spitzige vier 6. Eckigte; die Orientalischen sind aber unter allen die Fürnehmsten / solche werden fürnehmlich in Indien/Arabien / Armenien und Mohren-Land gefunden: Ein Orientalischer Amethist/so er hart und ohne Wolcken oder Flecken ist/ einen

Karat

Karat oder 4. Granschwer/ist 4. Reichthaler werth / und also fort / je schwerer je theurer.

X.

Von den kleinen und grossen oder Zahl-Perlen.

Diese sind nichts anders als / die Früchte eines Fisches oder Muschel/ so man Perlmutter heisset/ welche in einen wohlgestalten / runden / durchsichtigen und schönen Stein zusammen geronnen ist: Deß Plinii Meinung/ daß sie von dem Tau herkommen sollen / will Boetius der Warheit nicht gemäß achten/ indem er also saget: Ich habe aus dergleichen Muscheln viel Perlein heraus genommen/ und befunden/ daß sie aus deß Thieres Leib / aus eben der Feuchtigkeit / daraus die Schalen oder Muschel sind / wachsen / welche zähe Feuchtigkeit zu weilen ausgetrieben wird / nicht alleweg aber zu der Schalen gehäuse/ sondern wann diese kleine Creatur kranck und übel auf ist/ und nicht genugsame Macht hat/ dieselbe von sich zu geben/ oder die Feuchtigkeit/ welche in seinem Leib stecken bleibet/ so bekömmet sie den Beginn oder Anfang der Perlein / welche nach und nach von der zuflissenden Feuchtigkeit / zusammen rinnet und zunimmt:

Es wachsen auch bey andern Thieren Steine/ als in der Gall / und andern innerlichen Leibes Theilen/ in gleicher Weise/ wie der Bezoarstein/ in der Indianischen Ziege gefunden wird: Jngleichen saget auch Cardanus / daß sie nicht von dem Himmel-Thau wachsen/ dieweil die Perlein Muschel / ihren natürlichen Sitz / in der Tieffe deß Meers haben: Es ist aber Plinii Bericht von den Perlen/ dieser/ in dem er saget / daß sie in den Austern- oder Muschel-Fischen von einem gewissen Meer-Thau / wornach dieser Fisch / zu gewisser Zeit de/ Jahrs/ sehr dürstet; erzeuget werden / und nachdem der Himmel dunckeler oder heller ist / zu der Zeit wann sie den Thau empfangen / so werden sie auch schöner oder danckler.

Es wollen ihrer viel die Perlen nachmachen / indem sie mit dem Pulver / von den kleinen Perlein und Eyerweiß eine Massa machen/ solche trocknen und poliren; allein diese kan man leichtlich/ so wohl an dem Gewicht als an der Farb/ von den warhafftigen Perlen unterscheiden und erkennen.

Es ist aber gleichwohl nicht zu verachten / was der schon gemeldte alte teutsche Laborant B. Korndorffer / in seinen Edelgestein-Büchlein hievon lehret/ folgender Gestalt:

Wie man aus vielen kleinen Perlen eine grosse formiren/ ja dieselbe gar in eine Tafel giessen könne.

Nim̃/ sagt er/ meines Mercurial-Wassers 14. Loth/ thue in ein niedriges

Kolben-Glaß/2. Loth Sulphur Solis, geuß das Wasser darauf/ laß es solviren und extrahiren; alsdenn nimm der weissest und kleinsten Perlen 20. Loth / thue es in ein dazu bequemes Kolben-Glaß / geuß dasselbe brennende Mercurial-Wasser darauf/laß die Perlen allgemach solviren / biß sie alle zu einen reinen Kalch werden / nicht anders als die solvirte Silber; alsdenn geuß das Mercurial-Wasser ab / siede den Kalch aufs beste aus / trockne denselben / thue sie folgend in einen saubern Tiegel und lasse solche alleine / ohne Zusatz / fliessen / gieß den Fluß zu einer Tafel/oder in gewisse Formen / nach deinen Gefallen; wanns erkaltet / poliers wie man andere Edelsteine polirt/ so wirds alles die schönste und reinste Perlen-Consistentz / Form und Schönheit erlangen 2c.

Die grossen Perl werden allenthalben Zahl-Perln / hingegen die kleinern die Saat-Perlen geheissen / und müssen nach der Fürtrefflichkeit ihres Glantzes/auch an ihrer Rundirung/Reinigkeit und Schönheit erkannt und unterschieden werden: Die besten werden in den Persischen Golfo / zwischen der Insul Ormus und Basseram gefunden : Von dieser Insul wird Sprichworts-weis gesaget / wann die gantze Welt ein Ring wäre / so müste Ormus die Perl darein seyn: Sie werden auch zwischen dem Vorgebürge Comorin / und der Insul Zeilan gefunden : Die Occidentalische Perle sind Milch-farbig/und Silber-gläntzend/auch dahero nicht so gut/ als die Orientalischen.

Es werden auch an vielen Orten Europä/Perl gefunden/als in Schott- und Irrland / in denen schönen Muscheln und Austern: Wie auch in Böhmen/Bäyren/Schlesien / und Frießland. In der Gegend des obgedachten Vorgebürgs Comorin/ findet man sie in der Grösse / daß eine hundert Körner schwer wieget / und bey der Insul Borneo 160. Weitzen-Körner schwer / diese sind aber nicht so schön als die andern.

Von der Egyptischen Königin Cleopatra wird erzehlet / daß sie auf einer Abendmahlzeit eine Perl in Essig zerlassen/ eingetruncken/sich rühmende / daß sie eine weit köstlichere Abend-Mahlzeit gehabt / als Antonius; der Werth dieses Trunckes erstrecket sich/nach Budäi Rechnung / auf hundert und funfftzig tausend Gold-Gülden: gedachter Budäus erzehlet auch / daß eine Perl / so groß als eine Haselnuß/in Franckreich / um 3000. Gold-Gülden/und noch eine andere um 4000. seye verkaufft worden: Der Preiß oder Werth der Perl / wird nach ihrer Schönheit und Glantz vergrössert; ein schönes und rundes Stück von 4. Granen schwer ist 3. Kronen werth ; und ist nach ihrer Grösse und Schönheit / der Preiß davon zwey- und dreyfach grösser.

Anmer-

Anmerckung.

Eigentlicher Bericht / wie und wo die Perlen gefunden und gefischet werden/auch von ihren eigentlichen Werth und Güte.

ES sind vier Ort in Orient / wo die Perlen gefischet werden / als nemlich 1. die Insel Baharem / im Persischen Meer; 2. die äusserste Landschafft Arabia Felicis, nahe bey der Stadt Catiff: 3. die Insul Ceylan bey Manar: und 4. die Insul Japan. Bey der Insul Ceylan werden die besten gefunden/ seynd aber klein; in Japan die grössesten / aber sehr ungleich. In India Occidentali werden sie in dem Mitternächtischen Meer gefischet / als nemlich: bey denen Insulen / Margaritha, Cubagna, St. Marthæ, Comana, und Comanagate; auch in den Mittägigen Meer / nahe an Panama; und obwohl diese Art Perlen viel geringer sind als die Orientalischen / so übertreffen sie dennoch dieselben weit an der Grösse / alldieweiln man manchmal daselbst Perlen find / die zwey und viertzig Karat wägen; Ja es werden auch daselbst manchmal 5. oder 6. Perlen in einer Austern oder Meer-Schnecke gefunden. Die Fischer / welche diese Perle fischen / essen nichts als truckene und gebrattene Speisen / zu besserer Erhohlung des Athems. Auch ist zu mercken / daß dergleichen Meer-Schnecken / die die Perlen haben / nicht gut zu essen / sondern sehr schwer zu verdauen seynd.

Was den Werth der guten Orientalischen Perlen betrifft/ wird man aus beygefügter Tabelle / als darinnen der ordentliche Preiß/einer jeden Perle/eigentlich zu finden ist/ gnugsam ersehen und erkennen können.

Tabelle/

Daraus der Preiß jeder Perle zu ersehen.

Eine Perle vom Gewicht.

Gran	Krone	Karat	Krone
1	1	$4\frac{1}{4}$	289
2	4	$4\frac{1}{2}$	324
3	9	$4\frac{3}{4}$	361
Karat		5	400
1	16	$5\frac{1}{4}$	441
$1\frac{1}{4}$	25	$5\frac{1}{2}$	484
$1\frac{1}{2}$	36	$5\frac{3}{4}$	529
$1\frac{3}{4}$	49	6	576
2	64	$6\frac{1}{4}$	625
$2\frac{1}{4}$	81	$6\frac{1}{2}$	675
$2\frac{1}{2}$	100	$6\frac{3}{4}$	729
$2\frac{3}{4}$	121	7	784
3	144	$7\frac{1}{4}$	841
$3\frac{1}{4}$	169	$7\frac{1}{2}$	900
$3\frac{1}{2}$	196	$7\frac{3}{4}$	960
$3\frac{3}{4}$	125	8	1024
4	256		

Also wird die Perle (so vollkommen schön ist) allezeit / mit der Zahl/wie viel Gran sie wiegt multiplicirt und so viel heraus kommt / so viel wird sie Kronen geschätzt / als zum Exempel / ein Gran gilt ein Krone / 2. Gran mit 2. multiplicirет / macht 4. / so viel gilts Kronen / 7. Gran mit 7. multiplicirt/ macht 49./so viel gilts auch Kronen/12. Gran(oder 3. Karat)mit 12.multiplicirt/ macht 144. so viel gilts auch (ordinarie) Kronen/8. Karat macht 32. Gran/32. mit 32. multiplicirt/thut 1024. mit so viel Kronen muß auch eine Perle von diesem Gewicht ihrem natürlichen Preiß nach ästimiret und bezahlet werden ꝛc.

XI.

Von dem Sapphier.

Dieses ist ein durchsichtiger / blauer / und dem Gesicht annehmlicher Stein / auch sehr hart; der beste unter vielerley Geschlechten ist derjenige / so eines guten Hulis/und nicht wegen der Grobheit seines Nahrungs-Saffts/davon er gezeuget ist/stumpff noch schwach ist; es giebt auch noch geringere Sorten/als der grüne Saphier / der Gold-Farbe und der Weisse. Die besten werden in den Orientalischen Ländern gefunden / wie auch in Böhmen und Schlesien: In Engelland werden sie gantz durchscheinend gefunden / aber weich und milchfarbigt mit blau vermischet: So man ihm die Farb benehmen könnte / so solte er wegen seiner Härte / leichtlich vor einen Diamant passiret werden: Er wird gleich alle andere Steine nach der Fürtrefflichkeit seiner Farbe / Schönheit und Reinigkeit wie auch nach der Gröse geschätzet; einer von 4. Gran / ist so viel Kronen Werth: die besten wann sie die Gröss haben/werden denen Orientalischen Diamanten/ so von dergleichen Sorte/ gleich geachtet.

XII.

Von dem Opal.

Dieses ist ein Edelgestein / welcher gleich einem Rubin/subtile und feurige Flammen strahlet; und dabey mit einer reinen Purpur- und Meergrün-Farben gleich einem Amethist und Smaragd durchzogen ist/ dahero kan dieser Stein / wegen seiner lieblichen Farb-Vermischung gar nicht / wie die andern / nachgemachet werden; er wird von vielen für den schönsten unter allen Edelgesteinen gehalten: Die besten von solchen Steinen werden an ihrem mancherley Farben spielenden Glantz / und an der Härte erkannt / und erwehlet; sie werden in Indien / wie auch in Cypern/ Egypten/Arabien und in Ungarn gefunden; die Ungarischen findet man in einem weichen Stein / so mit schwartzen / gelben und braunen Adern gemenget / und ist der Leib deß Steins weiß gelb- und schwärtzlicht / bißweiln durchsichtig mit unterschiedlichen Farben / auch sind unter solchen / viel so weich / daß sie sich nicht wollen polieren lassen/weder auf Zinn/noch auf Bley/ sondern nur auf einer weichen Trippel-Erden.

Bey den Römern wurde dieser Stein im grossen Werth gehalten/wie aus der Historie deß Rathsherrn Nonii zu ersehen/indem er sich lieber seines Landes und Rathsherrn Standes/als eines Opals/welchen er von dem Antonio bekommen / berauben lassen wollen; dieser/ deß Nonii Opal war eine Haselnus

nus groß / und auf zwantzig tausend Gülden geschätzet: Heut zu Tage aber sind sie nicht so theuer / denn einer von der besten Art / so 4. Gran schwer ist/ gilt kaum drey Cronen.

XIII.
Von dem Smaragd.

Dieser Stein hat eine annehmliche Wiesen / oder-Feld-grüne Farb/ und wird bey seiner stetshabenden Kälte / so man ihn in den Mund nimmt/ oder an seiner Schwäre erkandt; item beysdessen Härte und blitzenden Glantzstrahlung; die Orientalische und vor Alters die Scytischen seyn für die besten unter allen gehalten; es werden auch dergleichen fürtreffliche Steine in den Abend-Ländern/und an etlichen Orten in Europa angetroffen.

Einen köstlichen Smaragd / kan man auch durch Künste auf nachfolgende Manier machen.

Nehmt Bimsstein 4. Loth/calcinirt ihn/in reverberir Ofen/und löschet ihn in starcken Essig / wann er kalt worden / so giest den Essig ab / und nehmt den Kalch heraus / diesen Kalch stratificiret mit geschlagen Silber / und last es im Tiegel wohl glüen / schüttet es wieder in denselben Essig / so werdet ihr oben etwas grünes schwimmen sehen / dasselbe sammlet und verwahrets in einen Glaß; das übergebliebene Silber/mit den Kalch / glüet wieder aus und werfts in Essig/und dieses thut so oft als die Materia eine grüne Farbe giebt; alsdenn nehmt Weinstein-Saltz 4. Loth / Crystallen 8. Loth/ und der vorgemeldten köstlichen grünen Farbe $\frac{1}{2}$. Loth/ dieses setzet in einen beständigen Tiegel in ein dazu gehöriges Feuer / da es 4. Wochen stehen kan: So werdet ihr einen schönen köstlichen und harten Smaragd bekommen.

Es werden die Orientalischen sonst selten grösser als eine Haselnuß / die Occidentalischen aber zu weilen einer Faust groß gefunden: dieser Stein war vor Alters in so grosser Achtbarkeit / daß verboten wurde nichts darein zu graben; ein Orientalischer Smaragd war wohl viermahl so theuer / als ein Demant von gleich schweren Gewichte; Lindschott hält diesen Stein auch schätzbarer als den Demant/und achtet einen Smaragd von 4 Granen / der so dick als ein Demant auf 80. Ducaten werth/da er doch einen Demant von solcher Dicke nicht höher als 70. Ducaten werth schätzet: Noch ein anderer hat für einen Smaragd von 8. Gran schwer 113. Goldgulden gegeben.

Anmer-

Anmerckung.

Es wurden vor deme nie keine Smaragde in India Orientali gefunden / als bloß in Peru / von dannen sie / kurtz zuvor ehe America denen Europäischen Einwohnern ist bekand worden / durch die Peruanischen Kauffleute / nacher Maluccas seynd geführet worden / anitzo aber werden sie fast aus allen Orient / allwo sie heut zu Tag / wegen der Mänge / einen vielgeringern Werth als damals haben / zu uns häuffig übergeführet.

Es wachsen aber die Smaragden in Steinen / die den Crystall gleich seynd; haben auch in demselben ihre Adern / darinnen sie nach und nach reiner / dicker und härter werden; man findet darunter einige deren halber Theil noch weiß / das andere aber grün ist / einige die noch gantz weiß und gleichsam unzeitig seyn; die meisten aber seynd ganz grün und diese seynd auch die Vollkommensten.

XIV.
Von dem Prasem / und Crysopraß.

Dieses ist ein durchscheinender grüner Stein / gleich dem Lauch anzusehen: Er wird auch zu Zeiten mit einen Gold-Glantz und bißweiln mit rothen / weissen und schwartzen Flecken angetroffen; solches aber geschiehet darum / dieweil er einen Jaspis / Crystall / oder andern dergleichen Stein anwächst / als von welchen er kleine Düpfflein / und mancherley Farben empfängt: Es wird auch dieser Stein von etlichen / für die Mutter deß Smaragds gehalten; derowegen wird er auch von einigen der Smarald-Prasem geheissen: Sie werden in Ost- und West-Indien / wie auch in Teutschland gefunden / und sind diese schöner als etliche unter den Orientalischen / allein etwas weicher: Absonderlich werden sie in Böhmen und denen benachbarten herumliegenden Landschafften angetroffen: Im übrigen seynd sie im Werth nicht gar hoch / je nach deme es ihre Schönheit mich sich bringet.

XV.
Von den Topaß.

Diesen Stein hat man vor Alters ins gemein für einen Chrysolith gehalten; er ist ein durchsichtiger Stein / von einer bleichgrünlichten Farbe / welche

welche das Ansehen hat als ob sie einen Zusatz von einer gelben Farbe hätte; es wird aber dieser Stein wenn er Gelbgrün gefunden wird / nicht Topas / sondern Chrysopas / oder die Mutter deß Smaragds genennet; denn in einen rechten Topas / ist nichts anders als ein vollkommener / fürtrefflicher und herrlicher Sonnenschein oder Gold-Glantz: Dieser Stein wird in der Insul Chitis / deß glückseeligen Arabien / alda ist ein gewisser Fels / in der rothen See / darinn wird der Stein gefunden: Nach deß Plinii Aussage / findet man auch solchen Stein in den Alabaster-Bergwercken / nahe bey Thebe einer Stadt in Egypten: Dieser Stein ist so hart / daß er die Feile gäntzlich vertragen kan / und wächst offt so groß / daß man Bilder-Seulen davon gemacht hat / davon Hadrianus Gvilelmus zu lesen.

Was die rechten und fürtrefflichen Topas sind / die geben einen herrlichen Schein von sich / und gläntzen mit ihren annehmlichen Strahlen / in ihren Werth erreichen die Schönsten die Helffte von deß Diamants.

XVI.
Von dem Chrysolith.

Dieser Stein wurde bey den Alten / vielfältig ein Topas genennet; er ist hell und durchsichtich / mit einen fürtrefflichen Gold-Farb / gleich einen lieblichen Sonnenschein / die beste Art von den Chrysolithen ist sehr hart / und erzeiget seine grösseste Schönheit Morgens / zur andern Tags-Zeit aber / ist er nicht so schön: Sie werden in den Orientalischen Ländern gefunden; die besten aber werden in den Mohren-Ländern gefunden diese sind dem reinesten Golde gleich: Nach dem Diamant / sind sie unter allen Edelgesteinen die härtesten: Die jenigen welche in Arabien gefunden werden / die haben zuweiln allzu viel gilbe / zuweiln auch zu wenig / bißweiln haben sie mancherley Farben / und bißweilen sind sie dunckel; es werden auch zu Zeiten in Europa / sonderlich in Böhmen Chrysolithen gefunden / von solcher Fürtrefflichkeit und Glantz / als die Orientalischen / nur daß sie etwas weicher sind: Anshelmus Boetius saget / daß er einen Böhmischen Chrysolith gesehen / welcher Rudolpho dem andern dieses Namens Römischen Käyser / sey gegeben worden; dieser ist zwey Eln lang / und eine halbe breit gewesen: Dieser Stein kan wegen seiner Härte / vermittels deß Feuers / gleich wie ein Sapphier / seiner Farb beraubet / und zu einen wunderschönen Demant verwandelt werden / und ist kein Stein welcher einen Orientalischen Demant besser gleichen kan als dieser: Dem Preiß nach ist ein Chrysolith / von 8. Gran schwer / 4. Cronen werth: Einer der sehr gut / und 12. Gran schwer ist / der ist 9. Cronen werth; und einer der eines herrlichen Glantzes ist / und 2. Scrupel wieget / ist hundert Cronen werth.

Boe-

Boetius sagt / daß er einen gesehen / der kaum 2. Scrupel gewogen/ derselbe sey vor 2. hundert Cronen verkaufft worden / und nach dem solchem Stein die Farb sey benommen worden / hat man ihn / so artig in einen Ring eingefasset / daß solchen der erfahrenste Jubilirer / von einen rechten Demant solte kaum haben erkennen und unterscheiden können.

XVII.
Von dem Berill.

Dieses ist auch ein durchsichtiger Edelgestein / einer bleich grünen Farb/ welche rechte See- oder Meergrüne zu seyn scheinet: Wann man die eigentliche Farb eines Berills abcopirt sehen will / so thue man ein wenig Indige / in rein Wasser / und den 10ten Theil einer grünen Farb darzu / so wird man die vollkommene Gestalt/solcher Berill-Farb sehen: Plinius saget daß der Berill sechseckicht sey/und von der Farbe wie ein Aal- oder Meer-Wasser aussehe; dieser Stein wird mit vielen Ecken geschnitten/damit er durch derselben Wiederschein lebhafft und gläntzender gemacht werde.

XVIII.
Von dem Crystall/ oder auch so genannten falschen Demant.

Dieser ist ein bekannter / und durchsichtiger Stein/ gleich einen reinen Wasser / in einen sechseckigten hellen Leib / also zusammen genommen: Den Namen eines Edelgesteins / verdient er mit Fug / wegen seiner herrlichen Durchsichtigkeit und ungefärbten Durchscheinung; und hätte dieser Stein so viel Härte/ als er Reinigkeit / und herrliche Schönheit hat / es würde ihm kein ander Edelgestein unter der Sonnen können verglichen werden: Dieser Stein ist nichts anders als ein zusammen geronnenes Eys; solches erhellet auch aus der Bedeutung seines Namens / denn κρύος bedeutet Kälte oder Frost / und στέλλω, heisset / in unserer Sprach / ich ziehe zusammen; solche Zusammenziehung oder Steinverdungen aber/geschiehet nicht nur mit Hülff der blosen Kälte / sondern durch Vermittelung der innerlich-verborgenen Hitze: Unter allen Crystallen ist / der Berg Crystall der beste: Er wird an unterschiedlichen Orten in Europa gefunden / als in den Alpen-Gebürgen / in Böhmen / in Ungarn / in Cypern / in Portugall/ und in den Pisanischen Feldern: Ingleichen bey Arnheim in Gelderland / bey Brüssel in Braband / wie auch in Franckreich: Man findet zu Zeiten einige unter diesen Crystallen/ welche so hart und schwer sind / daß man sie schwerlich von den guten Demanten unterscheiden kan: Dem Preiß nach / ist er wegen seiner innerlichen Herrlichkeit und Fürtrefflichkeit nicht für gering zu schätzen; weil man solchen aber in der Mänge findet / kan man ihn allenthalben gutes Kauffs haben.

XIX.

Von dem Stern-oder Sonnen-Stein.

Dieser Stein ist ein Geschlecht des Opals / welcher seine Strahlen gleich wie ein Stern von sich gibt/und ist ein harter und durchsichtiger Stein: wenn er gegen die Sonnen gehalten und herum gedrehet wird / so scheinet es als wann die Sonne in demselbigen fortgienge / oder sich wie ein Stern darinn bewegte; dergleichen thut er auch/wann er gegen ein Liecht gehalten wird; und dis ist die Ursach / warum er Stern-oder Sonnen-Stein genennet wird: er wird in Indien gefunden: Anshelmus Boetius saget von diesem Stein / daß er gleich sey einem Milchfärbigen Crystall/ der da ein rundes Liecht in ihm beschlossen hat/ und dasselbe / mit einer gewissen Bewegung fortgehend / von sich gibt. Die Orientalischen sind sehr schön/und so hart/daß man schwerlich was darein graben kan; er gilt 2. mal so viel als er zu schneiden kostet.

Der jenige Stein/welcher Katzen-Aug genennet wird/ist eine Art/eines vielfaltigen Stern-Steines/solcher wird auch Sonnen-Auge genennet/ und findet man ihn in Zeilan und Pegu.

Dieser Stein wird von den Indianern sehr hoch gehalten / dieweil sie beredet sind / daß der so ihn träget / an Reichthum nicht Mangel leiden kan / und aus dieser Ursach ist ein solcher Stein / den man in Portugall um 90. Gold-Gulden verkaufft bey den Indianern für 600. geschätzet worden; sonsten aber wird er gemeiniglich wie ein Opal an den Werth geachtet/ und verkaufft. Bißher habe ich von denen durchscheinenden Edelgesteinen berichtet/in dem nachfolgenden will ich auch etwas weniges von duncklern oder halb durchsichtigen Steinen beyfügen/und zwar in der Ordnung.

XX.

Von dem Sarder oder Carniol.

Dieser ist ein fleischfärbigter Stein / darum er auch Carniol wegen Gleichheit der Fleischfarb genennet wird: von diesem Stein gibt es dreyerley Arten/ als recht rothe/ bleich rothe / und gelb rothe: insgemein wird er in der Insul Sardinia und bey Babylon gefunden / mitten in einen Felsen sehr fürtrefflich: Man findet sie auch in Egypten / Indien und Arabien; Ingleichen um den Rheinstrom / wie auch in Böhmen und in Schlesien; er wird fürnemlich zu Siegeln oder Pettschafften oder zu Halß-Gehängen / und Arm-Bändern gebraucht: Ein ungeschnittener / der so groß als eine welsche Nuß ist/ist 20. Kopffstück werth.

XXI. Von

XXI.

Von dem Sardonych.

Dieses ist ein etwas durchsichtiger Stein/ welcher den Glantz zweyer Edelgesteine in ihm hat/ als die Röthe von dem Sardar / und die Weise von dem Onychstein: Boetius saget / daß ein Sardonych bestehe aus einer Blutrothen / weissen und schwartzen Farbe / welche durch Zirckel und runde Strich dermassen von einander unterschieden sind / als ob sie mit Fleiß also gemacht wären: Die besten unter diesen Stein/ sind die Orientalis. sonderlich die aus Arabien kommen; es wird auch dieser Stein in Schlesien und andern benachbarten Ländern gefunden; auch findet man ihn in ziemlicher Grösse/ also/ daß man Trinckgeschirr daraus machen kan/ welche sehr hoch gehalten und theuer geschätzt werden: Man hält darfür / daß die Chinesischen Gefässe/ welche in Europa gebracht werden/ aus einer Art dieses Steins bereitet seyn.

XXII.

Von dem Chalcedonier.

Dieses ist ein halb durchsichtiger Stein / einer dunckeln Feuer-rothen Farb/ und gar hart: Die Orientalischen Chalcedonier / haben eine Purpur-oder-oder Himmel-blaue Farb / vermischt mit etwas weiß / sehr annehmlich anzusehen: Diejenigen von diesen Steinen / welche ein irrdisch dunckle und weisse Farb haben/ die sind unter allen andern die geringsten: die wahresten / und besten unter allen/ sind nach Boetii Aussage die jenigen / in welchen eine Himmelblaue/ gelbe/ und rothe Farbe / unter einander vermischt erscheinen / und die Farben eines Regen-Bogens erzeigen / so sie gegen die Sonne gehalten werden: Es werden auch diese Steine in Teutschland/ sonderlich in Niederland um Löven und Brüssel herum gefunden: Der fürnehmste Gebrauch dieses Steins ist zu den Pettschafften und Siegeln; denn er siegelt gar schön und ziehet kein Wachs in sich/ der beste von diesem Stein wird an den Werth dem Sardonichn gleich geachtet.

XXIII.

Von dem Onychstein.

Dieser Edelgestein siehet aus / wie ein schöner und weisser Nagel eines Menschen: es giebt einen Arabischen Onychstein / welcher schwartz ist/ mit weissen runden Strichen: Der wahre Onychstein ist nach Boetii Aussage / derjenige/ welcher viel Adern hat / mit Milchfarbichten Ringen umgeben / in einer lieblichen Ubereinstimmung: Er ist bißweiln solcher Grösse daß kleine Pfeiler davon gemacht worden/ wie dergleichen in der Thum-Kirche S. Petri zu Rom zu sehen: Jngleichen ist zu Cölln in der Kirchen der H. Drey-Könige/ ein dergleichen Stein/der einer flachen Hand breit ist: Appianus erzehlet/daß Mithridates/König in Ponto/ zwey tausend Becher von dergleichen Stein verfertiget/unter seinen Hausgeräthe gehabt habe.

XXIV.

Vom Achatstein.

Dieses ist ein halb durchsichtiger Stein / und wegen seiner mancherley Farben sehr lieblich anzusehen / indeme solche / von der allkünstlichen Natur/ gleich als Landschafften / ausgebildet worden / also daß man in solchen Stein sehen kan Wälder/Flüsse/Bäume/Thier/Früchte/Blumen/Kräuter und Wolcken / und dieses alles nicht gar undeutlich: Von dem Könige Pyrrho wird gesaget/daß er einen Achat gehabt/in welchem/durch die Kunst der Natur / die neun Musen oder Kunst-Göttinen/und Apollo mit der Harffen/abgebildet/zu sehen gewesen: Dieser Stein ist von Natur sehr hart/also / daß er sich mit keiner Feylen verletzen lässet: Die schönsten werden aus Jndien und Sicilien gebracht; man findet deren auch in Teutschland / sonderlich in der Landgraffschafft Lichtenberg/nicht weit von der Stadt Schnidütten/in Böhmen/ wie auch um die Stadt Straßburg herum / wird ein weisser Achat mit schwartzen Flecken besprenget / und mit einer Purpur-Farb gefunden / diese Art ist sehr gut/ und fürtrefflich. Von diesem Stein erzehlet Boetius / daß er einen gesehen / auf welchen deß Julii Cæsaris Bild / und sammt seiner Gemahlin künstlich gestochen gewesen / welcher für 8000. Cronen sey verkaufft worden: Man pfleget auch aus diesem Steine Bet-oder Rosen-Kräntze zu verfertigen.

XXV.

Von dem Jaspis.

Dieses ist ein undurchscheinender und vollkommen undurchsichtiger Stein; die Arten von diesem Stein/sind nach der Authorum Beschreibung/ mancherley; Isodorus saget / daß dieses ein scheinender und hellgrüner Stein seye: Plinius und andere halten ihn für einen dunckelgrünen Stein / gleich einen Smaragd/ jedoch nicht durchsichtig / noch glåntzend! aber der rechte und beste Jaspis der Alten/wie er auch in Apocalypsin gedacht/und von den Hohenpriestern Aaron / in sein Brust-Schildlein getragen wurde; welcher in ihm einen solchen herrlichen Glantz hat / daß er wegen seiner fürtrefflichen Schönheit den durchsichtigen Gold und dem Liecht deß Himmels gleich zu seyn scheinet: Und von welchen auch die alten Verßlein bekand sind:

Auro

Auro quid melius? Jaspis: quid Jaspite? Virtus
Quid virtute? DEUS: quid Deitate? nihil.

Oder Teutsch:

Was ist besser denn das Gold? der Jaspis.
Was ist besser denn der Jaspis? die Tugend.
Was ist besser denn die Tugend? GOTT.
Was ist besser denn GOTT? Nichts.

Ein solcher/sag ich/wird heut zu Tag nicht mehr gesehen.

Der nun bekandte Jaspis aber / wird mehrentheils in allen Orientalischen Ländern/sonderlich in Persien/Indien Cypern und zu Sandis / fast am meysten aber auf der Insul Malta (allwo er mit einen Scorpion gezeichnet) gefunden / und wegen der Mänge um billigen Preiß verkaufft wird. Er wird zum Siegelgraben / gleich wie er dazu von jederman am bekandtesten/ also auch am bequemesten gehalten.

XXVI.
Von dem Sonnenwende-Stein oder Häliotropic.

Dieses ist ein halb durchsichtiger grüner Stein/ mit blutrothen Flecken/ und wächset nahe an den Jaspis und Prasene: Er wird darum also geheissen/ dieweil er das Ansehen hat / als ob er sich gleichsam nach der Sonnen Bewegung/erzeugete oder wendete/ gleich dem Kraut Hæliotropio oder Sonnenwende / oder Gold-Blume / welches sich öffnet und zuschliesset / nachdem die Sonne auf oder nieder gehet: Dieser Stein wird in Indien / in Africa / wie auch in Böhmen gefunden / und zwar in solcher Grösse / daß man grosse Sachen daraus machen lässet: Von denen seltzamen Wunderwürckungen dieses Steins wird hin und wieder bey den Autoribus, sehr viel geschrieben/welches hier zu erzehlen zu lang fallen solte.

XXVII.
Von dem Türckis.

Dieses ist ein sehr harter / schattigter und Himmelblauer Stein; und ist wann er vollkommen seyn soll / durch und durch gleicher Schönheit / so wohl innerlich als äusserlich / auch ist seine Farb rein ohne alle Flecken: Er wird in den Orientalischen Ländern/als Persien/Indien/wie auch/ in der Türckey gefunden/davon die Grössesten / etwas grösser als eine Haselnus sind: Einige von den Orientalischen Türckis/sind mehr grün/ als gewöhnlich / auch etliche mehr weißlich:

Nachdencklich ists was Bartel Korndorffer von dem Türckis schreibt/ daß

daß wenn selbiger mit einen (oder seinen) fixen Gold-Schwefel 24. Stund geglüet oder cementirt werde / so werde er in den allervollkommensten und alle andere übertreffenden Smaragd verkehret und verwandelt.

Sonst wird ein rechter Türckis an seiner Farben-Veränderung erkand / als beym Tag siehet er Himmelsblau; des Nachts aber bey einem Liecht / ist er Liechtgrün anzusehen: Dieser Stein wird wegen seiner Schönheit hoch gehalten / und weiß ich / daß ein solcher Stein / in der Grösse einer Haselnuß / für 200. Kronen ist verkaufft worden.

XXVIII.
Von dem Lasurstein.

Dieser Stein wird von dem Berg-blau oder Lapide Armenus in dem unterschiedenen / daß es gar hart / hingegen der ander gar weich und zerbrechlich ist / daß man ihn leichtlich zu Pulver machen kan / auch hat dieser keine gläntzende Goldfincklein / gleich wie der ander: Er wird sonsten auch Lapis Cyaneus oder Cœruleus genennet; man pfleget auch diesen Stein / wann er poliret wird in Gold einzufassen; er wird in Asia, Africa / wie auch in Teutschland bey den Gold-Bergwercken gefunden; die Bergblau ist seine Mutter; dieser Stein wann er ins Feuer geleget wird / verändert seine Farb nicht / er ist offtmals so groß / daß man Messerhäffte / Löffel und Schaalen davon machet; er wird auch in Egypten / Cypern / und in der Tartarey gefunden; Dieser Stein wird auch von etlichen der fixe Lasur-Stein genennet / davon man die kostbare blaue Farbe / die Ultramarin geheissen / machet: Ein Pfund von den eintzlichen Stücken dieses Steins ist 10. Cronen werth / und so er recht gut ist / so kan man aus einen Pfund 20. Loth / Ultramarin-blau extrahiren.

XXIX.
Von dem Lapide Armeno oder Bergblau.

Dieser ist ein schöner Himmel-blauer Stein / ein Geschlecht des Lasursteins / jedoch gar zerbrechlich / und verlieret seine Farb im Feuer: Wann mit dieser Bergblau eine Tafel gemahlet wird / so verändert sich die Farb mit der Zeit in Grün: Er wird mehrentheils aus Italien in Teutschland gebracht; man gebrauchet ihn auch in der Artzney; und ist dem Preiß nach nicht gar theuer: Und dieses sey hiermit genug von dem zu theil halb durchsichtigen Edelgesteinen / folget anitzo von denen undurchsichtigen und gemeinen Steinen / und zwar in der Ordnung.

XXX.
Von den Corallen.

Diese ist eigentlich kein Stein / sondern ein Meer-Gewächs / welches in

Form

Form eines schönen Stäudleins in demselben wächset; wann es noch im Wasser stehet / so ist dieses Stäudlein weich und grün / so bald es aber an die Lufft kommt / so verändert es seine Farb und Natur / und wird hart und roth.

Der mehr-erwehnte Bartel Korndorffer lehret auch mit seinem Gold-Schwefel die Corallen in ihren Kräfften und Tugenden viel höher zu exaltiren und verstärcken / folgender Gestalt.

Nimm der schönsten und besten rothen Corallen so viel du wilt / diese thue mit unserm geheimen Gold-Schwefel / in einen saubern Tiegel / lasse sie 15. Stund gemachsam erglüen; folgends erkalten und heraus genommen / diese also erhitzte Corallen / haben unerhörte Kräffte und Tugenden / und sind sonderlich denen Kindbetterinnen sehr gut zu tragen / weil sie dieselben unter andern von allen Spectris und Gespensten befreyen. Am besten ists / wenn die Bereitung geschiehet / wann die Sonne im Löwen ist / an einem Sonntag / auch in der Stunde der Sonnen / wenns sonderlich auch zugleich nahe vor oder am Neu-Mond ist. Sonst befindet man / daß die Corallen viel schöner sind / wenn sie von Manns-Personen / als wann sie von Frauens-Personen / getragen werden; Item / daß sie unannehmliche Flecken und Farben bekommen / so die Person gefährlich krank ist; es werden auch sonsten / diesem Gewächs / wider die Bezauberungen / Melancholey und dergleichen Krankheiten / von Paracelso und andern viel Tugenden zugeschrieben.

Anmerckung.

Oder eigentliche Beschreibung / wie und wo die Corallen gefunden werden.

Es seynd in allen 8. Oerter / allwo die Corallen gefunden und gefischet werden; Drey derselben sind in den äussersten Theilen der Insul Corsica / und Sardinien; Als erstlich Argelia (allwo die besten) zweytes Boza; drittens nahe an der Insel S. Petri; der vierte Ort aber ist in den äussersten Theil von Sicilien / nahe an Drepanum: Der fünffte und sechste / ist in denen äussersten Theilen Africa / item nahe an der Pastey von Tabacco; der siebende ist in dem äussersten Theil von Catalonien / nahe an dem Vorgebürge Quiers genannt / der achte und letzte Ort ist bey Majoraca.

Aber die recht rothen Corallen / werden einig und allein in dem Mittelländischen Meer gefunden; aus welchem sie von Anfang des Monats Aprilis / biß zu Ende des Monats Julii / gefischet und heraus gezogen werden / und zwar also: Es werden zu dieser Fischerey in die zwey hundert kleine Schifflein gebrauchet / mit welchen sie auf folgende Weise die Corallen fischen:

Sie fügen 2. grosse Balcken ins Kreutze zusammen / an welche sie in der Mitte / so viel Bley / als das Holtz zu untersencken nöthig ist / mit Stricken anbinden; auch ist das Bley allenthalben mit Stricken durchflochten; an dieses Creutz Holtze / binden sie zwey Seule oder Stricke / mit dem einen desselben / binden sie es an ben Vordertheil / mit dem andern aber an den Hintertheil des Schiffleins; solches (Creutz-Holtz) werffen sie hernacher nahe um die Krippen herum / in das Meer: Da denn die bey dem Bley in einander geflochtene Stricke / (so von Hanff schlecht hin gedrehet seyn) sich in den Corall so starck verwickeln / daß manchmahl viel dieser Schifflein erfordert werden / selbige heraus zu ziehen.

XXXI.

Von dem Agt oder Bärnstein.

Dieser Stein ist einer fetten und hartzigten substanz, und vermittels der Wärme / zu einen weißfärbigten Stein zusammen genommen; so er gerieben oder auf Kohlen geleget wird / so giebt er einen lieblichen Geruch von sich: Er ist ein durchscheinender Stein / mit einer Gold-Farbe / und gemeiniglich voller Flecklein und Stäublein; in diesem Stein werden auch zu Zeiten kleine Thierlein / als Fliegen und dergleichen gefunden. Es haben sich auch einige sehr bemühet / die eintzlichen Stücke des Bärnsteins zu solviren, und in eine Massam zusammen zu bringen; allein bis dato ist es umsonst gewesen: Auch hat er eine geheime Freundschafft mit dem Stroh / Spreuern

und

und dergleichen kleinen Cörperlein / in dem er solche / gleichwie der Magnet das Eysen an sich ziehet: Dieser Stein wird sonderlich in Preussen / Dennemarck / Schweden / Liefland und Finnland / häuffig gefunden; der weisse Agtstein / ob er wohl von Ansehn nicht so schön und durchsichtig als der gelbe ist / so ist er doch / zum Gebrauch der Artzney / vor dem andern besser.

XXXII.

Von dem Gagat- oder schwartzen Bärnstein.

Dieses ist ein schwartzer / glatter und gläntzender Stein / von einer öhlichten Substantz / welche Substantz aus den Felsen fliesset / und Stein-Oehl genennet wird; dahero wird auch dieser Stein von etlichen für eine Art der Stein-Kohlen gehalten: Der beste Gagatstein ist der / welcher / wann er an das Feuer gehalten wird / gleichwie ein Bergpech brennet: Dieser Stein wird sonderlich in Britannien / Sicilien und Franckreich gefunden; er ist / weil er gemein und in grosser Menge zu haben / in geringem Werth.

XXXIII.

Von dem Bezoarstein.

Dieses ist ein schwartz-grünlichter Stein / in Grösse einer Haselnuß / rund / und hohl in der Mitten / in dessen Hohlichkeit sich ein wenig sandiges Pulver befindet; er wird auch gantz Aschenfarbicht gefunden / und wird für eine sonderliche Artzeney gegen Gifft gehalten: In der Form ist er länglicht rund / in der Gestalt wie ein Eichel / so sie ausser ihren Schalen ist; dem Gewicht nach ist er nicht gar schwer / weil er ziemlich porös ist; er wird gezeuget in den Magen einer wilden Ziegen / von dem Safft der Kräuter / davon sie sich im Frühling und Sommer nähret / als zu welcher Zeit allein / dergleichen Steine im selbigen Thier gefunden werden: Der rechte Bezoarstein ist eusserlich Rauch / ungleich / und unpoliret / gleich denen Steinen so in den menschlichen Blasen gefunden werden: Die natürlichen oder warhafftigen Bezoarsteine von den falschen zu erkennen oder zu unterscheiden / hat man vielerley Manieren / unter welchen die besten sind / daß man von solchen Stein etliche Gran / einem Thier / so Gifft genommen / eingebe / und also seine Würckung probire:

Von dem Hirschen-Bezoarstein (von welchem die Alten viel geschrieben) ist sehr nachdencklich / was Rulandus schreibet / indem er saget / daß die Hirschen im Frühling / die Höhlen oder Löcher der Schlangen zu suchen pflegen / und nachdem sie solche angetroffen / ziehen sie mit ihren

Athem und Nasenlöchern / die Schlangen an sich / und fressen solche / als mit welchen sie sich von ihrer jährlichen Krankheit reinigen; sie lauffen aber / nachdem sie die Schlangen gefressen haben / in einem Fluß oder Wasser / und liegen oder wältzeln sich so lang darinnen / biß sie mercken / daß die Gewalt deß Schlangen-Gifftes in ihnen überwunden sey: Mittler dieser Zeit / rinnen aus ihren Augen ein hauffen Thränen hersür / welche alsdenn zusammen rinnen und erharten / und ein fürtrefflicher Bezoar und gegen Gifft Artzney sind: Obs sichs aber so verhalte / oder nicht / wollen wir ungesaget lassen.

Unter allen Arten der Bezoarsteine sind die grünlichen und schwartzgrünen die besten / und solviren sich leichtlich auf der Zunge / oder im Wasser: Sie werden aus den Orientalischen Landen / ingleichen auch aus Ost- und West-Indien gebracht: Dem Preiß nach sind sie unterschiedlich / insgemein wird ein solcher Stein / der 1. Quintlein wiegt / für 1. Ducaten verkaufft.

Anmerckung.

Es wird der Bezoar / nicht nur in Golconda, **und der Ostindischen Landschafft** Lenquery, **in denen Mägen der Böcke / deren ein jeder manchmahl** 12. **auch mehr hat; sondern auch zu** Maccassar **und in der Insul** Celebes **in denen Leibern der Affen gefunden / welche Letztere in der grösse / die ersten so in** Golconda **gefunden werden / viel übertreffen. Die Einwohner dieser Oerter / wann sie gerne erfahren wollen / ob in deß Bocks Leibe oder Magen dergleichen Steine seyen / so schlagen und reiben sie ein wenig selbiges Thieres Bauch unter dem Magen / so kommen alle diese Steine zusammen / welche sie alsdenn nicht allein fühlen / sondern auch also gar einen jeglichen und wie viel derselben seyen eigentlich zehlen können.**

XXXIV.
Von dem Adlerstein.

Dieser Stein wird darum also genennet / dieweiln solchen der Adler in sein Nest zu tragen pfleget / um die Hitze seiner Eyer zu mässigen / oder / wie einige dafür halten wollen / solches für den Schlangen zu verwahren:

Dieser

Dieser Stein ist an der Farb weiß / in der Grösse wie ein Tauben-Ey / weich und hohl / und findet man in solcher Höhle oder Cavität einen harten Stein / gleich einem Crystall / welcher Callinus genennet wird; bey einigen Orten dieses Steins wird ein Wasser / Sand oder Grieß / inwendig an statt des andern gefunden: Er wird an dem Fluß Sale und an der Elbe / wie auch in der Steyer-Marck gefunden; item zu Dreßden in Meissen: Von den seltzamen Würckungen dieses Steins / daß er die Geburt der Frauen befördern / und dergleichen Sachen mehr thun solle / wird hin und wieder bey dem Plinio / Dioscoride / Boetio / und dergleichen Autoren viel gefunden/wovon gleichwohl eines durch die Erfahrung biß heute noch bestättiget wird.

XXXV.
Von dem Blutstein.

Dieses ist ein gemeiner und danckelrother Stein / darum er auch Hæmatites oder Blutstein genennet wird; es wird aber dieser Stein von unterschiedlichen Arten gefunden; als der schwartze / von welchem man einen Saffran-gelben Safft extrahiren kan / ist zugespritzt / und gebrauchen ihn die Goldschmiede zu Polirung der Edelgesteine: In den Berg-Wercken wird ein Purpur-farbiger Blutstein gefunden; nechst den Orientalischen und Spanischen hat man dergleichen Steine so in Teutschland / als Hessen / Saltzburg / VoigtLand / item auf dem Riesen Gebürg / zu Goßlar / Guren / Annaberg / Salfeld / Northausen und Jena angetroffen werden: Sie sind bißweilen roth als eine Mennige / bißweilen Eysenfarbicht/und mit gläntzenden Strichen/wie das Antimonium, dahero wird er auch mehrentheils in den Ogger oder Eysen-Bergwercken gefunden; es wird auch der Magnet von etlichen für eine Art des Blutsteins gehalten.

XXXVI.
Von dem Smyrgel.

Dieses ist ein gar harter Stein / an der Farb wie Eysen-Rost / rauch / und grob / wie auch etwas schwärtzlich; diesen Stein gebrauchen die Edelgestein-Schneider und dergleichen Künstler / andere Steine damit zu reinigen und zu schneiden / ingleichen werden die Waffen damit gepoliret.

XXXVII.
Von dem Magnetstein.

Dieses ist ein Stein einer braunlichten Farb / so sich eigentlicher massen auf blau ziehet / dicht / jedoch nicht so schwer wie das Eysen / als welches er aus angebohrner Natur-Lieb an sich ziehet: Seinen Namen soll er von dem ersten Erfinder / einem Indianischen Schäfer haben / als welcher Magnes geheissen / und bey einem Berg die Schafhütend / solchen Stein und seine Tugend erfunden und wargenommen hat: Es wird in Italien / sonderlich aber in Teutschland und Schweden / bey den Eysen-Bergwercken gefunden Sein Speis ist Eysen-Feylicht / aus welchen er die Krafft an sich ziehet / das ausgezogene Eysen aber wird alsdenn zu Rost: Hingegen hat er eine natürliche Widerwertigkeit mit Zwibeln und Knoblauch / wie auch mit dem Diamant / als welche ihm / so sie nahe zu den Magnetstein geleget werden / die eysenziehende Krafft benehmen.

XXXVIII.
Von dem Luchsen-Stein.

Dieser Stein ist an der Gestalt eines Fingers lang und dick / auswendig meistentheils einer braunen und dunckelblauen Farb / inwendig ist er hohl / bißweilen voller marckhafften Substantz / gleichwie das Marck oder Kern in dem Holtz / bißweilen aber ist diese Höhle voller Sand oder Kalchigten Substantz; so man diesen Stein mitten entzwey bricht / so wird man kleine Linien / gleichsam als Strahlen / um die Cavität herumgehend / sehen: Wann man ihm ins Feuer leget / so wird er einen Geruch / gleich einem gebrannten Bein von sich geben / oder wie ein Katzen-Urin riechen: Bey Hildesheim wird ein dergleichen weisser / inwendig aber Schwartzer Stein gefunden / der riechet wie ein Bärn- oder Agtstein: Es wird auch dieser Stein in Engelland und an vielen Oertern in Teutschland gefunden; in der Apothecken wird er ins gemein Lapis Lyncarius genennet / und dafür gehalten / daß er einerley Natur mit dem Judenstein haben solle.

XXXIX.
Von dem Donnerstein.

Dieses ist ein Stein / welcher / nach Boetii Aussage gemeiniglich 5. Finger lang / und zween breit / gefunden wird / in Form einer Keil / Hammers oder dergleichen: An der Farb ist er dem Luchsstein nicht ungleich; etliche sehen auch eysenfarbicht aus / und haben in der Mitten ein Daumendickes Loch; aussenher ist er gantz glatt / auch zuweilen rund; man saget / daß dieser Stein die Häuser und Menschen für den Donner bewahren soll.

Es wird auch ein gelber Stein gefunden / welchen man den Kröten oder Wetterstein zu nennen pfleget / dieweil man darfür hält / daß dieser Stein mit dem grossen Ungewitter herab zu fallen pflege; manchmal in Gestalt

stalt einer halben Kugel / zu Zeiten auch länglicht in der Grösse und Gestalt eines Eyes.

XL.

Von den Marmor-oder andern gemeinen Steinen.

Unter dem Marmorstein werden alle Arten der harten / glatten und geringen Steine begriffen / welche zum Poliren und Aushauen bequem sind: Sie werden mit allerley Farben begabet / in den Steinbrüchen angetroffen; unter allen Geschlechtern ist der weisse Marmorstein der beste und edelste: diesem folget der rothe Marmor / oder Porphirstein die besten Arten der Marmorsteine werden in den Morgenländern / wie auch in unterschiedlichen Europäischen Ländern/sonderlich in Italien / Tyrol und dergleichen Oertern gefunden: Ihr Gebrauch ist denen Bildhauern und Baumeistern wohl bekannt: Unter den weissen Marmorsteinen sind die Hildesheimer / Annabergische und Regenspurgische berühmt; hierzu ist auch der zarte Alabasterstein zu rechnen / welcher sonderlich bey Northausen gefunden mird.

Hieher gehöret auch der grüne Marmor- oder Terpentinstein: Ingleichen der schwartze / oder Probierstein / also genennet / dieweil man allerley Metallen darauf zu probieren pfleget: Ingleichen der braune / graue und gelbe Marmorstein und dergleichen.

Wie man nun einen weissen Mormor / mit Figuren bemahlen und färben kan / also daß die Farbe / wo nicht durch und durch / doch auf die Helffte hinein dringe / hat der berühmte Kircherus, als ein bewehrtes Secret, der Königlichen Societät in Engelland communiciret / ist auch von einigen practiciret worden / und geschicht laut derer in ihren Actis Philosophicis befindlichen Beschreibung also:

Nehmet Aqua fort 2. Untzen / Aqua Regis 2. Untzen / Salarmoniac eine Untze; des besten Spiritus Vini 3. Quintlein/Gold ein halb Quintlein/das Silber / welches rein abgetrieben seyn muß / calciniret mit Schwefel/ und lasse es hernach in Scheide-Wasser solviren / lasset es folgends ein gut Theil abrauchen / biß nemlich dasselbe gantz schwartz oder dunckel worden. Mit dem Gold thue eben dergleichen; nemlich machet erstlich mit demselben und Mercurio ein Amalgama, lasset den Mercurium oder Quäcksilber starck davon rauchen / so bleibt das Gold als ein braunes Pulver oder Kalck zurück: solviret solches in Aqua Regis, wanns solviret / so ziehet das Gold

auch

auch auf die Helffte ab / biß es gelbröthlich erscheint; hernach schüttet auf den Salarmoniac den Spiritum Vini, und lasset solchen wieder davon rauchen; so bleibt euch ein recht goldfarbiges Wasser / wie ein Oehl / mit diesem Wasser könnet ihr unterschiedene Farben zu wege bringen / auch aus andern Metallen dergleichen extrahiren.

Wolt ihr nun auf Marmor handeln / so mahlet mit denen zu erst gedachten zweyen Wassern / nach eurem Gefallen / auf einen weissen Marmor / was vor eine Figur ihr wollt; jedoch daß die Figur etliche Tage mit frischen Wassern erneuert werdet; so werde ihr nach vielmahliger Widerholung / in einiger Zeit befinden / daß die Gemahlte Figur in den Marmorstein / so viel solche in sich begreifft / fast durch und durch erscheinen wird / in so viel Stücken man ihn auch zerschlägt ꝛc.

Allhier könte ich von den übrigen gemeinen Steinen / als vom Sand- Schiefer- Töpf Kalch- Mühl- Wetz- Feuer- und Kieselsteinen / noch ein und anders anführen; in Ansehung aber / daß solches zu weitläufftig fallen würde / auch dergleichen Steine fast von jederman bekannt / als lasse ich es mit diesem bewenden.

Zum Beschluß / bitte ich nochmahl / mein Herr beliebe diesen Bericht von den Edeln-Steinen / samt andern mit unterlauffenden / zur Sache aber nicht undienlichen und theils raaren Curieusitäten / so wohlmeinend als es geschrieben / anzunehmen.

von

Seinem Diener

N. N.

Zum

Zum Beschluß

Folget eine Erklärung und Register derer Oefen und aller anderer / zu dieses Wercks ersten und Zweyten Theilen gehörigen Kupffer-Figuren.

Fig. A.

Ist ein Italiänischer Glas-Ofen samt der Hütten.

Fig. B.

Ist wie der Coobold calcioniret / und das Arsenic-Pulver gefangen wird / wobey zu erinnern / daß der Rauch oder Arsenic. A. nicht durch ein besonder Loch oder Röhren / sondern aus dem Loch B. vor welchem der Kerl steht und rühret / stracks seitwerts ab in einen höltzern darzugebaueten langen Kasten / der an der Seite etliche Thüren hat / gehet / worein die Arbeiter steigen / und das Meel vom Arsenic heraus tragen: Wie allbereit in meinen Anmerckungen über das erste Buch Anthonii Neri von mir ausführlicher beschrieben worden.

Fig. C.

Ist der Ofen worinnen das Arsenic-Pulver sublimirt / und in feste Stücke gebracht / auch zum Theil Chrystallisirt / item durch Zusatz gelb und roth gemachet wird. A. ist der gantze Ofen / B. ist das Feuer-Loch / C. ist die Feuer-Maur. D. D. D. D. seind dicke von Eysen gegossene Schaalen / worein das Arsenic-Pulver durch die von Eysen-Blech geschlagen und darauf gesetzte Röhren. E. E. E. geschüttet wird. F. ist ein Deckel / so auf die Röhren gesetzet wird / und solcher Gestalt wird der Arsenic sublimirt / und in grosse Stücken gebracht. Wann nun der Ofen und alles wieder kalt worden / so schläget man an die eysern Röhren E. (welche erstlich abgenommen werden /) so giebt sich der Arsenick loß/und fällt Stückweis herunter / das übrige hab ich gleichfalls in meinen Anmerckungen gelehret.

Fig. D.

Ist der Grund-Riß einer gantzen deutschen Glas-Hütte / und des Ofens / wie dergleichen in meines G. Churf. Lande / sonderlich zu Potzdam zu sehen. A. B. ist der mittlere Raum im Ofen / d. ist der Calcinier-oder Asch-Ofen. D. ist das Loch / worein die kleinen Holtz-Scheite geschüret werden / e. ist die andere Seite / da man grosse Bäume einschüret 2c. Sonst ist sich nur nach dem verjüngten Maaß-Stabe zu richten.

Fig. E.

Ist die ganze Glaß-Hütte von inwendig zu sehen / und weilen die Werckstellen samt dem Ofen gantz deutlich abgebildet / als ist hier nicht viel Anmerckens von nöthen. A. ist das Ofenloch / worinnen das Holtz geschüret wird. B. ist der Schürer. C. ist der Asch-oder Calcanier-Ofen. D. ist wie das Glaß verarbeitet wird. E. ist ebenfalls der Calcinier-Ofen a part zu sehen.

Fig. F.

Ist wie der Glaß-Ofen von der andern Seite anzusehen / da grosse Bäume in das Loch F. gestossen werden 2c.

Fig. G. und H.

Weisen den Calcinier-oder Asch-Ofen / wie er von beyden Seiten anzusehen.

Figura I.

Ist wieder eine Vorstellung des ganzen Glaß-Ofens / wie er von einer Seiten anzusehen. A. ist der Asch-Ofen/ B. ist die Maur an dem Loch / C. woraus die Flamme geht / und D. ist ein Loch / welches aus dem Glas-Ofen in den Asch-oder Calcinier-Ofen geht / und in C. seinen Ausgang hat; E. ist ein Loch / wovor ein Glaßmacher steht und seine Werckstatt hat / woraus er auch das Glaß langet / F. ist ein Loch/ welches mit einem dazu gemachten thönernem Deckel verwahret ist/worein man die Tiegel oder Schmeltz-Töpffe setzet/G. ist das Loch/worein das Holtz gestecket wird.

Figura

Figura K.

Hält in sich dreyerley Reibmühlen oder Mörsel / die man durch ein Compendium treiben kan; an dem ersten lit. A. ist/ausser dem Mörsel/ alles von Holtz-Werck/und kan leicht geschaffet werden/ wie ich denn in meiner sonderlichen Zugabe / über den Neri/gemeldet/daß man dergleichen vor anderthalb Rthl. zuwege bringen könne; ist aber zu verstehen / ohne den Mörsel/ und dann auch nur ins kleine/ gleich ich hier beschreiben werde / sonst weme beliebt / der kans auch grösser und köstlicher machen lassen 2c. Wird dennoch anfänglich ein Kasten von schlechten Brettern / etwan anderthalb Eln lang und eine halbe breit oder etwas breiter gemacht/wie mit A.B.C.D.E.F.G.H. angedeutet ist; an dem einen Ende der langen Seiten-Breter / werden bey A.G. und D.E. unterschiedene Leisten/nachdem die Höhe derselben ist / angefüget / wie I. zu sehen / wozwischen das Bret S. woran das Rad V. angemacht / befestiget wird. Am andern werden zwo Leisten aneinander / sie seynd nun in einem Stück oder nicht/ unterwerts / wie bey K.L. zu sehen angemacht / worein die beyden Quer-Höltzer mit M. bemercket / welche den Stempel oder die Pistille des Mörsels gleich halten / gehören / und durch die Schrauben O.O. von einander gestellet werden / oben bey K. wird ein Drath/ als P. vorgestecket / damit das obere Quer-Holtz einen Widerhalt befinde / und also fest inne stehe/ an dem Bret A.D.E.G. werden so viel Löcher gemachet/als daselbst Leisten sind / wodurch die grosse Schraube T. gehet/ durch welche das Rad / so viel von nöthen/straff gemacht und angezogen / auch nach Belieben erhöhet und erniedriget kan werden. Also habe ich die gantze inwendige Structur der Reib-Mühle / mangelt auch nicht mehr / als eine kurtze Erklärung der zugehörigen Stöcke / die auch apart gesetzet. R. ist der Mörsel / worüber eine höltzerne Tille oder Hülse mit Q. beschrieben / wodurch das Heraus stäuben verhütet wird / der Ausschnitt ist zu dem Ende / damit zu mehrer Befestigung die Höltzer drein passen können; die Pistille hat 4. Stücke / den Schafft/so mit N. den Wirtel/so mit VV. die blecherne gebogen Hülse X. welche Schafft und Mörsel-Keule oder Pistille zusammen hält/und letzlich die Keule Z. selbsten. 2c.

Die zweyte Reibmühle/so lit B. weiset / ist zwar kostbarer/aber nicht besser als die erste / A. ist der bleyerne ziemlich dicke Capitel / B. die Achß C. der Bohrer von Kamrad / D. der Bohrer von der Spindel. E. der Mörsel/F. die Stempel / G. die Handhabe / damit die Mühle getrieben wird/ ferner sind die Stücken apart gesetzt / H. ist obenher die runde Achs / I. ist die viereckigte Achs / K. L. hie werden beyde Stempel in die Achs gerichtet / M. hier

Hier werden die Stempel mit einen gar starcken Ohren-Ring feste gemacht. N. N. Hieher werden beyde Stempel mit Aehrnen Küstlein feste gemacht. O. O. Sind die beyden Gläsern oder von harten Steinen / als Porphyr oder Jaspis / gemachte Stempel / wie gleichfalls auch der Mörsel / doch kan es auch zu vielen Operationen ein hierzu von Eysen gemachter Mörsel und Stempel verrichten.

Der dritte Reibmörsel ist gantz einfältig und von lauter Stahl / oder auch gleichfalls von harten Steinen / a. ist der Mörsel / b. die Reibkugel / c. der Raum zwischen der Kugel / und dem Stempel / d. die Handhebe rc. Das übrige ist an seinem Ort zu finden.

Fig. L. und M.

Ist mein sonderbahrer / bequemer und Compendiöser Glaß- und Schmeltz-Ofen / wie er von innen und aussen aufgeführt und anzusehen ist; in welchen man auch auf einmahl sehr viel Glaß-Proben einsetzen / und allerhand nützliche Dinge experimentiren kan. Es kan derselbe wohl von gemeinen Ziegelsteinen aufgebauet werden / wann er nur mit der Glaßmacher ihrem Don / den sie zu ihren Töpffen gebrauchen / inwendig ein zwey oder drey Zoll dick ausgestrichen wird. Wie aber solcher aufzubauen / will ich hiemit kürtzlich berichten.

Erstlich wird der Ofen ins Gevierdte aufgeführt / nach den Raum und Grösse / die ein jeder hat und will / als etwan eine Elle oder mehr ins Gevierdte / zu unterst wird nun ein Loch gelassen A. woraus man die Asche ziehet / auch den Trieb des Windes giebet; man kan ihn machen / daß er unbeschreiblich ziehet / wann man nur eine Röhr von diesen untersten Maß / auf die Gasse / oder an die freye Lufft / einfüget und accommodirt rc. B. ist ein Eysen-Rost / welcher ungefehr anderthalb Viertel über den Loch A. leget. C. seynd Löcher über den Rost / da man das Holtz einstecket. Uber solchen Löchern nun / und über dem Rost / ist ein Gewölbe / worinnen sich die Flammen durch das Loch D. in das obere Gewölbe E. zeucht. F. seynd zwey oder mehr Löcher; man kan an jeder Seite eins machen / da man die Tiegel hinein setzt; diese Löcher muß man mit einem von Don gemachten Kuchen / wie dergleichen die Glaßmacher-Oefen fügen / ebenfalls zusetzen können; damit man auch die Flamme / zum theil / wann sie sich oben ans Gewölbe gestossen / in etwas könne heraus gehen lassen. G. Ist ein Loch im obern Gewölb / welches man zu- und aufdecken kan / so weit als man selbst will / wodurch die Flamme / entweder gerade auf durch die Röhre H. welche oben mit einem Deckel

I. ver-

I. versehen / ausgehen kan; oder so man selbige Röhre mit dem Deckel zudecket / alsdann kan man / wann man will / solche durch die Nebenröhre / in ein anders Oefelein/so man bequemlich daran fügen kan/gehen lassen; worinnen man dann so wohl reverberiren, als einiger massen calciniren/auch digeriren kan 2c. Wann nun dieser Ofen also verfertigt / und inwendig in die Runde gebauet wird; so kan man eine ziemliche Anzahl Tiegel auf einmahl einsetzen; man kan auch ein Loch machen / daß etwas grösser als die andern / und dem Heerde gleich gehet; in welches man / so man einen grossen Tiegel hat/ selbigen desto füglicher einsetzen kan; die andern Löcher / mache ich denn auch so groß und so hoch von dem Heerd ab / als hoch die grösten Tiegel seyn / die ich gebrauchen will / oder daß sie mit ihrem Rand das unterste Theil vom Loch berühren; auf daß man mit einem Eysen / zuweilen eine Prob heraus nehmen / auch mit einem eysern Löffel in die Tiegel was legen kan; in diesem Ofen / wann er einmahl recht heiß / kan man alles / was nur zu schmeltzen ist / schmeltzen / und so man ihn kalt werden lässet / und wieder anfeuret / schadet es ihn nicht / auch schmeltzt er / wann er nur inwendig mit Thon wohl ausgestrichen / nicht. Will nun jemand die Mühe daran wenden / und die Steine von lauter solchen Glaßmacher = Thon machen lassen / der thut noch besser / nur daß es mehr kostet / hierinn muß nun jeder nach der Gelegenheit / Ort / Raum / Vorhaben / Mittel 2c. die er hat / sich richten. Es ist mir dieser Ofen sehr bequem / nimmt auch / wann er einmahl in der Hitze / so viel Holtz nicht weg / habe solchen auch noch nie als dißmahl/gemein machen wollen.

Figura N. O. P. Q. R. S.

Gehören alle in Merretti Anmerckungen / und werden von ihme an seinen Ort genugsam erkläret.

Fig. T. V.

Sind zwey Oefen/so zum Glaß = und Schild = Einbrennen gehören. Diese Oefen findet man auch bey einigen Glasern oder Fenstermachern/ die nemlich mit Schild und Wappen mahlen und brennen umgehen; bey denen man leichter hiervon unterrichtet wird / als hier solche deutlich genug zu beschreiben.

Figura VV.

Zeiget/wie man die Saltze zum Glaßmachen / nach der besten Weise/ copieus und compedieus fast an allen Orten Deutschlands machen / auch aufs beste reinigen soll / wie solches zu Ende des ersten Theils der Glaß-Kunst umständig beschrieben/unnöthig hier zu wiederholen 2c.

Fig X.

Weiset/wie das kleine Glaßblasen mit der Lampen vorzunehmen / ist auch zu Ende deß zweyten Tractätleins im andern Theil der Glaß-Kunst gnugsam erkläret und beschrieben.

Fig Y. und Z.

Lehret/wie man eine Flaschen-Forme zu gläsern Flaschen machen/und solche ins Kleine / und Grosse / Länglicht und Gevierdte viel 1000mal verändern soll / wie ebenfalls zum Beschluß deß zweyten Theils der Glaßkunst ausführlich beschrieben worden.

Nachrede.

ALso habe ich dem hochgeneigten Leser vor dißmal meine vollständige und fast gedoppelte Glaß-Kunst übergeben. Es hat zwar noch ein Ehren-Denckmahl vor Herr F. Geißler sollen dazu kommen / nemlich / eine Refutation seiner liederlichen Charteque, worinnen ich seine Fehler und Thorheiten also examiniret und vorgestellt / daß solche auch der einfältigste Bauer sehen und begreiffen kan / und dieses hat in der Forme einer Dedication derer Druck-Fehler / an ihn gelangen / und zum endlichen Beschluß dieses Wercks gedruckt werden sollen; jedoch habe ichs auf Bitte eines guten Freundes noch anstehen lassen / zumahlen weilen ich vernommen / daß Herr Geißler in vielen anderes Sinnes worden / so er es aber vielleicht selber noch dabey haben wollte / könte es noch allezeit dazu gefüget werden. etc.

In übrigen bitte ich den Kunst-verständigen Leser / hiermit vorlieb zu nehmen / und hoffe/ es sollen noch manche Stückgen darunter seyn / derer jedes deme so es zu gebrauchen weiß /

diß

diß Buch gedoppelt bezahlen kan etc. Mehr habe ich anjetzo nicht ohne meinen Schaden (den kein aufrichtiger Liebhaber begehren wird) thun können: Denn ob ich wol/nebenst noch andern raren und ungemeinen Sachen / eine weit bessere Art den schönsten Crystall / item / ein den rechten Barcellan gantz ähnliches Glaß zu machen weiß; stehet es mir doch / wegen meines gnädigen Churfürsten und Herrn Crystallen-Hütte/ deren besonder Intressa darinn beruhet / nicht an dergleichen zu offenbahren. Diese beede Stück / nemlich den schönen Crystall/ wie auch das dem rechten Barcellan ähnliche Glaß zu machen/ist in dieser zweyten Edition, im ersten Theil/zu Ende der Anmerckungen übers erste Buch Anthonii Neri, ausführlich beschrieben/und von den Authore mitgetheilet worden/ welche Stücke alleine das Exemplar mehr als überflüssig bezahlen. Es ist mir auch das sehr schöne und gleich als mit Gold eingesprengte Glaß / welches die Italiäner Lavanteri nennen / und vor uns Teutschen in grossen geheim halten / wohl bekannt; auch weiß ich das schönste und mehr denn Zinnober-rothe Glaß / wie auch eine besondere curieuse Art eines Rubins zu machen; von welchen mir auch das hochlöbliche Collegium Curiosorum, Deutschlands/deme ich hiervon eine Verwunderungs-werthe Demonstration vorgelegt / wird Zeugniß geben etc. Solche aber dißmal zu publiciren / wird mir der verständige Leser nicht zumuthen/weiln/wie obgedacht/meines gnädigen Herrn / wie auch mein Particular Interessa daran gelegen. Jedoch ist es mir nicht gewehrt / einem curieusen Liebhaber / vor einander arcanum, oder anständige Gegen-Ersetzung/solches zu communiciren und demonstriren.

Unter-

Unterdessen bitte ich nochmal / mit deme/was ich wohlmeinend und Aufrichtig hierinnen gethan / vergnügt zu seyn / biß was bessers nachkommt / nebst Versicherung / daß es lauter warhaffte Experimenta und experimentirte Warheiten seyn / denen sicher zu trauen; wovon auch das geringste seinen Nutzen hat / ob schon nicht jedem alles dienet; ja ob auch schon viel Stücken / sonderlich in 2. Theil wären / die allbereit vielen bekannt / so seynd doch deren noch mehr / denen sie nicht bekannt seyn / und um derselben willen hat man solche nicht davon lassen wollen; Es müste mir aber leyd seyn / wann auch nur ein einiges Stückgen / das der Warheit entgegen wäre / von mir solte dazu gekommen seyn; denn es wäre wider meine Intention, weiln die Warheit mein einiges Ziel ist / wornach ich mich alleine und in allem richte und richten werde / biß an mein

ENDE.

Register
über Johann Kunckels
Vollständige Glaßmacher-Kunst.

Ooo Arsenic

D.

E. Edel-

G.

Hiacyn-

Löffel-

N.

O.

Smaragd

An den scharffsichtigen Momum.

WAs rümpfft sich hier dein Maul / und läst den Geifer fliessen;
Verdreust dich diese Kunst / dort solte ja ein Glas
An statt der harten Brust des Menschen Hertz beschliessen/
Damit desselben Sinn man künnt erkennen baß;
Wofern dein Klügeln soll mir nicht zuwider fallen
So sihe wo der Fleiß des Druckers sey gespart;
Die Fehler schreib ich dir Herr Mome zu vor allen/
In den die Sache selbst vor dich ist viel zu zart.
Doch weil dein scharffes Aug / den kleinsten Fleck kan nennen/
Der sonst blieb unvermerckt / wann zehen ritten bey
So lerne dich doch auch aus diesem Glas erkennen/
Ich weiß du tadelst selbst dein eigen Conterfey!

Bericht an Buchbinder wegen der Kupffer wo solche hingehören.

A. pag. 1. B. pag. 45. C. pag. 47. D. pag. 49. E. pag. 51. F. pag. 52. G.H. pag. 54. I. pag. 56. K. pag. 185. L. pag. 188. M. pag. 188. N. p. 299. O. pag. 300. P. pag. 302. Q. 304. R.S. pag. 305. T.V. pag. 341. W. p. 319. X. pag. 398. Z. pag. 424.